Vertiefen und vernetzen mit den Sonderseiten:

W0330271

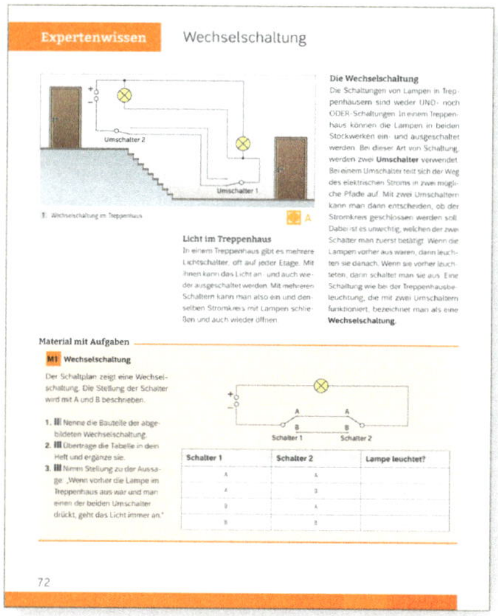
Expertenwissen Wechselschaltung

Expertenwissen: Auf diesen Seiten werden bestimmte Themen des Kapitels vertieft. Hier wirst du zur Expertin oder zum Experten.

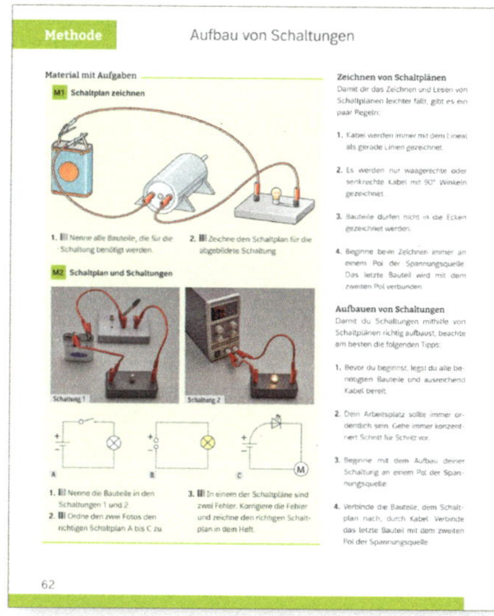
Methode Aufbau von Schaltungen

Methode: Auf diesen Seiten werden dir naturwissenschaftliche Methoden vorgestellt. Du lernst auch, diese selber anzuwenden.

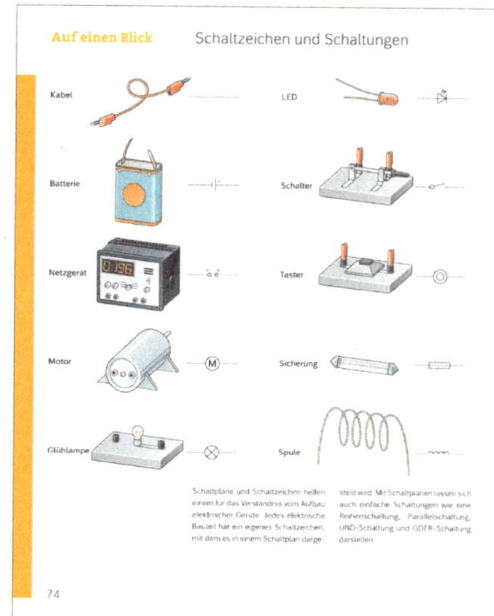
Auf einen Blick Schaltzeichen und Schaltungen

Auf einen Blick: Auf diesen Seiten werden verschiedene Themen des Kapitels miteinander vernetzt.

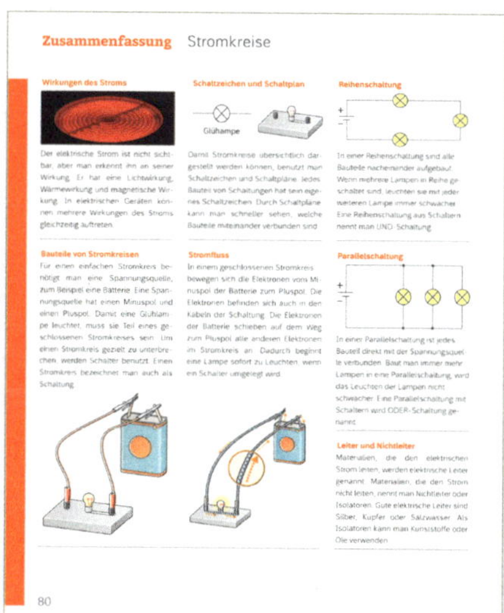
Zusammenfassung Stromkreise

Zusammenfassung: Auf diesen Seiten sind die wichtigsten Inhalte des Kapitels noch einmal für dich zusammengefasst.

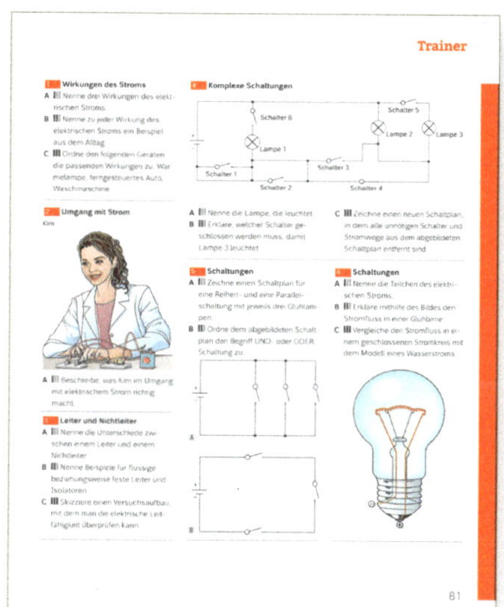
Trainer

Trainer: Auf diesen Seiten findest du viele Aufgaben, mit denen du dein Wissen trainieren kannst.

Digital+

Digitale Ergänzungen zu deinem Buch erkennst du an dem Symbol **Digital+**. Gehe auf die Seite ***www.westermann.de/blickpunkt-188349*** und gib den Online-Schlüssel ein. Du kannst auch den QR-Code scannen und dann den Online-Schlüssel eingeben. Dort findest du Filme, Animationen und Hilfen passend zum jeweiligen Thema.

Online-Schlüssel
7Q46-ZF9C-9HPN

westermann

blickpunkt.

PHYSIK

blickpunkt.
PHYSIK

in Teilen eine Bearbeitung von:

978-3-14-102065-6,
978-3-14-102025-0,
978-3-14-102026-7,
978-3-14-102027-4

unter Mitarbeit der Verlagsredaktion

Unter beratender Mitwirkung von Dr. Heike Hagelgans, Dr. Christoph Kunert, Thomas Scholz

westermann GRUPPE

Druck A[1] / Jahr 2023
Alle Drucke der Serie A sind im Unterricht parallel verwendbar.

Grafikkonzept: Atelier tigercolor Tom Menzel
Illustrationen: Matthias Berghahn, Hannes von Goessel, Thorsten Hardel/www.39punkt.de, Atelier Tigercolor Tom Menzel, newVISION! GmbH, Michal Rössler
Umschlaggestaltung: LIO Design GmbH, Braunschweig
Layout: LIO Design GmbH, Braunschweig
Druck und Bindung: Westermann Druck GmbH, Braunschweig

ISBN 978-3-14-**188349**-7

1

Licht breitet sich aus

2

Schall

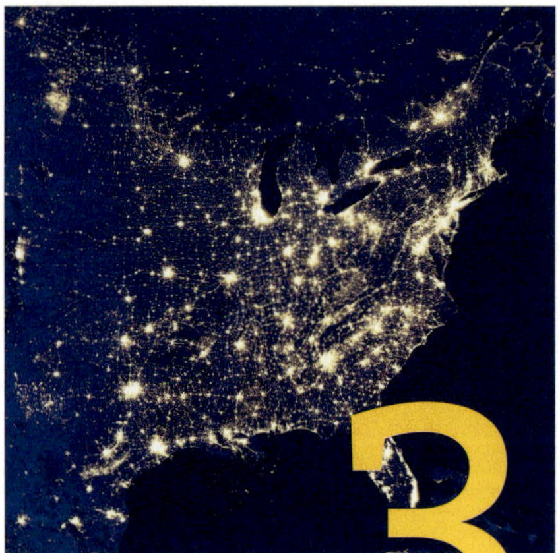

3

Stromkreise

4

Temperatur, Wärme, Wetter

5 Optik

6

Energie ist überall

7

Magnetismus

8

Stromstärke, Spannung, Widerstand

9

Bewegungen

10

Kräfte und ihre Wirkungen

11

Induktion

12

Mechanische Schwingungen und Wellen

13

Radioaktivität

14 Informationsübertragung

15 Erforschung des Weltalls

Anhang

Laborgeräte

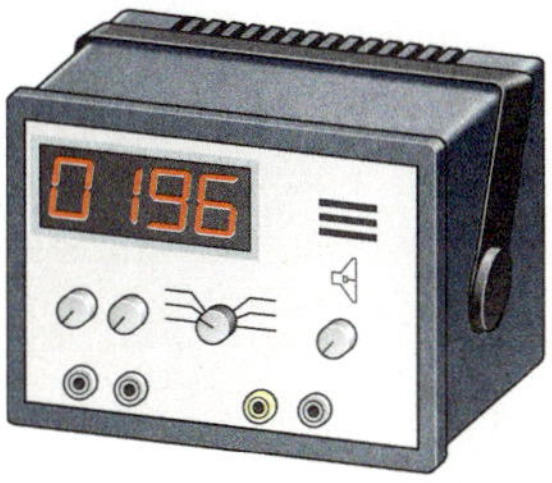

Netzgerät

Batterie

Kabel

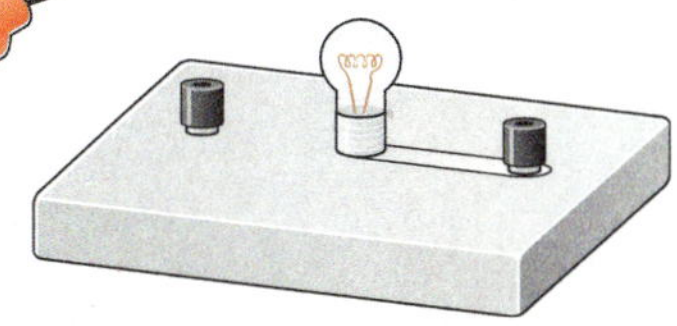

Glühlampe

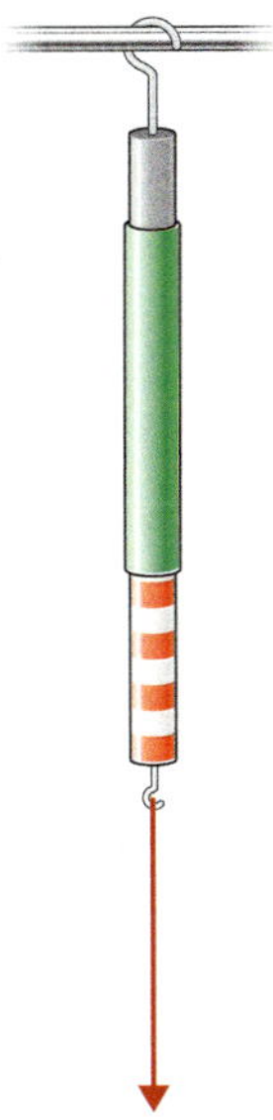

Federkraftmesser

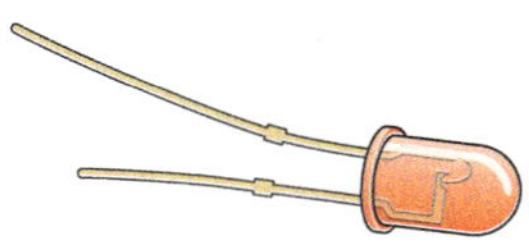

LED

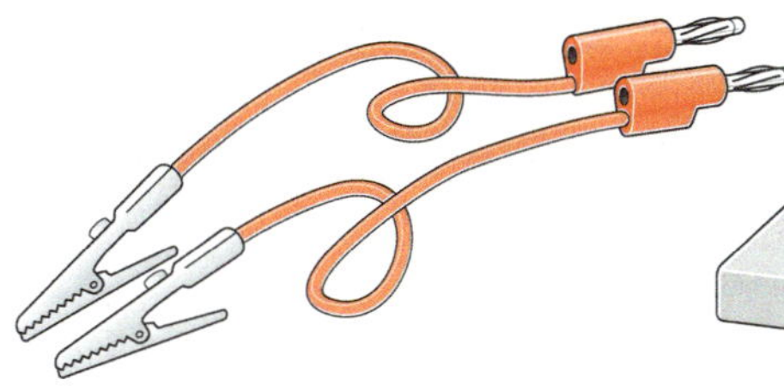

Krokodilklemmen

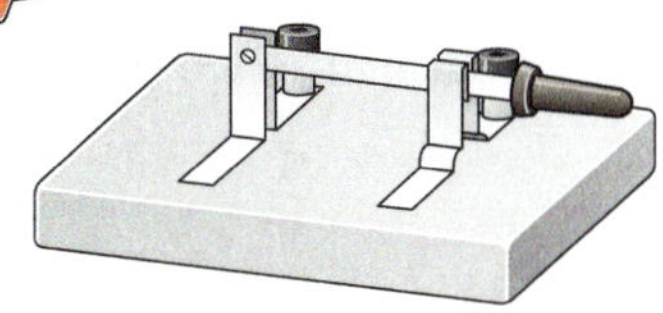

Schalter

Spule

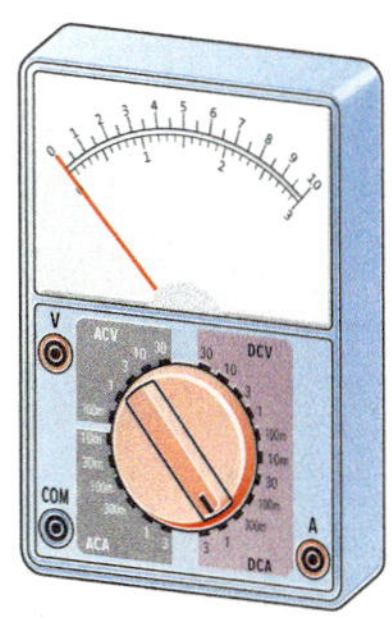

Multimeter

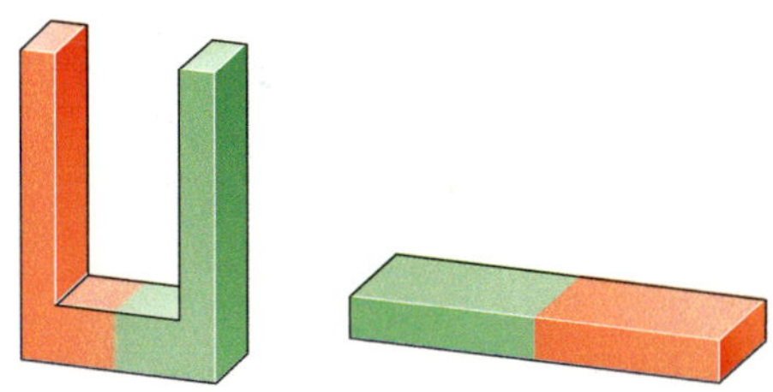

Magnete

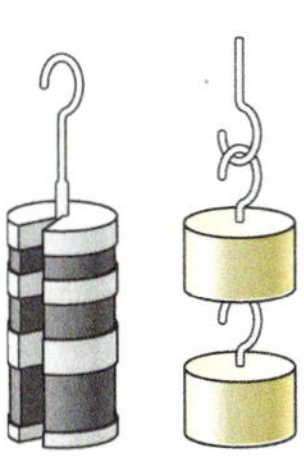

Massestücke

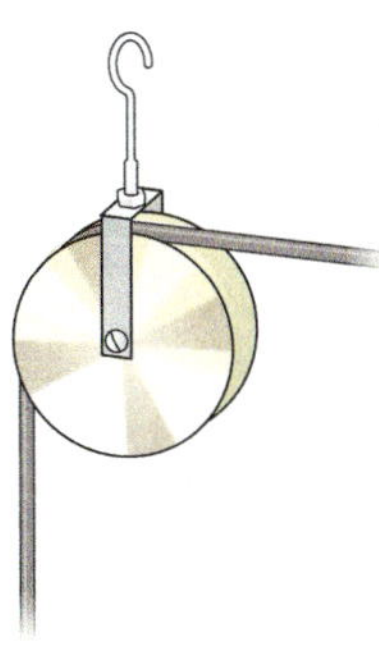

Umlenkrolle

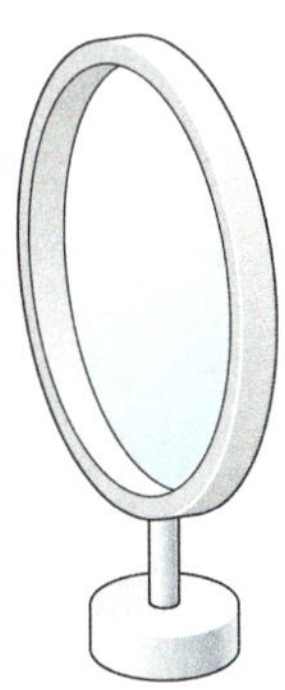

Linse

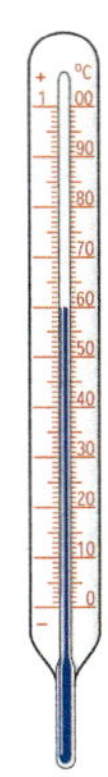

Thermometer

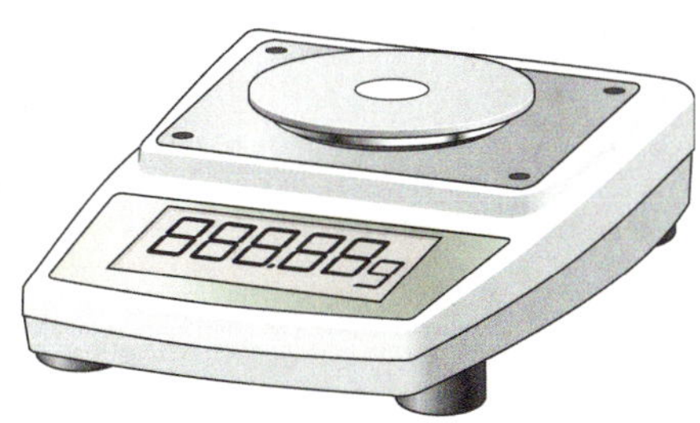

Waage

1 Schüler und Schülerinnen beim Experimentieren

Arbeiten im Fachraum

Experimentieren im Fachraum

In den Naturwissenschaften wird oft experimentiert. Viele Experimente werden zu zweit oder in Gruppen durchgeführt. Damit jeder weiß, was er zu tun hat, sollten die Aufgaben vorher verteilt und besprochen werden. Der Arbeitsplatz sollte auch beim Experimentieren aufgeräumt sein. Zur Vermeidung von Unfällen müssen die Sicherheitsregeln und die Anweisungen der Lehrkraft eingehalten werden.

Sicherheitsregeln

Damit man sich und andere beim Experimentieren nicht verletzt, muss man Einiges beachten:

- **Nicht essen** • Im Fachraum darf man nicht essen und trinken. Man darf auch keine Lebensmittel offen herumstehen lassen.
- **Schutzbrille** • Eine Schutzbrille muss beim Experimentieren mit Gasbrennern, Chemikalien oder auf Anweisung der Lehrkraft getragen werden.
- **Versuchsaufbau** • Der Aufbau sollte immer auf einer festen Unterlage und die Geräte in sicherer Entfernung zur Tischkante stehen.
- **Wärmequellen** • Beim Umgang mit Gasbrennern, Herdplatten oder Kerzen muss man vorsichtig sein. Wärmequellen sollten sicher auf einer festen, nicht brennbaren Unterlage stehen. Es dürfen sich in ihrer Nähe keine brennbaren Materialien wie Papier befinden.
- **Umgang mit Strom** • Strom wird nur aus Batterien oder Netzgeräten und nie aus der Steckdose genutzt.

Sicherheitseinrichtungen

Im Fachraum gibt es nicht nur Anschlüsse für Wasser, Strom und Gas. Einrichtungen wie der Erste-Hilfe-Kasten mit Verbandsmaterial dienen der Sicherheit:

- **Not-Ausschalter** • Den Not-Aus-Schalter findet man neben den Türen und am Lehrerpult. Wird der rote Knopf gedrückt, wird der elektrische Strom abgeschaltet und die Gaszufuhr wird sofort unterbrochen.
- **Augendusche** • Gelangen beim Experimentieren Fremdkörper ins Auge, muss schnell der Fremdkörper entfernt werden. Mit der Augendusche kann man im Notfall schnell das Auge ausspülen.
- **Fluchtweg** • Das grüne Schild zeigt einem den schnellsten Fluchtweg ins Freie. Bei einem Brand bringt man sich so in Sicherheit und sammelt sich an einem Sammelplatz.
- **Löschmittel** • Ein kleiner Brand kann häufig mit einer **Löschdecke** oder einem **Feuerlöscher** gelöscht werden. Bei größeren Bränden muss man schnell die Feuerwehr rufen.
- **Abzug** • Bei vielen Experimenten entstehen giftige Gase, die gesundheitsschädlich sind. Diese Experimente müssen unter dem Abzug von der Lehrkraft durchgeführt werden.

Arbeitsplatz aufräumen

Nach dem Experimentieren muss man seinen Arbeitsplatz aufräumen. Die benutzten Geräte und Materialien werden immer sauber zurückgestellt. Reste von Chemikalien müssen besonders entsorgt werden. Dafür müssen die Anweisungen der Lehrkraft befolgt werden.

2 Sicherheitseinrichtungen im Fachraum

Material mit Aufgaben

M1 Arbeiten im Fachraum

1. Nenne die Sicherheitseinrichtungen, die in dem Bild zu sehen sind.
2. Erkläre, warum Sicherheitseinrichtungen wichtig sind.
3. Beschreibe, welche Sicherheitsregeln die Schülerinnen und Schüler im Bild beachten.

Wie breitet sich Licht aus?
Wie entstehen Schatten?
Welche Bestandteile hat das
Licht der Sonne??

1

Licht breitet sich aus

Vorsichtig schleicht der Wolf zum Fluss. Auf der glatten Wasseroberfläche kann man ihn nun auch erkennen. Er spiegelt sich im Wasser.

1 Sonnenstrahlen im Wald

Ausbreitung von Licht

Leuchtende Körper

Eine Glühbirne oder eine eingeschaltete Taschenlampe senden Licht aus. Man nennt sie deshalb **selbstleuchtende Körper**. Das Licht der selbstleuchtenden Körper fällt auf andere Körper, die nicht leuchten. Sie heißen **beleuchtete Körper**. Beleuchtete Körper können einen Teil des Lichts in die gleiche oder eine andere Richtung zurückwerfen.

Lichtquellen

Die Sonne, Blitze oder ein Glühwürmchen leuchten von alleine. Sie werden daher als **natürliche Lichtquellen** bezeichnet.
Lichtquellen, die von Menschen hergestellt werden und nicht von alleine leuchten, wie zum Beipsiel Taschenlampen, bezeichnet man als **künstliche Lichtquellen**.

Vom Sender zum Empfänger

Die Lampe in Bild 2 strahlt Licht aus. Sie ist ein Sender. Das Licht wird von den Augen der Kinder empfangen. Sie sind die Empfänger des Lichts. Außerdem beleuchtet die Lampe noch das Buch. Das Buch ist ein beleuchteter Körper und wirft einen Teil des Lichts zu den Augen. Es ist sowohl ein Sender als auch ein Empfänger des Lichts. Um die Wahrnehmung von Licht besser zu beschreiben, verwendet man das Sender-Empfänger-Modell. Ein **Sender** strahlt Licht ab und der **Empfänger** nimmt es auf.

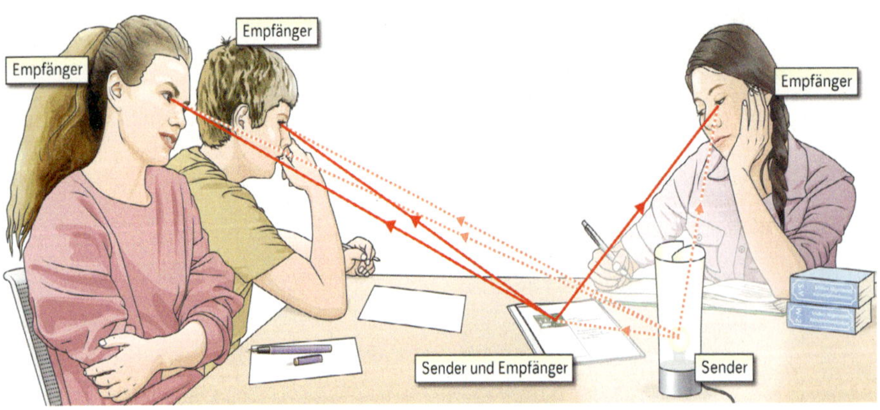

2 Sender-Empfänger-Modell

Das Lichtstrahlmodell

Das Licht der Sonne breitet sich in alle Richtungen gleichmäßig aus. Dabei nimmt das Licht immer den zeitlich kürzesten, geraden Weg. Man sagt daher, das Licht breitet sich **geradlinig** aus. Damit die Ausbreitung des Lichts besser beschrieben werden kann, nutzt man das **Lichtstrahlmodell**. Das Licht einer Glühlampe breitet sich in alle Richtungen aus. Stellt man vor die Glühlampe eine schmale Öffnung, eine Blende, fällt nur ein Teil des Lichts durch die Öffnung. Es entsteht ein **Lichtbündel**. Das Lichtbündel ist an den Seiten klar begrenzt. Da sich das Licht geradlinig ausbreitet, kann man mit zwei Pfeilen die Grenzen des Lichtbündels bis zu der Glühlampe zurück verlängern. So einen Pfeil nennt man **Lichtstrahl**. Die Lichtstrahlen am Rand des Lichtbündels bezeichnet man als **Randstrahlen**. Um die Ausbreitungsrichtung des Lichts zu zeigen, reicht es aus, einen Pfeil von der Lichtquelle in die entsprechende Richtung zu zeichnen.

Sonnenstrahlen sehen

Beleuchtete Körper werden von Lichtquellen angestrahlt. Einen Teil des Lichts werfen sie zurück. Das zurückgeworfene Licht gelangt zu den Augen. Dadurch werden beleuchtete Körper sichtbar. Morgens in einem nebligen Wald sieht es so aus, als könnte man Sonnenstrahlen sehen. Das Licht der Sonne wird durch winzige Wassertröpfchen in der Luft sichtbar. Die Wassertropfen werden beleuchtet und strahlen einen Teil des Lichts zurück. Dieser gelangt dann zu den Augen.

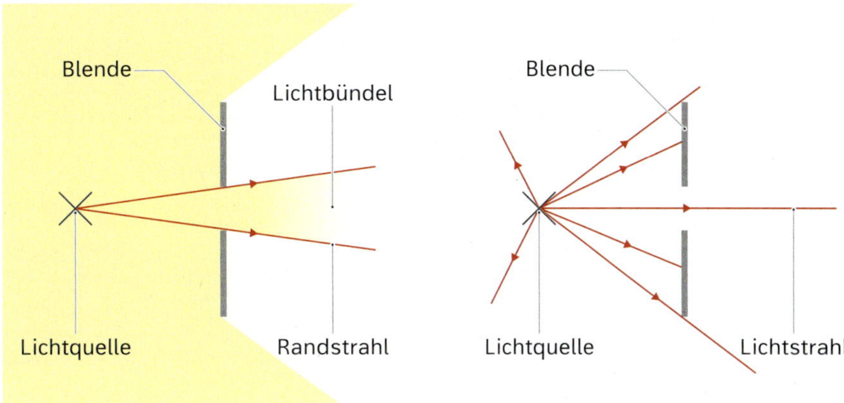

3 Lichtstrahlmodell

A Beschreibe den Unterschied zwischen selbstleuchtenden und beleuchteten Körpern.

B Nenne Beispiele für künstliche und natürliche Lichtquellen.

C Beschreibe ein Sender-Empfänger-Beispiel aus deinem Alltag.

Material mit Aufgaben

M1 Lichtstrahlmodell

1. Beschreibe den Versuchsaufbau im Bild.
2. Erkläre an diesem Beispiel die Ausbreitung des Lichts.
3. Fertige mithilfe des Lichtstrahlmodells eine vereinfachte Zeichnung des Versuchs an. Stelle damit die Lichtausbreitung dar.

1 Die Diskokugel erzeugt Lichteffekte.

Licht trifft auf Oberflächen

Absorption

Wenn Licht einen Körper beleuchtet, dann nimmt der Körper einen Teil des Lichts auf. Es wird **absorbiert**. Die Strahlungsenergie erwärmt dabei den Körper. Schwarze Körper absorbieren besonders viel Licht. Das merkt man im Sommer. In einem dunklen Auto ist es dann wärmer als in einem hellen Auto.

Reflexion

Bei manchen Körpern dringt das Licht kaum in die Oberfläche ein. Trifft Licht auf eine glatte Oberfläche, so wird es nur in eine Richtung zurückgeworfen. Es wird **reflektiert**. Man spricht auch von einer gerichteten Reflexion. Licht wird zum Beispiel an Spiegeln reflektiert. Auf einer Diskokugel befinden sich viele kleine Spiegel. Trifft Licht auf die Diskokugel, reflektiert jeder Spiegel das Licht in eine andere Richtung. Deshalb sieht man viele Lichtpunkte im Raum.

Streuung

Fällt Licht auf eine unebene Oberfläche, wird es in viele Richtungen reflektiert. Es wird **gestreut**. Man spricht von ungerichteter Reflexion.

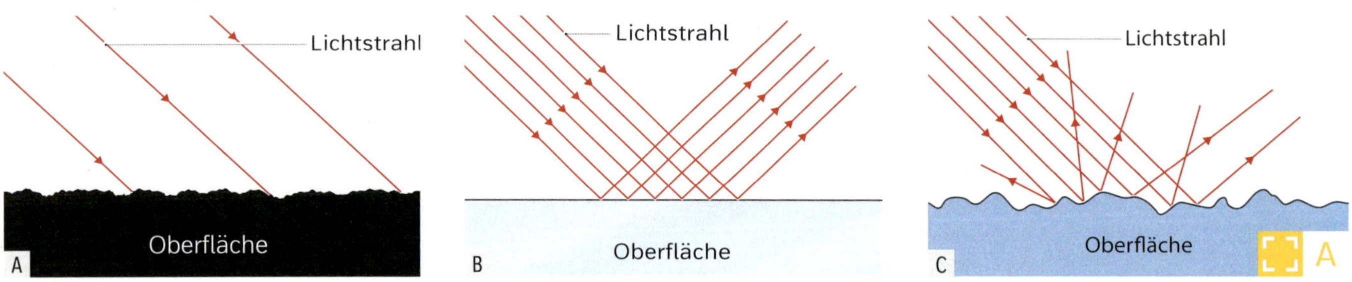

2 **A** Absorption, **B** Reflexion, **C** Streuung

Das Reflexionsgesetz

Fällt ein Lichtstrahl auf einen Spiegel, wird er reflektiert. Man sagt auch, der Lichtstrahl wird gespiegelt. Der Lichtstrahl fällt in einem bestimmten Winkel, dem **Einfallswinkel** auf den Spiegel. Der reflektierte Strahl wird im **Reflexionswinkel** am Spiegel reflektiert. Der Einfallswinkel und der Reflexionswinkel sind immer gleich groß. Für die Bestimmung der Winkel hilft eine senkrechte Linie. Sie wird am Auftreffpunkt des einfallenden Lichtstrahls gezogen. ▶

Der Einfallswinkel und der Reflexionswinkel sind immer gleich groß.

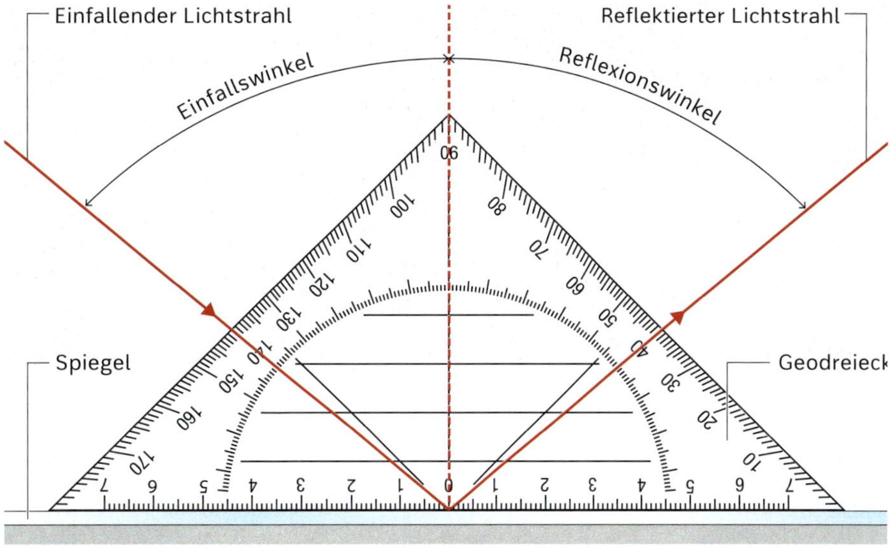

3 Einfallswinkel und Reflexionswinkel

Material mit Aufgaben

M1 Reflexion, Absorption und Streuung

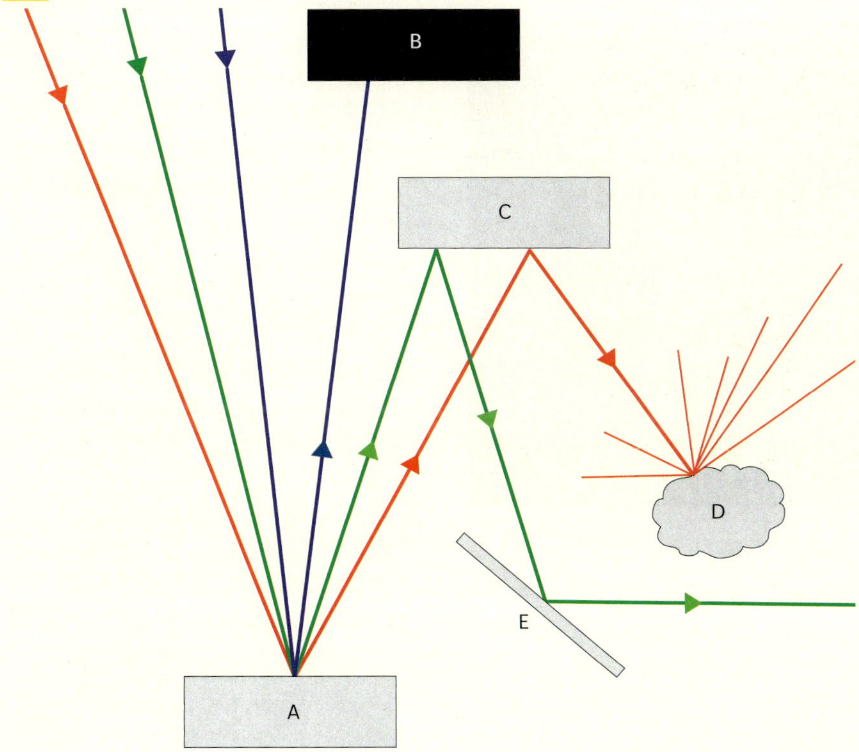

1. Ordne den Körpern A bis E zu, ob sie das Licht reflektieren, absorbieren oder streuen.
2. Beschreibe mithilfe der Fachbegriffe den Lichtweg eines Lichtstrahls.
3. Wähle eine der Aufgaben aus:

a Zeichne einen Lichtstrahl, der in einem Winkel von 25 Grad auf einen Spiegel trifft. Zeichne danach den reflekierten Strahl. Gib dabei den Winkel an, in dem er reflektiert wird.

b Verändere die Position eines Körpers so, dass der blaue Lichtstrahl an Körper D gestreut wird. Zeichne den neuen Aufbau in dein Heft.

4 **A** Katzenaugen, **B** Reflektor am Fahrrad

Material mit Aufgaben

M2 Reflektoren

1. Vergleiche die Bilder A und B miteinander.
2. Formuliere einen Merksatz für die Sicherheit im Straßenverkehr von Radfahrern und Fußgängern im Dunkeln.
3. Wähle eine der Aufgaben aus:
   a Nenne Vorteile von Reflektoren im Straßenverkehr, wenn es dunkel ist.
   b Erkläre, warum die Kinder in Bild B besser zu sehen sind.

Reflektoren

Sobald es dunkel wird, beleuchten Straßenlaternen die Straßen und Gehwege. Durch das fehlende Sonnenlicht sind Fußgänger und Fahrradfahrer schlecht zu sehen. Besonders beim Überqueren der Straße muss man gut für Autos zu sehen sein. Dabei helfen **Reflektoren**. Sie reflektieren die Lichtstrahlen immer in die Richtung zurück, aus der sie gekommen sind. Dadurch sehen Reflektoren so aus, als würden sie selber leuchten. Reflektoren befinden sich zum Beispiel an Fahrrädern, Kleidung oder Schultaschen.

Reflektoren in der Natur

Werden die Augen von Katzen angestrahlt, sieht es manchmal so aus, als würden sie leuchten. Das liegt an einer zusätzlichen Spiegelschicht in den Augen der Katze. Fällt Licht in das Auge, wird es von der Spiegelschicht zurück geworfen.

Spiegel im Straßenverkehr

Für eine bessere Orientierung im Straßenverkehr benutzt man Spiegel. In schlecht einsehbaren Kurven stehen oft Spiegel am Straßenrand. Mit ihnen kann man Autos in der Kurve früher erkennen. An Autos befinden sich Seitenspiegel und innen ein Rückspiegel. Mit diesen Spiegeln können Autofahrer sehen, was hinter und neben ihnen ist. Bestimmte Bereiche neben oder hinter dem Auto kann der Fahrer aber auch mithilfe der Spiegel nicht sehen. Diesen Bereich nennt man toten Winkel. Daher müssen Autofahrer vor dem Abbiegen immer über die Schulter nach hinten schauen.

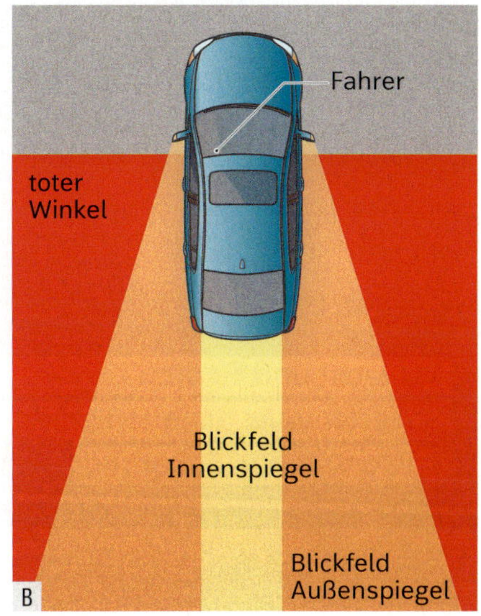

5 **A** Verkehrsspiegel, **B** Toter Winkel

Physikalisches Farbensehen

Fällt Licht auf einen Gegenstand, wird ein Teil des Lichts reflektiert. Gelangt dieses reflektierte Licht in die Augen, kann man den Gegenstand sehen. Gegenstände mit unterschiedlichen Farben reflektieren aber immer nur einen bestimmten Teil des Lichts. Das weiße Licht der Sonne besteht aus verschiedenen, farbigen Bestandteilen. Mithilfe eines Prismas kann man das weiße Licht in seine einzelnen, farbigen Bestandteile zerlegen. Ein roter Apfel reflektiert nur die roten Teile des Lichts, welche ein Bestandteil des weißen Lichts sind. Die anderen Farben des Lichts werden absorbiert. Dadurch sieht der Apfel rot aus. Werden alle Farben von einem Gegenstand reflektiert, sieht er weiß aus. Werden keine Farben reflektiert, erscheint er schwarz.

A Erkläre den Unterschied zwischen Reflexion und Streuung.

Material mit Aufgaben

F

M3 Physikalisches Farbensehen

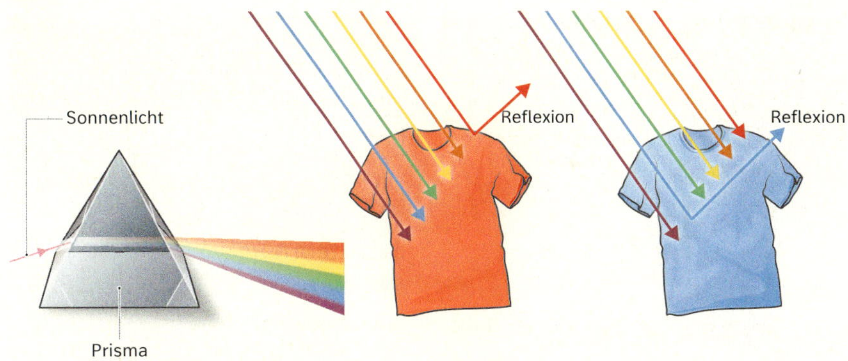

1. Nenne die Farben des Lichts, die bei jedem der T-Shirts reflektiert und absorbiert werden.
2. Erkläre, warum man die beiden T-Shirts in ihren jeweiligen Farben wahrnehmen kann.
3. Wähle eine der Aufgaben aus:

a Erläutere, welche Farben bei einem schwarzen und weißen Gegenstand reflektiert und absorbiert werden.

b Stelle Vermutungen an, welche Farben bei einem grauen Gegenstand reflektiert und absorbiert werden.

1 Schatten an der Wand

Licht und Schatten

Gegenstände werden in den Naturwissenschaften auch **Körper** genannt.

Schattenraum und Schattenbild

Wird ein Körper oder ein Gegenstand beleuchtet, entsteht oft ein lichtfreier Raum, ein **Schatten**. Um einen Schatten zu erzeugen, braucht man einen lichtundurchlässigen Körper. Steht dieser vor einer Lichtquelle, verdunkelt er den Bereich hinter ihm. Dieser Bereich heißt **Schattenraum**. Auf dem Boden oder einer Wand sieht man das **Schattenbild** des Körpers oder des Gegenstands.

Größe des Schattenbildes

Die Größe von einem Schattenbild kann verändert werden. Die Abstände zwischen Lichtquelle, lichtundurchlässigem Körper und Wand bestimmen die Größe. Je näher der Körper an der Lichtquelle steht, desto mehr Licht wird von ihm verdeckt. Das Schattenbild wird größer. Wenn der Körper stehen bleibt und die Lichtquelle sich bewegt, wird der Schatten ebenfalls größer oder kleiner.

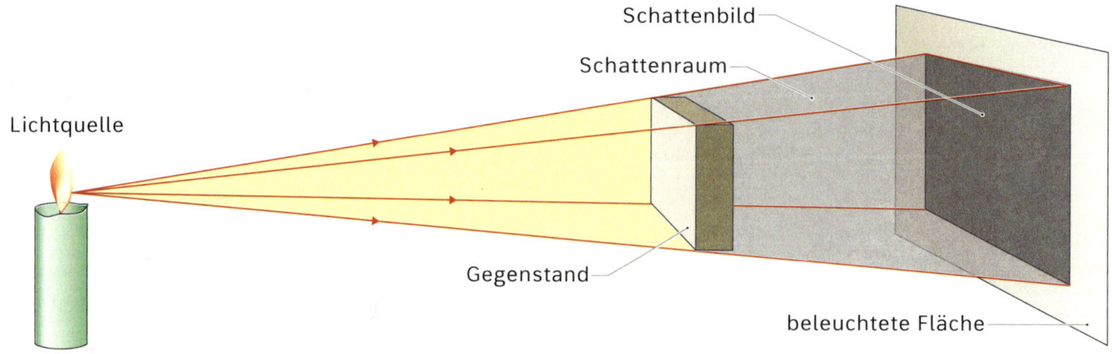

2 Schattenraum und Schattenbild

A+F

Kernschatten und Halbschatten

Bestrahlt eine Lichtquelle einen Gegenstand, entsteht genau ein Schattenbild. Wird ein Körper von zwei Lichtquellen aus verschiedenen Richtungen angeleuchtet, entstehen zwei Schattenbilder. An einigen Stellen überlagern sich die Schattenräume der zwei Lichtquellen. Es entsteht ein besonders dunkler Bereich, der **Kernschatten**. In den Kernschatten fällt kein Licht von den beiden Lichtquellen. Rechts und links daneben sind Schattenbereiche, die nur von einer der beiden Lichtquellen erzeugt werden und von der anderen ausgeleuchtet werden. Diese weniger dunklen Schatten nennt man **Halbschatten**. Stehen mehr als zwei Lichtquellen näher beieinander, gibt es auch mehrere Halbschatten.

A Erkläre die Begriffe Schattenbild und Schattenraum.

B Beschreibe die Entstehung von Kernschatten und Halbschatten mithilfe von Bild 3.

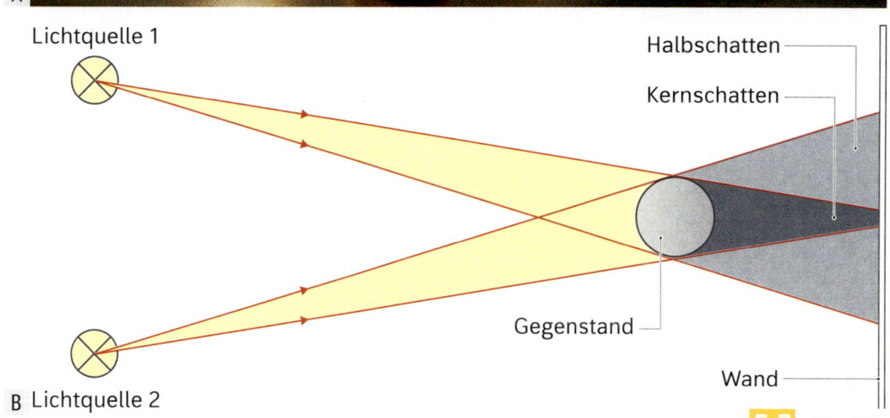

3 Kernschatten und Halbschatten: **A** Foto, **B** Schema

A+F

Material mit Aufgaben

M1 Schattenbilder

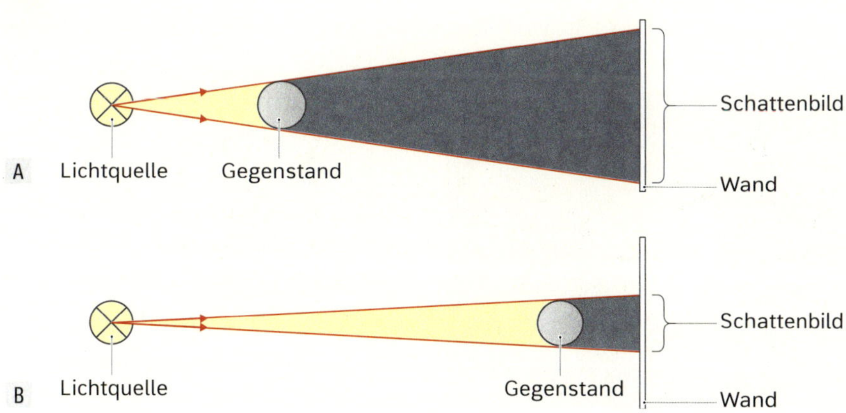

1. Vergleiche die Schattenbilder in Bild A und Bild B miteinander.
2. Erkläre die unterschiedlichen Größen der Schattenbilder.
3. Wähle eine der Aufgaben aus:

a Beschreibe, was in Bild B passiert, wenn die Lichtquelle näher an den Gegenstand gebracht wird.

b Beschreibe Auswirkungen auf das Schattenbild in Bild A, wenn eine zweite Lichtquelle vor den Gegenstand gestellt wird.

1 Der Mond

Der Mond

Der Mond der Erde

Bis heute ist der Mond der einzige Himmelskörper neben der Erde, den Menschen betreten haben. Das liegt daran, dass der Mond relativ nah an der Erde ist. Der Mond ist ungefähr 384 000 Kilometer von der Erde entfernt.

Mondbewegung

Beobachtet man den Mond am Himmel bemerkt man, dass er im Osten aufgeht und im Westen untergeht. Das liegt daran, dass sich die Erde täglich um die eigene Achse dreht. Zusätzlich umkreist der Mond die Erde. Ein Umlauf dauert 29,5 Tage. Die Bahn, auf der der Mond die Erde umkreist, ist leicht geneigt.
Von der Erde aus sieht man immer die gleiche Seite des Mondes. Dies liegt daran, dass sich der Mond während seines Umlaufs um die Erde auch einmal um sich selbst dreht. Dabei wird er stets von der Sonne zur Hälfte beschienen.
Betrachtet man den Mond in verschiedenen Nächten, merkt man, dass man immer unterschiedliche Abschnitte der beleuchteten Hälfte des Mondes sieht. Bei **Vollmond** sieht man die beleuchtete Fläche ganz und bei **Neumond** gar nicht. Zwischen Vollmond und Neumond ist oft eine Sichel zu sehen. An dieser Mondsichel kann man erkennen, ob der Mond in den nächsten Tagen zunimmt oder abnimmt.

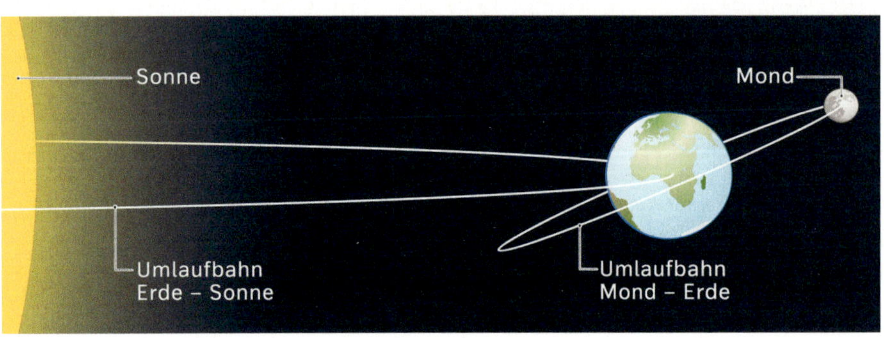

2 Umlaufbahn des Mondes

3 **A** Mondlaufbahn, **B** Mondphasen

A+F

Mondphasen

Einmal im Monat sieht man den Vollmond. Beim Vollmond wird der ganze Teil des Mondes, der der Erde zugewandt ist, von der Sonne beleuchtet. Bei Vollmond steht die Erde zwischen der Sonne und dem Mond. Die ersten zwei Wochen nach dem Vollmond nimmt der für uns sichtbare, beleuchtete Teil des Mondes bis zum Neumond immer mehr ab.

Bei Neumond steht der Mond zwischen der Erde und der Sonne. Nach dem Neumond nimmt der beleuchtete Teil wieder bis zum Vollmond zu. Die Beleuchtung des Mondes ändert sich immer in dieser Reihenfolge. Daher spricht man von **Mondphasen**.

Bei der Beobachtung der Mondphasen kann man sich einfach merken, welche Mondphase gerade zu sehen ist:

Sieht die Mondsichel aus wie eine „Klammer **a**uf", ist **a**bnehmender Mond. Bei **z**unehmenden Mond, sieht die Sichel aus wie eine „Klammer **z**u".

Material mit Aufgaben

M1 Mondphasen

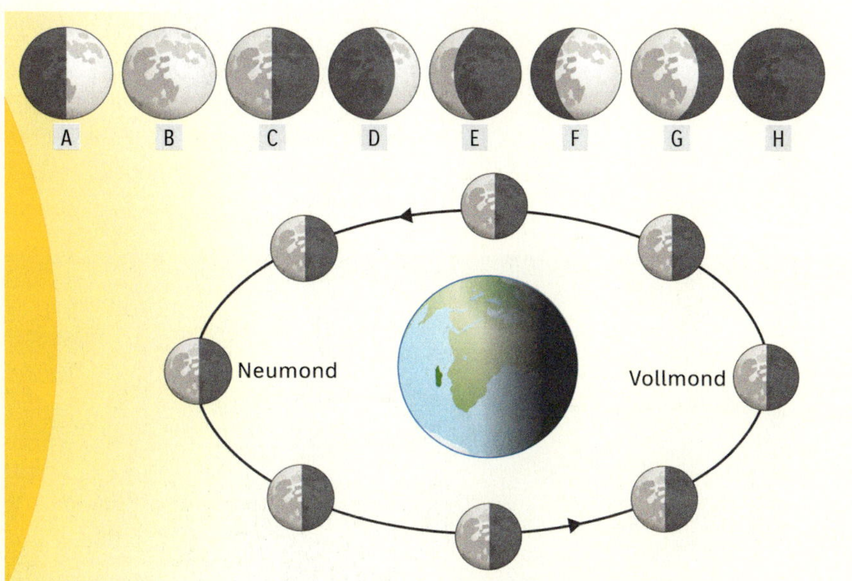

1. Beschreibe die Entstehung der Mondphasen.
2. Bringe die Mondphasen A-H in die richtige Reihenfolge. Beginne mit B. Begründe deine Reihenfolge.
3. Wähle eine der Aufgaben aus:
   a Erkläre wie Sonne, Mond und Erde bei Neumond stehen.
   b Erkläre, warum man oft eine Sichel sieht, obwohl der Mond immer zur Hälfte beschienen wird.

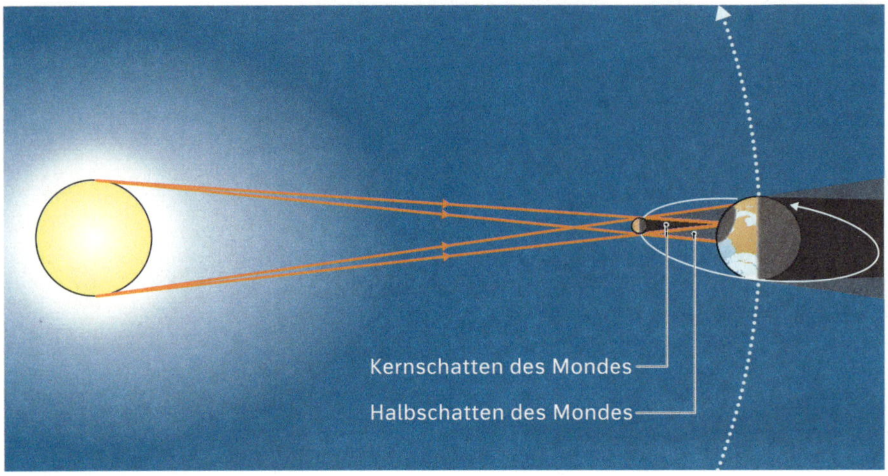

4 Entstehung Sonnenfinsternis

partiell bedeutet teilweise

Sonnenfinsternis

Mehrmals im Jahr kann man an unterschiedlichen Orten auf der Erde beobachten, wie sich eine schwarze Scheibe vor die Sonne schiebt. So ein Ereignis nennt man **Sonnenfinsternis**. Eine Sonnenfinsternis kann nur entstehen, wenn sich die Sonne, der Mond und die Erde auf einer Linie befinden. Dabei muss der Mond zwischen Erde und Sonne stehen. Der Mond hat einen Schattenraum. Meistens trifft dieser nicht auf die Erde. Wenn sich der Mond aber zwischen der Sonne und der Erde befindet, erzeugt er ein riesiges Schattenbild auf der Erde. Die Sonne ist so groß, dass sie wie zwei Lichtquellen wirkt. Durch die Position des Mondes entstehen so Kern- und Halbschatten. Wenn der Mond komplett vor der Sonne ist, sieht man nur noch einen hellen Ring. In den Gebieten, die im Kernschatten des Mondes liegen, ist es am dunkelsten. Es herrscht dort eine **totale Sonnenfinsternis**. In den Bereichen der Halbschatten spricht man von einer **partiellen Sonnenfinsternis**. Eine Sonnenfinsternis dauert nur einige Minuten. Bei so einem Ereignis kann man leichter in die Richtung der Sonne schauen, weil sie einen nicht mehr stark blendet. Die Augen müssen beim Betrachten einer Sonnenfinsternis immer mit einer speziellen Brille geschützt werden.

A

B

5 Sonnenfinsternis: **A** Verlauf einer partiellen Sonnenfinsternis, **B** totale Sonnenfinsternis

Mondfinsternis

Neben der Sonnenfinsternis gibt es auch eine Mondfinsternis. Bei dieser steht die Erde zwischen der Sonne und dem Mond. Sonne, Erde und Mond befinden sich in einer Linie. Dadurch befindet sich der Mond in seiner Vollmondposition nun im Schattenraum der Erde. Bewegt sich der komplette Mond durch den Kernschatten der Erde, entsteht eine **totale Mondfinsternis**. Der Mond leuchtet dabei rot, da ihn ein kleiner Teil des roten Lichts doch noch erreicht. Bewegt sich der Mond nur teilweise durch den Kernschatten der Erde, sieht man eine **partielle Mondfinsternis**.

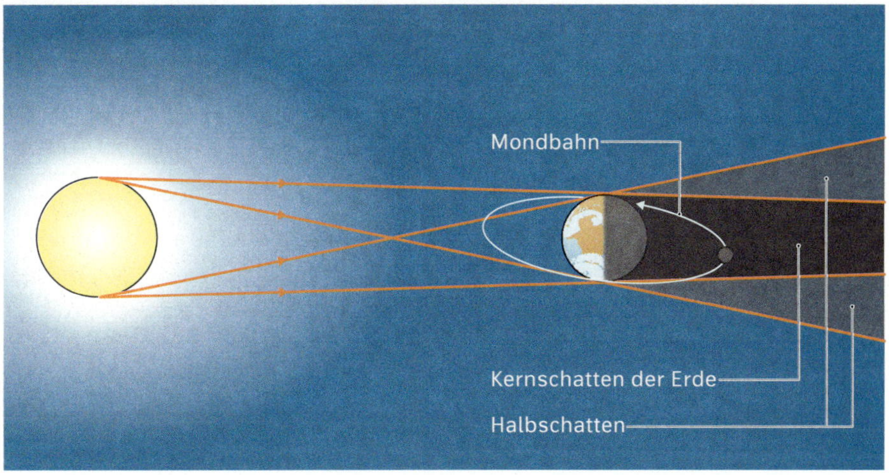

6 Entstehung Mondfinsternis

Material mit Aufgaben

A+F

M2 Finsternisse im Modell

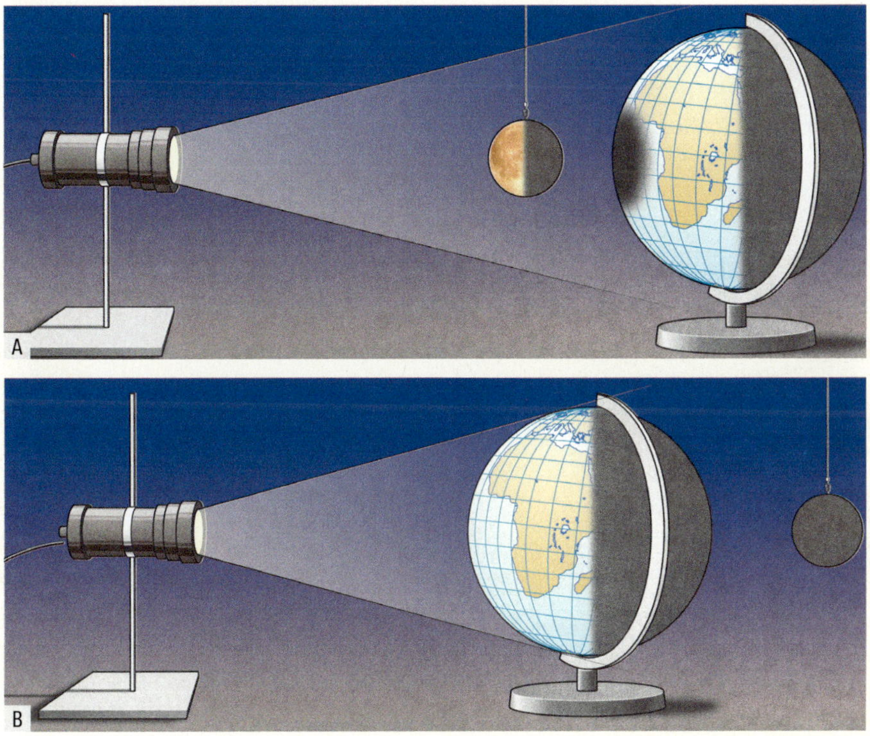

1. Ordne den Bauteilen aus den Bildern A und B die Begriffe Sonne, Erde und Mond zu.
2. Entscheide begründet, welches der Bilder eine Sonnenfinsternis und welches eine Mondfinsternis zeigt.
3. Erkläre mithilfe des Modells die Entstehung einer totalen Sonnenfinsternis.
4. Wähle eine der Aufgaben aus:

a Erkläre die Entstehung einer totalen Mondfinsternis.

b Erkläre, was die beiden Modelle zum Thema Finsternisse nicht darstellen können.

1 Auge einer Schülerin.

Bau des Auges

Schutzeinrichtungen

Gut geschützt vor Stößen liegt das Auge in der knöchernen **Augenhöhle**. Die beiden haarigen **Augenbrauen** lenken Schweiß von der Stirn aus seitlich ab, damit er nicht in die Augen gelangt. **Wimpern** und **Augenlider** verhindern das Eindringen von Staub und Schmutz.

Dem Feuchthalten des Auges und dem Ausspülen von Fremdkörpern dient die salzhaltige **Tränenflüssigkeit**. Diese wird in den **Tränendrüsen** produziert. Die Tränenflüssigkeit fließt über den **Tränenkanal** und den **Tränensack** in die Nasenhöhle ab.

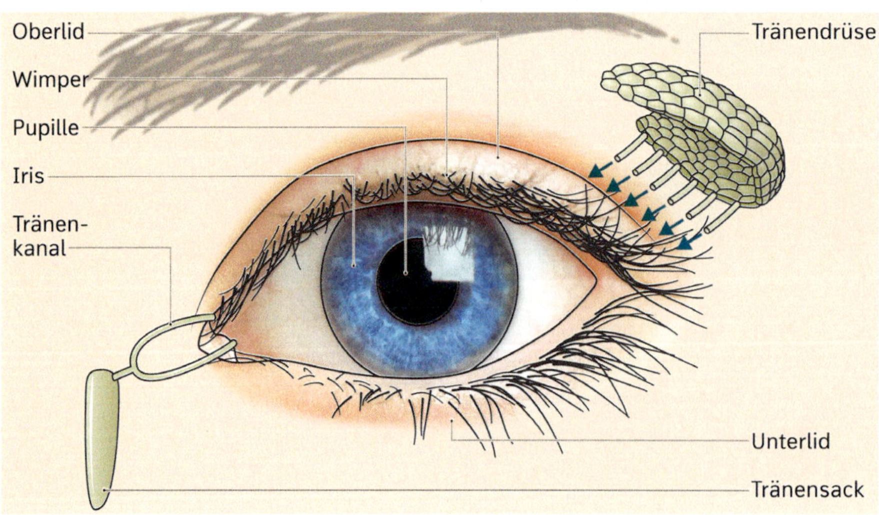

2 Schutzeinrichtungen des Auges

Aufbau in Schichten

Nach außen hin schützt die weiße **Lederhaut** den Augapfel und verleiht ihm außerdem Festigkeit. An dieser äußeren Schicht sitzen **Muskeln**, die es dem Auge ermöglichen, sich zu bewegen. In der darauf folgenden **Aderhaut** liegen viele Blutgefäße. Sie versorgen das Auge mit Nährstoffen und Sauerstoff. Die innere Schicht, die **Netzhaut**, enthält die Lichtsinneszellen, die das Licht aufnehmen, die Information umwandeln und weiterleiten. Im vorderen Bereich des Auges geht die Lederhaut in die durchsichtige **Hornhaut** über.

Die **Iris** oder Regenbogenhaut bestimmt die Augenfarbe. Sie umschließt die für den Lichteinfall verantwortliche Öffnung, die **Pupille**, und reguliert deren Größe. Die durchsichtige, elastische **Linse** sorgt für das „Scharfstellen“ des Bildes. Der Stabilität verleihende **Glaskörper** besteht aus einer gelartigen Masse und füllt den Großteil des Auges aus.

Adaptation

Zu viel Licht kann für das Auge gefährlich werden. Um das Auge davor zu schützen, besitzt die Iris Muskeln, mit deren Hilfe sie die Größe der Pupille regulieren kann. Bei hellem Licht ziehen sich die **Ringmuskeln** der Iris zusammen und verengen dadurch die Pupille. Es fällt weniger Licht ins Auge. Dadurch wird die empfindliche Netzhaut vor zu starker Sonnenstrahlung geschützt. Bei geringer Lichtmenge ziehen sich die **Radialmuskeln** zusammen und erweitern dadurch die Pupille. Es fällt mehr Licht ins Auge. Mithilfe der Hell- und Dunkelanpassung gelangt immer gerade so viel Licht ins Auge, wie zum Sehen benötigt wird. Diesen Vorgang nennt man **Adaptation**.

A Nenne die natürlichen Schutzeinrichtungen des Auges.

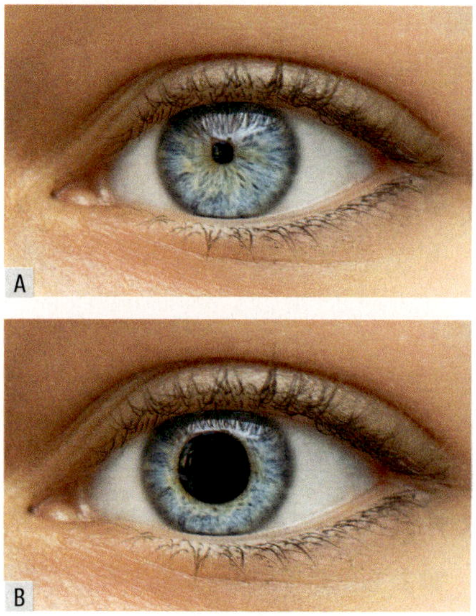

3 Adaptation: **A** Hell-, **B** Dunkelanpassung

Material mit Aufgaben

M1 Bau des Auges

F

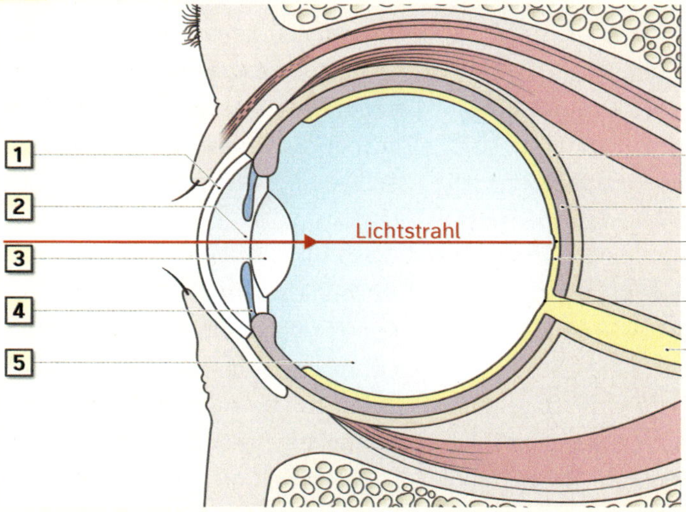

1. Benenne die in der Grafik mit 1-5 bezeichneten Bauteile.
2. Erstelle eine Tabelle, in der du allen Bauteilen des Auges die entsprechenden Funktionen zuordnest.
3. Wähle eine der Aufgaben aus:
   a Stelle in einem Fließschema den Lichtweg vom Augeneintritt bis zum Auftreffen auf der Netzhaut dar.
   b Stelle Vermutungen an, welche Bedeutung der Sehnerv hat.

M2 Adaptation

F

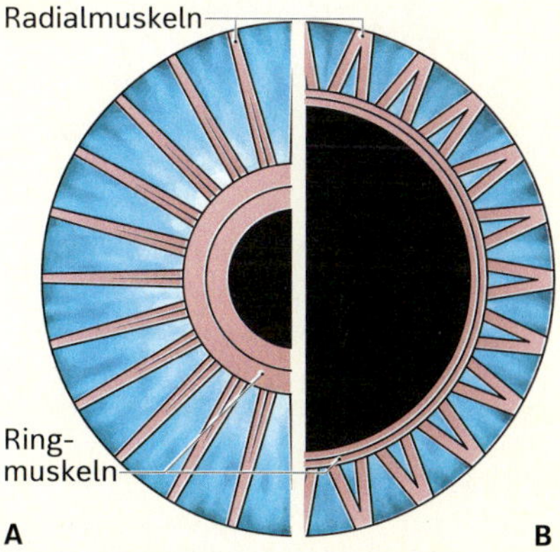

1. Ordne den entsprechenden Bildern zu: Hellanpassung und Dunkelanpassung.
2. Erkläre, warum die Pupille je nach Lichteinfall ihre Größe verändern muss.
3. Erkläre, wie die Vergrößerung und Verkleinerung der Pupillen mithilfe der Muskeln funktioniert.

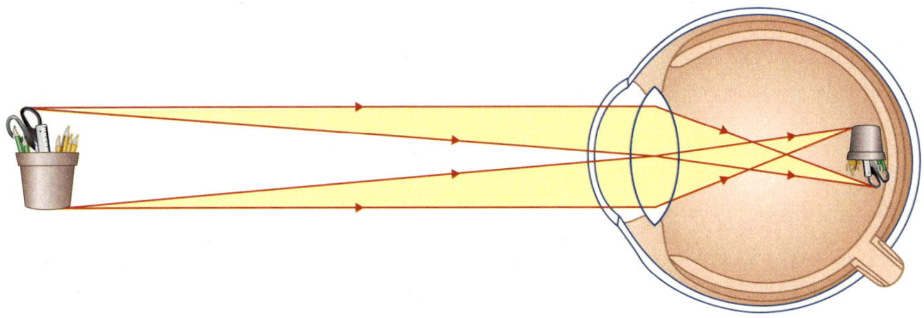

4 Bildentstehung im Auge

F

Material mit Aufgaben

M3 Lochblende

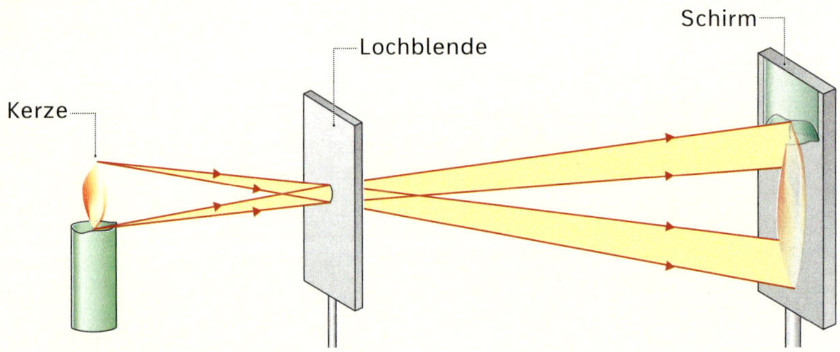

1. Ordne dem Versuchsaufbau die entsprechenden Bestandteile des Auges zu.
2. Vergleiche die Bildentstehung bei der Lochblende und dem menschlichen Auge.

P4 Adaptation

Material: -

Durchführung: Setze dich deinem Versuchspartner gegenüber. Lass deinen Versuchspartner für ungefähr 1 Minute die Augen schließen und mit den Händen verdecken. Blicke anschließend sofort in seine Augen.

1. Beschreibe die Pupille unmittelbar nach dem Öffnen der Augen.
2. Erkläre die Veränderung nach dem Öffnen der Augen.

Bildentstehung

Von jedem Punkt eines Gegenstandes gehen Lichtstrahlen aus. Betrachtet man einen Gegenstand, fallen die von ihm ausgehenden Lichtstrahlen durch die Hornhaut und Pupille ins Auge. Beim Auftreffen auf die durchsichtige Linse wird der Weg des Lichts geändert. Man sagt, der Lichtstrahl wird gebrochen. Diese **Lichtbrechung** dient der Scharfstellung des Bildes.

Die vom Gegenstand ausgehenden Lichtstrahlen werden von der Linse so gebrochen, dass sie auf die Netzhaut fallen. Von jedem einzelnen Punkt des Gegenstandes entsteht dort ein entsprechender Bildpunkt. Lichtstrahlen vom oberen Bereich des Gegenstandes fallen auf den unteren Bereich der Netzhaut und umgekehrt. Lichtstrahlen von der rechten Seite des Gegenstandes fallen auf die linke Seite der Netzhaut und umgekehrt. Auf diese Weise setzt sich ein Bild zusammen, das auf dem Kopf steht, seitenverkehrt und verkleinert ist.

Wahrnehmung

Auf der Netzhaut befinden sich viele Lichtsinneszellen. Diese wandeln den Lichtreiz in elektrische Signale um. Über den Sehnerv gelangen die Signale dann zum Gehirn. Dort werden die Informationen verarbeitet. Das Bild wird dadurch noch einmal umgedreht. Dadurch nehmen wir schließlich ein originalgetreues Abbild des Gegenstandes wahr.

B Erkläre, warum das Bild eines Gegenstandes auf der Netzhaut „falsch herum" ankommt.

Optische Täuschungen

Sämtliche Informationen, die vom Auge aus zum Gehirn gelangen, werden dort mit abgespeicherten Erfahrungen verknüpft. Daraus entsteht dann ein Seheindruck. Die Wahrnehmung ist also abhängig von den eigenen Erfahrungen, die im Gehirn verankert sind. Manchmal entsteht durch diese gespeicherten Erfahrungen ein falscher Eindruck, eine **optische Täuschung**.

Der Linienverlauf in Bild 1 erzeugt eine räumliche Tiefe. Aus der eigenen Erfahrung heraus erscheint der weiter entfernte Strich größer als der Strich im Vordergrund.

Beim Betrachten von Bild 2, nimmt man im ersten Moment entweder eine alte oder eine junge Frau wahr. Welche Frau zuerst gesehen wird, hängt von den Erfahrungen des Betrachters ab. Man versucht immer, beim ersten Blick auf ein Bild etwas Bekanntes zu erkennen. So ergibt sich ein stimmiges Gesamtbild.

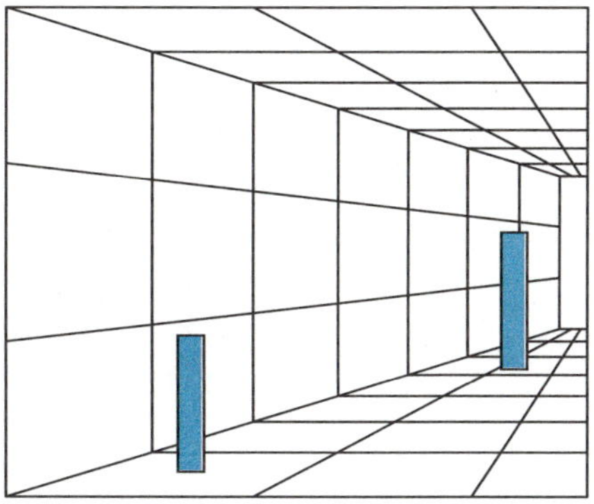

1 Gleich große Stäbe

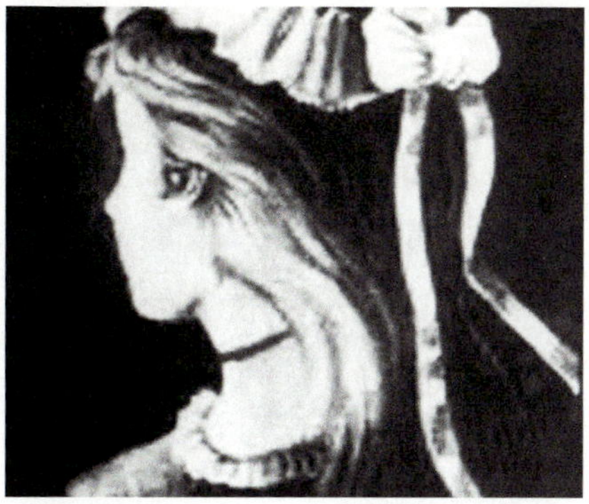

2 Alte und junge Frau

Nach längerem Betrachten ist ein „Hin- und Herspringen“ zwischen alter und junger Frau möglich und man sieht beide.

Die gleichen Kreise in Bild 3 sind einmal von mehreren kleinen Kreisen umgeben und einmal von mehreren großen Kreisen. Jedoch wirkt der Kreis, der von kleineren Kreisen umgeben ist, größer als der andere Kreis. Das liegt daran, dass man sich bei der Wahrnehmung an der Umgebung orientiert.

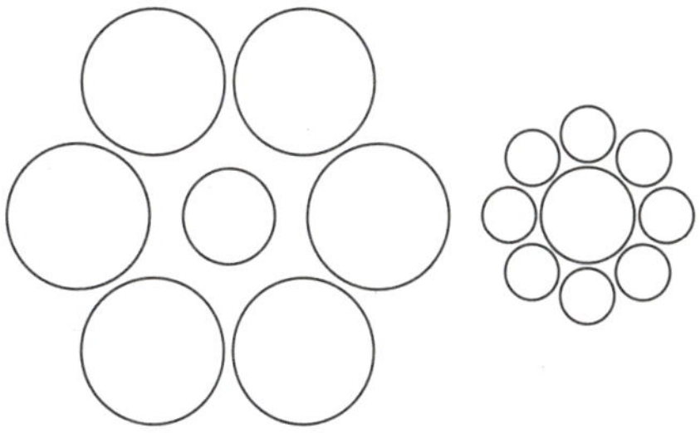

3 Gleich große Kreise

Material mit Aufgaben

M1 Optische Täuschungen

A

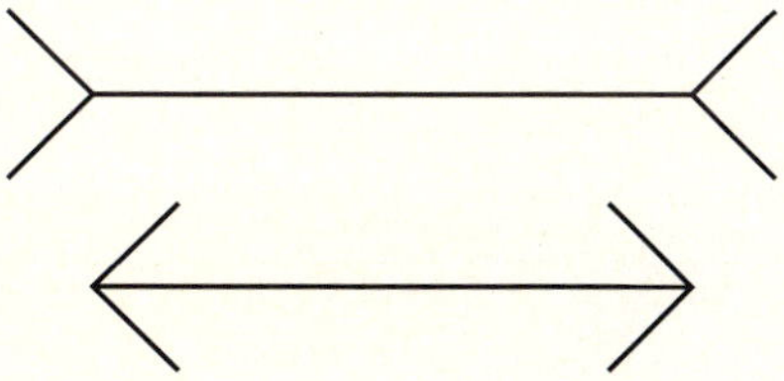

B

C

1. Beschreibe deinen ersten Eindruck beim Ansehen der Bilder A-C.
2. Überprüfe den ersten Eindruck durch Betrachten oder durch Nachmessen mit einem Lineal.
3. Recherchiere weitere optische Täuschungen und stelle sie in der Klasse vor.

1 Die Sonne liefert Licht und Wärme

Das Licht der Sonne

Das sichtbare Licht

Die Sonne strahlt jede Sekunde große Mengen von Strahlungsenergie ins Weltall. Ein kleiner Teil davon gelangt bis zur Erde.

Das weiße Licht der Sonne besteht aus verschiedenen farbigen Bestandteilen. Du kennst diese Farben vom Regenbogen.

Das unsichtbare Licht

Die Sonne sendet neben dem sichtbaren Licht auch **infrarote Strahlung** (IR-Strahlung) aus. Sie ist für Menschen nicht sichtbar. Man kann die infrarote Strahlung aber als Wärme auf der Haut spüren. Auch die **ultraviolette Strahlung** (UV-Strahlung) des Sonnenlichts ist für Menschen unsichtbar. Bienen und Hummeln können diese UV-Strahlung sehen. Sie ist besonders energiereich und bei ungeschütztem Sonnenbaden für den Sonnenbrand der Haut verantwortlich. Deshalb sollte man sich immer gut mit Sonnencreme oder Kleidung schützen. Trifft zu viel UV-Strahlung die ungeschützte Haut, können die Hautzellen dauerhaft verändert werden. Dadurch kann Hautkrebs entstehen.

2 Das Farbspektrum der Sonne.

Das Farbspektrum

Das weiße Licht der Sonne besteht aus verschiedenen, farbigen Bestandteilen. Mithilfe eines Prismas kann man das weiße Licht in seine einzelnen, farbigen Bestandteile zerlegen. Die Farben des Lichts bilden ein Farbband. Man nennt dies **Spektrum**. In einem Spektrum findet man nicht nur alle sichtbaren Bestandteile des Lichts, sondern auch die unsichtbaren Bestandteile. Diese liegen an den Seiten des farbigen Spektrums. Neben dem roten Licht liegt die infrarote Strahlung. Neben dem blauen Licht liegt die ultraviolette Strahlung.

Licht am Arbeitsplatz

Weißes Licht empfindet man als angenehm, wenn es aus allen Farben besteht. Manche Lampen strahlen jedoch Licht aus, in dem einige Farben stärker vorhanden sind als andere. Es entstehen unnatürliche weiße Lichtfarben. Manche Lichtfarben erscheinen einem mehr bläulich. Sie senden **kaltweißes Licht** aus. Andere Lichtfarben sind mehr rötlich. Sie strahlen **warmweißes Licht** aus. Das Licht an einem Schreibtisch sollte eine angenehme Farbe haben. Außerdem muss es hell genug sein und nicht flackern.

A Nenne die sichtbaren und unsichtbaren Bestandteile des Sonnenlichts.

B Beschreibe die Unterschiede zwischen warmweißen und kaltweißem Licht.

C Erkläre, wie du deinen Schreibtisch gut ausleuchtest und was für eine Lichtfarbe du verwenden solltest.

Material mit Aufgaben

P1 Regenbogen erzeugen

Material: Glasprisma, Glühlampe, orangene LED

Durchführung: Halte das Prisma vor die eingeschaltete Glühlampe. Beobachte das Entstehen von Lichtspektren an der Wand. Wiederhole den Versuch mit dem Licht der orangenen LED.

1. Zeichne das Lichtspektrum von der Glühlampe und der LED in dein Heft.
2. Vergleiche die Lichtfarben der LED mit denen der Glühlampe.

M2 Farben des Lichts

A+F

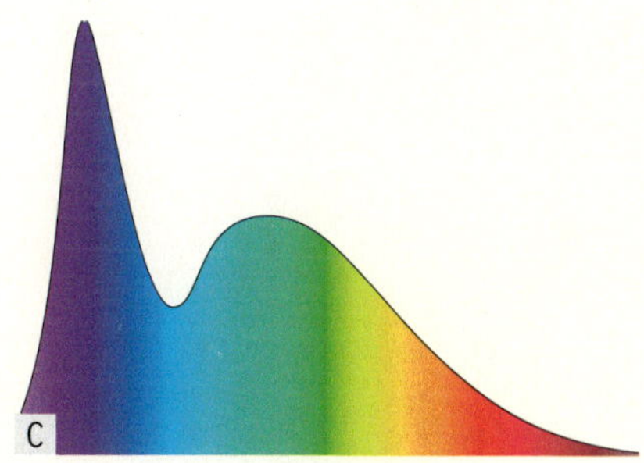

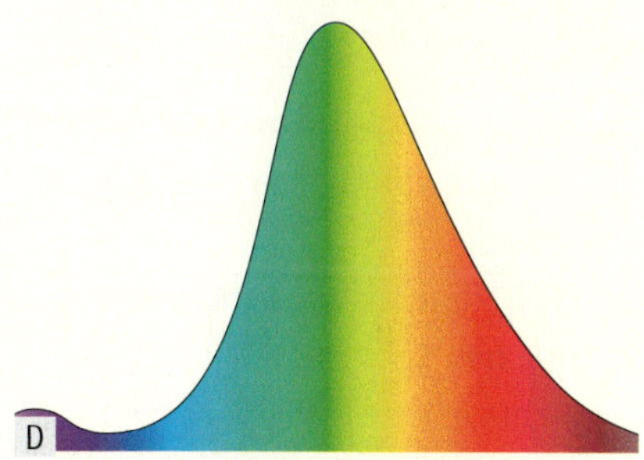

1. Vergleiche das Licht der Lampen A und B. Ordne ihnen die Begriffe warmweiß und kaltweiß zu.
2. Ordne den Lampen A und B die Farbspektren C und D zu.
3. Erkläre das Zustandekommen der unterschiedlichen Weißtöne der Lampen A und B. Benutze für deine Erklärung die Farbspektren C und D.

3 Ein Regenbogen

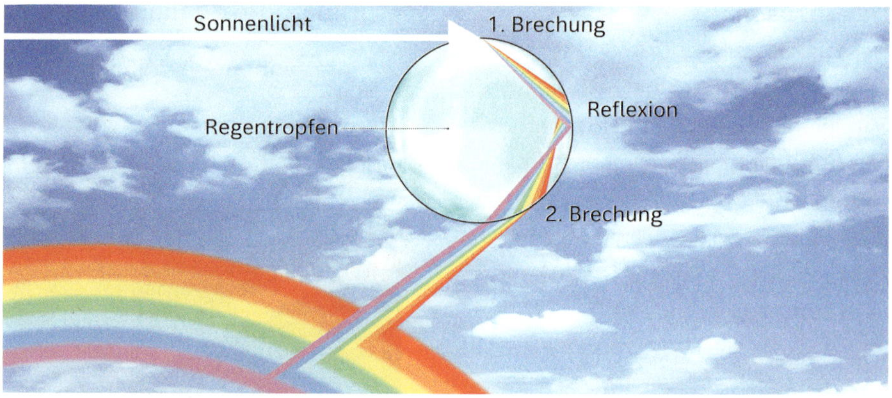

4 Entstehung eines Regenbogens

Regenbogen

Scheint die Sonne während eines Regenschauers, dann kann man oft einen Regenbogen sehen. Ein Regenbogen entsteht, wenn das Licht der Sonne auf Regentropfen trifft und dabei gebrochen wird. Beim Eintreten des Sonnenlichts in den Regentropfen, wird es gebrochen und in seine farbigen Bestandteile zerlegt. Dabei wird jede Farbe unterschiedlich stark gebrochen und das Spektrum dadurch aufgefächert. An der Rückseite des Regentropfens wird das farbige Licht zurück in den Regentropfen reflektiert. Wenn es aus dem Regentropfen wieder austritt, wird das Licht ein zweites Mal gebrochen und dadurch noch breiter aufgefächert.

Da die Regentropfen rund sind, sieht man die farbigen Bestandteile des Lichts in einem Bogen.

Material mit Aufgaben

M3 Regenbogen

1. Beschreibe mithilfe des Bildes die Entstehung eines Regenbogens.
2. Erkläre, warum man alle Farben des Spektrums des weißen Lichts in einem Regenbogen sieht.
3. Stelle Vermutungen an, warum man nur einen Regenbogen sehen kann, wenn man zwischen der Sonne und dem Regenbogen steht.

Farbaddition

Rot, grün und blau sind die drei Grundfarben, aus denen sich alle restlichen Farben mischen lassen. Scheinen zum Beispiel ein roter und ein grüner Scheinwerfer auf die gleiche Stelle an einer Wand, dann sieht man dort einen gelben Lichtkreis. Aus den Grundfarben ist eine **Mischfarbe** entstanden. Die Überlagerung von Farben bezeichnet man als **Farbaddition**. Fallen alle drei Grundfarben zusammen, sieht man nur weiß.

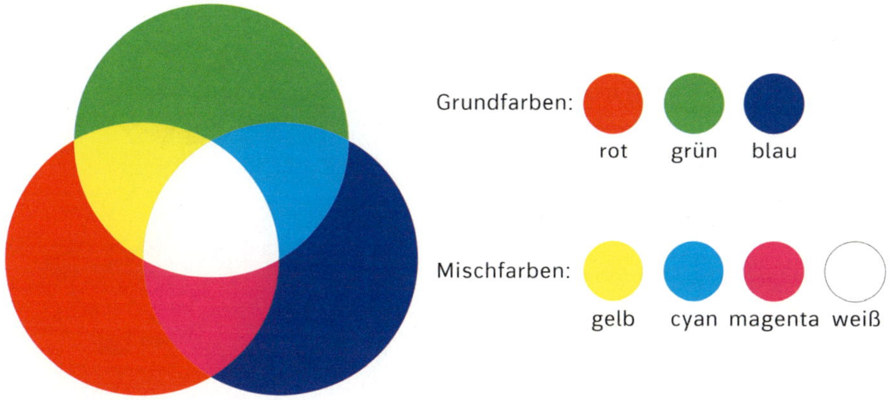

1 Grundfarben und Mischfarben

Farbppixel

Betrachtet man Bildschirme genauer, stellt man fest, dass sie aus vielen Bildpunkten bestehen. Diese Bildpunkte nennt man **Pixel**. Pixel leuchten nur rot, grün oder blau. Bei einem Bildschirm wird die Farbaddition benutzt. Leuchten nur grüne Pixel, erscheint der Bildschirm grün. Leuchten grüne und blaue Pixel, erscheint der Bildschirm cyan. Leuchten alle Pixel, erscheint der Bildschirm weiß.

Physikalisches Farbensehen

Mithilfe eines Prismas kann man das weiße Licht in seine farbigen Bestandteile zerlegen. Ein roter Apfel reflektiert nur das rote Licht. Die anderen Farben des Lichts werden absorbiert. Dadurch sieht der Apfel für einen Betrachter rot aus. Werden alle Farben von einem Gegenstand reflektiert, sieht er weiß aus. Werden keine Farben reflektiert, erscheint er schwarz.

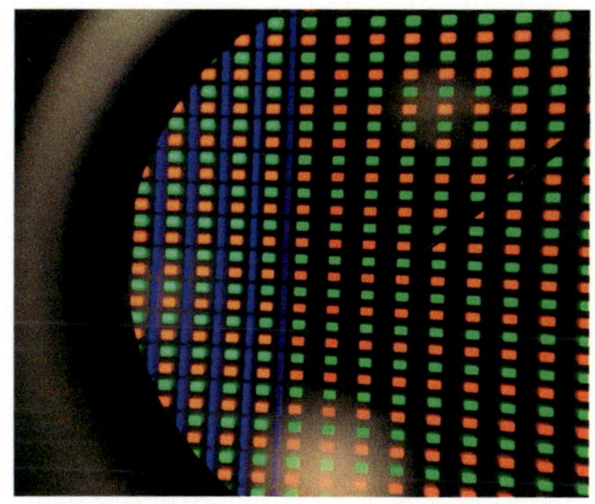

2 Vergrößerte Pixel eines Bildschirms

Material mit Aufgaben

M1 **Physikalisches Farbensehen**

1. Erkläre, warum man die T-Shirts in den Bildern A und B in ihren jeweiligen Farben wahrnehmen kann.
2. Erläutere, welche Farben bei einem schwarzen und weißen Gegenstand reflektiert und absorbiert werden.
3. Stelle Vermutungen an, welche Farben bei einem grauen Gegenstand reflektiert und absorbiert werden.

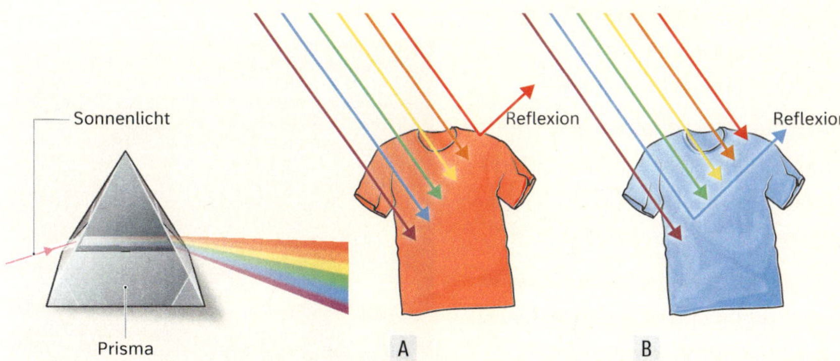

Zusammenfassung Licht breitet sich aus

Ausbreitung von Licht

Licht breitet sich geradlinig aus. Die Ausbreitung von Licht kann man mit dem Lichtstrahlmodell beschreiben. Für die Beschreibung der Wahrnehmung von Licht verwendet man das Sender-Empfänger-Modell. Sender wie eine Lampe strahlen Licht ab. Empfänger wie die Augen oder ein Buch empfangen das Licht. Manche Empfänger werfen einen Teil des Lichts wieder zurück.

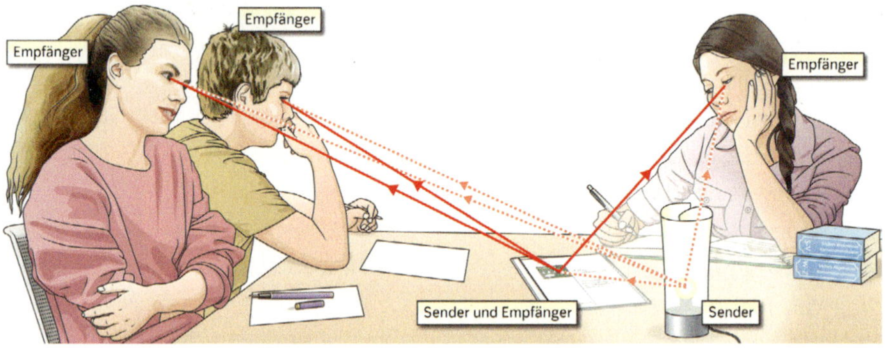

Licht trifft auf Oberflächen

Trifft Licht auf eine Oberfläche, kann das Licht reflektiert, absorbiert, gestreut oder gebrochen werden. Trifft Licht auf eine glatte Oberfläche, wird es reflektiert. Bei der Reflexion wird Licht in eine Richtung zurückgeworfen. Dabei ist der Einfallswinkel genauso groß wie der Reflexionswinkel. Wird Licht an nicht glatten, unebenen Oberflächen in mehrere Richtungen zurückgeworfen, spricht man von Streuung.
Bei der Absorption wird Licht von einer Oberfläche aufgenommen. Dunkle Flächen absorbieren Licht besser als helle Flächen. Aus diesem Grund werden dunklere Flächen im Sommer schneller wärmer als hellere Flächen.
Fällt Licht wie beim Auge durch eine Linse, wird es in eine Richtung abgelenkt. Man spricht dann von einer Lichtbrechung.

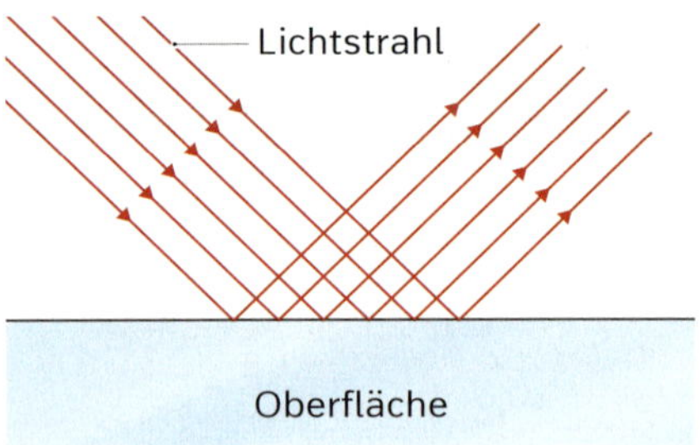

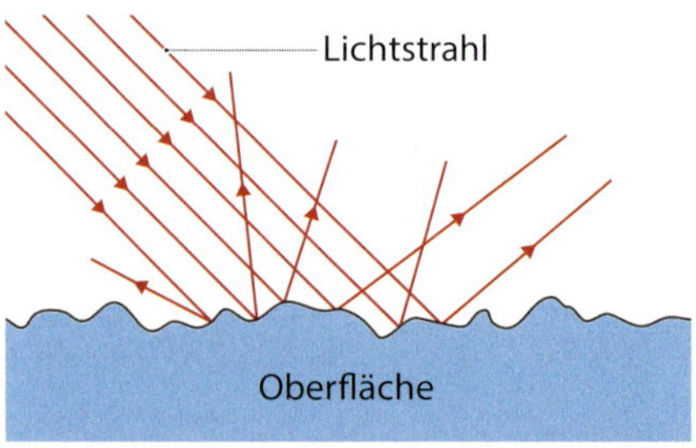

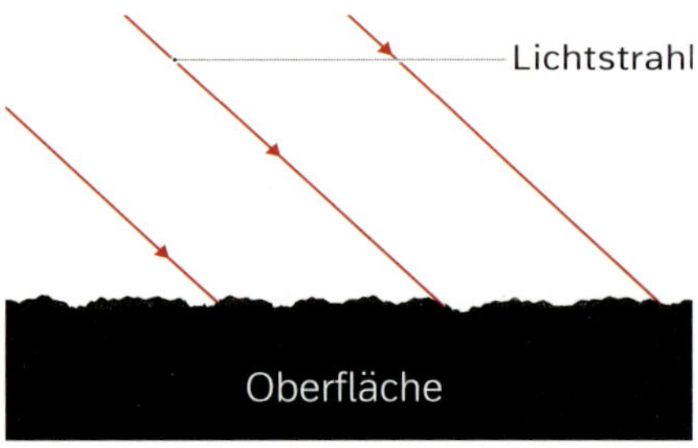

Licht und Schatten

Wird ein Gegenstand beleuchtet, entsteht dahinter ein Schattenraum. Trifft dieser Schattenraum auf eine Wand oder einen Schirm, entsteht ein Schattenbild.
Wird ein Gegenstand von mehreren Lichtquellen beleuchtet, unterscheidet man zwischen Kernschatten und Halbschatten.

Mondphasen und Finsternisse

Die Sonne bescheint immer nur eine Hälfte des Mondes. Da sich der Mond um die Erde bewegt, sieht man von der Erde aus sich wiederholende Mondphasen. Eine Sonnenfinsternis entsteht, wenn der Schatten des Mondes auf die Erde fällt. Befindet sich der Mond im Schattenraum der Erde, entsteht eine Mondfinsternis.

1 Sender und Empfänger

A Erkläre an Beispielen den Unterschied zwischen selbstleuchtenden und beleuchteten Körpern.

B Beschreibe mithilfe des Bildes das Sender-Empfänger-Modell.

C Eine brennende Glühbirne ist eine Lichtquelle. Erkläre, warum auch eine ausgeschaltete Glühbirne eine Lichtquelle sein kann.

2 Bau des Auges

A Benenne die Bauteile des menschlichen Auges.

B Nenne die Schutzeinrichtungen des Auges.

C Erstelle eine Tabelle mit den Bauteilen des Auges und den dazugehörigen Funktionen.

D Erkläre, ob das Vergrößern und Verkleinern der Pupille auch zum Schutz der Augen dient.

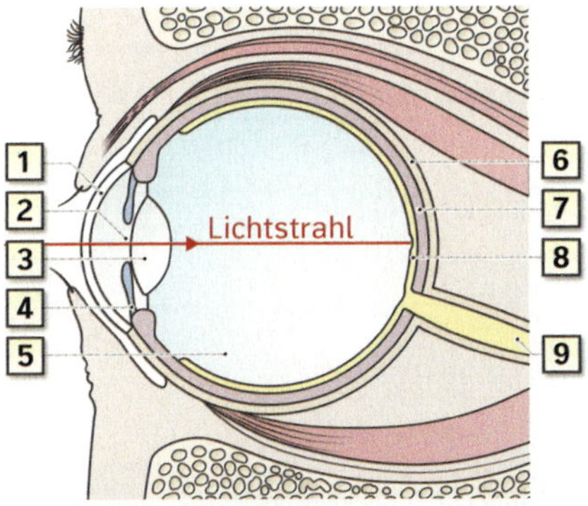

3 Licht und Schatten

A Erkläre mit dem abgebildeten Bild die Begriffe Lichtquelle und Schattenbild.

B Beschreibe, wie man einen möglichst großen Schatten erhält.

C Beschreibe mithilfe des Bildes die Entstehung von Kern- und Halbschatten.

D Fertige eine einfache Zeichnung für die Entstehung von Kern- und Halbschatten an.

4 Licht trifft auf Oberflächen

A Erkläre, ob in den Bildern A-C das Licht absorbiert, reflektiert oder getreut wird.

B Erkläre, was es bedeutet, wenn ein Gegenstand Licht absorbiert.

C Ergänze die folgenden Sätze in deinem Heft:

- Je dunkler die Oberfläche ist, desto...
- Je heller die Oberfläche ist, desto...

D Erkläre das Reflexionsgesetz.

E Erläutere, wie die Kleidung sein sollte, damit man im Straßenverkehr gut gesehen wird.

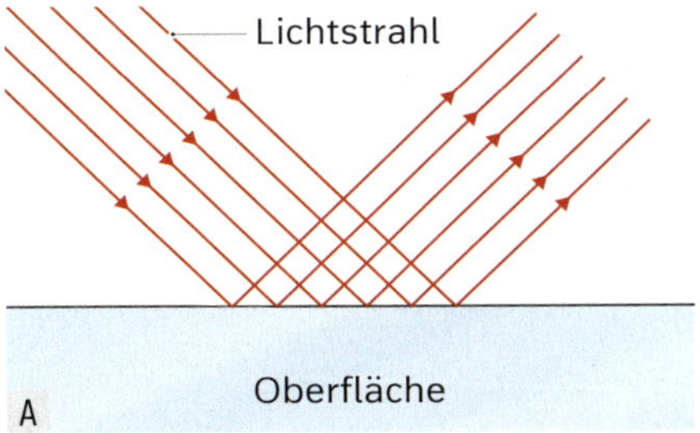

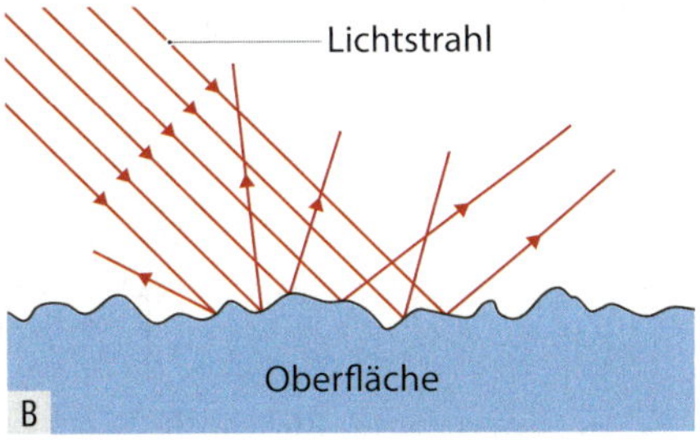

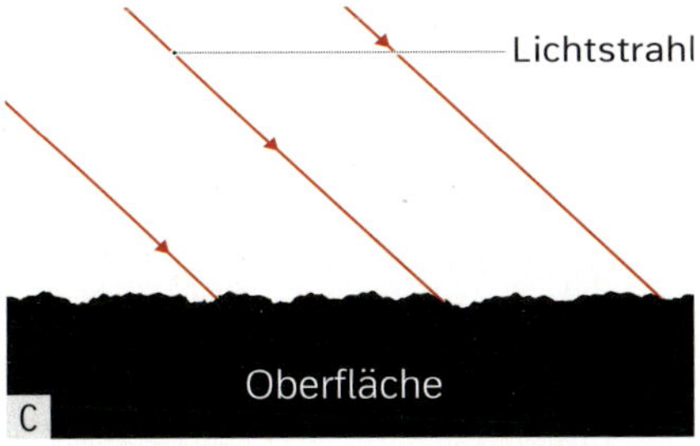

Warum hört man die Trommeln?
Wie hören Tiere?
Wie breitet sich Schall aus?

2

Schall

Die Geräusche der Trommeln hallen durch die Luft. Sie sind so laut, dass man sich schon die Ohren zuhalten muss. Auf den Trommeln liegt farbiges Pulver. Mit jedem Trommelschlag fliegt es in die Luft. Es sieht so aus, als würde die Farbe tanzen.

1 Ein Konzert

Schall unterwegs

Was ist Schall?

Auf einem Konzert hört man Gesang, den Klang von Instrumenten, aber auch Klatschen und Geschrei. Man kann auch zwischen lauten und leisen Geräuschen unterscheiden. Jeden Tag hört man die unterschiedlichsten Dinge. Alles, was man mit den Ohren als Reiz aufgenommen wird, nennt man **Schall**.

Schallentstehung

Wenn der Gitarrist an den Gitarrensaiten zupft, dann schwingen diese. Wenn der Sänger singt, schwingen seine Stimmbänder. Wird eine Trommel geschlagen, dann schwingt das Trommelfell auf der Trommel. Schall entsteht also nur, wenn etwas schwingt. Diese Schwingungen werden dann auf die Luft übertragen.

2 Schall im Modell

Schall im Teilchenmodell

Die Luft besteht aus vielen, gleichmäßig verteilten Teilchen. Diese werden zum Beispiel von einer schwingenden Gitarrensaite oder einem Trommelfell angestoßen. Sie stoßen dann andere Teilchen an. Die Luft wird verdichtet. Die Teilchen stoßen immer weitere Teilchen an. Dadurch bewegt sich die Luftverdichtung weiter. Der Schall breitet sich aus. Gelangt der Schall in die Ohren, wird er in Signale umgewandelt und im Gehirn ensteht ein Höreindruck.

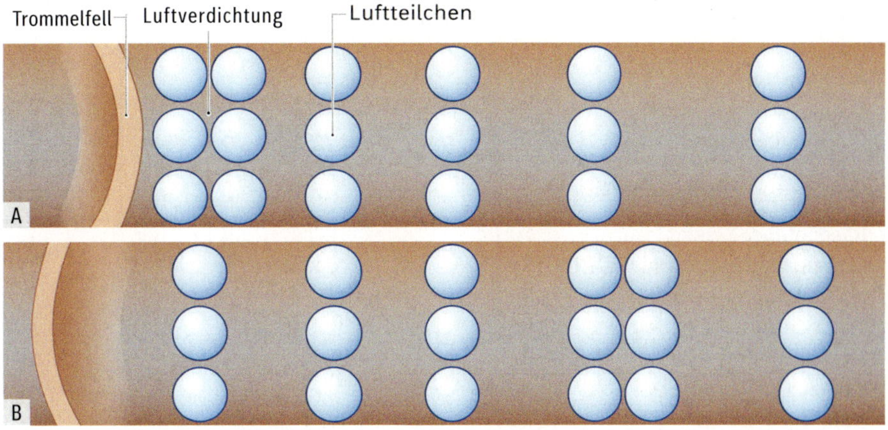

3 Schallausbreitung im Teilchenmodell am Trommelfell: **A** beim Schwingen, **B** kurz danach

Ausbreitung von Schall

Alles, was Schall aussendet, wird Schallquelle oder **Schallsender** genannt. Der Schall breitet sich in alle Richtungen durch einen **Schallüberträger** aus. Neben Luft kann Schall auch über andere Schallüberträger wie Wasser oder Metalle weitergeleitet werden. Mithilfe der beiden Ohren nimmt man den Schall auf. Das Ohr ist ein **Schallempfänger**. Je weiter man vom Schallsender entfernt ist, desto weniger schwingende Teilchen sind vorhanden. Die Lautstärke eines Geräusches nimmt ab.

Reflektion von Schall

Trifft Schall auf eine Oberfläche, wird er zurückgeworfen. Er wird **reflektiert**. Ist die Fläche, von der der Schall reflektiert wird, sehr weit entfernt, kann man den reflektierten Schall erneut hören. Ruft man zum Beispiel sehr laut in den Bergen, kann man sein eigenes Rufen wieder hören. Man nennt das **Echo.** ▶

A Beschreibe mithilfe des Teilchenmodells, wie sich Schall ausbreitet.

Material mit Aufgaben

M1 Schallausbreitung

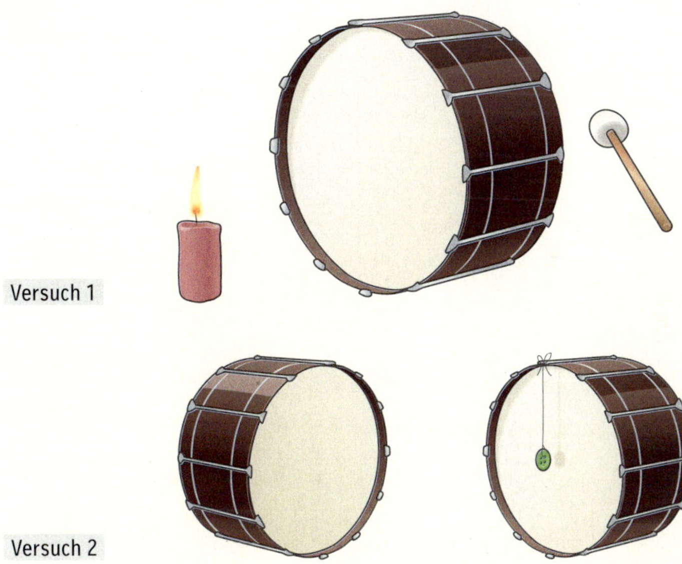

1. Beschreibe die Schallausbreitung in Versuch 1 von der Trommel bis zu der Kerzenflamme.
2. Ordne die Begriffe Schallsender, Schallüberträger und Schallempfänger dem Modell in Versuch 1 zu. ⊞
3. Wähle eine der Aufgaben aus:
   a Erläutere, warum die Kerzenflamme flackert oder sogar ausgehen kann.
   b Erläutere was passiert, wenn die linke Trommel in Versuch 2 geschlagen wird.

Geräusche	dB	Lärmwirkung
Düsentriebwerk	130	
lautes Motorrad	120	
Disko	110	
Presslufthammer	100	
LKW	90	
Straße mit starkem Verkehr	80	
Rasenmäher (Benzin)	70	
Laute Unterhaltung/Radio	60	
Normale Unterhaltung/Radio	50	
Leise Unterhaltung/Radio	40	
Ticken eines Weckers	30	
Flüstern	20	
Atmen	10	
Hörschwelle	0	

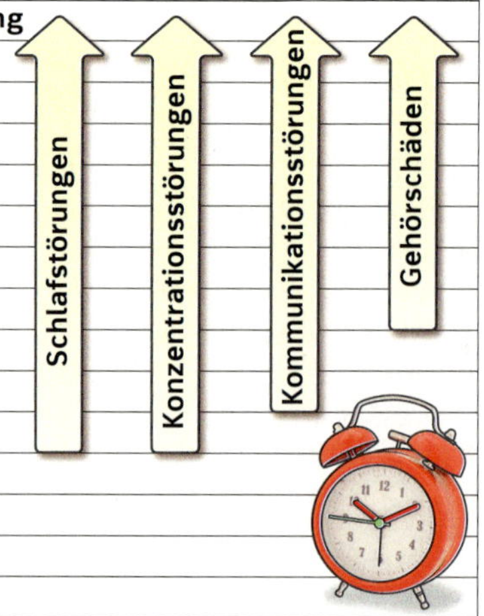

4 Dezibelskala

Material mit Aufgaben

M2 Schallausbreitung

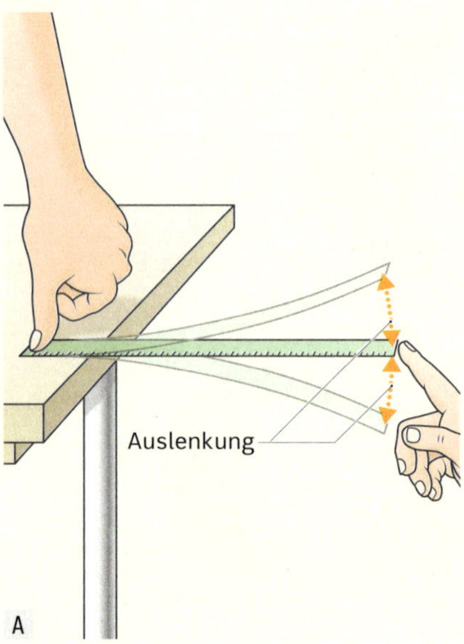

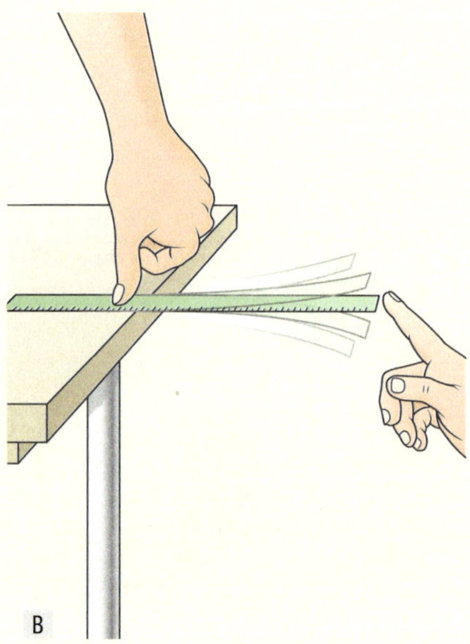

1. Beschreibe die abgebildeten Schwingungen in den Bildern A und B.
2. Erkläre, welches der Lineale einen hohen und welches einen tiefen Ton erzeugt.
3. Erkläre, welches der Lineale einen lauten und welches einen leisen Ton erzeugt.
4. Erläutere, wie man mit dem Lineal einen lauten und tiefen Ton erzeugt.

Hoch und tief

Hält man ein Lineal über einer Tischkante fest, kann man es mit einer Hand anzupfen. Das Lineal schwingt dann hin und her. Gleichzeitig hört man einen Ton. Je kürzer der schwingende Teil des Lineals ist, umso schneller schwingt es. Dabei ändert sich auch die Tonhöhe. Die Höhe eines Tons hängt davon ab, wie oft das Lineal in einer Sekunde nach unten und nach oben schwingt. Die Anzahl der Schwingungen pro Sekunde wird als **Frequenz** bezeichnet. Die Einheit für die Frequenz ist **Hertz,** abgekürzt Hz. Schwingt das Lineal in einer Sekunde 100-mal hin und her, beträgt die Frequenz 100 Hertz. Je höher die Frequenz ist, desto höher ist auch der Ton.

Laut und leise

Je stärker das Lineal angezupft wird, desto weiter schwingt es nach unten und nach oben. Die Entfernung von der Ruhelage des Lineals bis zu seinem weitesten Ausschlag heißt **Amplitude**. Die Lautstärke des Tons hängt davon ab, wie weit das Lineal nach oben und nach unten schwingt. Je größer die Amplitude einer Schwingung ist, desto lauter ist der Ton.
Die Einheit der Lautstärke ist **Dezibel,** abgekürzt dB. Für jeden Menschen sind Lautstärken unterschiedlich angenehm. Um Lautstärken besser vergleichen zu können, wurde die **Dezibelskala** eingeführt. Sie zeigt typische Werte für verschiedene Schallquellen. Zum Beispiel liegt der Lärm des Straßenverkehrs bei 80 Dezibel. Ab etwa 130 Dezibel empfindet man ein Geräusch als unangenehm.

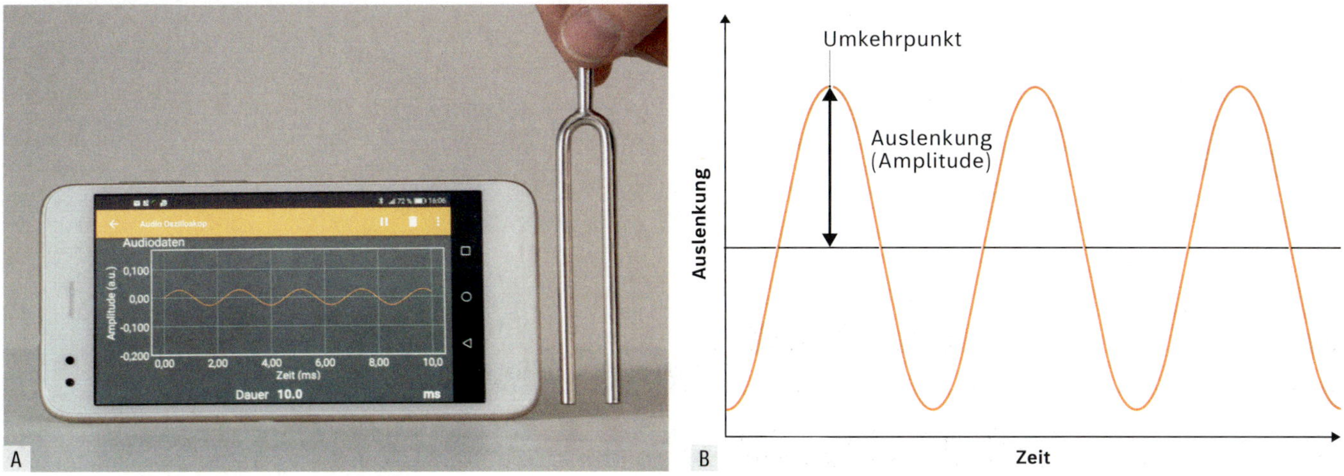

5 Schwingungsbilder: **A** einer Stimmgabel auf einer Smartphone-App, **B** grafische Darstellung

Schwingungsbilder

Schlägt man eine Stimmgabel an einen Gegenstand an, beginnt sie zu schwingen. Man hört einen Ton. Die Schwingungen der Stimmgabel sind jedoch kaum zu sehen. Mit einem einfachen Versuch lassen sich die Schwingungen sichtbar machen: Wenn ein Mikrofon an einen Computer angeschlossen wird, kann dieser die aufgenommenen Töne als **Schwingungsbilder** anzeigen.
Auch Apps können die Schwingungen grafisch darstellen. Mithilfe dieser Diagramme lassen sich die Frequenzen und die Amplituden der Töne ablesen. So kann man die Schwingungen verschiedener Schallquellen miteinander vergleichen.

B Erkläre am Beispiel eines schwingenden Lineals, was die Einheit Hertz bedeutet.

C Erkläre, wovon die Lautstärke eines Tons abhängt.

D Beschreibe den Nutzen von Schwingungsbildern.

Material mit Aufgaben

M3 Schwingungsbilder

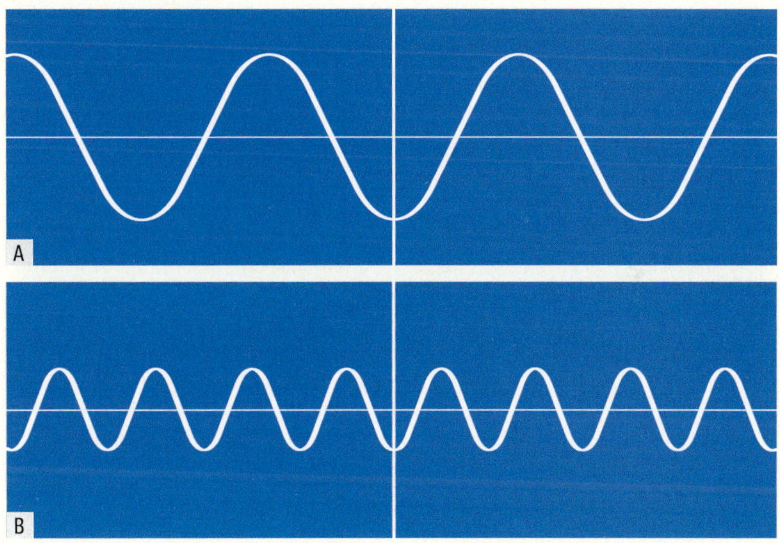

1. Vergleiche die Schwingungsbilder A und B.
2. Erkläre, welches der beiden Schwingungsbilder einen tiefen Ton und welches einen hohen Ton darstellt.
3. Wähle eine der Aufgaben aus:
   a Erläutere, welcher der beiden Töne lauter ist.
   b Erläutere, wie sich das Schwingungsbild in A verändert, wenn der Ton mit der Zeit immer lauter wird.

1 Ein Gewitter

Schall in verschiedenen Medien

Ein Medium bezeichnet in der Physik einen Träger für ein Signal

Schall braucht ein Medium

Schlägt man die Saite einer Gitarre an, dann schwingt sie sehr schnell hin und her. Dabei stößt die Saite gegen die Luftteilchen in ihrer Umgebung. Die Luftteilchen fangen ebenfalls an zu schwingen. Sie stoßen dann weitere Luftteilchen an. So breitet sich Schall in der Luft aus. Bei fast allen Dingen, die man hören kann, schwingt die Luft mit. Ohne Luft kann man den Schall nicht hören. Man sagt, der Schall benötigt ein Medium, wie ein Gas, in dem er sich ausbreiten kann.

Material mit Aufgaben

M1 Wecker

1. Beschreibe den dargestellten Versuchsaufbau.
2. Stelle eine Vermutung an, welcher Wecker zu hören ist. Begründe deine Vermutung.
3. Erkläre, wozu die schalldämpfende Unterlage nötig ist.
4. Erkläre, ob es Schall im Weltraum gibt.

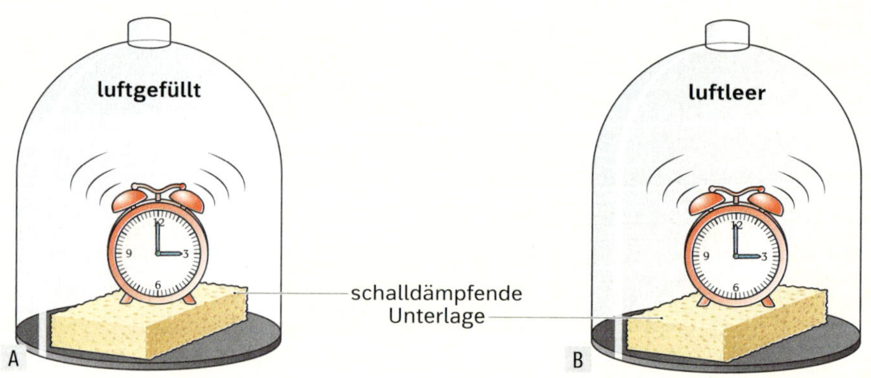

Schallgeschwindigkeit

Wie das Licht, hat auch der Schall eine bestimmte Geschwindigkeit, mit der er sich ausbreitet. Die Schallgeschwindigkeit in der Luft beträgt ungefähr 343 Meter pro Sekunde. Sie ist jedoch nicht immer gleich groß. Die Schallgeschwindigkeit hängt vom Medium ab, in dem sich der Schall ausbreitet. Neben Gasen wie Luft, kann sich Schall auch in Flüssigkeiten und Festkörpern ausbreiten. Genau wie bei der Luft, versetzt er auch die Teilchen von Festkörpern und Flüssigkeiten in Schwingung. Je dichter die Teilchen beieinander liegen, desto besser kann sich der Schall ausbreiten. Aus diesem Grund leiten feste Stoffe wie Metalle Schall besser als Luft. Im Wasser breitet sich der Schall ungefähr viermal so schnell aus wie in der Luft.

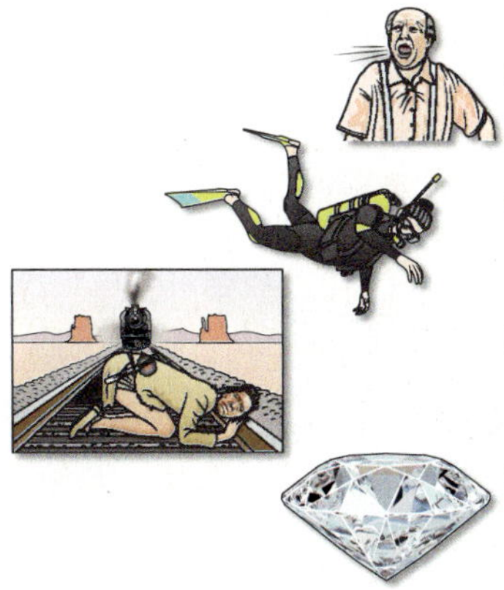

Medium bei 20 °C	Schallgeschwindigkeit in $\frac{m}{s}$
Luft	343
Wasser	1848
Eisen	5170
Diamant	18000

2 Verschiedene Schallgeschwindigkeiten

Blitz und Donner

Licht ist sehr schnell. Es breitet sich mit ungefähr 300 000 Kilometern pro Sekunde aus. Damit ist das Licht viel schneller als der Schall. Man kann das bei einem Gewitter gut beobachten. Blitze und Donner entstehen fast gleichzeitig. Da sich das Licht aber viel schneller als der Schall ausbreitet, sieht man zuerst den Blitz einschlagen. Erst kurze Zeit danach hört man den Donner.

A Erkläre, warum Schall ein Medium braucht um sich auszubreiten.

B Erkläre, warum man bei einem Gewitter zuerst die Blitze sieht und erst kurze Zeit danach den Donner hört.

Material mit Aufgaben

M2 Schallgeschwindigkeit

Bei einem Wettrennen wird eine Klappe für das Startsignal zusammengeschlagen. Die Läufer rennen dann los. Am Ziel steht eine Person mit Stoppuhr um die Zeit zu messen.

1. **III** Erkläre, auf was der Läufer und der Zeitnehmer jeweils beim Start achten müssen. ⊞

1 Flüsternde Mädchen

Bau des Ohres

Das Ohr als Sinnesorgan

Mit den Ohren wird Schall aufgenommen, weitergeleitet und in ein elektrisches Signal umgewandelt. Das Ohr ist das Sinnesorgan für die Aufnahme, Weiterleitung und Umwandlung von Schall. Es besteht aus den drei Teilen **Außenohr**, **Mittelohr** und **Innenohr**.

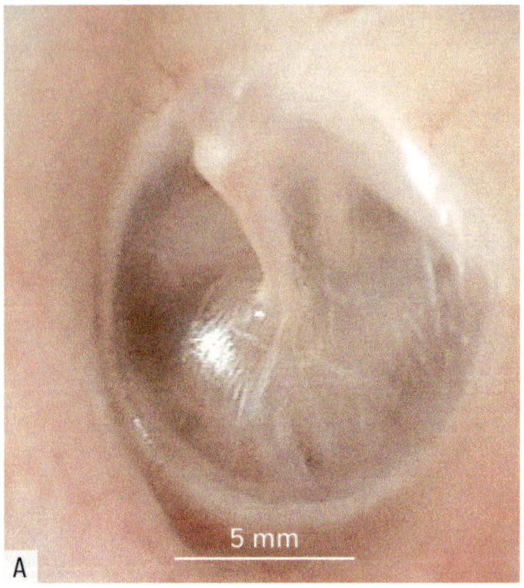

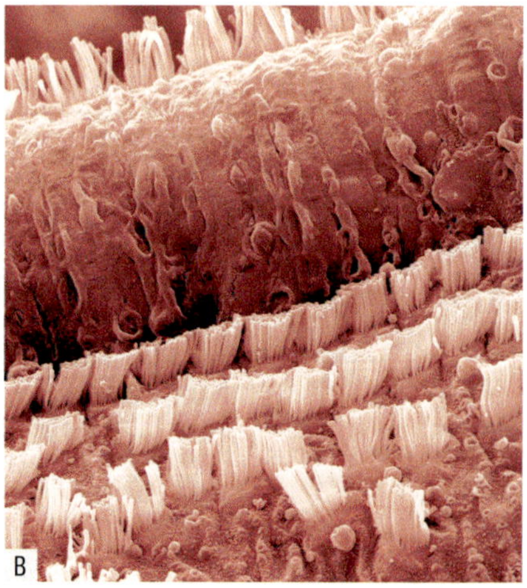

2 Ohr: **A** Trommelfell, **B** Hörsinneszellen

Außenohr

Vom Außenohr ist nur die Ohrmuschel sichtbar. Sie fängt den Schall wie ein Trichter auf. Der Schall gelangt dann in den Gehörgang. Im Gehörgang befinden sich kleine Härchen, die das Ohr vor dem Eindringen von Schmutz schützen. Drüsen des Gehörgangs bilden das Ohrenschmalz. So werden Staub und Hautreste verklebt und nach außen transportiert. Der Schall gelangt durch den Gehörgang an ein dünnes Häutchen, das **Trommelfell**, und versetzt es in Schwingung.

Mittelohr

Im Mittelohr ist das Trommelfell mit den **Gehörknöchelchen** Hammer, Amboss und Steigbügel, verbunden. Schwingt das Trommelfell, geraten die Gehörknöchelchen in Bewegung. Sie sind so angeordnet, dass Schwingungen des Trommelfells verstärkt werden.

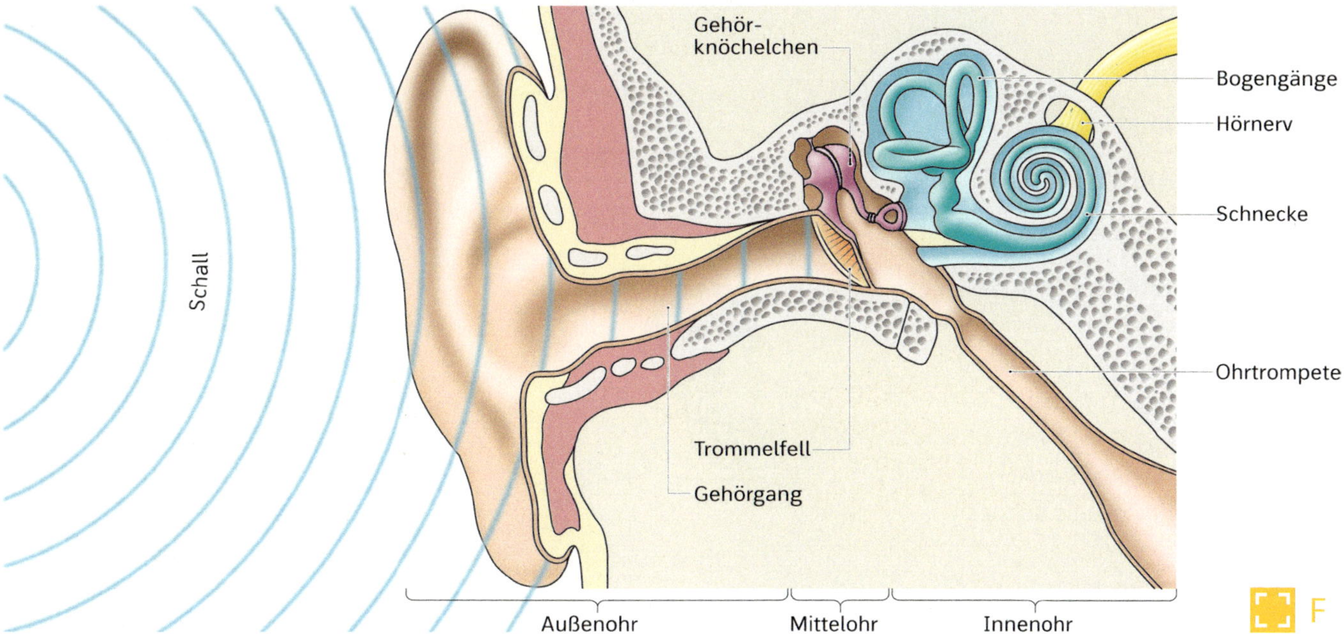

3 Aufbau des Ohres

Innenohr

Das Innenohr liegt gut geschützt im Schädel. Hier befindet sich das eigentliche Hörorgan: die **Gehörschnecke**. Sie ist mit Flüssigkeit gefüllt. Über die schwingenden Gehörknöchelchen wird die Flüssigkeit in der Gehörschnecke in Bewegung versetzt. Dadurch werden die in der Gehörschnecke befindlichen Hörsinneszellen bewegt. Diese erzeugen dann elektrische Signale, die über den Hörnerv an das Gehirn geleitet werden. Dort entsteht der Höreindruck.

Druck auf den Ohren

Beim Fliegen hat man manchmal beim Start oder Landung Druck auf den Ohren. Durch Gähnen oder Schlucken kann man einen Druckausgleich schaffen und das Druckgefühl verschwindet.

Für diesen Druckausgleich ist die Ohrtrompete zuständig. Sie liegt im Mittelohr und verbindet das Ohr mit dem Rachenraum. Nach einem Druckausgleich kann das Trommelfell frei schwingen und man kann wieder gut hören. ▶

Material mit Aufgaben

M1 Bau des Ohres

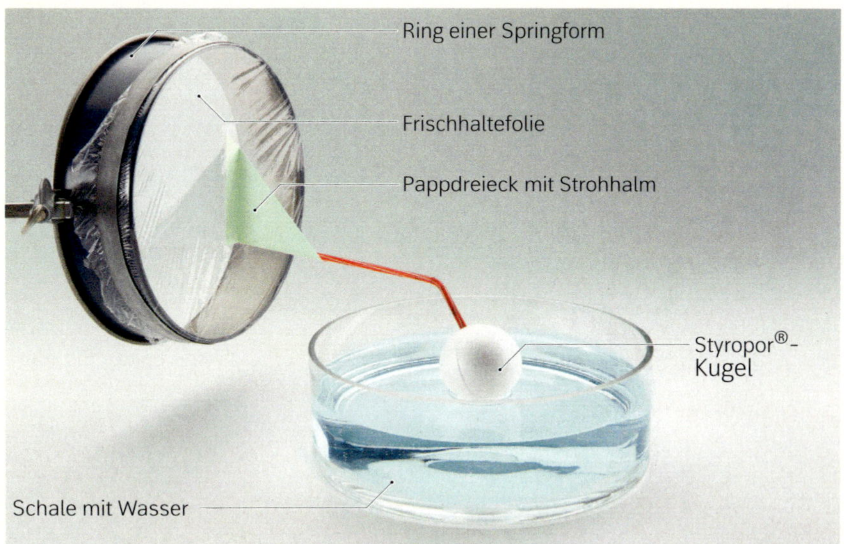

In dem Modell wird eine Frischhaltefolie straff über den Ring einer Springform gespannt. An die Frischhaltefolie wird ein Pappdreieck mit einem Strohhalm und einer Styropor®-Kugel befestigt. Diese ruht auf einer Wasseroberfläche.

1. Ordne den Modell-Bauteilen die entsprechenden Bauteile des Mittelohrs zu.
2. Erkläre was passiert, wenn man vor der Folie klatscht.
3. Erläutere, was das Modell gut und was weniger gut verdeutlicht.

Material mit Aufgaben

M2 Richtungshören

Tim schlägt mit einem Stab an verschiedenen Stellen auf den Schlauch. Kira nennt die Richtung, aus der sie das Geräusch hört.

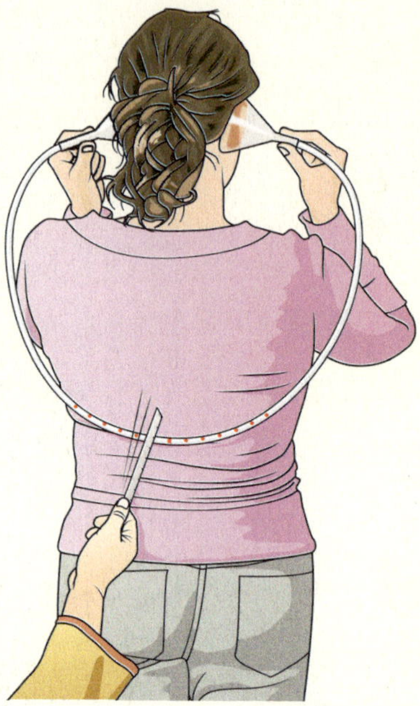

1. Erkläre, warum Kira die Richtung erkennt, aus der das Geräusch kommt.
2. Stelle Vermutungen an, ob das Richtungshören auch unter Wasser funktioniert.
3. Stelle Vermutungen an, ob man noch erkennt, aus welcher Richtung das Geräusch kommt, wenn näher am Ohr auf das Rohr geschlagen wird.

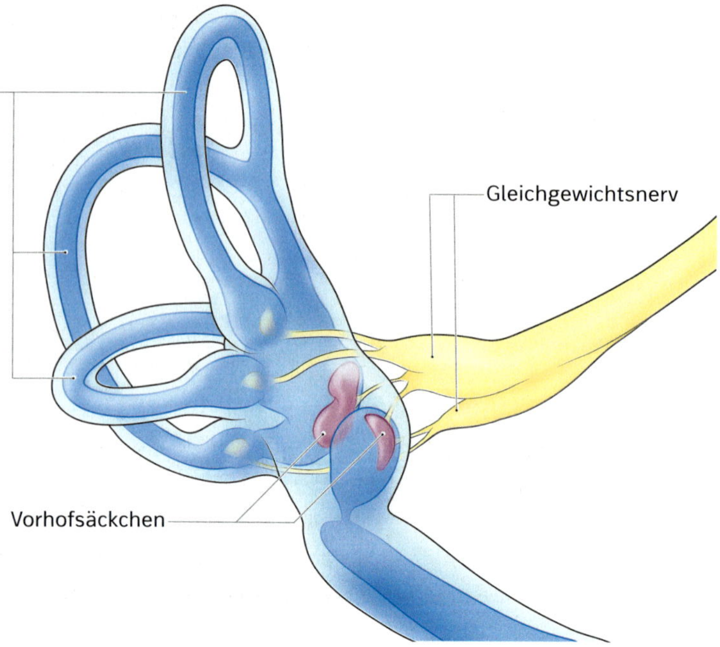

4 Gleichgewichtssinn im Ohr

Richtungshören

Im Straßenverkehr ist es wichtig einzuschätzen, aus welcher Richtung ein Auto kommt. Der Weg des Schalls vom Auto ist zu beiden Ohren unterschiedlich lang. Dadurch kommt der Schall an einem Ohr ein klein wenig früher, als am anderen Ohr an. Das Gehirn ermittelt aus diesem Zeitunterschied die Richtung, aus der der Schall kommt.

Gleichgewichtssinn

Wenn man Einrad fahren lernt, fällt es zu Beginn schwer, das Gleichgewicht zu halten. Meistens merkt man aber gar nicht, dass man den Gleichgewichtssinn ständig nutzt.

Im Innenohr an der Schnecke befindet sich der Gleichgewichtssinn mit den drei Bogengängen und den Vorhofsäckchen. Die Bogengänge funktionieren ähnlich wie Wasserwaagen. Dadurch können Drehbewegungen des Kopfes wie Kopfschütteln und Nicken wahrgenommen werden. Beschleunigen und Abbremsen beim Autofahren werden mit Hilfe der Vorhofsäckchen wahrgenommen. Sind die Informationen, die das Gehirn von den Augen und dem Gleichgewichtssinn erhält verschieden, kommt es zu Schwindelgefühl und man verliert das Gleichgewicht.

A Beschreibe, welche Schwierigkeiten sich im Straßenverkehr ergeben, wenn jemand auf einem Ohr taub ist.

B Erkläre, warum es schwerer ist, das Gleichgewicht zu halten, wenn man auf einem Bein steht und die Augen verbunden sind.

Tiere hören anders

Manche Hundebesitzer pfeifen ihre Hunde mit einer speziellen Pfeife zurück. Menschen können den Ton der Pfeife nicht hören, Hunde aber schon. Das liegt daran, dass Hunde deutlich höhere Frequenzen wahrnehmen können als Menschen. Menschen und Hunde haben unterschiedliche **Hörbereiche**.
Jedes Lebewesen hat nicht nur einen bestimmten Hörbereich, sondern auch einen Bereich, in dem es Schall aussendet, den **Stimmumfang**. Mäuse erzeugen Geräusche im Frequenzbereich von 1 bis 70 Kilohertz. Wir hören davon nur einen kleinen Teil, den wir als ein leises Piepsen wahrnehmen. Wale müssen sich unter Wasser über große Entfernungen verständigen. Dafür produzieren sie sehr tiefe Töne im Frequenzbereich von 10 bis 40 Hertz.

1 **A** Hundepfeife, **B** Wale

Material mit Aufgaben

M1 Wie Tiere hören

1. Nenne das Tier mit dem größten Hörbereich und Stimmumfang sowie mit dem kleinsten Hörbereich und Stimmumfang.
2. Nenne das Tier, das die höchsten Töne hört und das Tier, das die tiefsten Töne hört.
3. Erkläre, warum der Blauwal den Mensch nicht hören kann .
4. Wissenschaftler haben einen Wal beobachtet, der Töne mit einer Frequenz von 52 Hz produziert. Stelle Vermutungen an, welche Probleme der Wal bei der Kommunikation hat.

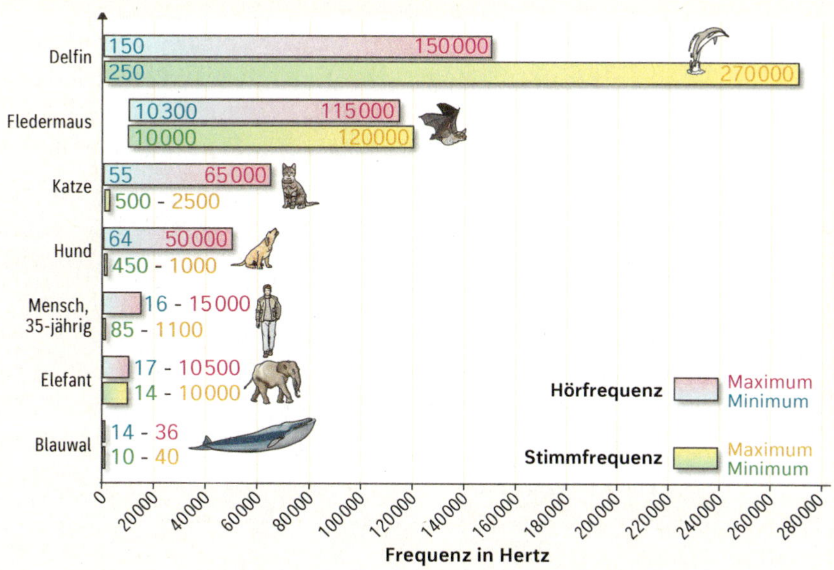

1 Lärm macht krank

Schutz der Ohren

Wirkung von Lärm

Für viele Menschen ist ein Konzertbesuch ein schönes Erlebnis. Die Musik wird nicht als unangenehm empfunden, obwohl sie sehr laut sein kann. Schall, der als unangenehm empfunden wird, bezeichnet man dagegen als **Lärm**.
Jeder Mensch empfindet Lärm anders. Die Lautstärke und die Höhe der Geräusche haben einen Einfluss darauf, wie unangenehm man den Lärm empfindet. Auch die Dauer des Lärms spielt dabei eine Rolle. Selbst bei geringer Lautstärke kann dauerhafter Lärm zu Schlafstörungen, Magenbeschwerden oder Nervosität führen. Auch Musik, die man über Kopfhörer hört, empfindet man meistens nicht als Lärm. Aber oft ist die Musik zu laut und kann genau so viel Schaden verursachen wie ein startendes Flugzeug.

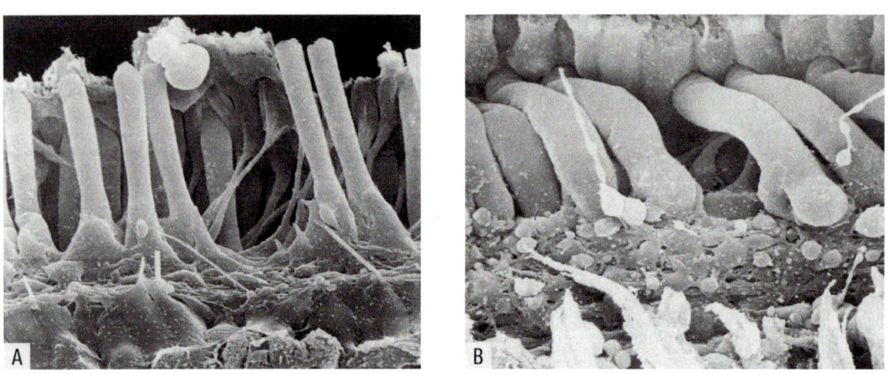

2 Hörsinneszellen: **A** gesund, **B** geschädigt

Weitere Erkrankungen

Das Ohr kann auch durch falsche Pflege und Krankheitserreger erkranken. Eine Mittelohrentzündung wird durch Bakterien hervorgerufen und führt zu Ohrenschmerzen. Normalerweise bekämpft das Ohrenschmalz leichte Infektionen und entfernt Schmutz aus dem Gehörgang. Deswegen sollte das Ohrenschmalz nicht mit Wattestäbchen entfernt werden.

Schutz vor Lärm

Man kann sich einfach gegen Lärm schützen, indem man die Lautstärke verringert oder den Abstand zur Lärmquelle vergrößert. Wenn das nicht möglich ist, gibt es Ohrenstöpsel. Sie sind aus einem flexiblen Material und werden in die Ohren gesteckt. Menschen, die in ihrem Beruf mit viel Lärm arbeiten, tragen spezielle Kopfhörer. Diese sind sehr dick und umschließen das ganze Ohr. Wenn man an einer Autobahn wohnt, möchte man nicht die Geräusche von den Autos hören. Daher stehen an vielen Autobahnen hohe Wände. Diese Schallschutzmauern sind aus Materialien, die den Schall sehr schlecht oder gar nicht weiterleiten. Sie **absorbieren** ihn. Durch eingebaute Vertiefungen wird der Schall noch besser gedämpft. Sie werfen den Schall in verschiedene Richtungen zurück, sodass Anwohner nicht gestört werden. Das Schall wird **reflektiert**.

Schall in verschiedenen Medien

Der Schall breitet sich nicht nur mithilfe der Luftteilchen aus. Er versetzt auch die Teilchen von festen Stoffen und Flüssigkeiten in Schwingung. Je dichter die Teilchen beieinander liegen, desto besser leiten sie den Schall. Aus diesem Grund leiten feste Stoffe wie Metalle den Schall besser als Luft. Feste Stoffe, die den Schall schlecht leiten, haben oft in ihrem Inneren kleine Luftkammern. Dadurch liegen die Teilchen der festen Stoffe nicht mehr dicht beieinander und der Schall wird absorbiert.

A Beschreibe, wie du dich in deinem Alltag vor Lärm schützen kannst.

Material mit Aufgaben

M1 Lautstärkemessung

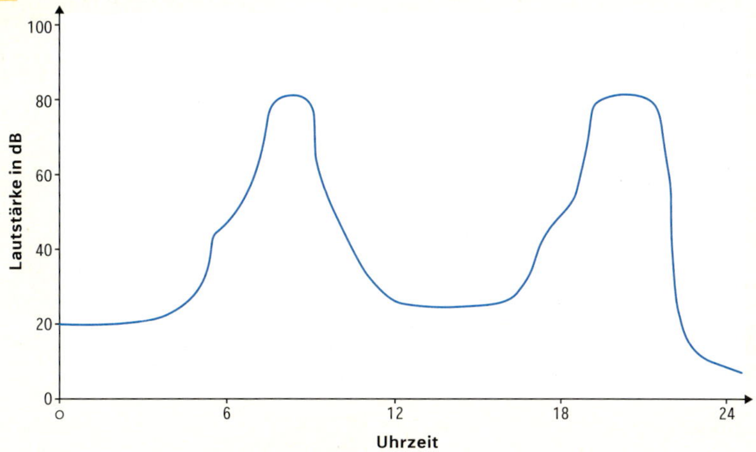

Auf einem Balkon wurde einen Tag lang die Lautstärke gemessen.

1. Beschreibe den Verlauf der Kurve.
2. Nenne mögliche Gründe für die unterschiedlichen Lautstärken im Verlauf des Tages.
3. Auf dem Schulhof wird ein Lautstärkemesser aufgestellt. Wähle eine der Aufgaben aus:

   a Stelle Vermutungen an, wann der meiste Lärm ist.

   b Zeichne einen möglichen Tagesverlauf des Lärms.

P2 Schalldämmung

Material: Teller, dicker Filz, Münze

Durchführung: Arbeitet in Kleingruppen. Stellt den Teller auf einen Tisch. Ein Gruppenmitglied legt ein Ohr neben den Teller auf die Tischplatte. Lasst die Münze auf den Teller fallen. Legt ein Stück Filz zwischen Tisch und Teller und wiederholt den Versuch.

1. Beschreibt, was ihr hört.
2. Erklärt eure Beobachtungen.
3. Testet im Klassenraum Materialien auf ihre Fähigkeit Schall zu leiten. Ein Gruppenmitglied hält dazu ein Ohr an das Material. Ein anderes Mitglied klopft auf das Material. Welches Material leitet den Schall am Besten?

Zusammenfassung Schall

Der Weg vom Schall ins Ohr

Wenn Gegenstände schwingen, erzeugen sie Schall. Wenn man spricht, dann schwingen die Stimmbänder. Diese Schwingungen werden an die Luft übertragen. Mit den Ohren wird der Schall aufgenommen. Er versetzt nacheinander Trommelfell, Gehörknöchelchen und die Flüssigkeit der Schnecke in Schwingung. Dadurch werden Hörsinneszellen im Ohr gereizt und elektrische Signale ans Gehirn geleitet.

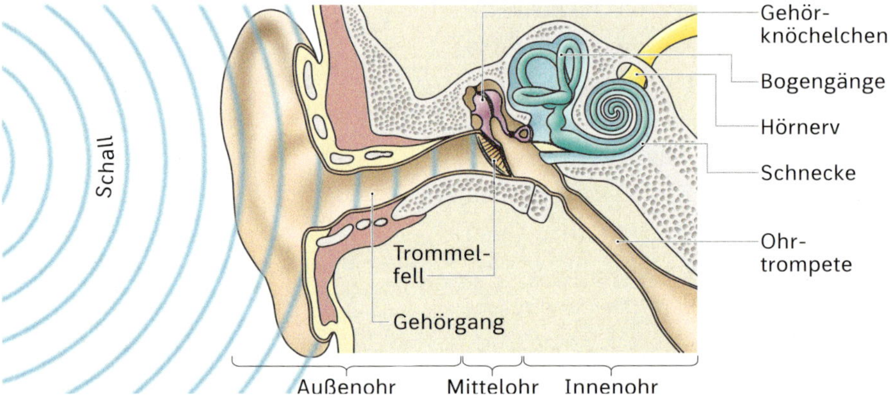

Lärmschutz

Schall übt Druck auf das Trommelfell aus. Je lauter ein Geräusch ist, umso höher ist auch dieser Druck. Deshalb schädigt lauter Schall das Gehör. Ist man dauerhaft zu viel Lärm ausgesetzt, kann beispielsweise auch zu Schlafstörungen kommen. Ein wirksamer Lärmschutz schwächt Schall ab. Lärmschutzmaßnahmen können Ohrschützer, Schalldämmschichten oder Lärmschutzwände sein.

Frequenz und Amplitude

Die Anzahl der Schwingungen pro Sekunde wird als Frequenz bezeichnet. Je höher die Frequenz ist, desto höher ist auch der Ton. Die Lautstärke des Tons hängt von der Amplitude einer Schwingung ab. Je größer die Amplitude einer Schwingung ist, desto lauter ist der Ton. Frequenz und Amplitude kann man an Schwingungsbildern ablesen, die man zum Beispiel mit einem Smartphone aufnehmen kann.

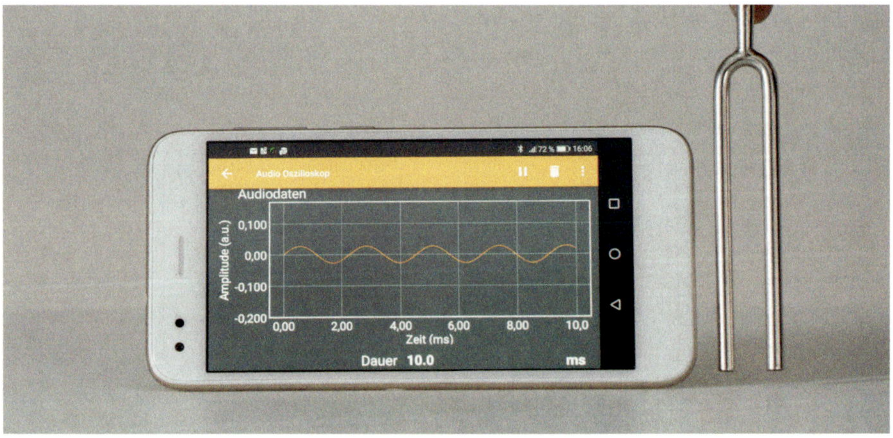

1 Entstehung von Schall

A Nenne Schallquellen in deiner Umgebung. Beschreibe, was genau schwingt und somit den Schall erzeugt.

B Beschreibe den im Bild dargestellten Versuchsaufbau.

C Erkläre das mögliche Versuchsergebnis des Versuchs.

D Erkläre, warum es im luftleeren Raum kein Schall gibt.

2 Lautstärke und Tonhöhe

A Erkläre, was man unter Amplitude und Frequenz versteht.

B Begründe, welcher der Töne A und B lauter und welcher höher ist.

C Erkläre, warum Lärmschutzwände aufgestellt werden.

D Erkläre, warum Lärmschutzwände oft keine glatten Oberflächen haben.

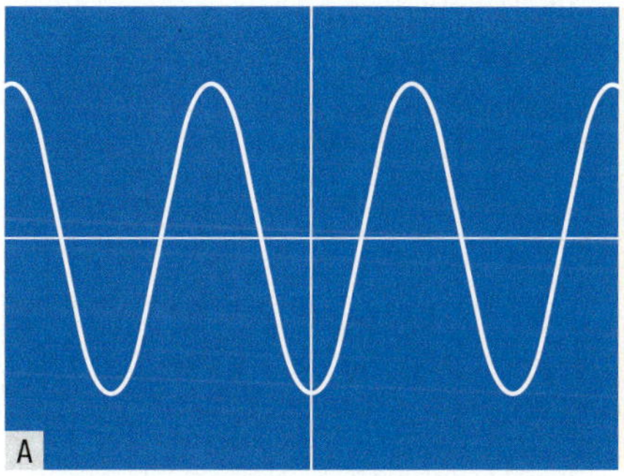

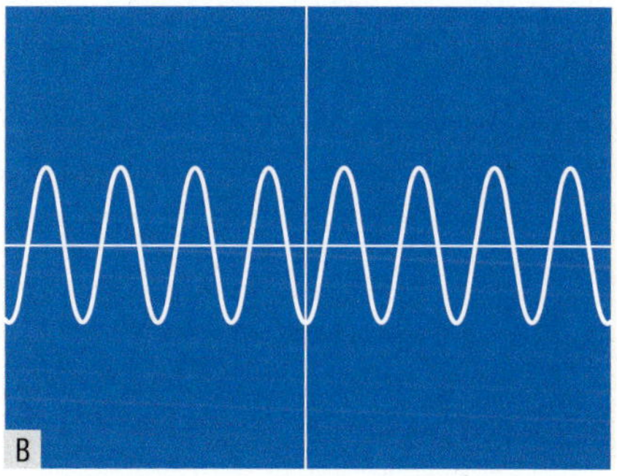

3 Bau des Ohres

A Beschreibe den dargestellten Aufbau des Ohrs.

B Benenne die mit Ziffern gekennzeichneten Bauteile des Ohres.

C Zeichne ein Fließschema des Hörens von der Schallquelle bis zur Schnecke im Innenohr.

D Erkläre, warum man für das Richtungshören zwei Ohren benötigt.

E Beschreibe mögliche Folgen, wenn man zu lange Lärm ausgesetzt ist.

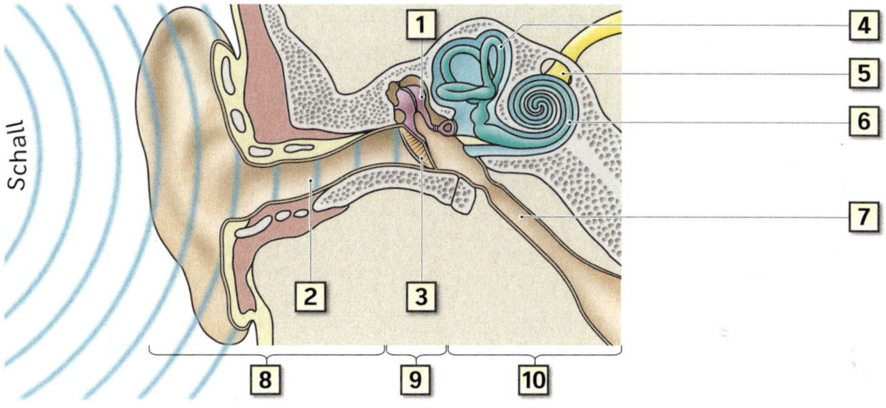

Strom-kreise

Wann leuchten Lampen?
Wie funktionieren elektrische Geräte?
Was ist Strom?

3

Wenn es langsam Nacht wird, beginnen die Straßenlaternen zu leuchten. Auch in den Häusern werden nacheinander die Lampen eingeschaltet. Für alles wird Strom gebraucht. Die Lichter auf der Erde sind sogar vom Weltraum aus zu sehen.

1 Elektrischer Strom bringt nicht nur Lampen zum Leuchten.

Wirkungen des Stroms

Elektrische Geräte

Viele Tätigkeiten im täglichen Leben werden durch die Nutzung elektrischer Geräte einfacher. Das Wäschewaschen ist mit der Waschmaschine deutlich leichter und schneller als mit der Hand. Bei handwerklichen Tätigkeiten erleichtern elektrische Werkzeuge die Arbeit sehr. Darüber hinaus machen Geräte wie Lampen, Fernseher und Computer unser Leben viel angenehmer. All diese Geräte werden mit **elektrischem Strom** betrieben. Elektrischer Strom ist also aus dem Alltag nicht wegzudenken.

Wirkung des elektrischen Stroms

Man kann Strom nicht sehen, sondern erkennt ihn nur an seiner Wirkung. Der Strom bringt Lampen zum Leuchten. Er hat eine **Lichtwirkung**. Bei Herdplatten erzeugt der Strom Wärme. Er hat auch eine **Wärmewirkung**. Strom sorgt auch dafür, dass sich Motoren, mithilfe von Elektromagneten drehen. Er hat eine **magnetische Wirkung**. In elektrischen Geräten treten mehrere Wirkungen des Stroms gleichzeitig auf. Beispielweise erzeugen Lampen nicht nur Licht, sondern können auch sehr heiß werden.

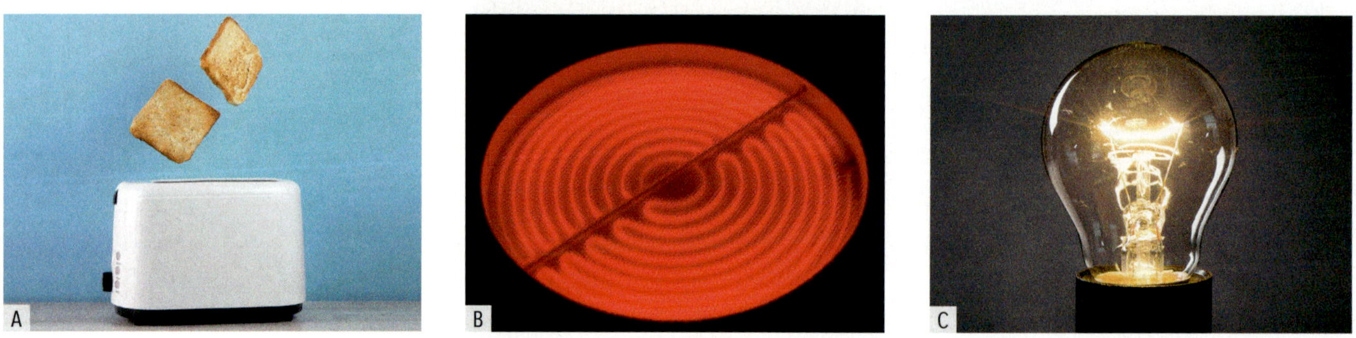

2 Elektrische Geräte: **A** Toaster, **B** heiße Herdplatte, **C** Glühlampe

Einfluss auf den Körper

Der Strom kann für den Menschen gefährlich werden. Die Wärmewirkung führt beispielsweise zu Verbrennungen. Besonders schädlich wirkt sich Strom auf die Muskeln aus. Es kann bei Stromschlägen zu schweren Krämpfen oder zum Tod kommen. Daher sollte man beim Umgang mit Strom Regeln beachten. Sicherheitshinweise in Gebrauchsanweisungen können ebenfalls helfen.

A Beschreibe mithilfe von Bild 3, was man bei der Benutzung eines Handmixers beachten muss.

Sicherheitshinweise für einen Handmixer

Beim Gebrauch des Elektrogerätes müssen immer folgende grundlegende Sicherheitsmaßnahmen beachtet werden:

1. Ziehen Sie den Netzstecker aus der Steckdose, wenn der Handmixer nicht benutzt wird.

2. Berühren Sie keine sich bewegenden Teile. Halten Sie Hände, Haare, Kleidung oder andere Utensilien während des Betriebs von allem fern.

3. Betreiben Sie den Handmixer nicht mit einem beschädigten Kabel oder Stecker.

4. Das Netzkabel darf nicht in Berührung mit heißen Oberflächen wie beispielsweise dem Herd kommen.

3 Auszug aus einer Gebrauchsanweisung für einen Handmixer.

Material mit Aufgaben

M1 Wirkungen des elektrischen Stroms

Wasserkocher

Leuchtreklame

Waschmaschine

1. Ordne den elektrischen Geräten eine oder mehrere Wirkungen des Stroms zu.
2. Beschreibe einen Tag, an dem man ohne elektrische Geräte auskommt. +
3. Wähle eine der Aufgaben aus:
   a Überlege, auf welche drei elektrischen Geräte du im Alltag verzichten könntest. Stelle eine Rangliste auf und begründe deine Entscheidung.
   b Erfinde ein elektrisches Gerät, das deinen Alltag erleichtern würde. Erläutere dabei, welche Wirkungen des Stroms genutzt werden.

1 Der Jahrmarkt leuchtet hell in der Nacht.

Bauteile von Stromkreisen

Erfindung der Glühlampe

Die Erfindung der Glühlampe veränderte die Welt. Sie löste Kerzen und Öllampen ab. Der Erfinder Thomas A. Edison baute im Jahr 1879 eine Glühlampe mit einem Glühdraht aus Kohle. Heute verwendet man nicht mehr Glühdrähte aus Kohle. Sie bestehen aus Metallen wie Wolfram. Der Glühdraht wird von einem zusätzlichen Draht in seiner Position gehalten und von einem Glaskolben geschützt. Die Enden vom Glühdraht reichen bis zum unteren Ende der Glühlampe in das Gewinde. Dort sind sie mit einem Fußkontakt und einem Seitenkontakt verbunden, durch welche später der elektrische Strom fließt.

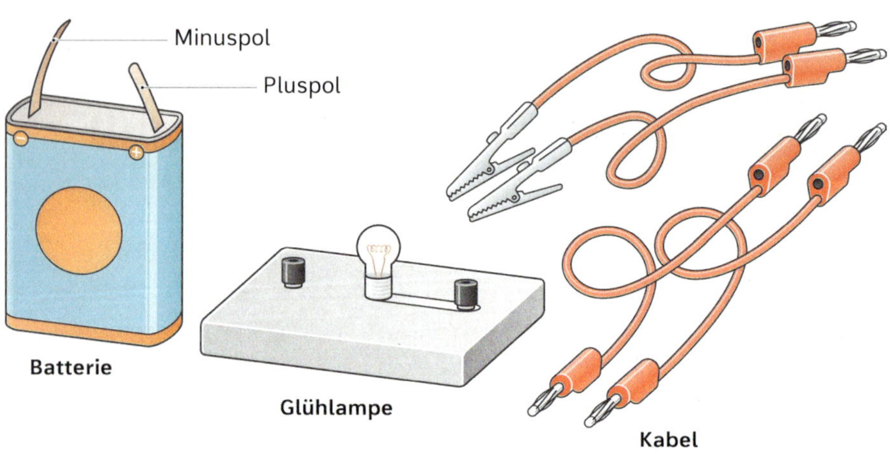

2 Bauteile eines einfachen Stromkreises

Einfache Stromkreise

Damit eine Glühlampe leuchtet, muss sie erst einmal mit Strom versorgt werden. Dazu benötigt man eine **Spannungsquelle**. Im einfachsten Fall ist die Spannungsquelle eine Batterie oder ein Akku. Die meisten elektrischen Geräte werden jedoch an eine Steckdose angeschlossen. Je höher die Spannung einer Spannungsquelle ist, desto stärker ist der Antrieb des elektrischen Stroms. Jede Spannungsquelle hat zwei Pole. Einen **Minuspol** und einen **Pluspol**. Der

Strom fließt vom Minuspol durch die Bauteile des Stromkreises zum Pluspol. Die Glühlampe beginnt zu leuchten, wenn sie Teil eines **geschlossenen Stromkreises** ist. Dazu müssen beide Pole mit der Lampe verbunden sein. Wenn der Stromkreis unterbrochen ist, leuchtet die Lampe nicht. Damit man die Lampe gezielt einschalten oder ausschalten kann, braucht man etwas, um den Stromkreis zu unterbrechen. Dazu wird oft ein **Schalter** eingebaut. Werden Bauteile zu einem Stromkreis verbunden, spricht man von einer **Schaltung**.

A Erkläre, wann eine Glühlampe in einem Stromkreis leuchtet.

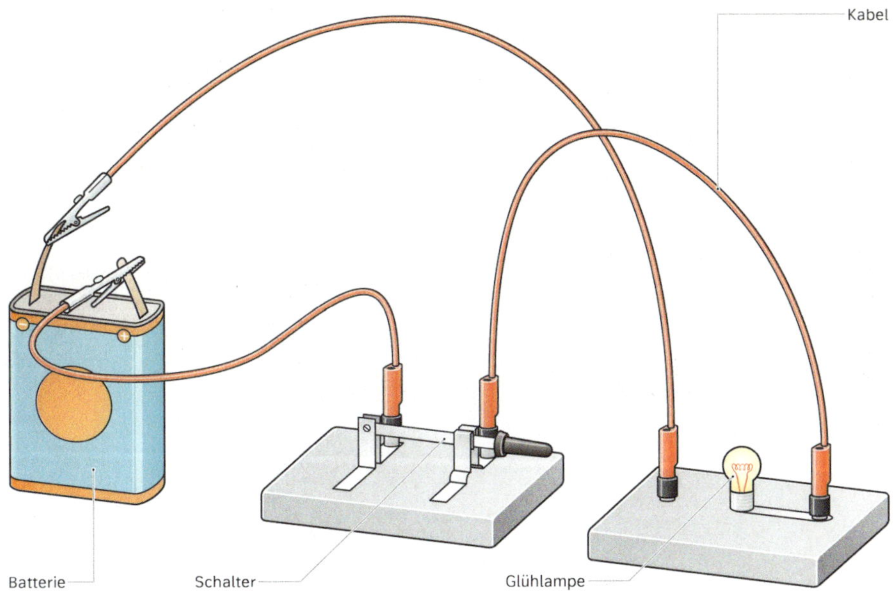

3 Ein einfacher Stromkreis

Material mit Aufgaben

P1 Bau eines Stromkreises

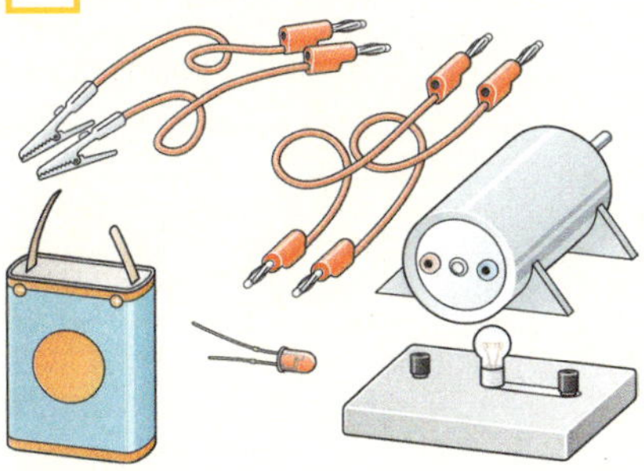

Material: Batterie, Glühlampe, Kabel, Motor, LED

Durchführung: Baue einen Stromkreis mit verschiedenen Bauteilen auf. Vertausche dann die Kabel an: der Glühlampe, der LED, dem Motor.

1. Erstelle eine Skizze vom Versuchsaufbau und fasse deine Beobachtungen zusammen.

M2 Stromfluss in einer Glühlampe

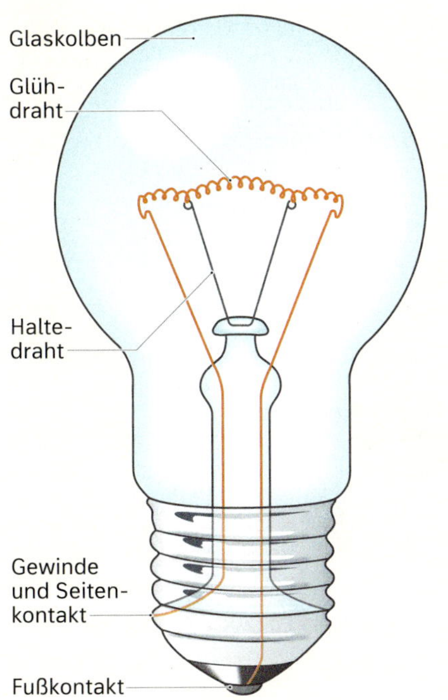

A

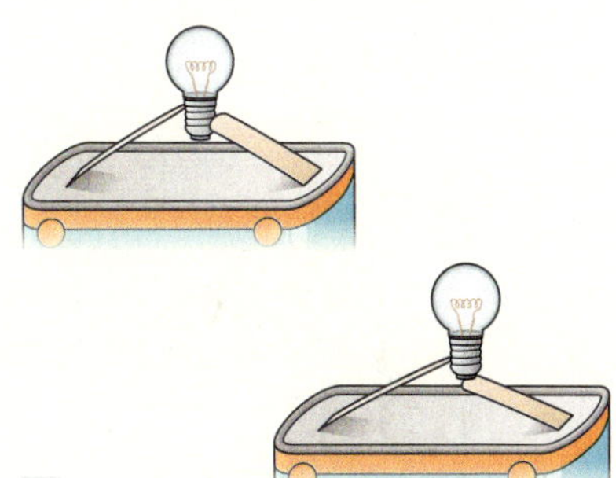

B

1. Erstelle eine Tabelle. Trage mithilfe von Bild A alle Bauteile einer Glühlampe und ihre Funktionen ein.
2. Fertige eine einfache Zeichnung an, die den Stromfluss durch eine Glühlampe zeigt. Der Seitenkontakt ist am Minuspol der Batterie angeschlossen.
3. Erkläre, welche der Glühlampen in Bild B leuchtet.

1 Internationale Raumstation ISS

Schaltzeichen und Schaltplan

Die Abkürzung ISS kommt aus dem Englischen (International Space Station) und bedeutet: Internationale Raumstation.

Verständigung

Die ISS ist eine internationale Raumstation. Auf ihr leben und forschen Menschen aus verschiedenen Ländern mit unterschiedlichen Sprachen. Bei technischen Problemen ist es notwendig, dass sie sich untereinander über das Problem austauschen können. Nur so ist es ihnen möglich, Probleme zu beheben und Beschädigungen an der Station gemeinsam zu reparieren.

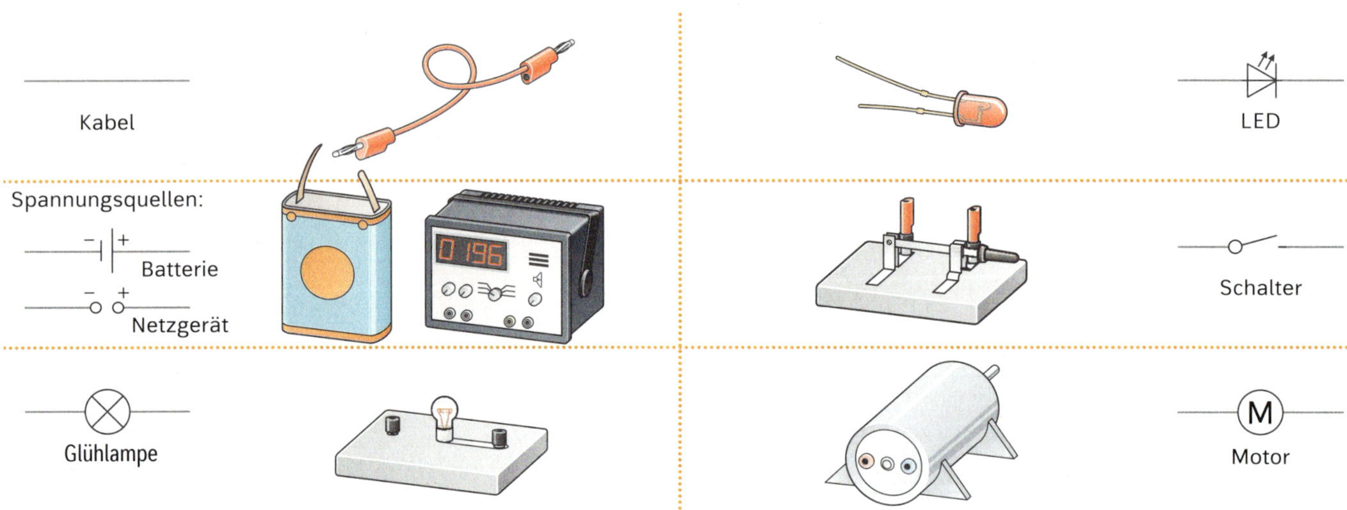

2 Verschiedene Schaltsymbole

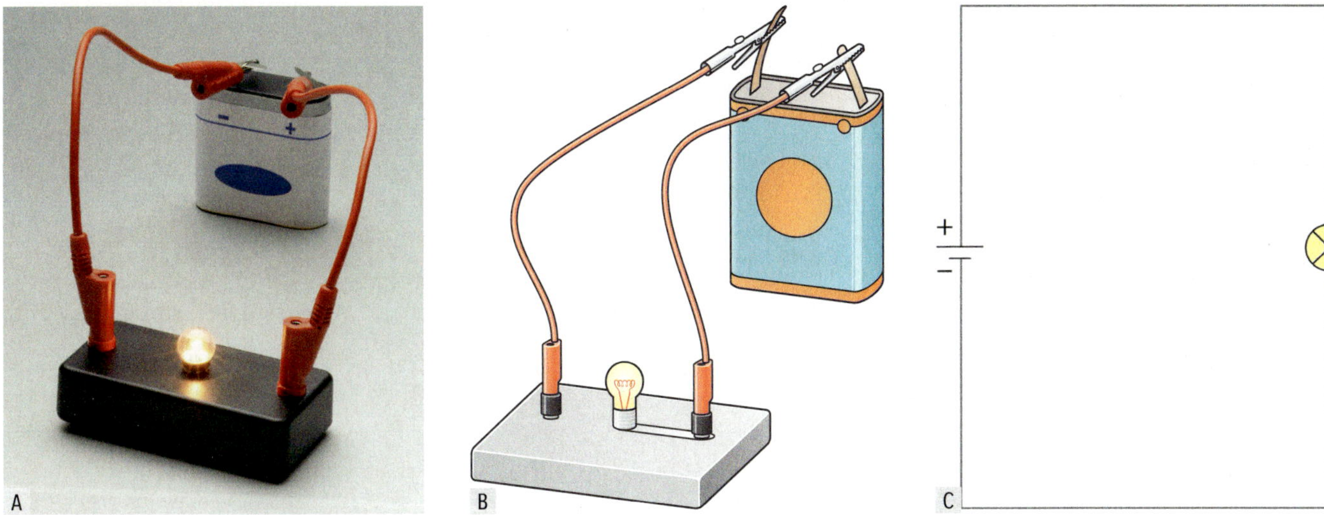

3 Schaltplan: **A** Foto einer Schaltung, **B** Zeichnung einer Schaltung, **C** Schaltplan einer Schaltung

Schaltzeichen

Eine Schaltung von einem elektrischen Gerät kann aus vielen Bauteilen bestehen. Es würde lange dauern, alle Einzelteile und ihre Verknüpfungen zu beschreiben. Daher hat man sich weltweit auf Zeichen für elektrische Bauteile geeinigt. Jedes Bauteil eines Stromkreises hat sein eigenes Zeichen. Diese werden **Schaltzeichen** genannt.

Schaltpläne

Mithilfe von Schaltzeichen kann man Schaltungen übersichtlich darstellen. Eine solche einfache Zeichnung wird **Schaltplan** genannt. Der Schaltplan eines elektrischen Gerätes zeigt, welche Bauteile im Stromkreis miteinander verbunden sind. Mithilfe von Schaltzeichen und Schaltplänen können Menschen auf der ganzen Welt über verschiedene Schaltungen reden.

A Beschreibe Vorteile von Schaltzeichen und Schaltplänen gegenüber detaillierten Zeichnungen.

Material mit Aufgaben

M1 Schaltplan

1. Benenne alle Bauteile in der Schaltung. Zeichne danach für jedes Bauteil das entsprechende Schaltzeichen auf.
2. Zeichne den Schaltplan dieser Zeichnung in dein Heft.
3. Wähle eine der Aufgaben aus:
   a Zeichne den Schaltplan so, dass statt der Lampe ein Motor betrieben wird.
   b Zeichne den Schaltplan mit einer ausschaltbaren LED.

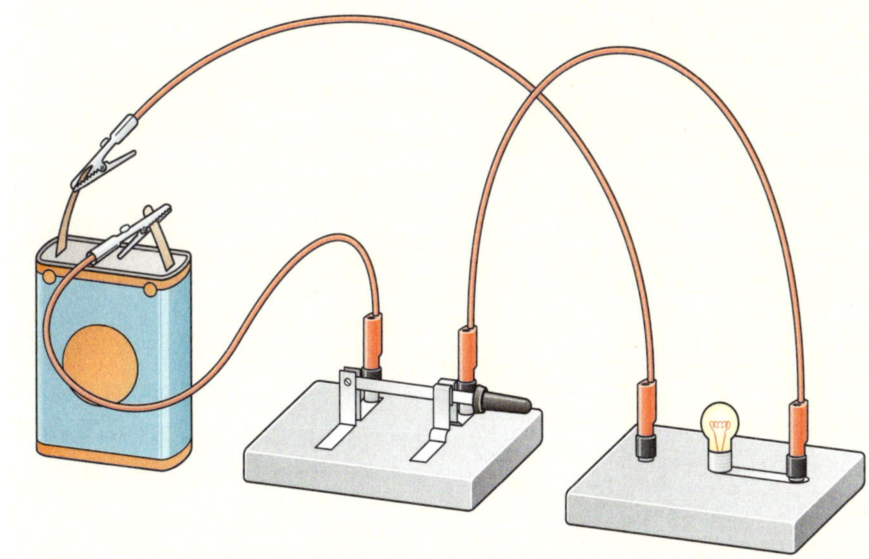

Aufbau von Schaltungen

Material mit Aufgaben

M1 Schaltplan zeichnen

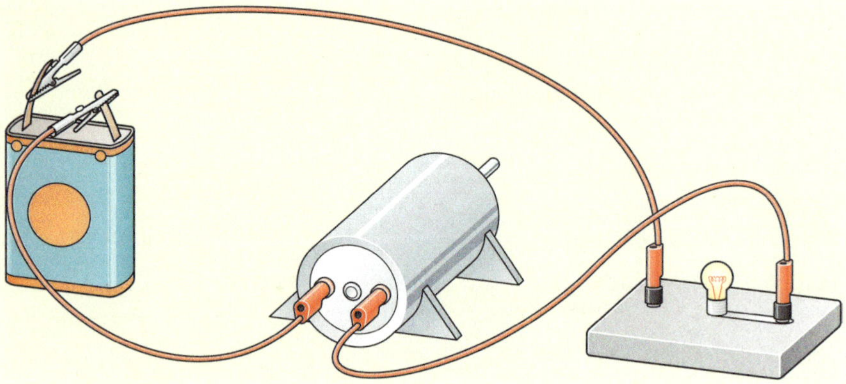

1. Nenne alle Bauteile, die für die Schaltung benötigt werden.
2. Zeichne den Schaltplan für die abgebildete Schaltung.

M2 Schaltplan und Schaltungen

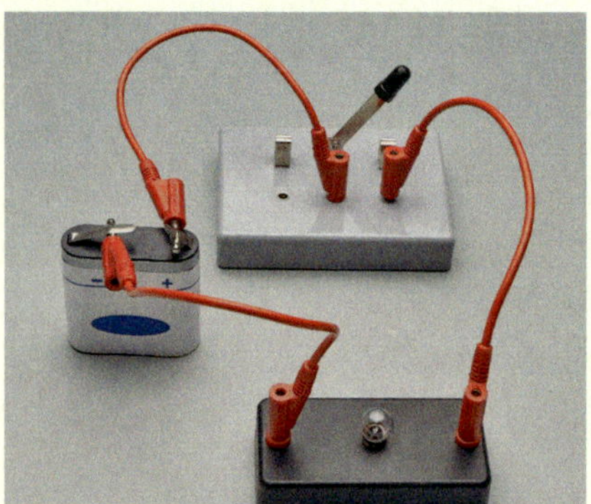
Schaltung 1

Schaltung 2

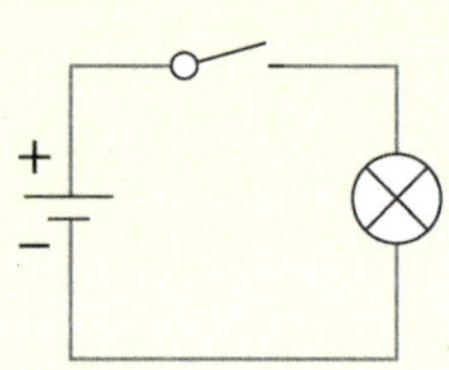

A

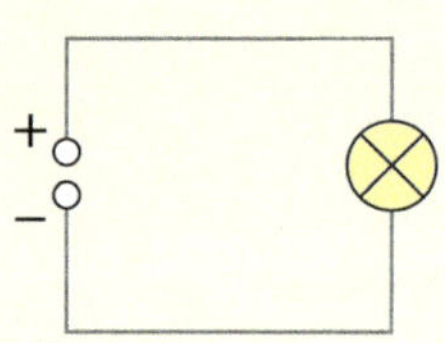

B

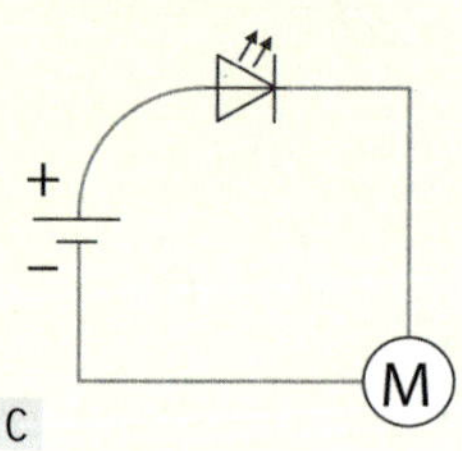

C

1. Nenne die Bauteile in den Schaltungen 1 und 2.
2. Ordne den zwei Fotos den richtigen Schaltplan A bis C zu.
3. In einem der Schaltpläne sind zwei Fehler. Korrigiere die Fehler und zeichne den richtigen Schaltplan in dein Heft.

Zeichnen von Schaltplänen

Damit dir das Zeichnen und Lesen von Schaltplänen leichter fällt, gibt es ein paar Regeln:

1. Kabel werden immer mit dem Lineal als gerade Linien gezeichnet.
2. Es werden nur waagerechte oder senkrechte Kabel mit 90° Winkeln gezeichnet.
3. Bauteile dürfen nicht in die Ecken gezeichnet werden.
4. Beginne beim Zeichnen immer an einem Pol der Spannungsquelle. Das letzte Bauteil wird mit dem zweiten Pol verbunden.

Aufbauen von Schaltungen

Damit du Schaltungen mithilfe von Schaltplänen richtig aufbaust, beachte am besten die folgenden Tipps:

1. Bevor du beginnst, legst du alle benötigten Bauteile und ausreichend Kabel bereit.
2. Dein Arbeitsplatz sollte immer ordentlich sein. Gehe immer konzentriert Schritt für Schritt vor.
3. Beginne mit dem Aufbau deiner Schaltung an einem Pol der Spannungsquelle.
4. Verbinde die Bauteile, dem Schaltplan nach, durch Kabel. Verbinde das letzte Bauteil mit dem zweiten Pol der Spannungsquelle.

Arten von Schaltern

Schalter im Alltag

Nicht nur bei Lampen, sondern an fast allen elektrischen Geräten gibt es Schalter. Mit ihnen können die Geräte aus- und eingeschaltet werden. Es gibt verschiedene Arten von Schaltern.

An/Aus-Schalter

Ein einfacher **An/Aus-Schalter** wird zum Beispiel bei Lampen genutzt. Wird er gedrückt, dann wird der Stromkreis entweder geschlossen oder geöffnet. Der Schalter bleibt in seiner Stellung, bis er erneut betätigt wird. Eine besondere Art des An/Aus-Schalters ist der **Umschalter**. Er schließt oder öffnet jedoch nicht den Stromkreis. Betätigt man den Umschalter, wechselt man zwischen zwei möglichen Stromwegen.

Tastschalter

Manche Geräte sollen nur laufen, solange ein Schalter gedrückt ist. Das ist zum Beispiel bei einem Mixer oder einem Laserpointer der Fall. Dort ist ein **Tastschalter** eingebaut. Er schließt den Stromkreis nur so lange, wie er gedrückt wird.

Schalter mit Sensoren

Nicht alle Schalter müssen gedrückt werden. Einige reagieren auch auf äußere Einflüsse. Dafür werden Sensoren genutzt. Bei der Außenbeleuchtung von Häusern werden oft Bewegungssensoren eingesetzt. Diese schließen den Stromkreis, wenn eine Bewegung einer Person in der Nähe des Hauses erkannt wird. Die Information wird von dem Sensor an den Schalter gesendet und dieser schließt dann den Stromkreis.

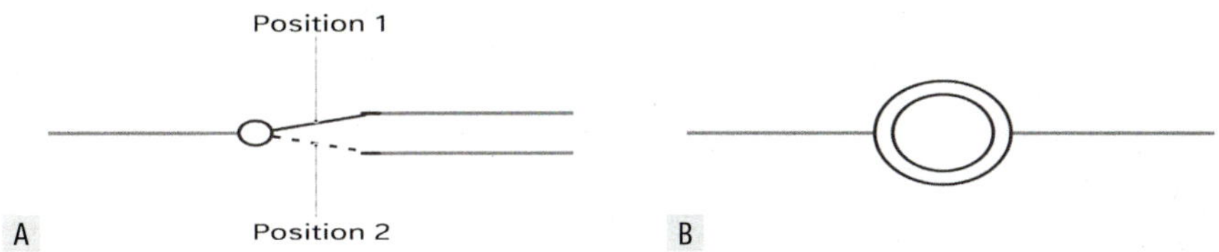

1 Schaltzeichen: **A** Umschalter, **B** Tastschalter

Material mit Aufgaben

M1 Arten von Schaltern

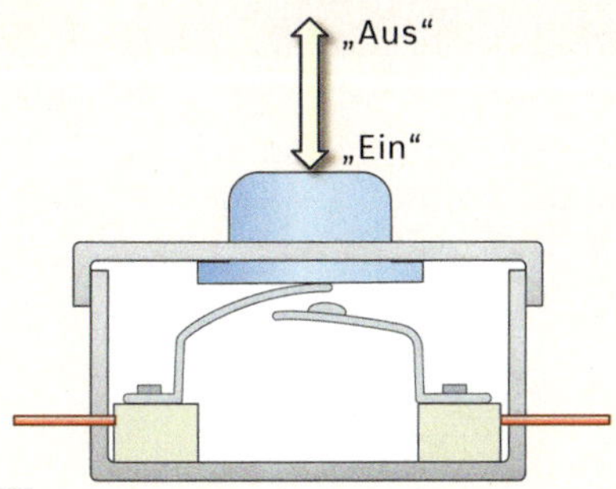

A

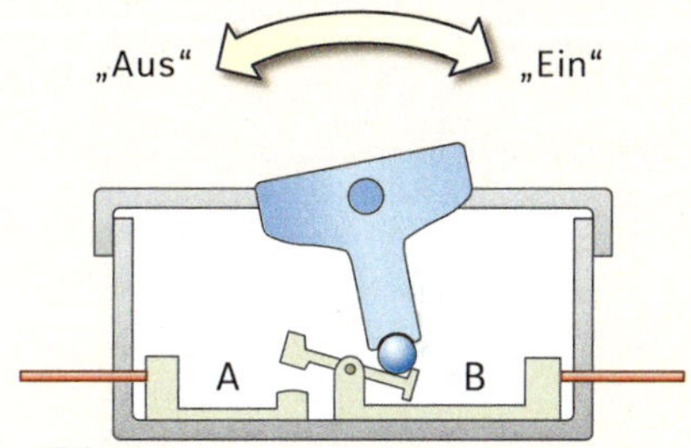

B

1. ▮▮ Ordne den Schaltern die passende Schalterart zu. Begründe deine Zuordnung.
2. ▮▮ Nenne Anwendungen, in denen Tastschalter verwendet werden.

M2 Ampel

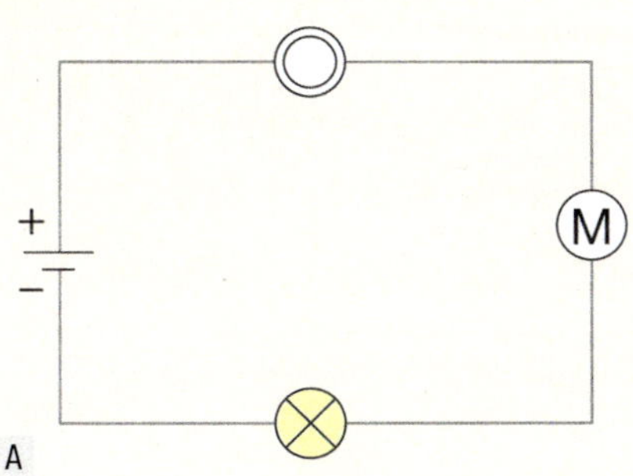

A

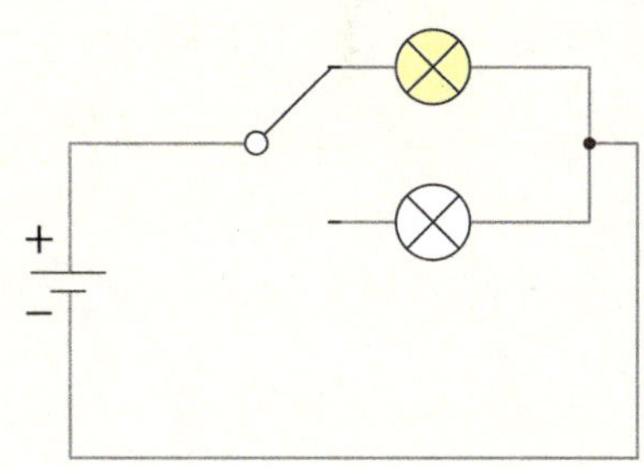

B

Bei einer einfachen Fußgängerampel leuchtet entweder nur die obere rote Lampe oder die untere grüne Lampe. Im Schalter ist eine Zeitschaltuhr verbaut, sodass die Ampel auch ohne zu drücken umschaltet.

1. ▮▮ Begründe, welche der beiden Schaltpläne zu einer Fußgängerampel gehört.
2. ▮▮▮ Zeichne den Schaltplan einer Autoampel mit roten, gelben und grünen Lampen.

1 Ein Lavastrom

Was ist Strom?

Ströme

Das Wort Strom wird für viele Sachen verwendet. Es gibt einen Luftstrom, Menschenstrom, Wasserstrom oder Lavastrom. Bei einem Lavastrom fließt heißes, flüssiges Gestein. Immer wenn sich viele Lebewesen oder Teilchen, wie Wasserteilchen, in die gleiche Richtung bewegen, spricht man von einem **Strom**.

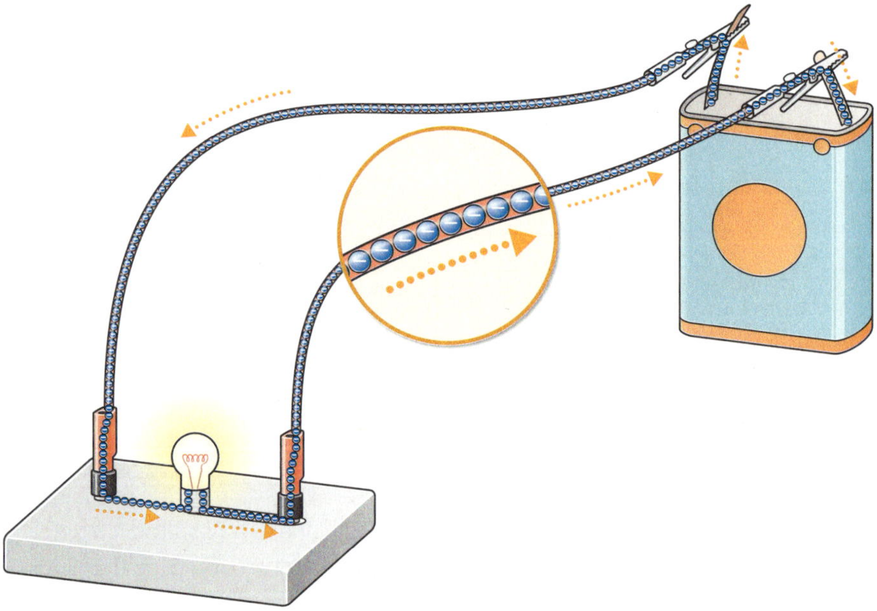

2 Strom der Elektronen

Elektrischer Strom

Beim elektrischen Strom bewegen sich viele Teilchen in eine Richtung. Diese Teilchen nennt man **Elektronen**.
In einer Batterie gibt es einen **Pluspol** und einen **Minuspol**. Sie sind in der Batterie voneinander getrennt. Am Minuspol sind mehr Elektronen vorhanden als am Pluspol. Baut man mit einer Batterie einen einfachen Stromkreis, dann beginnen die Elektronen sich zu bewegen. Die vielen Elektronen vom Minuspol bewegen sich durch Kabel, Schalter, Glühlampen und andere Bauteile des Stromkreises zum Pluspol.
Wenn man eine Lampe einschaltet, dann fängt sie sofort an zu leuchten. Die Elektronen von der Batterie sind aber

nicht so schnell an der Lampe. Es muss also noch mehr Elektronen im Stromkreis geben. Diese befinden sich in den Kabeln der Schaltung. Wird der Stromkreis geschlossen, schieben die Elektronen der Batterie auch alle weiteren Elektronen im Stromkreis an. Dadurch bewegen sich alle Elektronen in eine Richtung und die Lampe fängt sofort an zu leuchten.

Nutzung des Stroms

Man hört öfter die Aussage, dass man elektrische Geräte ausschalten soll, da sie sonst zu viel Strom verbrauchen. Diese Aussage ist so nicht korrekt. Der elektrische Strom kann nicht verbraucht werden. In einem Stromkreis wird die elektrische Energie der Elektronen nur umgewandelt.
Bei einer Glühlampe wird die elektrische Energie in Wärme und Licht umgewandelt. Bei einem Motor in Bewegung. Stromzähler dienen in einem Haus oder Wohnungen also nicht dazu, den verbrauchten Strom zu messen. Sie messen die Energie, die in einem bestimmten Zeitraum im Haus oder der Wohnung genutzt wird.

A Nenne verschiedene Ströme und was sich bei ihnen bewegt.

B Nenne die Teilchen, die sich beim elektrischen Strom bewegen.

C Beschreibe den Weg der Elektronen in einem einfachen Stromkreis mit einer Glühlampe und einem geschlossenen Schalter.

D Erkläre, warum die Lampe in Bild 2 sofort leuchtet, wenn der Stromkreis geschlossen wird.

Material mit Aufgaben

M1 Strom im Modell

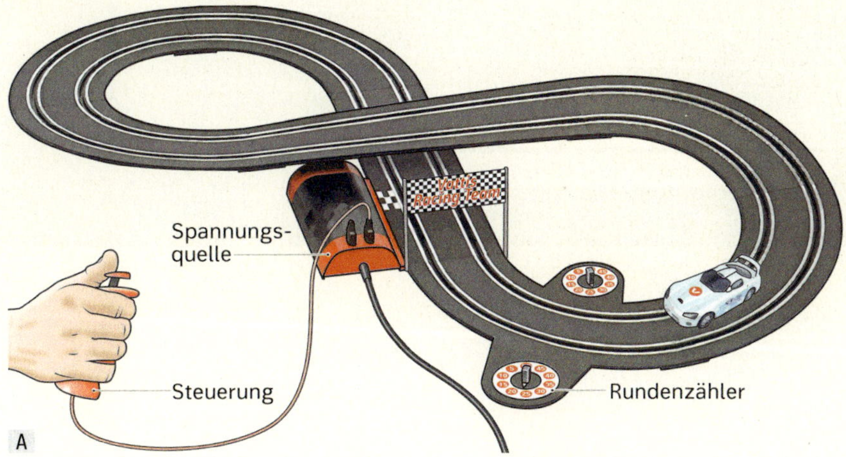

A

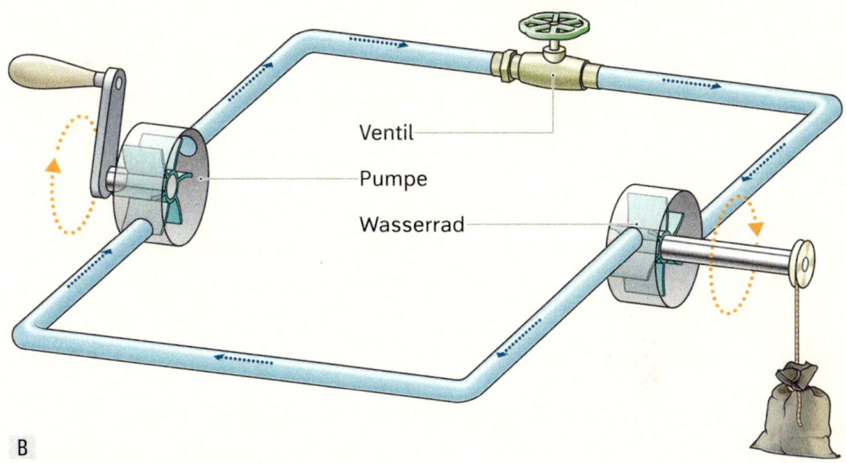

B

Wähle ein Modell für den elektrischen Strom aus und bearbeite die folgenden Aufgaben:

1. Beschreibe die Bewegung des Autos oder des Wassers in deinem Modell.
2. Erstelle eine Tabelle und ordne jedem Bestandteil deines Modells das passende Bauteil aus einer Schaltung zu.
3. Wähle eine der Aufgaben aus:
   - a Vergleiche dein Modell mit dem elektrischen Stromfluss in einem einfachen Stromkreis.
   - b Beurteile, was die Modellvorstellung vom elektrischen Strom gut und schlecht veranschaulicht.

1 Kabel mit Isolierungen

Leiter und Nichtleiter

Aufbau von Kabeln

An defekten Kabeln erkennt man gut, wie sie aufgebaut sind. Das Innere eines Kabels besteht oft aus kleinen Kupferkabeln. Durch sie fließt der Strom. Jedes Kupferkabel ist von einem Kunststoffmantel umgeben. Alle Kabel sind oft nochmal mit Kunststoff ummantelt. Sie trennen das Kabel von der Umgebung.

Leiter und Nichtleiter

Materialien, die den elektrischen Strom leiten, werden als **elektrische Leiter** bezeichnet. Der beste Leiter ist Silber. Da Silber zu teuer ist, wird oft Kupfer verwendet. Materialien, die den Strom nicht leiten, nennt man Nichtleiter oder **Isolatoren**. Man verwendet oft Kunststoffe zur Isolierung von Kabeln.

Material mit Aufgaben

P1 Welche Stoffe leiten den Strom?

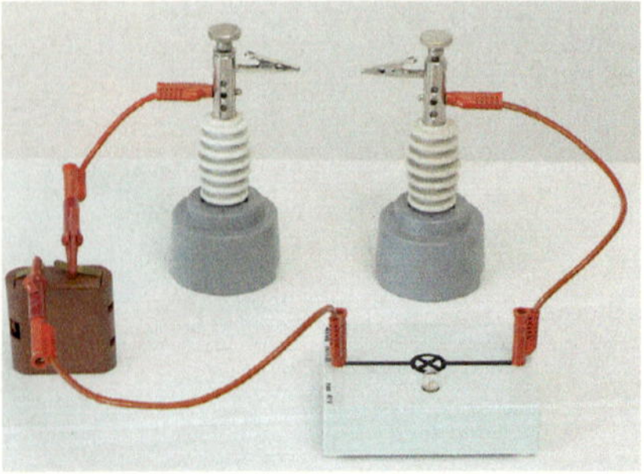

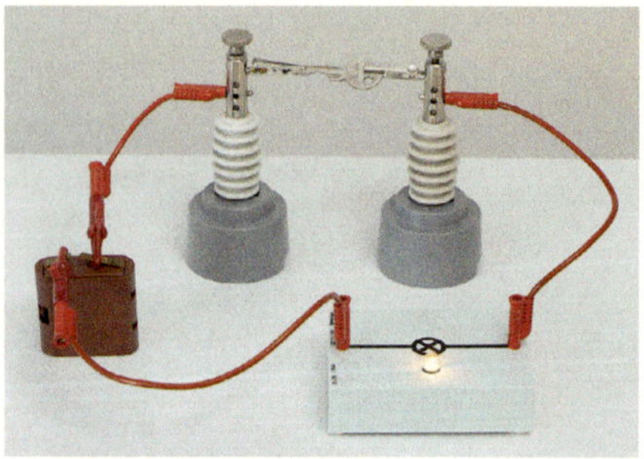

Material: Batterie, Kabel, Glühlampe, Klemmen, Holz, Graphit, Radiergummi, Eisen

Durchführung: Baut zu zweit die Schaltung auf und schließt mit den Materialien den Stromkreis.

1. Erstellt eine Tabelle und tragt ein, bei welchen Materialien die Lampe leuchtet und wann nicht.
2. Ordnet den getesteten Materialien die Begriffe Leiter und Isolator zu.
3. Wähle eine der Aufgaben aus:

a Erklärt eure Beobachtungen mithilfe der Fachbegriffe.

b Stellt Vermutungen über die Anwendungsmöglichkeiten der getesteten Materialien an.

Flüssige Leiter

Auch Flüssigkeiten können Leiter oder Isolatoren sein. So leitet Leitungswasser den elektrischen Strom. Elektrische Geräte dürfen daher nicht nass gereinigt werden und auch Getränke sollten nicht am Arbeitsplatz mit technischen Geräten stehen.

Die Leitfähigkeit von Leitungswasser wird verbessert, wenn beispielsweise Salz hinzufügt wird. Gelöste Stoffe erhöhen die **Leitfähigkeit** des Wassers. Im sehr reinen Wasser befinden sich keine weiteren Stoffe. Man bezeichnet dieses Wasser als **destilliert**. Aus diesem Grung leitet destilliertes Wasser den elektrischen Strom sehr schlecht. Weitere flüssige schlechte Leiter sind zum Beispiel Pflanzenöle.

Der Mensch als Leiter

Lebewesen wie Menschen, Tiere und Pflanzen bestehen zu einem Großteil aus Wasser und Mineralstoffen. Der menschliche Körper ist dadurch ein elektrischer Leiter.

Strom ist dadurch für den Menschen sehr gefährlich. Starke Stromschläge können zu schweren Verletzungen und sogar zum Tod führen. Ist die Haut nass, kann der elektrische Strom besonders leicht fließen.

A Erkläre den Unterschied zwischen einem elektrischen Leiter und einem elektrischen Isolator.

B Erläutere, warum am Arbeitsplatz beim Experimentieren mit Strom kein Wasser stehen darf.

C Erkläre, weshalb Kupferkabel mit Kunststoff ummantelt werden.

Material mit Aufgaben

M2 Flüssige Leiter und Nichtleiter

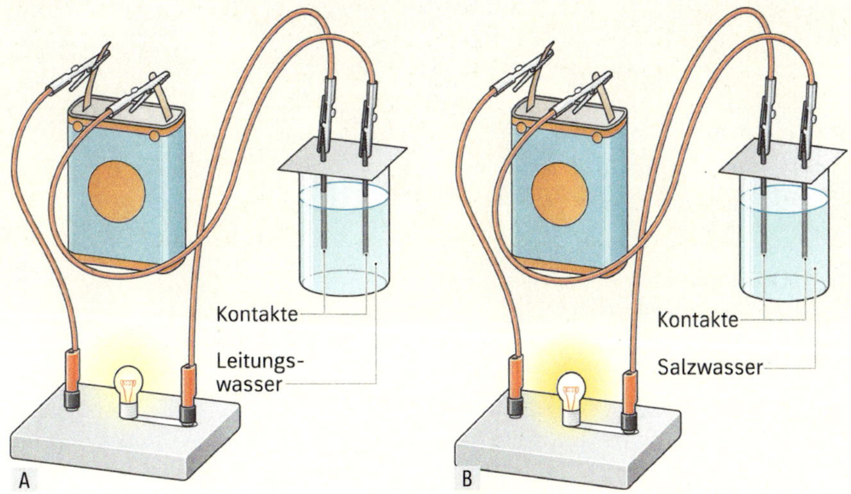

1. Beschreibe den Versuchsaufbau.
2. Erkläre die Ergebnisse des Versuchs.
3. Stelle Vermutungen über die Versuchsergebnisse an, wenn destilliertes Wasser oder Speiseöl getestet wird.

M3 Leitfähigkeit

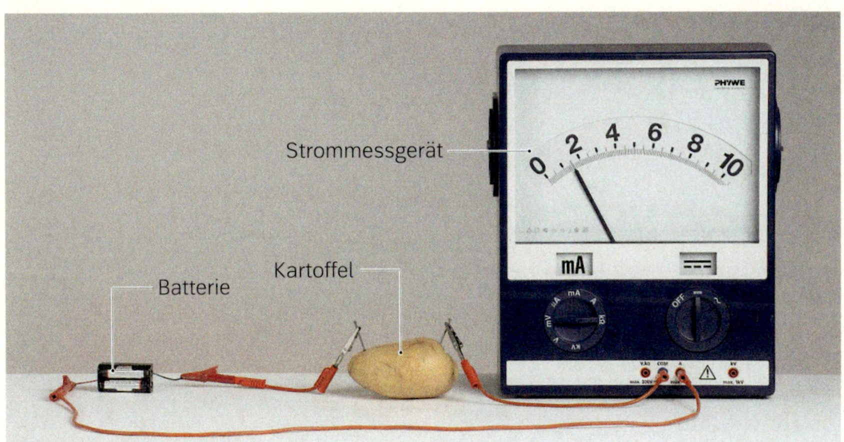

Strommessgeräte kann man in Schaltungen einbauen. Schlägt der Zeiger des Messgerätes aus, dann fließt Strom im Stromkreis.

1. Beschreibe den abgebildeten Stromkreis.
2. Erkläre, warum das Messgerät ausschlägt.

1 Eine Lichterkette

Reihenschaltung

Aufbau einer Lichterkette

Ältere Lichterketten sind sehr einfach aufgebaut. Alle Lampen befinden sich in einer Reihe. Sie sind alle abhängig voneinander an die Spannungsquelle angeschlossen. Wenn man eine Lampe aus der Fassung dreht, gehen alle anderen Lampen auch aus. Eine solche Schaltung nennt man **Reihenschaltung**.

Material mit Aufgaben

P1 Reihenschaltung

Material: Batterie, Kabel, 3 Glühlampen

Durchführung: Baue den Stromkreis nach. Ergänze nacheinander zwei Lampen in der Schaltung. Benutze dabei möglichst wenig Kabel. Drehe danach eine Lampe aus der Fassung.

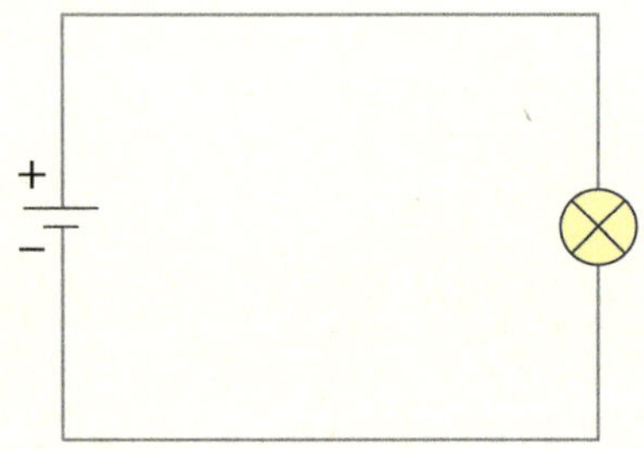

1. Zeichne den Schaltplan deiner aufgebauten Schaltung.
2. Erkläre, warum du nicht nur eine einzelne Lampe ausschalten kannst.
3. Zeichne einen Schaltplan, in dem an einer Batterie eine LED, ein Motor, eine Glühlampe und ein Schalter angeschlossen und in Reihe geschaltet sind.

Reihenschaltung

Je mehr Lampen in einer Reihenschaltung verbaut sind, desto schwächer leuchtet jede einzelne Lampe. Der Strom verhält sich in einer Reihenschaltung wie das Wasser in einem schmalen Bach mit Wasserrädern. Die Lampen stellen die Wasserräder im fließenden Wasser dar. Baut man hinter einem Wasserrad ein zweites, muss das Wasser zwei Räder bewegen. Baut man eine zweite Lampe in die Schaltung, muss der Strom beide Lampen zum Leuchten bringen. Dadurch glühen die Lampen mit jeder weiteren Lampe schwächer.

In einer Reihenschaltung sind alle Bauteile hintereinander geschaltet.

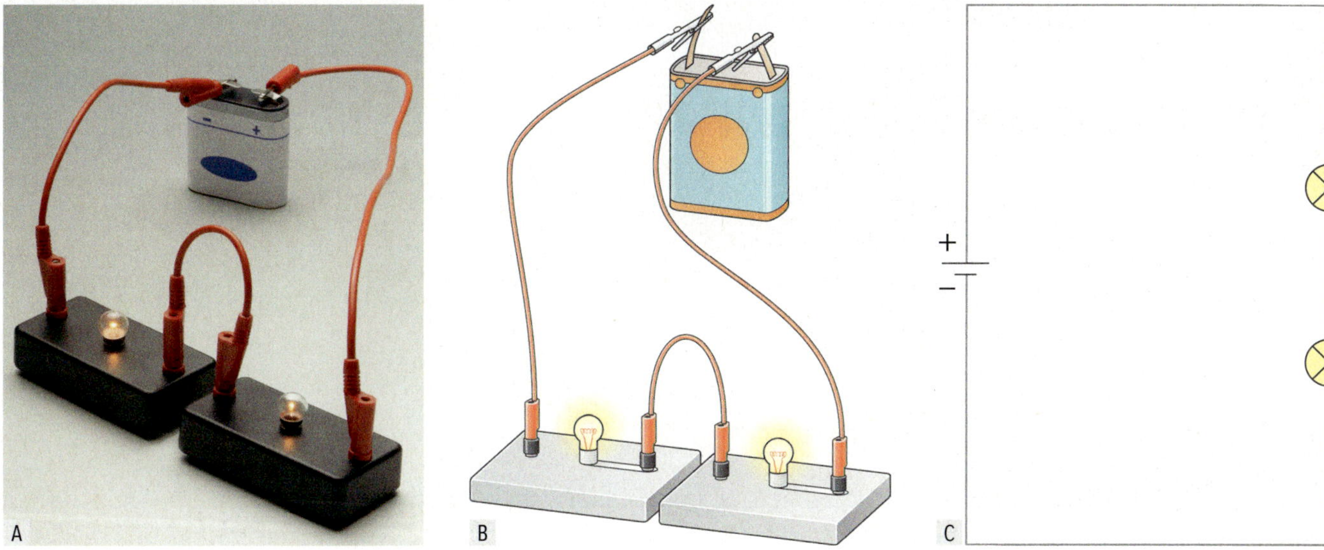

2 Reihenschaltung: **A** Foto, **B** Zeichnung, **C** Schaltplan

UND-Schaltung

Elektrische Heckenscheren werden in vielen Gärten eingesetzt. Wegen der sich schnell drehenden und scharfen Klingen sind sie sehr gefährlich. Damit die Finger nicht an die Messer geraten, gibt es eine besondere Schaltung. Bei dieser Schaltung müssen zwei Schalter gleichzeitig gedrückt werden. Sie wird als **UND-Schaltung** bezeichnet. In einer UND-Schaltung sind mehrere Schalter in Reihe geschaltet. Sobald ein Schalter offen ist, wird der Stromkreis unterbrochen. Es kann dann kein Strom mehr fließen und das Gerät startet nicht oder geht wieder aus. Deswegen wird die UND-Schaltung auch Sicherheitsschaltung genannt.

A Erkläre, warum in einer Reihenschaltung die Helligkeit mit jeder Lampe immer mehr abnimmt.

B Erkläre, warum man UND-Schaltungen als Sicherheitsschaltungen bezeichnet.

C Nenne Nachteile von Reihenschaltungen.

Material mit Aufgaben

M2 UND-Schaltung

Heckenschere

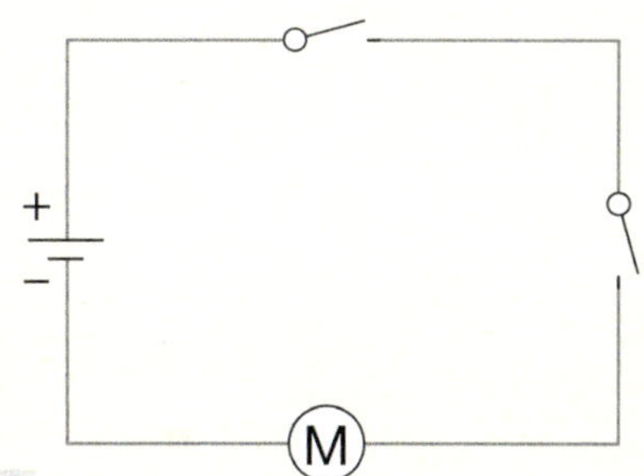

A

Ventilator im Computer

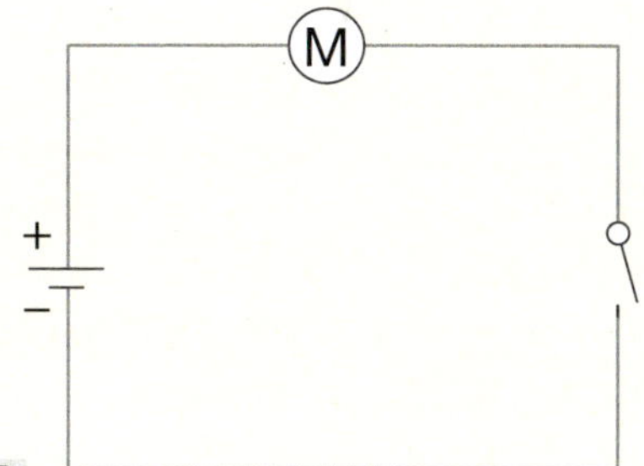

B

1. Ordne den beiden Schaltplänen die passenden Geräte zu.
2. Entscheide, bei welcher Schaltung es sich nicht um eine UND-Schaltung handelt. Begründe.
3. Stelle eine Vermutung an, ob im Alltag UND-Schaltungen mit mehr als zwei Schaltern sinnvoll sind.

1 Licht am Auto

Parallelschaltung

Licht am Auto

Die Lampen in einem Auto sind komplizierter geschaltet als die Lampen in alten Lichterketten. Von jeder Lampe aus gibt es auf beiden Seiten eine Verbindung direkt zur Spannungsquelle. Kein Lampe ist direkt mit einer anderen Lampe verbunden. Eine solche Schaltung heißt **Parallelschaltung**.

Material mit Aufgaben

P1 Parallelschaltung

Material: Batterie, Kabel und Glühlampen

Durchführung: Baue einen einfachen Stromkreis auf. Ergänze zwei weitere Glühlampen, ohne sie direkt an die Batterie anzuschließen. Drehe dann eine Glühlampe aus der Fassung.

1. Zeichne einen Schaltplan deiner aufgebauten Schaltung.
2. Erkläre, warum du bei einer Parallelschaltung einzelne Glühlampen aus der Schaltung entfernen kannst.
3. Zeichne einen Schaltplan, in dem zwei LEDs, eine Glühlampe und ein Motor parallel geschaltet sind. Jedes der vier Bauteile soll einzeln ausgeschaltet werden können.

Parallelschaltung

Sind mehrere Glühlampen parallel geschaltet, dann leuchten sie alle gleich hell. Der Strom in der Parallelschaltung verhält sich wie Wasser in einem Bach. In diesem Bach stehen mehrere Wasserräder nebeneinander. Jedes Wasserrad wird unabhängig von den anderen Wasserrädern von der gleichen Menge Wasser in Bewegung gesetzt. Sie drehen sich alle gleich schnell. In der Parallelschaltung sind alle Lampen parallel, nebeneinander, geschaltet. Jede Glühlampe wird so mit Strom versorgt, als wäre sie die einzige im Stromkreis.

In einer Parallelschaltung sind alle Bauteile direkt und unabhängig voneinander mit der Spannungsquelle verbunden.

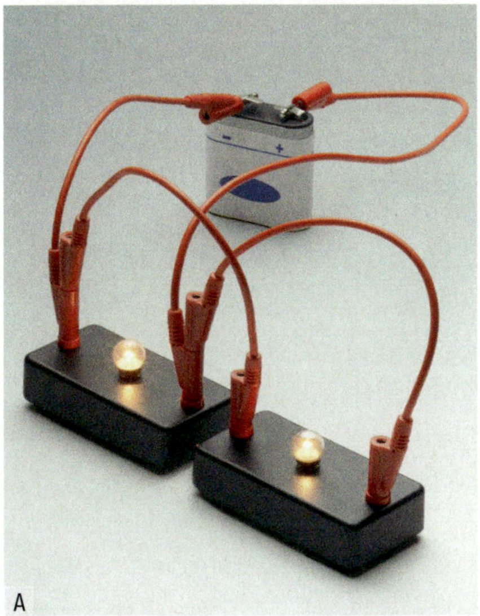

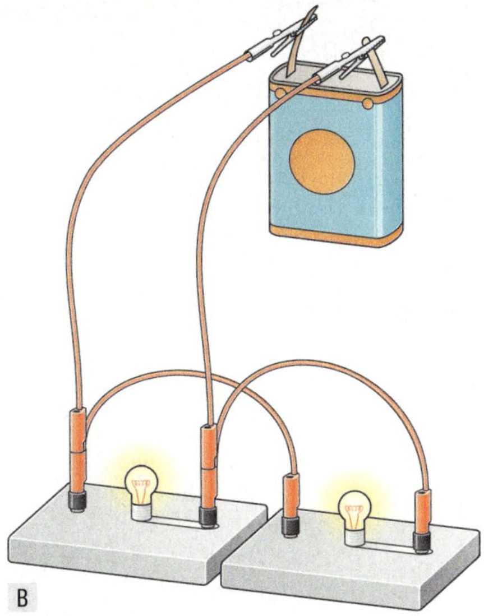

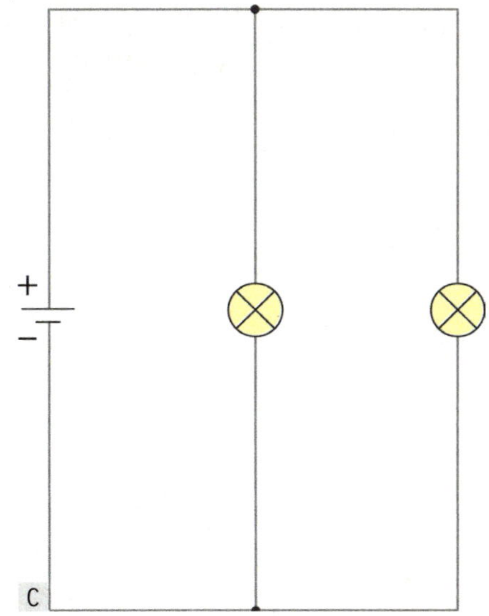

2 Parallelschaltung: **A** Foto, **B** Zeichnung, **C** Schaltplan

A

ODER-Schaltung

Wenn bei einem Auto die Tür geöffnet wird, dann geht das Licht im Innenraum an. Mit dem Öffnen der Tür schließt sich in einer Schaltung im Auto gleichzeitig ein Schalter. Damit die Lampen im Innenraum angehen, ist es nicht wichtig, welche der Türen geöffnet wird. Das Licht geht erst wieder aus, wenn alle Türen geschlossen sind. Mithilfe der Beleuchtung wird der Fahrer darauf aufmerksam gemacht, wenn eine der Türen nicht vollständig geschlossen ist.
Für das Einschalten der Lampen im Auto sind die vielen Schalter parallel geschaltet. Eine solche Schaltung wird als **ODER-Schaltung** bezeichnet. In einer ODER-Schaltung wird der Stromkreis nur dann unterbrochen, wenn alle Schalter geöffnet sind.

A Beschreibe mithilfe von Bild 2 den Aufbau einer Parallelschaltung.

B Erkläre, warum das Licht im Innenraum des Autos angeht, wenn eine der Türen geöffnet wird.

C Nenne Vorteile von Parallelschaltungen.

Material mit Aufgaben

A

M2 Die ODER-Schaltung

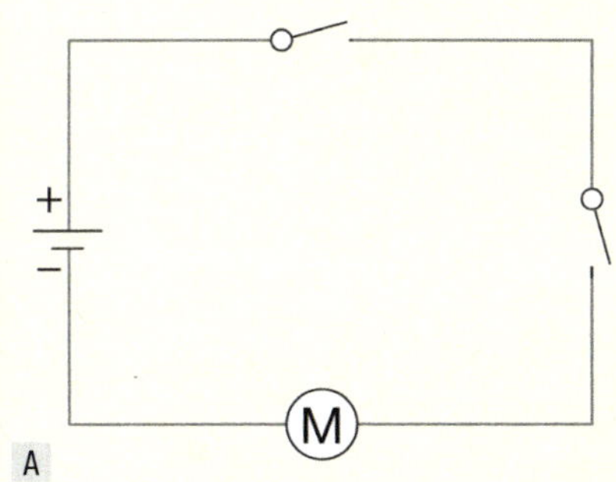

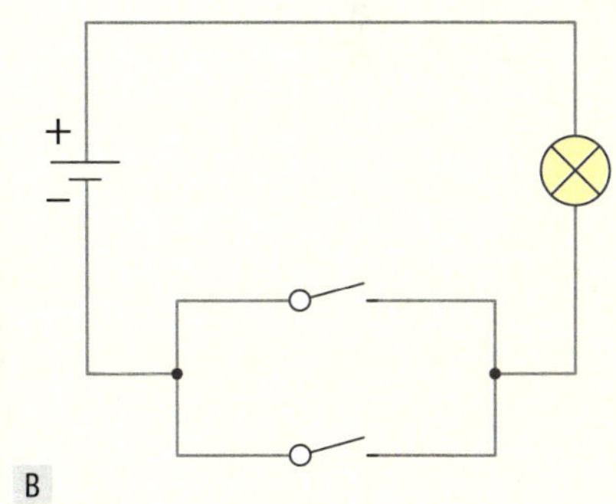

1. Ordne den beiden Schaltplänen die passenden Geräte zu.
2. Entscheide, bei welcher Schaltung es sich nicht um eine ODER-Schaltung handelt. Begründe.
3. Wähle eine der Aufgaben aus:
   - a Zeichne eine ODER-Schaltung mit drei Schaltern.
   - b Überlege dir weitere Anwendungen für ODER-Schaltungen.

Wechselschaltung

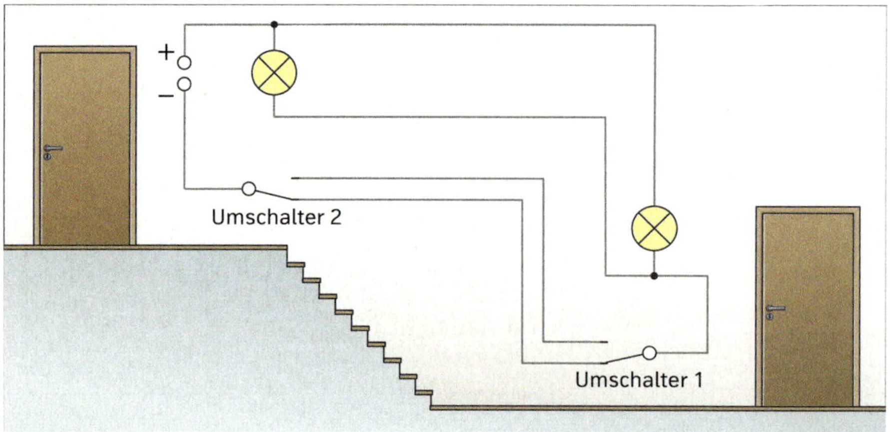

1 Wechselschaltung im Treppenhaus

A

Licht im Treppenhaus

In einem Treppenhaus gibt es mehrere Lichtschalter, oft auf jeder Etage. Mit ihnen kann das Licht an- und auch wieder ausgeschaltet werden. Mit mehreren Schaltern kann man also ein und denselben Stromkreis mit Lampen schließen und auch wieder öffnen.

Die Wechselschaltung

Die Schaltungen von Lampen in Treppenhäusern sind weder UND- noch ODER-Schaltungen. In einem Treppenhaus können die Lampen in beiden Stockwerken ein- und ausgeschaltet werden. Bei dieser Art von Schaltung, werden zwei **Umschalter** verwendet. Bei einem Umschalter teilt sich der Weg des elektrischen Stroms in zwei mögliche Pfade auf. Mit zwei Umschaltern kann man dann entscheiden, ob der Stromkreis geschlossen werden soll. Dabei ist es unwichtig, welchen der zwei Schalter man zuerst betätigt. Wenn die Lampen vorher aus waren, dann leuchten sie danach. Wenn sie vorher leuchteten, dann schaltet man sie aus. Eine Schaltung wie bei der Treppenhausbeleuchtung, die mit zwei Umschaltern funktioniert, bezeichnet man als eine **Wechselschaltung.**

Material mit Aufgaben

M1 Wechselschaltung

Der Schaltplan zeigt eine Wechselschaltung. Die Stellung der Schalter wird mit A und B beschrieben.

1. Nenne die Bauteile der abgebildeten Wechselschaltung.
2. Übertrage die Tabelle in dein Heft und ergänze sie.
3. Nimm Stellung zu der Aussage: „Wenn vorher die Lampe im Treppenhaus aus war und man einen der beiden Umschalter drückt, geht das Licht immer an.“

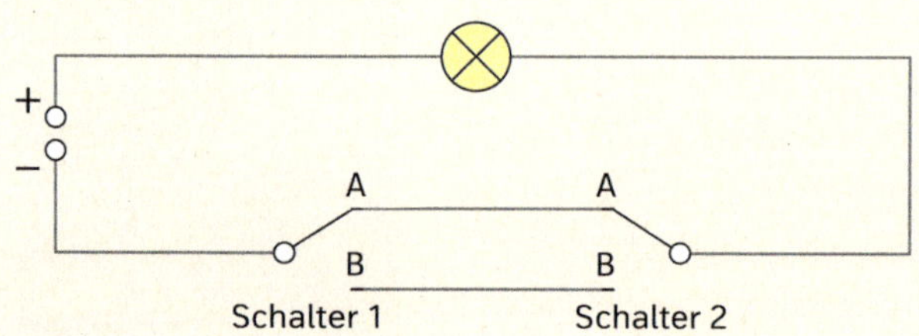

Schalter 1	Schalter 2	Lampe leuchtet?
A	A	...
A	B	...
B	A	...
B	B	...

1 Verschiedene Berufe: **A** Hausmeister, **B** Elektronikerin, **C** Elektroingenieure und Elektroingenieurinnen

Hausmeisterin / Hausmeister

Eine Hauptaufgabe von Hausmeistern oder Hausmeisterinnen ist die Instandhaltung von Wohngebäuden. Sie kommen dabei immer wieder mit elektrischem Strom in Berührung. Der Beruf ist in Deutschland kein Ausbildungsberuf. Wegen der anfallenden Reparaturaufgaben, wird häufig eine handwerkliche Ausbildung vorausgesetzt. Zusätzlich zum Handwerklichen wird auch Einfühlungsvermögen in die Hausbewohner erwartet.

Elektronikerin / Elektroniker

Elektroniker und Elektronikerinnen planen und installieren selbstständig elektrische Systeme. Dabei reicht ihr Aufgabenbereich von der Reparatur einer Hausverkabelung bis zur Planung der Stromversorgung einer Fabrik. Die Ausbildung dauert 3,5 Jahre und erfordert neben handwerklichem Verständnis auch gute Kenntnisse in Mathematik und Physik. Nach dem ersten Ausbildungsjahr spezialisiert man sich auf eine Fachrichtung, zum Beispiel Gebäudetechnik.

Elektroingenieurin / Elektroingenieur

Elektroingenieure und Elektroingenieurinnen entwickeln elektrische Systeme und überwachen ihre Herstellung. Das Studium dauert oft mehrere Jahre und enthält zusätzlich zur Theorie auch viele praktische Anteile.

Material mit Aufgaben

M1 Stellenanzeigen

Zur Verstärkung unseres Teams suchen wir dich (m/w/d)!

Du bringst mit: - einige Jahre Berufserfahrung
- selbstständige Arbeitsweise

Aufgaben: - Wartung der vorhandenen Elektrik
- Durchführung von elektrischen Umbauten und Neuinstallationen

1. Ordne der Stellenausschreibung einen der vorgegebenen Berufe zu: Hausmeister/in, Elektroniker/in, Elektroingenieur/in.

2. Recherchiere Informationen über einen anderen Beruf, bei dem mit Strom gearbeitet wird. Schreibe eine Stellenausschreibung für diesen Beruf.

Schaltzeichen und Schaltungen

Kabel

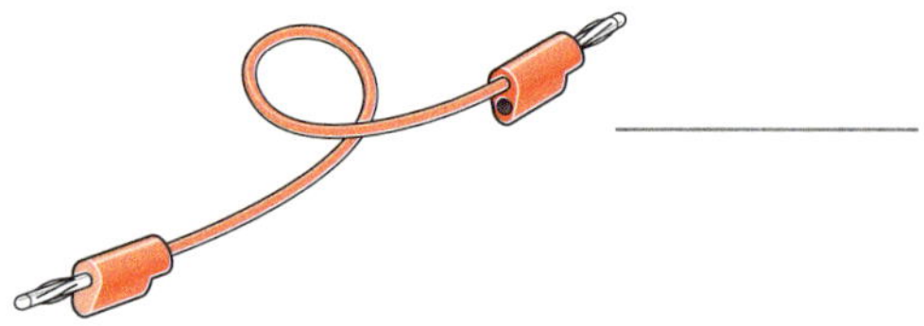

LED

Batterie

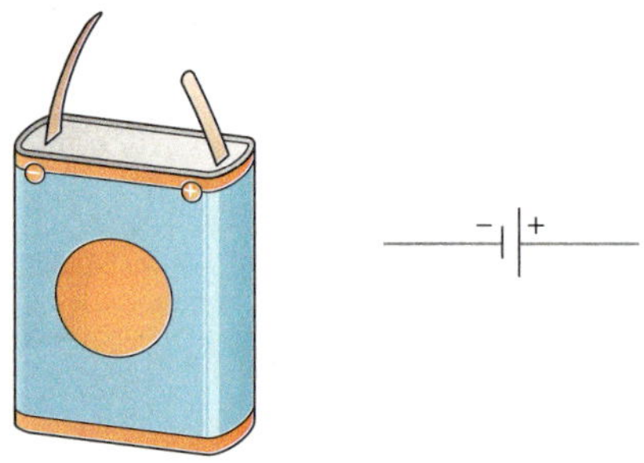

Schalter

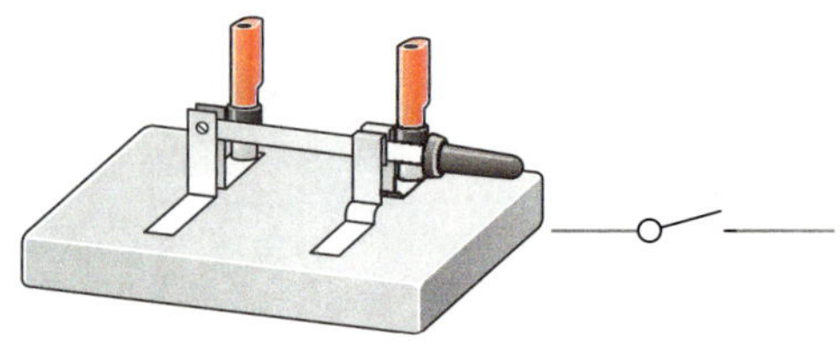

Netzgerät

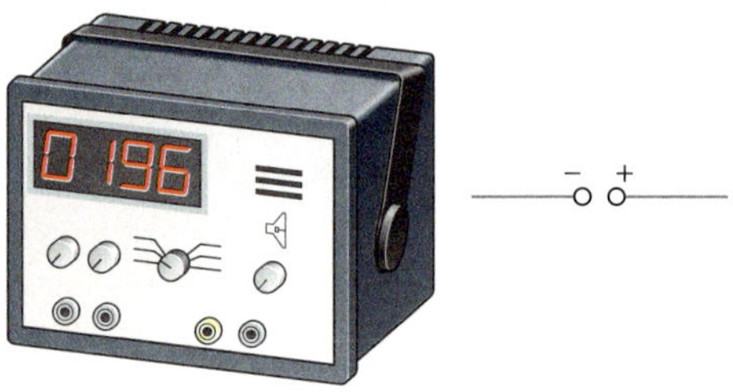

Taster

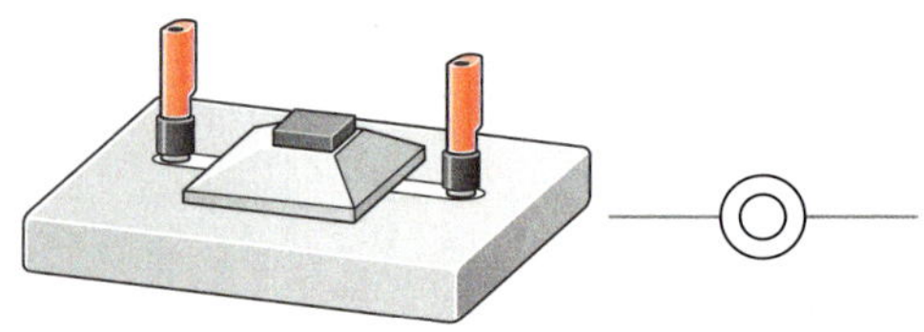

Motor

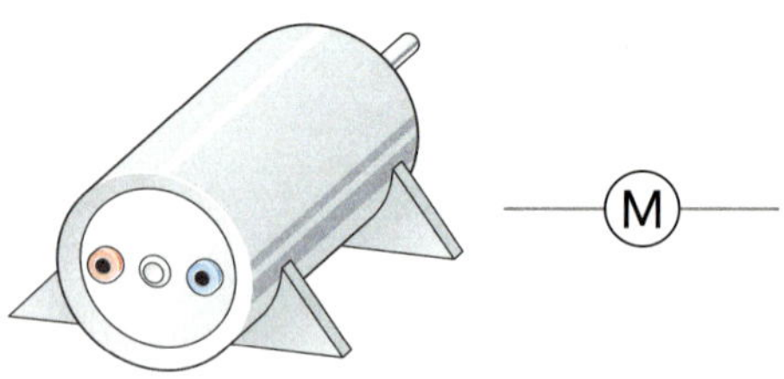

Sicherung

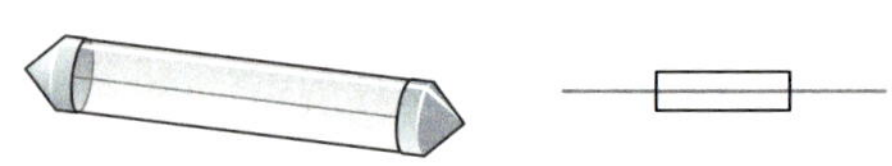

Glühlampe

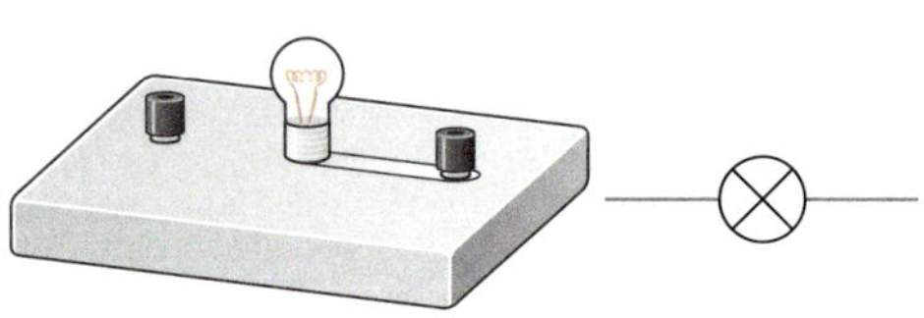

Spule

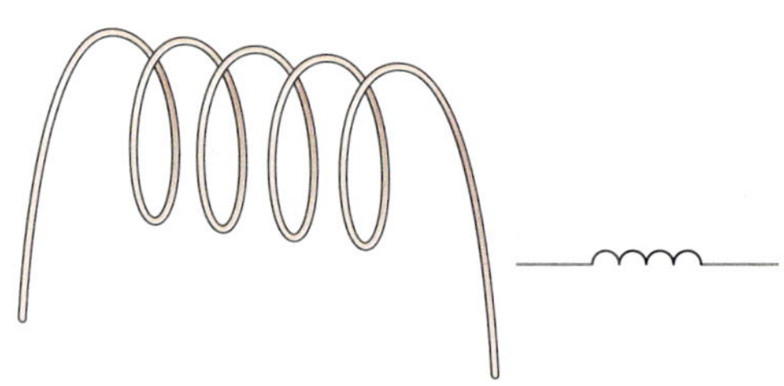

Schaltpläne und Schaltzeichen helfen einem für das Verständnis vom Aufbau elektrischer Geräte. Jedes elektrische Bauteil hat ein eigenes Schaltzeichen, mit dem es in einem Schaltplan dargestellt wird. Mit Schaltplänen lassen sich auch einfache Schaltungen wie eine Reihenschaltung, Parallelschaltung, UND-Schaltung und ODER-Schaltung darstellen.

Auf einen Blick

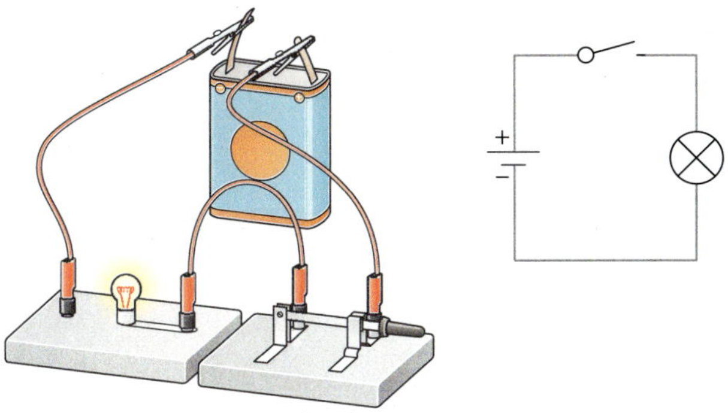

Einfacher Stromkreis

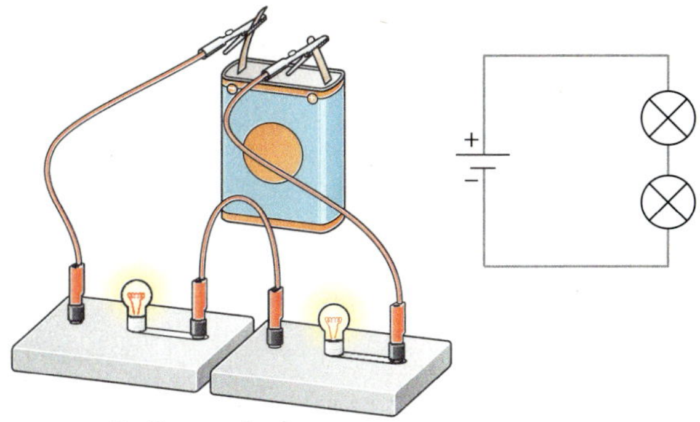

Reihenschaltung

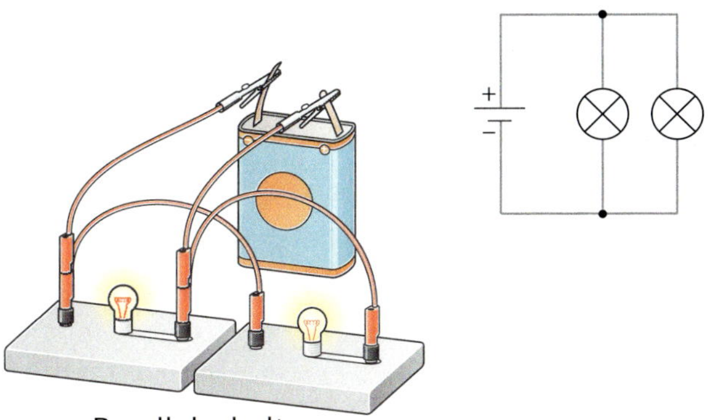

Parallelschaltung

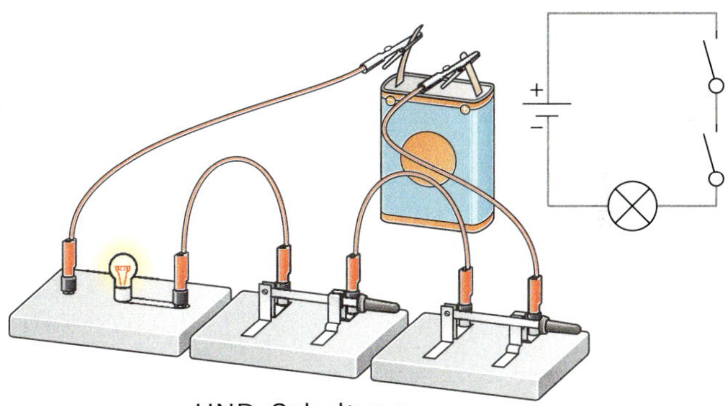

UND-Schaltung

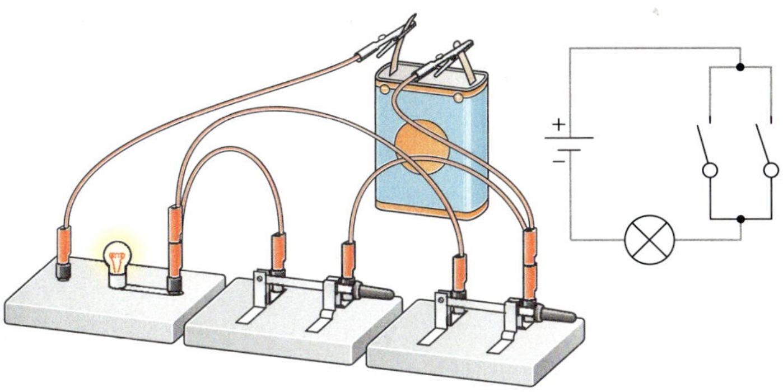

ODER-Schaltung

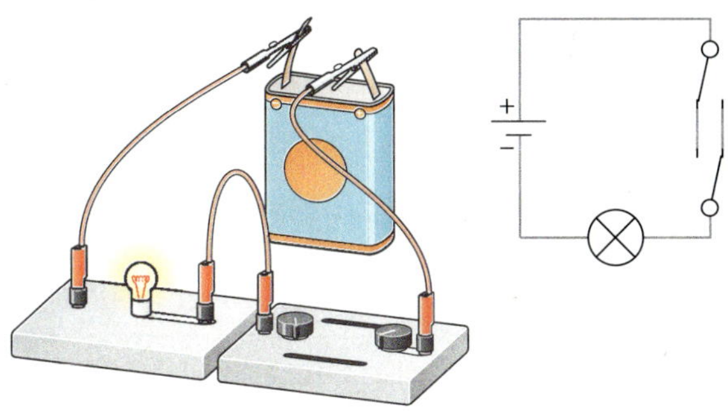

Wechselschaltung

1. Beschreibe den Unterschied zwischen einer UND-Schaltung und einer Reihenschaltung.
2. Erkläre, warum bei einer Parallelschaltung mit drei Glühlampen, zwei Glühlampen leuchten, auch wenn die dritte kaputt ist.
3. Zeichne einen Schaltplan für eine Parallelschaltung mit einem Motor, einer Glühlampe und einem Netzgerät.
4. Beschreibe, wie die einzelnen Bauteile in der abgebildeten ODER-Schaltung zueinander geschaltet sind.

1 Strom kann gefährlich sein.

Sicherungen

Strom ist gefährlich

Sehr viele Geräte im Haushalt werden mit Strom betrieben. Jedoch kann Strom auch gefährlich werden. Schon ein kleiner Schaden in einem Gerät oder einer Leitung kann zur Folge haben, dass Leitungen und Geräte sehr heiß werden. Die entstehende Wärme kann sogar zu einem Brand führen.

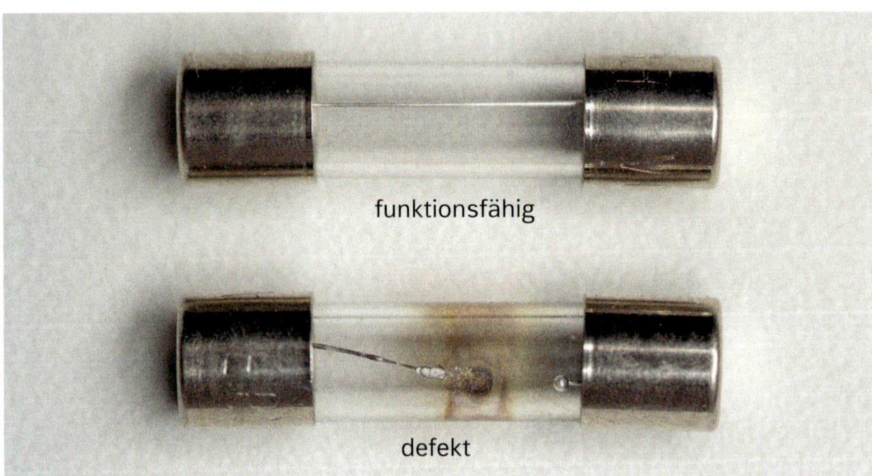

2 Funktionsfähige und defekte Schmelzsicherung

Kurzschluss

Wenn sich zwei elektrische Leitungen berühren, kann ein **Kurzschluss** entstehen. Dabei fließt der Strom direkt von einem Pol der Spannungsquelle zum anderen Pol, ohne ein anderes Bauteil zu durchströmen. Bei einem Kurzschluss können starke Ströme fließen, die zum Erhitzen der Kabel führen können. Die Wärmewirkung des Stroms kann dabei so stark werden, dass Geräte und Kabel anfangen zu brennen. In elektrischen Geräten dürfen sich die Kupferdrähte in den Kabeln nicht berühren, sodass keine anderen Stromwege möglich sind und keine Kurzschlüsse entstehen. Die Kabel sind daher mit Kunststoff, einem Isolator, ummantelt.

Sicherungen

Zum Schutz vor zu starken Strömen baut man Sicherungen in Schaltungen von elektrischen Geräten ein. Eine einfache Form der Sicherung ist die Schmelzsicherung. Schmelzsicherungen bestehen aus einem dünnen Draht. Dieser befindet sich in einem nicht leitenden Gehäuse. Bei einem zu starken Strom schmilzt der Draht. Dadurch wird der Stromkreis unterbrochen. Es kann nun kein Strom mehr fließen. Die Sicherung muss vor dem erneuten Einsatz ausgetauscht werden. Im Haushalt werden zum Schutz vor allem Sicherungsautomaten eingesetzt. Bei diesem wird ein Schalter umgelegt, sodass der Stromkreis unterbrochen wird.

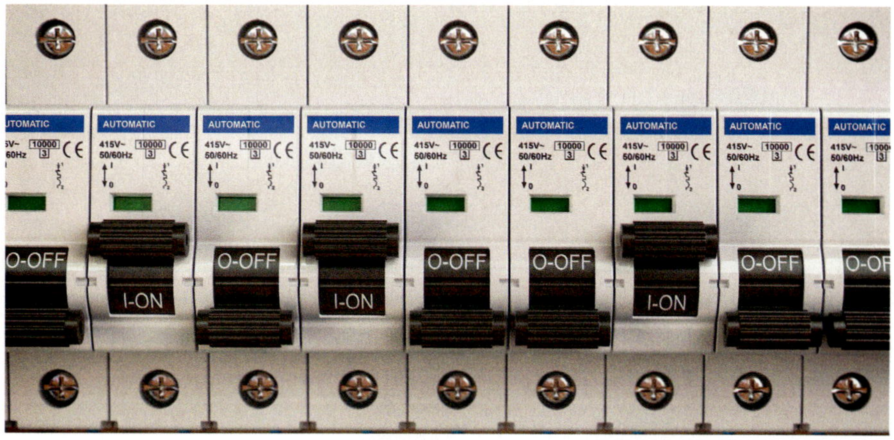

3 Sicherungsautomat

Die richtige Spannung

Man kann nicht mit jeder Spannungsquelle jedes elektrische Geräte betreiben. Beispielsweise würde eine Waschmaschine nicht funktionieren, wenn man sie an eine Flachbatterie anschließt. Die Flachbatterie hat nur eine Spannung von 4,5 Volt. Die Waschmaschine muss aber an eine Steckdose mit 230 Volt angeschlossen werden. Jedes elektrische Gerät braucht eine bestimmte Spannung, damit es funktioniert.
Die Angabe, welche Spannung ein elektrisches Gerät benötigt, findet man entweder auf dem Gerät oder in der Gebrauchsanweisung. Wird ein elektrisches Gerät an eine zu hohe Spannung angeschlossen, kann zu viel Wärme entstehen und das Gerät funktioniert dann nicht mehr. Im schlimmsten Fall kann es sogar zu einem Brand kommen.

A Beschreibe, wie man sich vor den Folgen eines Kurzschlusses schützen kann.

B Erkläre die Funktionsweise einer Schmelzsicherung.

Material mit Aufgaben

M1 Kurzschluss

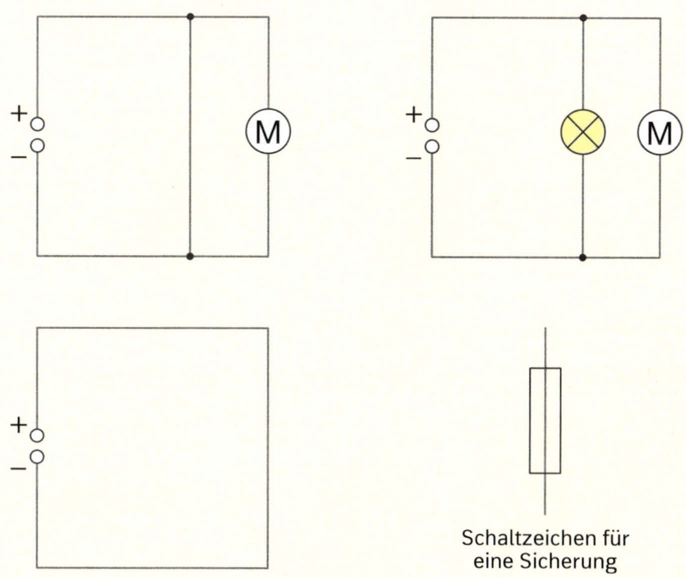

1. Erläutere, wie ein Kurzschluss entstehen kann.
2. Entscheide, bei welcher der dargestellten Schaltungen A-C es zu einem Kurzschluss kommt. Begründe deine Zuordnung.
3. Zeiche einen Schaltplan von einer UND-Schaltung mit einer Sicherung.
4. Nimm Stellung zu der Aussage: „Mit einer Sicherung kommt es nie zu einem Kurzschluss.“.

Ein Zerlegungsprotokoll anfertigen

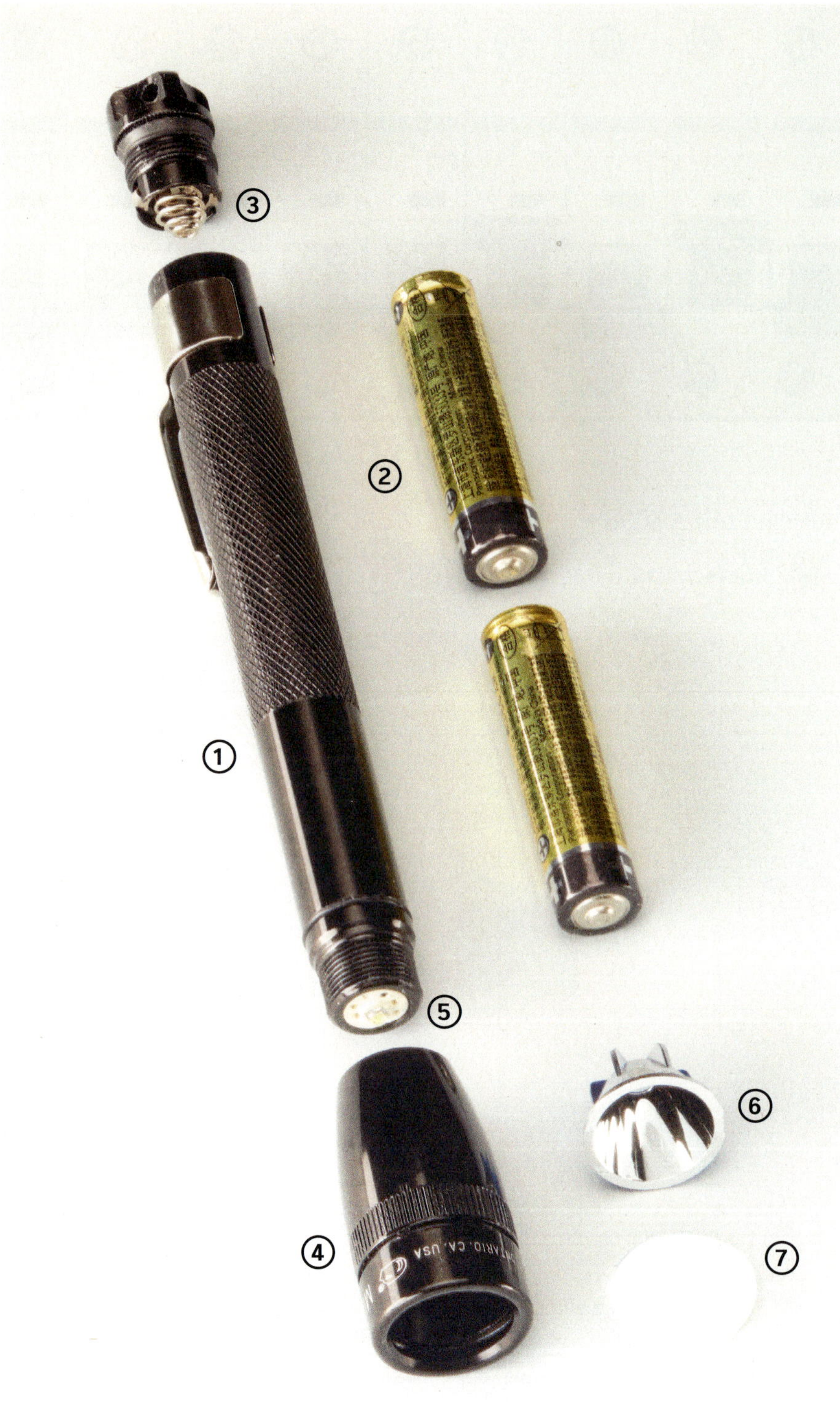

1 Zerlegte Taschenlampe

Zerlegung einer Taschenlampe

Wenn man eine Taschenlampe zerlegt, dann erhält man folgende Bauteile:

1 Das **Gehäuse** besteht in der Regel aus Kunststoff oder Metall. Es schützt die anderen Bauteile im Inneren der Taschenlampe.

2 Das Gehäuse ist auch gleichzeitig das Fach für die Batterien. Es wird auch **Batteriefach** genannt. Das Batteriefach enthält die Batterien, die die Taschenlampe mit elektrischem Strom versorgen.

3 Am unteren Ende des Batteriefaches erkennt man eine dünne Metallfeder. Sie dient als leitender **Kontakt** zwischen Batterie, Schalter und Lampe. Ein zweiter Kontakt liegt im vorderen Teil des Batteriefachs. Die beiden Kontakte sind oft mithilfe des Gehäuses verbunden.

4 Die Taschenlampe wird mithilfe eines **Schalters** ein- und wieder ausgeschaltet. Bei dieser Taschenlampe ist der Schalter ein Drehschalter.

5 Im vorderen Teil des Gehäuses befindet sich die **Lampe**.

6 Die Lampe steckt in einem beschichteten Kegel. Dieser wird als **Reflektor** genutzt. Durch ihn wird das Licht der Lampe nach vorne gebündelt.

7 Der Reflektor und die Lampe werden durch eine **Abdeckung** vor der Umwelt geschützt.

Zerlegungsprotokoll

In einem Zerlegungsprotokoll wird mithilfe von kleinen Arbeitsschritten das Auseinandernehmen eines Gegenstandes beschrieben. Nacheinander wird immer nur ein Bauteil des Gegenstandes ausgebaut. Nach dem Ausbauen werden die Einzelteile vorsichtig und geordnet auf einem Tisch abgelegt. So weiß man am Ende, aus wie vielen Einzelteilen der Gegenstand besteht. Nach jedem Arbeitsschritt wird das Aussehen des Gegenstandes fotografiert oder von Hand skizziert. Von jedem ausgebauten Einzelteil wird die Funktion beschrieben. Dadurch bekommt man am Ende einen Überblick, wie die einzelnen Bauteile eines Gegenstandes zusammenarbeiten. Wenn man den Gegenstand am Ende wieder zusammenbauen will, dann geht man in der umgekehrten Reihenfolge vor.

Sicherheitshinweise

Beim Zerlegen eines Gegenstandes muss man immer sehr vorsichtig sein. Die einzelnen Bauteile müssen immer vorsichtig und nicht mit Gewalt getrennt werden. Man kann einfache Gegenstände mit und ohne einer Batterie auseinandernehmen. Elektrische Geräte mit einem Stecker dürfen allerdings nur von einem Fachmann auseinandergenommen werden. Dabei darf der Stecker nie in der Steckdose stecken.
Bevor man einen Gegenstand zerlegt, sollte man am besten mit der Lehrkraft absprechen, ob er sich zum Zerlegen eignet. Manche Gegenstände enthalten gefährliche Bauteile oder lassen sich nur sehr schwer zerlegen.

Arbeitsschritt	Foto	Funktion
komplette Taschenlampe		Transportable Lichtquelle
Der Taschenlampenkopf wird abschraubt.		Der Taschenlampenkopf sitzt auf dem Gehäuse, welches als Batteriefach dient.
Die Batterien werden aus dem Batteriefach genommen.	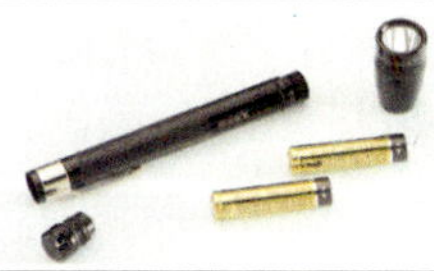	Die Batterien versorgen die Lampe mit Strom.
Die Schutzabdeckung wird gelöst und abgenommen.		Die Abdeckung schützt die Lampe vor der Umwelt.
Der Reflektor und die Lampe werden herausgenommen.		Der Reflektor bündelt das abgestrahlte Licht der Lampe in eine Richtung.

2 Zerlegungsprotokoll einer Taschenlampe

Material mit Aufgaben

P1 Zerlegungsprotokoll

Material: verschiedene Taschenlampen

Durchführung: Baue eine Taschenlampe Schritt für Schritt auseinander.

1. II Fertige ein Zerlegungsprotokoll von einer Taschenlampe an.
2. II Vergleiche mit einem Mitschüler oder einer Mitschülerin die Bestandteile von verschiedenen Taschenlampen. Nutzt dabei eure zuvor erstellten Zerlegungsprotokolle.

3. III Zerlege einen weiteren Gegenstand in seine Einzelteile und fertige ein Zerlegungsprotokoll an.

Zusammenfassung Stromkreise

Wirkungen des Stroms

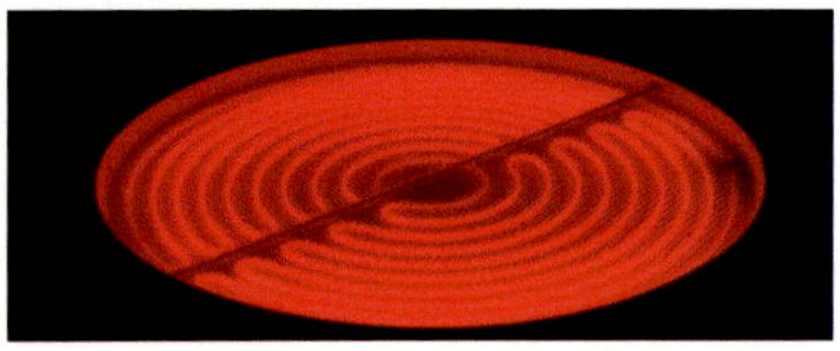

Der elektrische Strom ist nicht sichtbar, aber man erkennt ihn an seiner Wirkung. Er hat eine Lichtwirkung, Wärmewirkung und magnetische Wirkung. In elektrischen Geräten können mehrere Wirkungen des Stroms gleichzeitig auftreten.

Schaltzeichen und Schaltplan

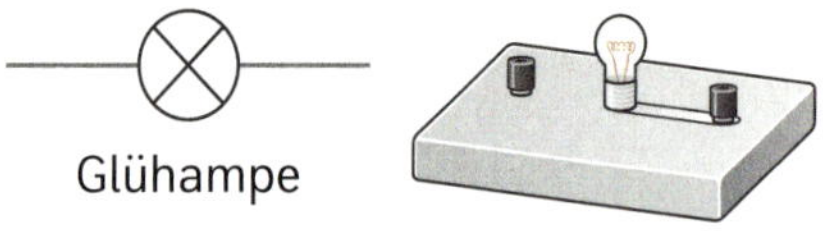

Damit Stromkreise übersichtlich dargestellt werden können, benutzt man Schaltzeichen und Schaltpläne. Jedes Bauteil von Schaltungen hat sein eigenes Schaltzeichen. Durch Schaltpläne kann man schneller sehen, welche Bauteile miteinander verbunden sind.

Reihenschaltung

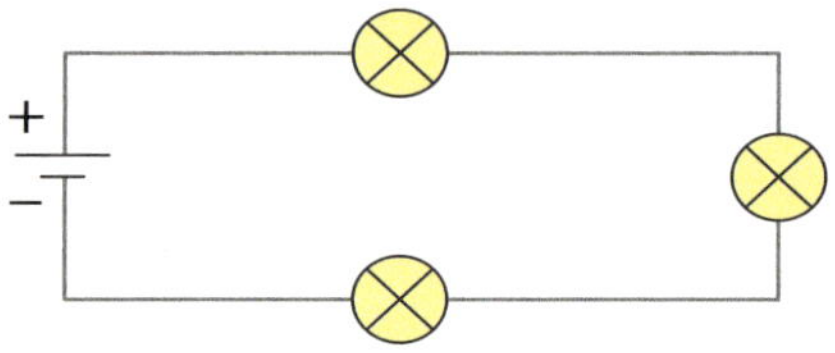

In einer Reihenschaltung sind alle Bauteile nacheinander aufgebaut. Wenn mehrere Lampen in Reihe geschaltet sind, leuchten sie mit jeder weiteren Lampe immer schwächer. Eine Reihenschaltung aus Schaltern nennt man UND-Schaltung.

Bauteile von Stromkreisen

Für einen einfachen Stromkreis benötigt man eine Spannungsquelle, zum Beispiel eine Batterie. Eine Spannungsquelle hat einen Minuspol und einen Pluspol. Damit eine Glühlampe leuchtet, muss sie Teil eines geschlossenen Stromkreises sein. Um einen Stromkreis gezielt zu unterbrechen, werden Schalter benutzt. Einen Stromkreis bezeichnet man auch als Schaltung.

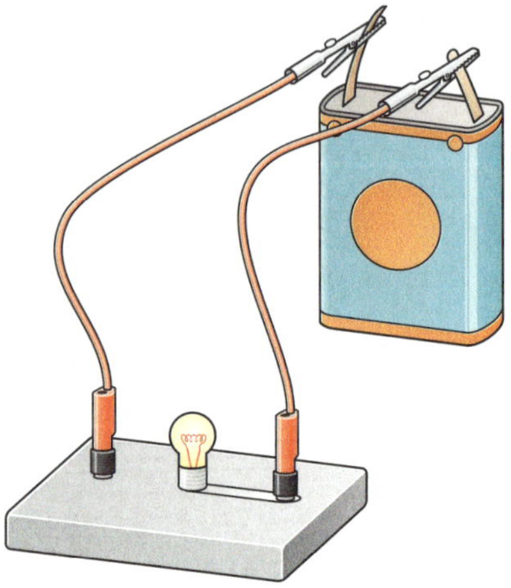

Stromfluss

In einem geschlossenen Stromkreis bewegen sich die Elektronen vom Minuspol der Batterie zum Pluspol. Die Elektronen befinden sich auch in den Kabeln der Schaltung. Die Elektronen der Batterie schieben auf dem Weg zum Pluspol alle anderen Elektronen im Stromkreis an. Dadurch beginnt eine Lampe sofort zu Leuchten, wenn ein Schalter umgelegt wird.

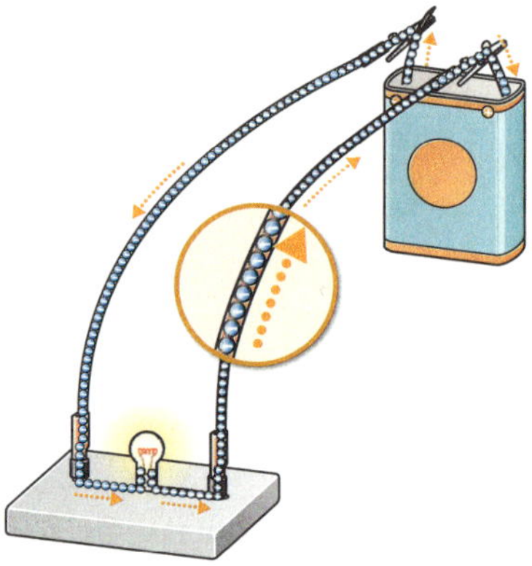

Parallelschaltung

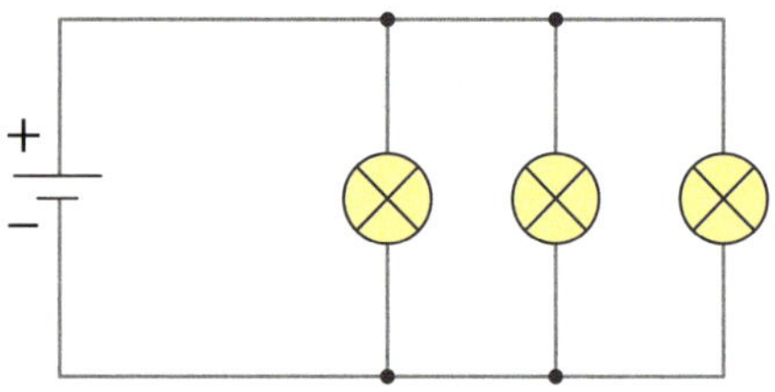

In einer Parallelschaltung ist jedes Bauteil direkt mit der Spannungsquelle verbunden. Baut man immer mehr Lampen in eine Parallelschaltung, wird das Leuchten der Lampen nicht schwächer. Eine Parallelschaltung mit Schaltern wird ODER-Schaltung genannt.

Leiter und Nichtleiter

Materialien, die den elektrischen Strom leiten, werden elektrische Leiter genannt. Materialien, die den Strom nicht leiten, nennt man Nichtleiter oder Isolatoren. Gute elektrische Leiter sind Silber, Kupfer oder Salzwasser. Als Isolatoren kann man Kunststoffe oder Öle verwenden.

1 Wirkungen des Stroms

A Nenne drei Wirkungen des elektrischen Stroms.

B Nenne zu jeder Wirkung des elektrischen Stroms ein Beispiel aus dem Alltag.

C Ordne den folgenden Geräten die passenden Wirkungen zu: Wärmelampe, ferngesteuertes Auto, Waschmaschine.

2 Umgang mit Strom

Kim

A Beschreibe, was Kim im Umgang mit elektrischem Strom richtig macht.

3 Leiter und Nichtleiter

A Nenne die Unterschiede zwischen einem Leiter und einem Nichtleiter.

B Nenne Beispiele für flüssige beziehungsweise feste Leiter und Isolatoren.

C Skizziere einen Versuchsaufbau, mit dem man die elektrische Leitfähigkeit überprüfen kann.

4 Komplexe Schaltungen

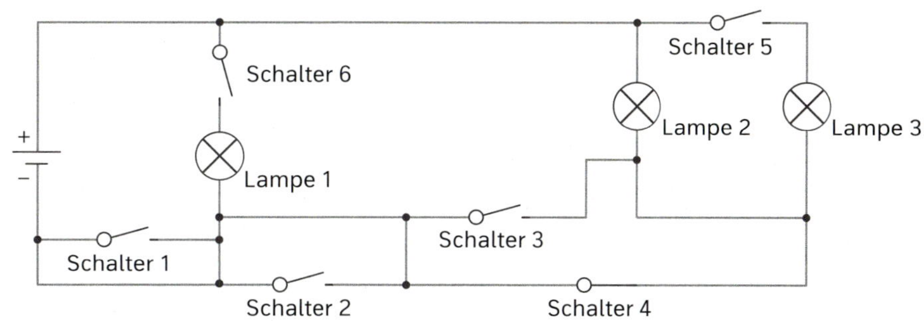

A Nenne die Lampe, die leuchtet.

B Erkläre, welcher Schalter geschlossen werden muss, damit Lampe 3 leuchtet.

C Zeichne einen neuen Schaltplan, in dem alle unnötigen Schalter und Stromwege aus dem abgebildeten Schaltplan entfernt sind.

5 Schaltungen

A Zeichne einen Schaltplan für eine Reihen- und eine Parallelschaltung mit jeweils drei Glühlampen.

B Ordne dem abgebildeten Schaltplan den Begriff UND- oder ODER-Schaltung zu.

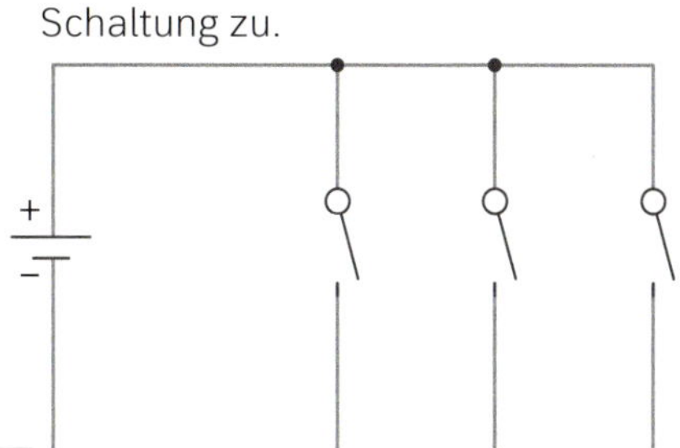

A

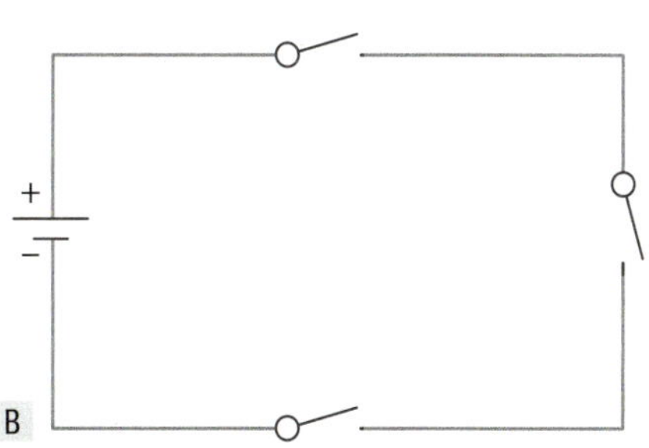

B

6 Schaltungen

A Nenne die Teilchen des elektrischen Stroms.

B Erkläre mithilfe des Bildes den Stromfluss in einer Glühbirne.

C Vergleiche den Stromfluss in einem geschlossenen Stromkreis mit dem Modell eines Wasserstroms.

Woraus besteht Luft?
Wie entsteht Regen?
Was ist Temperatur?

Temperatur, Wärme, Wetter

4

Die Sonne geht unter und es wird langsam kühler. Die Temperaturen sinken. Große, dunkle Wolkenberge wehen heran und es beginnt zu regnen.

1 Ein Sonnenaufgang

Die Erde bewegt sich

Die Erde ist in Bewegung

Bei uns in Deutschland geht die Sonne im Osten auf, steht zur Mittagszeit im Süden und geht im Westen unter.
Innerhalb von **24 Stunden**, also einem **Tag**, dreht sich die Erde einmal gegen den Uhrzeigersinn um ihre eigene Achse. Die Erdachse ist eine gedachte Linie. Sie reicht vom **Nordpol** zum **Südpol**.

Die Sonne bestrahlt immer nur eine Hälfte der Erde. Dort ist es dann **hell**. Es ist **Tag**. Die andere Hälfte ist dann von der Sonne abgewandt. Auf dieser Seite ist es **dunkel**. Es ist **Nacht**. Wir bemerken die Bewegung nicht, da wir uns mitdrehen. Die Bewegung der Erde um die eigene Achse nennt man **Erdrotation**.

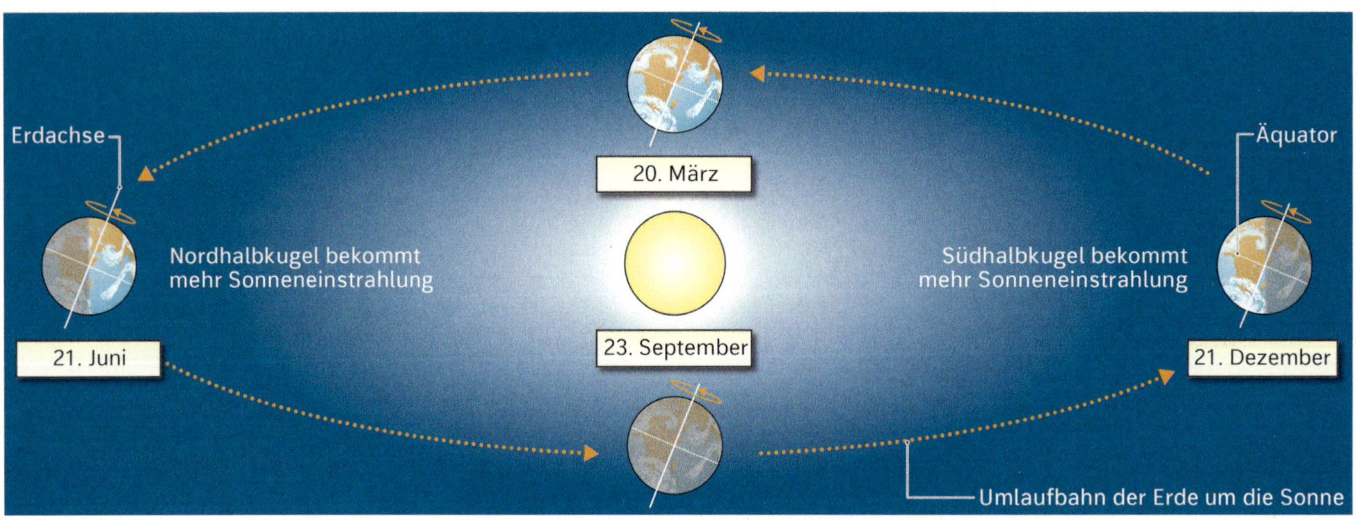

2 Rotation und Revolution der Erde

Jahreszeiten

Die Erde dreht sich nicht nur um die eigene Achse, sie bewegt sich auch gegen den Uhrzeigersinn auf einer Bahn um die Sonne. Dazu braucht sie etwa **365 Tage**. Das ist ein **Jahr**. Da die Erdachse leicht geneigt ist, fällt auf die Erde unterschiedlich viel Licht. Fast sechs Monate ist die Nordhalbkugel mehr der Sonne zugeneigt. Am 20. März beginnt der Frühling und am 21. Juni folgt der Sommer. Die Tage sind dann länger als die Nächte. Gleichzeitig wird die Südhalbkugel weniger stark bestrahlt. Die Tage sind dort jetzt kürzer. Ein halbes Jahr später ist es umgekehrt. Am 20. März und am 23. September werden die Nord- und die Südhalbkugel gleich stark beschienen. Tag und Nacht auf beiden Erdhalbkugeln sind gleich lang. Die Drehung der Erde um die Sonne nennt man **Erdrevolution**.

Sonneneinstrahlung

Wenn die Nordhalbkugel der Sonne zugeneigt ist, steht die Sonne mittags hoch am Himmel. Die Sonneneinstrahlung ist dann besonders intensiv. Es ist Sommer. Wenn die Nordhalbkugel von der Sonne weggeneigt ist, steht die Sonne mittags nicht so hoch am Himmel. Der Sonnenstand ist niedrig. Die Sonnenstrahlen treffen dann schräg auf die Erde. Die Energie der Sonne verteilt sich auf eine größere Fläche. Die Erwärmung ist dadurch geringer. Am Äquator ist es wärmer als bei uns. So ist es in Schweden kälter als in Afrika, weil die Sonnenstrahlen dort schräger auf die Erdoberfläche treffen.

A Erkläre die Begriffe Erdrotation und Erdrevolution.

B Beschreibe mithilfe von Bild 2 die Entstehung der Jahreszeiten.

3 Sonneneinstrahlung auf der Erdoberfläche

Material mit Aufgaben

M1 Sonneneinstrahlung

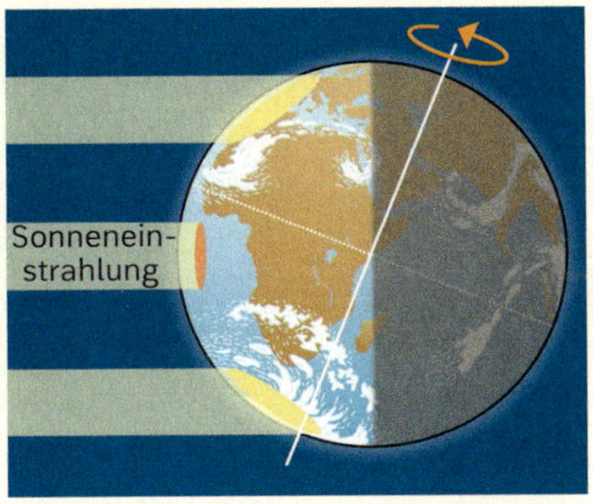

1. Beschreibe die Entstehung von Tag und Nacht.
2. Erkläre, warum es an den Polen kälter ist als am Äquator.

M2 Sonnenstand

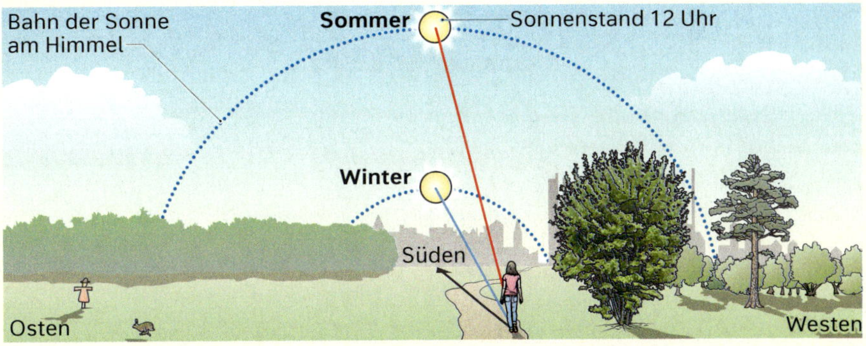

1. Beschreibe die Bahn der Sonne im Sommer.
2. Vergleiche den Sonnenstand im Sommer und im Winter.
3. Erkläre, warum im Sommer die Tage länger sind.
4. Erläutere, wie der Sonnenstand im Frühling und im Herbst ist.

1 Kinder beim Baden in einem See.

Temperaturen empfinden

Temperatur und Wärme

Wenn man in einem Kochtopf Nudelwasser auf der Herdplatte erwärmt, wird kaltes Wasser erhitzt bis es siedet.

Damit 20 °C warmes Wasser auf 100 °C siedendes Wasser erhitzt werden kann, muss **Wärme** zugeführt werden. Die **Temperatur** des Wassers steigt dadurch an. Je weniger Wasser im Kochtopf ist, desto weniger Energie muss zugeführt werden um das Wasser zu erhitzen. Schaltet man die Herdplatte aus, wird keine Wärme mehr zugeführt. Die Temperatur des Wassers sinkt. Wärme wird dabei auch an die Luft abgegeben. Dieses Beispiel verdeutlicht, dass man zwischen Temperatur und Wärme unterscheiden muss. Die Temperatur kann man mit einem Temperaturmessgerät, dem **Thermometer**, genau messen. Wärme wird einem Körper immer zugeführt oder auch abgeleitet. Wird einem Körper Wärme zugeführt, steigt auch die Temperatur des Körpers. Wird Wärme abgeleitet, sinkt seine Temperatur.

Material mit Aufgaben

M1 Temperatur und Wärme

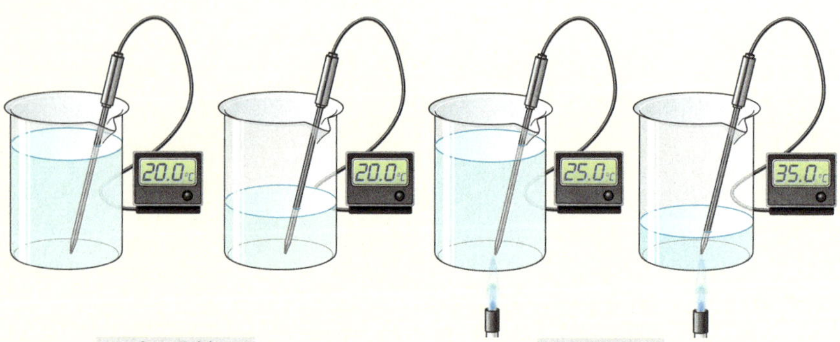

vor dem Erhitzen — beim Erhitzen

1. Beschreibe den Aufbau und die Durchführung des Versuchs.
2. Erkläre die Temperaturunterschiede beim Erhitzen.

Wärme und Kälte empfinden

Der Körper kann Wärme und Kälte mit der Haut wahrnehmen. Das geschieht mit bestimmten Teilen der Haut, den **Wärme-** und **Kälterezeptoren**. Jedoch können zwei Personen die gleiche Temperatur unterschiedlich empfinden. Was sich für die eine Person angenehm warm anfühlt, kann sich für eine andere Person kalt anfühlen. Das Temperaturempfinden ist davon abhängig, ob man vorher in einer wärmeren oder einer kälteren Umgebung war. Kommt man an einem kalten Wintertag von draußen in eine Wohnung, empfindet man die Raumtemperatur als warm. Kommt man aber an einem heißen Sommertag in eine Wohnung, empfindet man die gleiche Raumtemperatur als kühl.

Temperaturwechsel

Der Körper kann nur gut wahrnehmen, ob etwas wärmer oder kälter geworden ist als zuvor. Man kann also vor allem Temperaturunterschiede feststellen. Jedoch können die Wärme- und Kälterezeptoren des Körpers nicht messen, wie hoch die Temperatur wirklich ist. Dazu benötigt man ein Thermometer.

A Erkläre den Unterschied zwischen Temperatur und Wärme.

B Tarek kommt an einem kalten Wintertag vom stundenlangen Rodeln nach Hause. Beschreibe, wie er die Temperatur in der Wohnung empfindet.

C Lilly trifft folgende Aussage: „Das Thermometer zeigt eine Wärme von 23 °C an." Nimm Stellung zu ihrer Aussage.

Material mit Aufgaben

P2 Temperaturen empfinden

Material: 3 Schüsseln, Wasser

Durchführung: Die drei Schüsseln sind mit Wasser gefüllt. Eine Schüssel enthält kaltes Wasser, die andere lauwarmes Wasser und die dritte warmes Wasser. Lege eine Hand für zwei Minuten ins kalte Wasser und gleichzeitig die andere Hand ins warme Wasser. Danach legst du beide Hände gleichzeitig in die mittlere Schüssel mit dem lauwarmen Wasser.

1. Beschreibe die Versuchsergebnisse.
2. Erkläre die Ergebnisse des Versuchs.

M3 Temperaturempfinden im Schwimmbad

1. Beschreibe die Situation in den beiden Bildern.
2. Erkläre, warum die Mädchen das Wasser im Schwimmbecken unterschiedlich empfinden.

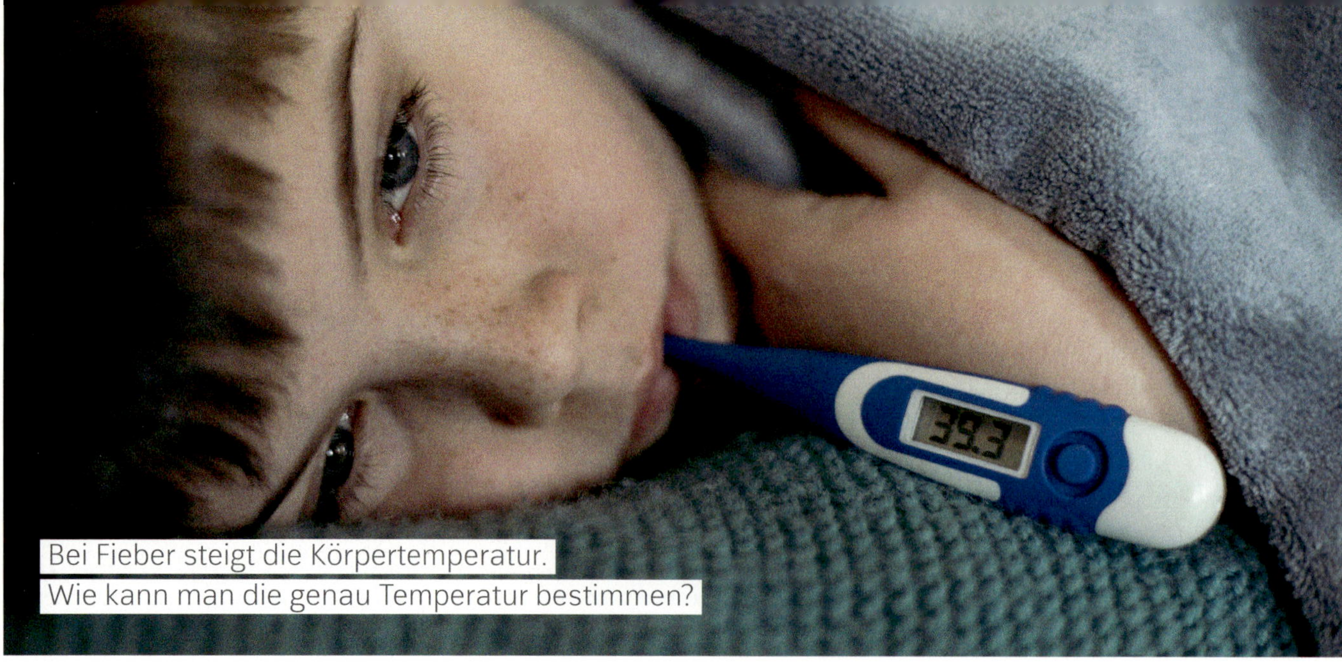

1 Körpertemperatur messen

Temperaturen messen

Temperaturen feststellen

Im Alltag und in der Technik werden genaue Temperaturangaben gebraucht. Die physikalische Größe **Temperatur** gibt an, wie warm ein Körper ist. Mit einem Thermometer kann man jeder Temperatur einen Zahlenwert zuordnen.

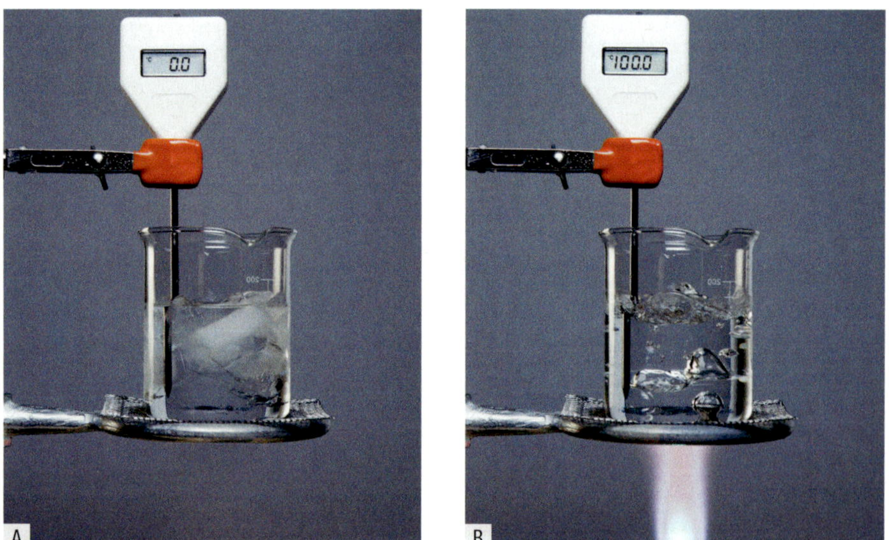

2 Fixpunkte: **A** Eis schmilzt, **B** Wasser siedet

F

Die Einheit der Temperatur

Wenn man Temperaturen misst, dann gibt man die Messwerte in der Einheit **Grad Celsius** an, abgekürzt **°C**.

Der Schwede Anders Celsius hat eine **Temperaturskala** entwickelt. Er hat das Verhalten von Wasser beim Erwärmen und Abkühlen beobachtet. Celsius legte zwei Punkte für seine Skala fest: Den Schmelzpunkt von gefrorenem Wasser, Eis, und den Siedepunkt von Wasser. Diese beiden Werte nennt man daher **Fixpunkte**. Celsius wählt sie aus, weil sie überall auf der Welt etwa gleich sind. Für den Schmelzpunkt legte er eine Schmelztemperatur von 0 °C fest und für den Siedepunkt eine Siedetemperatur von 100 °C. Den Abstand zwischen beiden Fixpunkten unterteilte er in 100 gleiche Abstände.

Misst man Temperaturen die unter Null Grad Celsius liegen, schreibt man ein Minus vor den entsprechenden Temperaturwert.

Flüssigkeitsthermometer

In der Schule werden für Experimente oft Thermometer verwendet, die mit einer farbigen Flüssigkeit gefüllt sind. In solchen **Flüssigkeitsthermometern** befindet sich die Flüssigkeit in einem Vorratsgefäß, welches mit einem Steigrohr verbunden ist. Je nach Temperatur der Flüssigkeit ändert sich die Höhe der Flüssigkeitssäule. Auf oder neben dem Steigrohr ist die Temperaturskala angebracht. An der oberen Kante der Flüssigkeitssäule im Steigrohr kann die Temperatur abgelesen werden. In einem Flüssigkeitsthermometer können sich unterschiedliche Flüssigkeiten befinden. Je nach Flüssigkeit, können Temperaturen im Bereich zwischen –80 °C und +1000 °C gemessen werden. Diesen Temperaturbereich bezeichnet man als den **Messbereich** eines Thermometers.

Digitalthermometer

Im Alltag werden mittlerweile sehr oft digitale Thermometer eingesetzt. Beispiele sind das Fiebermessen oder um beim Kochen die Temperatur von einem Stück Fleisch zu überprüfen. Die Temperaturmessung erfolgt bei einem digitalen Thermometer elektronisch. Der gemessene Wert wird dann direkt auf dem Display des Thermometers angezeigt.

Infrarot-Thermometer

Infrarot-Thermometer messen Temperaturen ohne Berührung. Selbst aus mehreren Metern Entfernung kann man die Temperatur von Gegenständen oder Menschen bestimmen. Ein Elektriker kann mithilfe dieses Thermometers prüfen, ob zum Beispiel ein Kabel in einer elektrischen Anlage verschmort.

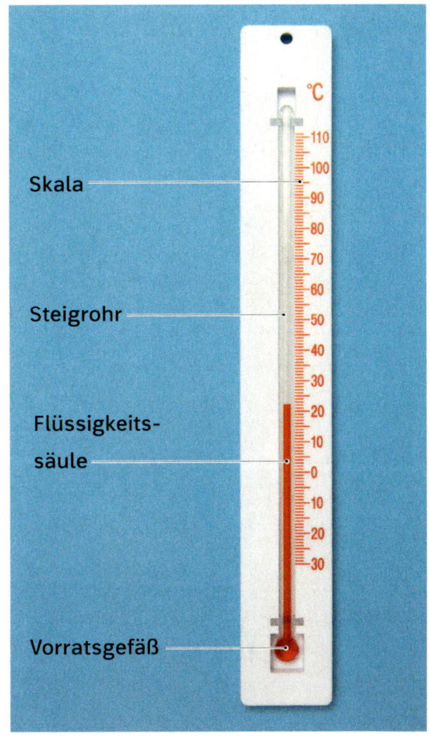

3 Flüssigkeitsthermometer

Material mit Aufgaben

M1 Thermometer

1. Gib jeweils die Temperatur und den Messbereich auf den dargestellten Thermometern an.
2. Heutzutage werden als Fieberthermometer Digitalthermometer verwendet. Beschreibe die Vorteile eines digitalen Thermometers gegenüber einem Flüssigkeitsthermometer.
3. In einem Hochofen wird Stahl stark erhitzt. Stahl schmilzt bei Temperaturen von über 1000 °C. Stelle Vermutungen an, mit welchem Thermometer die Temperatur gemessen wird.

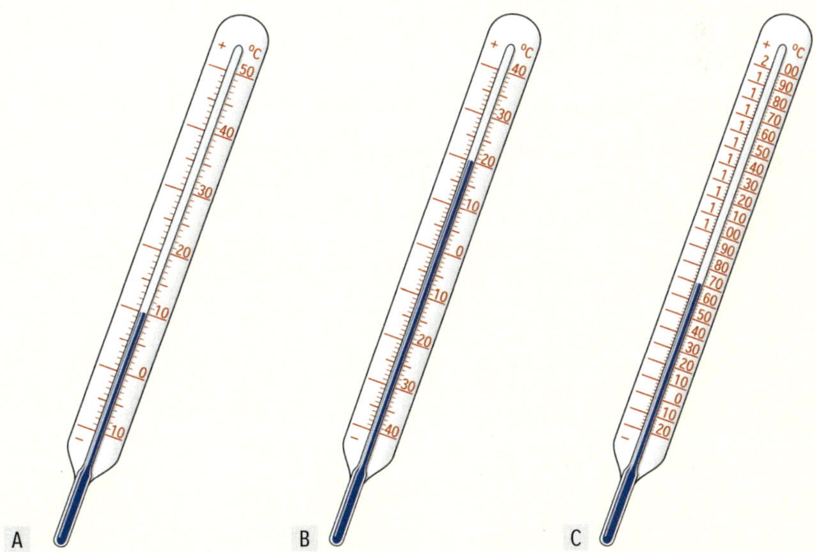

Methode

Diagramme auswerten

Uhrzeit	5:00	8:00	11:00	14:00	17:00
Temperatur in °C	5	8	12	16	18

1 Tabelle

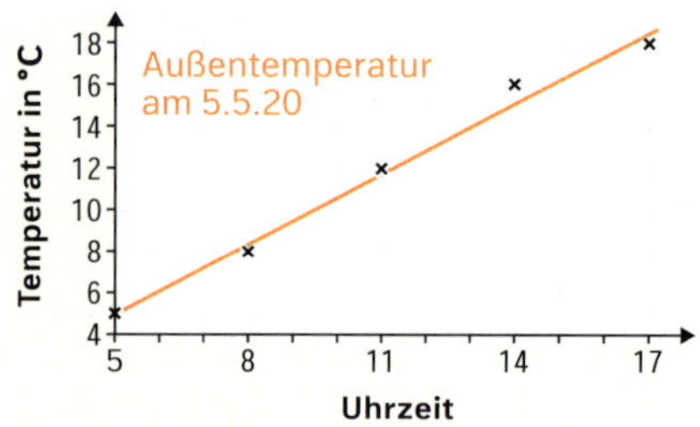

2 Liniendiagramm

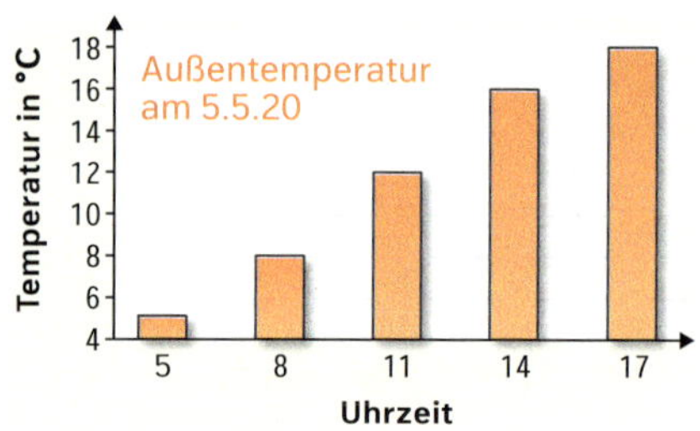

3 Säulendiagramm

Tabellen

Bei Auswertungen und vielen Versuchen in den Naturwissenschaften werden Messungen durchgeführt. Die ermittelten Werte werden zunächst in eine **Tabelle** eingetragen. Hier wird jeder ermittelte Messwert, zum Beispiel die Außentemperatur, die mit einem Thermometer bestimmt wurde, einer festen Größe, wie einer Uhrzeit, zugeordnet.

Verschiedene Diagramme

Damit Messwerte aus einer Tabelle übersichtlich dargestellt werden können, benutzt man **Diagramme**. In einem Diagramm werden Messwertepaare aus der Tabelle in ein Koordinatensystem eingetragen. Auf der Längsachse steht immer die feste Größe, oft ist dies die Zeit. Der festen Größe werden die ermittelten Werte zugeordnet. Es gibt verschiedene Formen von Diagrammen:

1. Liniendiagramme

In einem Liniendiagramm sucht man zunächst den passenden Wert auf der Längsachse. Dann folgt man der Skala auf der Hochachse nach oben und macht auf der richtigen Höhe über dem Wert der Längsachse ein Kreuz. Anschließend wird durch die Kreuze eine Ausgleichslinie gelegt. So können Ungenauigkeiten berücksichtigt werden.

2. Säulendiagramme

In einem Säulendiagramm werden die Wertepaare ebenfalls mit einem Kreuz markiert. Danach werden allerdings Säulen von der Längsachse zu den jeweiligen Messpunkten gezeichnet.Je höher die Säule ist, desto höher ist der Wert. Will man beispielsweise eine Rangfolge darstellen, eignet sich ein **Balkendiagramm**. Es sieht wie ein gekipptes Säulendiagramm aus.

Material mit Aufgaben

M1 Diagramme auswerten

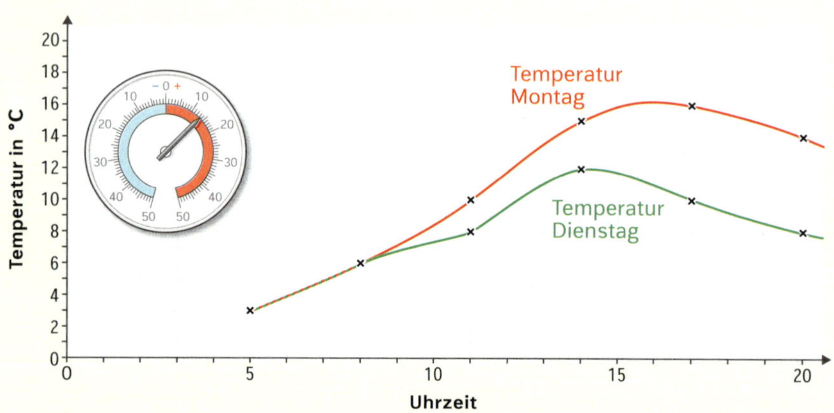

1. Beschreibe, was in dem Diagramm gezeigt wird.

2. Werte das Diagramm aus.

Liniendiagramme auswerten

Die Auswertung eines Diagramms kann in Schritte aufgeteilt werden:

1. Beginne mit der Beschreibung, was das Diagramm zeigt. Benutze dazu die Beschriftung der beiden Achsen.

2. Beschreibe danach den Verlauf der Werte auf der Hochachse von links nach rechts. Benutze Formulierungen wie „die Kurve steigt an“, „die Kurve fällt“ oder „die Werte bleiben gleich“.

3. Schließe deine Beschreibung mit einem zusammenfassenden Satz ab. Dieser könnte sein: „Im Laufe des Tages stieg die Außentemperatur auf 16°C an.“

Darstellen von Messwerten

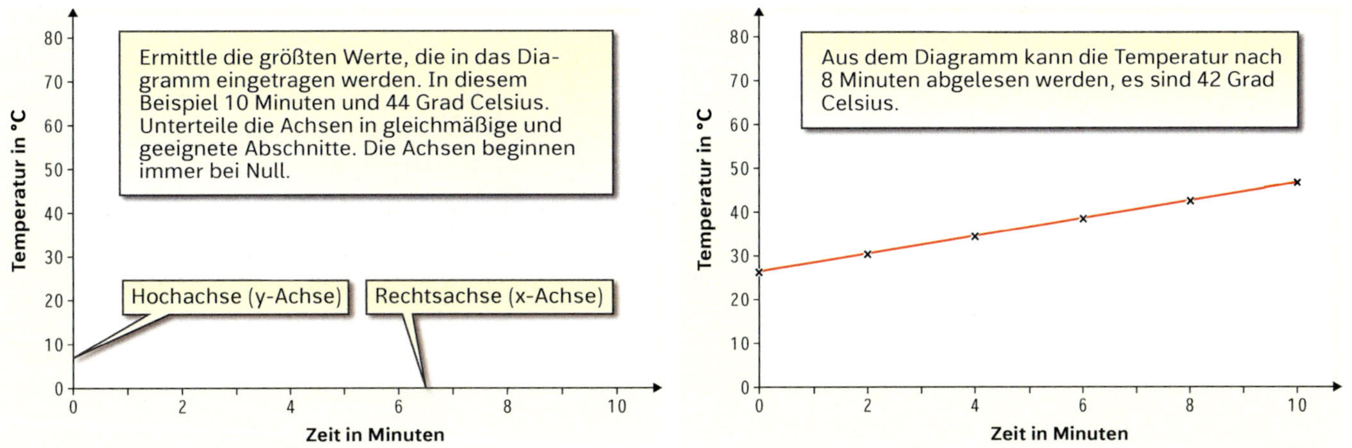

1 Die Temperatur richtig ablesen

A Messwerte erfassen

Bei vielen Versuchen werden Messungen durchgeführt. Die Ergebnisse müssen übersichtlich festgehalten werden. Dafür trägt man die ermittelten Messwerte am besten in eine Tabelle ein.

B Messwerttabelle anlegen

In diesem Beispiel wird die Temperatur von Wasser zu verschiedenen Zeiten gemessen. Die Tabelle besteht daher aus zwei Spalten: Eine Spalte für die Zeit und eine zweite für die Temperatur.

C Diagramm zeichnen

Damit man die Messwerte anschaulich macht, kann man sie in einem Diagramm darstellen:

1 Zeichne mit Lineal ein Achsenkreuz. In dem Beispiel ist die **Rechtsachse** die Zeitachse und die **Hochachse** die Temperaturachse.

2 Trage auf die Zeitachse die Zeit in Minuten und auf der Hochachse die Temperatur in Grad Celsius ein. Wähle die Einteilung der Achsen so, dass für alle Werte deiner Tabelle Platz ist.

3 Trage die Messwertpaare in das Diagramm ein. Suche den Zeitwert auf der Rechtsachse. Gehe dann senkrecht nach oben bis du in der Höhe deines Temperaturwerts auf der Hochachse bist. Markiere diesen Punkt.

4 Am Schluss kannst du die Punkte durch eine Linie verbinden.

Zeit in Minuten	Temperatur in °C
0	26
2	30
4	34
6	39
8	42
10	47

2 Eine Wertetabelle

Material mit Aufgaben

M1 Ein Diagramm erstellen

Zeit in Minuten	0	5	10	15	20
Temperatur in °C	20	35	50	60	75

Lisa hat die Temperatur des Wassers beim Erhitzen gemessen.

1. Erstelle ein Liniendiagramm mit den Werten der Tabelle.

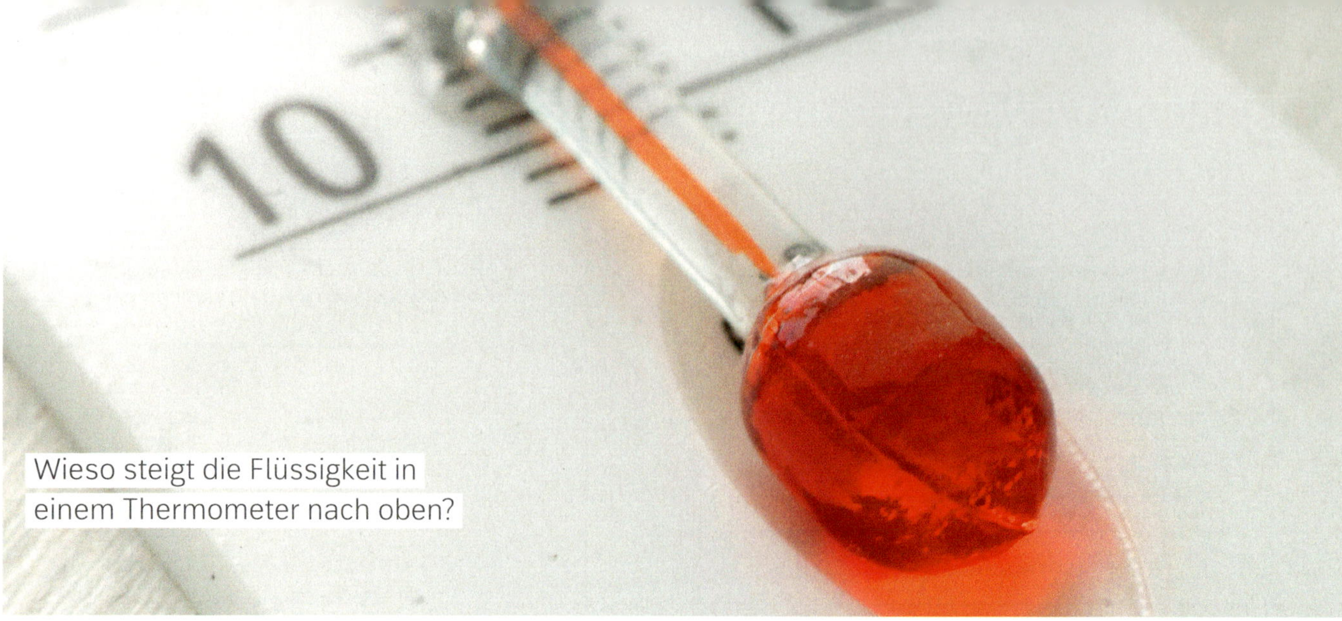

1 Ein Flüssigkeitsthermometer

Ausdehnung von Flüssigkeiten

So funktioniert ein Thermometer

Jede Flüssigkeit nimmt einen Raum ein, ein **Volumen**. Wird das Vorratsgefäß des Flüssigkeitsthermometers erwärmt, dehnt sich die Flüssigkeit aus. Da der Platz im Vorratsgefäß des Thermometers gleich groß bleibt, weicht die Flüssigkeit beim Ausdehnen in das Steigrohr aus. So können unterschiedliche Temperaturen an der Skala des Thermometers abgelesen werden.

Ausdehnung in einer Heizung

In einer Heizungsanlage wird Wasser mithilfe eines Brenners erwärmt. Wenn die Temperatur des Wassers steigt, wird sein Volumen größer. Das Wasser dehnt sich dann aus. Damit die Heizungsrohre nicht zerstört werden, ist daher ein **Ausdehnungsgefäß** eingebaut. In ihm hat das Wasser genügend Platz, damit es sich bei steigenden Temperaturen ausdehnen kann.

A

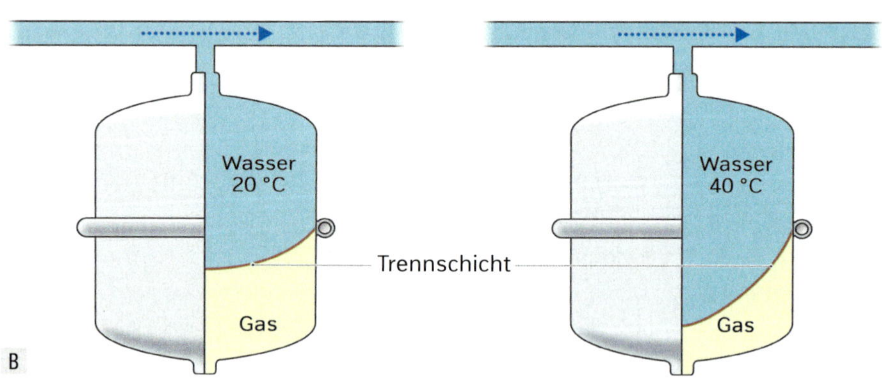

B

2 Ausdehnungsgefäß einer Heizung: **A** Foto, **B** Schemazeichnung

Ausdehnung von Flüssigkeiten

Benzin wird an einer Tankstelle in unterirdischen Tanks kühl gelagert. Im Sommer sollte man den Tank im Auto nicht randvoll füllen. Steht das Auto randvoll aufgetankt in der Sonne, kann sich das Benzin schnell erwärmen. Das flüssige Benzin kann sich so stark ausdehnen, dass es aus dem Tank läuft. Steigt zum Beispiel die Temperatur um 10 °C, dann nehmen 50 Liter Benzin ein Volumen von 51 Litern ein. Benzin dehnt sich aus. Bei Wasser fällt die Ausdehnung beim gleichen Temperaturanstieg wesentlich geringer aus. Verschiedene Flüssigkeiten dehnen sich unterschiedlich stark aus.

Je höher der Temperaturanstieg ist, desto stärker ist die Ausdehnung einer Flüssigkeit. Beim Abkühlen ziehen sie sich wieder zusammen.

Abkühlen von Wasser

Wird warmes Wasser abgekühlt, verringert es sein Volumen. Bis zu einer Temperatur von 4 °C nimmt das Volumen stetig ab. Kühlt das Wasser jedoch unter 4 °C ab, nimmt das Volumen des Wassers wieder zu. Beim Gefrieren von Wasser zu Eis steigt das Volumen sprunghaft an. Daher können Wasserflaschen im Eisfach platzen, wenn sie nicht rechtzeitig herausgeholt werden.

A Erkläre, warum in Heizungsanlagen Ausdehnungsgefäße eingebaut werden.

B Erkläre, warum man volle Wasserflaschen nicht zu lange im Gefrierfach lassen sollte.

Material mit Aufgaben

M1 Ausdehnung von Flüssigkeiten

Gelb gefärbtes Wasser, Olivenöl und Benzin wurden in gleich große Gefäße gleich hoch gefüllt und erwärmt.

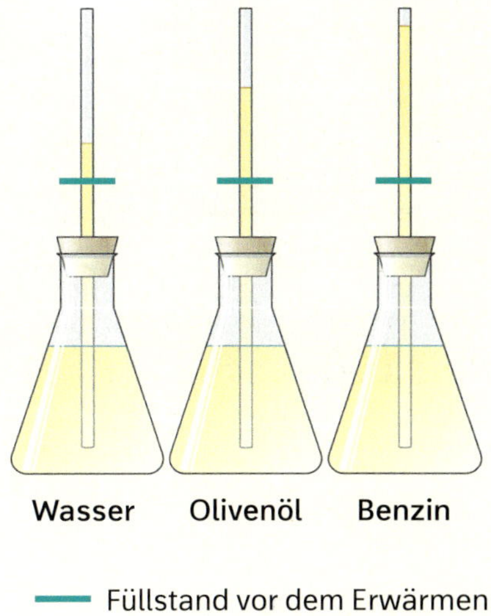

1. **III** Formuliere eine Frage, die mit diesem Versuch beantwortet wird. ⊞
2. **III** Erkläre die Beobachtungen des Versuchs. ⊞
3. Wähle eine der Aufgaben aus:
   a **III** Erkläre, warum Öllagertanks nie randvoll befüllt werden.
   b **III** Erkläre, warum Wasser sich nicht als Flüssigkeit im Steigrohr eines Thermometers eignet.

M2 Volumenänderung bei Wasser

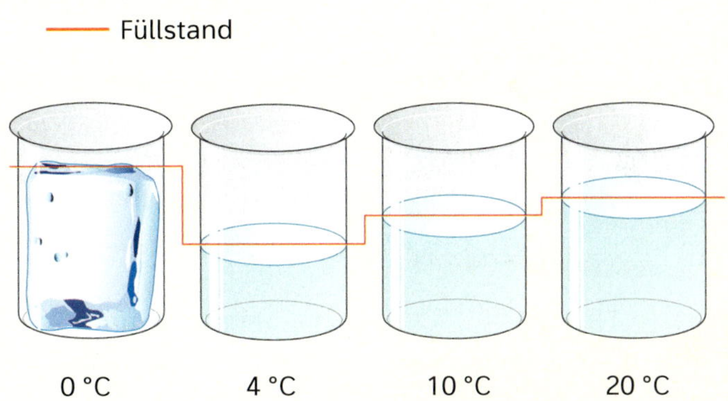

In jedem Becherglas befinden sich 100 Gramm Wasser.

1. **III** Beschreibe die Besonderheiten des Wassers beim Erwärmen und Abkühlen. ⊞
2. **III** Stelle Vermutungen an, wie sich der Füllstand in einem Becherglas verändert, wenn man das Wasser auf 60 °C erhitzt. Begründe.

1 Verbogene Eisenbahnschienen

Ausdehnung von Festkörpern und Gasen

Festkörper dehnen sich aus

Nicht nur Flüssigkeiten dehnen sich aus, sondern auch Festkörper. Beim Erhitzen des Metallrohres mit heißem Wasser in Bild 2 dehnt es sich aus. Der Zeiger bewegt sich nach rechts. Beim Abkühlen geht er wieder in seinen Ausgangszustand zurück. Bei unterschiedlichen Temperaturen ist das Rohr unterschiedlich lang. Je höher die Temperatur ist, desto länger ist das Rohr. Je nach Material ergeben sich verschiedene Längenänderungen. Ein Rohr aus Aluminium verlängert sich zum Beispiel stärker als ein Rohr aus Eisen.

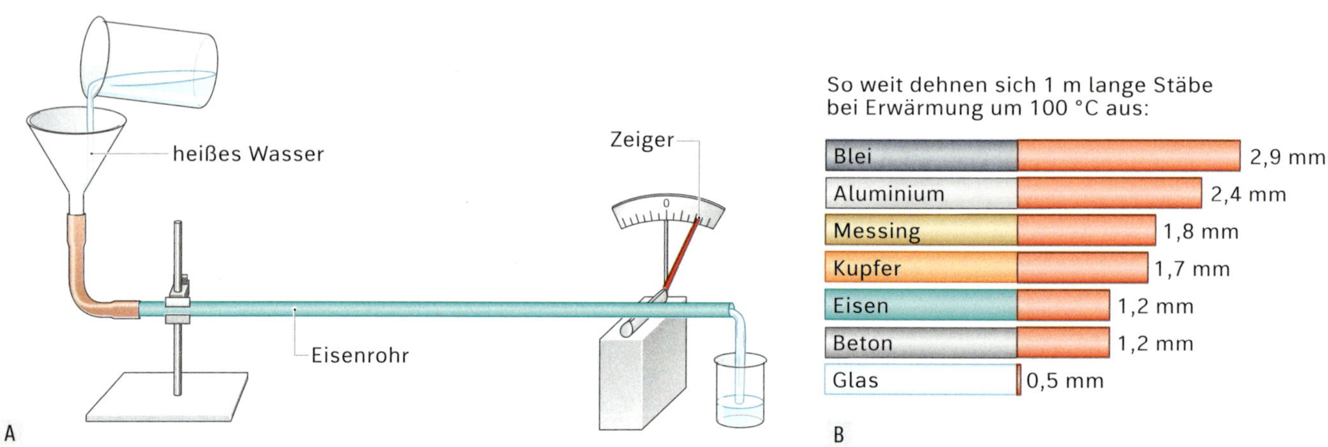

2 **A** Versuch zur Bestimmung der Längenänderung, **B** Ausdehnung von unterschiedlichen Feststoffen

Ausdehnung von Festkörpern

Beim Temperaturanstieg nimmt das Volumen fester Körper in alle Richtungen zu. Bei alten Eisenbahnschienen kann man sehen, wie sie sich bei hohen Temperaturen ausdehnen. Da sie keinen Platz zur Ausdehnung in der Länge haben, biegen sie sich zu den Seiten. Heute werden in Schienen Unterbrechungen eingebaut, die **Dehnungsfugen**. So können sich die Schienen ausdehnen. Wenn Festkörper abkühlen, nimmt ihr Volumen ab. Sie ziehen sich zusammen.

Je größer der Temperaturunterschied ist, desto stärker ist die Ausdehnung oder das Zusammenziehen eines Festkörpers.

Der Bimetallstreifen

Ein Bimetallstreifen besteht aus zwei unterschiedlichen Metallen. In einem Bimetallstreifen sind zwei Streifen aus unterschiedlichem Metall fest miteinander verbunden. Bei einer Temperaturerhöhung dehnen sich die beiden Metalle unterschiedlich stark aus. Der Bimetallstreifen biegt sich immer in die Richtung des Metalls, das sich weniger stark ausdehnt. Je höher der Temperaturunterschied ist, desto stärker krümmt sich der Bimetallstreifen. ▶

A Vervollständige die Aussage: Je größer der Temperaturunterschied, desto ... .

B Erkläre die Bedeutung von Dehnungsfugen in Eisenbahnschienen.

C Stelle Vermutungen an, warum Brücken sehr oft aus Eisen und Beton gebaut werden.

Material mit Aufgaben

M1 Ausdehnung von Festkörpern

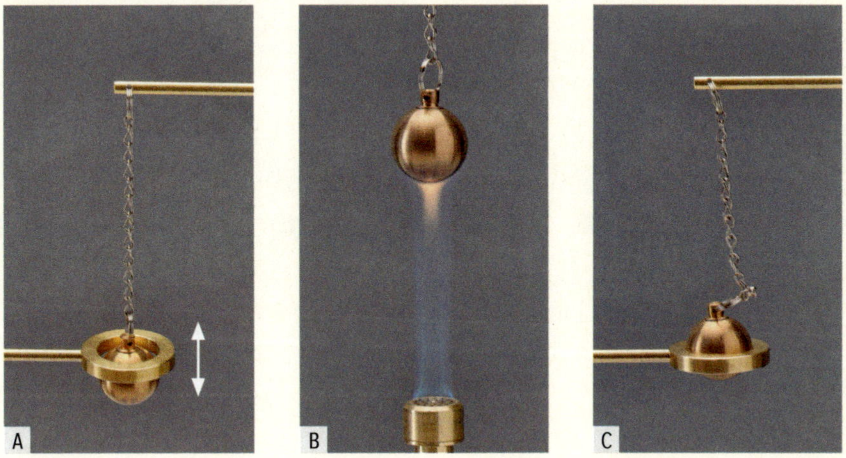

1. Beschreibe den Versuch.
2. Erkläre, warum die Kugel nach dem Erhitzen nicht mehr durch den Ring passt. ⊞
3. Ein Marmeladenglas lässt sich manchmal schwer öffnen. Es hilft, den Metalldeckel unter heißes Wasser zu halten. Erkläre.

M2 Bimetallstreifen

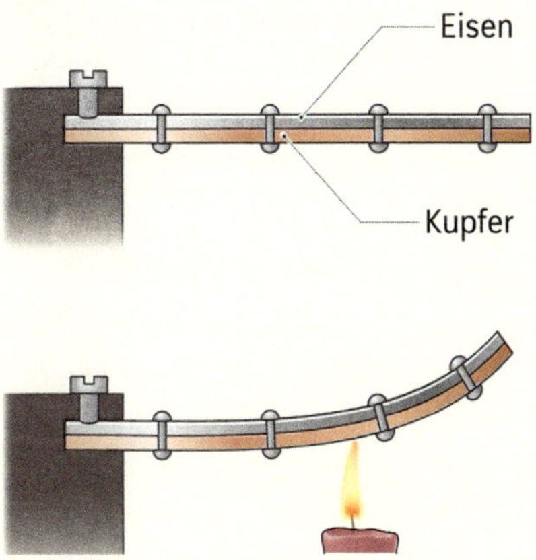

1. Erkläre, warum sich der Bimetallstreifen in eine Richtung krümmt. ⊞
2. Wähle zwei Stoffe aus, die sich in einem Bimetallstreifen wenig biegen. Begründe.

M3 Bolzensprenger

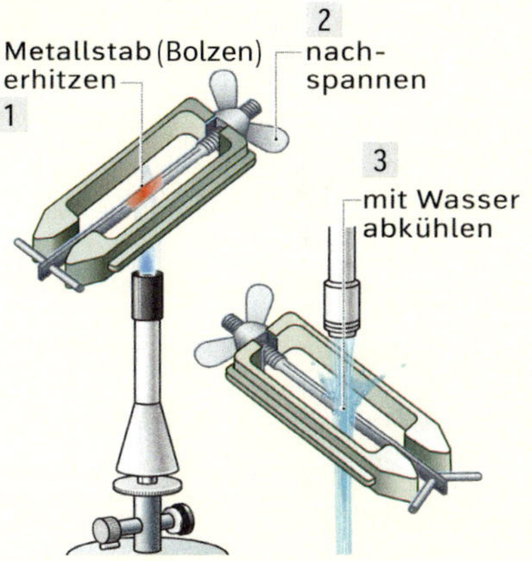

1. Erkläre, warum der Bolzen nach dem Abkühlen bricht. ⊞
2. Erläutere, warum die Bremsscheiben eines Fahrrads nach langer Fahrt nicht mit Wasser gekühlt werden dürfen.

3 Ein Tischtennisball wird repariert.

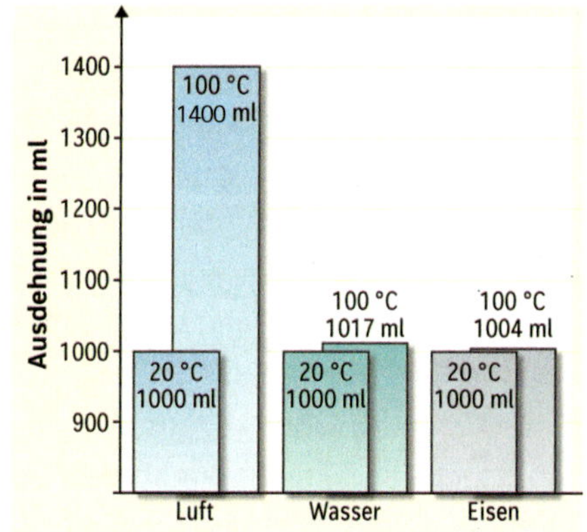

4 Ausdehnung von Stoffen

Material mit Aufgaben

M4 Luftballon

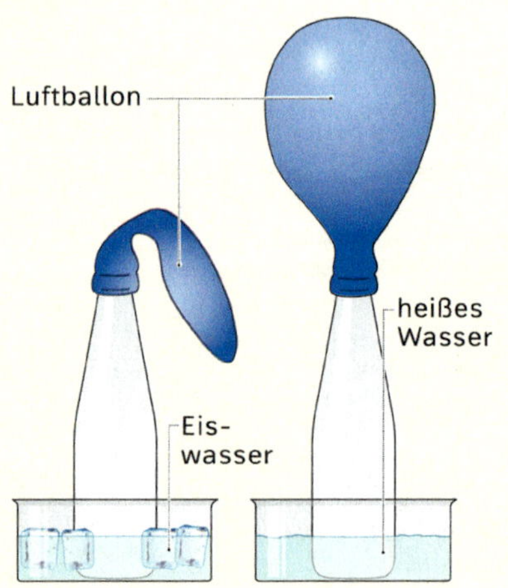

Über zwei Glasgefäße wurde jeweils ein Luftballon gespannt. Eine der Flaschen steht in Eiswasser. Die andere Flasche steht in warmen Wasser.

1. Vergleiche die Versuchsbeobachtungen.
2. Erkläre die Beobachtungen des Versuchs.

M5 Schwimmring

1. Beschreibe die Situation in den Bildern mit Fachbegriffen.
2. Erkläre, warum voll aufgeblasene Schwimmringe nicht für längere Zeit in der prallen Sonne liegen sollten.
3. Erläutere, warum eine prall aufgeblasene Luftmatratze im Sommer nicht mehr so prall ist, wenn sie bei wolkigen Himmel auf einem See schwimmt.

Gase dehnen sich aus

Beim Tischtennisspielen bekommt ein Tischtennisball manchmal eine Delle. Man kann ihn dann reparieren. Legt man einen Tischtennisball mit einer Delle in ein Gefäß mit heißem Wasser, verschwindet die Delle. Das liegt daran, dass sich nicht nur Flüssigkeiten und Festkörper ausdehnen und zusammenziehen können, sondern auch Gase wie Luft. Wird der Tischtennisball in heißes Wasser getaucht, dehnt sich die Luft im Ball aus. So wird die Delle aus dem Ball herausgedrückt. Neben Luft dehnen sich auch andere Gase bei Temperaturerhöhung aus. Die Volumenzunahme ist bei allen Gasen bei gleicher Temperaturerhöhung **gleich groß**.

Die Ausdehnung von Gasen ist bei gleicher Temperaturerhöhung größer als bei Flüssigkeiten und Festkörpern.

D Erkläre, warum die Delle in einem Tischtennisball verschwindet, wenn man ihn in heißes Wasser legt.

E Vergleiche die Ausdehnung von Gasen und Festkörpern in Bild 4.

Das Teilchenmodell

Wenn ein Eisenstück immer weiter zerteilt wird, dann würde man irgendwann zu ganz winzigen Teilchen kommen, die man nicht weiter zerlegen kann. Diese Teilchen kann man sich als kleine Kugeln vorstellen. Alle Eisenteilchen sind dabei gleich groß und auch gleich schwer. Die Teilchen sind so klein, dass man sie einzeln nicht mehr sehen kann. Diese Modellvorstellung bezeichnet man als **Teilchenmodell**.

Wärmeausdehnung im Teilchenmodell

Die kleinsten Teilchen von Festkörpern, Flüssigkeiten und Gasen sind immer in Bewegung. In einem festen Eisenstab liegen die Teilchen sehr dicht zusammen. Allerdings schwingen sie immer ein wenig auf ihren Plätzen hin und her. Wird der Stab erwärmt, nehmen die Teilchen die Energie auf. Die Bewegung der Teilchen nimmt dadurch zu. Als Folge nehmen sie einen größeren Raum ein. Der Stab dehnt sich aus. Das Volumen wird größer. Auch bei Flüssigkeiten und Gasen bewegen sich die Teilchen bei Wärmezufuhr umso schneller, je höher die Temperatur ist. Deswegen dehnen sich auch Flüssigkeiten und Gase bei Erwärmung aus.
Beim Abkühlen von Gasen, Flüssigkeiten oder Festkörpern geben die Teilchen Energie wieder ab. Sie bewegen sich durch die Abgabe der Energie immer weniger und das Volumen verringert sich daher.

A Erkläre das Teilchenmodell mit eigenen Worten.

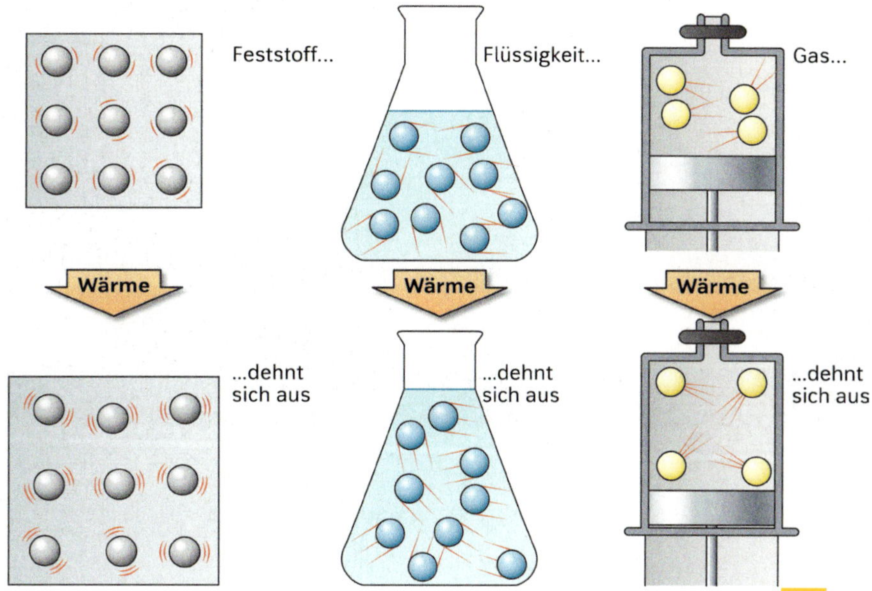

1 Wärmeausdehnung im Teilchenmodell

F

Material mit Aufgaben

M1 „Tanzende" Teilchen

Bei einem sehr langsamen Tanz wie beim Stehblues bewegt man sich kaum. Viele Paare können eng zusammenstehen und brauchen nur wenig Tanzfläche. Je schneller der Tanz, desto mehr Platz benötigen die Tanzpaare.

1. Beschreibe das abgebildete Gedankenmodell.
2. Übertrage die Ergebnisse des Gedankenmodells auf die Ausdehnung von Stoffen.
3. Erkläre, warum sich Stoffe bei Erwärmung ausdehnen.

1 Kochen von Nudeln

Wärmetransport

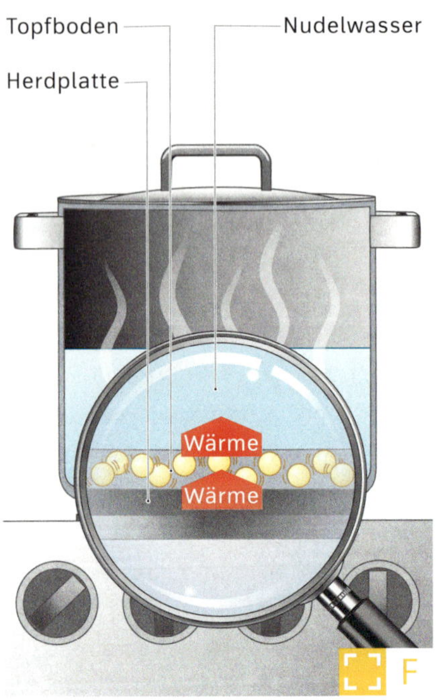

2 Wärmetransport beim Kochtopf

Arten des Wärmetransports

Lässt man einen Löffel aus Metall längere Zeit in einer heißen Suppe liegen, erwärmt sich dieser sehr schnell. Dadurch kann man sich leicht am Löffel verbrennen.

Wenn man Sport treibt, entsteht durch die Bewegungen der Muskeln Wärme. Über den Blutkreislauf wird diese Körperwärme in alle Regionen des Körpers transportiert. Damit der Körper nicht zu heiß wird, wird die nicht benötigte Wärme an die Luft abgegeben.

Steht man im Sommer mit dem Auto im Stau, kann es im Inneren des Autos schnell sehr heiß werden. Durch die Strahlung der Sonne hat sich der Innenraum des Autos aufgewärmt.

In allen drei genannten Situationen wird Wärme auf unterschiedliche Weise transportiert. Die drei Arten des Wärmetransports sind: die **Wärmeleitung**, die **Wärmemitführung** und die **Wärmestrahlung**.

Wärmeleitung

Beim Nudelkochen kann man sich ganz leicht am Kochtopf verbrennen. Der Edelstahltopf erwärmt sich schnell und wird sehr heiß. Die Herdplatte gibt Wärme an den Topfboden ab. Die Wärme wird dann im Topf an das Wasser und auch an die Nudeln weitergegeben. Diese Art des Wärmetransports bezeichnet man als **Wärmeleitung**. Ein Löffel aus Metall, der längere Zeit im heißen Wasser liegt, kann sehr heiß werden. Das Metall nimmt die Wärme der Flüssigkeit auf. Die Wärme wird von der warmen Seite des Löffels zur kälteren Seite geleitet. Auch die heiße Herdplatte gibt ihre Wärme an den kalten Topfboden ab. Die Wärme wird immer von einem Ort mit hoher Temperatur zu einem Ort mit niedriger Temperatur transportiert.

Bei der Wärmeleitung wird Wärme innerhalb eines Stoffes geleitet. Der Stoff bewegt sich dabei nicht.

Wärmeleitung im Teilchenmodell

Die meisten Topfböden bestehen aus Edelstahl. Dieser Feststoff besteht aus Teilchen. Die Teilchen haben alle einen festen Platz und können nur auf diesem hin und her schwingen. Je mehr Wärme zugeführt wird, desto stärker schwingen die Teilchen auf ihren Plätzen. Wird der Topfboden unten erwärmt, schwingen die Teilchen immer schneller. Irgendwann schwingen sie so stark, dass sie benachbarte Teilchen anstoßen und diese zum Schwingen bringen. Dadurch kann die Wärme von Teilchen zu Teilchen weitergeleitet und durch den Stoff transportiert werden.

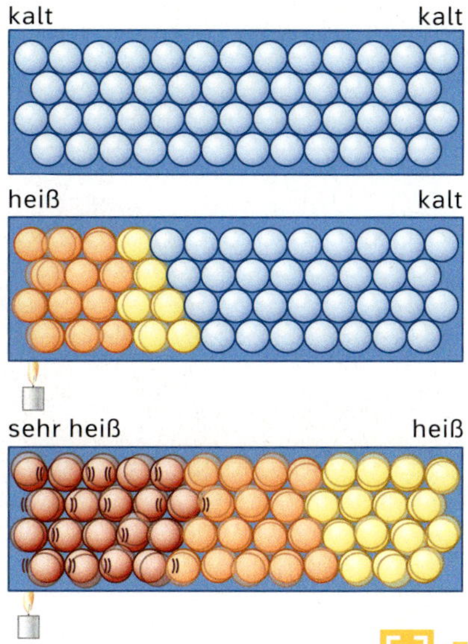

3 Wärmeleitung im Teilchenmodell F

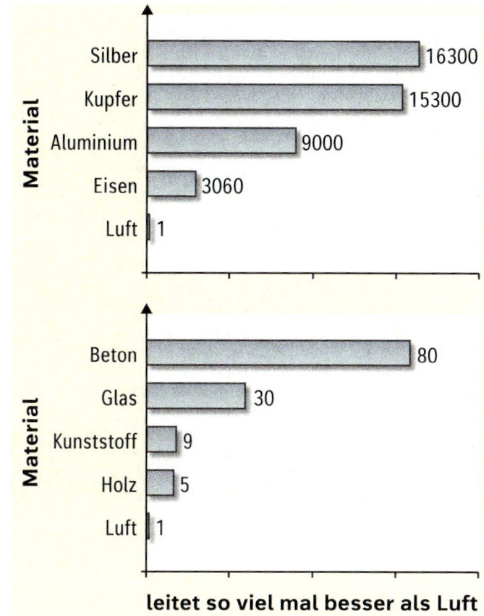

4 Wärmeleitfähigkeit verschiedener Stoffe

Gute und schlechte Wärmeleiter

Viele Metalle wie Silber, Kupfer, Aluminium und Eisen können die Wärme besser weiterleiten als andere Materialien. Sie sind **gute Wärmeleiter**. Daher werden diese Stoffe sehr oft für Böden von Töpfen und Pfannen oder für die Herstellung von Heizkörpern und Bügeleisen verwendet. Glas und Beton leiten die Wärme schlechter. Bei ihnen dauert es länger, bis die zugeführte Wärme weitergegeben wird. Ein besonders schlechter Wärmeleiter ist Kunststoff. Man bezeichnet Kunststoff daher auch als **Isolator**. Neben Kunststoff zählen auch Holz, Gummi, Kork und Schaumstoffe zu den Isolatoren. ▶

A Beschreibe den Vorgang der Wärmeleitung beim Kochtopf mithilfe des Teilchenmodells.

B Erkläre, weshalb die Griffe von Kochtöpfen und Pfannen oft mit Kunststoff überzogen sind.

Material mit Aufgaben

M1 Wärmeleitung

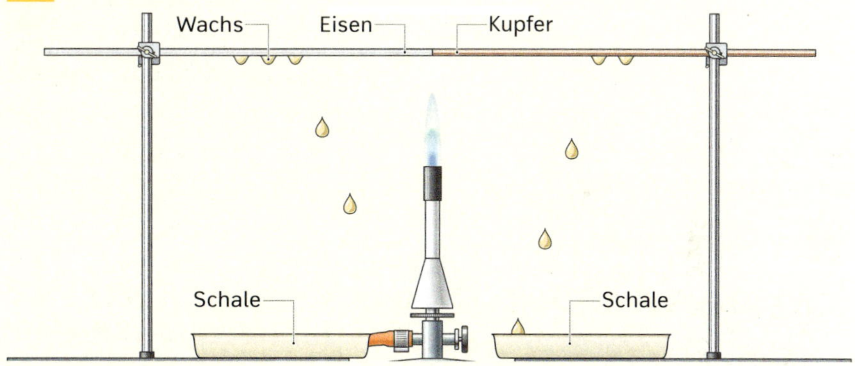

Mit Wachskugeln, einem Gasbrenner und Stangen aus verschiedenen Materialien kann man gut beobachten, wie Wärme geleitet wird.

1. Beschreibe den Versuchsaufbau.
2. Stelle eine Forscherfrage, die mit diesem Versuch überprüft wird.
3. Erkläre, warum bei beiden Stangen die Wachskügelchen nacheinander herunterfallen.
4. Wähle eine der Aufgaben aus:

a Erkläre, warum die Wachskugeln bei Kupfer schneller abfallen.

b Stelle Vermutungen über das Ergebnis an, wenn statt Kupfer Glas getestet wird.

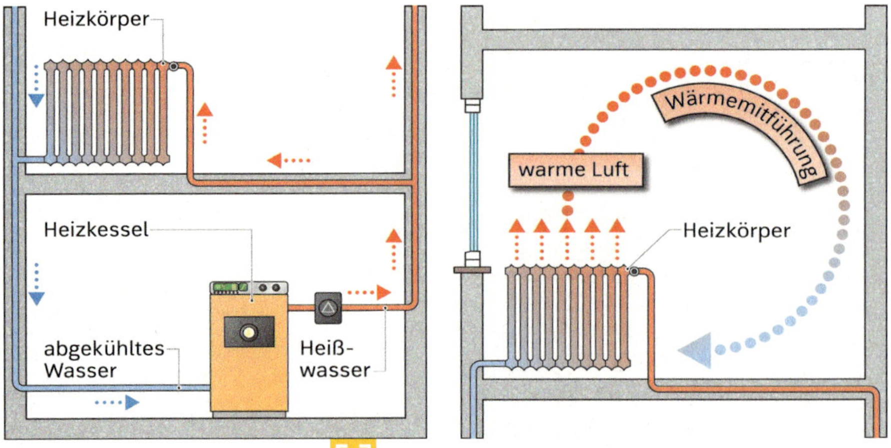

5 Wärmemitführung

Wärmemitführung

Wenn man seine Hand über einen warmen Heizkörper oder über eine Kerze hält, kann man fühlen, dass erwärmte Luft nach oben steigt. Warme Luft ist leichter als kalte Luft. Die Luft in der Nähe des warmen Heizkörpers wird erwärmt und steigt nach oben zur Zimmerdecke. Sie strömt unter der Decke entlang und wird dabei langsam abgekühlt. Dadurch sinkt die kältere, schwerere Luft auf der anderen Zimmerseite wieder nach unten. Nach einiger Zeit ist das Zimmer überall etwa gleich warm. Bei dieser Art des Wärmetransports wird die Wärme von der strömenden Luft mittransportiert. Man spricht von **Wärmemitführung**. Sie findet nicht nur in Luft, sondern in allen Gasen statt. Auch in Flüssigkeiten gibt es Wärmemitführung. Der Heizkörper wird warm, weil in ihn warmes Wasser strömt. Das Wasser kommt aus dem Heizkessel im Keller. Dort wird kaltes Wasser in einem Heizkessel erhitzt. Das erwärmte Wasser steigt in Heizungsrohren nach oben in die Heizkörper. Das strömende Wasser gibt über den Heizkörper die Wärme an die Raumluft ab. Da die Wärme mit dem Wasser mittransportiert wird, spricht man ebenfalls von Wärmemitführung. Das abgekühlte Wasser strömt über die Rohre wieder zum Heizkessel.

Wärmemitführung im Teilchenmodell

In Feststoffen haben die Teilchen einen festen Platz und können sich nicht bewegen. Daher gibt es bei Feststoffen keine Wärmemitführung. Bei Flüssigkeiten und Gasen schwingen die Teilchen nicht nur hin und her. Sie bewegen sich von ihren Stellen. Je stärker eine Flüssigkeit oder ein Gas erwärmt wird, desto schneller bewegen sich die Teilchen und desto besser ist die Wärmemitführung.

Bei der Wärmemitführung wird Wärme dadurch transportiert, dass Flüssigkeiten und Gase sie mit sich mitführen.

Material mit Aufgaben

M2 Heizung im Modell

Gibt man Tinte in Wasser, bilden sich Schlieren, bis sich die Tinte gelöst hat.

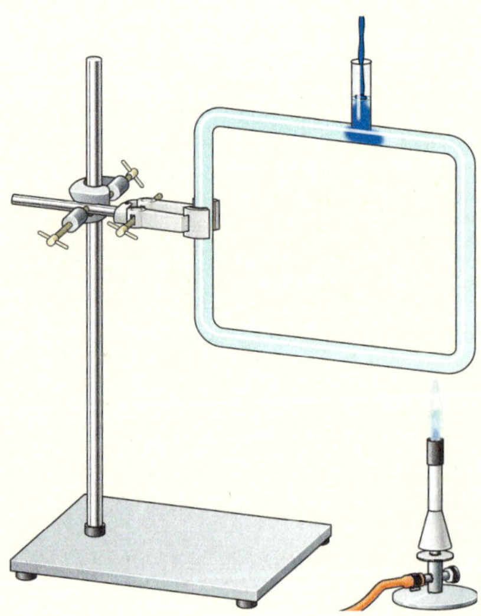

1. Stelle eine Forscherfrage, die mit diesem Versuch überprüft wird.
2. Stelle eine Vermutung an, wie sich die Tinte im Rohr bewegt.
3. Erkläre, wie du die Geschwindigkeit der Tinte ändern kannst.
4. Erläutere mithilfe des Modells die Funktionsweise einer Heizung.

Wärmestrahlung

Die Strahlung der Sonne ist eine Form von Energie. Die Sonne strahlt ständig Licht und Wärme ab. Ein Teil davon gelangt zur Erde. Zwischen der Erde und der Sonne befindet sich der Weltraum. Dieser Raum ist jedoch luftleer. Die Wärme kann daher nicht mit Luft mitgeführt werden. Die Sonne sendet Wärme in Form von **Wärmestrahlung** aus.

Die Sonne sendet Wärmestrahlung aus. Für diese Art des Wärmetransports wird kein Stoff benötigt.

6 Wärmestrahlung: **A** Absorption, **B** Reflexion

F

Körper strahlen Wärme ab

Auch ein heißes Bügeleisen strahlt Wärme ab. Man spürt die abstrahlende Wärme, wenn man vorsichtig die Hand vor die Heizplatte hält.

Jeder Gegenstand gibt Energie in Form von Wärmestrahlung an die Umgebung ab. Je höher die Temperatur eines Gegenstandes ist, desto mehr Wärmestrahlung sendet er aus. Auch der menschliche Körper gibt ständig Wärme in Form von Wärmestrahlung an seine Umgebung ab.

Aufnahme von Wärmestrahlung

Im Sonnenlicht nehmen alle Gegenstände Energie in Form von Wärmestrahlung auf. Die Gegenstände erwärmen sich. In der Mittagssonne wird der Sand am Strand oft so heiß, dass man kaum darauf laufen kann. Im Schatten ist er dagegen deutlich kühler. Dunkle Oberflächen nehmen die Strahlung besonders gut auf. Sie **absorbieren** die Strahlung besser als helle Oberflächen. Daher erwärmen sich dunkle Gegenstände schneller. Gegenstände mit hellen und glänzenden Oberflächen werfen einen Großteil der auftreffenden Wärmestrahlung zurück. Sie **reflektieren** sie. In vielen heißen Ländern nutzen die Einwohner dieses Wissen. Sie streichen ihre Häuser oft weiß.

Material mit Aufgaben

M3 Arten des Wärmetransports

1. Ordne den Bildern eine Art des Wärmetransports zu.
2. Beschreibe an einem der Beispiele den Wärmetransport. Nenne ein weiteres Beispiel
3. Erkläre, warum bei der Wärmemitführung und Wärmeleitung ein Stoff vorhanden sein muss.
4. Erkläre die Unterschiede der drei Arten des Wärmetransports.

1 Ein aufgeplustertes Rotkehlchen

Wärmedämmung

Schutz vor Kälte

Viele Säugetiere und Vögel müssen im Winter die Abgabe von Körperwärme verringern. Vögel haben eine Körpertemperatur zwischen 38 °C und 42 °C. Das Gefieder der Vögel verhindert, dass kein Luftzug direkt über die Haut streicht. Die Federn verhindern die Wärmemitführung. Im Winter plustern viele Vögel ihr Gefieder zusätzlich mit Luft auf. Das Rotkehlchen wirkt im Winter dicker als im Sommer. Zwischen seinen Federn befindet sich ein großes Luftpolster. Da Luft Wärme sehr schlecht weiterleitet, verringert das Luftpolster die Abgabe der Körperwärme über die Haut.

2 Materialien zur Wärmedämmung: **A** Hohlziegel, **B** Glaswolle

F

Wärmedämmung

Jedes Haus gibt Wärme an die Umgebung ab. Im Winter müssen die Häuser beheizt werden, damit es innen nicht zu kalt wird. Häuser werden heute so gebaut, dass sie möglichst wenig Wärme verlieren. Dazu verbaut man Materialien, die viel Luft enthalten. Sie sind wärmedämmend. Hohlziegel und Gasbetonsteine enthalten Luftkammern, die wärmedämmend wirken. Auch Matten aus Glaswolle haben einen hohen Anteil an eingeschlossener Luft. Die Mauern und Wände werden daher mit diesen Materialien verkleidet. Sie verbessern die **Wärmedämmung** des Hauses.

Wärmebildkamera

Eine Wärmebildkamera kann die abgegebene Wärmestrahlung messen und in einem Wärmebild darstellen. Sie macht unterschiedlich hohe Temperaturen für uns in einem Wärmebild sichtbar. Bei einem Wärmebild sind die wärmsten Bereiche des Bildes weiß dargestellt, kalte Bereiche sind blau dargestellt. Die Zwischenbereiche werden in rot, gelb und grün gezeigt.
Die Polizei setzt zum Beispiel Wärmebildkameras an Helikoptern oder in Wäldern ein, um vermisste Personen aufzuspüren.

3 Suche nach Personen mit einer Wärmebildkamera.

Material mit Aufgaben

M1 Thermoskanne

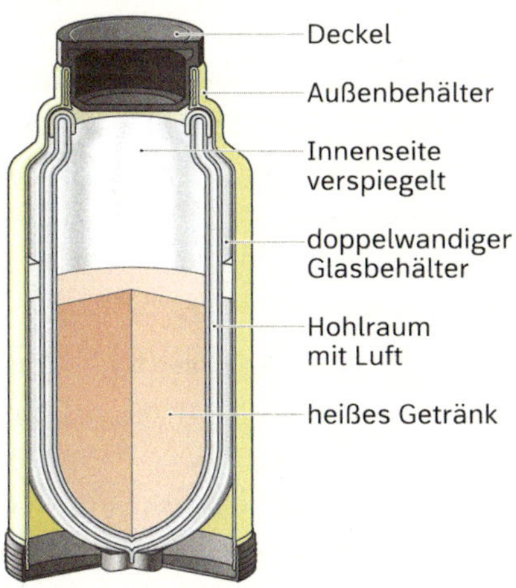

1. Beschreibe den Aufbau einer Thermoskanne.
2. Erkläre, warum warme Getränke in einer Thermoskanne lange warm bleiben.
3. Stelle eine begründete Vermutung an, weshalb Thermoskannen innen verspiegelt sind.

M2 Wärmebildkamera

A

B

1. Vergleiche die beiden dargestellten Wärmebilder.
2. Erläutere, welche Häuser der Wärmebilder eine bessere Wärmedämmung besitzen.
3. Wähle eine Aufgabe aus:
   a Erläutere mithilfe der Wärmebilder, welche Teile eines Hauses am schlechtesten gedämmt sind.
   b Erläutere, warum gut gedämmte Häuser eine wichtige Maßnahme sind, Energie einzusparen.

1 Wasser in verschiedenen Zustandsformen

Die Aggregatzustände

2 Aggregatzustände von Wasser

Fest, flüssig, gasförmig

Wasser muss nicht immer flüssig sein. Im Winter kann es auch als Eis und Schnee vorkommen. Beim Kochen in der Küche entsteht Wasserdampf. Wasser kommt also in drei verschiedenen Zustandsformen vor: **fest**, **flüssig** und **gasförmig**. Diese Formen bezeichnet man als **Aggregatzustände**. Es hängt von der Temperatur ab, in welchem Aggregatzustand Wasser vorliegt.

Aggregatzustände von Wasser

Wasser ist der einzige Stoff, der in allen drei Aggregatzuständen in der Natur vorkommt: als festes Eis, als flüssiges Wasser und als gasförmiger Wasserdampf. Der Wasserdampf ist jedoch unsichtbar. Die Dampfschwaden über einem Kochtopf oder die Wolken enthalten bereits feine, flüssige Wassertröpfchen. Man kann aber auch Übergänge bei den Aggregatzuständen beobachten. So kann man aus Wasser Eiswürfel machen, indem man es in einer Schale ins Gefrierfach stellt. Eiswürfel im Getränk schmelzen und werden wieder zu Wasser. Beim Kochen entsteht Wasserdampf, der sich an kalten Fensterscheiben als flüssiges Wasser niederschlägt.

Schmelztemperatur

Nimmt man Eiswürfel, also festes Wasser, aus dem Tiefkühlschrank, haben diese eine Temperatur von -15 °C. Lässt man die Eiswürfel bei Raumtemperatur liegen, erwärmen sie sich langsam. Das feste Eis wird nach und nach flüssig. Es **schmilzt**. Umgekehrt wird flüssiges Wasser zu festem Eis, wenn man es in den Tiefkühlschrank stellt. Das flüssige Wasser **erstarrt**. Schmelzen und Erstarren von Wasser laufen bei 0 °C ab.
Die Temperatur, bei der ein Stoff zwischen dem festen Aggregatzustand und dem flüssigen Aggregatzustand wechselt, heißt **Schmelztemperatur**.

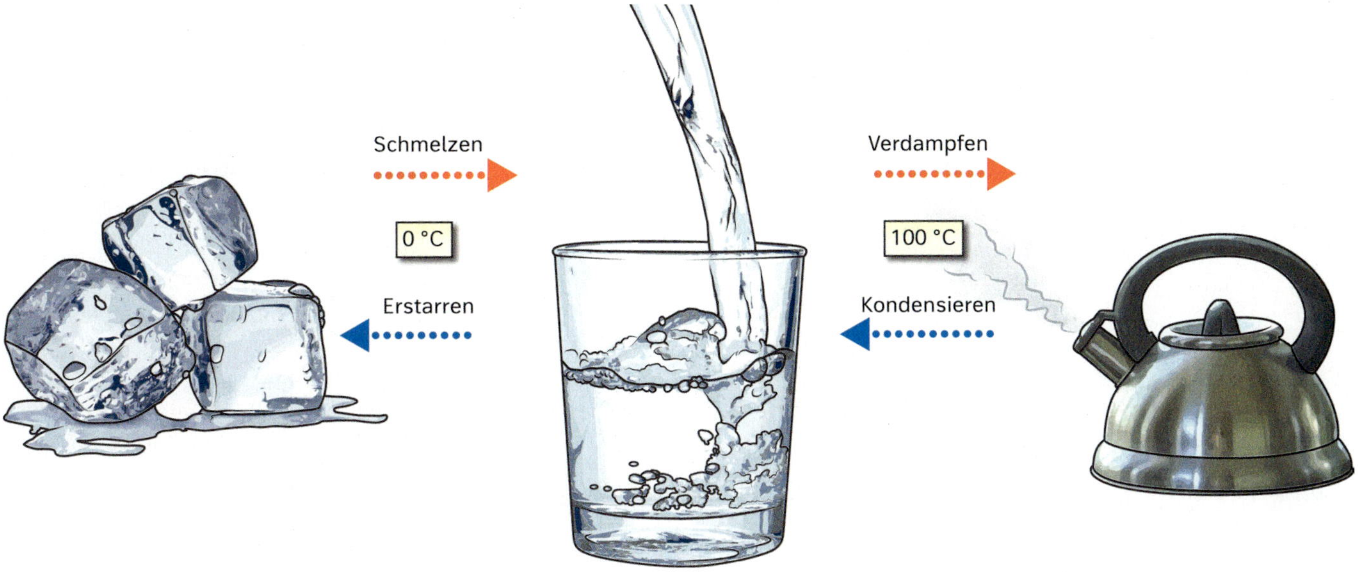

3 Übergänge der Aggregatzustände von Wasser

Siedetemperatur

Erhitzt man Wasser in einem Becherglas, erwärmt es sich immer weiter. Bei 100 °C beginnt es zu **sieden**. Dabei wird flüssiges Wasser zu unsichtbarem, gasförmigem Wasserdampf. Es **verdampft**. Wenn sich der heiße Wasserdampf an einer kühlen Oberfläche abkühlt, werden Wassertropfen sichtbar. Der Wasserdampf ist wieder flüssig geworden. Er ist **kondensiert**. Verdampfen und Kondensieren des Wassers laufen bei 100 °C ab. Die Temperatur, bei der ein Stoff zwischen dem flüssigen und dem gasförmigen Aggregatzustand wechselt, heißt **Siedetemperatur**. Oberhalb seiner Siedetemperatur kann ein Stoff nur gasförmig sein.

Flüssigkeiten wie Wasser werden auch unterhalb der Siedetemperatur gasförmig. Sie **verdunsten**. So trocknet eine Pfütze durch die Energie der Sonne mit der Zeit. Je höher die Temperatur, desto schneller verdunstet das Wasser.

A Beschreibe die Zustandsformen von Wasser in Bild 1.

Material mit Aufgaben

M1 Schmelz- und Siedetemperatur

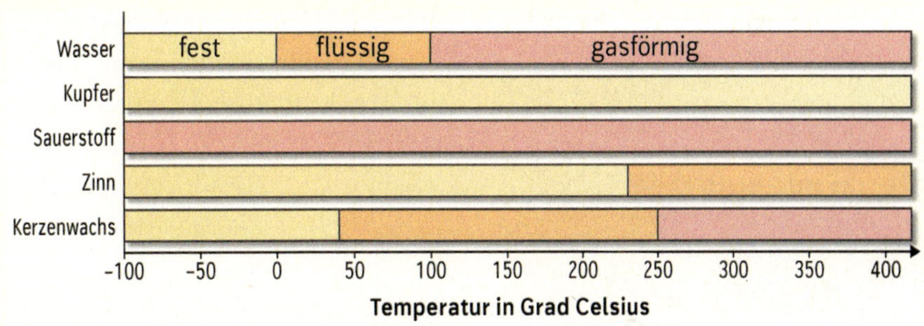

Zu Silvester wurde früher häufig Bleigießen durchgeführt. Dabei wurde ein kleines Stück Blei auf einem Löffel über einer Kerzenflamme geschmolzen. Blei hat eine Schmelztemperatur von 327 °C.

Danach wurde das flüssige Blei vom Löffel in Wasser gegossen. Das Metall wurde sofort wieder fest. Aus den entstehenden Gebilden soll man Vorhersagen für das neue Jahr machen können.

1. Gib mithilfe des Diagramms an, in welchem Aggregatzustand die Stoffe bei 20 °C vorliegen.
2. Nenne den Aggregatzustand von Wasser bei: -12 °C, 37 °C, 112 °C.
3. Erkläre folgende Begriffe: Schmelzen, Verdampfen und Kondensieren.
4. Beschreibe, welche Vorgänge beim Bleigießen ablaufen.
5. Blei ist giftig. Man nimmt heute einen anderen Stoff. Erkläre, welcher Stoff sich eignen würde.

4 Aggregatzustände und ihre Übergänge

5 Raureif an Früchten

Übergänge überspringen

Ein Stoff kann direkt aus dem festen Zustand gasförmig werden. Ein Gas kann auch fest werden, ohne dass der flüssige Zustand als Übergang vorlag.

Von fest zu gasförmig

Eis kann direkt zu Wasserdampf werden, ohne vorher flüssig zu sein. Wasser kann also den flüssigen Aggregatzustand überspringen.
So kann eine gefrorene Wasserpfütze im Winter auch unter 0 °C Außentemperatur verschwinden. Das Eis ist zu Wasserdampf **sublimiert**. Den Vorgang, bei dem feste Stoffe direkt gasförmig werden, nennt man **Sublimation**.

Von gasförmig zu fest

An sehr kalten Tagen bildet sich an Blättern und Ästen manchmal ein eisiger Belag. Diesen bezeichnet man als Raureif. Auch an Fenstern können nachts sogenannte Eisblumen entstehen. Aus Wasserdampf in der Luft haben sich Eiskristalle gebildet. Der Wasserdampf ist **resublimiert**. Den Vorgang, bei dem gasförmige Stoffe direkt fest werden, nennt man **Resublimation**.

B Beschreibe die Wechsel der Aggregatzustände mithilfe von Bild 4.

Material mit Aufgaben

M2 Übergänge

Festes Iod wird in einem Becherglas mithilfe eines Gasbrenners erhitzt. Die Eiswürfel auf dem Uhrglas dienen zur Kühlung des Iods im Becherglas.

1. Beschreibe den abgebildeten Versuchsaufbau.
2. Beschreibe die Wechsel der Aggregatzustände bei Iod mithilfe des Versuchs.
3. Erkläre die Vorgänge während des Versuchs unter Verwendung der Fachbegriffe.
4. Erkläre die Bedeutung der Eiswürfel im Versuch.

Teilchenmodell

Nach dem Teilchenmodell sind alle Stoffe aus winzigenTeilchen aufgebaut. Man kann sie sich als Kugeln vorstellen.
In **Feststoffen** sind die Teilchen dicht gepackt und regelmäßig angeordnet. Sie schwingen nur um ihre Plätze herum, können diese aber nicht verlassen.
Erwärmt man Feststoffe, bewegen sich die Teilchen schneller. Ist die Schmelztemperatur erreicht, verlassen sie ihre Plätze. Der Stoff ist flüssig. Die Teilchen liegen ungeordnet vor, berühren sich aber noch und sind beweglich.
Werden **Flüssigkeiten** erhitzt, werden sie gasförmig. Ist die Siedetemperatur erreicht, bewegen sich die Teilchen sehr schnell. Gase breiten sich daher schnell aus. Sie nehmen den ganzen zur Verfügung stehenden Raum ein.

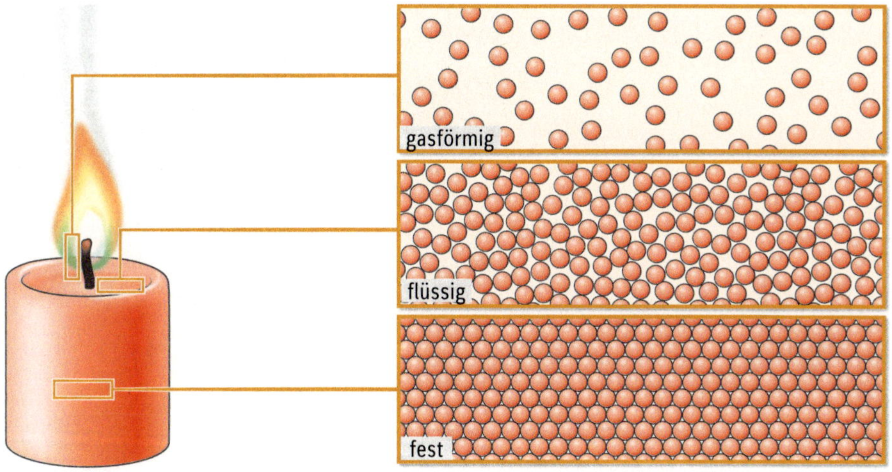

6 Aggregatzustände im Teilchenmodell

Von fest zu flüssig

Im Eis sind die Teilchen an ihrem festen Platz und schwingen ein wenig. Beim Erwärmen werden die Schwingungen stärker. Die Bewegungen werden so stark, dass die Teilchen ihre Plätze verlassen. Das Eis schmilzt.

Von flüssig zu gasförmig

Wird flüssiges Wasser weiter erhitzt, verstärkt sich die Bewegung der Teilchen. Sie bewegen sich noch schneller. Ihre Abstände zueinander werden immer größer. Das Wasser verdampft.

Ausnahme Wasser

Normalerweise sind Stoffe im festen Zustand am dichtesten gepackt. Bei Wasser ist es jedoch anders. Die Wasserteilchen sind im Eis zu einem Gitter mit großen Hohlräumen verbunden. Schmilzt das Eis, bricht das Gitter der Wasserteilchen langsam zusammen. Im flüssigen Wasser liegen die Teilchen dichter zusammen.

Material mit Aufgaben

M3 Aggregatzustände bei Wasser

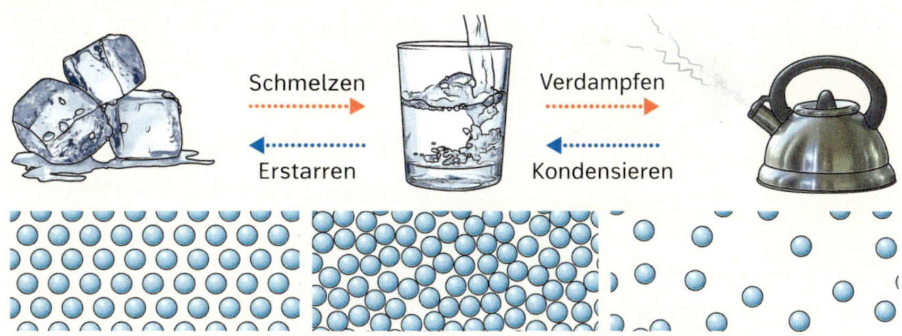

1. Beschreibe den Zustand der Wasserteilchen in den verschiedenen Aggregatzuständen.
2. Beschreibe die Übergänge der Aggregatzustände beim Schmelzen und Verdampfen mithilfe des Teilchenmodells.
3. Wähle eine er Aufgaben aus:
   a Vergleiche die Anordnung der Teilchen im festen Zustand bei Kerzenwachs und Wasser.
   b Erkläre, warum Wasser im flüssigen Zustand am dichtesten gepackt ist.

1 Schmelzender Gletscher und Gebirgsbach

Der Wasserkreislauf

2 Pflanzen verdunsten Wasser

Wasser im Kreislauf

Nicht nur die Meere, Flüsse und Seen enthalten Wasser. Im Boden und in der Luft befindet sich ebenfalls Wasser. Auch Pflanzen und Tiere bestehen zum Großteil aus Wasser. Sie alle sind Wasserspeicher und stehen miteinander im Austausch. Durch die Energie des Sonnenlichts verdunstet Wasser aus Meeren, Seen, Flüssen, Gletschern und von der Erdoberfläche. Auch die Lebewesen geben ständig **Wasserdampf** durch Verdunstung an die Luft ab. Warme Luft transportiert den Wasserdampf, zum Beispiel über dem Meer, in höhere Luftschichten. Je höher er steigt, desto mehr kühlt sich der Wasserdampf ab. Er kondensiert. Es entstehen Wassertropfen, die **Wolken** bilden. Wenn die Wassertropfen zu schwer werden, fallen sie als **Regen** zur Erde. Dort sammelt sich das Wasser in Bächen, Flüssen und Seen. Ein anderer Teil des Wassers versickert im Boden und bildet das **Grundwasser**. Es strömt unterirdisch zum Meer. Das Grundwasser ist auch die Quelle für Bäche. Es strömt als **Oberflächenwasser** zum Meer. Von dort verdunstet es wieder. Das Wasser bewegt sich ständig in mehreren Teilkreisläufen, die von der Sonne angetrieben werden.

Wasser im Gletscher

Ein Teil des Süßwassers der Erde liegt als gefrorenes Eis in Gletschern vor. Es schmilzt im Frühjahr und Sommer und bildet das Wasser für die Gebirgsbäche. Doch nicht der ganze Gletscher schmilzt ab. Er steht nicht im ständigen Kreislauf. Das Wasser ist als Eis gebunden. In den letzten Jahrzehnten steigen die Temperaturen auf der Erde an. Dadurch schmelzen die Gletscher stark ab.

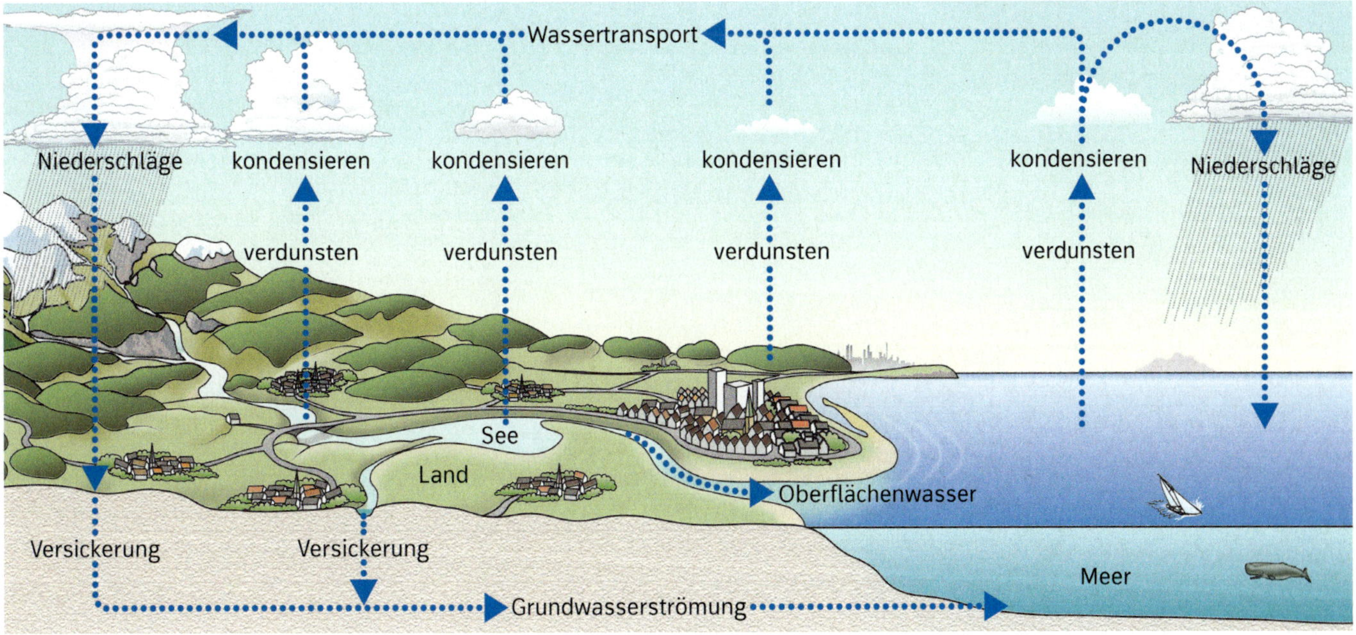

3 Wasser im Kreislauf

Schnee

In sehr großer Höhe bestehen Wolken oft nicht aus Wassertropfen, sondern aus Eiskristallen. Fallen die Eiskristalle durch Wasserwolken können sie zu Schneeflocken anwachsen. Ist die Luft auch in Bodennähe kalt genug, fällt der Schnee zu Boden.

Hagel

Damit Hagel entsteht, muss in den Wolken sehr viel Wasser vorhanden sein. Hagelkörner entstehen, wenn Regentropfen in großer Höhe bei sehr niedrigen Temperaturen gefrieren. Sie sind so schwer, dass sie schnell zur Erde fallen und auch bei höheren Temperaturen nicht auftauen.

Nebel

Häufig tritt Nebel in Flusstälern auf. Dort verdunstet viel Wasser zu Wasserdampf. Wenn nachts die Luft abkühlt, kondensiert der Wasserdampf zu kleinen Wassertröpfchen. Es entsteht Nebel.

Material mit Aufgaben

M1 Wasserkreislauf

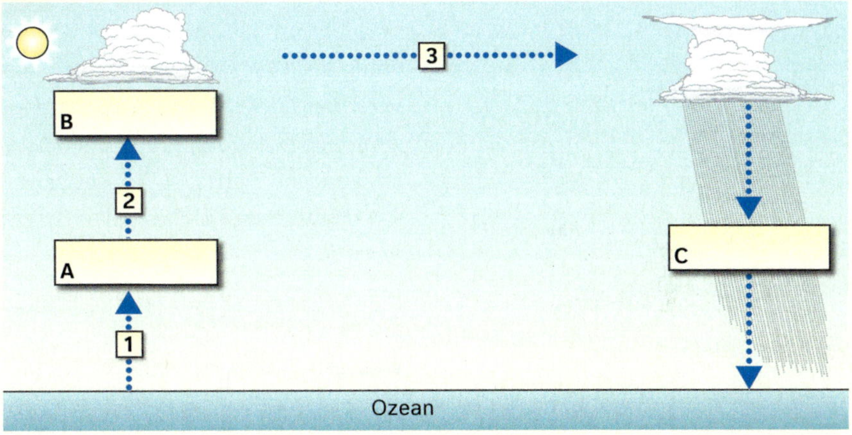

1. Übertrage das Schema in dein Heft. Ergänze dein Schema mit den Fachbegriffen.
2. Beschreibe den Wasserkreislauf.
3. Erkläre, warum die Sonne als Motor des Wasserkreislaufs bezeichnet wird.
4. Wähle eine der Aufgaben aus:
   a Erläutere, warum das Schema des Wasserkreislaufs nur eine unvollständige Darstellung ist.
   b Erläutere mögliche Folgen, welche Einflüsse die höheren Temperaturen auf der Erde durch den Klimawandel auf den weltweiten Wasserkreislauf haben.

1 Eine geplatze Wasserflasche

Anomalie des Wassers

Anomalie des Wassers

Wird warmes Wasser abgekühlt, zieht es sich zusammen. Es verringert sein **Volumen**. Bis zum Erreichen einer Temperatur von 4 °C nimmt das Volumen stetig ab. Wasser hat sein geringstes Volumen bei 4 °C. Die Wasserteilchen sind bei dieser Temperatur am dichtesten gepackt. Daher ist Wasser bei 4 °C am schwersten. Kühlt das Wasser noch weiter ab, nimmt sein Volumen wieder zu. Beim Gefrieren verhält sich Wasser nicht wie die meisten anderen Stoffe. Wasser dehnt sich beim Gefrieren sprunghaft aus. Aus einem Liter Wasser entstehen beim Gefrieren etwa 1,1 Liter Eis. Diese besondere Eigenschaft des Wassers bezeichnet man als **Anomalie** des Wassers.

Die „Kraft" des Wassers

Im Winter muss man das Wasser aus nicht frostsicheren Leitungen ablassen. Sie können platzen, wenn das Wasser in ihnen gefriert. Deshalb sollte man im Spätherbst Wasserleitungen im Garten leeren und nicht mehr benutzen. Auch eine im Tiefkühlfach vergessene Wasserflasche kann platzen.

In der Natur kann Wasser Gestein beim Gefrieren sprengen. Man nennt dies **Frostsprengung**. Auch Straßen können im Winter beschädigt werden, wenn Wasser unter den Asphalt gelangt und dort erstarrt. Es entstehen Schlaglöcher.

Material mit Aufgaben

M1 Anomalie

1. Beschreibe die Ergebnisse des Versuchs.
2. Entwickle eine Frage, die mit dem Versuch überprüft wird. +
3. Wähle eine der Aufgaben aus:

a Erkläre, warum eine Flasche mit Alkohol im Gefrierschrank nicht platzt.

b Stelle Vermutungen an, wie sich die beiden Stoffe bei weiterem Abkühlen verhalten.

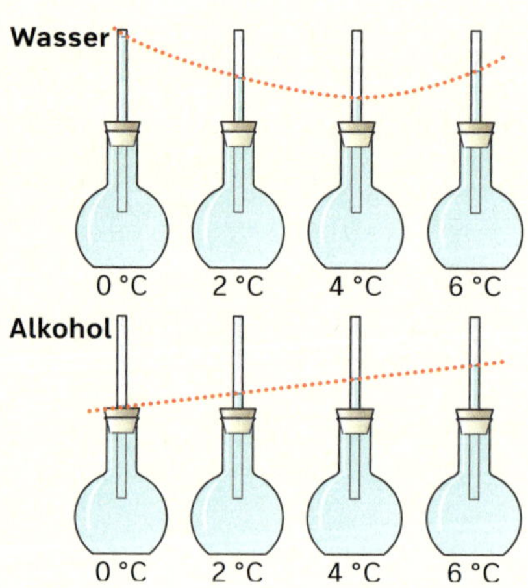

Der See im Winter

Im Spätherbst und Winter wird das Wasser an der Oberfläche eines Gewässers durch die kalte Luft stark abgekühlt. Das kühlere Oberflächenwasser zieht sich zusammen und sinkt nach unten. In der Tiefe sammelt sich das Wasser mit einer Temperatur von etwa 4 °C, weil es am schwersten ist. Lebewesen wie Fische und Frösche können so den Winter im Wasser überleben. Denn ab etwa 80 Zentimeter Wassertiefe gefriert ein See auch in einem sehr kalten Winter nicht bis zum Grund durch. Bei 0 °C gefriert das Wasser an der Wasseroberfläche und bildet eine Eisschicht.

A Vergleiche die Temperaturen im See im Sommer und im Winter.

B Erkläre, warum Fische im Winter am Grund des Sees sind.

2 Ein See: **A** im Sommer, **B** im Winter

Material mit Aufgaben

M2 Frostsprengung

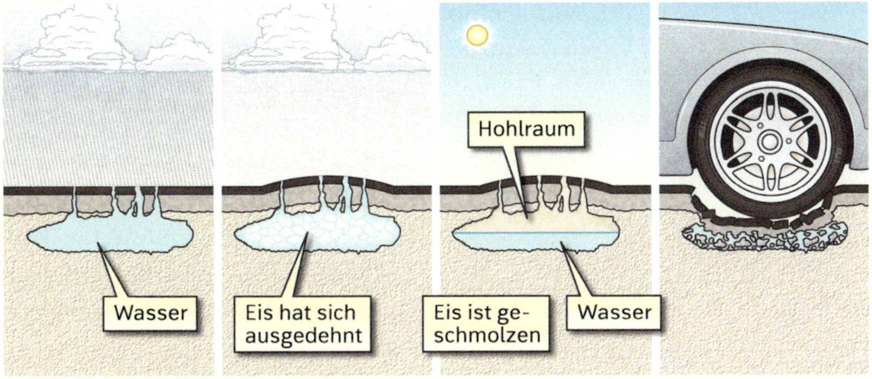

1. Beschreibe die Entstehung eines Schlaglochs.
2. Erkläre, wodurch die Asphaltdecke angehoben wird.
3. Erkläre, zu welcher Jahreszeit Schlaglöcher in Straßen vor allem entstehen.

M3 Modellversuch

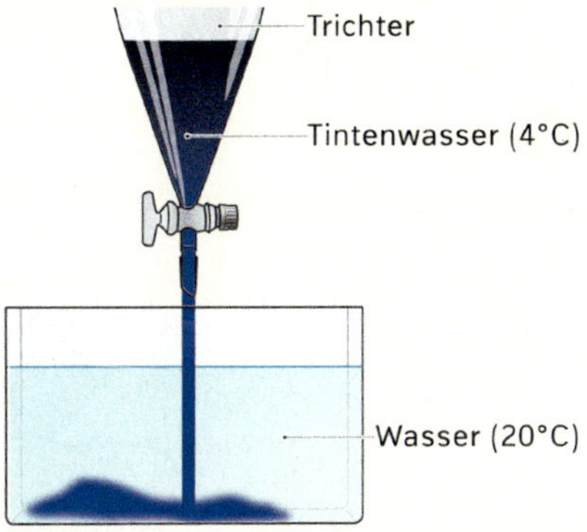

1. Beschreibe die Ergebnisse des Versuchs.
2. Erkläre, warum sich das Tintenwasser am Boden sammelt.

1 Wettervorhersage einer Wetter-App

Das Wetter

Die Wetterelemente

In einem Wetterbericht im Fernsehen oder auch online bekommt man viele Informationen über die Bestandteile des Wetters. Es wird berichtet, ob es regnet, wie warm oder kalt es ist oder ob es bewölkt oder wolkenlos ist. Neben der **Temperatur** und dem **Niederschlag** sind zudem auch die **Windstärke** und die **Bewölkung** Teil des Wetterberichts. Manchmal wird auch über den **Luftdruck** und die **Luftfeuchtigkeit** berichtet. Das Wetter setzt sich aus Teilen zusammen, den **Wetterelementen**. Das Wetter ist das Zusammenspiel der Wetterelemente zu einer bestimmten Zeit an einem bestimmten Ort. Betrachtet man das Wetter an einem Ort über längere Zeit, spricht man von **Witterung**.

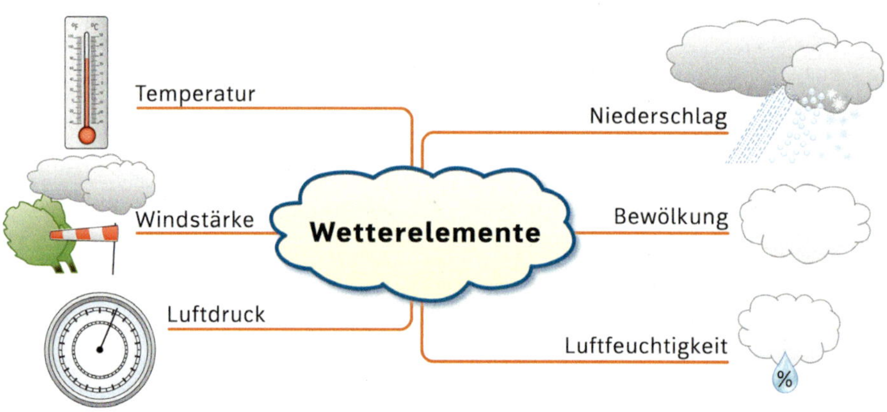

2 Verschiedene Wetterelemente

Wetter in der Troposphäre

Die unterste Schicht der Atmosphäre nennt man **Troposphäre**. Nur in der Troposphäre findet das Wetter statt. Sie reicht in eine Höhe von bis zu 10 Kilometern. Die Lufttemperatur in der Troposphäre nimmt mit der Höhe ab.
Die Sonne erwärmt den Erdboden. Die warme Luft steigt vom Boden auf und kältere Luft sinkt wieder herab. Die Luft wird durchmischt. In der Troposphäre ist fast der gesamte Wasserdampf der

Atmosphäre enthalten. Deshalb bilden sich fast nur dort Wolken und es fällt Niederschlag zu Boden.

Wetterbericht erstellen

Zur Erstellung von Wetterberichten werden Informationen von vielen Messstationen zum aktuellen Wetter gesammelt. Aus allen gesammelten Informationen werden Vorhersagen über das künftige Wetter erstellt. Man bezeichnet diese als **Wetterprognosen**. Trotz genauer Messungen lässt sich das Wetter aber nicht ganz genau vorhersagen.

Luftdruck und Barometer

Der Luftdruck wird mit einem **Barometer** gemessen. Er wird in der Einheit Hectopascal, hPa, angegeben. Bei höherem Luftdruck ist der Himmel oft wolkenlos. Bei niedrigem Luftdruck regnet es oft.

Niederschlagsmesser

Um die Niederschlagsmenge zu bestimmen, wird in einem Behälter Regen, Schnee oder Hagel aufgefangen. Die Füllstandshöhe gibt die Niederschlagsmenge in Liter pro Quadratmeter an.

Luftfeuchtigkeit und Hygrometer

Wasser liegt in der Luft in Form von gasförmigem Wasserdampf vor. Den Anteil des Wasserdampfes an der Luft bezeichnet man als Luftfeuchtigkeit. Messgeräte zur Bestimmung der Luftfeuchtigkeit werden als **Hygrometer** bezeichnet. ▶

A Beschreibe das Wetter in Bild 1. Gib an, welche Kleidung man tragen sollte.

3 Messgeräte: **A** Barometer, **B** Niederschlagsmesser

Material mit Aufgaben

P1 Wetterbeobachtungsbogen

Name: Camil Haghi							
Woche vom: 11.5.2020			bis: 17.5.2020	Uhrzeit der Messung: 16 Uhr			
Tag	Mo	Di	Mi	Do	Fr	Sa	So
Bewölkung	◕	◑	●	◑	◑	◔	○
Temperatur in °C	13 °C	14 °C	13 °C	10 °C	15 °C	14 °C	18 °C
Niederschlag ja/nein	nein	ja	ja	nein	ja	nein	nein
Wind	mäßig	leicht	leicht	stark	mäßig	windstill	windstill

Legende:

Bewölkung: ● bedeckt ◕ fast bedeckt ◑ halb bedeckt ◔ heiter ○ sonnig

Windstärke: ○ windstill ○— leicht ○— mäßig ○— stark ○— stürmisch

Bei der Wetterbeobachtung hilft ein Wetterbeobachtungsbogen. Dabei ist es wichtig, die verschiedenen Wetterelemente immer zur gleichen Uhrzeit und am gleichen Ort zu messen. Nimm die Legende zur Eintragung der Elemente zu Hilfe.

1. Erstellt einen Wetterbeobachtungsbogen. Tragt in diesen eure gemessenen und bestimmten Werte für eine Woche ein.
2. Stellt eure Messwerte zur Temperatur in einem Liniendiagramm dar.

4 Windstärkeskala

Windstärke

Wind ist bewegte Luft. Wenn Rauch senkrecht aufsteigt und auf der Haut kein Lufthauch zu spüren ist, ist es windstill. Bei einem **Orkan** ist der Wind dagegen so stark, dass er sogar schwere Gegenstände bewegt und heftige Verwüstungen verursacht. Der Wind kann unterschiedlich stark sein. Dies bezeichnet man als **Windstärke**. Die Windstärke wird in der Windstärkeskala beschrieben. Sie reicht von 0 bei Windstille bis Windstärke 12 bei einem Orkan. Zu jeder Windstärke gehört eine bestimmte Windgeschwindigkeit. Ein starker Wind mit der Windstärke 6 weht mit einer Windgeschwindigkeit von etwa 40 Kilometer pro Stunde. Das ist in etwa so schnell wie ein Auto im Stadtverkehr.

Material mit Aufgaben

M2 Windstärke

A

B

C

D

1. Ordne die Bilder A bis D nach steigender Windstärke.
2. Ordne den Bildern eine Windstärke zu. Begründe deine Zuordnungen.
3. Der Deutsche Wetterdienst rät ab Windstärke 10 nicht mehr nach draußen zu gehen. Begründe.

Klima und Klimazonen

Betrachtet man Wetterelemente über sehr lange Zeiträume an einem Ort oder größeren Gebieten, spricht man von **Klima**. Das Klima eines Gebiets ergibt sich aus langjährigen Auswertungen von Wetterelementen. Das Klima ist nicht überall gleich ausgeprägt. Am Nordpol herrscht ein anderes Klima als am Äquator. Große Gebiete, in denen sich die Wetterelemente ähnlich sind, zählt man zu **Klimazonen**. Die unterschiedlichen Klimazonen ziehen sich als Bänder um die Erde.

Was beeinflusst das Klima?

Die gleiche Menge an Sonnenstrahlen bestrahlt in den nördlichen und südlichen Gebieten nahe den Polen eine viel größere Fläche als am Äquator. Die unterschiedliche **Sonneneinstrahlung** bestimmt maßgeblich das Klima in einem Gebiet. Das Meer nimmt die Energie der Sonne auf und erwärmt sich. Meerwasser kann Wärme lange speichern. Im Winter kann es diese wieder abgeben. Gebiete am Meer sind daher geringeren Temperaturschwankungen im Jahresverlauf ausgesetzt als Landflächen, die weit vom Meer entfernt sind. Mit zunehmender **Höhe** nimmt die Lufttemperatur ab. Höher liegende Orte in Gebirgen haben niedrigere Lufttemperaturen als tiefer liegende Orte. Auch die **Bodenbedeckung** beeinflusst das Klima. In Städten mit dunklen Straßen und Gebäuden ist die Erwärmung stärker als zum Beispiel auf schneebedeckten Flächen. Dunkle Flächen können die Energie des Sonnenlichts besser aufnehmen und erwärmen sich stärker.

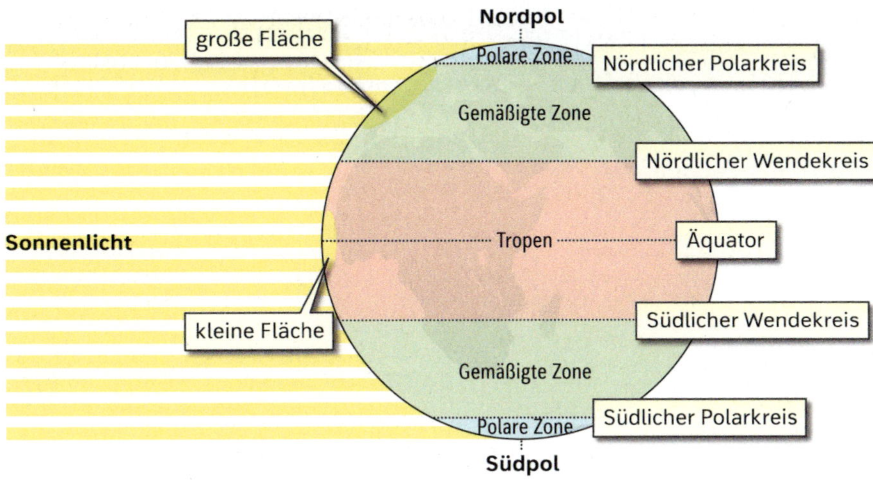

1 Klimazonen der Erde

Material mit Aufgaben

M1 Sonneneinstrahlung

Zeitpunkt der Messung	Schräger Winkel	Senkrechter Winkel
Beginn	20 °C	20 °C
Nach 2 Minuten	25 °C	30 °C
Nach 4 Minuten	28 °C	35 °C
Nach 6 Minuten	31 °C	40 °C

Zwei Gefäße mit Erde wurden jeweils aus zwei Richtungen beleuchtet. Mit einem Infrarotthermometer wurde die Temperatur der Erde gemessen.

1. Beschreibe den Versuchsaufbau und die Versuchsergebnisse.
2. Formuliere einen Zusammenhang zwischen Sonneneinstrahlung und Erwärmung des Bodens.
3. Erläutere mithilfe des Versuchs wie die Sonneneinstrahlung das Klima auf der Erde bestimmt.

1 Schutzhülle der Erde

Die Luft

Luft ist lebensnotwendig

Die Luft der Erde ist für uns unsichtbar. Sie ist geschmacklos, geruchlos und farblos. Vom Weltraum aus zeigen Satellitenaufnahmen die Luft als hauchdünne, blau schimmernde Gashülle.

Je mehr man sich anstrengt, desto mehr Luft atmet man ein und aus. Die Luft enthält neben anderen Gasen auch **Sauerstoff**. Dieses Gas benötigt man, um Energie für alle Lebensprozesse zu gewinnen.

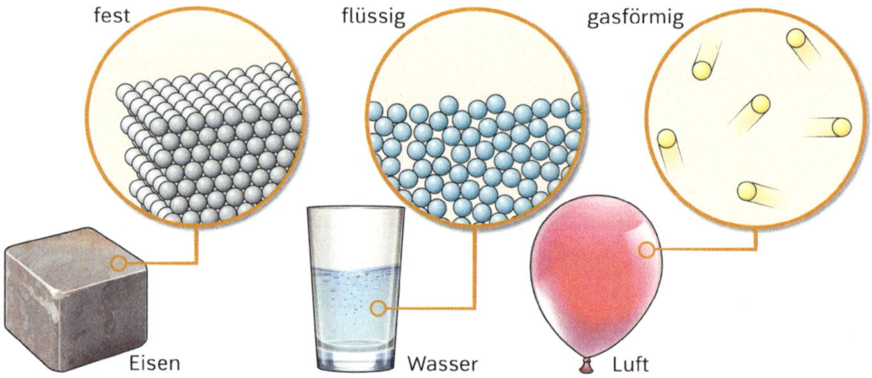

2 Stoffe im Teilchenmodell

Nutzung der Luft

Menschen nutzen Luft überall im Alltag. Mithilfe von Luft kann Strom erzeugt werden. Dazu benutzt man Windräder, die sich im Wind drehen. Wenn keine Luft da wäre, könnten Flugzeuge oder Heißluftballons nicht fliegen. Die Bewegung der Luft ist ein Grund für die Entstehung des Wetters auf der Erde.

Luft im Teilchenmodell

Alle Stoffe bestehen aus kleinen Teilchen. Zur besseren Vorstellung werden die Teilchen oft als Kugeln dargestellt. Man bezeichnet diese Modellvorstellung als **Teilchenmodell**.

Stoffe können drei Formen annehmen. Sie können **fest**, **flüssig** oder **gasförmig** sein. Luft ist ein Gemisch von verschiedenen Gasen. Sie ist gasförmig. Das heißt, die Teilchen sind in der Luft sehr weit voneinander entfernt. Dadurch können sich die Luftteilchen frei bewegen. Bei flüssigen und festen Stoffen sind die Teilchen immer näher beieinander.

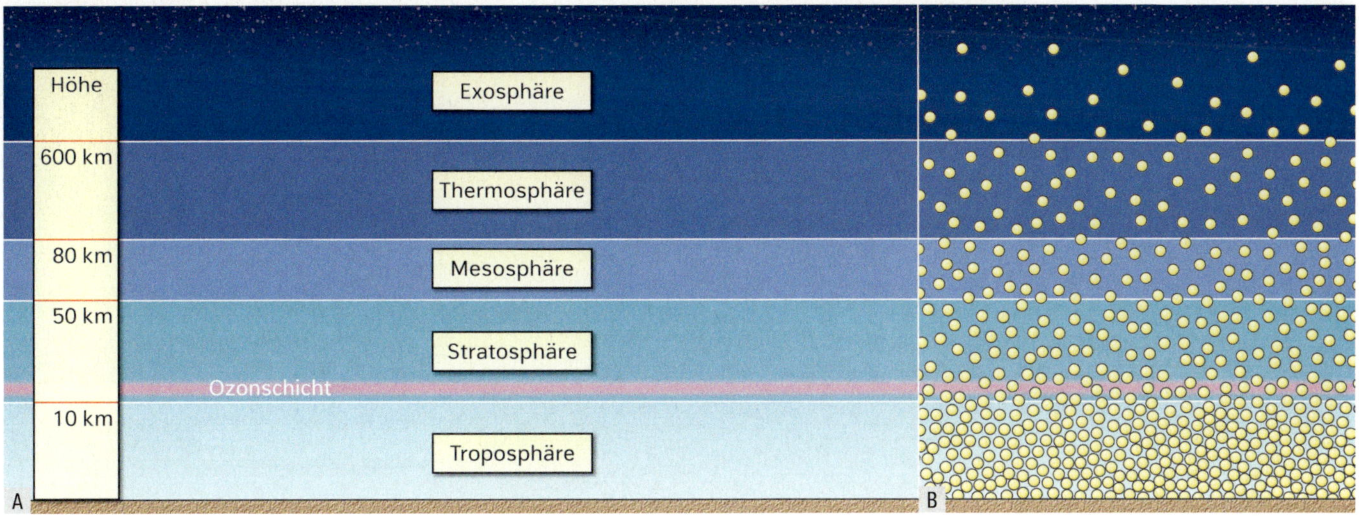

3 **A** Schichten der Atmosphäre, **B** Luftteilchen in der Atmosphäre

Die Erdatmosphäre

Die gesamte gasförmige Hülle, die die Erde umgibt, nennt man **Atmosphäre**. Sie besteht aus Luft, Wasser sowie anderen Stoffen und ist in mehrere Schichten aufgeteilt. Je höher man in der Atmosphäre aufsteigt, desto weniger Luftteilchen sind vorhanden. Man sagt, die Luft wird „dünner". Die unterste Schicht der Atmosphäre bezeichnet man als **Troposphäre**. Sie ist bis zu 10 Kilometer hoch. In ihr entsteht das Wetter. Über der Troposphäre befindet sich die **Stratosphäre**. Sie reicht in eine Höhe von bis zu 50 Kilometern. In der Stratosphäre befindet sich die Ozonschicht. Ozon ist ebenfalls ein Gas und schützt die Erde vor gefährlicher Sonnenstrahlung. Oberhalb der Stratosphäre ist die **Mesosphäre**. Sie erstreckt sich bis in eine Höhe von 80 Kilometern. Meteore aus dem All, die auf der Erde einschlagen könnten, verglühen oft in dieser Schicht. Die letzten Schichten der Atmosphäre sind die **Thermosphäre** und die **Exosphäre**. Sie sind der fließende Übergang zum Weltraum. Dort befinden sich die wenigsten Luftteilchen.

Material mit Aufgaben

M1 Die Erdatmosphäre

1. Benenne die fünf Schichten der Atmosphäre.
2. Beschreibe mithilfe des Bildes, was in den Schichten der Atmosphäre stattfindet. ⊞
3. Beschreibe die Änderung der Luftteilchen in den Schichten. ⊞
4. Wähle eine der Aufgaben aus:
   - **a** Stelle Vermutungen an, warum man auf einem Berg schneller atmet.
   - **b** Stelle Vermutungen an, warum Flugzeuge am oberen Rand der Troposphäre fliegen.

1 Ein Heißluftballon

Eigenschaften der Luft

Luft im Raum

Eine leere Glasflasche ist nicht wirklich leer. Sie ist mit Luft gefüllt. Die Luft nimmt einen Raum ein.

Ein voll aufgepumpter Ball ist etwas schwerer als ein schwach aufgepumpter Ball. Die Luft hat also ein Gewicht. Ein Liter Luft wiegt aber nur 1,3 Gramm. Dagegen wiegt ein Liter Wasser 1000 Gramm. Die Luft nimmt den ihr zur Verfügung stehenden Raum ein. Jedoch kann man die einzelnen Luftteilchen nicht sehen. Die Luftteilchen verteilen sich komplett in dem Raum, der ihnen zur Verfügung steht. Sie bewegen sich darin.

Luft bewegt sich

Luft ist immer in Bewegung. Wenn die Sonne die Erde erwärmt, erwärmen sich auch die Luftteilchen über dem Boden. Die Luftteilchen bewegen sich schneller und der Abstand zwischen ihnen wird größer. Die warme, „leichtere" Luft steigt nach oben. Diese Tatsache macht man sich bei einer Heißluftballonfahrt zu Nutze. Die Luft im Ballon wird mit einer Flamme erwärmt. Der Ballon mit der warmen Luft steigt in der kälteren Umgebungsluft nach oben. Legt man einen schwach aufgeblasenen Schwimmring in die Sonne, dehnt sich nach einiger Zeit die Luft darin aus. Wenn sich die Luft abkühlt, werden die Abstände zwischen den Luftteilchen wieder geringer. Dadurch nehmen die Luftteilchen einen kleineren Raum ein. Der Schwimmring zieht sich zusammen. Luft kann sich je nach Temperatur ausdehnen und wieder zusammenziehen. Die Zahl der Teilchen bleibt jedoch gleich. Ihre Abstände verändern sich nur.

2 Luft dehnt sich aus

Luftzirkulation

Wird die Heizung in der Wohnung angestellt, erwärmt sich die Luft am Heizkörper. Diese erwärmte Luft steigt oberhalb des Heizkörpers zur Zimmerdecke. Von der Seite strömt kalte, schwere Luft am Boden zum Heizkörper nach. Die aufsteigende, warme Luft fließt an der Zimmerdecke zur Seite ab. Je weiter sich die erwärmte Raumluft vom Heizkörper entfernt, desto mehr kühlt sie ab. Sie sinkt daher auf der anderen Seite des Zimmers zu Boden. Von dort strömt die Luft wieder zum Heizkörper, wo sie wieder erwärmt wird und aufsteigt. Die Luft bewegt sich bei diesem Beispiel in einem Kreislauf. Man spricht daher auch von **Luftzirkulation**.

Luftwiderstand

Wenn man sich bewegt, dann prallen die Luftteilchen auf einen. Man nennt das **Luftwiderstand**. Der Luftwiderstand hängt von der Geschwindigkeit und der Oberfläche des Gegenstands ab. Je größer die Fläche ist, desto mehr Teilchen prallen auf den Gegenstand. Der Luftwiderstand wird größer. Das gleiche gilt für die Geschwindigkeit. Je schneller man ist, desto größer ist der Luftwiderstand.

Hält man bei einer Plastikspritze vorn die Öffnung zu und drückt dann den Kolben, federt dieser zurück. Die in der Plastikspritze enthaltene Luft drückt den Kolben zurück. Wie alle Gase lässt sich Luft zusammendrücken. Die Luftteilchen rücken dabei näher zusammen.

A Nenne verschiedene Eigenschaften der Luft.

Material mit Aufgaben

M1 Luftzirkulation

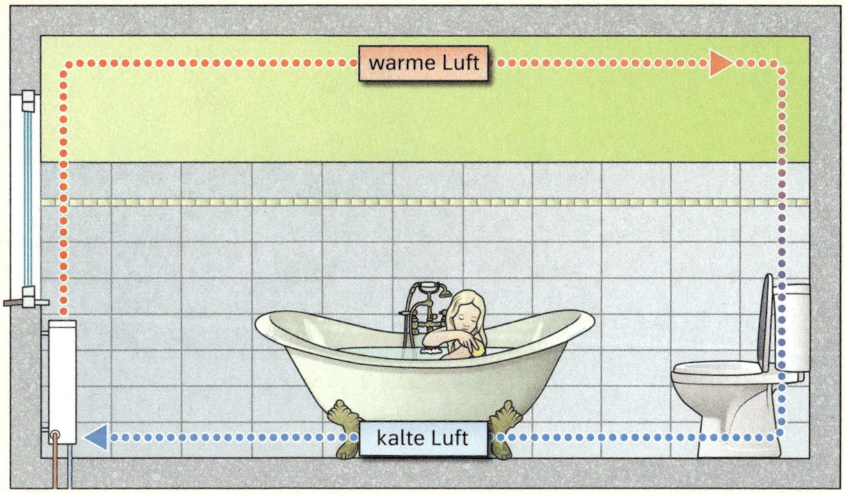

1. Beschreibe die Bewegung der Luft in dem beheizten Zimmer.
2. Erkläre, warum sich die Luft in dieser Richtung bewegt.
3. Stelle Vermutungen an, wie sich die Luft im Raum bewegt, wenn die Heizung im Winter plötzlich ausfällt.

M2 Luftwiderstand

A

B

1. Erkläre, von welchen Bedingungen der Luftwiderstand abhängt.
2. Wähle eine der Aufgaben aus:

a Erkläre, bei welchen der beiden dargestellten Situationen in Bild A und B Luftwiderstand erwünscht oder nicht erwünscht ist.

b Erkläre, warum ein Fallschirmspringer vor dem Öffnen des Schirms langsamer fällt, wenn er die Arme ausbreitet.

1 Ein Kitesurfer am Strand.

Wie Winde entstehen

Entstehung von Wind

Die Sonne spielt bei der Entstehung von Winden eine wichtige Rolle. Sie erwärmt den Boden und die untersten Luftschichten. Die erwärmten Luftteilchen bewegen sich schneller und steigen nach oben auf. In den unteren Luftschichten sind dann weniger Luftteilchen vorhanden. Hier ist ein **Tiefdruckgebiet** entstanden. Von den Seiten strömt nun Luft ins Tiefdruckgebiet nach. Dieses Nachströmen von Luft bezeichnet man als **Wind**.

In den oberen Luftschichten befinden sich nach dem Aufstieg der Luftteilchen viele, dichter zusammenliegende Luftteilchen. Es ist ein **Hochdruckgebiet** entstanden. Die Luft im Hochdruckgebiet kann nicht absinken, da von unten immer erwärmte Luft mit Teilchen nachströmt. Die Luft strömt deswegen zu den Seiten in ein benachbartes Tiefdruckgebiet. Dabei kühlt sie ab und sinkt wieder zu Boden.

Die Druckgebiete werden oft mit einem **H** für Hochdruckgebiet und einem **T** für das Tiefdruckgebiet abgekürzt.

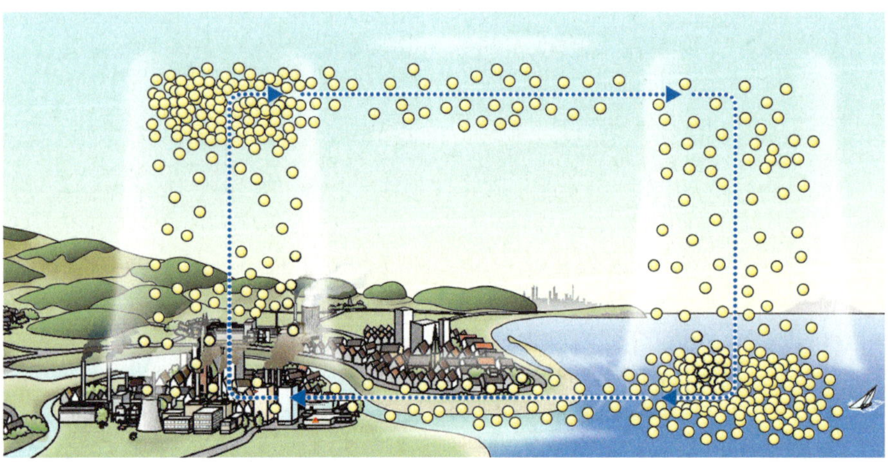

2 Entstehung von Wind und Druckausgleich

Land- und Seewind am Tag

An der Küste ist es oft windig. Die Entstehung des Windes kann man in mehrere Schritte aufteilen:

- **Erwärmung** • Die Sonne erwärmt am Tag das Land schneller als das Meer.
- **Luftaufstieg** • Die unteren Luftschichten an Land werden erwärmt und steigen auf. Es entsteht ein Tiefdruckgebiet am Boden. Die aufsteigende Luft bildet über dem Land in der Höhe ein Hochdruckgebiet. Da das Meer sich langsamer erwärmt, sind am Boden mehr Luftteilchen. Dort ist ein Hochdruckgebiet.
- **Untere Winde** • Die Luft strömt vom Hochdruckgebiet des Meeres zum Tiefdruckgebiet des Landes nach.
- **Obere Winde** • Die Luft in der Höhe strömt vom Hochdruckgebiet des Landes ins Tiefdruckgebiet über dem Meer und kühlt sich dabei ab. Die kühlere Luft sinkt über dem Meer ab. Alle Luftströmungen am Tag über Land und Meer bilden einen Kreislauf des Windes.

Material mit Aufgaben

M1 Land- und Seewind bei Nacht

Am Tag erwärmt sich das Land schneller als das Meer. Jedoch kann das Wasser sehr gut Wärme speichern. In der Nacht gibt das Wasser des Meeres die gespeicherte Wärme wieder ab.

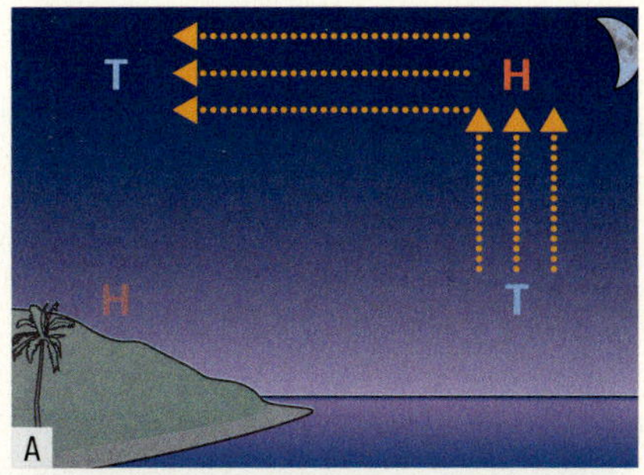

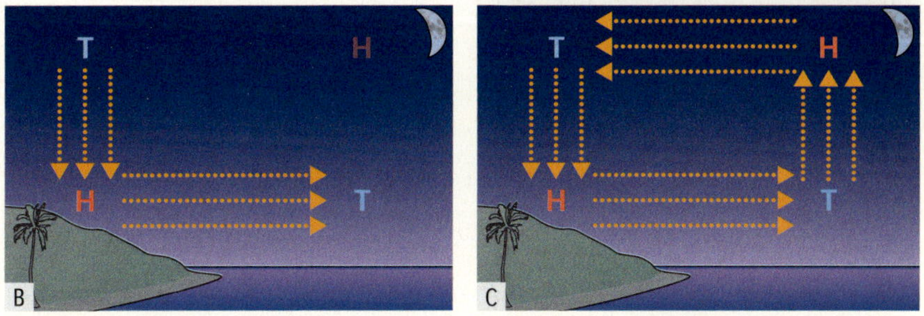

1. Beschreibe den Ablauf auf den Bildern A bis C.
2. Erkläre unter Verwendung von Fachbegriffen die Bewegung der unterschiedlichen Luftmassen in der Nacht.
3. Wähle eine der Aufgaben aus:
   a Erkläre, warum sich die Luft am Tag und in der Nacht in unterschiedliche Richtungen bewegt.
   b Erkläre, warum Windsurfer gerne in der Mittagssonne surfen.

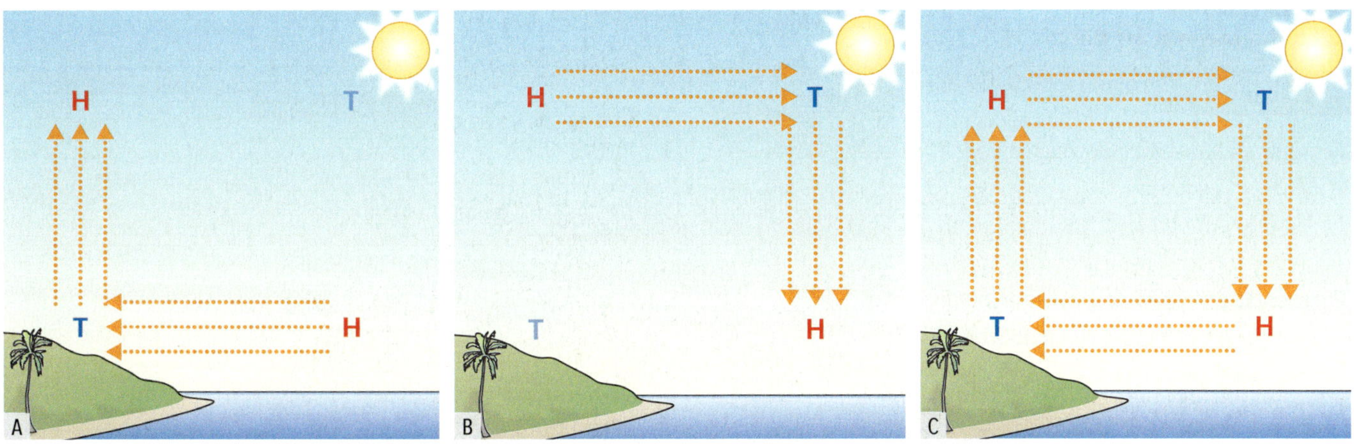

3 Land- und Seewind am Tag: **A** Luftaufstieg und untere Winde, **B** obere Winde und Abkühlung, **C** Kreislauf des Windes

Temperatur, Wärme, Wetter

Temperaturen fühlen und messen

Mit der Haut können wir fühlen, ob etwas heiß oder kalt ist. Jedoch kann man nur mit einem Thermometer die genaue Temperatur bestimmen.

Die meisten Thermometer verwenden die Celsius-Skala. Diese Skala verwendet zwei Fixpunkte: die Temperatur des schmelzenden Eises bei 0 °C und die Temperatur des siedenden Wassers bei 100 °C. Der Abstand zwischen den Fixpunkten ist in 100 gleiche Teile eingeteilt.

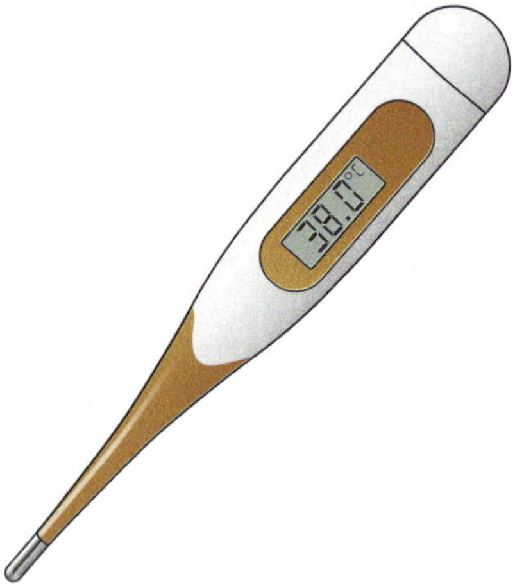

Wärme breitet sich aus

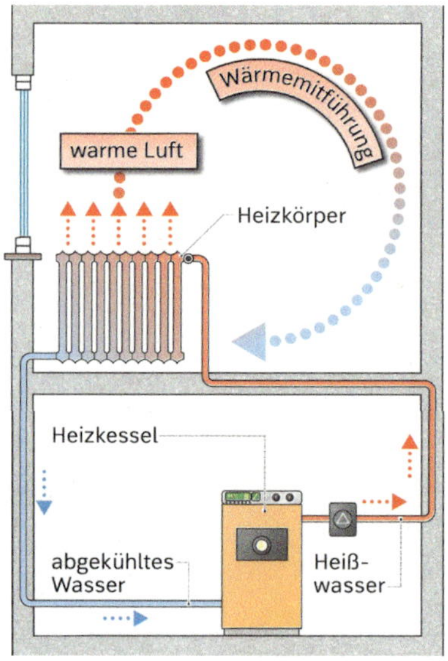

In Festkörpern wird Wärme durch Wärmeleitung transportiert. Dabei breitet sich die Wärme immer vom heißen zum kalten Ende aus. Metalle sind gute Wärmeleiter. Kunststoffe sind dagegen schlechte Wärmeleiter.

In Flüssigkeiten und auch in Gasen wird Wärme durch Wärmemitführung transportiert. Luft oder Wasser werden dabei erwärmt, strömen zu einem anderen Ort und geben die Wärme dort dann wieder ab.

Bei der Wärmestrahlung wird Wärme ohne übertragenden Stoff, also ohne Teilchen, transportiert.

Wärmedämmmung

Jedes Haus gibt Wärme an die Umgebung ab. Im Winter müssen die Häuser beheizt werden, damit es innen nicht zu kalt wird. Häuser werden heute so gebaut, dass sie möglichst wenig Wärme verlieren. Dazu verbaut man Materialien, die viel Luft enthalten. Sie erhöhen die Wärmedämmung des Hauses.

Ausdehnung von Stoffen

Werden feste, flüssige oder gasförmige Stoffe erwärmt, dann dehnen sie sich aus. Beim Abkühlen ziehen sich die Stoffe wieder zusammen.

Im Teilchenmodell wird deutlich, dass die Teilchen der Stoffe sich bei hohen Temperaturen stärker bewegen. Dadurch nehmen sie mehr Raum bei hohen Temperaturen ein.

Aggregatzustände

Die Zustandsformen fest, flüssig und gasförmig bezeichnet man als Aggregatzustände. Wasser kommt in der Natur in allen Aggregatzuständen vor. Als Eis, flüssiges Wasser und Wasserdampf. Es hängt von der Temperatur ab, welcher Aggregatzustand vorliegt. Die Temperatur bei der ein Stoff zwischen fest und flüssig wechselt, heißt Schmelztemperatur. Die Temperatur bei der ein Stoff vom flüssigen Zustand in den gasförmigen wechselt, heißt Siedetemperatur.

Wasserkreislauf

Das Wasser aus Meeren, Seen, Flüssen und Gletschern verdunstet durch die Energie der Sonne. Warme Luft transportiert den Wasserdampf in höhere Luftschichten. Je höher er steigt, desto mehr kühlt sich der Wasserdampf ab. Er kondensiert und es entstehen Wassertropfen, die Wolken bilden. Wenn die Wassertropfen zu schwer werden, fallen sie als Regen zur Erde. Dort sammelt sich das Wasser wieder in Bächen, Flüssen und Seen oder es versickert im Boden. Es bildet sich Grundwasser. Dieses strömt teilweise unterirdisch zum Meer zurück. Von dort verdunstet es wieder. Das Wasser bewegt sich in einem Kreislauf, dem Wasserkreislauf.

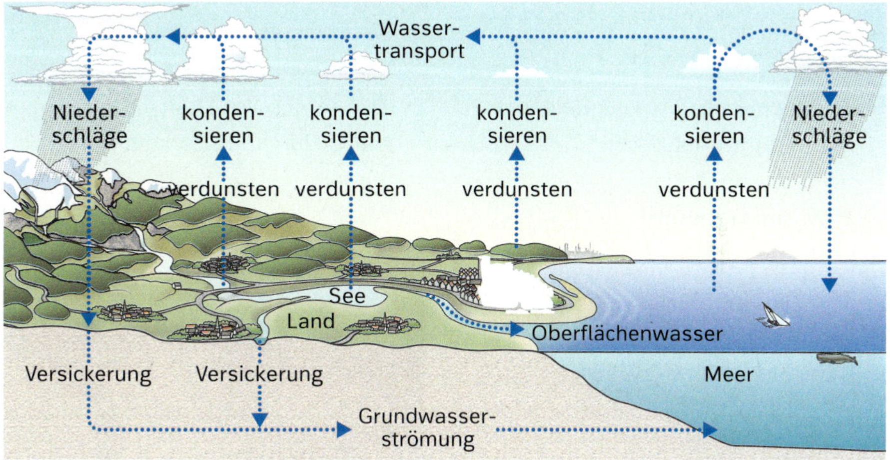

Wasser verhält sich anders

Gefriert Wasser, verhält es sich nicht wie die meisten anderen Stoffe.
Alkohol zum Beispiel zieht sich zusammen. Wasser dehnt sich aber beim Gefrieren sprunghaft aus. Aus einem Liter Wasser entstehen beim Gefrieren etwa 1,1 Liter Eis. Diese besondere Eigenschaft des Wassers bezeichnet man als Anomalie des Wassers. Durch die Anomalie überleben Fische und Frösche im Winter am Grund eines zugefrorenen Sees, da dieser nicht bis zum Grund zufriert.

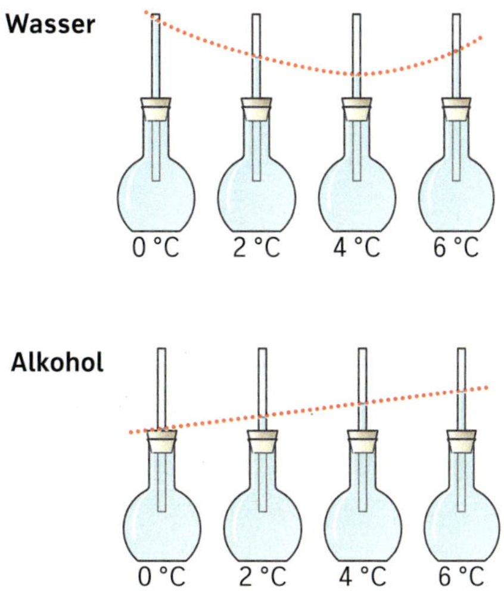

Unser Wetter

Temperatur, Luftdruck, Luftfeuchtigkeit, Windstärke, Niederschlag und Bewölkung sind alle Elemente des Wetters. Als Wetter bezeichnet man das Zusammenspiel der Wetterelemente an einem bestimmten Ort zu einer bestimmten Zeit.
Betrachtet man die verschiedenen Wetterelemente an einem bestimmten Ort über mehrere Tage, spricht man von der Witterung. Große Gebiete in denen sich die Wetterelemente ähnlich sind, zählt man zu Klimazonen.

Temperatur, Wärme, Wetter

1 Energie

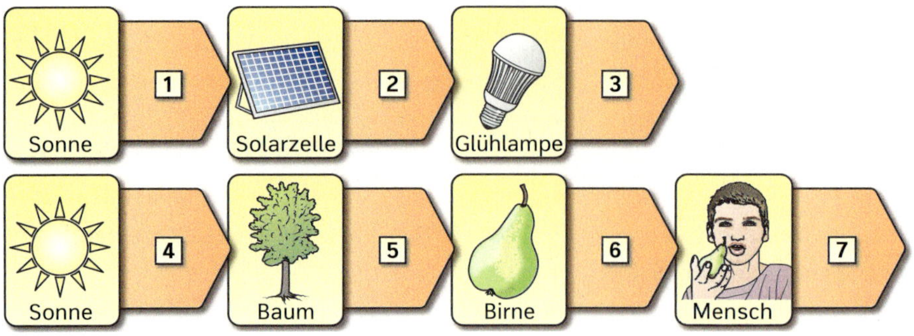

A Ordne den Ziffern die richtigen Fachbegriffe zu.

B Beschreibe die dargestellten Energieumwandlungen.

C „Energie geht nie verloren." Nimm Stellung zu dieser Aussage.

D Entwickle ein Energieflussdiagramm für einen Sonnenkollektor.

2 Wärmetransport

A Nenne verschiedene Arten des Wärmetransports.

B Ordne den Bildern eine Wärmetransportart zu. Begründe.

C Erkläre die verschiedenen Arten des Wärmetransports.

Weihnachtspyramide

Wärmelampe

3 Wasserkreislauf

A Beschreibe, wie und wo Wasser auf der Erde verdunstet.

B Erkläre, warum Wolken nicht immer dort abregnen, wo sie entstanden sind.

C Nenne Wege, auf denen das Wasser zurück ins Meer gelangt.

D Beschreibe den Wasserkreislauf mit deinen eigenen Worten.

E Erkläre, warum Wasser nicht verschwindet. Nutze die Begriffe: verdunsten, kondensieren, versickern.

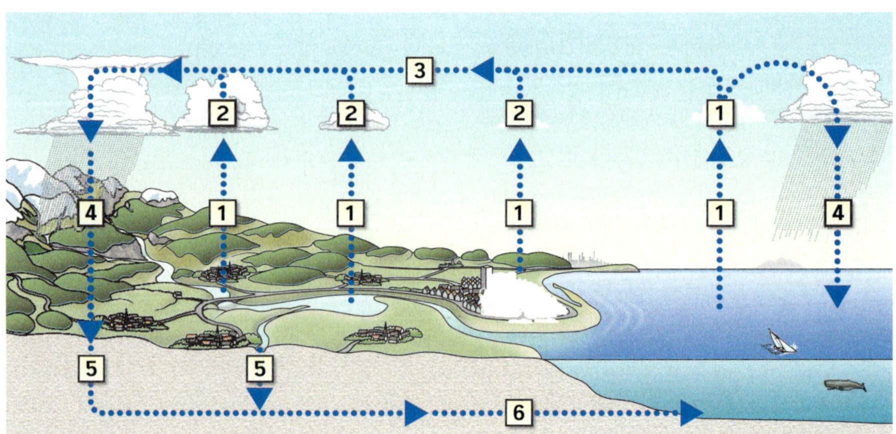

4 Aggregatzustände

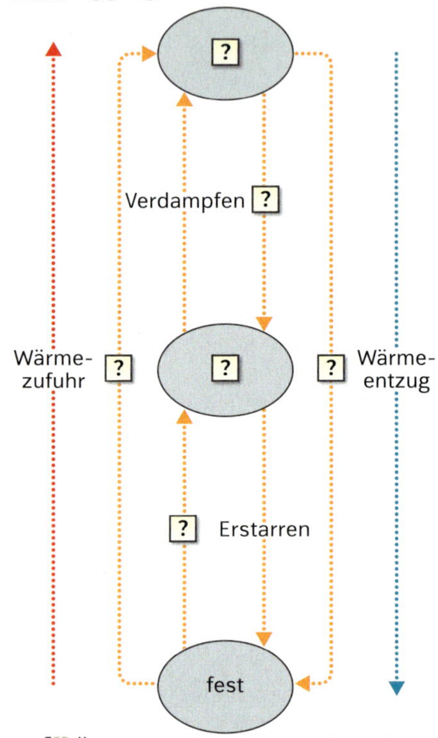

A Übertrage das Schema in dein Heft und vervollständige es.

B Beschreibe für jeden Aggregatzustand den Zustand der Teilchen.

5 Luft – ein Gasgemisch

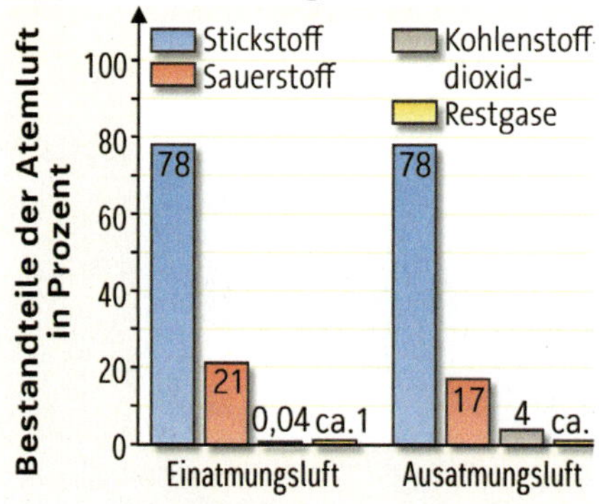

A Erkläre die verschiedenen Anteile an Sauerstoff und Kohlenstoffdioxid in der Atemluft.

In einem Gefäß befindet sich ein farbloses Gas.

B Beschreibe einen Versuchsaufbau, mit dem man überprüft, ob in dem Gefäß Sauerstoff ist.

C Beschreibe einen Versuchsaufbau, mit dem man überprüft, ob in dem Gefäß Kohlenstoffdioxid ist.

6 Das Wetter

A Übertrage die Mindmap der Wetterelemente in dein Heft und vervollständige sie.

B Beschreibe die Unterschiede zwischen Wetter, Witterung und Klima.

C Nenne Messgeräte, mit denen Wetterelemente gemessen werden können.

D Erkläre, wie die Sonneneinstrahlung das Klima auf der Erde maßgeblich beeinflusst.

E Nenne Faktoren, die das Klima beeinflussen können.

7 Winde

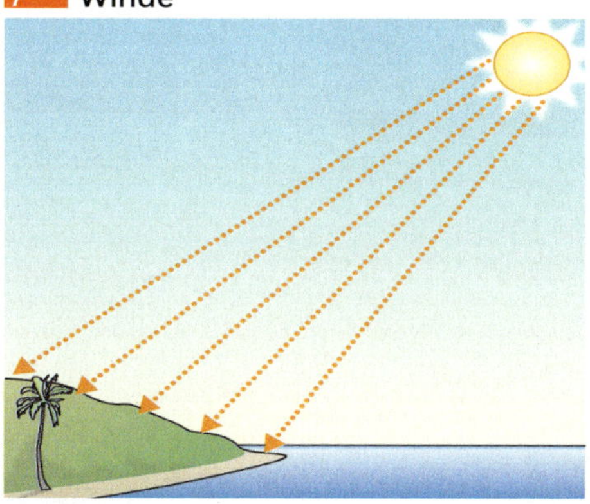

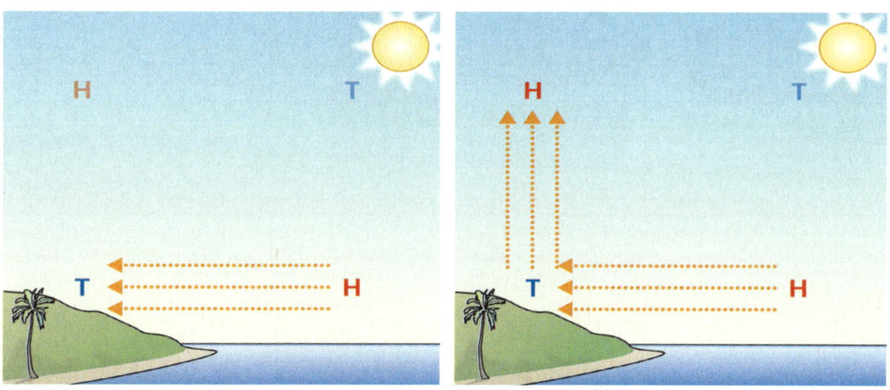

A Beschreibe mithilfe der Bilder die Entstehung von Seewind.

B Erkläre, in welche Richtung die oberen Winde wehen.

C Erkläre die Entstehung von Hochdruck- und Tiefdruckgebieten.

D Die Luft besteht aus Teilchen. Erläutere diese Aussage.

E Erkläre, in welche Richtung der Wind nachts weht.

Optik

5

Wo kommen Linsen zum Einsatz?
Wie entsteht ein Spiegelbild?
Was gibt es für optische Instrumente?

Linsen werden in vielen verschiedenen Bereichen eingesetzt. Sie kommen nicht nur in Brillen zum Einsatz, sondern auch in optischen Instrumenten wie Fernrohren oder Lupen. So kann man mit ihnen kleine und große Objekte beobachten und untersuchen.

1 Mädchen im Spiegellabyrinth

Spiegelbilder

Spiegel im Alltag

Im Alltag begegnen einem sehr oft Spiegel. Morgens im Bad schaut man sich im Spiegel an, während man sich zum Beispiel die Zähne putzt. Spiegel befinden sich aber auch an Autos oder im Supermarkt. Außerdem gibt es auf Jahrmärkten Labyrinthe mit vielen Spiegeln.

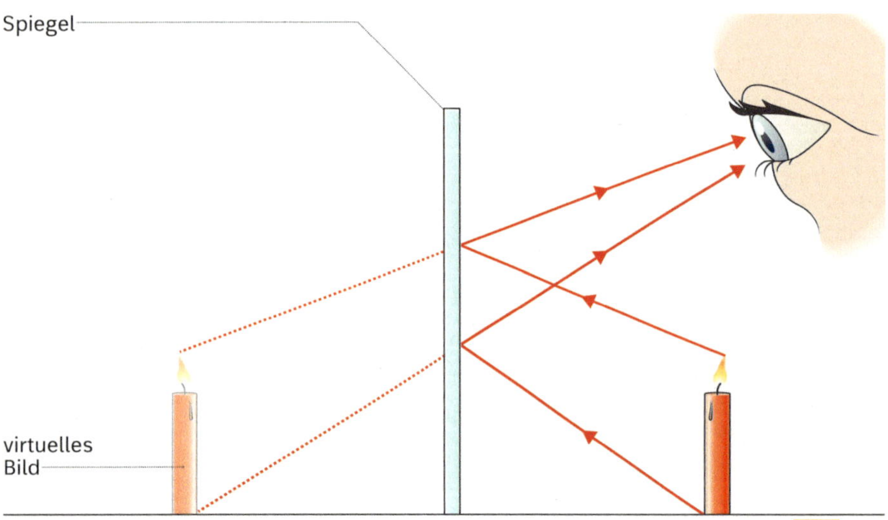

2 Bildentstehung an einem ebenen Spiegel

F

Bildentstehung

Viele Spiegel, wie zum Beispiel im Bad, haben eine glatte, gerade Oberfläche. Sie werden aus diesem Grund auch als **ebene Spiegel** bezeichnet. Schaut man in einen Spiegel, dann sieht man sein **Spiegelbild**. Spiegelbilder entstehen, weil das Licht eines Körpers an der Oberfläche des Spiegels nach dem Reflexionsgesetz reflektiert wird. Das reflektierte Licht fällt in die Augen eines Betrachters. Auf Grund von Erfahrungen geht der Betrachter davon aus, dass das Licht auf einem geradlinigen Weg in das Auge gelangt ist. Für ihn sieht es so aus, als würde das Licht des Körpers von einem Ort hinter dem Spiegel kommen. Da sich der Körper aber nicht hinter dem Spiegel befindet, wird man getäuscht. Spiegelbilder bezeichnet man daher als **virtuelle Bilder**. Spiegelbilder sind immer aufrecht und haben die gleiche Größe und den gleichen Abstand zum Spiegel wie der abgebildete Körper.

3 Verschiedene Spiegel: **A** Hohlspiegel, **B** Wölbspiegel

Hohlspiegel

Nicht alle Spiegel haben eine ebene Oberfläche. Manche sind nach innen gewölbt. Man nennt sie **Hohlspiegel**. Mithilfe von Hohlspiegeln werden Körper in der Nähe stark vergrößert. Man benutzt sie beispielsweise als Kosmetikspiegel. Bei großen Hohlspiegeln ist das Spiegelbild nicht nur vergrößert, sondern auch in die Breite gezogen.

Wölbspiegel

Ist die Spiegeloberfläche nach außen gewölbt, dann spricht man von einem **Wölbspiegel**. Mithilfe von Wölbspiegeln werden Körper verkleinert dargestellt. Dafür ist aber ein größerer Bereich sichtbar. Man benutzt sie zum Beispiel als Verkehrsspiegel. Bei großen Wölbspiegeln ist das Spiegelbild schmaler und in die Höhe gezogen.

A Beschreibe die Entstehung eines Spiegelbildes an einem ebenen Spiegel.

B Nenne Eigenschaften von Spiegelbildern an einem ebenen Spiegel.

Material mit Aufgaben

M1 Spiegelformen

1. Beschreibe die dargestellten Spiegelbilder.
2. Ordne den Abbildungen die Begriffe ebener Spiegel, Hohlspiegel und Wölbspiegel zu. Begründe.
3. Erkläre, warum im Straßenverkehr oft Wölbspiegel genutzt werden.
4. Beschreibe, wie die Spiegelbilder auf der Vorder- und Rückseite eines Löffels aussehen würden.

Spiegelbilder konstruieren

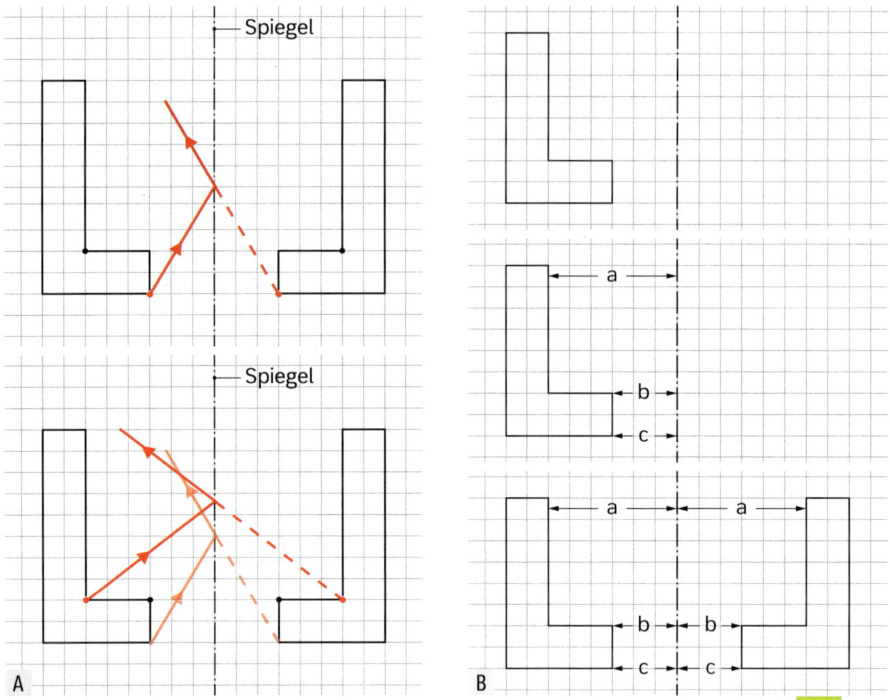

1 **A** Konstruktion von Bildpunkten an einem ebenen Spiegel, **B** mathematische Konstruktion F

Konstruktion

Steht ein Gegenstand vor einem ebenen Spiegel, dann wird das Licht, das von jedem Punkt des Gegenstandes ausgeht, am Spiegel reflektiert. Die am Spiegel reflektierten Strahlen können dann in die Augen eines Betrachters gelangen. Für die Konstruktion eines Spiegelbildes zeichnet man zuerst den Gegenstand und dann in entsprechender Entfernung einen senkrechten Strich für den Spiegel. Danach werden die vom Gegenstand ausgehenden Lichtstrahlen gezeichnet, die am Spiegel reflektiert werden. Verlängert man im nächsten Schritt die vom Spiegel reflektierten Lichtstrahlen hinter den Spiegel, entsteht so Schritt für Schritt das Spiegelbild, welches der Beobachter denkt hinter dem Spiegel zu sehen.

Mathematische Konstruktion

Das entstehende Spiegelbild an einem ebenen Spiegel ist immer genau so groß wie der abgebildete Gegenstand und hat den gleichen Abstand zum Spiegel. Auf Grund dieser Symmetrie, gibt es eine einfachere Methode das Spiegelbild eines ebenen Spiegels zu konstruieren. Wie bei einer Spiegelung in der Mathematik zieht man zum Spiegel senkrechte Linien von jedem Punkt des Gegenstandes. Im gleichen Abstand werden die Punkte auf der Seite hinter dem ebenen Spiegel übertragen. So entsteht hinter dem Spiegel ebenfalls das Spiegelbild,welches der Beobachter denkt zu sehen.

A Beschreibe mit Abbildung 1 die Konstruktion eines Spiegelbilds.

Material mit Aufgaben

M1 Spiegelbild konstruieren

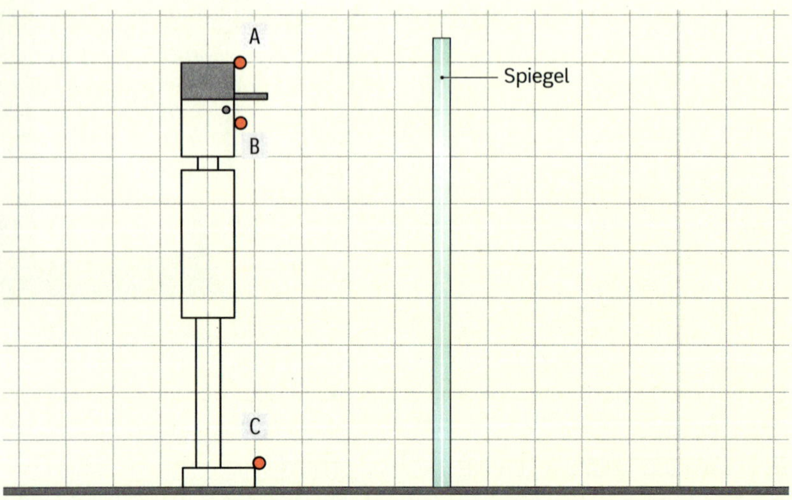

1. Übertrage die Zeichnung kästchengenau in dein Heft und konstruiere die Punkte A bis C des entstehenden Bildes.

Sichtbarkeit im Spiegel

Für die Erklärung von Spiegelbildern kann man die Modellvorstellung verwenden, dass sich hinter dem Spiegel eine Spiegelwelt befindet. Gegenstände in der Spiegelwelt sind genauso weit vom Spiegel entfernt wie die Gegenstände in der realen Welt. Um einen Gegenstand im im Spiegel sehen zu können, muss das Licht, das von diesem ausgeht oder reflektiert wird, in die Augen treffen. Im Spiegel kann man Gegenstände nur sehen, wenn der gedachte Lichtweg zu den Augen, der von dem Spiegelbild des Gegenstandes ausgeht, durch den Spiegel verläuft. Wenn man sich also sehr weit links oder rechts vom Spiegel befindet, sieht man nicht immer alle Gegenstände, die sich vor dem Spiegel befinden.

A

B

2 Der grüne Klotz ist nicht im Spiegel zu sehen: **A** Foto, **B** Schema

Material mit Aufgaben

M2 Sichtbarkeit im Spiegel

1. Nenne den Klotz, der nicht im Spiegel zu sehen ist.
2. Erkläre, warum man den Klotz nicht im Spiegel sieht.
3. Beschreibe, wo man stehen müsste, um den Klotz zu sehen.

M3 Kerze im Glas

A

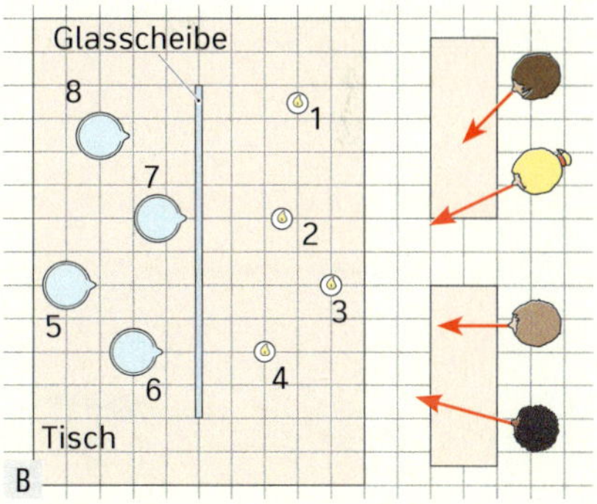

B

Vor einer teilweise reflektierenden Glasscheibe befindet sich eine Kerze. Dahinter ein Glas mit Wasser. Durch die teilweise Reflektion an der Scheibe sieht es so aus, als würde dir Kerze im Wasserglas stehen.

1. Erkläre die Versuchsbeobachtungen in Bild A.
2. Erkläre, welche Person in Abbildung B, welche Kerze in einem der Wassergläser sieht. Nutze als Hilfe ein Lineal.

1 Buntstifte in einem Wasserglas

Lichtbrechung

Getrennte Stifte

Das Licht breitet sich in jedem Stoff geradlinig aus. Stellt man Buntstifte in ein leeres Glas, dann nimmt man sie immer noch als gerade wahr. Gießt man aber Wasser in das Glas mit den Buntstiften, dann sieht es auf einmal so aus, als hätten die Stifte einen Knick oder als wären sie an einer Stelle getrennt. Bei genauer Betrachtung stellt man fest, dass der Knick oder der Bruch an der Wasseroberfläche entsteht. Trifft das Licht auf die Wasseroberfläche, wird ein Teil reflektiert. Der andere Teil des Lichts dringt in das Wasser ein. Beim Eintritt wird das Licht abgelenkt. Man sagt auch, das Licht wird an der **Grenzfläche** von Luft und Wasser **gebrochen**. Optische Wahrnehmungen sind an die eigenen Seherfahrungen in der Luft geknüpft. Die **Lichtbrechung** an der Wasseroberfläche wird bei der Verarbeitung der Informationen im Gehirn nicht berücksichtigt. Es wird davon ausgegangen, dass sich das Licht weiter gradlinig ausbreitet. So entsteht der Seheindruck, dass sich die Stiftspitze an einer anderen Stelle befindet.

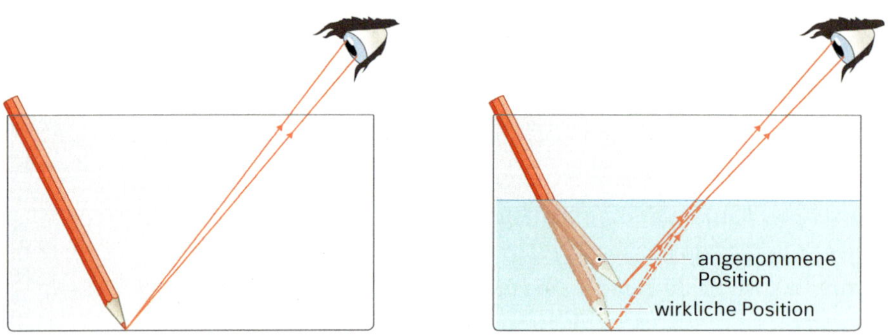

2 Lichtbrechung

Optische Dichte

Licht kann sich in verschiedenen Stoffen wie Luft, Wasser oder Glas ausbreiten. Die Stoffe Luft, Wasser und Glas haben eine unterschiedliche **optische Dichte**. Das Licht breitet sich in den Stoffen unterschiedlich schnell aus. Je geringer die optische Dichte eines Stoffes ist, desto schneller breitet sich das Licht darin aus. Beispielsweise hat Luft eine geringere optische Dichte als Glas. Das Licht ist in der Luft also schneller als im Glas. Je höher die optische Dichte ist, desto langsamer breitet sich das Licht aus. Stoffe mit geringer optischer Dichte nennt man **optisch dünn**, Stoffe mit hoher optischer Dichte **optisch dicht**.

Lichtbrechung

Trifft Licht aus der Luft auf Glas, dann geht es von einem optisch dünnen Stoff in einen optisch dichteren Stoff über. Ein Teil des Lichts wird an der Grenzfläche reflektiert. Der restliche Teil dringt in das Glas ein und wird in einem Winkel, dem **Brechungswinkel**, gebrochen. Dringt das Licht von einem optisch dünnen Stoff wie Luft in einen optisch dichteren Stoff wie Glas ein, wird es **zum Lot hin gebrochen**. Tritt das Licht aus dem Glas wieder aus, geht es von einem optisch dichten Stoff in einen optisch dünneren Stoff über. Das Licht wird dann **vom Lot weg gebrochen**. Je größer der Unterschied zwischen den optischen Dichten der Stoffe ist, desto stärker wird das Licht gebrochen. ▶

A Beschreibe mithilfe von Bild 3A die Lichtbrechung an der Grenzfläche zwischen Luft und Glas.

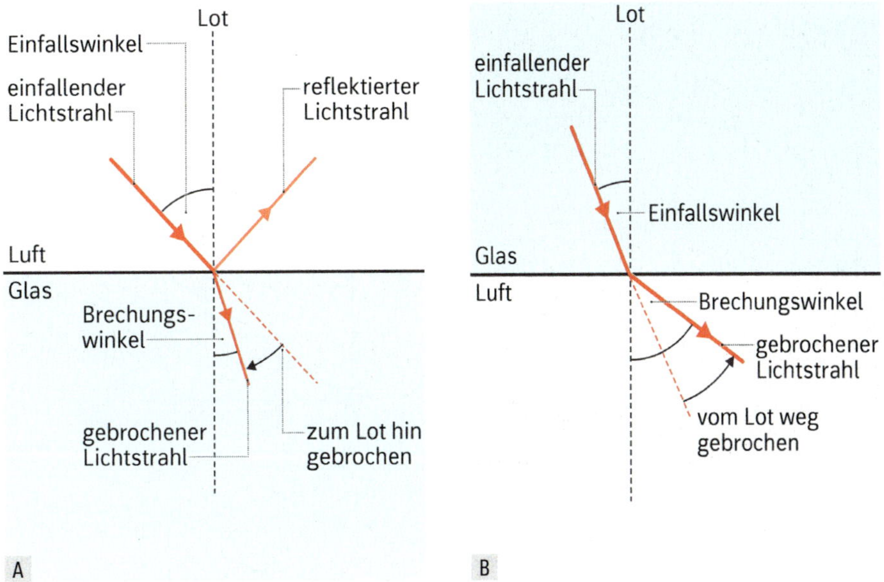

3 Lichtbrechung: **A** zum Lot hin, **B** vom Lot weg

Material mit Aufgaben

M1 Lichtbrechung

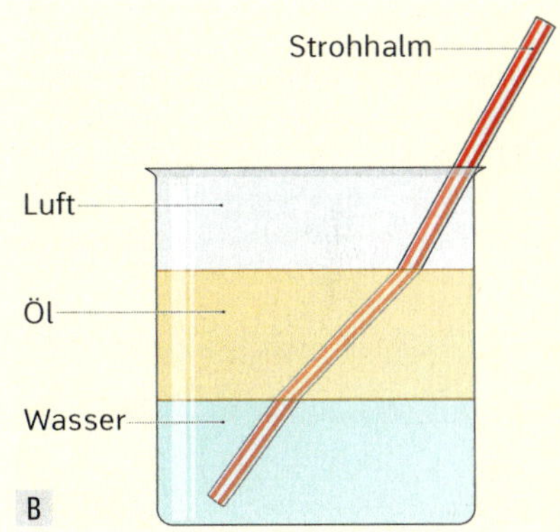

1. Beschreibe den Verlauf des Lichts durch den Glaskörper in Bild A.
2. Erkläre den Verlauf des Lichts in Bild A unter der Verwendung von Fachbegriffen.
3. Erkläre, warum es für einen Beobachter so aussieht, als wäre der Strohhalm in Bild B zweimal geknickt.
4. Begründe, ob in Bild B zwischen Luft und Öl oder zwischen Öl und Wasser der Unterschied der optischen Dichten größer ist.
5. Erstelle ein Schema des Strahlenverlaufs für Bild A.

4 Bestimmung des Brechungswinkels

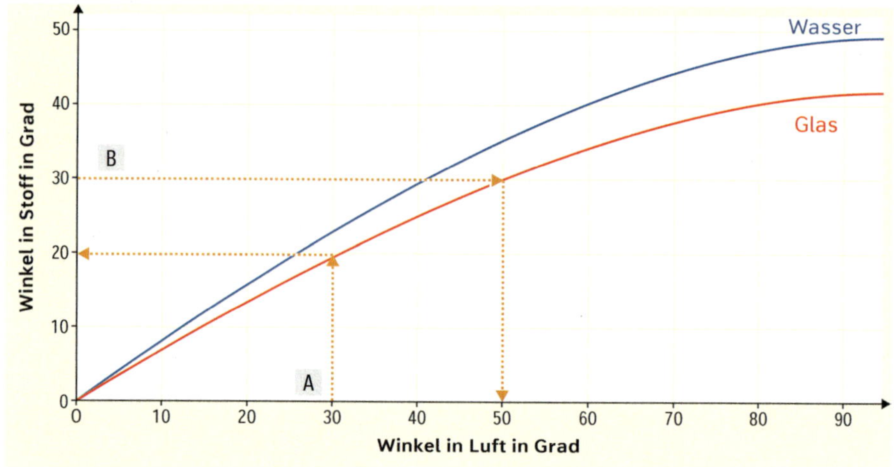

5 Brechungswinkel: **A** Übergang Luft-Glas, **B** Übergang Glas-Luft

Material mit Aufgaben

M2 Einfalls- und Brechungswinkel

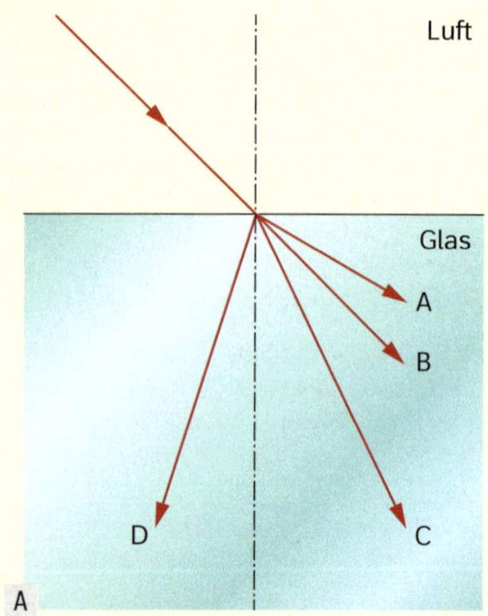

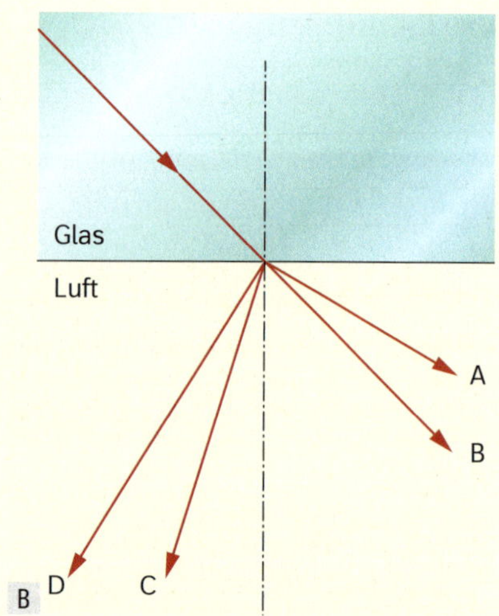

1. Nenne den richtigen Weg des Lichts in Bild A.
2. Nenne den richtigen Weg des Lichts in Bild B.
3. Wähle eine der Aufgaben aus:

a Erkläre, warum die anderen Lichtstrahlen in Bild A und B nicht den richtigen Verlauf zeigen.

b Wasser hat eine geringere optische Dichte als Glas. Stelle Vermutungen an, zwischen welchen beiden Lichtstrahlen der gebrochene Lichtstrahl verlaufen würde, wenn das Glas in Bild A durch Wasser ersetzt wird.

Brechungswinkel

Den Zusammenhang zwischen dem Einfallswinkel und dem Brechungswinkel kann bei verschiedenen Medien untersucht werden. In Bild 4 liegt ein Halbzylinder aus Glas auf einer Winkelscheibe. Mithilfe der Winkelskala kann zu jedem Einfallswinkel der zugehörige Brechungswinkel abgelesen werden. Ein einfallendes Lichtbündel wird in einem Winkel zur Scheibe ausgerichtet. Fällt das Licht am Mittelpunkt der Skala ein, kann der Brechungswinkel gut abgelesen werden. Der Brechungswinkel ist nicht immer gleich. Er ändert sich mit dem Einfallswinkel. Mit größer werdendem Einfallswinkel wächst auch der Brechungswinkel im Glas. Jedoch wächst er nicht so schnell an. Der Winkel in einem optisch dichten Medium ist immer kleiner als der Winkel im optisch dünneren Medium.

B Beschreibe eine Möglichkeit, um den Brechungswinkel zu bestimmen.

Material mit Aufgaben

M3 Zaubertrick

In der Tasse liegt eine Euromünze. In die Tasse mit der Münze wird Wasser gefüllt.

1. Beschreibe die Beobachtungen bei diesem abgebildeten Zaubertrick.
2. Erkläre, wie dieser Zaubertrick funktioniert.

M4 Schützenfisch und Speerfischer

Der Schützenfisch hat eine besondere Jagdtechnik. Er schießt einen Wasserstrahl auf Insekten. Die Insekten fallen dann ins Wasser. Der Fisch kann sie dann fressen.

1. Beschreibe die beiden Bilder.
2. Erkläre, wo der Speerfischer und der Schützenfisch jeweils hinzielen müssen, damit sie ihre Beute treffen.

P5 Lichtbrechung

Material: Glasstücke aus verschiedenen Glassorten, Laserpointer, Blatt Papier, farbige Stifte

Durchführung: Baue den Versuch wie in der Abbildung auf. Kennzeichne die Position des Glasstückes. Zeichne dann den Verlauf des Lichts auf dem Blatt Papier mit einem Stift nach. Wiederhole den Versuch mit den verschiedenen Glassorten. Achte darauf, das Glas immer auf die gleiche Position zu legen. Nimm für jede Glassorte eine andere Farbe.

1. Beschreibe die Beobachtungen des Versuchs.
2. Erkläre die Beobachtungen des Versuchs.

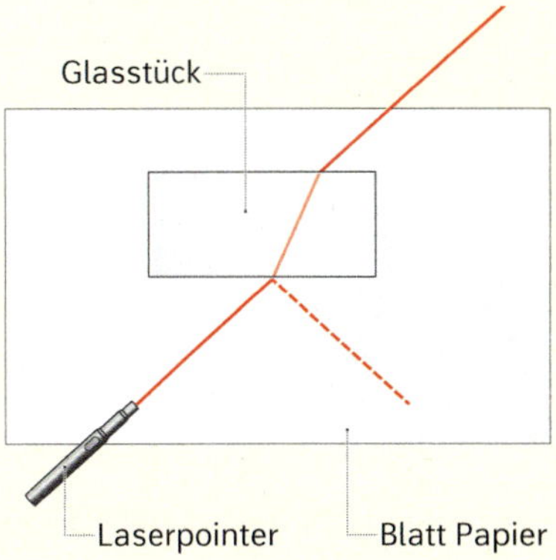

1 Totalreflexion

Totalreflexion

Totalreflexion

Geht das Licht von einem optisch dichten Stoff wie Wasser zu einem optisch dünnen Stoff wie Luft über, dann wird es vom Lot weg gebrochen. Dabei ist der Brechungswinkel größer als der Einfallswinkel. Vergrößert man nun den Einfallswinkel immer weiter, wird das Licht immer stärker beim Austritt aus dem Wasser gebrochen. Ab einem bestimmten Winkel, dem **Grenzwinkel**, wird das komplette Licht an der Grenzfläche zurück ins Wasser reflektiert. Es strahlt kein Licht mehr aus dem Wasser heraus. Dieses optische Phänomen bezeichnet man als **Totalreflexion**.

Der Grenzwinkel bei dem eine Totalreflexion stattfindet, hängt immer von den Materialen der beiden Stoffe ab. Zum Beispiel beträgt der Grenzwinkel beim Übergang von Wasser zu Luft 49 °. Beim Übergang von Glas zu Luft findet bei 42 ° eine Totalreflexion statt.

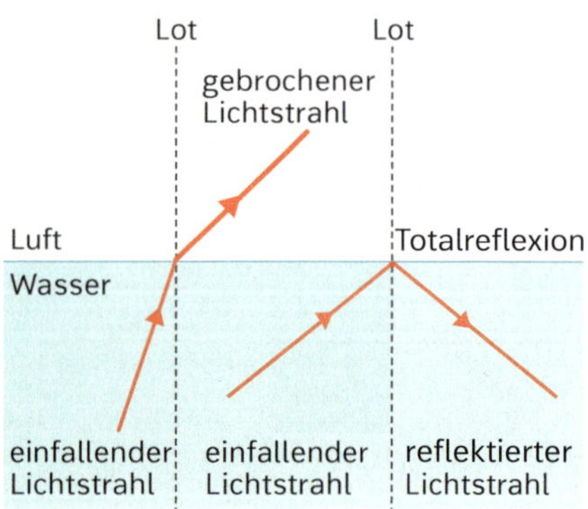

2 Schema Totalreflexion

Lichtleiter

Mithilfe von dünnen Stäben, Röhren oder Fasern kann Licht von einem Ort zu einem anderen Ort geleitet werden. Diese Bauteile werden **Lichtleiter** genannt. Das Licht wird im Inneren eines Lichtleiters meistens an einer Spiegelschicht reflektiert oder durch geeignete Materialien totalreflektiert.

Glasfaser

Glasfasern sind besondere Lichtleiter. Sie bestehen aus einem Kern aus optisch dichtem Glas und einer Ummantelung aus optisch dünnerem Glas. Sie nutzen das Prinzip der Totalreflexion. Wird Licht in eine Glasfaser geleitet, dann wird es an den Wänden der Faser immer wieder **totalreflektiert**. Es kann erst am Ende wieder die Glasfaser verlassen. Glasfasern dürfen nicht zu stark gebogen werden, da ansonsten der Grenzwinkel für eine Totalreflexion nicht mehr erreicht wird. Dadurch können Verluste in der Glasfaser entstehen. Zum Schutz sind sie oft mit Kunststoff ummantelt. Im Alltag nutzt man viele gebündelte Glasfasern zum Beispiel in einem **Glasfaserkabel**.

Endoskop

In der Medizin wird ein **Endoskop** für Untersuchungen im Körperinneren genutzt. Es besteht aus einem Schlauch mit Glasfasern, einer Steuerungseinheit, einer Lichtquelle und einer Beobachtungseinheit. Mithilfe der Glasfasern wird Licht in das Körperinnere geleitet. Eine weitere Glasfaser leitet das im Inneren reflektierte Licht zur Beobachtungseinheit. Manche Endoskope haben zusätzlich noch kleine Operationswerkzeuge.

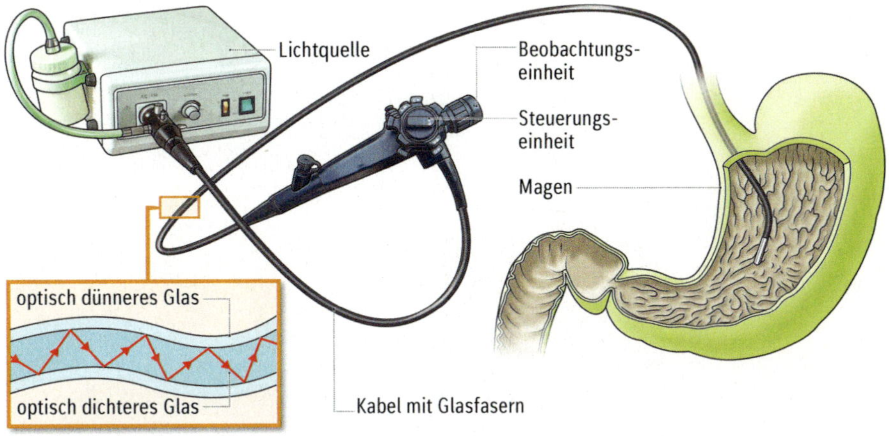

3 Endoskop

Material mit Aufgaben

M1 Fata Morgana

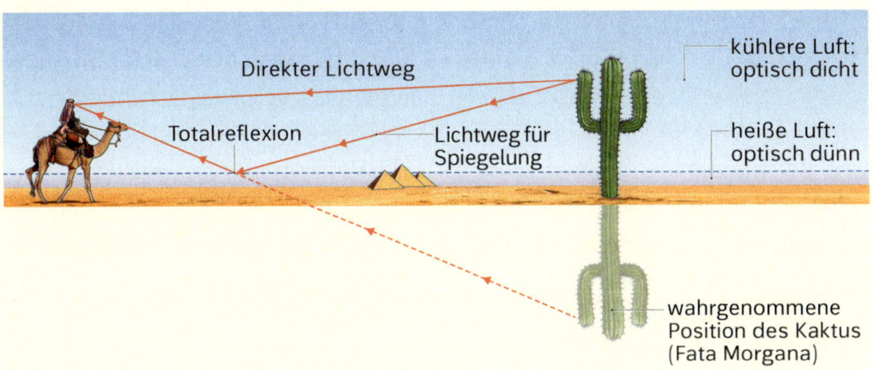

In Wüsten erwärmt der heiße Sandboden die untersten Luftschichten. Die darüber liegenden Luftschichten sind etwas kühler. Es kann vorkommen, dass man in der Wüste Dinge an Stellen sieht, an denen sie sich gar nicht befinden. Man nennt dies eine Fata Morgana.

1. Beschreibe mithilfe des Bildes die Entstehung einer Fata Morgana.
2. Erkläre, warum in der Wüste eine Totalreflexion mitten in der Luft möglich ist. +
3. Erkläre, warum man den Kaktus an einer anderen Position wahrnimmt.

M2 Lichtleiter

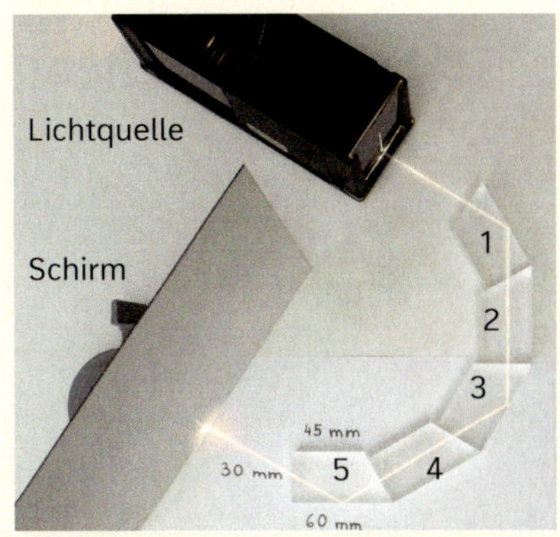

1. Beschreibe den dargestellten Versuchsaufbau.
2. Beschreibe den Weg des Lichts.
3. Erkläre, an welchen Glaskörpern eine Totalreflexion stattfindet. +
4. Erkläre, warum der Versuch ein Modell für einen Lichtleiter ist. +

1 Eine Lupe

Linsen

Linsen brechen Licht

Linsen sind lichtdurchlässige Körper. Lichtstrahlen, die Linsen durchdringen, werden an ihnen gebrochen. Linsen werden in vielen Bereichen des Lebens eingesetzt. In Beamern, Smartphones, Mikroskopen oder Brillen sind Linsen verbaut. Sie verbessern und erzeugen Bilder. Auch im menschlichen Auge sorgt eine Linse für scharfes Sehen.

Grundsätzlich kann man zwei Typen von Linsen unterscheiden. **Sammellinsen** bündeln das Licht in einem Punkt. **Zerstreuungslinsen** streuen das Licht. Beide Linsentypen gibt es in unterschiedlichen Größen und Formen. Sammellinsen sind immer in der Mitte dicker als am Rand. Zerstreuungslinsen sind am Rand dicker als in der Mitte.

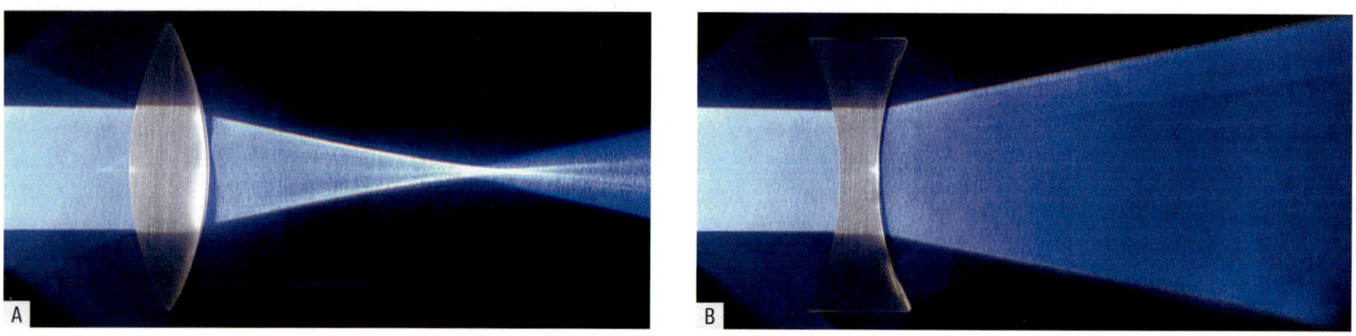

2 Verschiedene Linsenformen: **A** Sammellinse, **B** Zerstreuungslinse

Brennpunkt und Brennweite

Eine Lupe ist eine Sammellinse. Mit ihr kann man parallel einfallendes Licht in einem Punkt bündeln. Der entstehende helle Punkt wird **Brennpunkt** genannt. Er wird in Zeichnungen mit einem **F** gekennzeichnet. Der Abstand zwischen Brennpunkt und Linse wird als **Brennweite** bezeichnet. Sie wird mit einem **f** gekennzeichnet. Je stärker eine Sammellinse gekrümmt ist, desto stärker wird das Licht gebrochen. Die Brennweite ist kleiner. Zerstreuungslinsen lassen Licht auseinanderstreben. Das Licht trifft sich in keinem Punkt hinter der Linse. Verlängert man in Gedanken die zerstreuten Lichtstrahlen zurück, treffen sie sich in einem Punkt vor der Linse, dem **virtuellen Brennpunkt**.

Herstellung von Linsen

Linsen bestehen oft aus Glas oder Kunststoff. Glaslinsen werden aus Quarzsand hergestellt. Dieser wird bei über 1500 °C zum Schmelzen gebracht. Danach wird er in Formen gegossen. Es entstehen so Stangen aus Glas. Diese werden weiter zu Linsenrohlingen verarbeitet. Diese werden immer feiner geschliffen, bis eine klare Linse entsteht. Beim Schleifen von Linsen muss sehr genau gearbeitet werden, da schon kleine Fehler in der Oberfläche Auswirkungen auf die Qualität der Linse haben. In optischen Geräten werden oft verschiedene Linsentypen kombiniert eingesetzt. In einem Mikroskop befinden sich zum Beispiel beide Linsenformen.

A Vergleiche Sammellinsen und Zerstreuungslinsen miteinander.

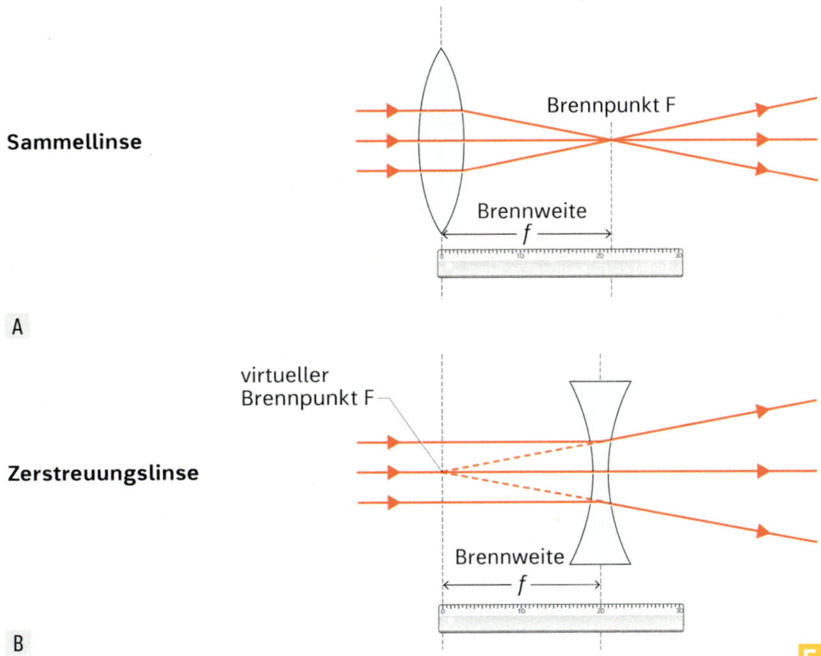

3 Brennpunkt: **A** einer Sammellinse, **B** einer Zerstreuungslinse

A

Material mit Aufgaben

M1 Linsen

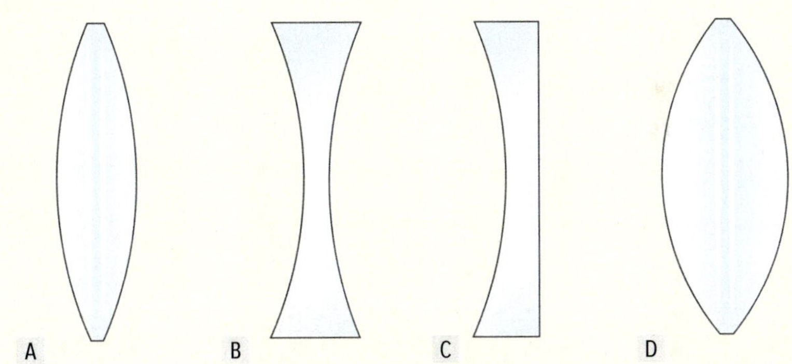

1. Ordne den Linsen A bis D die Begriffe Sammellinse und Zerstreuungslinse zu.
2. Erkläre, welche der abgebildeten Sammellinsen eine größere Brennweite hat.
3. Erkläre den Unterschied zwischen dem virtuellen Brennpunkt einer Zerstreuungslinse und dem Brennpunkt einer Sammellinse.

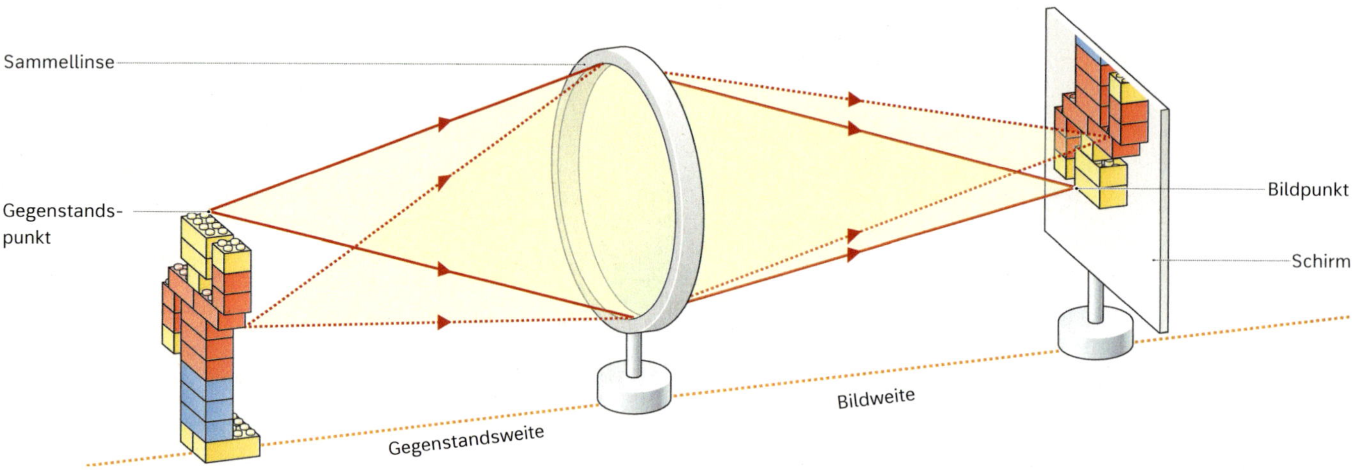

4 Linsen erzeugen auf dem Kopf stehende und seitenverkehrte Bilder.

Linsen erzeugen Bilder

Mithilfe von Sammellinsen ist es möglich, Bilder von Gegenständen zu erzeugen. Diese Bilder kann man dann auf einem Schirm darstellen. Den Abstand von Gegenstand und Linse nennt man **Gegenstandsweite**, den Abstand von Linse und Schirm **Bildweite**. Von jedem Punkt des Gegenstandes gehen Lichtstrahlen aus. Diese Punkte werden als **Gegenstandspunkte** bezeichnet. Die Lichtstrahlen von einem Gegenstandspunkt treffen sich hinter der Sammellinse in einem **Bildpunkt**. Zu jedem Gegenstandspunkt gehört immer ein Bildpunkt. Das Bild des Gegenstandes steht immer auf dem Kopf und ist seitenverkehrt. Es sind also oben und unten und rechts und links vertauscht.

Virtuelle Bilder

Manche Bilder entstehen auch hinter dem virtuellen Brennpunkt einer Linse. Diese Bilder kann man aber nicht auf einem Schirm darstellen. Man kann sie nicht sehen. Diese Bilder bezeichnet man daher als **virtuelle Bilder**.
Bei einer Sammellinse entsteht ein virtuelles Bild, wenn sich der Gegenstand zwischen der Linse und ihrem Brennpunkt befindet.

Material mit Aufgaben

P2 Bildentstehung

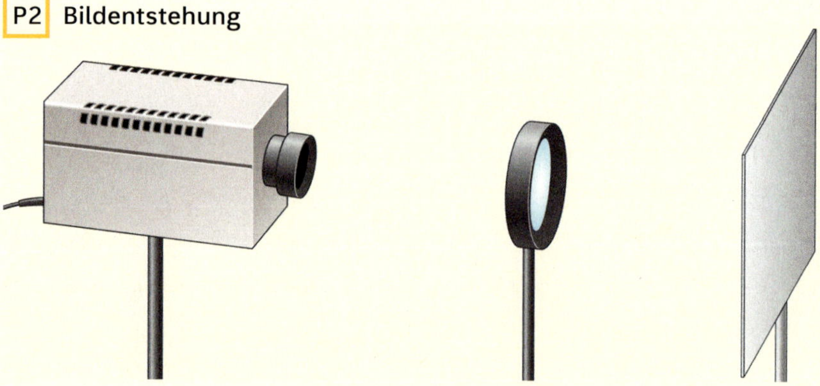

Material: Sammellinse, Schirm, Lampe, verschiedene Gegenstände

Durchführung: Arbeitet zu zweit. Erzeugt mithilfe der Linse ein scharfes Bild vom Gegenstand auf dem Schirm.

1. Ändert die Position der Linse und beobachtet das Bild. Formuliert einen Je-desto-Satz.

Eigenschaften von Bildern

Erzeugt man mithilfe einer Sammellinse ein Bild von einer Kerze auf einem Schirm, dann stellt man fest, dass das Bild nicht immer deutlich zu sehen ist. Liegen die Bildpunkte nicht genau auf dem Schirm, dann wird das Bild unscharf. Auch die Größe des Bildes kann unterschiedlich sein. Gegenstandsweite und Bildweite sind entscheidend dafür, wie das Bild auf dem Schirm aussieht.

Je kleiner die Gegenstandsweite wird, desto größer wird das Bild auf dem Schirm. Wenn die Gegenstandsweite aber kleiner als die Brennweite der Linse ist, entsteht kein scharfes Bild mehr auf dem Schirm. Verkleinert man dagegen die Bildweite, dann wird das Bild der Kerze immer kleiner.

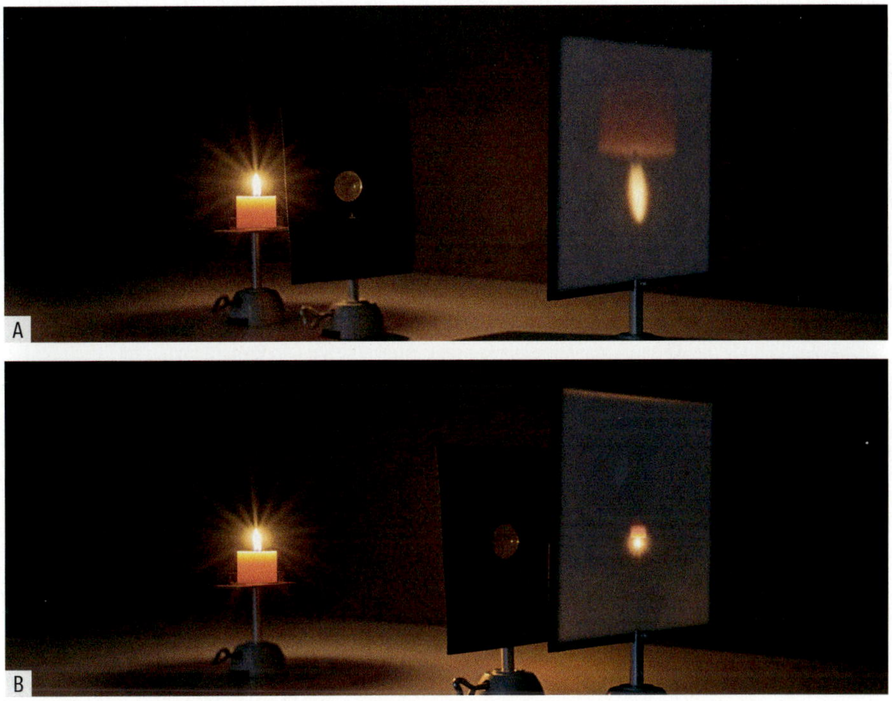

5 Entstehung von Bildern an einer Sammellinse: **A** vergrößertes Bild, **B** verkleinertes Bild

Material mit Aufgaben

M3 Linsen erzeugen Bilder

1. Beschreibe den Aufbau der abgebildeten Versuche A und B.
2. Vergleiche die in den Versuchen A und B entstehenden Bilder miteinander.
3. Erkläre, wie die unterschiedlichen Größen der Bilder zu Stande kommen.
4. Erkläre wie sich das Bild in Versuch A verändert, wenn der Schirm noch näher an die Linse geschoben wird.
5. Ein Zoomobjektiv in einer Kamera kann kleinere und größere Bilder erzeugen. Stelle Vermutungen an, wie das möglich ist.

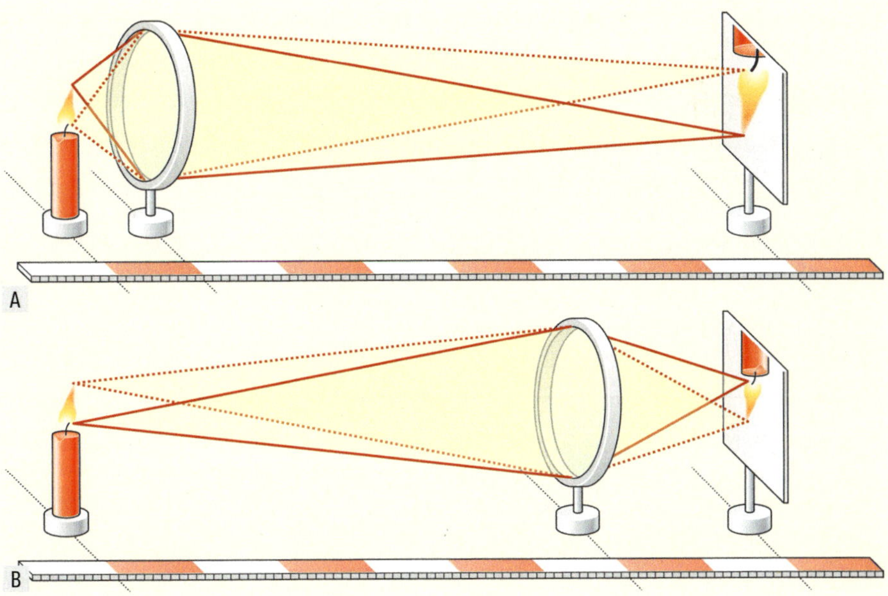

Methode

Linsenbilder konstruieren

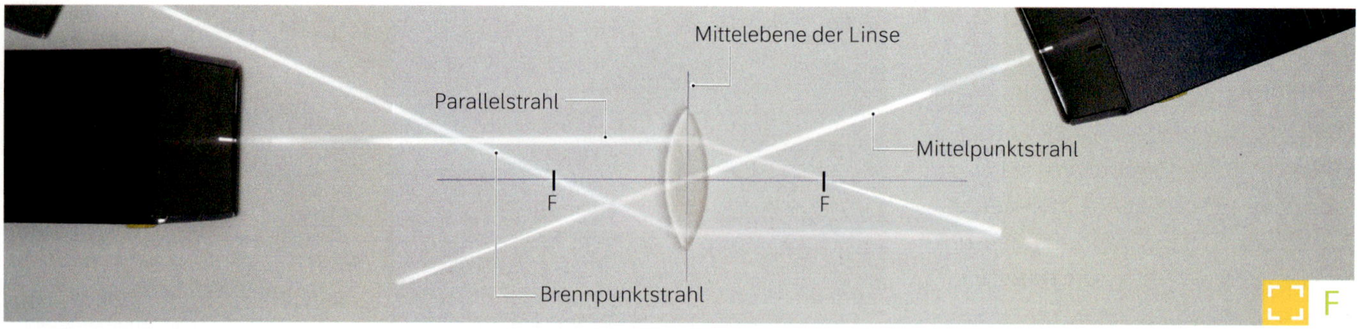

1 Verdeutlichung des Verlaufs von Mittelpunktstrahl, Parallelstrahl und Brennpunktstrahl

Linsenbild konstruieren

Möchte man die Position und Größe eines Bildes einer Sammellinse vorher bestimmen, kann man dies mithilfe von drei Lichtstrahlen erreichen. Alle Strahlen gehen von einem Gegenstandspunkt aus und treffen sich hinter der Sammellinse in einem gemeinsamen Schnittpunkt. Dieser Punkt ist der **Bildpunkt** des Gegenstands. Wenn man das Linsenbild konstruieren möchte, reicht es aus, nur die Mittelebene der Sammellinse zu zeichnen.

- **Mittelpunktstrahl** • Der Mittelpunktstrahl geht durch die Mitte der Sammellinse. Er ändert seine Richtung nicht.
- **Parallelstrahl** • Der Parallelstrahl verläuft zunächst vom Gegenstandspunkt aus parallel zur optischen Achse. Trifft der Parallelstrahl auf die Sammellinse, wird er an ihr gebrochen. Nach der Lichtbrechung verläuft er durch den Brennpunkt hinter der Sammellinse.
- **Brennpunktstrahl** • Ein Lichtstrahl, der vom Gegenstand aus vor der Sammellinse durch ihren Brennpunkt geht, wird auch an der Sammellinse gebrochen. Der Lichtstrahl verändert dadurch seine Richtung und verläuft hinter der Linse parallel zur optischen Achse.

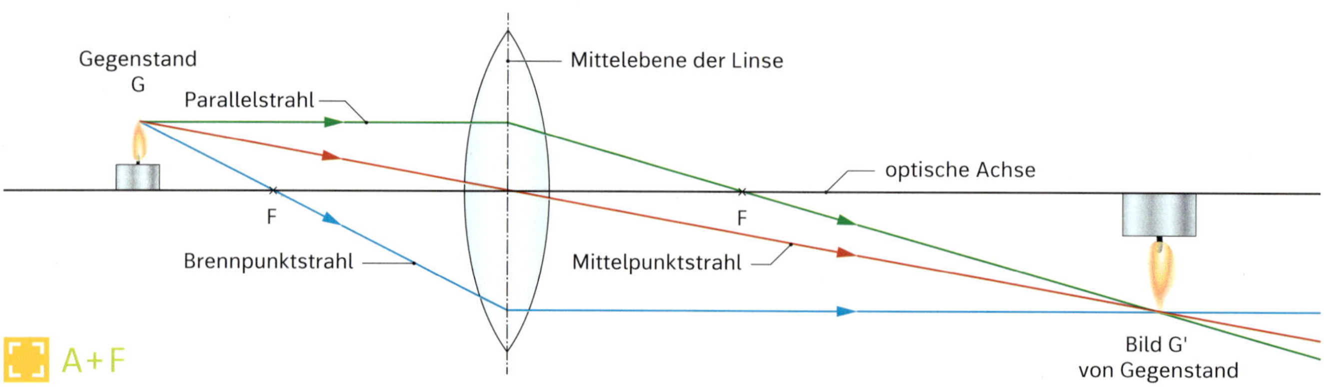

2 Linsenbilder konstruieren

A Vergleiche den Verlauf von Mittelpunktstrahl, Parallelstrahl und Brennpunktstrahl.

B Beschreibe, wie man die Position und die Größe eines Bildes, das durch eine Sammellinse erzeugt wird, bestimmen kann.

C Stelle Vermutungen an, warum es ausreicht, nur die Mittelebene der Sammellinse zu zeichnen.

Material mit Aufgaben

M1 Bildkonstruktionen

1. Vergleiche die entstehenden Bilder miteinander.
2. Beschreibe die Eigenschaften der konstruierten Lichtstrahlen, die vom Gegenstand A ausgehen.
3. Erkläre, dass die Größe und Position des Bildes von der Gegenstandsweite und von der Brennweite der Linse abhängig sind.
4. Erkläre, warum man nicht alle drei Lichtstrahlen zeichnen muss, um das Bild einer Sammellinse zu konstruieren.

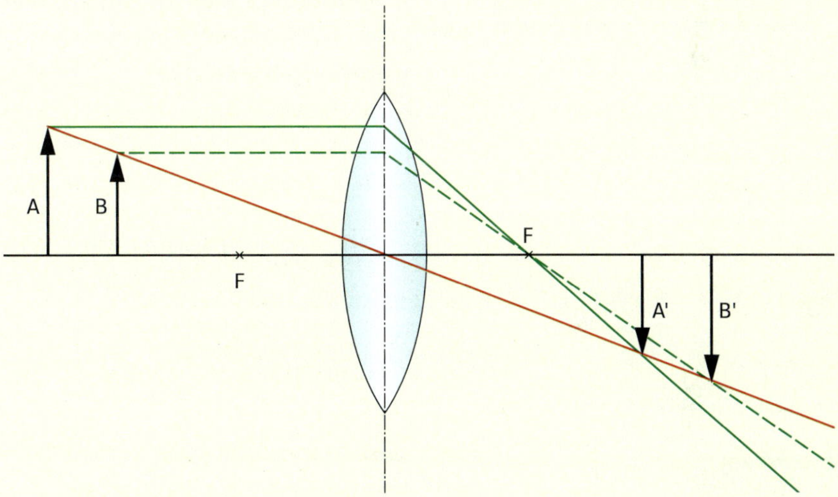

M2 Bilder selbst konstruieren

1. Übernimm die Abbildung auf kariertes Papier. Konstruiere für die beiden Gegenstände A und B das zugehörige Bild auf der Bildseite.

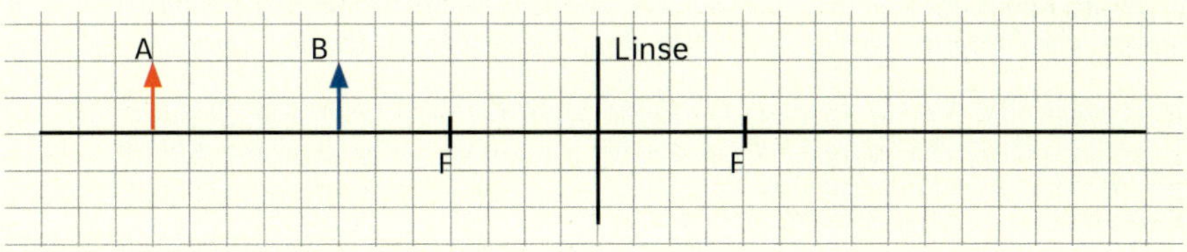

2. Wähle eine der Aufgaben aus:

a Zeichne einen Gegenstand, der im Brennpunkt vor der Linse steht. Konstruiere das Bild.

b Zeichne einen neuen Gegenstand zwischen den Brennpunkt und die Linse. Zeichne den Mittelpunktstrahl und Parallelstrahl. Beschreibe, was dir bei der Konstruktion auffällt.

Ein Versuchsprotokoll erstellen

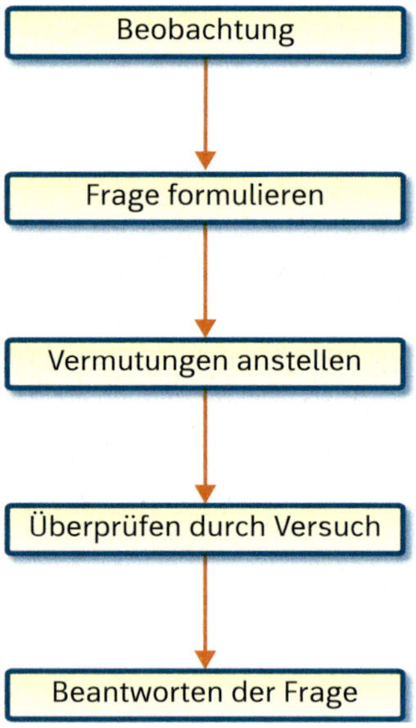

1 Erkenntnisgewinnung in den Naturwissenschaften

Versuchsprotokoll

Name: Yusra Ceylan — Datum: 17. 09. 2021

Frage: Welchen Einfluss hat die Position der Linse auf das entstehende Bild?

Vermutungen: Die Position der Linse beeinflusst die Schärfe des Bildes.

Materialien: Sammellinse, Schirm, Kerze

Durchführung: Kerze, Sammellinse und Schirm werden in dieser Reihenfolge hintereinander aufgebaut. Die Kerze wird dann angezündet. Danach wird die Position der Linse verändert.

Beobachtungen: Je nach Position der Linse hat sich das Bild auf dem Schirm verändert.

Ergebnis: Verschiebt man die Linse, dann ist das Bild nur an bestimmten Positionen scharf. Die Größe des Bildes ändert sich ebenfalls mit der Position der Linse.

Auswertung: Die Position der Linse hat Einfluss auf das bestehende Bild. Je näher die Linse in Richtung des Gegenstandes geschoben wird, desto größer wird das Bild. Wenn der Abstand zwischen Linse und Gegenstand aber kleiner als die Brennweite der Linse wird, dann entsteht kein scharfes Bild mehr.

Versuchsaufbau:

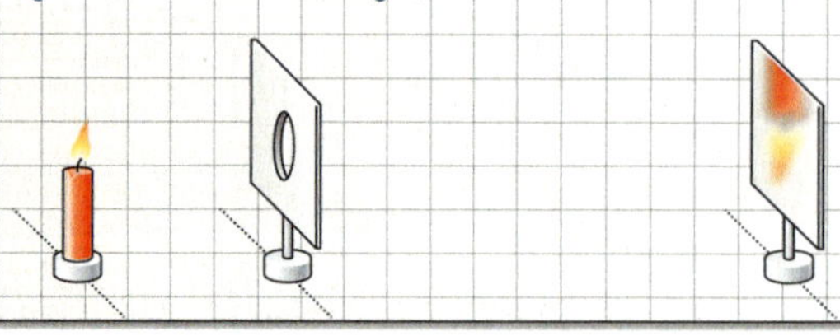

2 Ein Versuchsprotokoll

Bestandteile eines Protokolls

Damit der Vergleich von Versuchen einfacher ist, schreibt man Versuchsprotokolle. Darin werden der Versuchsaufbau und das Ergebnis vermerkt. So können auch andere Personen den Versuch durchführen und die Ergebnisse überprüfen. Ein Versuchsprotokoll besteht aus folgenden Teilen:

1. Frage formulieren: Am Anfang eines Protokolls wird eine Frage gestellt, die mit dem Versuch beantwortet wird.

2. Vermutungen anstellen: Zu deiner Frage werden Vermutungen angestellt. Beim Anstellen der Vermutungen nutzt man sein Vorwissen.

3. Versuche: Zu Überprüfung deiner formulierten Vermutungen werden Versuche durchgeführt.

A Liste der Materialien: Liste alle Versuchsmaterialien auf, die man für den Versuch benötigt.

B Versuchsskizze anfertigen: Wenn es aufwändigere Versuchsaufbauten sind, fertige eine einfache Zeichnung, eine Skizze, an. Dazu wird der Versuchsaufbau mit einem Bleistift skizziert.

C Versuchsdurchführung: Beschreibe möglichst genau die Durchführung des Versuchs. Je eindeutiger die Durchführung beschrieben ist, desto einfacher kann jemand anderes den Versuch ebenfalls durchführen.

4. Beobachtung und Ergebnis: Notiere deine Beobachtungen während des Versuchs. Messwerte können beispielsweise in Tabellen festgehalten werden.

5. Auswertung: Hier beantwortest du deine anfangs formulierte Frage. Deine Vermutungen werden überprüft. Sollte die eingangs angestellte Vermutung nicht zutreffen, kann es sein, dass sich aus dem Versuchsergebnis neue Fragen ergeben.
Mögliche Fehler, die während des Versuches auftauchen, werden hier angesprochen. Dies nennt man Fehlerdiskussion.
Wenn sich mithilfe des Versuchs deine Vermutungen nicht bestätigen lassen, müssen neue Vermutungen angestellt und überprüft werden.

Material mit Aufgaben

P1 Lichtbrechung

Material: Halbzylinder aus Glas, Laserpointer oder eine andere Lichtquelle, Winkelscheibe

Achtung! Mit einem Laserpointer niemals in die Augen leuchten.

Durchführung: Arbeitet zu zweit. Legt wie im Bild den Halbzylinder auf die Winkelscheibe. Leuchtet mit dem Laserpointer oder einer anderen Lichtquelle aus mindestens fünf unterschiedlichen Winkeln auf die gerade Fläche des Halbzylinders. Der Lichtstrahl muss dabei immer durch den Mittelpunkt des Halbzylinders verlaufen. Leuchtet danach mit der Lichtquelle aus mindestens fünf unterschiedlichen Winkeln auf die runde Fläche des Halbzylinders. Das Licht soll dabei durch den Mittelpunkt der Winkelscheibe verlaufen.

1. Übertragt die Tabelle in eure Hefte und notiert die gemessenen Einfallswinkel und Austrittswinkel.
2. Erstellt ein vollständiges Versuchsprotokoll für den Versuch.
3. Erklärt die unterschiedlichen Messwerte mithilfe der optischen Dichte.

Eintrittswinkel	Austrittswinkel
...	...
...	...
...	...
...	...

M2 Reflexion

Im abgebildeten Versuch wurde in verschiedenen Winkeln auf einen Spiegel geleuchtet. Es wurden jeweils die Einfallswinkel und Reflexionswinkel in einer Tabelle notiert.

1. Beschreibe den Versuchsaufbau.
2. Erkläre die Ergebnisse des dargestellten Versuchs.

Einfallswinkel	Reflexionswinkel
10 °	10 °
20 °	20 °
30 °	30 °
40 °	40 °
50 °	50 °
60 °	60 °

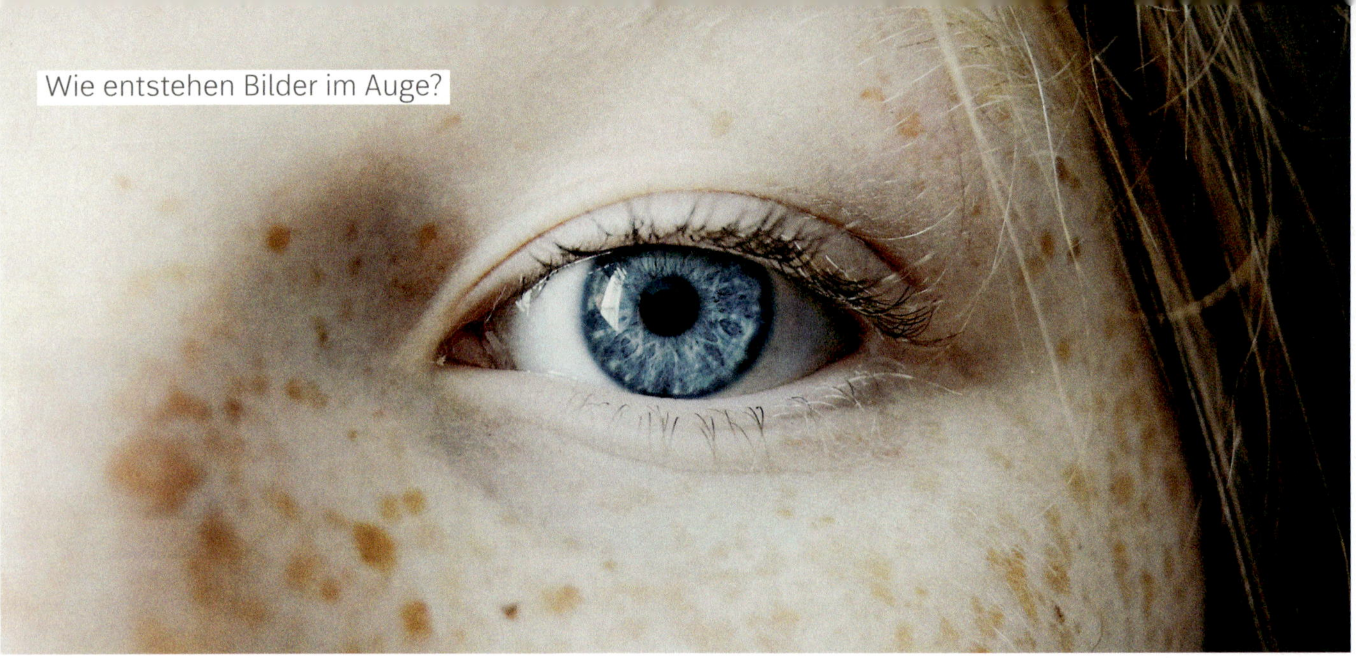

1 Ein Auge

Bildentstehung im Auge

Bau des Auges

Menschen orientieren sich in ihrer Umgebung hauptsächlich mit den Augen. Daher sind die Augen sehr wichtige Sinnesorgane. Die Augen liegen gut geschützt in den Augenhöhlen des Schädels. Sie können durch die Augenmuskeln in verschiedene Richtungen bewegt werden. Die äußere Hülle des Auges, die **Lederhaut**, schützt das Innere des Auges. An der Vorderseite geht sie in die durchsichtige **Hornhaut** über. Hinter der Hornhaut liegt die farbige **Iris**. Sie hat in der Mitte ein Loch, die Pupille. Durch die Pupille fällt Licht in das Auge. Die Iris ist ein ringförmiger Muskel. Sie kann die Größe der Pupille verändern und dadurch den Lichteinfall in das Auge regulieren. Wie bei einer Lochkamera fällt mehr Licht durch die Pupille, je größer sie ist. Das Licht dringt durch die elastische Linse und den gelartigen Glaskörper bis zur hinteren Augenwand. Dort fällt das Licht auf die **Netzhaut**. Unter der Netzhaut liegt die **Aderhaut**. Sie ist stark durchblutet und versorgt das Auge mit Nährstoffen. Zwischen Netzhaut und Aderhaut liegt die lichtundurchlässige **Pigmentschicht**. In der Netzhaut liegen Lichtsinneszellen. Sie wandeln Lichtreize in elektrische Signale um, die über den Sehnerv zum Gehirn gelangen.

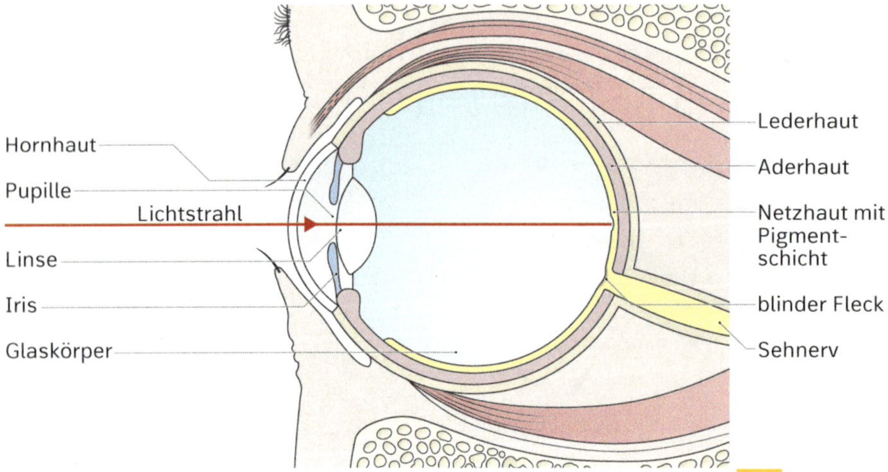

2 Bau des Auges

A+F

Bildentstehung

Fällt Licht auf einen Gegenstand, wird von jedem Punkt des Gegenstands Licht zurückgeworfen. Es wird reflektiert. Das vom Gegenstand ausgehende Licht gelangt ins Auge. Beim Durchgang durch das Auge wird das Licht mehrfach gebrochen. Zur Vereinfachung wird die Lichtbrechung im Bild 3 nur an der Mittelebene der Linse dargestellt.
Die Linse ist mit Muskeln verbunden, wodurch die Form der Linse verändert werden kann. Die Lichtbrechung wird so angepasst. Das in das Auge einfallende Licht wird von der Linse so gebrochen, dass es auf die Netzhaut fällt. Von jedem Punkt des Gegenstandes entsteht auf der Netzhaut ein entsprechender Bildpunkt.

Wahrnehmung im Gehirn

Durch die vielen entstehenden Bildpunkte setzt sich auf diese Weise ein Bild zusammen, das seitenverkehrt ist, auf dem Kopf steht und verkleinert ist. Die Lichtsinneszellen der Netzhaut wandeln die vielen Lichtreize in elektrische Impulse um. Über den Sehnerv gelangen die Impulse ins Gehirn. Das Gehirn wertet diese Informationen aus. Bei der Wahrnehmung wird das Bild dann umgedreht und wieder gespiegelt. So nimmt man ein originalgetreues Abbild des Gegenstands wahr. ▶

A Nenne die Bauteile des Auges und ordne den Bauteilen ihre Funktionen zu.

B Erkläre, warum das Bild auf der Netzhaut verkleinert ist, seitenverkehrt ist und auf dem Kopf steht.

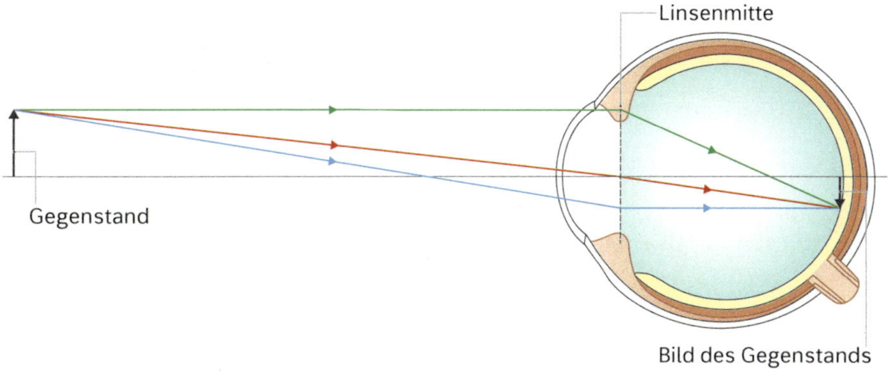

3 Strahlenverlauf im Auge

A

Material mit Aufgaben

M1 Bildentstehung im Auge

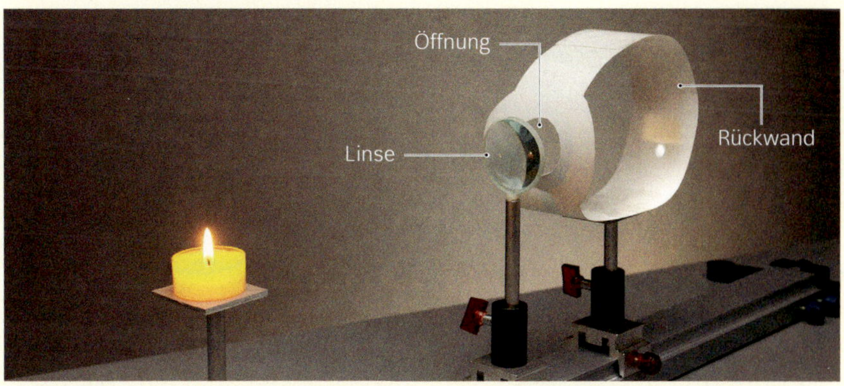

1. Erstelle eine Tabelle, in der den Teilen des Modells die entsprechenden Bestandteile des Auges zugeordnet werden.
2. Beschreibe mithilfe des Modells die Bildentstehung im Modell.
3. Erkläre die Unterschiede in der Bildentstehung im Modell und dem menschlichen Auge.
4. Wähle eine der Aufgaben aus:
   a Erstelle ein Fließschema für den Lichtweg vom Gegenstand bis zum Auftreffen auf die Rückwand.
   b Erstelle ein Fließschema für den Lichtweg vom Gegenstand bis zum Auftreffen auf der Netzhaut im Auge.

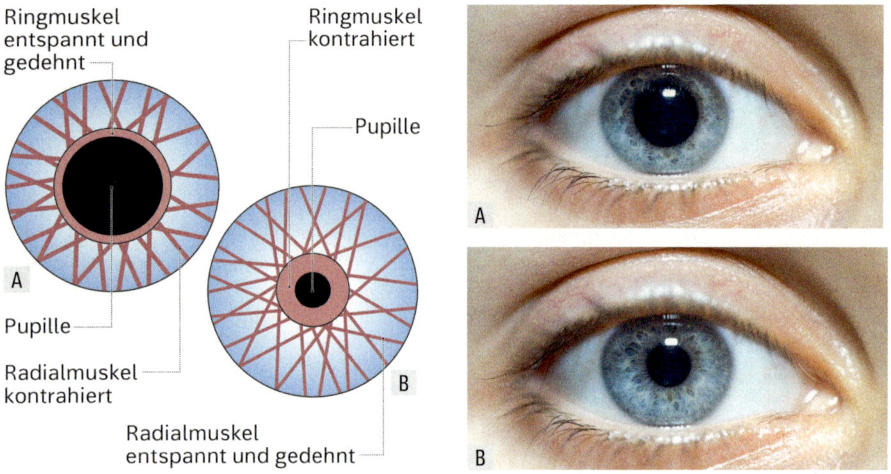

4 Zustand der Pupille und Iris: **A** bei schwachem Lichteinfall **B** bei starkem Lichteinfall

Licht im Auge

Damit man gut sehen kann, muss genug Licht ins Auge fallen. Im Dunkeln fällt zu wenig, bei starkem Sonnenlicht fällt zu viel Licht ins Auge. Das Auge kann sich unterschiedlichen Lichtverhältnissen anpassen. Dies geschieht über die Pupille, welche mithilfe von Muskeln in der Iris verengt oder erweitert werden kann. Diesen Vorgang bezeichnet man als **Adaptation**.

Material mit Aufgaben

F

M2 Akkommodation

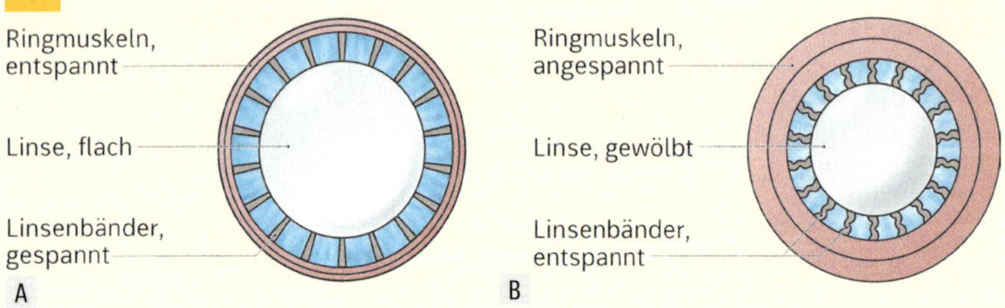

1. Ordne den Bildern A und B die Begriffe Nahsicht und Fernsicht zu. Begründe.
2. Beschreibe, wie die Form der Linse durch den Ringmuskel und die Linsenbänder verändert wird.

Pupillenreflex

Die Pupille kann sich innerhalb von wenigen Millisekunden verkleinern. Besonders bei plötzlich auftretendem grellem Licht ist diese Reaktion für das Auge sehr wichtig. So werden die lichtempfindlichen Lichtsinneszellen der Netzhaut geschützt. Diesen Vorgang bezeichnet man als **Pupillenreflex**. Er läuft unwillkürlich ab, ohne dass man ihn bewusst steuern kann. Selbst wenn nur wenig Licht in das Auge fällt, werden die Pupillen blitzschnell verkleinert. So entstehen keine Schäden im Auge.

Akkommodation

Die Linse im menschlichen Auge ist in ihrer Form veränderbar. Dadurch kann das Licht durch die Linse stärker und schwächer gebrochen werden. Die Linse ist an ihrem Rand über Linsenbänder mit Muskeln verbunden. Der Muskel umgibt die Linse wie einen Ring. Betrachtet man einen Gegenstand in der Ferne, ist dieser Ringmuskel entspannt und die Linsenbänder sind gespannt. Dadurch ist die Linse flach. Das ins Auge einfallende Licht wird so von der Linse gebrochen, dass das Bild scharf auf der Netzhaut entsteht. Betrachtet man einen Gegenstand aus der Nähe, spannt sich der Ringmuskel um die Linse an. Der Umfang des Ringmuskels wird kleiner. Dadurch sinkt der Zug auf die Linsenbänder und diese entspannen sich. Die Linse wird kugeliger und die Lichtbrechung durch die Linse nimmt zu. Das Licht wird stärker gebrochen und das Bild scharf auf der Netzhaut abgebildet. Die Anpassung der Linsenform nennt man **Akkommodation**.

5 Alte Kamera mit Film

6 Kameras heute: **A** Digitalkamera, **B** Kamera im Smartphone

Bildentstehung in einer Kamera

Eine Kamera ist ähnlich wie das menschliche Auge aufgebaut. Im Objektiv der Kamera sind mehrere Linsen so hintereinander platziert, dass sie wie eine große Sammellinse funktionieren. Sie bilden ein **Linsensystem**. Dieses Linsensystem entspricht der Linse im Auge. Sie erzeugt das auf dem Kopf stehende und seitenverkehrte Bild.

Bei alten Kameras wurde das Bild auf einem Film aufgefangen. Die Bilder auf dem Film mussten dann erst entwickelt werden, bevor man sie sich anschauen konnte. Moderne Kameras, wie zum Beispiel in einem Smartphone, benötigen keinen Film mehr. In ihnen wird das Licht auf einem **lichtempfindlichen Sensor** gebündelt. Mithilfe des Sensors wird dann ein Bild erzeugt. Das Bild wird dann auf einem Chip gespeichert. Bei modernen Kameras kann man sich die Bilder sofort auf einem Display ansehen. Die eingebaute **Blende** in der Kamera ist eine Öffnung, die man vergrößern oder verkleinern kann. Sie reguliert den Lichteinfall. Wenn es sehr hell ist, verkleinert sie sich. Wenn es sehr dunkel ist, wird sie größer, damit mehr Licht in die Kamera fällt.

Material mit Aufgaben

M3 Auge und Kamera

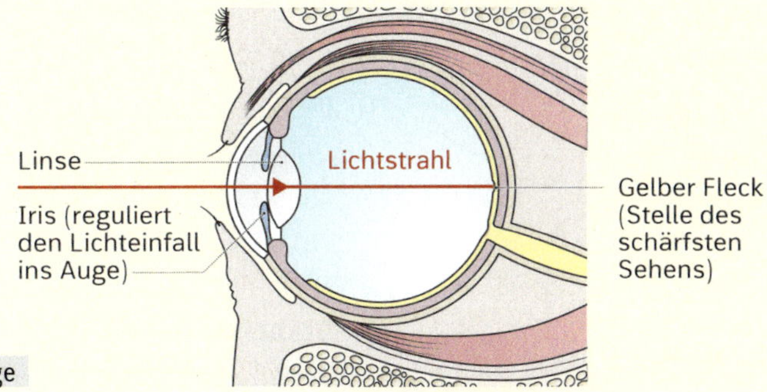

Aufbau: Auge

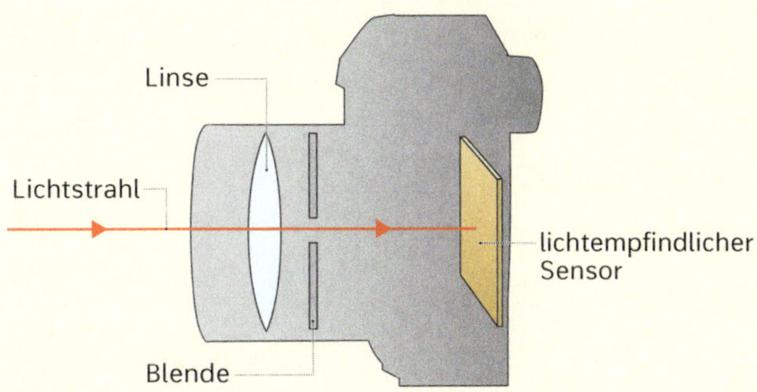

Vereinfachter Aufbau: Kamera

1. Beschreibe den Aufbau des Auges und den vereinfachten Aufbau der Kamera.
2. Beschreibe mithilfe der Bilder den Weg des Lichts in einem Auge und in einer Kamera.
3. Vergleiche mithilfe einer Tabelle den Aufbau des Auges mit dem vereinfachten Aufbau einer Kamera.
4. Erkläre die Bedeutung der Blende und der Iris.

1 Farbenblindheit

Farben sehen

Lichtsinneszellen

Das Licht trifft im menschlichen Auge auf die Netzhaut, die aus drei Schichten aufgebaut ist. Die **Lichtsinneszellen** liegen in der innersten Schicht. Es gibt **Stäbchen**, die für das Hell-Dunkel-Sehen zuständig sind und wenig Licht benötigen. Es gibt auch Lichtsinneszellen, die für das Farbsehen zuständig sind. Diese **Zapfen** benötigen viel Licht.

Die Lichtsinneszellen sind in der Schicht nicht gleichmäßig verteilt. Im Zentrum gibt es einen eng begrenzten Bereich, an dem sich sehr viele Zapfen liegen. Dieser Bereich wird als **gelber Fleck** bezeichnet. Er ist der Ort des schärfsten Sehens. Am Rand liegen mehr Stäbchen, dort können Hell-Dunkel-Effekte und Bewegungen erkannt werden.

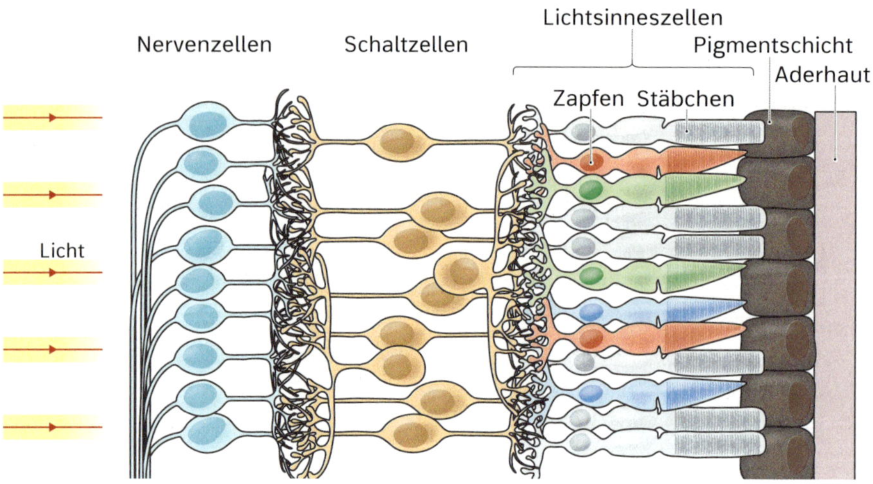

2 Bau der Netzhaut

Umwandlung der Informationen

Fällt Licht auf die Netzhaut, gelangt es durch eine Schicht mit Nervenzellen und eine Schicht mit Schaltzellen zu den Sinneszellen. Werden diese gereizt, geben sie einen elektrischen Impuls an die Schaltzellen der mittleren Schicht ab. Diese leiten den Impuls an die außen liegenden Nervenzellen. Ihre Fortsätze bilden den Sehnerv, der den Impuls an das Gehirn leitet, wo der Seheindruck entsteht. Die Stelle, an der der Sehnerv beginnt, heißt **blinder Fleck**. Hier liegen keine Lichtsinneszellen.

Farben sehen

In der Netzhaut befinden sich drei verschiedene Zapfentypen. Sie reagieren auf rotes, grünes oder blaues Licht. Werden nur Zapfen für rotes Licht erregt, entsteht im Gehirn ein roter Seheindruck. Werden die grünen und roten Zapfen gereizt, entsteht eine Mischung der Farben. Man spricht von **additiver Farbmischung**. Das Gehirn setzt die Informationen zusammen. Es entsteht im Gehirn ein gelber Seheindruck. Das Farbsehen ist nicht bei allen Menschen gleich gut ausgeprägt. Es gibt Menschen, die Schwierigkeiten dabei haben, Rot- und Grüntöne zu erkennen und auseinanderzuhalten. Man spricht von einer **Rot-Grün-Sehschwäche**. Diese Beeinträchtigung ist erblich bedingt.

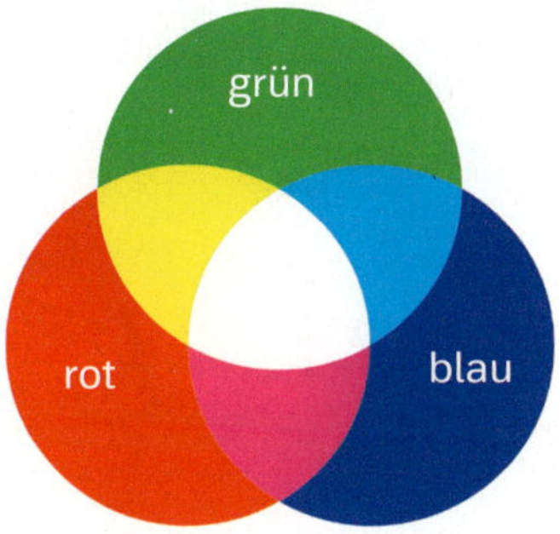

3 Additive Farbmischung

Material mit Aufgaben

M1 Verteilung der Lichtsinneszellen

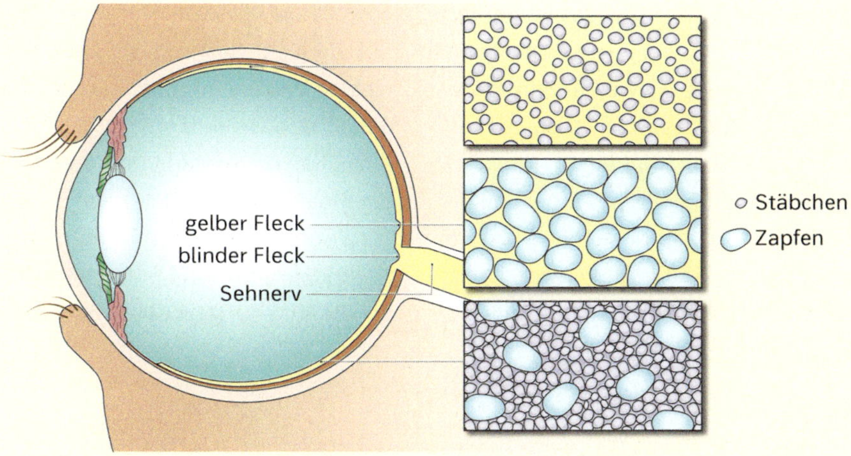

1. Beschreibe die Verteilung von Stäbchen und Zapfen in der Netzhaut.
2. Erkläre die Besonderheiten des Gelben Flecks.
3. Erkläre, warum am blinden Fleck keine Lichtreize aufgenommen werden.
4. Wähle eine der Aufgaben aus:
   a Erkläre, warum bei einsetzender Dunkelheit kaum noch Farben erkannt werden.
   b Stelle begründete Vermutungen über die Lage des gelben Flecks und blinden Flecks an.

M2 Rot-Grün-Schwäche

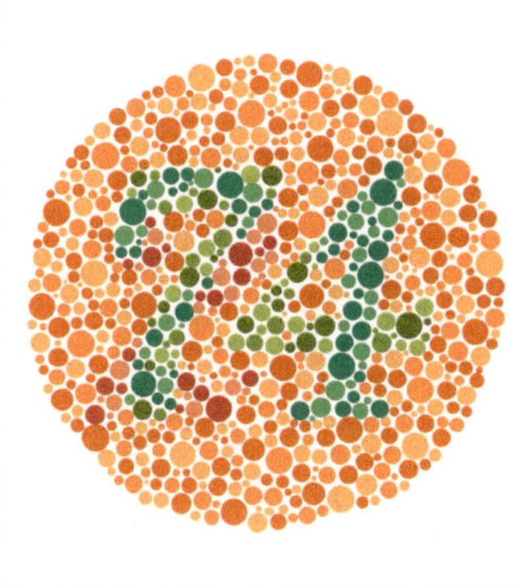

1. Beschreibe die Abbildung.
2. Erkläre, warum man mit einer solchen Abbildung herausfinden kann, ob jemand an einer Rot-Grün-Sehschwäche leidet.
3. Stelle eine Vermutung an, wie jemand mit Rot-Grün-Sehschwäche das Bild wahrnimmt.

1 Mutter und Sohn mit Brille

Sehfehler korrigieren

Fehlsichtigkeiten

Viele Menschen benötigen eine Brille, damit sie ihre Umgebung scharf sehen können. Sie leiden an einer Fehlsichtigkeit. Menschen, die weit entfernte Gegenstände nicht scharf sehen können, leiden an **Kurzsichtigkeit**. Bei kurzsichtigen Menschen wird das Licht von der Linse zu stark gebrochen. Das scharfe Bild des weit entfernten Gegenstands entsteht vor der Netzhaut. Auf der Netzhaut ist das Bild schon wieder unscharf. Menschen, die weit entfernte Gegenstände nicht scharf sehen können, leiden an **Weitsichtigkeit**. Bei weitsichtigen Menschen entsteht das scharfe Bild eines nah entfernten Gegenstands erst ein Stück hinter der Netzhaut. Das Licht wird von der Linse nicht stark genug gebrochen, um das entstehende Bild scharf auf der Netzhaut abzubilden.

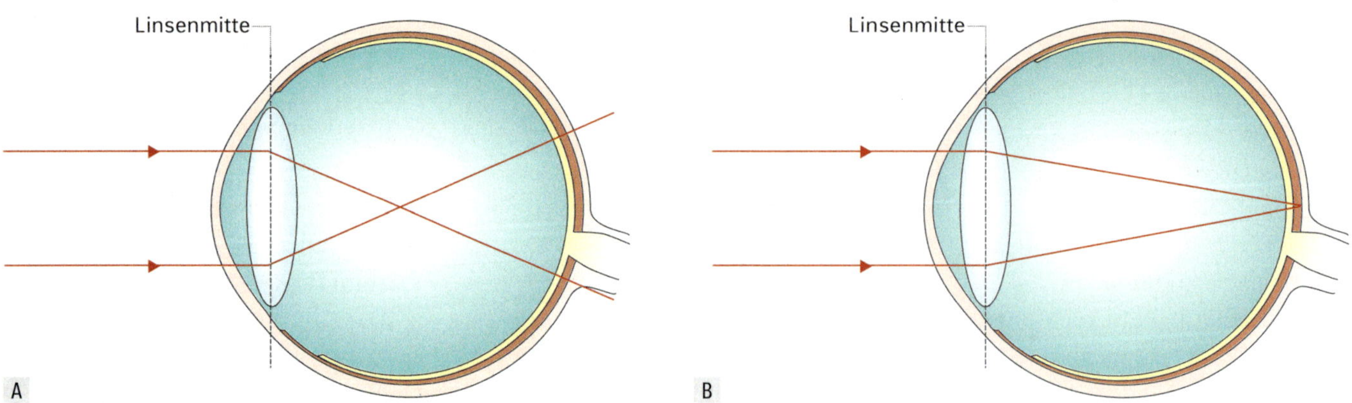

2 Fehlsichtigkeit: **A** Kurzsichtigkeit, **B** Weitsichtigkeit

Altersweitsichtigkeit

Vor allem ältere Menschen müssen beim Lesen oft eine Brille aufsetzen. Wenn sie keine Brille zur Hand haben, halten sie oft beim Lesen das Buch nicht direkt vor das Gesicht, sondern halten es weit entfernt mit gestreckten Armen. Sie haben Probleme nah entfernte Gegenstände scharf zu sehen. Die betroffenen leiden an **Altersweitsichtigkeit**. Im zunehmenden Alter verliert die Linse oft an Elastizität. Sie lässt sich durch die Muskeln nicht mehr so stark krümmen. Dadurch ist die Brechkraft der Linse nicht mehr stark genug, um nah entfernte Gegenstände oder die Buchstaben einer Buchseite scharf auf der Netzhaut darzustellen.

Fehlsichtigkeiten korrigieren

Bei kurzsichtigen Menschen liegt der Brennpunkt bei einem entspannten Auge vor der Netzhaut. Damit kurzsichtige Menschen weit entfernte Gegenstände gut sehen können, benötigen sie eine Brille mit Zerstreuungslinsen. Diese Linsen weiten das Lichtbündel auf und verschieben den Brennpunkt nach hinten auf die Netzhaut. Bei weitsichtigen Menschen liegt der Brennpunkt des entspannten Auges eigentlich hinter der Netzhaut. Möchte ein weitsichtiger Mensch einen nah entfernten Gegenstand scharf sehen, reicht seine Nahakkommodation nicht aus. Er benötigt eine Brille mit Sammellinsen. Die Lichtbündel werden hinter der Linse gesammelt und verlaufen dann so, als wäre der Gegenstand weiter weg. Der Brennpunkt wird nach vorne verschoben, sodass er auf der Netzhaut liegt.

Hornhautverkrümmung

Auch die Hornhaut ist eine Grenzfläche, an der ins Auge kommendes Licht gebrochen wird. Bei manchen Menschen ist die Hornhaut nicht regelmäßig gekrümmt, sondern kann an der ein oder anderen Stelle stärker oder weniger stark gekrümmt sein. Die Hornhaut ist unregelmäßig. Dadurch werden eingehende Lichtbündel auch unterschiedlich gebrochen. Auf der Netzhaut werden dann Bilder abgebildet, die teilweise scharf oder unscharf sind. Durch eine Hornhautverkrümmung kann zusätzlich eine Fehlsichtigkeit auftreten.

A Beschreibe, wie Altersweitsichtigkeit entsteht.

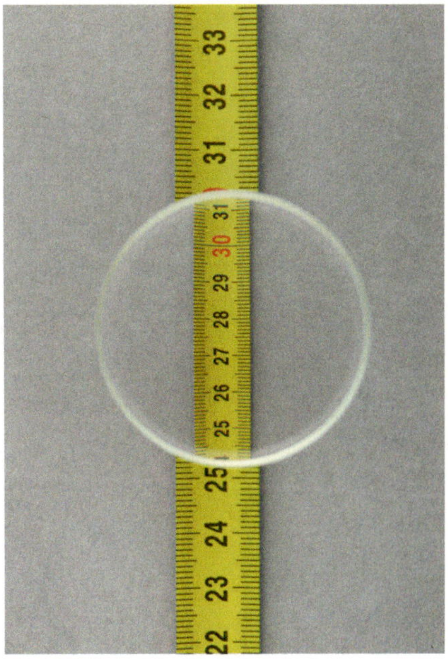

3 Wirkung einer Zerstreuungslinse

Material mit Aufgaben

A+F

M1 **Wirkung von Brillen**

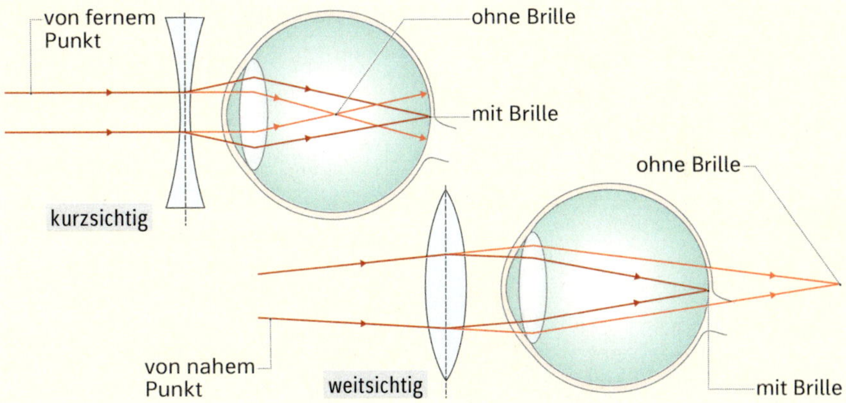

1. Beschreibe die Bildentstehung beim kurzsichtigen und weitsichtigen Auge.
2. Beschreibe mithilfe des Bildes, wie diese Fehlsichtigkeiten korrigiert werden können.
3. Erkläre, warum die verwendeten Linsen helfen, die jeweilige Fehlsichtigkeit zu korrigieren.

1 Beobachtungen mit einer Lupe.

Optische Instrumente

Kleine Dinge betrachten

Mit den Augen kann man nicht jedes Detail kleiner Objekte erkennen. Als Hilfe kann man optische Instrumente wie Lupen nutzen. Sie bestehen aus einer Sammellinse mit kleiner Brennweite.

Lupe

Mithilfe einer Lupe kann man zum Beispiel die Blüte einer Pflanze bis zu 20-fach vergrößert betrachten. Befindet sich das Objekt innerhalb der Brennweite der Linse, wird ein aufrechtes virtuelles Bild des Objektes erzeugt. Je nach Untersuchungsobjekt oder Untersuchungsort verwendet man unterschiedliche Lupen. Die **Einschlaglupen** vergrößern relativ stark. Sie sind gut für das Arbeiten im Freiland geeignet. **Stiellupen** vergrößern nicht so stark. Dafür kann man mit ihnen einen größeren Ausschnitt betrachten. **Becherlupen** sind gut für die Beobachtung von bewegten Objekten wie Insekten geeignet. Bei Untersuchungen mit Lupen sieht man immer nur mit einem Auge durch die Lupe. Das andere Auge bleibt geschlossen. Die Lupe bleibt immer dicht am Auge und das Objekt wird immer näher Richtung Auge bewegt.

Material mit Aufgaben

M1 Arbeiten mit der Lupe

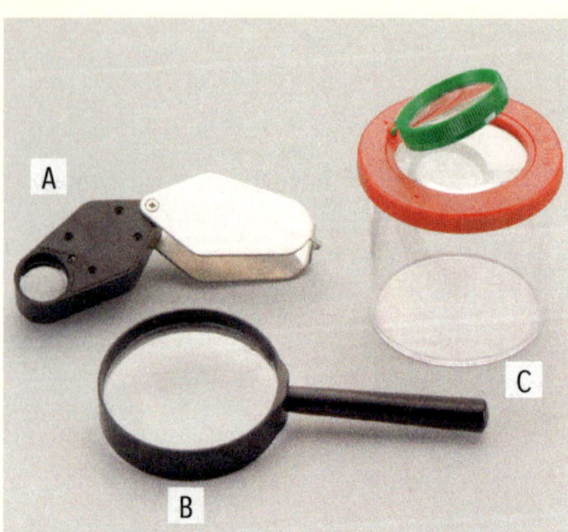

1. Ordne den Lupen die folgenden Bezeichnungen zu: Becherlupe, Einschlaglupe, Stiellupe.
2. Beschreibe mithilfe der Tabelle die Vor- und Nachteile der einzelnen Lupen.

Lupe	Vorteile	Nachteile
Becherlupe	auch für lebende Objekte	...
...	...	...

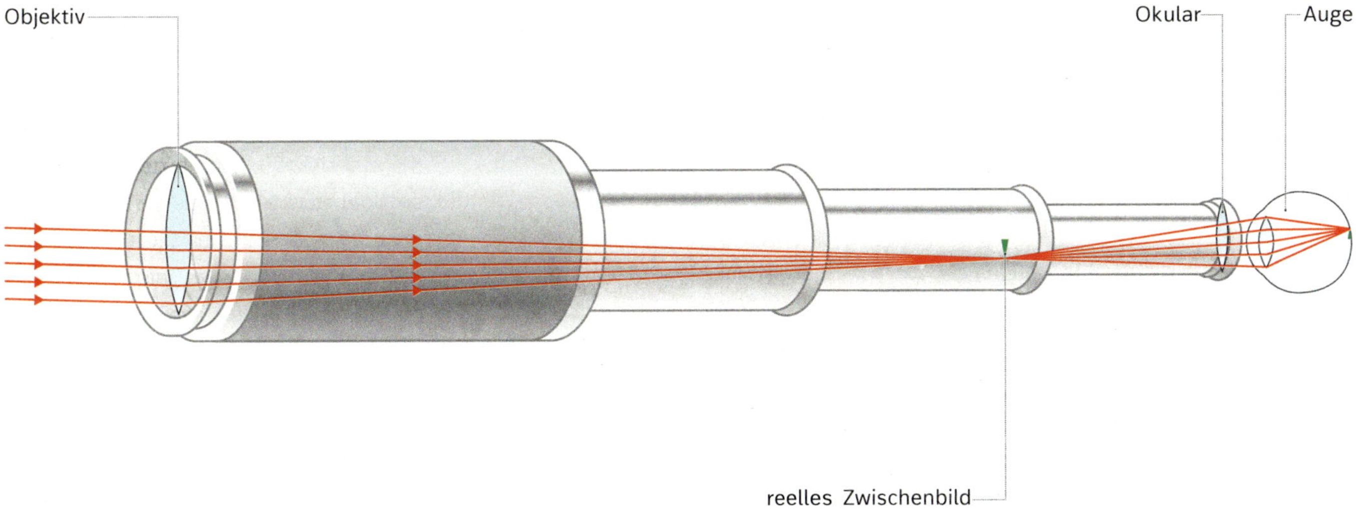

2 Vereinfachter Strahlenverlauf in einem astronomischen Fernrohr

Astronomisches Fernrohr

Für die Beobachtung von sehr weit entfernten Objekten, wie Planeten oder dem Mond, kann man Fernrohre verwenden. Solche Fernrohre werden als **astronomische Fernrohre** bezeichnet. Sie bestehen aus mehreren Linsensystemen, dem **Objektiv** und dem **Okular**. Diese Linsensysteme wirken zusammen wie große Sammellinsen. Das Licht eines weit entfernten Gegenstandes fällt zuerst durch das Objektiv. Dieses erzeugt ein verkleinertes, umgekehrtes und seitenvertauschtes reelles Bild, das reelle **Zwischenbild**. Dieses Zwischenbild wird mit dem Okular, welches wie eine Lupe wirkt, vergrößert betrachtet. Für astronomische Beobachtungen ist es nicht wichtig, dass das betrachtete Bild umgekehrt und seitenverkehrt ist. Für Beobachtungen auf der Erde müssen andere Fernrohre verwendet werden. ▶

A Beschreibe den Strahlenverlauf eines astronomischen Fernrohrs.

Material mit Aufgaben

▶II F

M2 Holländisches Fernrohr

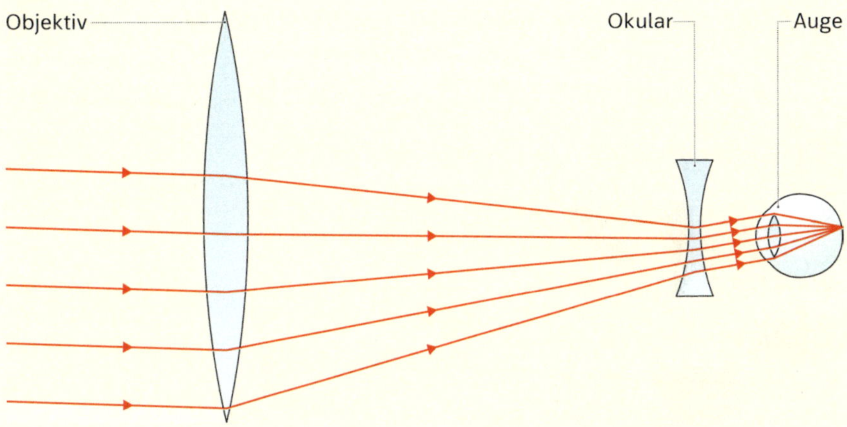

Bei einem holländischen Fernrohr ist das Okular keine Sammellinse, sondern eine Zerstreuungslinse. Mithilfe der Zerstreuungslinse erhält man ein größeres Bild auf der Netzhaut im Auge.
Im Gegensatz zu einem astronomischen Fernrohr ist das Bild aufrecht und seitenrichtig.

1. Beschreibe den Strahlenverlauf in einem holländischen Fernrohr.
2. Vergleiche das holländische Fernrohr mit einem astronomischen Fernrohr.
3. Stelle Vermutungen an, warum das Bild bei holländischen Fernrohren nicht auf dem Kopf steht und seitenrichtig ist.

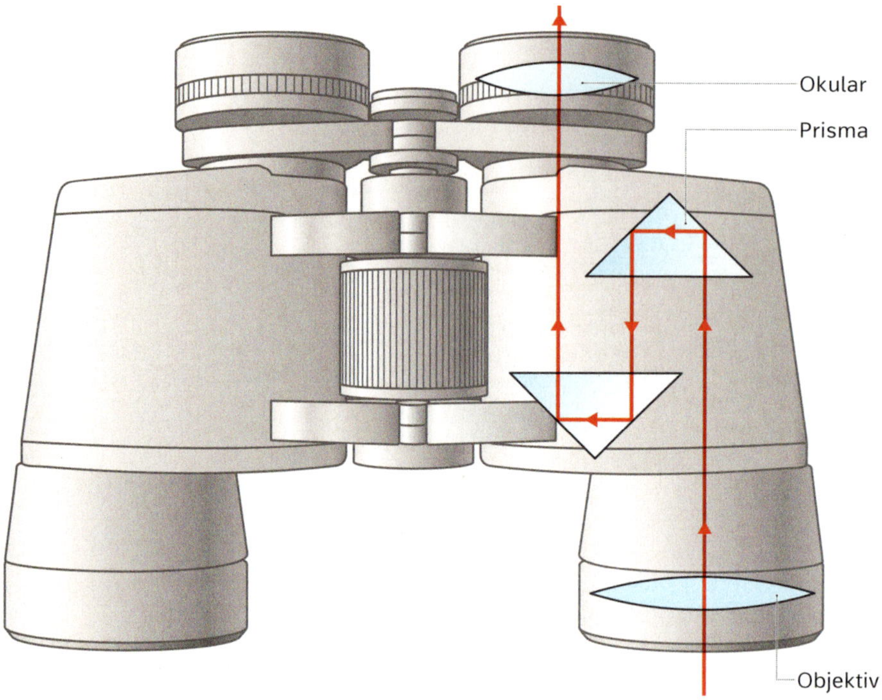

3 Vereinfachter Strahlenverlauf in einem Fernglas

Material mit Aufgaben

M3 Stereomikroskop

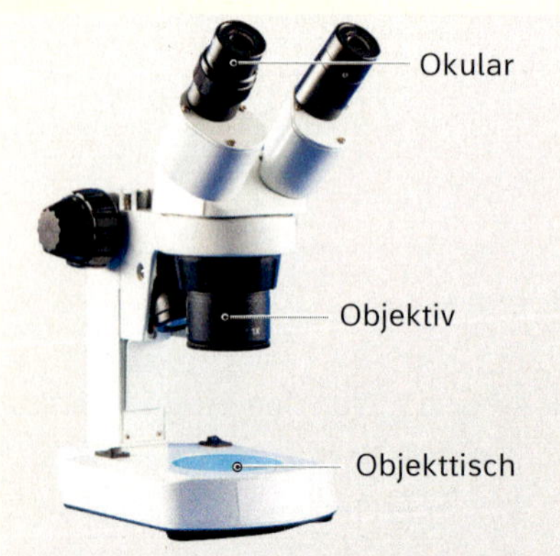

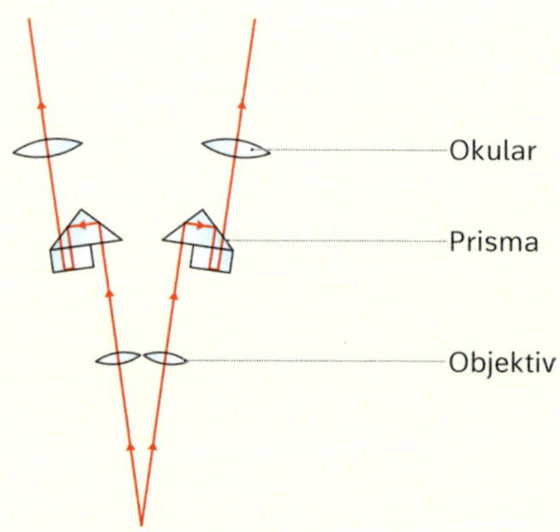

Wie bei einem Fernglas, kann man mit einem Stereomikroskop Objekte mit beiden Augen betrachten. Es wird jedoch nicht für weit entfernte, sondern für kleine, nahe Objekte verwendet.

1. Vergleiche den Aufbau von Stereomikroskop und Fernglas.
2. Erkläre die Funktion der Prismen in einem Fernglas und einem Stereomikroskop.

Fernglas

Mithilfe eines Fernglases kann man zum Beispiel Tiere in der Natur beobachten. Ein Fernglas ist ein tragbares Fernrohr, welches in der Regel zur Beobachtung von Lebewesen oder Gegenständen auf der Erde eingesetzt wird. Im Gegensatz zu einem Fernrohr ermöglicht es ein Fernglas, Gegenstände oder Lebewesen mit beiden Augen zu betrachten. Für die Betrachtung mit beiden Augen gibt es in einem Fernglas ein System aus verschiedenen Linsen für jedes Auge.

Wie auch in einem Fernrohr fällt das Licht zuerst durch ein Objektiv. Dieses ist wieder ein System aus verschiedenen Linsen, welche wie eine Sammellinse wirken. Das Bild, welches das Objektiv erzeugt, ist seitenverkehrt und steht auf dem Kopf.

Bevor das Licht durch das Okular ins Auge fällt, durchläuft es noch zwei Prismen. Ein **Prisma** ist ein Körper aus Glas, der mehrere reflektierende Flächen besitzt. In einem Fernglas sind die Prismen so angeordnet, dass sie das seitenverkehrte und auf dem Kopf stehende Bild ändern. Zuerst werden die Seiten vom Bild getauscht. Danach wird das Bild von unten nach oben gedreht. Nach dem Durchlaufen der zwei Prismen ist das Bild weder seitenverkehrt noch steht es auf dem Kopf.

Nach dem Objektiv und den Prismen durchläuft das Licht das Okular. Es besteht wie das Objektiv aus mehreren Linsen. Es hat die gleiche Wirkung wie eine Sammellinse. Schaut man durch die Okulare, sieht man das vergrößerte Bild des Gegenstandes oder des Tieres, das man beobachtet.

Lichtmikroskop

Mit einem Lichtmikroskop kann man sehr kleine Objekte untersuchen. Ein Lichtmikroskop besteht wie die meisten optischen Geräte aus einem Okular und einem Objektiv. Für das Objektiv werden Linsen mit kleinen Brennweiten genutzt. An einem Mikroskop befinden sich mehrere Objektive am **Objektivrevolver**. Sie haben verschiedene Linsensysteme, die das betrachtete Objekt unterschiedlich stark vergrößern. Die verschiedenen Vergrößerungen stehen auf den einzelnen Objektiven. Mit einem Lichtmikroskop kann man Objekte bis zu 1000-fach vergrößern. Die zu untersuchenden Objekte werden von unten mit einer Lampe beleuchtet. Damit das Licht auch zum Okular und damit in das Auge gelangt, wird es im Mikroskop durch einen Spiegel umgelenkt.

Die **Gesamtvergrößerung** von einem Mikroskop berechnet man, indem man die Vergrößerungen von Objektiv und Okular multipliziert.

Elektronenmikroskop

Mit Lichtmikroskopen können Objekte bis zur Größe eines Bakteriums erkannt werden. Die DNA kann zum Beispiel nicht sichtbar gemacht werden. Dazu benötigt man Elektronenmikroskope, die Objekte um bis zu 2-millionenfach vergrößern können. Die Objekte werden bei einem Elektronenmikroskop nicht mit Licht, sondern mit Elektronen bestrahlt.

B Ordne die verschiedenen optischen Instrumente danach, ob man kleine oder große Objekte beobachtet.

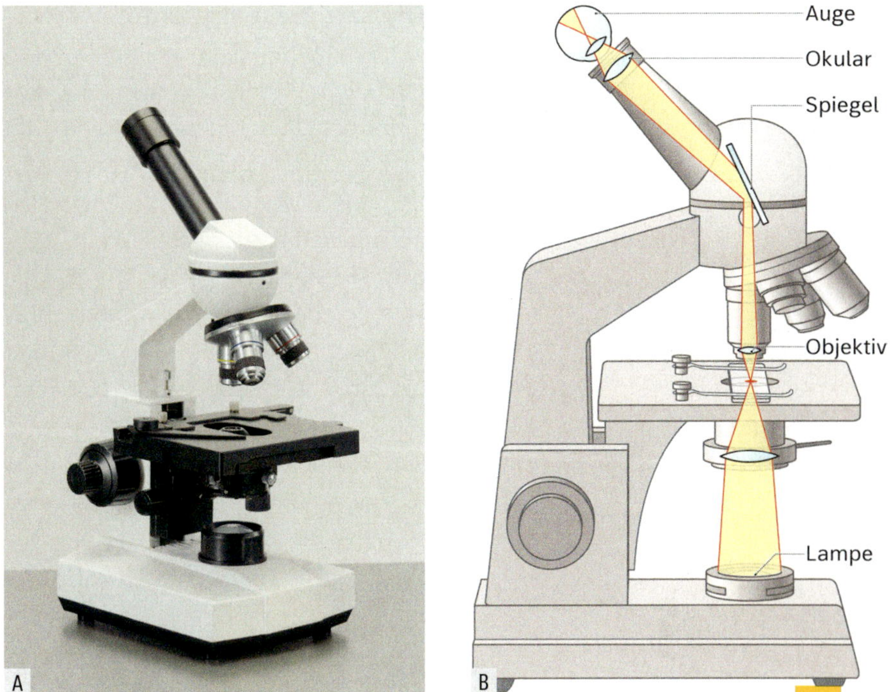

4 Mikroskop: **A** Foto, **B** vereinfachter Strahlenverlauf

F

Material mit Aufgaben

M4 Mikroskop

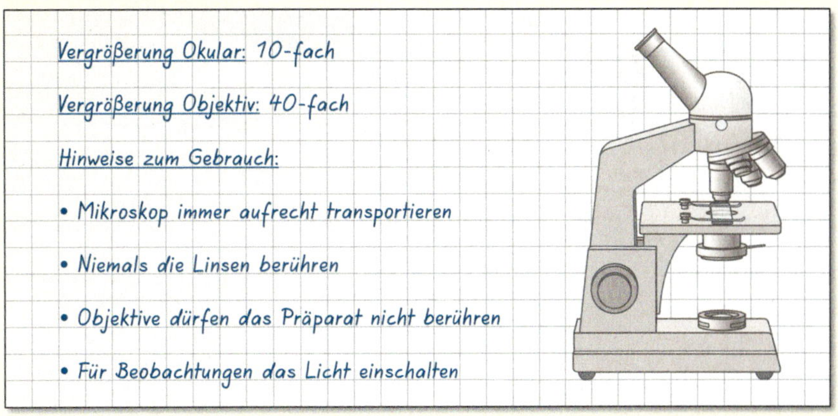

1. Beschreibe, was man beim Umgang mit einem Mikroskop beachten muss.

2. Erkläre, ob man mit dem beigelegten Objektiv eine 500-fache Gesamtvergrößerung erreichen kann.

Methode

Eine digitale Präsentation erstellen

Digitale Präsentationen

Mit Präsentationsprogrammen kann man digitale Präsentationen am Computer erstellen. Mit diesen kannst du Vorträge unterstützen. Es ist sehr wichtig, eine digitale Präsentation richtig aufzubauen und zu gestalten. Im Vordergrund des Vortrages steht immer die vortragende Person und nicht die Präsentation. Eine Präsentation enthält nicht nur Text, sondern auch Bilder, Diagramme oder Videos. Das macht sie interessanter für die Zuhörer.
Wenn die Präsentation in das Internet, beispielsweise auf eine Homepage, gestellt wird, oder sie außerhalb des Klassenzimmers gezeigt wird, braucht man die Erlaubnis vom Ersteller des Bildes, Tons oder des Videos.

Aufbau einer Präsentation

Die einzelnen Seiten einer digitalen Präsentation nennt man **Folie**. Eine Präsentation wird in unterschiedliche Abschnitte eingeteilt:

- **Titelfolie** • Auf der ersten Folie stehen der Titel der Präsentation und die Namen der Präsentierenden. Es kann auch ein Untertitel und ein passendes Bild hinzugefügt werden. Die Titelfolie sollte das Interesse der Zuhörenden wecken.
- **Gliederung** • Die Gliederung zeigt dem Publikum, worüber du sprechen wirst. Sie sollte kurz und knapp sein und dem Publikum nur einen groben Überblick geben.
- **Inhalt** • Auf den nächsten Folien werden die wichtigsten Stichpunkte, ergänzende Bilder oder Videos kurz und übersichtlich gezeigt.
- **Zusammenfassung** • Zum Schluss führst du die wichtigsten Aussagen deines Vortrags auf. Die Zusammenfassung sollte kurz sein und keine unnötigen Details beinhalten.
- **Quellen** • Schreibe auf die letzte Folie die Quellen aller Bilder, Töne und Videos, die du nicht selbst erstellt hast. Nenne den Ersteller und wo du den Inhalt gefunden hast.

Material mit Aufgaben

M1 Digitale Präsentation

Optische

Instrumente

Yusra Tosun und Florian Groß, Klasse 7c

A

Lupe

- besteht aus einer Sammellinse
- für die Beobachtung von kleinen Objekten

B

Gliederung

- Lupe
- Fernrohr
- Fernglas
- Mikroskop

C

Fernrohr

- astronomische Fernrohre braucht man für die Beobachtung von Planeten

D

Mikroskop

- Objekte können sehr stark vergrößert betrachtet werden
- Es gibt verschiedene Mikroskope

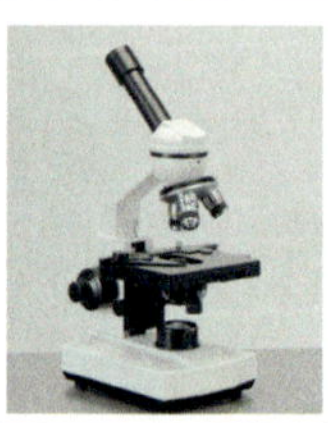

E

Quellen

Folie 2: www.quelle1.de/lupe
Folie 8: www. quelle2.com/fernrohr
Folie 15: www.quelle3.net/mikroskop

F

1. Ordne den Folien A-F die Abschnitte Titelfolie, Gliederung, Inhalt, Zusammenfassung und Quellen zu.

2. Nenne Vorteile von digitalen Präsentationen.

Einen kurzen Vortrag halten

Einen Vortrag vorbereiten

1 Sammele zu deinem Thema Informationen aus dem Internet oder aus Fachbüchern. Stelle das Material für den Vortrag zusammen. Dies können Fotos, Grafiken, Tabellen oder Modelle sein.

2 Ordne die gesammelten Informationen, sodass sich eine sinnvolle Reihenfolge für deinen Vortrag ergibt.

3 Schreibe den Text für den Vortrag vor. Bereite Karteikarten mit kurzen Stichpunkten aus dem Text vor, mit denen du den Vortrag frei halten kannst.

4 Übe den Vortrag mehrfach zu Hause.

Einen Vortrag halten

1 Sei beim Vortrag selbstbewusst. Du hast den Vortrag vorbereitet und beherrschst dein Thema.

2 Beginne erst mit deinem Vortrag, wenn die Klasse ruhig ist.

3 Sprich langsam und deutlich. Schaue dabei deine Zuhörer oft an und lies nicht nur von den Karteikarten ab.

4 Erkläre Fachbegriffe und Bilder, die du während des Vortrags einsetzt.

5 Gib deinen Zuhörern die Möglichkeit, Fragen zu stellen.

Gliederung eines Vortrags:

Einleitung:
- Beginne mit einem passenden Bild oder einer Schlagzeile.
- Beschreibe kurz, wie dein Vortrag aufgebaut ist.

Hauptteil:
- Vermittele in diesem Teil das Wissen zum Thema.
- Lockere deinen Vortrag durch Bilder oder durch Gegenstände auf.

Schluss:
- Fasse das Wichtigste zusammen.
- Gib den Zuhörern die Möglichkeit Fragen zu stellen.

Material mit Aufgaben

M1 Einen Vortrag halten

Mithilfe des Bildes kannst du einen Vortrag vorbereiten und halten.

1. Notiere dir eine mögliche Überschrift für deinen Vortrag.
2. Sammle Informationen aus der Abbildung und fertige eine Gliederung für deinen Vortrag an.
3. Schreibe zu der Gliederung einen Vortrag mithilfe der Informationen aus der Abbildung.
4. Bereite mithilfe deines Textes Karteikarten mit Stichpunkten für deinen Vortrag vor und übe ihn.
5. Halte deinen Vortrag vor der Klasse.
6. Vergleicht und bewertet gemeinsam die einzelnen Vorträge.

Zusammenfassung Optik

Spiegelbilder

In ebenen Spiegeln im Haushalt kann man sein Spiegelbild betrachten. Spiegelbilder sind virtuelle Bilder. Sie sind immer aufrecht, haben die gleiche Größe und den gleichen Abstand zum Spiegel wie der abgebildete Körper.
Spiegelbilder entstehen durch die Reflexion vom Licht eines Körpers an der glatten Spiegeloberfläche. Dabei sind der Einfallswinkel und der Reflexionswinkel des Lichts auf dem Spiegel immer gleich groß.
Das am Spiegel reflektierte Licht fällt in die Augen eines Betrachters. Die Wahrnehmung ist immer an Erfahrungen geknüpft. Aus diesem Grund geht der Betrachter davon aus, dass das Licht auf einem geradlinigen Weg in das Auge gelangt ist. Daher sieht es für ihn so aus, als würde das Licht von einem Ort hinter dem Spiegel kommen.

Neben ebenen Spiegeln gibt es noch Hohlspiegel und Wölbspiegel. Hohlspiegel sind nach innen gewölbt. Sie vergrößern das Spiegelbild und werden beispielsweise als Kosmetikspiegel eingesetzt. Wölbspiegel sind nach außen gewölbt und verkleinern das Spiegelbild. Dafür ist ein größerer Bereich im Spiegel sichtbar. Man verwendet Wölbspiegel beispielsweise als Verkehrsspiegel.

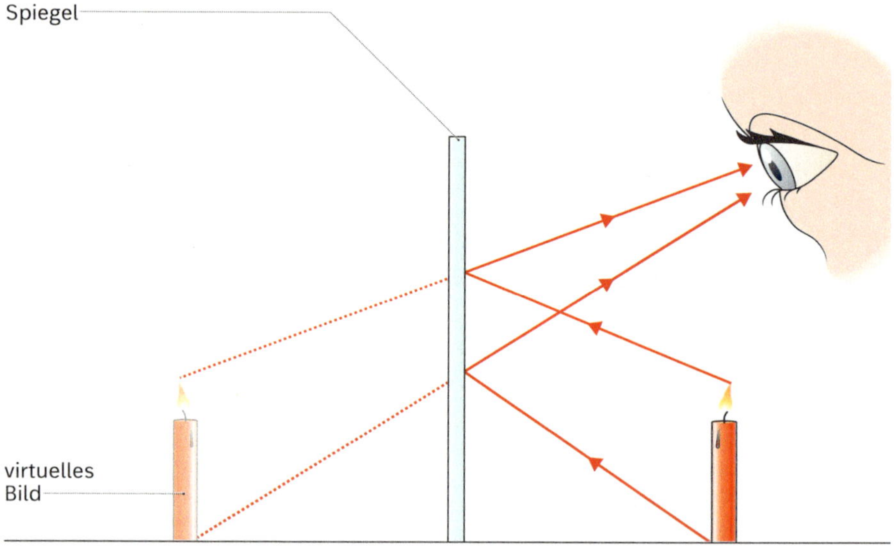

Lichtbrechung

Licht breitet sich in Stoffen unterschiedlich schnell aus. Die Stoffe besitzen eine unterschiedliche optische Dichte. Trifft Licht auf Glas, geht es von einem optisch dünnen Stoff in einen optisch dichteren Stoff. Ein Teil des Lichts dringt in das Glas ein und verändert seine Ausbreitungsrichtung. Es wird gebrochen. Dringt das Licht von einem optisch dünnen Stoff in einen optisch dichteren Stoff ein, wird es zum Lot hin gebrochen.
Tritt das Licht aus dem Glas wieder aus, geht es von einem optisch dichten Stoff in einen optisch dünneren Stoff über. Das Licht wird vom Lot weg gebrochen.

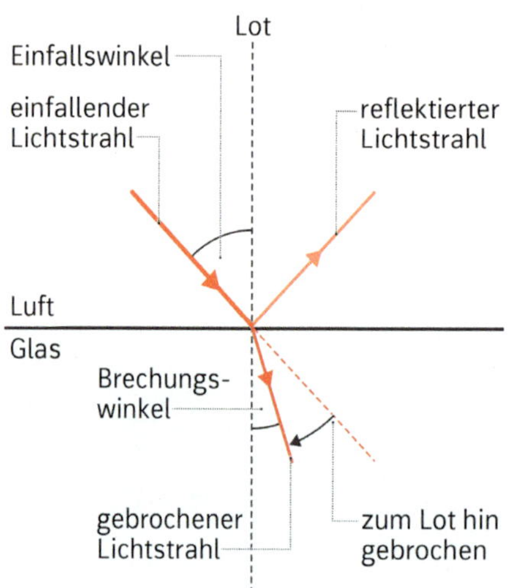

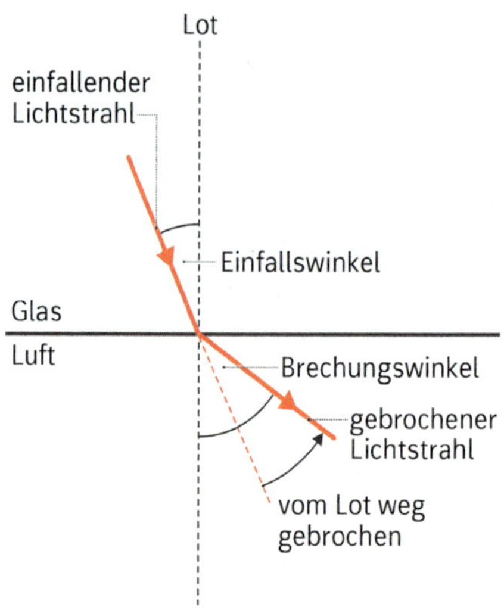

Totalreflexion

Geht das Licht von einem optisch dichten Stoff wie Wasser zu einem optisch dünnen Stoff wie Luft über, dann wird es vom Lot weg gebrochen. Ab einem bestimmten Winkel, dem Grenzwinkel, wird das komplette Licht an der Grenzfläche zurück ins Wasser reflektiert. Dieses optische Phänomen bezeichnet man als Totalreflexion. Der Grenzwinkel bei dem eine Totalreflexion stattfindet, hängt immer von den Materialen der beiden Stoffe ab.

Die Totalreflexion von Licht macht man sich zum Beispiel bei Glasfaserkabeln oder auch Endoskopen zu nutzte. Auch eine Fata Morgana, eine Luftspiegelung in der Wüste, basiert auf dem Prinzip der Totalreflexion.

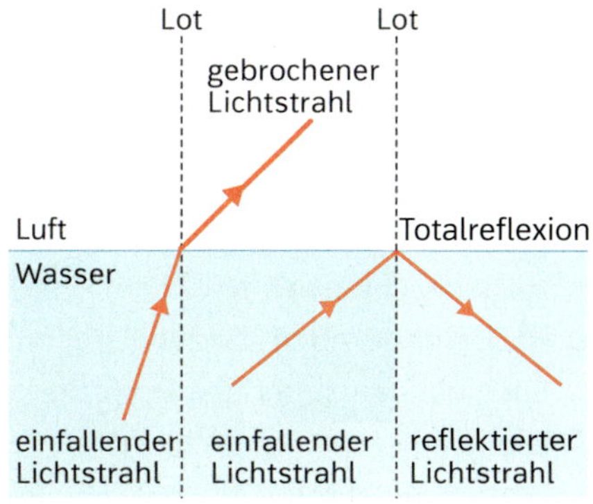

Linsen

Es gibt Sammellinsen und Zerstreuungslinsen. Sammellinsen bündeln das Licht in einem Punkt. Zerstreuungslinsen streuen das Licht in verschiedene Richtungen. Sammellinsen sind immer in der Mitte dicker als am Rand. Zerstreuungslinsen sind am Rand dicker als in der Mitte. Mithilfe von Sammellinsen können Bilder erzeugt werden.

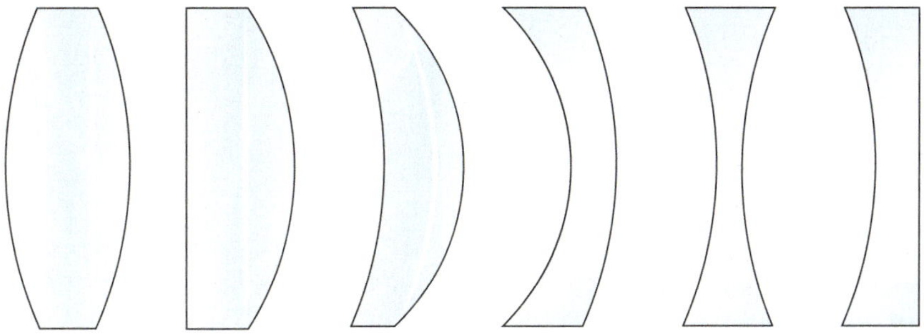

Bildentstehung im Auge

Das in das Auge einfallende Licht wird von der Linse so gebrochen, dass es auf die Netzhaut fällt. Dadurch entsteht von jedem Punkt des Gegenstandes auf der Netzhaut ein Bildpunkt. Durch die vielen Bildpunkte setzt sich auf diese Weise ein Bild zusammen, das seitenverkehrt ist, auf dem Kopf steht und verkleinert ist. Die Lichtsinneszellen der Netzhaut wandeln die vielen Lichtreize in elektrische Impulse um. Über den Sehnerv gelangen die Impulse ins Gehirn. Dieses wertet die Informationen aus. Bei der Wahrnehmung wird das Bild dann umgedreht und wieder gespiegelt. Man nimmt ein originalgetreues Abbild wahr.

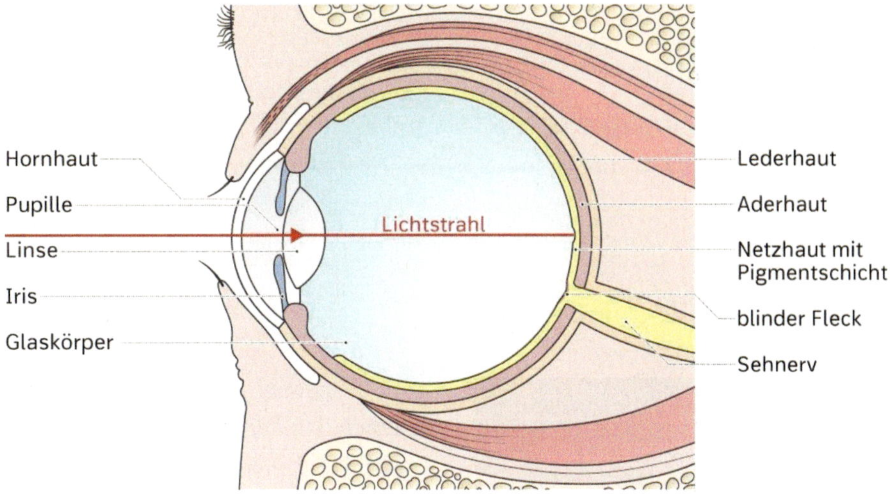

1 Lichtbrechung

A Erkläre, was man unter dem Begriff Lichtbrechung versteht.

B Erkläre, was der Speerwerfer im Bild bei seinem Wurf nach dem Fisch beachten muss.

C Begründe, ob der Speerwerfer im Bild über oder unter den Fisch zielen muss, um ihn tatsächlich im Wasser zu treffen.

2 Totalreflexion

A Erkläre mithilfe des Bildes, was man unter dem Begriff Totalreflexion versteht.

B Beschreibe Beispiele, bei denen die Totalreflexion von Licht genutzt wird.

C Erkläre, was man unter dem Begriff Grenzwinkel versteht.

D Janis behauptet: „Der Grenzwinkel für eine Totalreflexion ist immer gleich. Egal was für Materialien genutzt werden." Nimm Stellung zu seiner Aussage.

3 Linsen

A Beschreibe den Unterschied zwischen Sammellinsen und Zerstreuungslinsen.

B Erkläre, welche Linsenart im Bild abgebildet ist.

C Erläutere, wo bei den Linsenarten die Brennpunkte liegen.

4 Bildentstehung im Auge

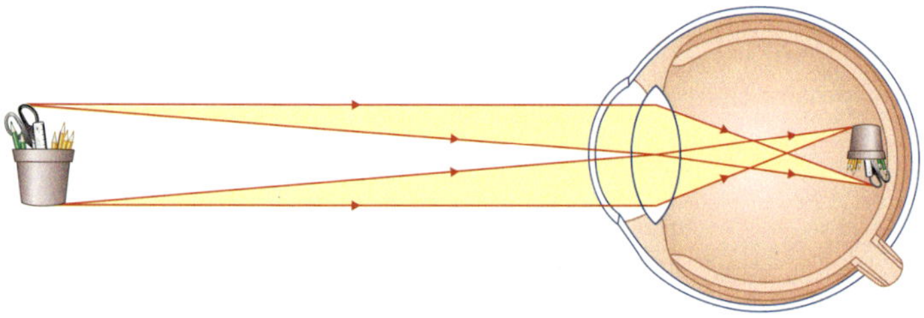

A Beschreibe den Weg des Lichts durch das Auge.

B Erkläre, warum auf der Netzhaut ein kleineres, seitenverkehrtes, auf dem Kopf stehendes Bild entsteht.

C Tom behauptet: „Die Netzhaut leitet den Seheindruck an das Gehirn weiter. Dort werden die Informationen verarbeitet."
Nimm Stellung zu seiner Aussage.

5 Farben sehen

A Nenne die mit Ziffern gekennzeichneten Bestandteile der Netzhaut.

B Beschreibe den Unterschied zwischen gelben und blinden Fleck.

C Erkläre, was der Begriff additive Farbmischung bedeutet.

D Erkläre, wie Menschen Farben sehen.

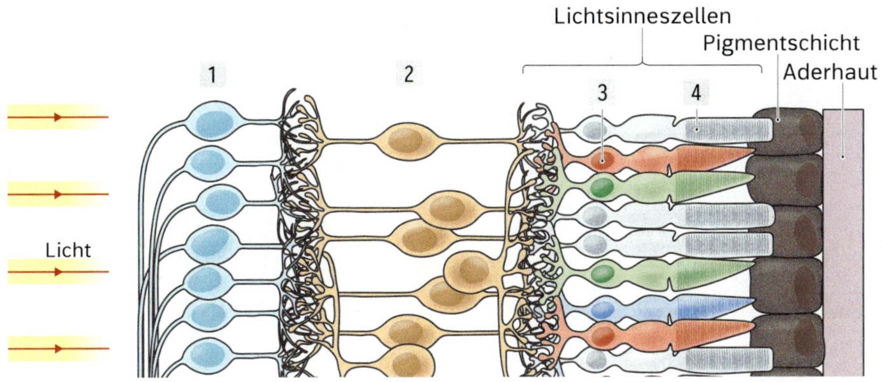

6 Sehfehler

A Ordne den Bildern die Fehlsichtigkeiten Kurzsichtigkeit und Weitsichtigkeit zu.

B Beschreibe die Bildentstehung bei kurzsichtigen und weitsichtigen Menschen.

C Erkläre, wie die verschiedenen Fehlsichtigkeiten korrigiert werden können.

D Erkläre, wie durch eine Hornhautverkrümmung eine Fehlsichtigkeit entstehen kann.

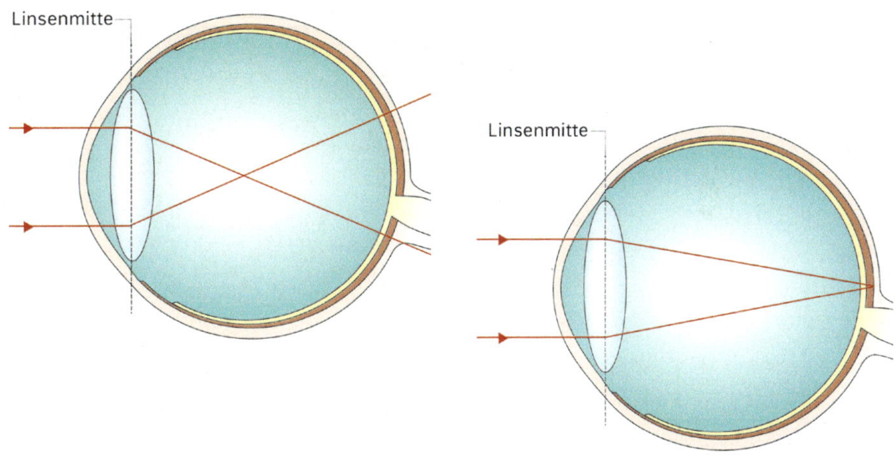

7 Optische Instrumente

A Nenne verschiedene optische Instrumente und ihre Verwendungen.

B Nenne die Bestandteile eines optischen Instrumentes, die dem Auge und dem Objekt zugewandt sind.

C Beschreibe den Strahlenverlauf in einem Fernglas.

D Ordne den Gegenständen den richtigen Strahlenverlauf zu.

E Erkläre, welcher Strahlenverlauf in der Abbildung zu welchem optischen Instrument passt.

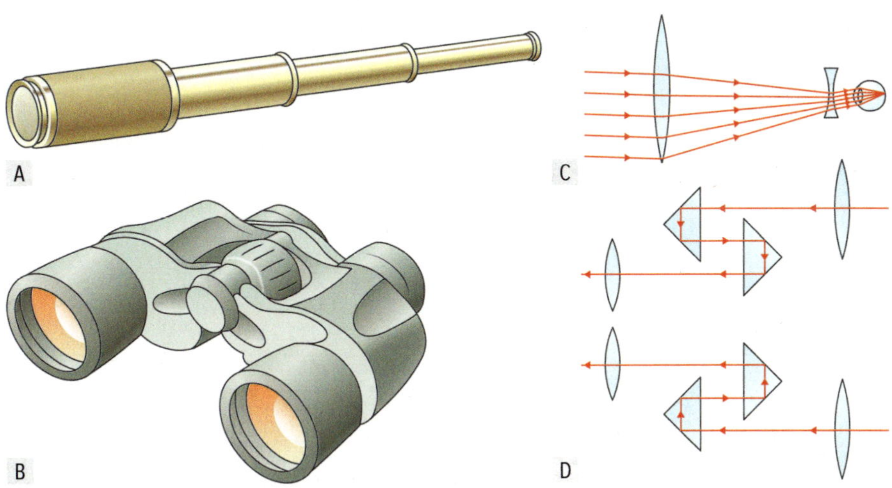

Energie ist überall

Was ist Energie?
Wofür benötigen wir Energie?
Wie spart man Energie?

6

Für alle Vorgänge benötigt man Energie. Damit man sich bewegen kann, muss der Mensch Energie aus der Nahrung zu sich nehmen. Mithilfe von Windrädern wird zum Beispiel elektrische Energie bereit gestellt, die man zu Hause nutzen kann.

1 Ein Bogenschütze

Energieformen

Energieformen

Damit Vorgänge ablaufen, muss Energie zur Verfügung stehen. So kann man zum Beispiel nur einen Bogen spannen, wenn man die Bogensehne mit der Kraft seines Armes spannt. Energie kann auf unterschiedlichste Weisen zur Verfügung stehen. Man spricht von verschiedenen **Energieformen**.

Strahlungsenergie

Licht und andere Strahlungsarten besitzen Energie. Diese Energieform wird **Strahlungsenergie** genannt. Ein Großteil der Strahlungsenergie auf der Erde stammt von der Sonne. Sie wird deutlich, wenn beispielsweise in einem Sonnenkollektor die Energie genutzt wird, um das Wasser in den Rohren zu erwärmen. Das warme Wasser wird für die Erwärmung des Hauses genutzt.

Thermische Energie

Wird einem Körper oder Stoff viel Energie zugeführt, dann erwärmt er sich. Er besitzt dann mehr **thermische Energie**. Je höher die Temperatur eines Körpers oder Stoffes ist, desto größer ist seine thermische Energie. Einige Stoffe fangen bei einer hohen thermischen Energie auch an zu Glühen.

Spannenergie

Zieht man zum Beispiel eine Feder oder ein Gummiband auseinander, dann besitzen sie anschließend Energie. Diese Form der Energie bezeichnet man als **Spannenergie**. Spannt man die Sehne eines Bogens, dann verbiegt sich der Bogen. Er hat Spannenergie. Auch zusammengedrückte Federn aus Metall oder Gummibälle besitzen Spannenergie.

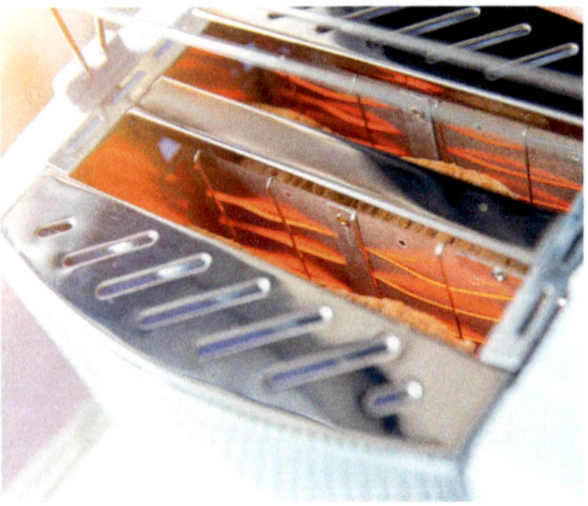

2 Thermische Energie bei einem Toaster

Höhenenergie

Beim Start einer Achterbahn werden die Wagen mit den Sitzen nach oben gezogen. Wegen ihrer erhöhten Lage, besitzen sie nun mehr Energie. Diese Form der Energie nennt man **Höhenenergie** oder auch Lageenergie. Je höher und schwerer ein Körper ist, desto mehr Höhenenergie besitzt er. Auch ein Bungeespringer hat mehr Höhenenergie je höher sein Absprungsort ist.

Bewegungsenergie

Beim Bowling wirft man eine Kugel in Richtung der Pins. Die Kugel rollt auf der Bahn und stößt die Pins um. In der Bewegung der Kugel steckt Energie. Diese Energieform bezeichnet man daher als **Bewegungsenergie**. Je schneller und schwerer ein Körper ist, desto mehr Bewegungsenergie besitzt er.

Elektrische Energie

Immer wenn elektrischer Strom in einem Stromkreis fließt, wird auch Energie übertragen. Ohne diese **elektrische Energie** funktioniert kein elektrisches Gerät, wie zum Beispiel ein Computer oder ein Smartphone.

Chemische Energie

Brennstoffe wie Kohle haben **chemische Energie**. Bei ihrer Verbrennung wird die Energie als Strahlungsenergie und thermische Energie nutzbar. Auch Nahrungsmittel haben chemische Energie. Durch Vorgänge im Körper wird sie beispielsweise für Bewegungen nutzbar.

A Erstelle eine Mind-Map zu den verschiedenen Energieformen.

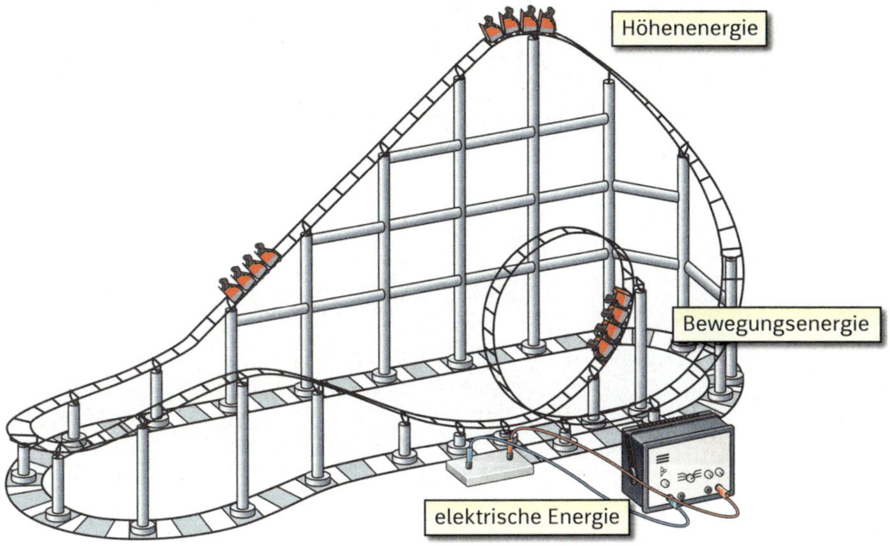

3 Verschiedene Energieformen einer Modellachterbahn

Material mit Aufgaben

M1 Sonnenkollektor und Solarzelle

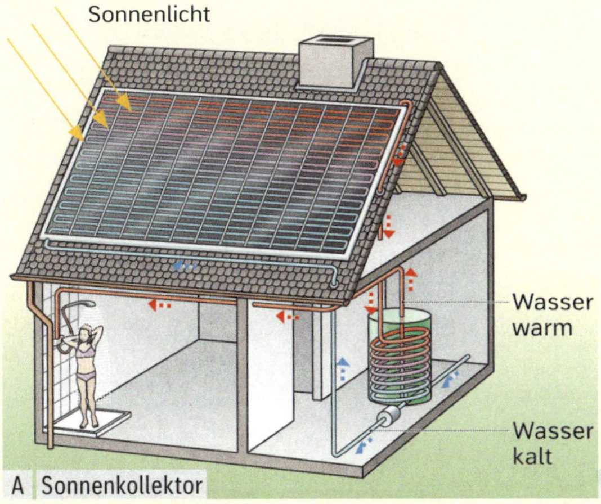

A Sonnenkollektor

B Solarzelle

C Bungeesprung

1. Beschreibe die Vorgänge in den Bildern A bis C.
2. Nenne die Energieformen, die in den Bildern auftreten.
3. Erläutere Einsatzmöglichkeiten von Sonnenkollektoren und Solarzellen.

1 Ein Freefall-Tower

Energieumwandlungen

Energie geht nicht verloren

Im Freizeitpark bieten Freefall-Tower für Mutige einen aufregenden Nervenkitzel. Wenn die Gondel an der Spitze des Turms stehen bleibt, blickt man in den Abgrund. Befindet sich die Gondel eines Freefall-Towers immer weiter über den Boden, dann besitzt sie immer mehr Höhenenergie. Wird die Gondel gelöst, fällt sie immer schneller nach unten. Sie hat nun immer mehr Bewegungsenergie. Die Höhenenergie der Gondel des Freefall-Tower wird in Bewegungsenergie **umgewandelt.** Energie kann nicht verloren gehen, sie wird immer nur in andere Energieformen umgewandelt.

Energiewandler

Ein Toaster wandelt elektrische Energie in thermische Energie und in Strahlungsenergie um. Man erkennt die Energieformen an den glühenden Drähten im Toaster und an der Bräunung des Toastbrotes.

Die Kerze ist dagegen ein Beispiel, dass auch chemische Energie in Strahlungsenergie und thermische Energie umgewandelt werden kann.

Material mit Aufgaben

M1 Stabhochsprung

1. Nenne die zu den Bildern A bis C passenden Energieformen.
2. Beschreibe die Energieumwandlungen, die während eines Stabhochsprungs stattfinden.
3. Niklas behauptet: „Wird die Latte noch höher gelegt, dann muss mehr Energie umgewandelt werden." Nimm Stellung zu seiner Aussage.

Auch Smartphones wandeln Energie um. In ihnen wird zunächst die chemische Energie, die in dem Akkumulator gespeichert ist, in elektrische Energie umgewandelt. Anschließend wird ein Teil der elektrischen Energie in Strahlungsenergie umgewandelt, sodass das Display leuchtet. Ein anderer Teil der Energie wird in thermische Energie umgewandelt. Man merkt das daran, dass Smartphones bei langem Betrieb warm werden.
Beim Bogenschießen spannt man die Sehne des Bogens. Dadurch biegt sich der Bogen. Er hat dann Spannenergie. Lässt man die Sehne los, fliegt der Pfeil. Die Spannenergie der Sehne wurde in die Bewegungsenergie des Pfeils umgewandelt. Alle Geräte, Körper oder auch Lebewesen, die eine Energieform in andere Energieformen umwandeln, bezeichnet man in den Naturwissenschaften als **Energiewandler**.

Energiespeicher

Energie kann in verschiedenen Formen gespeichert werden. Solche Energiespeicher können beispielsweise Treibstoffe wie Benzin sein oder technische Geräte wie Akkumulatoren. Energiespeicher dienen der Speicherung von verschiedenen Energieformen.

A Beschreibe die Energieumwandlung bei einem Toaster.

B Beschreibe mögliche Energieumwandlungen bei einer Fahrt mit einer Achterbahn.

C Beschreibe den Unterschied zwischen einem Energiewandler und einem Energiespeicher.

Material mit Aufgaben

F

M2 Energieumwandlungen

zugeführte Energieform \ abgegebene Energieform	Bewegungsenergie	elektrische Energie	thermische Energie	Strahlungsenergie	chemische Energie
Bewegungsenergie	Wasserrad	?	reibende Hände		
elektrische Energie	?	Transformator	Tauchsieder	Leuchtdiode	Akkuladegerät
thermische Energie	Dampflokomotive	Thermoelement	?	glühende Bremsen	
Strahlungsenergie	Lichtmühle	?	Sonnenkollektor		Fotosynthese
chemische Energie	Bewegung	Batterie	?	Knicklicht	Verdauung

1. Beschreibe auf folgende Weise drei Energieumwandlungen in der Tabelle: Ein Wasserrad wandelt die Bewegungsenergie des Wassers in die Bewegungsenergie des Wasserrads um.
2. Ordne folgende Energiewandler den Fragezeichen zu: Ventilator, Gasbrenner, Heizung, Solarzelle und Fahrraddynamo Begründe deine Zuordnungen.
3. Die thermische Energie bei der Dampflok stammt von verbrannter Kohle. Beschreibe alle Energieumwandlungen.
4. Stelle Vermutungen an, warum die Höhenenergie und die Spannenergie in der Tabelle fehlen.

P3 Energieumwandlung im Versuch

Material: Flummi

Durchführung: Nimm den Flummi hoch und lasse ihn fallen.

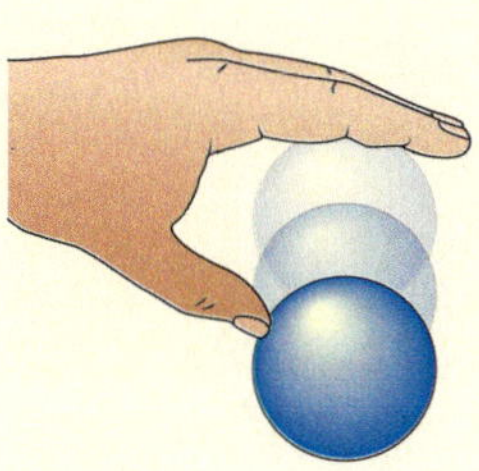

1. Beschreibe die Energieumwandlungen, die beim Fallenlassen des Flummis ablaufen.

1 Fahrradfahrer auf einem Berg.

Energiefluss

Energie wird abgegeben

Bei einer Glühlampe wird elektrische Energie in Strahlungsenergie und thermische Energie umgewandelt. Die Glühlampe wird warm und leuchtet. Die Energien werden als Licht und Wärme an die Umgebung abgegeben. Die Weitergabe von Energie an einen anderen Gegenstand oder an die Umgebung bezeichnet man als **Energiefluss**.

2 Energieformen bei einer Abfahrt

Energieentwertung

Steht ein Fahrradfahrer auf einem Berg, besitzt er Höhenenergie. Er kann den Berg herunterfahren, ohne in die Pedale zu treten. Seine Höhenenergie wird in Bewegungsenergie umgewandelt. Irgendwann muss er bremsen, damit es nicht zu einem Unfall kommt. Durch den Bremsvorgang wird die Bewegungsenergie geringer, der Fahrradfahrer wird langsamer. Trotzdem verliert der Fahrer weiterhin an Höhe und besitzt damit auch weniger Höhenenergie. Diese Energie kann nicht einfach verloren gehen. Untersucht man unten im Tal das Fahrrad, stellt man fest, dass sich die Bremsen erwärmt haben. Die Höhenenergie wurde also nicht nur in Bewegungsenergie umgewandelt. Ein Teil ist als thermische Energie an die Umgebung abgegeben worden. Da dieser Teil für das Fahren nicht nutzbar ist, spricht man von **entwerteter Energie**.

3 Energieflussdiagramm

Energieflussdiagramm

Um Energieumwandlungen übersichtlich und in der richtigen Reihenfolge darzustellen, kann man **Energieflussdiagramme** benutzen. Dabei werden für die Energieformen und Energiewandler unterschiedliche Symbole verwendet. Energiewandler werden als Kreise dargestellt, in die Energie hinein- und wieder herausgeht. Der Energiefluss wird mit Pfeilen dargestellt. Die Breite eines Pfeils steht für die Menge der Energie, die in dem Vorgang zur Verfügung steht. Wird eine Energieform in verschiedene Energieformen umgewandelt, muss die Gesamtbreite des Pfeils, der in den Wandler hineinführt, genauso breit sein wie die Breite aller Pfeile die hinausgehen. Ein Teil der Energie wird bei den Umwandlungsprozessen immer an die Umgebung abgegeben. Diese entwertete Energie ist für den Menschen nicht weiter nutzbar. Daher zeigt der Pfeil in diesem Fall nicht in Richtung des nächsten Energiewandlers, sondern nach unten.

Material mit Aufgaben

F

M1 Energieflussdiagramm

A

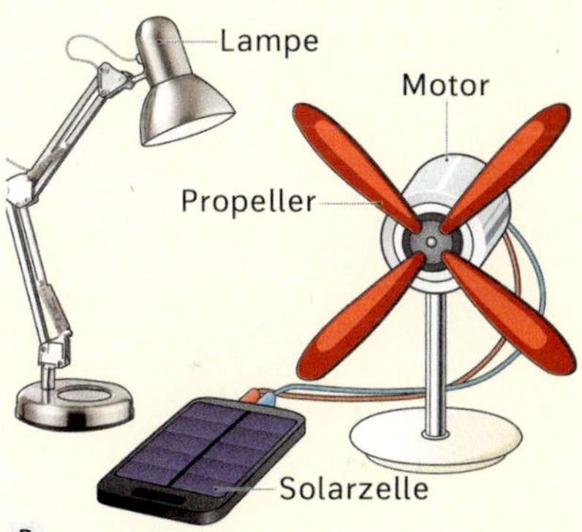

B

1. Nenne die in den Bildern A und B auftretenden Energieformen und Energiewandler.
2. Erstelle für den Aufbau in Bild A ein Energieflussdiagramm.
3. Erstelle für den Aufbau in Bild B ein Energieflussdiagramm.
4. Stelle Vermutungen an, warum sich die dargestellte Lampe in Bild C auf Dauer nicht selbst betreiben kann.

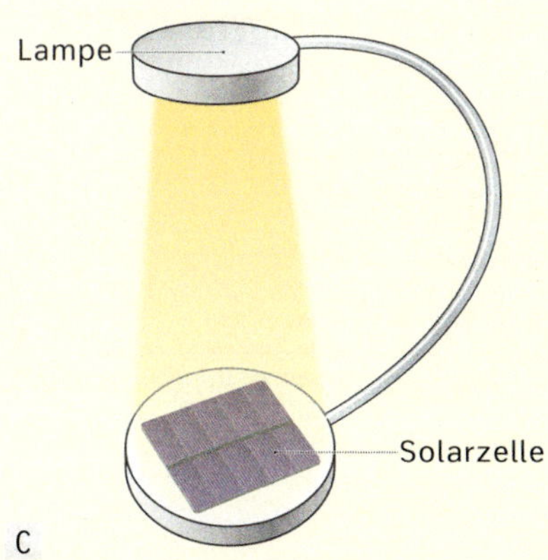

C

1 Skateboardfahrer in einer Halfpipe

Energiebilanz

Skateboard fahren

Steht man auf einem Skateboard oben auf einer Halfpipe, besitzt man Höhenenergie. Fährt man die Halfpipe herunter, wird die Höhenenergie in Bewegungsenergie umgewandelt. Fährt man die Halfpipe auf der anderen Seite wieder hoch, wird die Bewegungsenergie wieder in Höhenenergie umgewandelt.

Am tiefsten Punkt der Halfpipe ist man sehr schnell, man besitzt sehr viel Bewegungsenergie. Trotzdem kann man ohne Anschwung nicht höher fahren als der Startpunkt. Während der Fahrt erwärmen sich die Rollen. Ein Teil der Energie wird in thermische Energie umgewandelt.

Energiebilanzen

Wandelt ein Körper verschiedene Energieformen um, so besitzt er zu unterschiedlichen Zeitpunkten des Vorgangs verschiedene Mengen der jeweiligen Energieform. Die Betrachtung der Energiemengen zu unterschiedlichen Zeitpunkten nennt man **Energiebilanz**. Die Gesamtmenge der Energie ist während den Umwandlungen immer gleich groß. Man spricht von **Energieerhaltung**. Die entwertete Energie muss in der Energiebilanz mit betrachtet werden.

2 Verschiedene Energieformen in einer Halfpipe

F

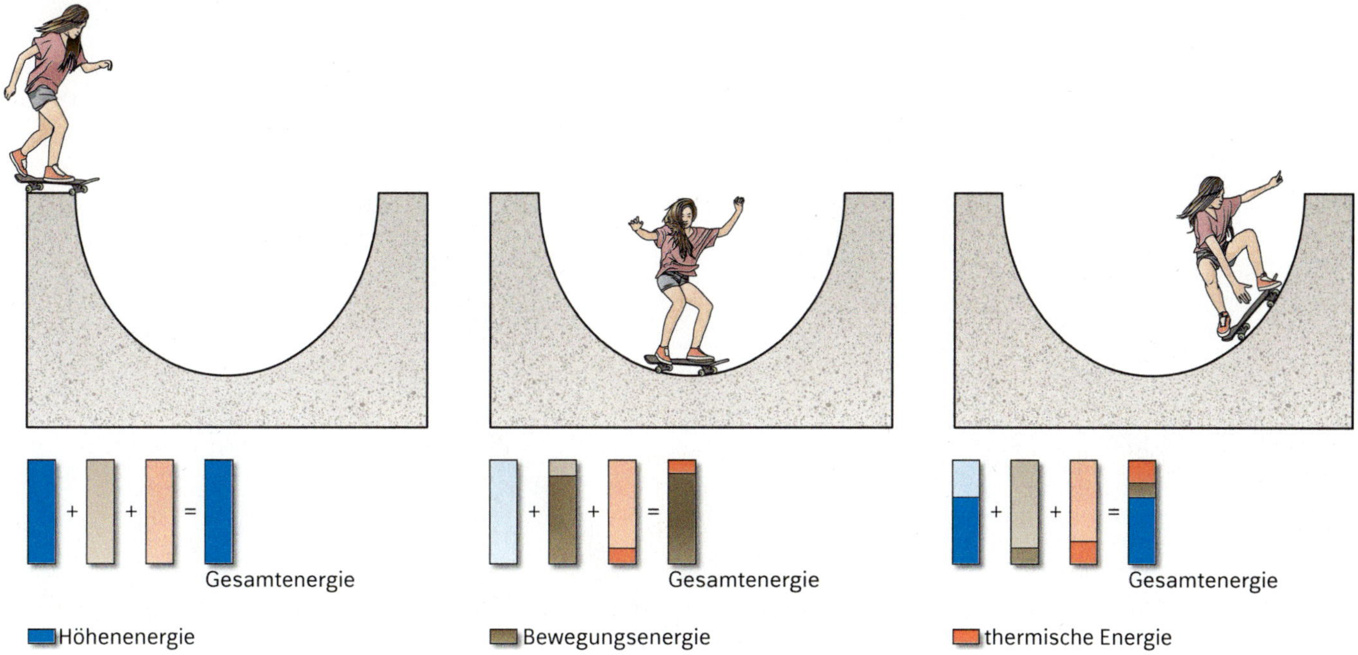

3 Energiekontomodell

Energiekontomodell

Ein Energieflussdiagramm stellt die Energieumwandlungsprozesse und den Energiefluss in den Mittelpunkt. Im Gegensatz zum Energieflussdiagramm wird im **Energiekontomodell** die Energiebilanz grafisch dargestellt. Es wird die Menge der aktuell vorhandenen Energieformen zu verschiedenen Zeitpunkten für einen einzelnen Energiewandler angegeben. Dazu werden für jeden betrachteten Zeitpunkt des Vorgangs alle auftretenden Energieformen als einzelne Balken dargestellt. Je nach betrachtetem Zeitpunkt sind die Balken unterschiedlich hoch gefüllt. Die Gesamtenergie wird als ein gesonderter Balken dargestellt, der sich aus allen anderen Balken zusammensetzt. Dieser Balken bleibt immer gleich hoch.

A Erkläre, was man unter einer Energiebilanz versteht.

B Beschreibe den Unterschied zwischen Energieflussdiagrammen und Energiekonten.

Material mit Aufgaben

M1 Energiekontomodell

1. Nenne die in den Bildern A und B auftretenden Energieformen.
2. Beschreibe, welche Energieform zu jedem Zeitpunkt in den Bilder A und B am meisten vertreten ist.
3. Stelle den Vorgang in Bild A in Energiekonten dar, in welchen der Energiefluss an die Umgebung vernachlässigt wird.
4. Erstelle jeweils ein Energiekontomodell für die Bilder A und B.

1 Solarzellen

Die Energie der Sonne

Die Sonne ist eine Energiequelle

Die Sonne gibt ihre Energie in Form von **Strahlungsenergie** ab. Wir nehmen diese Strahlung als Licht und Wärme wahr. Pflanzen nehmen diese Energie auf und speichern sie in Form von Nährstoffen. Bei diesem Vorgang wandeln die Pflanzen die Strahlungsenergie der Sonne in **chemische Energie** um. Die chemische Energie ist in den Nährstoffen gebunden. Auch andere Lebewesen wie Tiere und Menschen benötigen Energie, damit sie sich bewegen, wachsen und fortpflanzen können. Wenn man eine Birne isst, nutzt der Körper die in ihr gespeicherte Energie. Der Körper wandelt die chemische Energie in **Bewegungsenergie** und **Wärme** um. Der Körper ist ein **Energiewandler**. Die Energiewandlungen bildet man in einem **Energieflussdiagramm** ab.

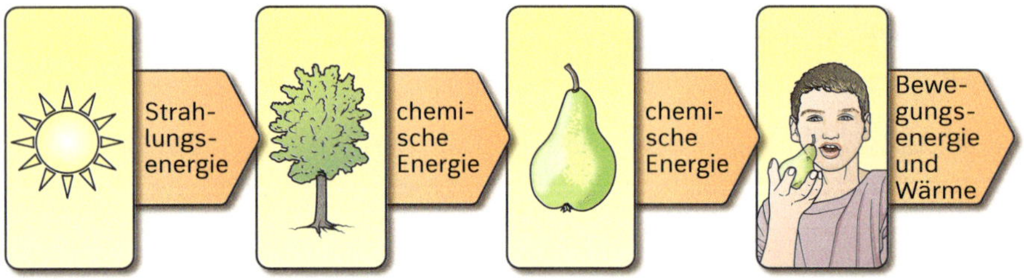

2 Energieflussdiagramm

Solarzellen

Auf vielen Dächern kann man dunkle Platten, die Solarzellen, finden. Viele dieser einzelnen Solarzellen sind zu großen **Photovoltaikanlagen** zusammengefasst. Diese sind nicht nur auf Dächern, sondern auch auf Feldern. Sie wandeln die Strahlungsenergie der Sonne in elektrische Energie um. Die elektrische Energie kann vor Ort genutzt oder ins Stromnetz eingespeist werden.

Sonnenkollektoren

Trifft die energiereiche Strahlung der Sonne auf Gegenstände, werden diese erwärmt. In Sonnenkollektoren wird die Energie der Sonne in Form von Wärme an das Wasser im Sonnenkollektor übertragen. Dadurch erhöht sich die Temperatur des Wassers. Das Warmwasser strömt dann von den Kollektoren über Rohrleitungen in einen Wasserspeicher. Das Warmwasser im Wasserspeicher kann dann für Heizkörper, zum Duschen oder den Abwasch verwendet werden.

3 Sonnenkollektoren

Material mit Aufgaben

M1 Solarzelle

1. Beschreibe den im Bild dargestellten Aufbau.
2. Beschreibe alle im Bild dargestellten Energiewandlungen. ⊞
3. Erstelle für dieses Beispiel ein Energieflussdiagramm.

M2 Sonnenkollektor

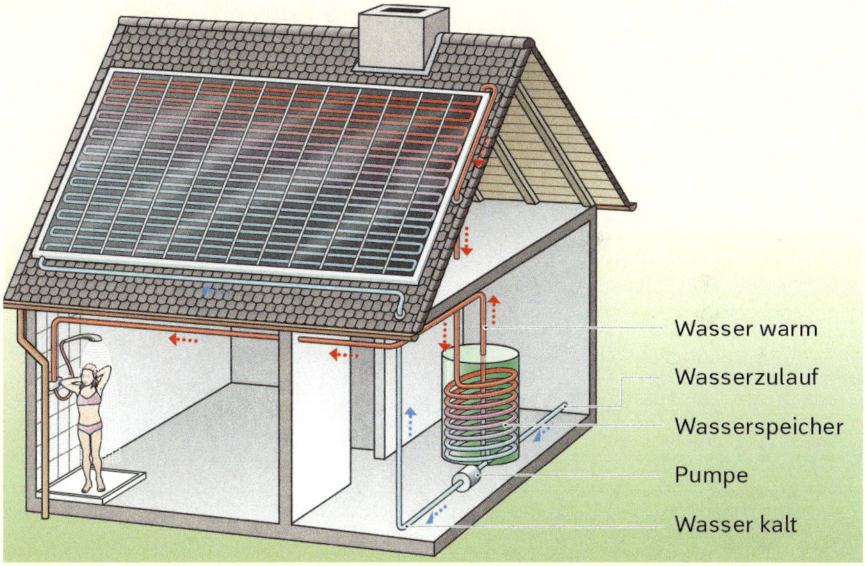

1. Beschreibe den Aufbau des Sonnenkollektors.
2. Erkläre die Funktionsweise eines Sonnenkollektors. ⊞
3. Beschreibe die Energieumwandlung in einem Sonnenkollektor. ⊞
4. Wähle eine der Aufgaben aus:
   a Erkläre den Unterschied zwischen einer Solarzelle und einem Sonnenkollektor.
   b Erstelle ein Energieflussdiagramm für einen Sonnenkollektor.

1 Fahrradfahrer in der Dämmerung

Energiestromstärke

Fahrrad fahren

Damit sich ein Fahrrad bewegt, ist Energie notwendig. Es findet ein Energiefluss vom Menschen zum Rad des Fahrrads statt. Dieser setzt das Fahrrad in Bewegung. Wird es dunkel, dann muss das Licht am Fahrrad eingeschaltet werden. Oft wird die Beleuchtung mithilfe eines Dynamos betrieben. Es findet ein zusätzlicher Energiefluss vom Rad über den Dynamo zur Lampe statt. Dadurch wird das Treten schwerer. Es muss insgesamt mehr Energie umgewandelt werden, damit beide Vorgänge gleichzeitig ablaufen können.

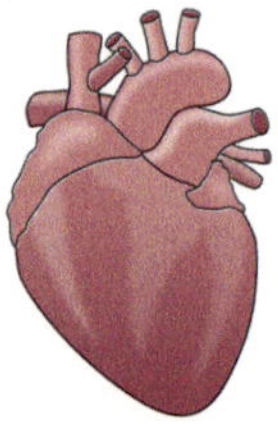

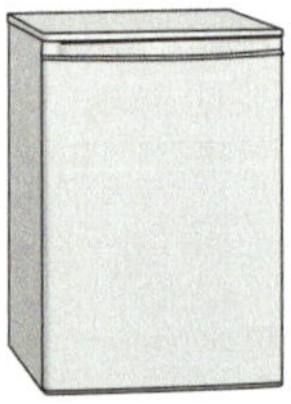

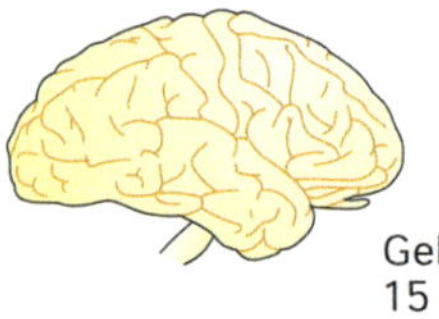

2 Typische Energiestromstärken

Energiestromstärke

Die Einheit für die Energie ist **Joule (J)**. Sie hat das Formelzeichen E und ist nach dem britischen Physiker James Prescott Joule benannt. Das Maß für die Menge an Energie, die während eines Vorgangs fließt, nennt **Energiestromstärke**. Sie gibt an, wie viel Energie pro Sekunde umgewandelt wird. Die Einheit der Energiestromstärke ist **Watt (W)**. Sie hat das Formelzeichen **P** und ist nach dem schottischen Erfinder James Watt benannt. Findet ein Energiefluss mit einer Energiestromstärke von einem Watt genau eine Sekunde lang statt, so entspricht dies einer Energie von einem Joule. Ein Joule entspricht also einer **Wattsekunde**.

Die Energiestromstärke gibt an, wie schnell Energie umgewandelt wird. Je schneller eine Energieumwandlung stattfindet, desto größer ist die Energiestromstärke. Für jede Energieumwandlung kann die Energiestromstärke und die umgewandelte Energiemenge bestimmt werden. Für die Berechnung der Energiemenge multipliziert man die Energiestromstärke mit der Dauer der Umwandlung.

$E = P \cdot t$

$E = 100\ W \cdot 1\ s = 100\ Ws = 100\ J$

Leistung

Ein untrainierter Mensch kann über mehrere Stunden mit den Beinen eine Energiestromstärke von 100 Watt aufbringen, die zum Fahrradfahren genutzt werden kann. Für wenige Sekunden ist er sogar in der Lage 800 Watt aufzubringen. Die Energiestromstärke wird auch als **Leistung** bezeichnet. Die Leistung von 100 Watt, die der Fahrradfahrer über mehrere Stunden aufbringen kann, bezeichnet man auch als **Dauerleistung**. Die Leistung von 800 Watt bezeichnet man als **Spitzenleistung**. Sie ist die maximale Leistung und kann nur über einen sehr kleinen Zeitraum erbracht werden.

A Erkläre, warum das Fahrradfahren mit angeschaltetem Dynamo anstrengender ist.

Material mit Aufgaben

M1 Mikrowelle

A

B

Zum Auftauen von zwei Portionen für ein Mittagessen, werden zwei Mikrowellen für jeweils 60 Sekunden mit unterschiedlicher Leistung betrieben.

1. Erkläre, was die Angabe 700W auf der Mikrowelle in Bild A bedeutet.
2. Stelle Vermutungen an, welche Mikrowelle das Mittagessen stärker erwärmt hat.
3. Berechne, wie viel Energie von jeder Mikrowelle in den 60 Sekunden umgewandelt wird.

M2 Leistung beim Sport

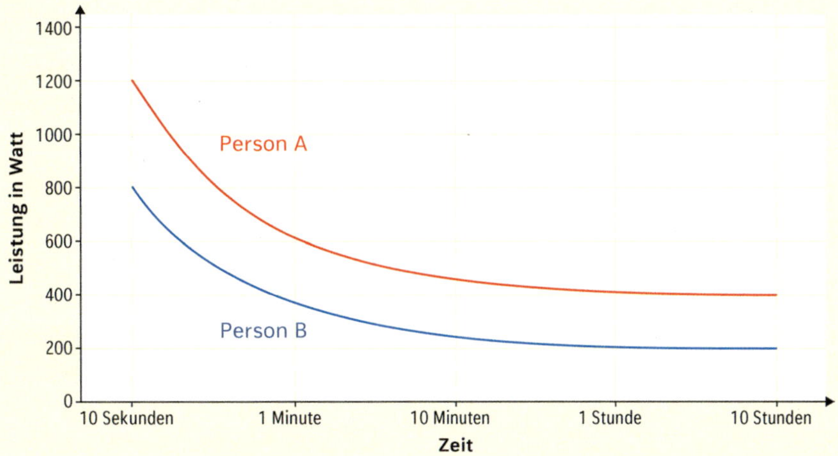

1. Beschreibe die beiden Kurven im Diagramm.
2. Bestimme die möglichen Spitzenleistungen der Personen und die Leistung, die sie bei 10 Stunden noch erbringen können.
3. Begründe, welche der beiden Personen trainierter ist.

1 Wärmebilder verschiedener Lampen

Wirkungsgrad

Leuchtmittel

In Geschäften sieht man oft Lampen, die sich sehr ähnlich sind, aber unterschiedliche Preise haben. Vergleicht man die Werte für die elektrische Leistung, stellt man fest, dass diese für viele Produkte gleich ist. Der Unterschied zwischen den Lampen wird oft erst in der Anwendung oder mithilfe einer Wärmebildkamera deutlich. Eine Wärmebildkamera stellt den Energiefluss an die Umgebung dar. Die unterschiedliche Abgabe von thermischer Energie wird durch verschiedene Farben dargestellt. Die Stellen der höchsten Abgabe erscheinen weiß, rot oder orange, mittlere gelb oder grün und geringe blau, violett oder schwarz. Obwohl alle Lampen die gleiche Leistung haben, leuchtet die eine Lampe heller als die anderen. Bei Berührung stellt man außerdem fest, dass die nicht so hell leuchtenden Lampen wärmer sind.

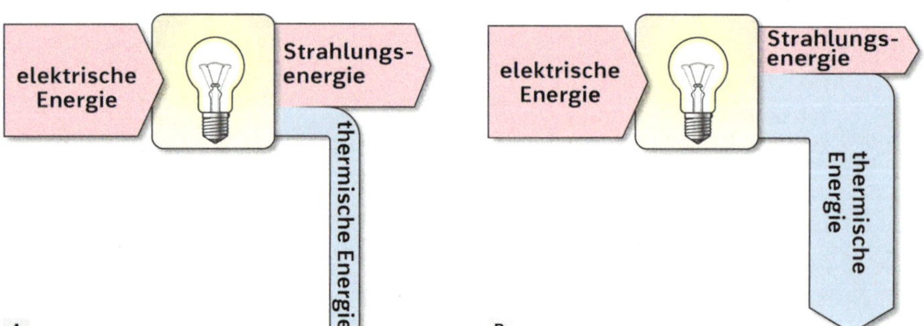

2 Energieflussdiagramm: **A** Lampe mit hohem Wirkungsgrad, **B** Lampe mit niederigem Wirkungsgrad

Wirkungsgrad

Lampen sind Energiewandler. Sie wandeln elektrische Energie in Strahlungsenergie um. Ein Teil der elektrischen Energie wird außerdem in thermische Energie umgewandelt. Je höher der Anteil der gewünschten Energieform ist, desto effizienter ist der Energiewandler. Ein Maß für die Arbeitsweise von Energiewandlern ist der **Wirkungsgrad**. Der

Wirkungsgrad ist das Verhältnis der Menge an genutzter Energie zu der Menge an eingesetzter Gesamtenergie.

$$\text{Wirkungsgrad} = \frac{\text{genutzte Energie}}{\text{Gesamtenergie}}$$

Die nicht genutzte Energie wird als entwertete Energie an die Umgebung abgegeben. Der Wirkungsgrad kann Werte zwischen 0 und 1 annehmen. Je höher der Wert ist, desto effizienter ist der Energiewandler. Glühlampen besitzen einen schlechten Wirkungsgrad von ungefähr 0,05. Das bedeutet, dass 95% der eingesetzten Energie als thermische Energie abgegeben wird. Halogenlampen sind mit einem Wirkungsgrad von etwa 0,1 nur wenig besser. Seit mehreren Jahren werden überwiegend LEDs angeboten und gekauft. Sie besitzen einen Wirkungsgrad von 0,25 bis 0,4.

Energieeffizienzklasse

Die elektrische Leistung gibt an, wie viel Energie pro Sekunde umgesetzt wird. Daher kann der Wirkungsgrad auch über die Leistung berechnet werden. Als Eingangsleistung P_1 wird die Leistung bezeichnet, die zum Betrieb einer Lampe benötigt wird. Je nach Art der Energieumwandlung ist der Anteil der umgewandelten Lichtleistung P_2 größer oder kleiner. Teilt man die Lichtleistung P_2 durch die eingesetzte Leistung P_1, erhält man den Wirkungsgrad. Auch für viele Haushaltsgeräte kann man den Wirkungsgrad bestimmen. Allerdings wird in diesen Fällen statt des Wirkungsgrades oft die Energieeffizienzklasse angegeben. Sie ist als Aufkleber auf den Haushaltsgeräten zu finden.

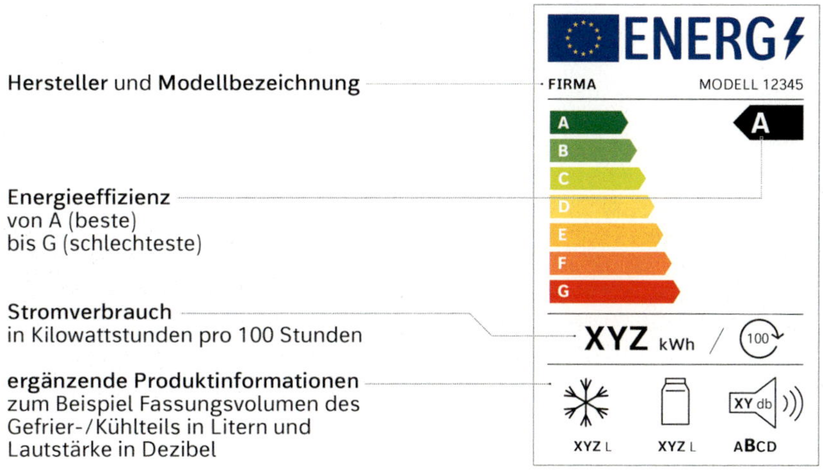

3 Energieeffizienzklassen

Material mit Aufgaben

M1 Wirkungsgrad

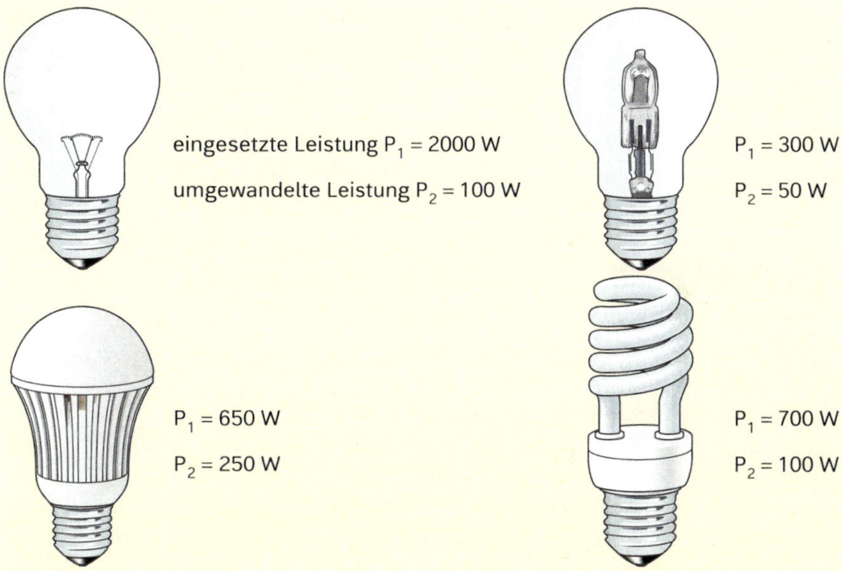

1. Berechne den Wirkungsgrad der verschiedenen abgebildeten Leuchtmittel.
2. Beurteile die verschiedenen Leuchtmittel in Bezug auf ihre Effizienz.
3. Glühlampen sind oft deutlich günstiger als LEDs. Begründe, welches Leuchtmittel du beim Kauf bevorzugen würdest.

1 Solarzellen und Windräder

Fossile und nachhaltige Energie

Die Sonne ist eine Energiequelle

Die Sonne gibt ihre Energie in Form von **Strahlungsenergie** ab. Pflanzen nehmen diese Energie auf und speichern sie in Form von Nährstoffen. Sie wachsen mithilfe dieser Energie. Auch andere Lebewesen wie Tiere und Menschen benötigen Energie, damit sie sich bewegen, wachsen und fortpflanzen können. Der Mensch nutzt die Energie der Sonne aber noch auf andere Weisen. Beispielsweise kann man auf Dächern oder Feldern dunkle Platten, die **Solarzellen**, finden. Sie wandeln die Strahlungsenergie der Sonne in elektrische Energie um, welche ins Stromnetz eingespeist wird.

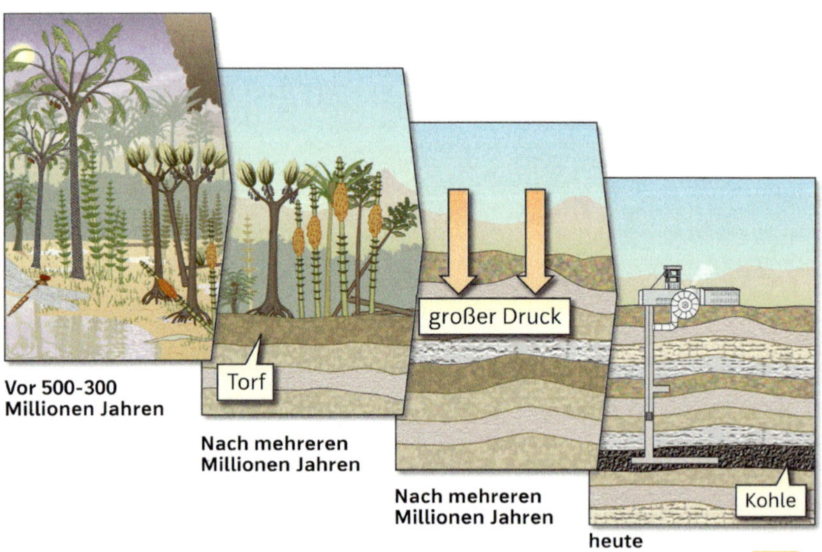

2 Entstehung von Kohle

F

Kohle, Erdöl, Erdgas

Kohle, Erdöl und Erdgas entstanden vor Millionen von Jahren. Deshalb werden sie als **fossile Brennstoffe** bezeichnet. Die Energie der Sonne bewirkte auch damals, dass Pflanzen wuchsen und dabei die Energie der Sonne in chemische Energie umwandelten. Wenn sie abgestorben waren, vermoderten sie und wurden überlagert von Erdschichten, Gestein und Geröll. Der Druck dieser Schichten auf die toten Pflanzen wurde mit der Zeit sehr groß. Dadurch wurde aus ihnen Kohle. Erdöl und Erdgas haben sich aus Kleinstlebewesen gebildet, die vor Urzeiten im Meer lebten und abgestorben sind. Der Mensch verbrennt fossile Brennstoffe um zum Beispiel die chemische Energie in den Brennstoffen in elektrische Energie umzuwandeln.

Windenergieanlagen

Durch die Energie der Sonne wird die Erdoberfläche erwärmt. Der Boden nimmt die Strahlungsenergie auf. Die Luft über dem Boden nimmt die Energie auf und erwärmt sich. Der warme Boden erwärmt dadurch die untersten Luftschichten und die warme Luft steigt auf. Wenn warme Luft nach oben steigt, wird sie durch kältere Luft ersetzt, die von allen Seiten nachströmt. So entsteht Wind. Windenergieanlagen werden durch Wind angetrieben. Sie nutzen die Bewegungsenergie der sich bewegenden Luft. Der Wind treibt die Windräder mit Turbinen und somit Generatoren an. Diese wandeln die Bewegungsenergie in elektrische Energie um.

Nachhaltige Energie

Fossile Brennstoffe entstehen sehr langsam. Sie bilden sich bei weitem nicht so schnell nach, wie sie verbraucht werden. Zukünftig werden die Vorräte erschöpft sein. Die Sonne wird noch mehrere Milliarden Jahre lang scheinen und Energie liefern. Der Vorrat an Strahlungsenergie ist also nicht begrenzt. Strom und Wärme, die direkt aus der Strahlungsenergie erzeugt werden, sind **nachhaltig**.

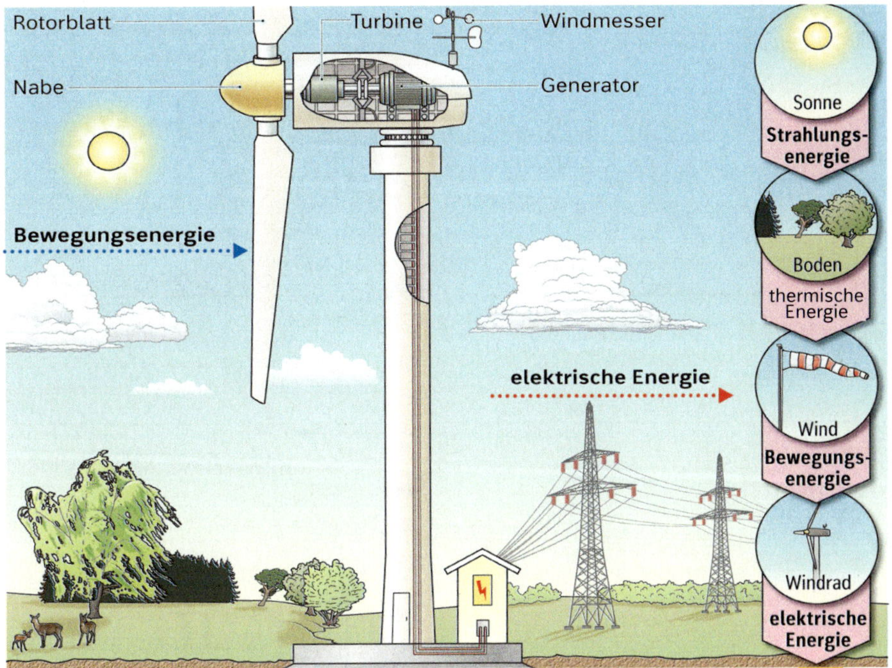

3 Funktionsweise einer Windenergieanlage

F

Material mit Aufgaben

M1 Kohlekraftwerk

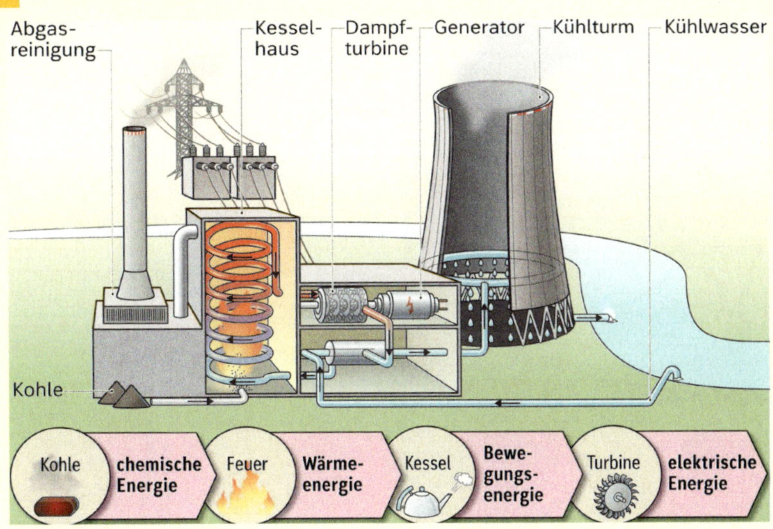

1. Beschreibe den Aufbau des dargestellten Kohlekraftwerks.
2. Erkläre, wie in einem Kohlekraftwerk elektrische Energie gewonnen wird.

1 Energienutzung im Haushalt

Energie im Haushalt

Energieversorgung

Alle Haushalte benötigen das ganze Jahr über sehr viel Energie für verschiedene Bereiche. Dieser **Energiebedarf** wird zu einem großen Teil durch fossile Brennstoffe wie Holz, Erdgas oder Erdöl gedeckt. Diese werden in der Regel direkt in die Haushalte geliefert und in Heizkesseln verbrannt. So wird die Warmwasserversorgung und die Wärme zum Heizen bereitgestellt. Außerdem werden fossile Brennstoffe auch in Kraftwerken verbrannt. Die in ihnen enthaltene chemische Energie wird dort in elektrische Energie umgewandelt, die über das Stromnetz zu den Haushalten transportiert wird. Dort wird sie in elektrischen Geräten in unterschiedliche Energieformen wie Strahlungsenergie, thermische Energie oder Bewegungsenergie umgewandelt und so für den Menschen nutzbar gemacht. Die Versorgung des Haushalts mit elektrischer Energie wird heute vermehrt auch durch die Nutzung von regenerativen Energiequellen wie beispielweise Windenergie oder Solarenergie gedeckt.

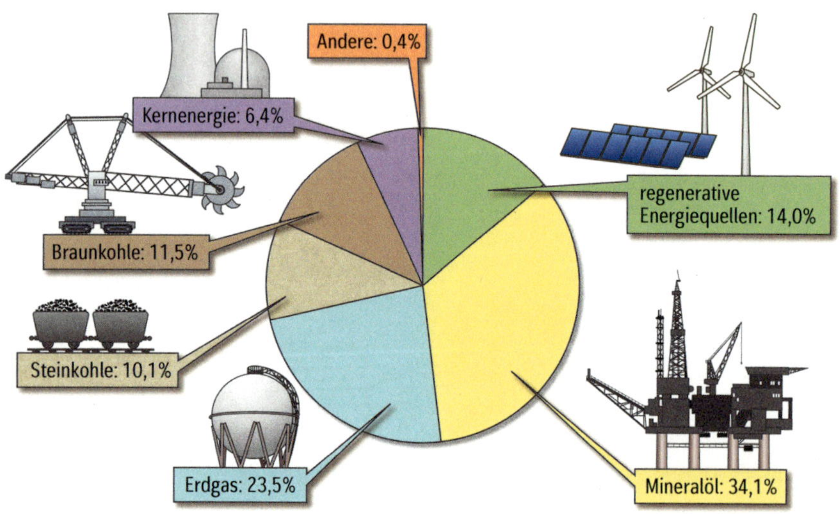

2 Energieversorgung eines Haushalts (Stand 2018)

Energienutzung

Der größte Teil der Energie in einem Haushalt wird durch die Heizung umgewandelt. Nur ein kleiner Teil wird von elektrischen Geräten umgewandelt. Von den elektrischen Geräten benötigen Kühlschranke, Tiefkühltruhen oder Waschmaschinen deutlich mehr Energie als Lampen, Fernseher oder Computer. Auch Autos zählen mit zu einem Haushalt. Wenn ein Haushalt ein Auto besitzt, dann wandelt dieses ungefähr ein Drittel der gesamten Energie pro Jahr um. Dabei wandelt das Auto nur einen kleinen Teil der Energie in Bewegungsenergie um. Der Rest wird zum Beispiel in thermische Energie in Form von heißen Abgasen umgewandelt.

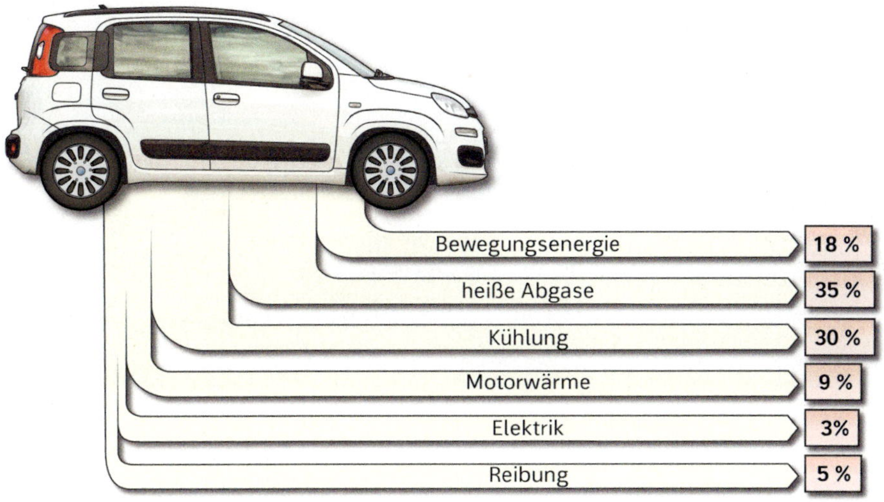

3 Energienutzung eines Autos (Verbrennungsmotor)

A Beschreibe, wie ein Haushalt mit Energie versorgt wird.

Material mit Aufgaben

M1 Energienutzung im Haushalt

Die Abbildung zeigt die Aufteilung eines durchschnittlichen Jahresbedarfs an Energie eines Haushaltes.

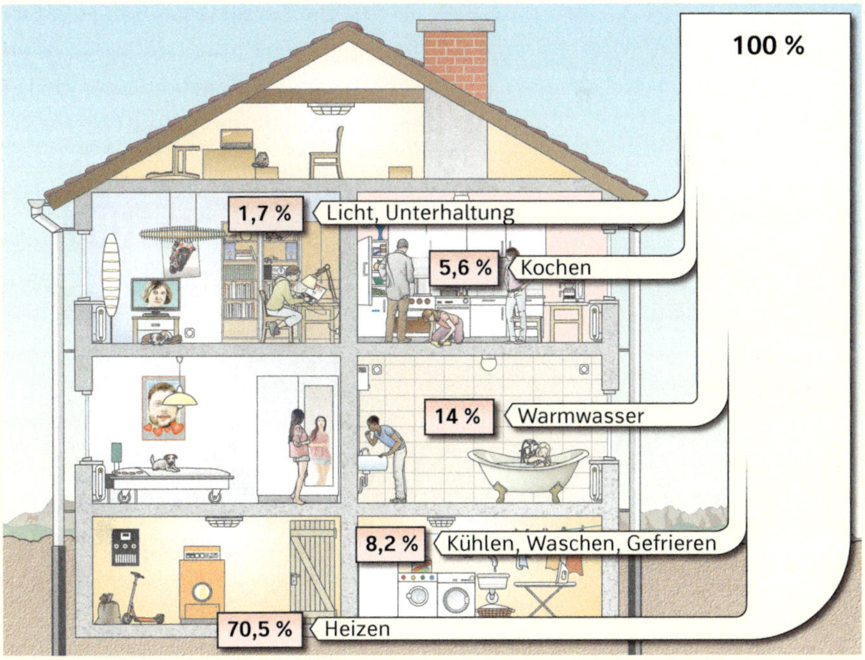

1. Beschreibe das dargestellte Energieflussdiagramm.
2. Beschreibe, wie sich das Energieflussdiagramm verändert, wenn man nur den Sommer oder den Winter betrachtet.
3. Stelle Vermutungen an, wie Energie im Haushalt eingespart werden kann.
4. Recherchiere den aktuellen Stand der Zusammensetzung der Energieversorgung eines Haushaltes. Stelle Vermutungen über zukünftige Entwicklungen an.

1 Ausschalten einer Steckdosenleiste

Energie sparen

Im Haushalt sparen

Ein großer Teil der täglich benötigten Energie wird durch die Umwandlung der chemischen Energie aus fossilen Energieträgern gestellt. Da diese Ressourcen begrenzt sind, sind sie kostbar. Außerdem ist die Bereitstellung oft eine Belastung für die Umwelt, da die fossilen Energieträger sich tief im Boden befinden. Zum Schutz der Umwelt ist es wichtig, Energie zu sparen. Am effektivsten ist es Häuser und Wohnungen optimal zu dämmen, sodass wenig Energie an die Umgebung abgegeben wird. Das ist aber sehr teuer und oft hat man als Mieter keinen Einfluss darauf, wie gedämmt wird. Ein geringes Senken der Heiztemperatur reduziert aber oft auch den Energiebedarf.

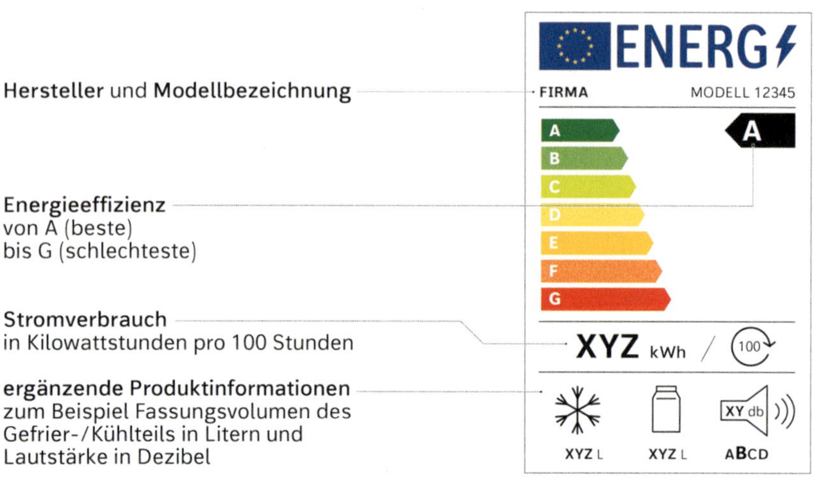

2 Energieeffizienzklassen

Energieeffizienzklassen

Eine effektive Nutzung der Energie ist eine weitere Möglichkeit, um Energie zu sparen. Dazu muss man **effizientere** Energiewandler einsetzen. Dadurch kann der Energiefluss an die Umgebung bei der Nutzung der Geräte stark reduziert werden. Für elektrische Geräte sind **Energieeffizienzklassen** eine Orientierung, wie viel Energie als thermische Energie abgegeben wird. Je kleiner dieser Anteil ist, desto besser ist die Effizienz. Die beste Effizienz haben elektrische Geräte mit der Effizienzklasse A.

Nachhaltigkeit

In einem bewussten Umgang mit Energie spielen unterschiedliche Aspekte eine Rolle. Sie werden unter dem Begriff **Nachhaltigkeit** zusammengefasst.
Zum einen muss der **ökologische** Aspekt berücksichtigt werden. Dieser umfasst alle Auswirkungen auf die Umwelt, wie Klimaveränderungen oder die Zerstörung von Lebensräumen. Zum Beispiel müssen Geräte mit geringer Lebensdauer häufig ausgetauscht werden. Um neue Geräte herzustellen, werden wieder mehr Rohstoffe benötigt. Das führt zu einem stärkeren Eingriff in die Umwelt und zu einer größeren Müllmenge, die entsorgt werden muss. Zum anderen müssen auch wirtschaftliche, **ökonomische**, Aspekte beachtet werden. Jedes Gerät hat Anschaffungskosten. Diese müssen mit den Ersparnissen durch einen geringeren Energieverbrauch verglichen werden. Es lohnt sich der Kauf effizienterer Energiewandler, wenn die Kosten der eingesparten Energie größer sind als die Anschaffungskosten. Außerdem ist es oft noch wichtig, die unterschiedliche Lebensdauer der Geräte zu berücksichtigen. Preiswerte Geräte sind oft weniger effizient und gehen in der Regel schneller kaputt. Auch **soziale** Aspekte müssen betrachtet werden. Viele Geräte werden außerhalb Europas hergestellt. In vielen Ländern arbeiten die Menschen leider unter schlechten Arbeitsbedingungen. Jedoch sind die Menschen auf die Arbeit zur Ernährung ihrer Familien angewiesen.

A Beschreibe die verschiedenen Aspekte der Nachhaltigkeit.

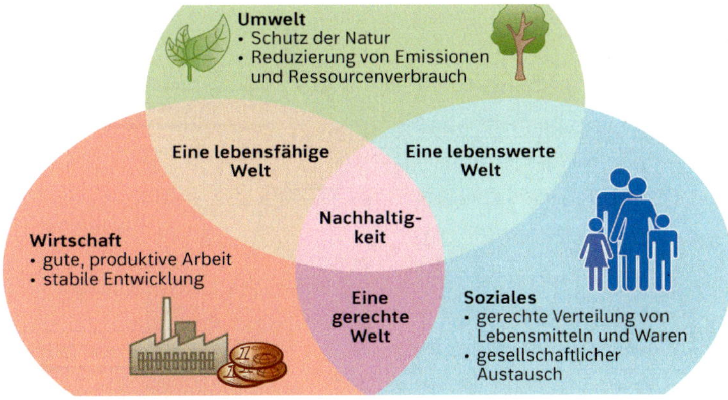

3 Aspekte der Nachhaltigkeit

Material mit Aufgaben

M1 Nachhaltigkeit

Herr Mink kauft sich eine neue Waschmaschine. Die neue Waschmaschine benötigt weniger Energie als die alte. Die alte Waschmaschine hat die Effizienzklasse D. Allerdings war die alte Maschine noch voll funktionsfähig und würde laut Herstellerangabe noch mindestens 3 Jahre funktionieren. In einem Bericht wird deutlich, dass die neue Waschmaschine unter schlechten Bedingungen gefertigt wurde. Auch lässt sich die neue Waschmaschine nicht reparieren und hat eine geringere Nutzungsdauer.

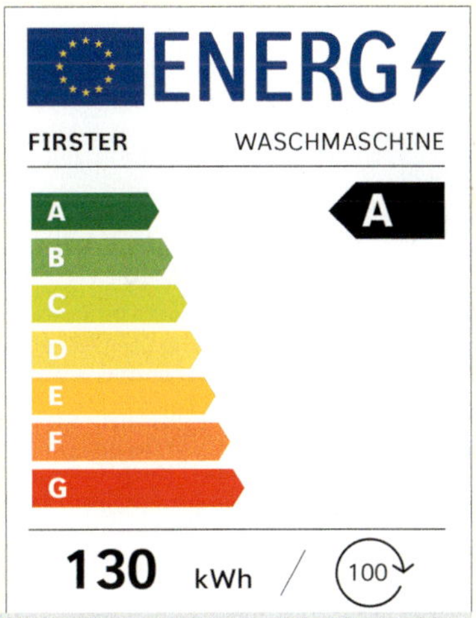

Effizienzklasse der neuen Waschmaschine

1. Beschreibe die ökologischen, ökonomischen und sozialen Auswirkungen des Kaufs der neuen Waschmaschine.
2. Beurteile die Nachhaltigkeit des Kaufs der neuen Waschmaschine.
3. Wähle eine der Aufgaben aus:
   a Beurteile die Entscheidung, die alte Waschmaschine noch 3 Jahre länger zu benutzen, in Bezug auf die Nachhaltigkeit.
   b Erläutere, wie du dich in der Situation entscheiden würdest.

Zusammenfassung Energie ist überall

Energie

Damit Vorgänge ablaufen, muss Energie zur Verfügung stehen. So kann man zum Beispiel nur einen Bogen spannen, wenn man die Bogensehne mit der Kraft seines Armes spannt. Energie kann auf verschiedene Weisen zur Verfügung stehen. Es gibt verschiedene Formen von Energie: Strahlungsenergie, thermische Energie, Spannenergie, Höhenenergie, Bewegungsenergie, elektrische Energie und chemische Energie. Energie wird immer umgewandelt. Sie geht nie verloren. Man bezeichnet dies als Energieerhaltung. Energieumwandlungen für einen Vorgang kann man mit Energieflussdiagrammen veranschaulichen.

Energiestromstärke

Die Energiestromstärke gibt an, wie viel Energie pro Sekunde von einem Bauteil oder einem Körper umgewandelt wird. Die Einheit der Energiestromstärke ist Watt. Für jede Energieumwandlung kann die Energiestromstärke und die umgewandelte Energiemenge bestimmt werden. Für die Berechnung der Energiemenge multipliziert man die Energiestromstärke mit der Dauer der Umwandlung.

$E = P \cdot t$

Energie im Haushalt

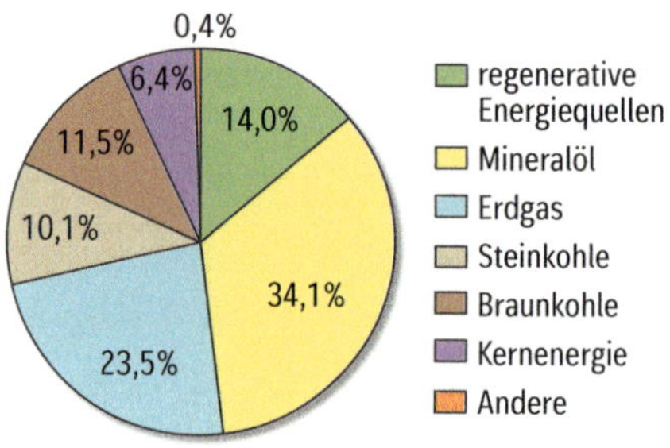

Ein Haushalt benötigt das ganze Jahr über sehr viel Energie für verschiedene Bereiche. Dieser Energiebedarf wird zu einem großen Teil durch fossile Brennstoffe gedeckt. Heutzutage wird auch immer mehr Energie mit regenerativen Energiequellen bereit gestellt. Der größte Teil der Energie in einem Haushalt wird durch die Heizung umgewandelt. Von den elektrischen Geräten benötigen Kühlschranke, Tiefkühltruhen oder Waschmaschinen deutlich mehr Energie als Lampen, Fernseher oder Computer.

Nachhaltigkeit

Bei einem bewussten Umgang mit Energie spielen wirtschaftliche, soziale und ökologische Aspekte eine Rolle. Sie werden unter dem Begriff Nachhaltigkeit zusammengefasst. Nachhaltiges Handeln schont Rohstoffe und sichert langfristig deren Verfügbarkeit. Dabei müssen aber die Interessen der Wirtschaft, der Umwelt und der Menschen vereinbart werden.

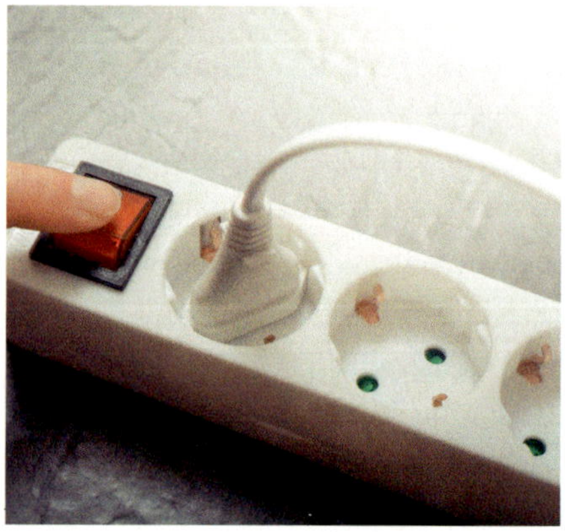

1 Energieumwandlungen

A Nenne die in den Vorgängen A und B beteiligten Energieformen.

B Beschreibe die dargestellten Energieumwandlungen.

C Erstelle für die dargestellten Vorgänge A und B jeweils ein Energieflussdiagramm.

D Beschreibe den Unterschied zwischen einem Energieflussdiagramm und einem Energiekontomodell.

E Erstelle für Vorgang A ein Energiekontomodell.

2 Die Energie der Sonne

A Ordne den Ziffern die richtigen Fachbegriffe zu.

B Beschreibe die dargestellten Energieumwandlungen.

C „Energie geht nie verloren." Nimm Stellung zu dieser Aussage.

D Entwickle ein Energieflussdiagramm für einen Sonnenkollektor.

3 Nachhaltigkeit

A Beschreibe mithilfe der Abbildung die drei Aspekte der Nachhaltigkeit.

B Erkläre, was man unter dem Begriff Nachhaltigkeit versteht.

C Beschreibe Beispiele aus deinem Alltag, in denen du nachhaltig handelst.

D Erläutere, wie ein nachhaltiger Umgang mit Energie aussehen könnte.

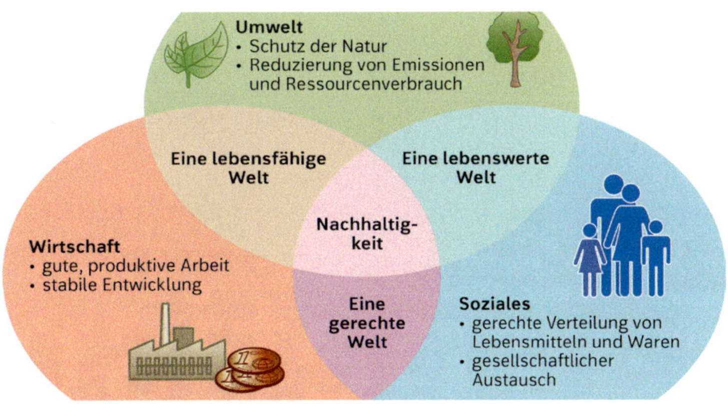

Magnetismus

7

Warum haften manche Gegenstände an Magneten? Wie funktioniert ein Kompass?

Die Muttern haften fest an einem Magneten. Die Anziehung ist so stark, dass man eine Kette aus den Muttern bauen kann. Keine von ihnen fällt herunter.

1 Magnetbuchstaben am Kühlschrank

Wirkung von Magneten

Das Wort ferromagnetisch stammt aus dem Lateinischen: ferrum – Eisen

Magnete im Alltag

Magnete findet man häufig an Kühlschränken, mit denen Zettel an der Tür angebracht werden. Aber auch bei Holzeisenbahnen werden Magnete als Kupplungen zwischen den Wagen verbaut.

2 **A** Stabmagnet zieht Eisennägel an, **B** Stabmagnet richtet sich nach Norden aus

Wirkung von Magneten

Nicht alle Gegenstände werden von Magneten angezogen. Während Büroklammern aus Eisen schon aus einiger Entfernung angezogen werden, funktioniert es mit Büroklammern aus Kunststoff nicht. Nur Gegenstände die Eisen, Nickel oder Kobalt enthalten, werden von Magneten angezogen. Eisen, Nickel oder Kobalt sind **ferromagnetische** Stoffe.

Wenn man einen Magneten festhält, kann man mit ihm bestimmte Gegenstände anziehen. Anders herum funktioniert das auch. Ein Magnet und ein ferromagnetischer Gegenstand ziehen sich also gegenseitig an. In einer Kühlschranktür sind Magnetschienen verbaut. Die Magnete in der Kühlschranktür werden von dem ferromagnetischen Stoff im Gehäuse des Kühlschranks angezogen, sodass die Tür zuhält.

Magnetpole

Die magnetische Wirkung ist an den Enden eines Stabmagneten am stärksten. Diese Stellen heißen **Pole**. In der Mitte ist die magnetische Wirkung nicht so stark. Die Form und die Größe eines Magneten haben nicht unbedingt etwas mit der Anziehungskraft des Magneten zu tun. Lässt man einen Stabmagneten frei drehbar hängen, kann man beobachten, dass er nach einiger Zeit aufhört, sich zu drehen. Dabei zeigt immer der gleiche Pol in Richtung Norden. Er wird **Nordpol** genannt. Der nach Süden zeigende Pol heißt **Südpol**. Zur besseren Unterscheidung werden die Pole oft gefärbt. Der Nordpol ist meist rot und der Südpol grün gefärbt.

Polregel

Magnete können sich anziehen oder abstoßen. Das hängt davon ab, welche Pole sich gegenüberliegen. Wenn zwei gleiche Pole sich annähren, stoßen sie sich ab. Zwei ungleiche Pole ziehen sich an. Zum Beispiel stoßen sich zwei Nordpole ab, aber ein Nordpol und ein Südpol ziehen sich gegenseitig an.

Abschirmung

Ein Nagel und ein Magnet ziehen sich an. Hält man ein Blatt Papier zwischen Magnet und Nagel, durchdringt die magnetische Wirkung das Papier und die Anziehung bleibt bestehen. Hält man ein Eisenblech dazwischen, schirmt diese die magnetische Wirkung ab und der Nagel wird nicht mehr angezogen.

A Beschreibe, wie die Pole von zwei Magneten aufeinander wirken.

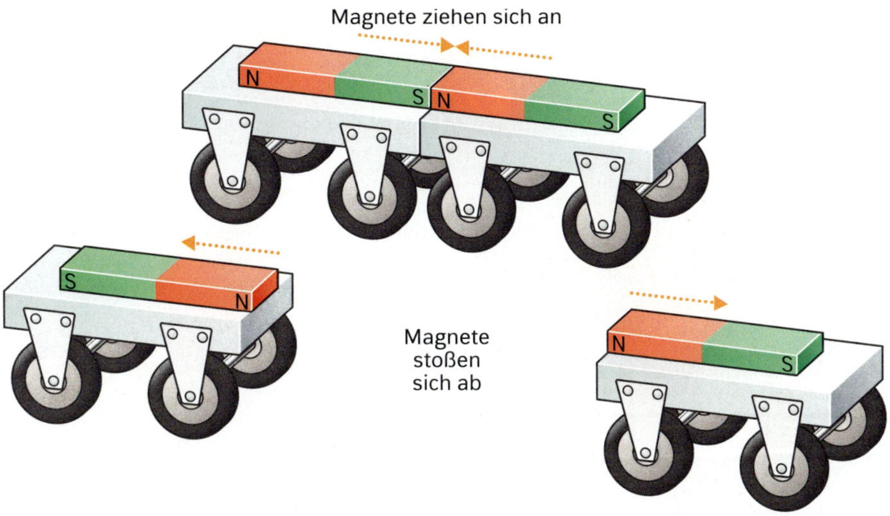

3 Magnete können sich anziehen und abstoßen.

Material mit Aufgaben

M1 Polregel

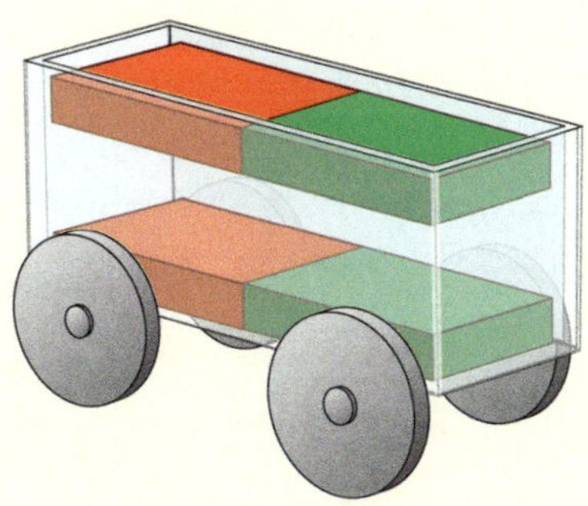

1. Erkläre, warum der obere Stabmagnet im Wagen über dem unteren Magneten schwebt.
2. Erläutere, was passiert, wenn beim oberen Magneten Nord- und Südpol getauscht werden.

M2 Magnetische Wirkung

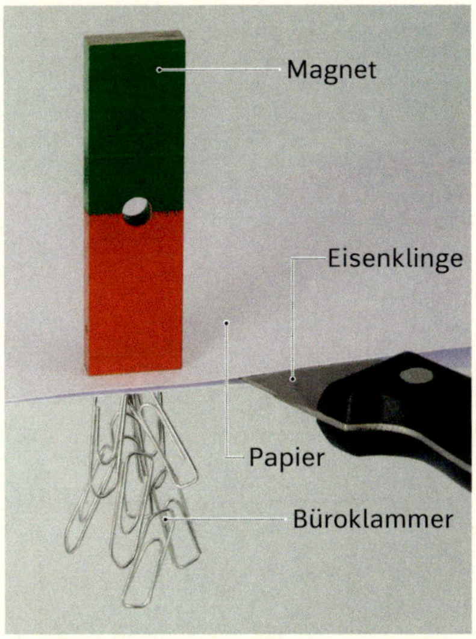

1. Erkläre, warum die Büroklammern nicht herunterfallen.
2. Stelle Vermutungen an, was passiert, wenn die Eisenklinge zwischen der Pappe unter den Magneten geschoben wird.

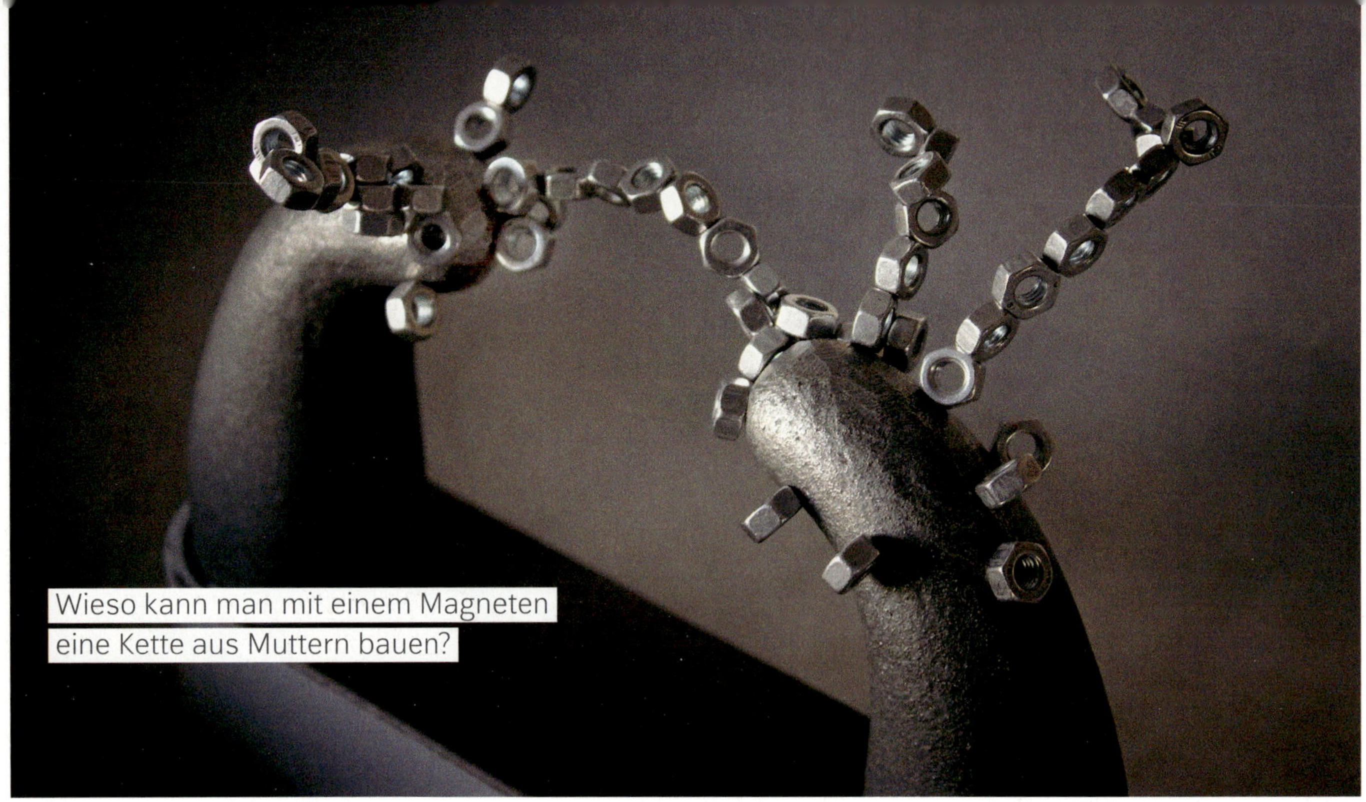

1 Die Muttern halten fest aneinander.

Magnetisierung

Magnete haben immer zwei Pole

Magnete haben einen Nordpol und einen Südpol. Teilt man einen Magneten, so entstehen zwei neue Magnete. Beide haben wieder einen Nordpol und einen Südpol. Teilt man beide Magnete wieder, hat man vier Magnete. Von diesen hat jeder wieder einen Nordpol und einen Südpol. Egal wie oft man einen Magneten durchtrennt, es entstehen sofort wieder ein Nordpol und ein Südpol. Man kann Nordpol und Südpol eines Magneten nicht trennen.

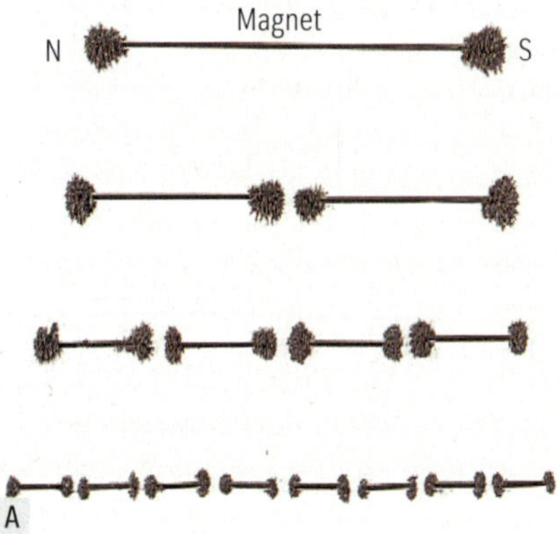

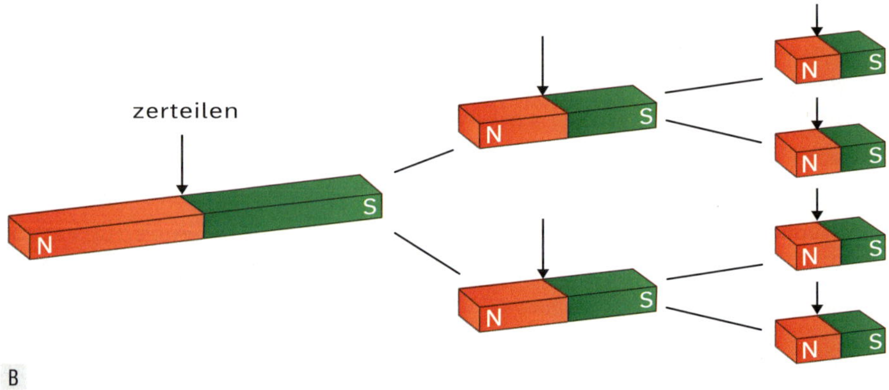

2 Ein Magnet wird zerlegt: **A** Foto, **B** Grafik

Elementarmagnete

Trennt man einen Magneten in Gedanken immer weiter, entstehen immer kleinere Magnete. Die kleinstmöglichen Magnete in diesem Modell werden als **Elementarmagnete** bezeichnet. Elementarmagnete haben alle einen festen Platz im Magneten und können sich auf ihren Plätzen drehen. Bei einem Magneten sind alle Elementarmagnete gleich ausgerichtet. Das heißt, alle Nordpole der Elementarmagnete zeigen in eine Richtung, alle Südpole in die entgegengesetzte Richtung. Von außen wirken die vielen gleichen Elementarmagnete als ein großer Magnet mit den zwei magnetischen Polen an den Enden.

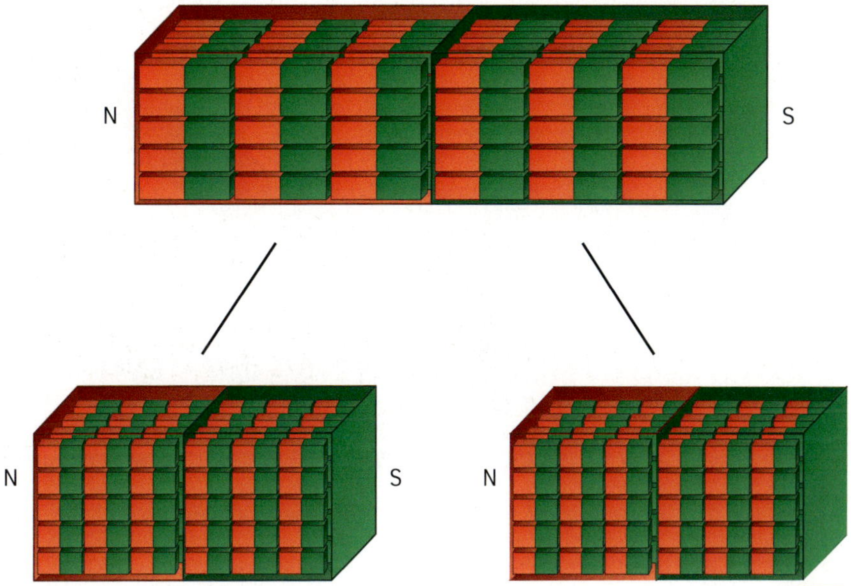

3 Modell der Elementarmagnete

F

Magnetische Wirkung

In der Mitte eines Magneten befinden sich sowohl Nordpole als auch Südpole der Elementarmagnete. Sie heben sich fast vollständig in ihrer Wirkung nach außen hin auf. Dadurch bilden sich in der Mitte eines Magneten keine nachweisbaren Pole und die magnetische Wirkung ist schwächer. Aus diesem Grund ist an den äußeren Polen die magnetische Wirkung am größten.

Teilt man einen Magneten in zwei Hälften, bleiben alle Elementarmagnete geordnet auf ihren Plätzen. Es entstehen an der Schnittstelle des Magneten sofort wieder ein Nordpol oder ein Südpol. Aus diesem Grund kann man den Nordpol und den Südpol eines Magneten nicht trennen.

Magnete bestehen aus winzigen Elementarmagneten. Sie haben alle einen festen Platz und können sich drehen.

Material mit Aufgaben

M1 Elementarmagnete

1. Beschreibe die Verteilung der Elementarmagnete in den Stäben A und B.
2. Erkläre, welcher von beiden Stäben eine magnetische Wirkung besitzt.
3. Wähle eine der Aufgaben aus:
   a Erkläre mithilfe der Elementarmagnete, was passiert, wenn man einen Magneten an einer Stelle teilt.
   b Erkläre, warum die magnetische Wirkung eines Magneten an den Polen am größten ist.

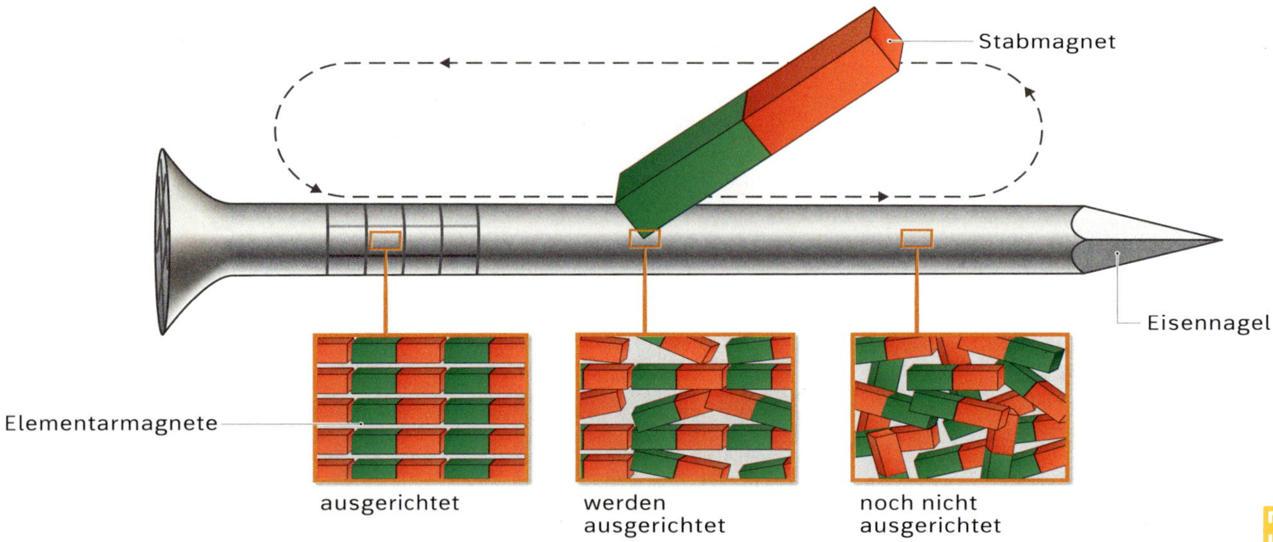

4 Ein Nagel wird magnetisiert.

Material mit Aufgaben

M2 Magnetisieren

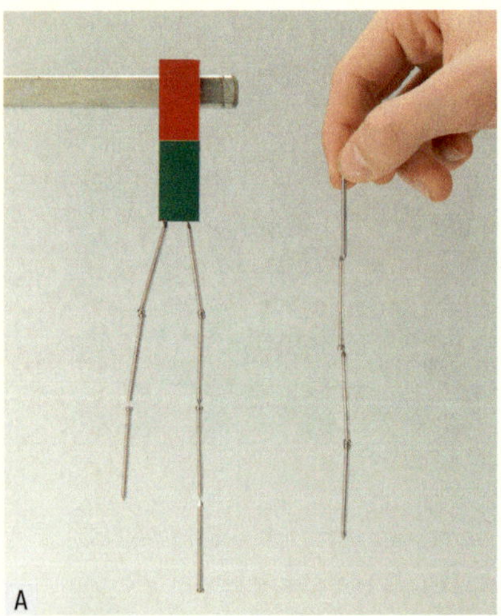
A

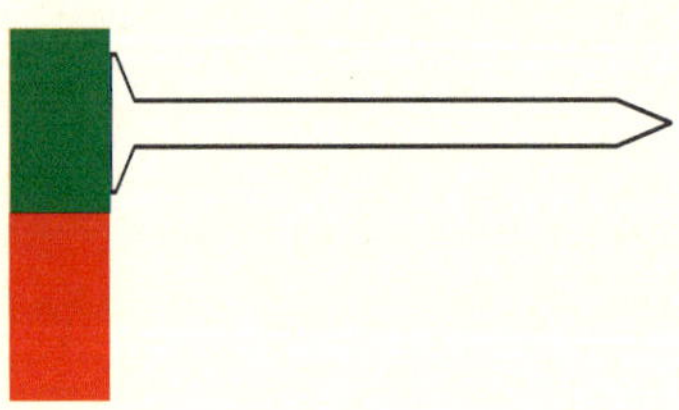
B

An einen Magneten wurden Nägel aneinander als eine Kette aufgehängt. Diese Kette kann man abnehmen, ohne dass die Nägel abfallen.

1. Beschreibe, was mit den Eisennägeln in Bild A passiert ist.
2. Erkläre, warum man beim Magnetisiseren immer in die gleiche Richtung mit dem Magneten streichen muss.
3. Erkläre die Versuchsergebnisse in Bild A mithilfe des Modells der Elementarmagnete.
4. Übertrage die Zeichnung in Bild B vereinfacht und vergrößert in dein Heft. Zeichne danach die Ausrichtung einzelner Elementarmagnete in den Nagel ein.

Magnetisieren

Man kann Magnete auch für kurze Zeit erzeugen. Bei einem Eisennagel zeigen die Elementarmagnete alle in unterschiedliche Richtungen. Sie liegen ungeordnet vor. Streicht man mit einem Magneten mehrmals in der gleichen Richtung über den Nagel, fangen die Elementarmagnete an, sich zu drehen. Sie richten sich aus. Mit jedem Streich des Magneten drehen sich die Elementarmagnete weiter, bis sie alle in die gleiche Richtung zeigen. Dadurch entstehen an den Enden des Nagels ein Nordpol und ein Südpol. Der Stoff wurde **magnetisiert**. Der Eisennagel hat nun eine magnetische Wirkung.
Hat man einen besonders starken Magneten, braucht man nicht über den Gegenstand zu streichen. Es reicht aus, wenn der Magnet den Körper anzieht. Dadurch richten sich auch die Elementarmagnete aus.

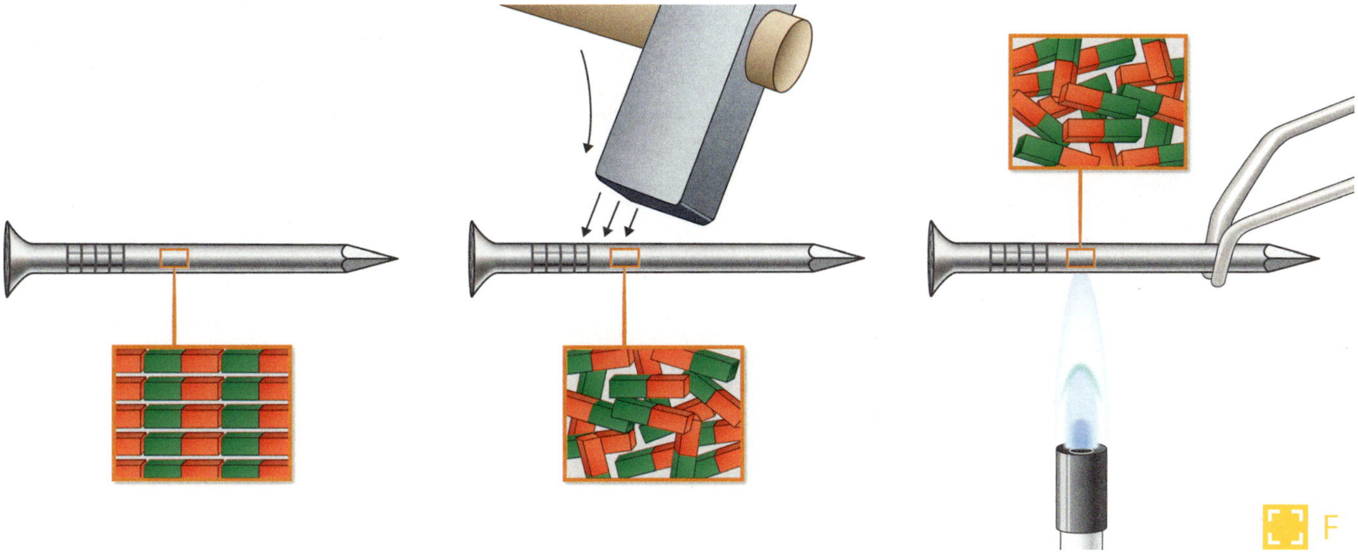

5 Verschiedene Möglichkeiten, einen Nagel zu entmagnetisieren

Entmagnetisieren

Magnetisierte Gegenstände können auch ihre magnetische Wirkung verlieren. Sie werden **entmagnetisiert**. Dazu müssen die vorher ausgerichteten Elementarmagnete wieder in unterschiedliche Richtungen zeigen.

Eine Möglichkeit um Elementarmagnete in Unordnung zu bringen, sind starke Erschütterungen. Dafür kann man zum Beispiel mit einem Hammer mehrmals auf den Nagel schlagen. Mit jedem Schlag drehen sich die Elementarmagnete etwas. Nach ein paar Schlägen zeigen sie alle in unterschiedliche Richtungen und der der Nagel hat seine magnetische Wirkung verloren.

Eine andere Möglichkeit ist das Erwärmen. Wenn der Nagel erhitzt wird, fangen seine Elementarmagnete an stärker zu schwingen. Dadurch zeigen sie nicht mehr in die gleiche Richtung und die magnetische Wirkung geht verloren.

Material mit Aufgaben

P3 Entmagnetisieren

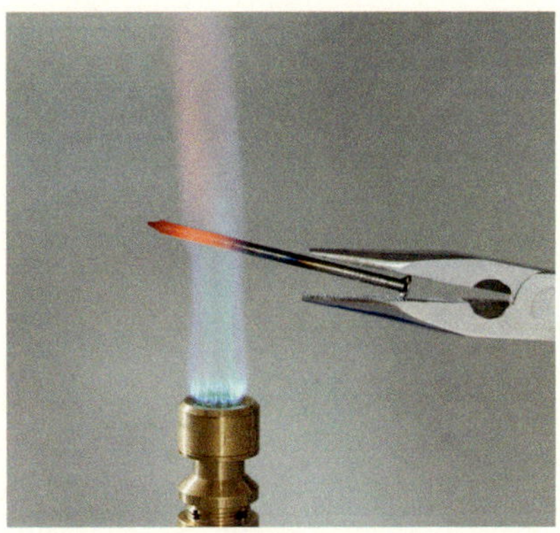

Material: Magnet, zwei Nägel, Hammer, Zange, Gasbrenner

Durchführung: Magnetisiere zunächst mit dem Magneten die beiden Nägel. Entmagnetisiere danach die Nägel mithilfe des Hammers und des Gasbrenners. Überprüfe danach, ob der Nagel auch wirklich entmagnetisiert wurde.

1. Beschreibe, was beim Entmagnetisieren passiert.
2. Erkläre, warum man einen Magneten nicht fallen lassen sollte.

1 Eisenspäne zwischen zwei Magneten

Das Magnetfeld

Magnetfeld

Kommt man mit einem Magneten immer näher an einen Eisennagel, zieht der Magnet den Nagel irgendwann an. Je weiter der Magnet entfernt ist, desto schwächer ist seine Wirkung auf den Nagel. Jeder Magnet hat einen Wirkungsbereich, das **Magnetfeld**. Das Magnetfeld wirkt in alle Richtungen. Mit Magnetnadeln oder Eisenspänen kann man es sichtbar machen. Streut man Eisenspäne um den Magneten, werden diese magnetisiert und bilden viele Ketten. Die Ketten gehen von einem Pol des Magneten zum anderen.

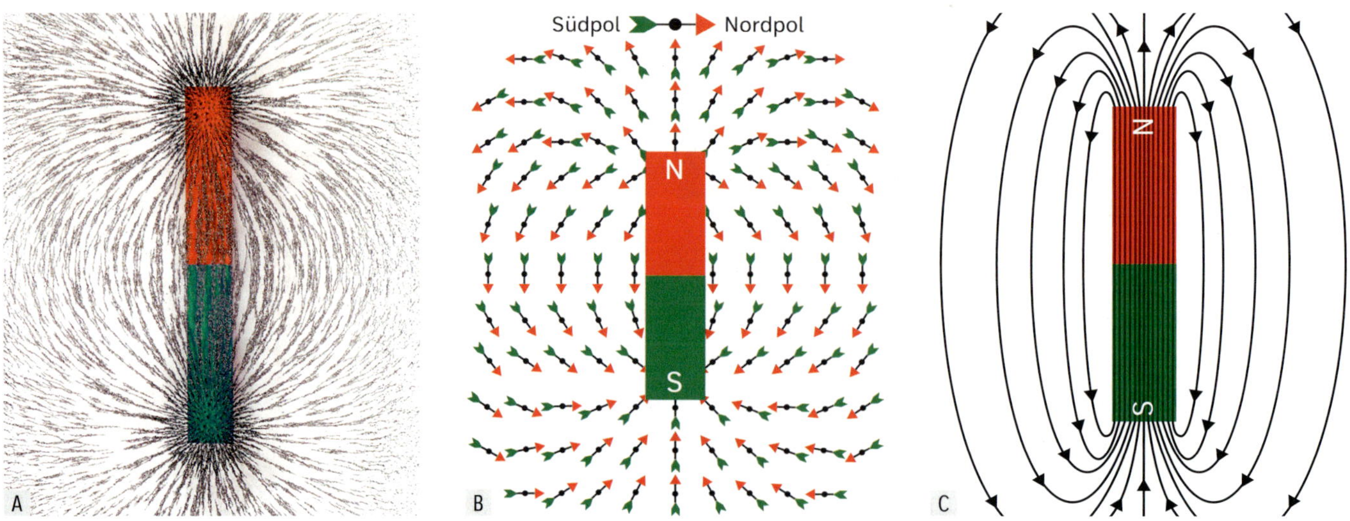

2 Das Magnetfeld eines Stabmagneten: **A** mit Eisenspänen, **B** mit Magnetnadeln, **C** gezeichnete Feldlinien

Feldlinien

Zeichnet man die Ketten der Eisenspäne nach, erhält man viele Linien, die **magnetischen Feldlinien**. Sie sind ein Modell für die magnetische Wirkung. An ihnen wird der Verlauf und die Stärke des Magnetfeldes sichtbar. Sie verlaufen vom Nordpol zum Südpol und gehen durch den Magneten wieder zum Nordpol. Je näher die Feldlinien zusammen sind, desto stärker ist die magnetische Wirkung. Ein Bild mit der Darstellung von Feldlinien heißt **Feldlinienbild**. Mithilfe der Feldlinien kann man die Abstoßung und Anziehung von Magneten sichtbar machen. Zwischen den Polen von zwei sich anziehenden Magneten verbinden die Feldlinien die Pole. Bei sich abstoßenden Magneten gibt es keine Feldlinien, die beide Pole verbinden.

A Untersuche mit der Magnetnadel in einem Kompass die Umgebung eines Magneten. Beschreibe deine Beobachtungen.

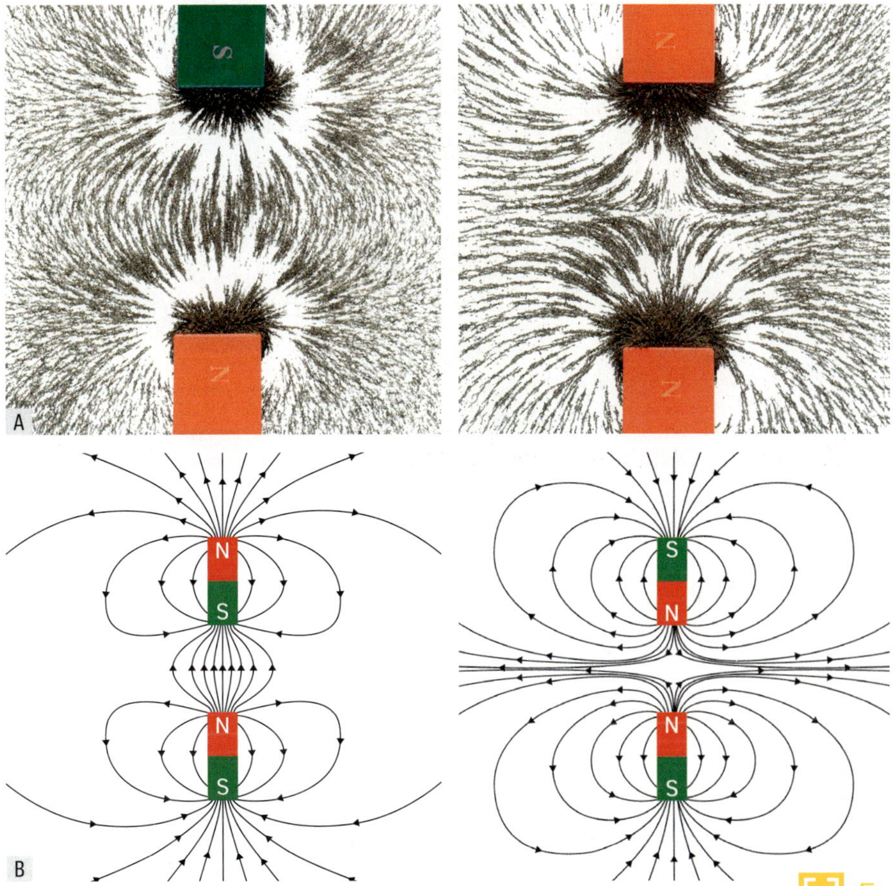

3 Magnetfeld von sich anziehenden und abstoßenden Magneten: **A** Foto, **B** Feldlinienbild

F

Material mit Aufgaben

M1 Magnetfeld zeichnen

Yussuf und Anna haben die Ausrichtung von Magnetnadeln um einen Stabmagneten gezeichnet.

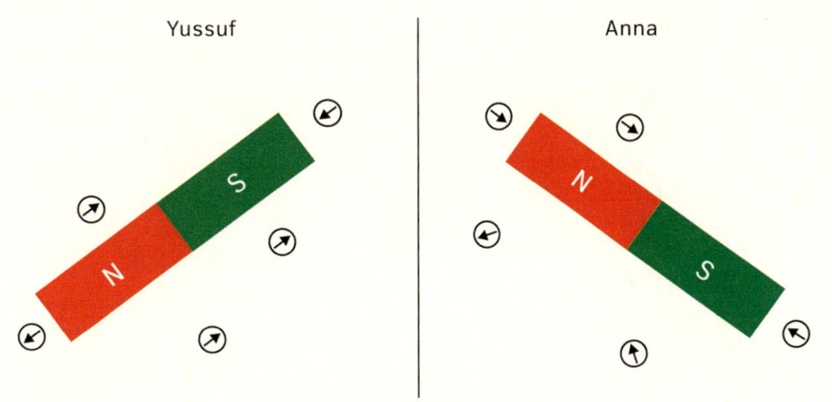

1. Vergleiche die beiden Zeichnungen miteinander.
2. Erkläre, wer eine richtige Zeichnung angefertigt hat.
3. Korrigiere die falsche Zeichnung in deinem Heft und ergänze mindestens drei weitere Nadeln.

1 Ein Kompass

Das Magnetfeld der Erde

Erdmagnetfeld

Eine **Kompassnadel** ist ein kleiner Magnet und ihr Nordpol zeigt immer nach Norden. Die Kompassnadel orientiert sich am Magnetfeld der Erde. Man kann sich die Erde als riesigen Stabmagneten vorstellen. Das Magnetfeld der Erde reicht bis in den Weltraum hinein. Der Nordpol einer Kompassnadel weist immer nach Norden. Da sich entgegengesetzte Pole anziehen, liegt dort der magnetische Südpol. In der Nähe des magnetischen Südpols liegt der geographische Nordpol.

Auf der Südhalbkugel ist es genau umgekehrt: Dort befindet sich der magnetische Nordpol und der geografische Südpol.

Das Erdmagnetfeld entsteht im Inneren der Erde im Erdkern. Der Erdkern besteht aus einem festen Kern aus Eisen und Nickel. Um den festen Kern fließt flüssiges, sehr heißes Eisengestein. Das Magnetfeld wird durch die ständigen Bewegungen des flüssigen Eisengesteins erzeugt.

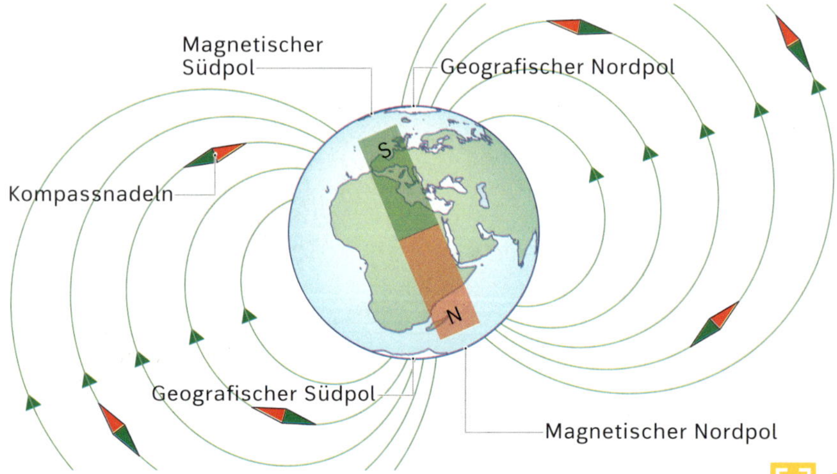

2 Das Magnetfeld der Erde.

F

Polwanderung

Durch die ständige Bewegung des flüssigen Eisengesteins, kann sich die Richtung des Erdmagnetfeldes ändern. Die magnetischen Pole des Magnetfeldes der Erde liegen nicht genau auf den geografischen Polen. Sie befinden sich nur in der Nähe und sind ständig in Bewegung. Sie bewegen sich zwischen 15 und 40 Kilometer pro Jahr.

Kompass

Mit einem Kompass kann die Himmelsrichtung bestimmt werden. Mit ihm kann man sich überall orientieren. Heutzutage hat jedes Smartphone eine App für einen Kompass. Für die Bestimmung der Himmelsrichtung sind in den Smartphones Magnetfeldsensoren eingebaut.
Andere Kompasse haben eine kleine Kompassnadel. Die Kompassnadel ist ein kleiner Magnet. Sie sitzt auf einer Lagerung. Dadurch kann sie sich drehen. Unter der Kompassnadel mit der Lagerung befindet sich die **Kompassrose**. An ihr kann man die Himmelsrichtung ablesen. Ein Gehäuse schützt die Kompassnadel und die Kompassrose. Die Kompassrose und das Gehäuse sind aus einem nicht magnetisierbaren Material.
Würde man einem Kompass immer nach Norden folgen, kommt man nicht am geografischen Nordpol an. Das liegt an den unterschiedlichen Positionen der magnetischen und geografischen Pole. Diese Abweichung bezeichnet man als **Missweisung**.

A Erkläre, in welche Richtung der Südpol einer Kompassnadel zeigt.

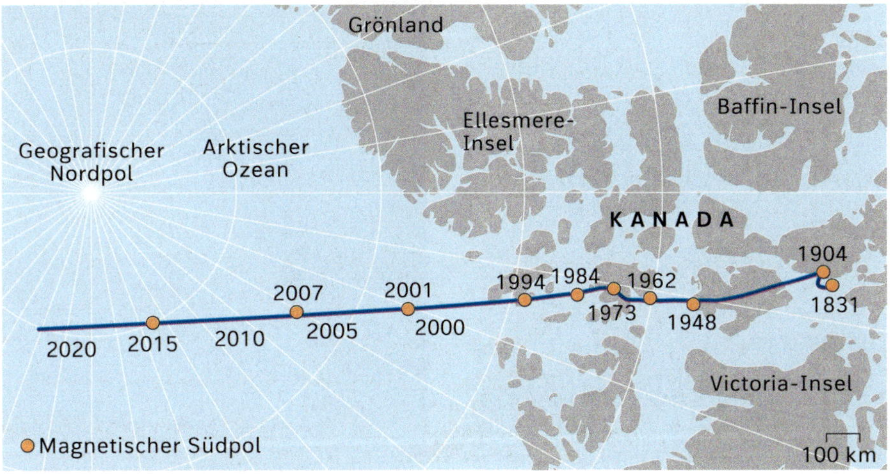

3 Wanderung des magnetischen Südpols

Material mit Aufgaben

M1 **Bauteile eines Kompass**

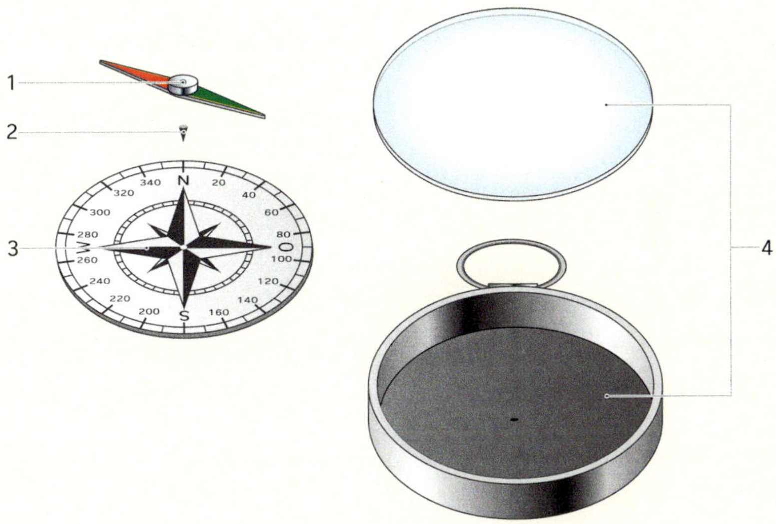

1. Benenne die Bauteile des Kompasses und beschreibe ihre Funktion.
2. Erkläre die Funktionsweise eines Kompasses.
3. Erkläre, warum das Gehäuse eines Kompass aus einem nicht magnetisierbaren Material besteht.

4 **A** Zugvögel, **B** Polarlichter

Material mit Aufgaben

M2 Innerer Kompass bei Tieren

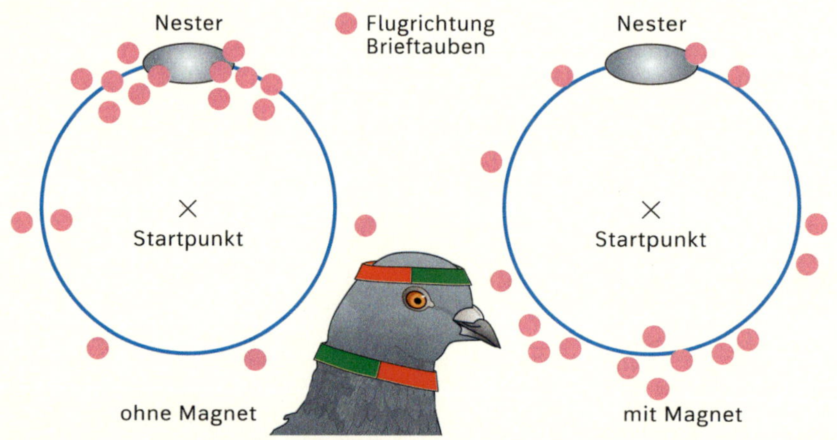

Forscher haben in einem Versuch beobachtet, welchen Einfluss das Magnetfeld auf die Orientierung von Vögeln hat.
Dazu haben sie einigen Brieftauben einen starken Magneten um den Kopf gelegt. Dadurch wurde das von den Tieren wahrgenommene Magnetfeld geändert. Anschließend hat man die Tauben mit und ohne Magneten ausgesetzt und beobachtet, ob sie zurück zu ihren Nestern finden.

1. Beschreibe die unterschiedlichen Versuchsergebnisse.
2. Erkläre die Bedeutung des Magnetsinns für die Vögel.

Tiere nutzen das Magnetfeld

Viele tausend Vögel verbringen den Winter in wärmeren Ländern wie zum Beispiel Afrika. Damit sie jedes Jahr den Weg finden, orientieren sie sich nicht nur an der Sonne und an den Sternen, sondern auch am Magnetfeld der Erde. Sie besitzen einen **Magnetsinn**. Forscher vermuten, dass sich der Magnetkompass in den Augen der Vögel befindet. Mit ihm können sie Richtung und Stärke das Magnetfelds wahrnehmen.

Polarlichter

Das Magnetfeld der Erde hat auch eine Schutzfunktion. Die Sonne schleudert eine große Anzahl von Teilchen Richtung Erde. Diese große Menge an Teilchen wird Sonnenwind genannt. Das Magnetfeld der Erde lenkt diese Teilchen zu den magnetischen Polen. Wenn an den Polen der Sonnenwind mit der Luft zusammenstößt, beginnt es zu leuchten. Dieses Leuchten am Himmel nennt man Polarlichter.

Orientierung mit dem Kompass

1 Einnorden der Karte

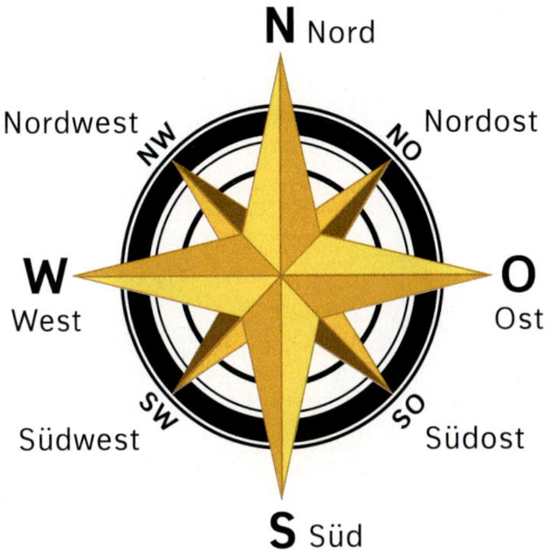

2 Kompassrose mit Himmelsrichtungen

Orientierung im Gelände

Damit du dich im Gelände zurechtfindest, solltest du die Himmelsrichtungen kennen. Die Kompassrose eines Kompasses zeigt alle Himmelsrichtungen an: Nord, Ost, Süd und West. Die Zwischenhimmelsrichtungen wie Nordost oder Südwest sind ebenfalls abgebildet.

Einnorden der Karte

Auf einer Karte ist Norden immer oben. Damit die Karte mit der wirklichen Himmelsrichtung übereinstimmt, muss sie eingenordet werden. Dafür legst du den Kompass so auf die Karte, dass die Nordmarkierung der Kompassrose nach oben zeigt. Dann wird die Karte mit dem Kompass gedreht, bis die Magnetnadel nach Norden zeigt.

Standortbestimmung

Für die Bestimmung deines Standortes, suchst du dir in der Umgebung einen auffälligen Punkt, zum Beispiel einen Kirchturm. In Sichtlinie zu diesem Punkt suchst du einen weiteren Punkt. Beide Punkte werden auf der Karte verbunden. Danach suchst du zwei weitere auffällige Punkte, die auch verbunden werden. Zieht man beide Linen auf der Karte immer weiter, treffen sie sich. Dieser Punkt ist dein Standort.

Material mit Aufgaben

M1 Standortbestimmung

1. Beschreibe die Bestimmung deines Standortes mithilfe des Bildes.
2. Erkläre, warum es wichtig ist, die Karte vor der Benutzung einzunorden.

1 Magnetschwebebahn

Magnetische Wirkung des Stroms

Strom erzeugt ein Magnetfeld

Fließt elektrischer Strom durch einen elektrisch leitenden Stoff, bildet sich ein Magnetfeld um den elektrischen Leiter. Wickelt man den Leiter zusätzlich noch auf, wird das Magnetfeld verstärkt. Das aufgewickelte Bauteil wird als **Spule** bezeichnet. Je mehr die Spule aufgewickelt ist, desto stärker ist das Magnetfeld. Eine Spule bildet wie ein Magnet einen Nordpol und einen Südpol aus.

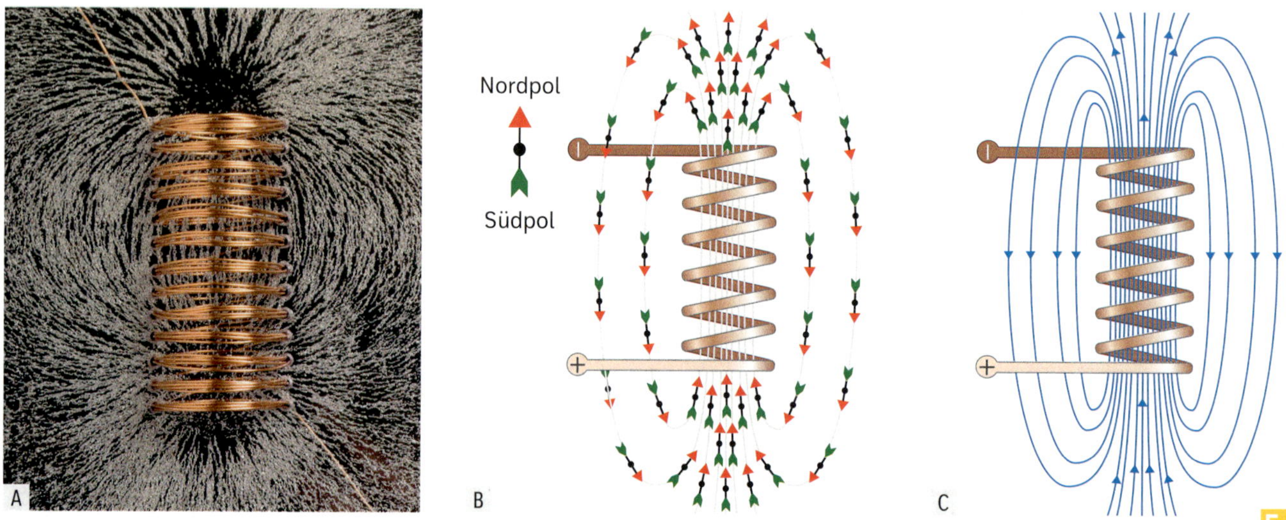

2 Magnetfeld einer Spule: **A** mit Eisenspänen, **B** mit Magnetnadeln, **C** gezeichnete Feldlinien

F

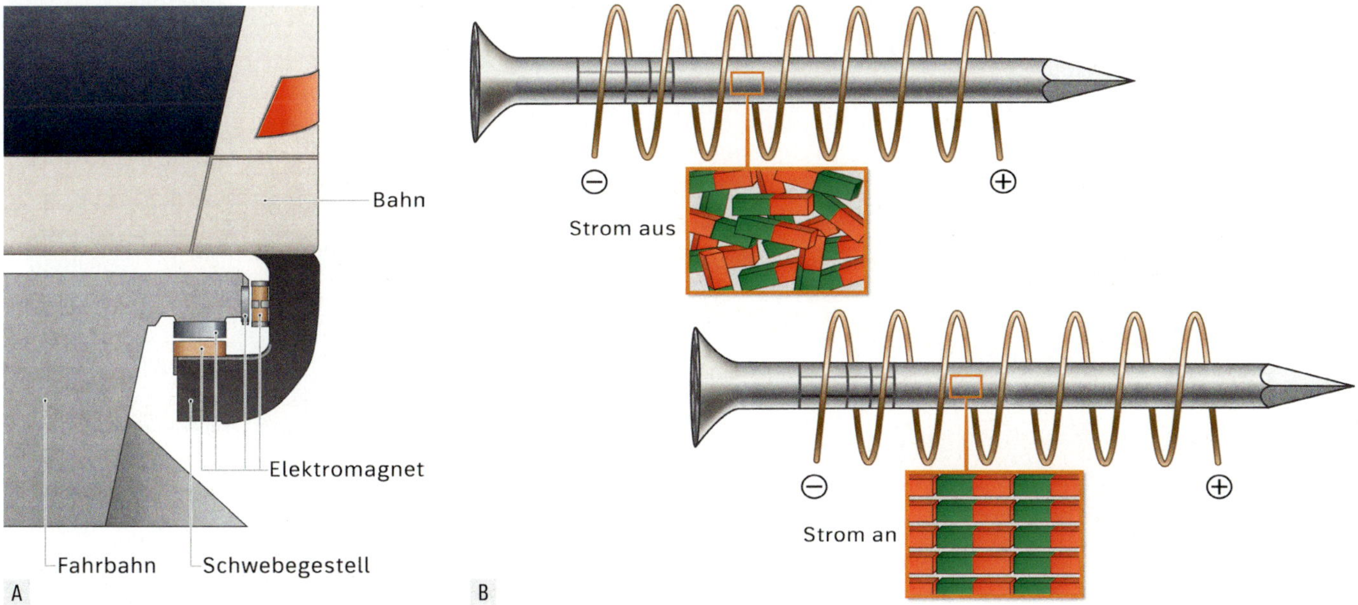

3 **A** Querschnitt Magnetschwebebahn, **B** Spule mit Eisennagel

Spule mit Eisenkern

Die magnetische Wirkung des Stroms kann zusätzlich verstärkt werden. Dafür wird ein Gegenstand aus Eisen, zum Beispiel ein Eisennagel, in die Spule gesteckt. Wird der Strom dann eingeschaltet, bildet sich ein Magnetfeld um die Spule und das Eisenstück wird magnetisiert. Die Elementarmagnete richten sich im Eisen aus und ein starker Magnet entsteht, ein **Elektromagnet**.

Magnetschwebebahn

Bei einer Magnetschwebebahn greift ein Schwebegestell um die Fahrbahn. Die Bahn schwebt auf ihr mithilfe von Elektromagneten. Diese befinden sich an der Unterseite der Fahrbahn und der Oberseite des Schwebegestells. Dabei stehen sich ungleiche Pole gegenüber. So wird die Bahn von unten an die Fahrbahn herangezogen und schwebt in der Luft. Mit Elektromagneten an den Seiten bleibt die Bahn in ihrer Position. Damit die Magnetschwebebahn fährt, wird Strom durch die Elektromagneten geleitet, die sich vor dem Zug befinden.

Material mit Aufgaben

M1 Elektromagnet

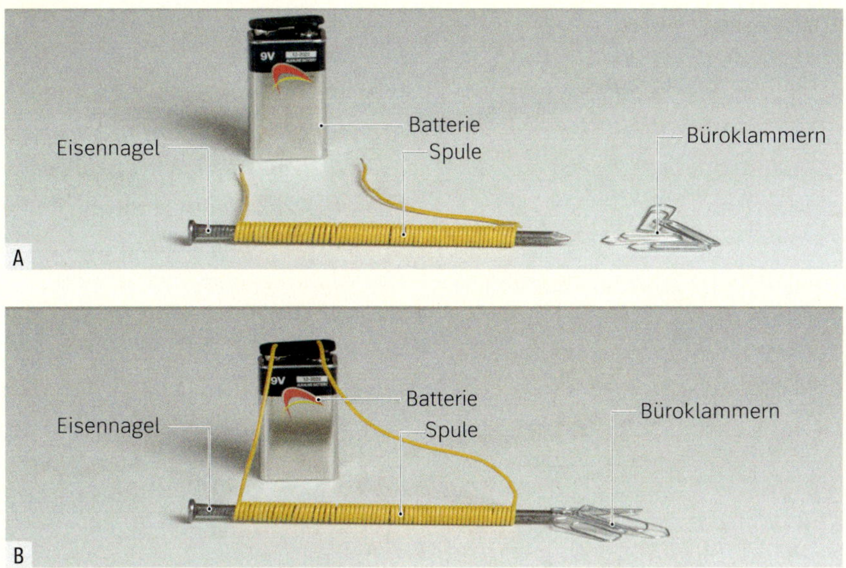

1. Beschreibe den Versuchsaufbau.
2. Erkläre, warum in Bild B die Büroklammern von dem Eisennagel angezogen werden.
3. Stelle Vermutungen an, wie man die Stärke eines Elektromagneten ändern kann.
4. Stelle Vermutungen an, ob die Büroklammern sofort wieder vom Eisennagel abfallen, wenn der Strom ausgeschaltet wird.

Zusammenfassung Magnetismus

Wirkung von Magneten

Jeder Magnet hat einen magnetischen Nordpol und einen magnetischen Südpol. Oft ist der Nordpol rot und der Südpol grün gefärbt. Nach der Polregel stoßen sich gleiche Pole ab, ungleiche Pole ziehen sich an. Ein Magnet wirkt nur auf Körper, die die ferromagnetische Stoffe Eisen, Kobalt und Nickel enthalten.

Magnetfeld der Erde

Die Erde ist ein großer Magnet. Wie bei jedem Magneten ist an den Polen die magnetische Wirkung am größten. Das Magnetfeld der Erde ähnelt dem Magnetfeld eines Stabmagneten.

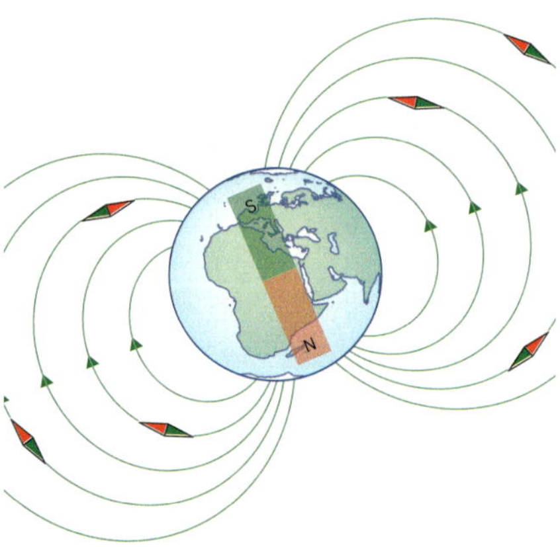

Modell der Elementarmagnete

Teilt man einen Magneten, entstehen zwei neue Magnete, die einen Nordpol und Südpol haben. Die Magnetpole kann man nicht trennen. Nach dem Modell der Elementarmagnete bestehen ferromagnetische Stoffe und Magnete aus Elementarmagneten. Diese haben einen festen Platz, können sich aber drehen. Bei einem Magneten zeigen alle Elementarmagnete in die gleiche Richtung. Bei einem nicht magnetisierten Gegenstand sind alle Elementarmagnete ungeordnet.

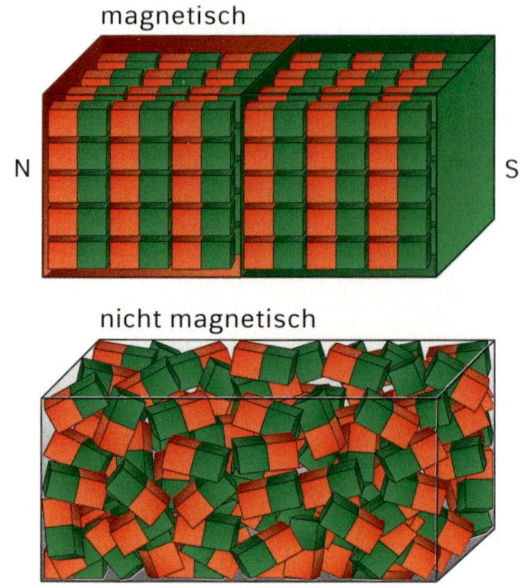

Magnetisieren und Entmagnetisieren

Ein ferromagnetischer Körper kann magnetisiert werden. Dazu streicht man oft in der gleichen Richtung mit einem Magneten über den Körper. Die Elementarmagnete des Körpers werden alle gleich ausgerichtet. Durch Erschütterungen und Erhitzen kann der Körper wieder entmagnetisiert werden. Die Ausrichtung der Elementarmagnete wird zerstört.

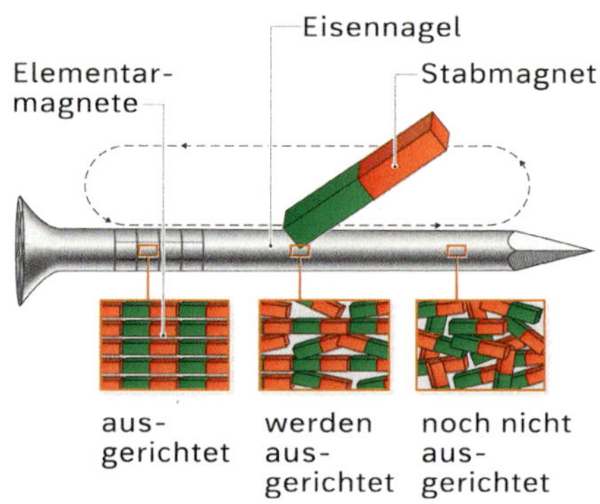

Magnetfeld

Jeder Magnet ist von einem Magnetfeld umgeben. Magnetnadeln und Eisenspäne richten sich im Magnetfeld aus. Dabei richten sie sich anhand gedachter Linien, die Feldlinien, aus. Mithilfe von Feldlinienbildern kann man die magnetische Wirkung eines Magneten im Raum verdeutlichen.

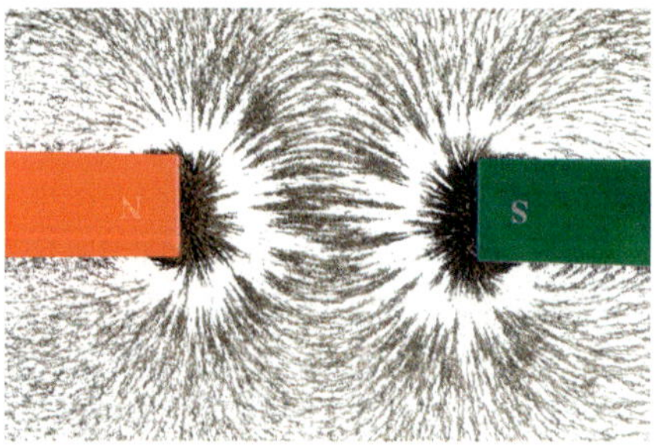

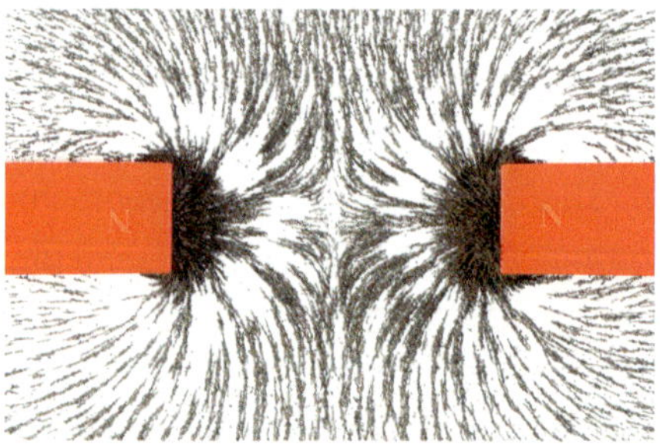

1 Wirkung von Magneten

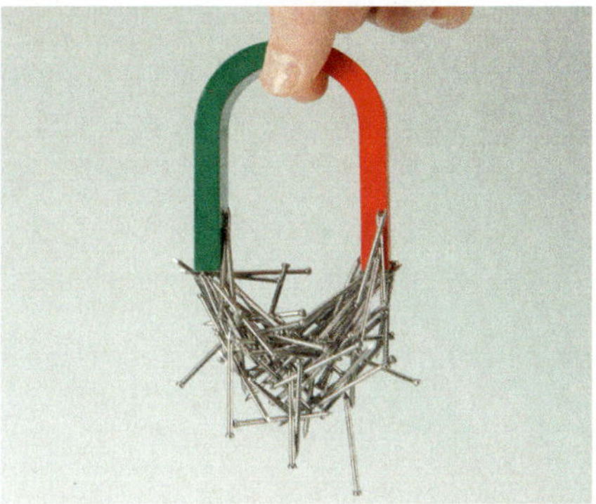

A Beschreibe mithilfe des Bildes, wo an einem Magneten die magnetische Wirkung am größten ist.

2 Elementarmagnete

A Erkläre, was man unter dem Modell der Elementarmagnete versteht.

B Beschreibe die Ausrichtung der Elementarmagnete in einem Magneten mithilfe es Bildes.

C Nachdem sein Stabmagnet in zwei Teile zerbrochen ist, behauptet Niklas: „Der rote Teil ist der Nordpol!" Nimm Stellung zu seiner Aussage.

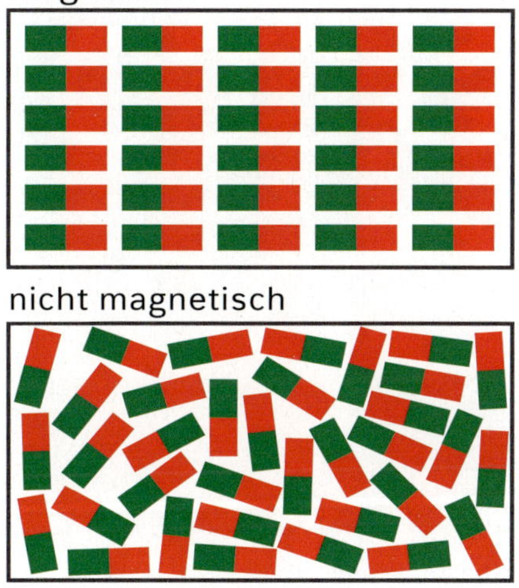

3 Polregel

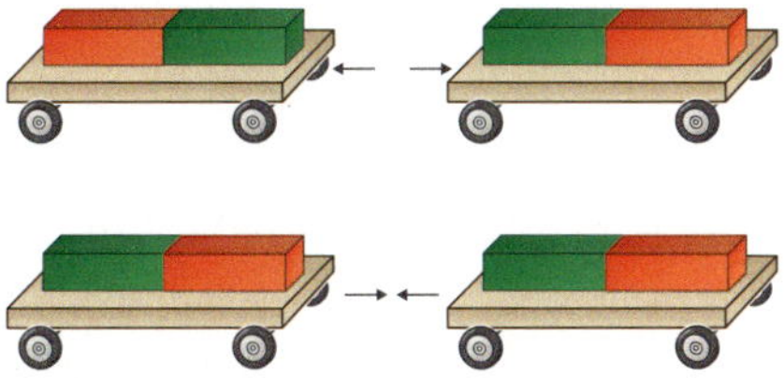

A Erkläre, was man unter der Polregel versteht.

B „Zwei Magnete ziehen sich immer gegenseitig an." Beurteile diese Aussage.

4 Magnetisieren und entmagnetisieren

A Beschreibe, wie man einen Eisennagel magnetisieren kann.

B Erkläre das Magnetisieren mithilfe der Elementarmagnete.

C Aylin streicht mit dem Pol eines Magneten auf einem Eisennagel hin und her. Erkläre, warum der Nagel nicht magnetisiert wird.

D Erkläre mithilfe des Bildes das Entmagnetisieren mit dem Modell der Elementarmagnete.

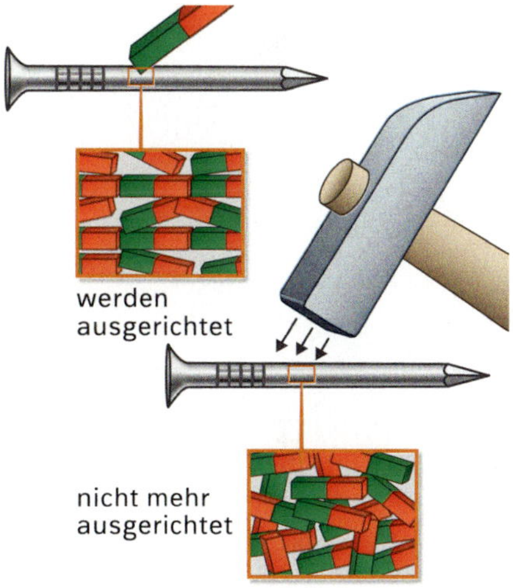

5 Magnetfeld

A Ordne den Feldlinienbildern A und B die passenden Magnete C und D zu.

B Beschreibe, was man beim Zeichnen eines Feldlinienbildes beachten muss.

C Zeichne das Feldlinienbild eines Stabmagneten.

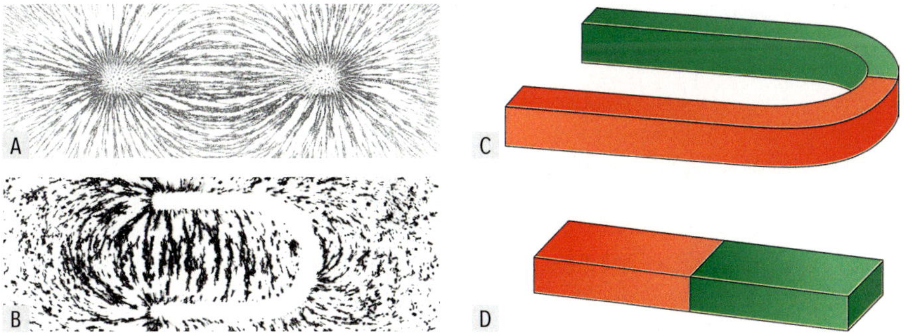

Stromstärke, Spannung, Widerstand

8

Was ist Spannung?
Warum stehen einem manchmal die Haare zu Berge?
Wie misst man die Stromstärke?

Man kann sehr oft im Winter beobachten, wie einem nach dem Ausziehen des Pullovers oder der Mütze die Haare zu Berge stehen. Mithilfe von speziellen elektrischen Geräten kann man dieses Phänomen nachstellen.

1 Schüler mit Laptop

Elektrischer Strom transportiert Energie

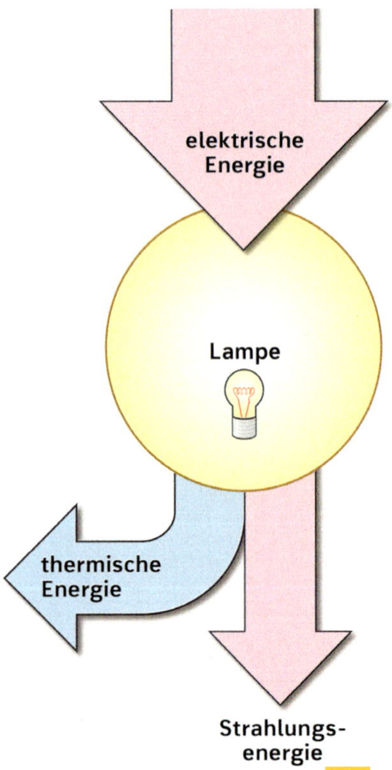

2 Energieflussdiagramm F

Anwendungen im Alltag

Der elektrische Strom spielt im Alltag eine große Rolle. Viele elektrische Geräte, wie zum Beispiel Haushaltsgeräte, erleichtern die tägliche Arbeit. Fernseher, Computer, Tablets oder Smartphones tragen dazu bei, dass das Leben angenehmer ist.

Wirkungen des Stroms

In elektrischen Geräten werden verschiedene Wirkungen des elektrischen Stroms genutzt. In Leuchtmitteln wird die elektrische Energie des Stroms unter anderem in Strahlungsenergie umgewandelt. Leuchtmittel wie zum Beispiel LEDs nutzen die **Lichtwirkung** des elektrischen Stroms. In einem Toaster wird die **thermische Wirkung** des elektrischen Stroms genutzt. In ihm wird die elektrische Energie in thermische Energie umgewandelt, welche die Drähte zum Glühen bringt. In Ventilatoren wird die **magnetische Wirkung** des elektrischen Stroms genutzt. Dabei wird elektrische Energie in einem Elektromotor, der mithilfe von Magneten funktioniert, in Bewegungsenergie umgewandelt. Der Ventilator dreht sich.

Energiewandler

Elektrische Geräte sind Energiewandler. Sie wandeln elektrische Energie in andere Energieformen wie Bewegungsenergie oder Strahlungsenergie um. Oft entsteht bei diesen Umwandlungsprozessen nicht nur eine Energieform. So wird in einer Lampe elektrische Energie in Strahlungsenergie und thermische Energie umgewandelt. Mit Energieflussdiagrammen kann man darstellen, welche Energieumwandlungen in einem Prozess ablaufen.

Energietransport

Der elektrische Strom wird vor allem genutzt, um Energie von einem Ort zu einem anderen zu transportieren. Zum Beispiel wird in Kohlekraftwerken die chemische Energie der Holzkohle in elektrische Energie umgewandelt. Diese wird dann mithilfe des elektrischen Stroms zu den Haushalten transportiert. In den elektrischen Geräten im Haushalt wird die elektrische Energie dann wieder in die Energieform umgewandelt, die vom Menschen direkt genutzt wird. Elektrische Energie eignet sich zum Transport besonders gut, da sie sich leicht umwandeln und auch speichern lässt. Außerdem treten bei den Umwandlungsprozessen wenige Verluste auf.

A Beschreibe die Wirkungen des elektrischen Stroms.

B Zeichne die Energieflussdiagramme für die Energieumwandlungen in einem Toaster und einer Bohrmaschine.

Material mit Aufgaben

M1 Energiefluss

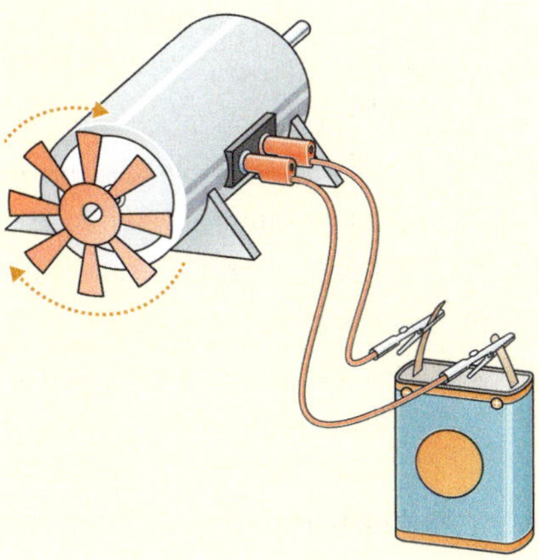

1. Beschreibe den dargestellten Versuchsaufbau.
2. Beschreibe die Energieumwandlung in dem dargestellten Beispiel.
3. Zeichne ein Energieflussdiagramm für den Versuch.
4. Zeichne ein Energieflussdiagramm zu einem Prozess im Haushalt.

M2 Wasserkraftwerk

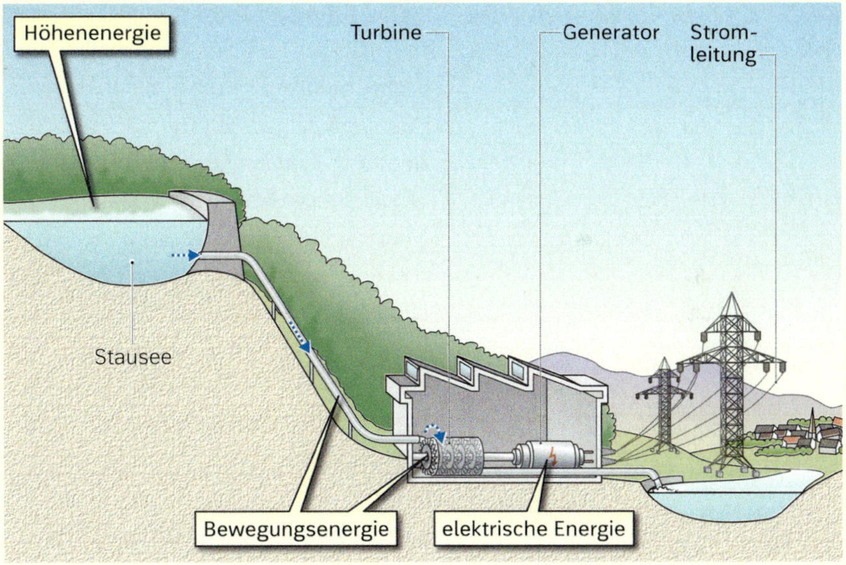

1. Beschreibe den Bau eines Wasserkraftwerks.
2. Beschreibe die Energieumwandlungen im Wasserkraftwerk.
3. Erkläre, warum ein Wasserkraftwerk mehr Energie bereitstellt, wenn der Stausee höher liegt.
4. Zeichne ein Energieflussdiagramm für den Weg der Energie vom Wasser im Stausee zu einem Haushaltsgerät.
5. Erläutere, wie die Energie vom Wasserkraftwerk zu den Haushalten gelangt.

1 Abstehende Haare

Elektrostatik

Abstehende Haare

Wenn man einen Pullover auszieht oder das Wetter umschlägt, kann es passieren, dass die Haare vom Kopf abstehen. Man sagt dann auch, dass die Haare elektrisch aufgeladen sind. Das elektrische Aufladen von Körpern und Stoffen geschieht mithilfe von **Ladungen**. Im elektrischen Strom bewegen sich auch Ladungen, die **Elektronen**. Sie sind negativ geladen.

Einfaches Atommodell

Alle Stoffe sind aus kleinsten Teilchen aufgebaut, die man **Atome** nennt. Atome haben einen Kern und eine Hülle. Der **Atomkern** besteht aus Protonen und Neutronen. Protonen sind positiv geladen und Neutronen sind nicht elektrisch geladen. In der **Atomhülle** befinden sich die Elektronen. Sie sind negativ geladen und können sich bewegen.

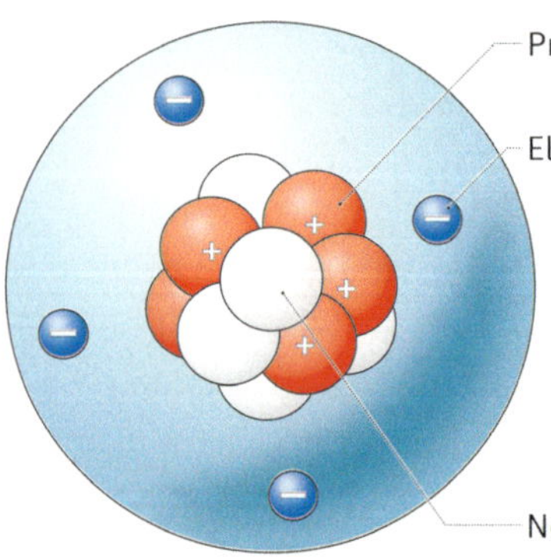

2 Einfaches Atommodell

Ladungstrennung

Alle Körper sind elektrisch geladen. Wenn es gleich viele negative und positive Ladungen gibt, merkt man die Ladung nicht. Der Körper ist dann elektrisch neutral. Um einen Körper elektrisch aufzuladen, müssen Ladungen auf ihn übertragen oder von ihm weggenommen werden. Man spricht dann von einer **Ladungstrennung**.

Elektronen können durch Reibung aus einem Körper entfernt werden. Wird ein Kunststoffstab mit einem Tuch gerieben, findet eine Elektronenübertragung vom Tuch auf den Stab statt. Dabei entsteht ein Elektronenmangel am Tuch und ein Elektronenüberschuss am Stab. Der Stab nimmt mehr negativ geladene Elektronen auf, er ist negativ geladen. Das Tuch gibt Elektronen ab und hat dadurch weniger negativ geladene Elektronen. Es ist positiv geladen.

Eigenschaften von Ladungen

In Körpern befinden sich immer positive und negative Ladungen. Die Ladungen werden aber erst messbar, wenn sie voneinander getrennt werden. Dann liegen auf der einen Seite mehr negative Ladungen vor als auf der anderen Seite. Ladungsunterschiede entstehen also nur durch **Ladungstrennung**. Die Gesamtladung bleibt dabei erhalten. Hält man unterschiedlich geladene Stoffe oder Körper dicht nebeneinander, dann fließen die Elektronen immer von dem negativ geladenen Teil zu dem positiv geladenen Teil.

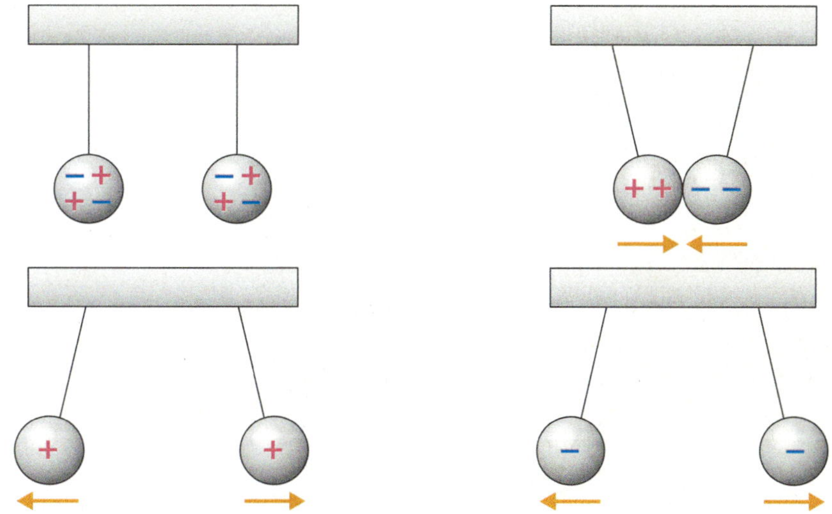

3 Ladungen ziehen sich an und stoßen sich ab

Kräfte

Immer wenn Ladungen vorhanden sind, wirken auch Kräfte. Man spricht dann von **elektrostatischen Kräften**. Ladungen können sich anziehen oder abstoßen. Sie **wechselwirken** miteinander. Gleiche Ladungen stoßen sich ab und ungleiche Ladungen ziehen sich an. Zieht man einen Pullover aus, reibt der Stoff an den Haaren. Dabei kann es passieren, dass Elektronen vom Pullover in die einzelnen Haare fließen. Die einzelnen Haare sind nun negativ geladen und stoßen sich ab. Die Haare stehen dadurch vom Kopf ab. ▶

A Erkläre, was man unter „elektrischem Strom“ versteht.

B Beschreibe den Aufbau eines Atoms.

C Beschreibe, wie sich zwei positiv geladene Kugeln und zwei negativ geladene Kugeln verhalten, wenn sie dicht nebeneinandergelegt werden.

Material mit Aufgaben

P1 Geladene Stäbe

Material: 2 Kunststoffstäbe, Seidenpapier, Drehstativ

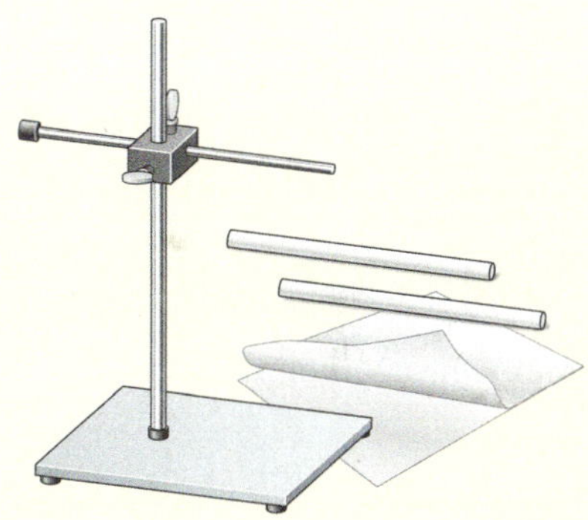

Durchführung: Reibe beide Kunststoffstäbe an dem Seidenpapier. Lege dann einen der Stäbe auf das Drehstativ und halte den anderen Stab in die Nähe.

1. Beschreibe was passiert, wenn du die Stäbe annäherst.
2. Erkläre deine Beobachtungen.
3. Wähle eine der Aufgaben aus:

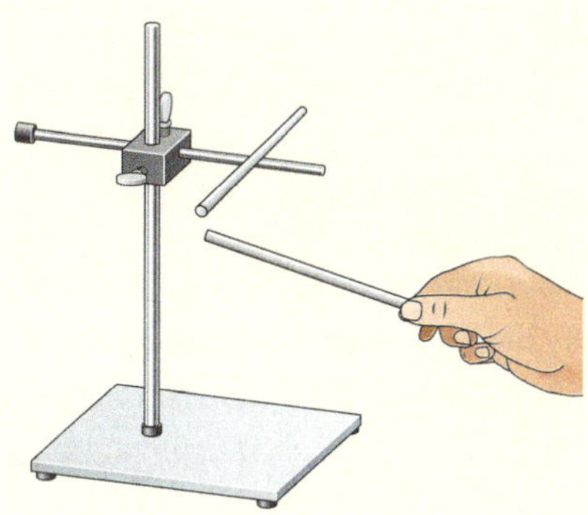

a Wiederholt man den Versuch mit einem Glas- und einen Kunststoffstab, ziehen sich beide Stäbe an. Erkläre dieses Ergebnis.

b Stelle Vermutungen an, wie du die Stäbe wieder entladen könntest.

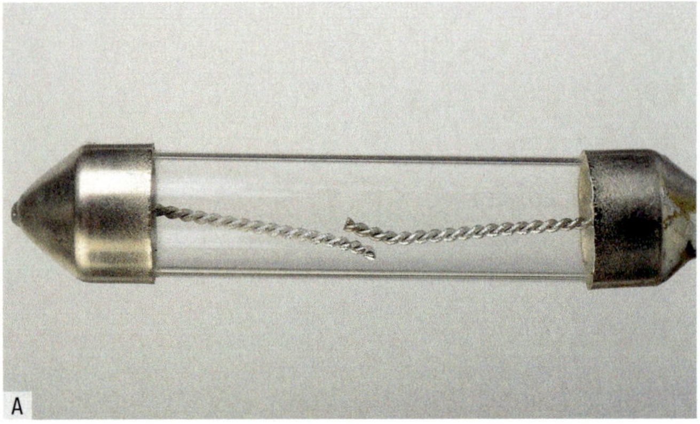

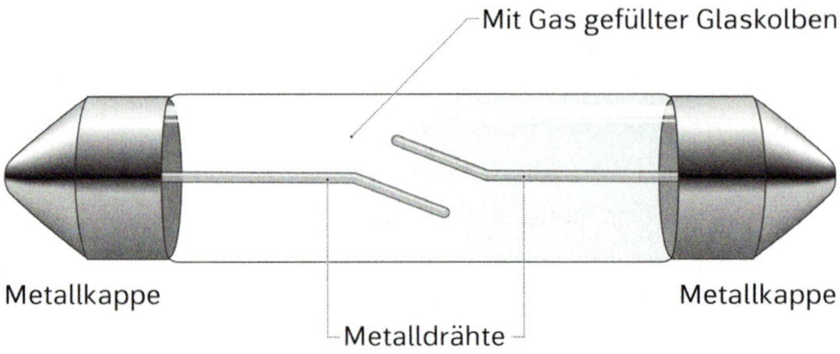

4 Glimmlampe: **A** Foto, **B** Aufbau

Glimmlampe

Körper oder Stoffe können durch Reibung positiv oder negativ geladen werden. Die Ladungszustände von verschiedenen Körpern oder Stoffen kann man mithilfe einer **Glimmlampe** sichtbar machen.

Eine Glimmlampe besteht aus einem Glaskolben, in dem sich zwei dünne Metalldrähte befinden. Die Metalldrähte stehen sich dicht gegenüber, berühren sich aber nicht. Neben den Metalldrähten befindet sich im Glaskolben noch ein unsichtbares Gas.

Hält man ein Ende einer Glimmlampe an einen geladenen Körper, fließen die Elektronen und ein Strom entsteht. Der Draht in der Glimmlampe glüht dann auf. Bei einem negativ geladenen Körper glüht der Draht, der sich an der Berührungsstelle befindet. Hält man eine Glimmlampe an einen positiv geladenen Körper, glüht der Draht an der anderen Seite auf. Mit einer Glimmlampe können positive und negative Ladungen von Körpern nachgewiesen werden. Allerdings kann man mit der Messung keine Aussage darüber treffen, wie stark der Körper geladen ist. ■

D Erläutere, warum man eine Glimmlampe als eine Art Messgerät nutzen kann.

E Beschreibe wie man mit einer Glimmlampe feststellen kann, ob ein Körper oder ein Stoff negativ oder positiv geladen ist.

Material mit Aufgaben

M2 Glimmlampe

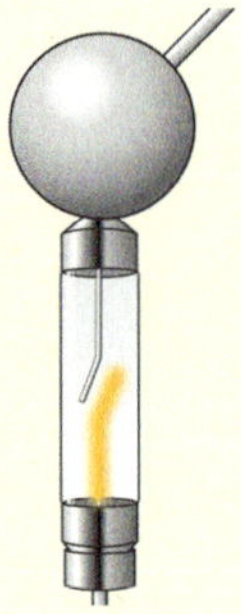

A

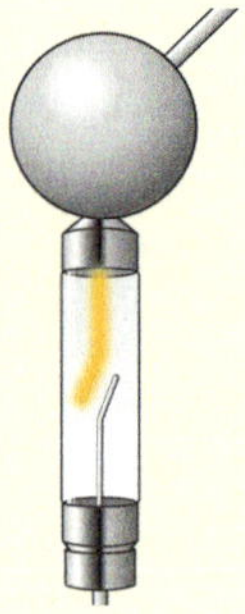

B

1. Beschreibe die Ergebnisse des Versuchs in den Bildern A und B.
2. Erkläre, wie die Kugeln in den Bildern A und B geladen sind. ⊞
3. Stelle Vermutungen an, wie hell die Glimmlampe leuchtet, wenn man eine Kugel mehrmals berührt.

Elektroskop

Ein Elektroskop besteht aus einem nichtleitenden **Ring**, an den am oberen Ende ein **Metallteller** an einem **Metallstab** befestigt ist. Der Metallstab ist mit einem drehbaren Zeiger verbunden. Berührt man den Metallteller mit einem negativ geladenen Körper, dann beeinflusst die Ladung des Körpers die Ladung des Elektroskops. Die negativen Ladungen ziehen die positiven Ladungen des Elektroskops an und stoßen die negativen Ladungen ab. Dadurch sind Zeiger und Metallstab des Elektroskops negativ geladen und stoßen sich ab. Der Zeiger bewegt sich. Das Phänomen, dass ein geladener Körper die Ladung eines ungeladenen Körpers beeinflusst, nennt man **Influenz**. Hält man einen positiv geladenen Körper an den Metallteller, dann werden die negativen Ladungen angezogen und die positiven abgestoßen. Der Zeiger bewegt sich erneut. Mit einem Elektroskop kann nur nachgewiesen werden, ob ein Körper geladen ist. Man kann nicht feststellen, ob er positiv oder negativ geladen ist.

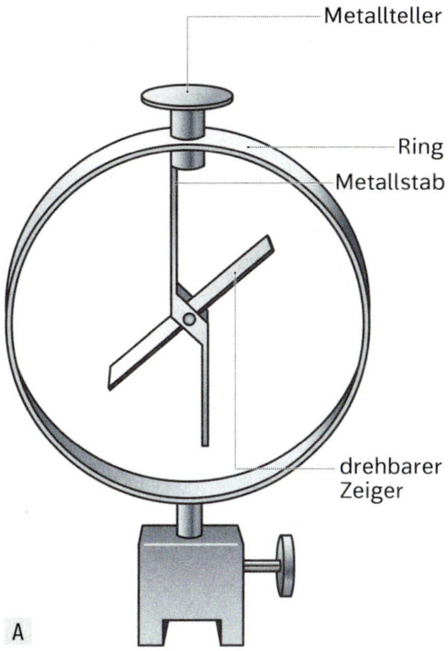

1 Elektroskop: **A** Aufbau, **B** Foto

Material mit Aufgaben

M1 Elektroskop

1. Vergleiche die Verteilung der Ladungen in den Elektroskopen in den Bildern A und B.
2. Erkläre den Ausschlag des Elektroskops in Bild B.
3. Erstelle eine Skizze von einem Elektroskop, was mit einem positiv geladenen Körper berührt wird.
4. Tobias trifft folgende Aussage: „Ein Elektroskop kann nur anzeigen, ob ein Körper geladen ist.“ Nimm Stellung.

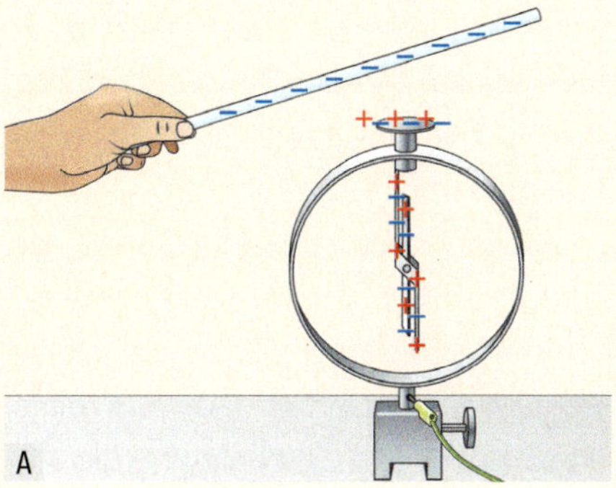

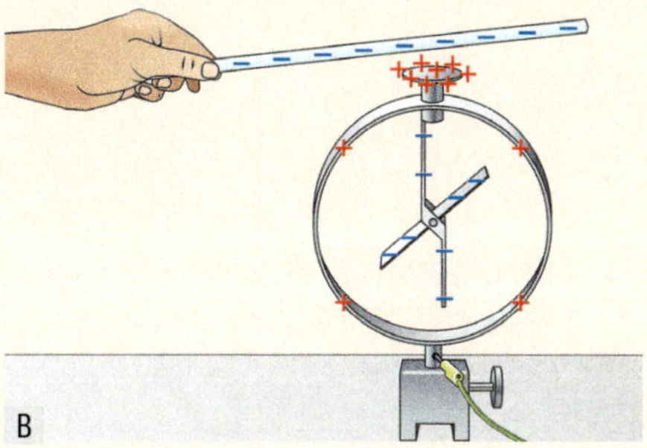

1 Ein Gewitter

Entstehung von Blitzen

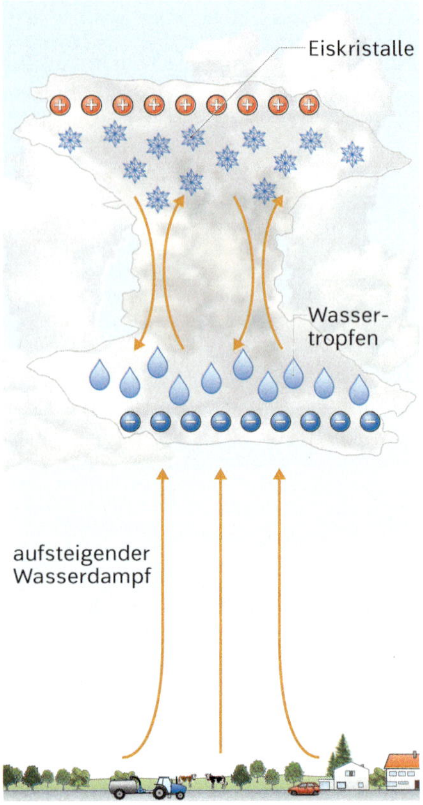

2 Ladungstrennung in einer Wolke

Ladungstrennung in Wolken

Die Sonne erwärmt den Boden und die unteren Luftschichten. Die warme Luft steigt auf und transportiert dabei auch den Wasserdampf. Je höher der Wasserdampf steigt, desto mehr kühlt er ab. Er kondensiert wieder zu Wassertropfen. Es bilden sich Wolken. In den oberen Teilen der Wolken sinkt die Temperatur weiter. Die Wassertropfen erstarren zu Eiskristallen. An den schon vorhandenen Eiskristallen lagert sich immer mehr Wasserdampf ab. Wenn die Eiskristalle zu schwer werden, sinken sie ab. Da die Temperatur beim Absinken steigt, schmelzen die Eiskristalle zum Teil. Sie werden zu Graupeln. In der Wolke reiben die absinkenden Graupeln und die aufsteigenden Eiskristalle aneinander. Dabei werden Elektronen von den Eiskristallen an die Graupeln übertragen. So wird der untere Teil der Wolke negativ und der obere Teil positiv geladen.

Ladungsausgleich

Werden die unterschiedlichen Ladungen in der Wolke zu groß, dann kommt es zu einem **Ladungsausgleich** in Form eines Blitzes. Bei einem Blitz wandern die Elektronen innerhalb kürzester Zeit von den negativ geladenen Bereichen in die positiv geladenen Bereiche der Wolken. Innerhalb der Wolke bilden sich zuerst Leitblitze. Diese sind nicht so hell, sorgen aber dafür, dass die Luft elektrisch leitend wird. Man sagt auch, der Leitblitz legt eine Leitung, den Blitzkanal. Durch diesen Blitzkanal kann dann ein Hauptblitz fließen. Dieser leuchtet hell auf und erhitzt die Luft um den Blitzkanal auf mehrere Tausend Grad Celsius. Dadurch dehnt sich die Luft explosionsartig aus. Diese Ausdehnung hört man als Donner. Blitz und Donner entstehen also gleichzeitig. Da sich Licht aber schneller als Schall ausbreitet, sieht man erst den Blitz und hört dann den Donner.

Blitze

Manchmal schlagen Blitze auf der Erde ein. Dafür muss die Erde auch geladen sein. Der untere Teil der Wolke ist so stark geladen, dass er die Ladung der Erde beeinflusst. Durch den negativ geladenen Teil der Wolke, werden die negativen Ladungen auf der Erde abgestoßen. Die positiven Ladungen der Erde werden angezogen. Dadurch sind besonders erhöhte Punkte wie Masten, Häuser oder Bäume positiv geladen. Das Phänomen, dass ein geladener Körper die Ladung eines anderen Körpers beeinflusst, nennt man **Influenz**. So kann es auch zwischen dem Erdboden und der Wolke zu einem Ladungsunterschied kommen und es entstehen Blitze in Richtung des Erdbodens. Da erhöhte Bereiche positiv geladen sind, sollte man sich bei einem Gewitter nicht an hohen Orten aufhalten. Auf manchen Häusern befinden sich Blitzableiter. Schlägt der Blitz bei ihnen ein, wird er tief in die Erde geleitet.

Ladungsausgleich im Alltag

Kleine Ladungsausgleiche erlebt man öfter im Alltag. Geht man über einen Teppich, reiben die Gummisohlen der Schuhe und der Teppich aneinander. Dabei werden Elektronen vom Teppich auf den Körper übertragen. Man wird negativ geladen. Fasst man dann zum Beispiel eine Türklinke an, kommt es zu einem Ladungsausgleich. Man fühlt einen kleinen elektrischen Schlag und kann auch mal einen Miniblitz sehen.

A Formuliere Verhaltensregeln zum Schutz vor einem Gewitter.

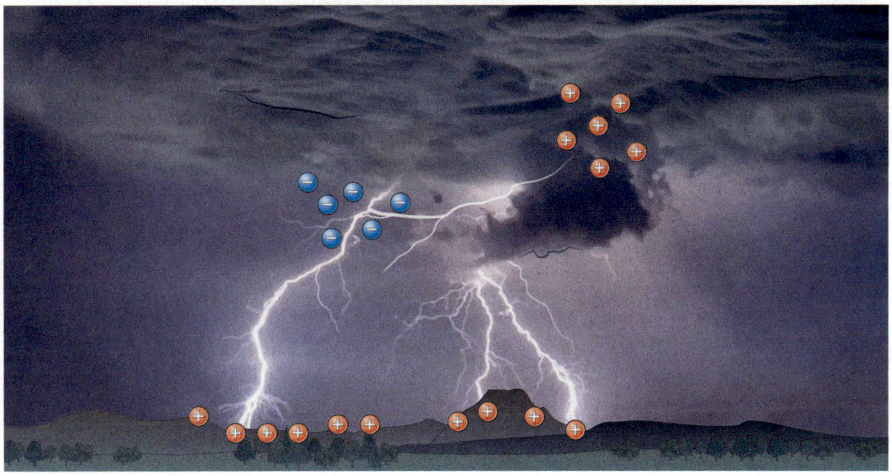

3 Ladungen in einem Gewitter

Material mit Aufgaben

M1 Ladungsausgleich

1. Beschreibe, was im abgebildeten Comic passiert.
2. Erkläre, wie die Person elektrisch aufgeladen wird.
3. Erkläre, warum die Person einen kleinen elektrischen Schlag bekommt.
4. Stelle Vermutungen an, wie man einen kleinen elektrischen Schlag verhindern kann.

1 Stromausfall in einer Stadt

Stromkreise im Haushalt

Strom im Haushalt

Fällt durch einen Stromausfall der Strom aus, stellt man fest, wie viele Dinge Strom benötigen. Zum Beispiel brauchen Lampen, Computer oder Fernseher Strom. Damit alle elektrischen Geräte betrieben werden können, sind im Haushalt viele Leitungen verlegt und zu Stromkreisen verbunden. Je nach elektrischem Gerät und seiner Nutzung sind unterschiedliche Schaltungen nötig.

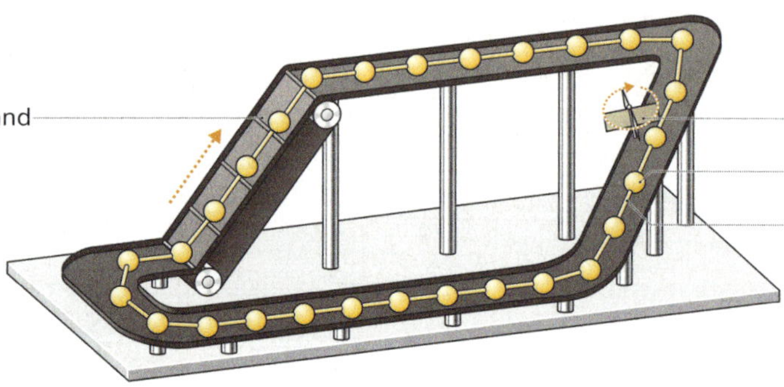

2 Das Kugelmodell

Das Kugelmodell

Im Kugelmodell werden die Elektronen als kleine Kugeln dargestellt. Abstandshalter zwischen ihnen stellen die Abstoßungskräfte dar. Die Kugeln bewegen sich in einer Bahn, wie die Elektronen im Stromkreis. Die Bahn ist so eng, dass die Kugeln nur geradeaus rollen können. Damit sich die Kugeln bewegen können, werden sie von einem Laufband hochgehoben. Sie besitzen dann Höhenenergie. Diese wird beim Herunterrollen in Bewegungsenergie umgewandelt. Im Stromkreis werden die Elektronen von einer Batterie angetrieben, die die nötige Energie liefert. Die Kugeln können beim Herunterrollen ihre Energie an Bauteile übertragen. Zum Beispiel wird ein Drehkreuz in Bewegung gesetzt. Auch Elektronen übertragen Energie. Fließen sie zum Beispiel durch eine Glühlampe, beginnt diese zu leuchten.

Schaltungen im Modell

In einer Reihenschaltung übertragen die Elektronen Energie an mehrere hintereinanderliegende Bauteile. Im Modell übertragen die Kugeln Energie an Drehkreuze, die sich auf der gleichen Bahn befinden. Bewegt sich ein Drehkreuz nicht, fließen keine Kugeln mehr. So ist es auch in einer Reihenschaltung. Wird ein Bauteil aus der Schaltung genommen oder ist defekt, fließt kein Strom mehr. In einer Parallelschaltung übertragen die Elektronen Energie an Bauteile, die auf mehrere Wege verteilt sind. Im Modell liegen die Drehkreuze auf verschiedenen Bahnen. Dreht sich ein Drehkreuz nicht, können die Kugeln über andere Wege weiter fließen.

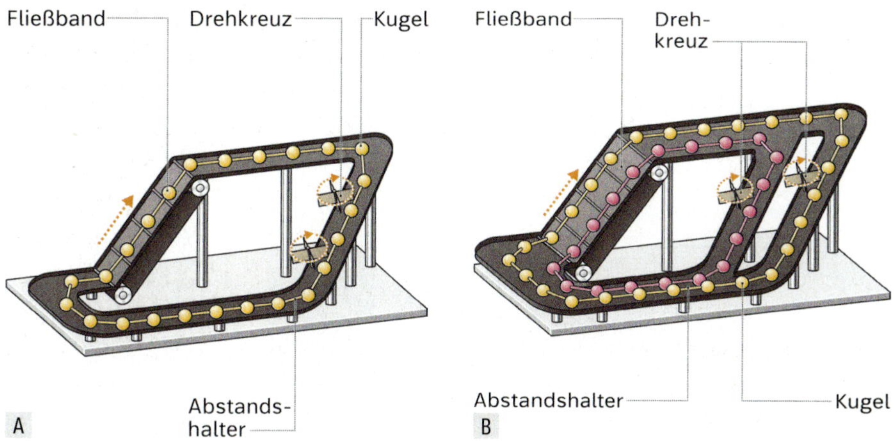

3 Schaltungen im Modell: **A** Reihenschaltung, **B** Parallelschaltung

A Stelle in einer Tabelle Stromkreis und Modell gegenüber. Finde Entsprechungen für Elektronen, Batterie, Kabel und eine Lampe.

Material mit Aufgaben

M1 Schaltungen im Modell

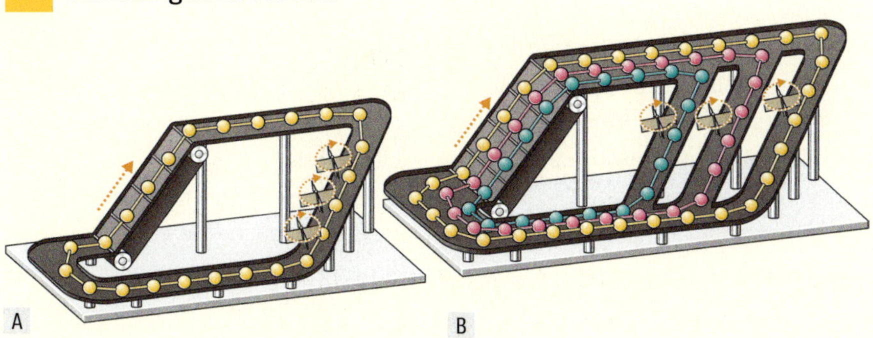

1. Beschreibe die dargestellten Modelle A und B.
2. Ordne den Modellen die Begriffe Reihenschaltung und Parallelschaltung zu.
3. Erkläre, was in den Modellen passiert, wenn die Kugeln am Laufband nach oben transportiert werden.
4. Wähle eine der Aufgaben aus:
   a Zeichne für beide Modelle jeweils einen Schaltplan.
   b Zeichne den Schaltplan von einem Stromkreis deiner Wahl und skizziere ihn im Modell

P2 Einfache Schaltungen

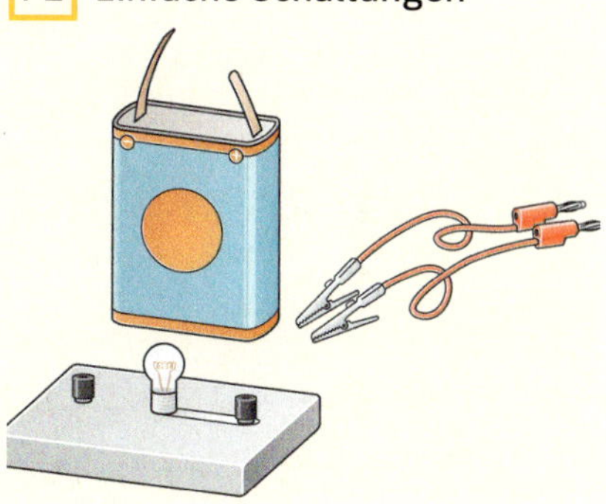

Material: Kabel, Glühlampen, Batterie

Durchführung: Baue jeweils eine Reihen- und eine Parallelschaltung auf. Entferne dann jeweils eine Glühlampe.

1. Beschreibe deine Beobachtung.
2. Erkläre deine Beobachtungen mithilfe des Kugelmodells.

1 Reißender Fluss

Elektrische Stromstärke

Ströme im Alltag

Bewegen sich im Alltag Menschen, Teilchen oder Gegenstände in eine Richtung, spricht man von einem Strom. Beim elektrischen Strom bewegen sich Elektronen in eine Richtung. Sie fließen in einem Metalldraht. Dieser besteht aus Atomen, die in einem Gitter angeordnet sind. Manche Elektronen im Gitter können sich frei bewegen.

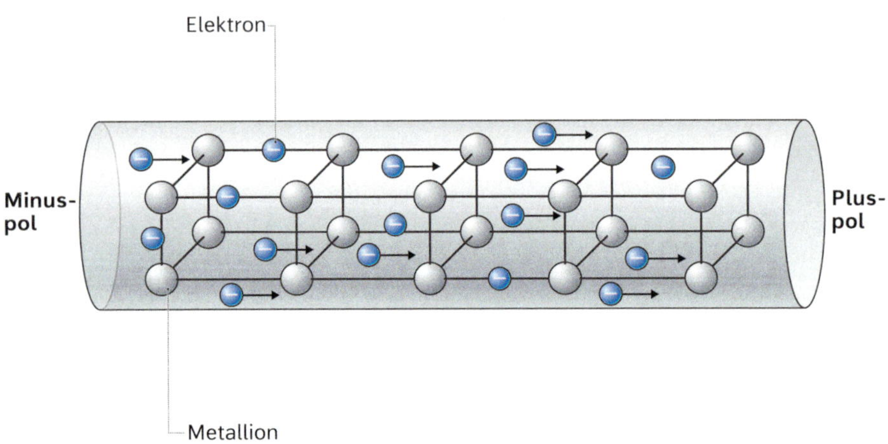

2 Elektronenfluss in einem elektrischen Leiter

Stromstärke

Um die Stärke des elektrischen Stroms zu ermitteln, bestimmt man die Anzahl der Ladungen, die in einer bestimmten Zeit an einer bestimmten Stelle vorbeifließen. Da jedes Elektron genau eine negative Ladung besitzt, entspricht die Anzahl der Ladungen der Anzahl an Elektronen.

Die elektrische Stromstärke hat das Formelzeichen I und wird in der Einheit **Ampere** (A) angegeben. Die Einheit ist nach dem französischen Physiker André-Marie Ampére benannt.

$$\text{Stromstärke} = \frac{\text{Anzahl der Ladungen}}{\text{Zeit}}$$

Die Stromstärken, die einem im Alltag begegnen, bewegen sich in der Regel im Bereich von Milliampere, wie beispielsweise bei Kopfhörern. Größere Geräte wie beispielsweise Toaster benötigen Stromstärken in einem höheren Amperebereich.

Stromstärke im Modell

Im dargestelltem Kugelmodell stellen die Kugeln Elektronen in einem Stromkreis dar und die Rollbahn die Kabel. Die Stromstärke entspricht der Anzahl an Kugeln, die in einer bestimmten Zeit an einer bestimmten Stelle vorbeikommen. Je schneller die Kugeln sich bewegen, desto größer ist auch die Stromstärke. Zwischen den Kugeln befinden sich Abstandshalter. Sie stellen die elektrischen Abstoßungskräfte zwischen den Elektronen dar. Fängt sich eine Kugel an zu bewegen, dann bewegen sich alle anderen auch mit. Dadurch ist die Geschwindigkeit der Kugeln an allen Stellen gleich groß. Das heißt, dass auch die Stromstärke in einem einfachen Stromkreis überall gleich groß ist.
Elektrische Bauteile wie Lampen werden im Modell mit einem Drehkreuz dargestellt. Bewegen sich die Kugeln, setzen sie das Drehkreuz in Bewegung. Dadurch verringert sich aber die Geschwindigkeit der Kugeln. Befindet sich also eine Lampe im Stromkreis, wird der Elektronenfluss an dieser Stelle verlangsamt. Dadurch ist die Gesamtgeschwindigkeit geringer und die Stromstärke sinkt. Wenn die Kugeln das Drehkreuz bewegen, verschwinden sie nicht. Sie übertragen Energie wie die Elektronen im Stromkreis. Sie selbst werden nicht verbraucht, ihre Anzahl bleibt gleich.

A Definiere den Begriff der elektrischen Stromstärke.

B Beschreibe das in Bild 2 dargestellte Modell zur Stromstärke. Vergleiche das Modell mit der Wirklichkeit.

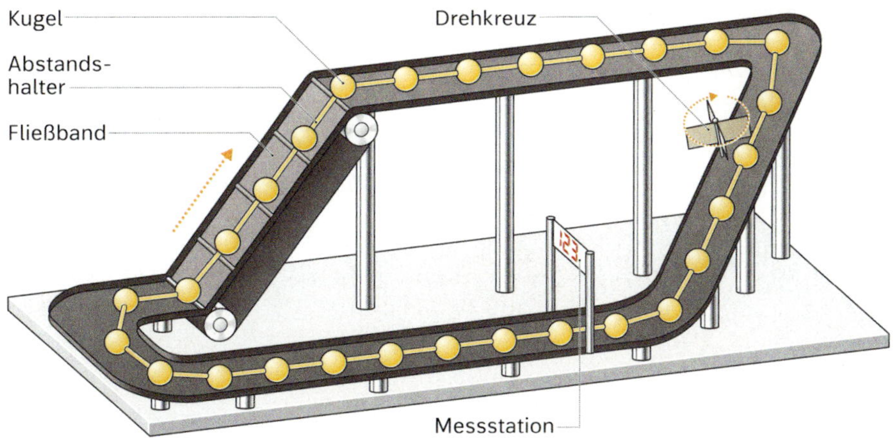

3 Stromstärke im Modell

Material mit Aufgaben

M1 **Stromstärke und der menschliche Körper**

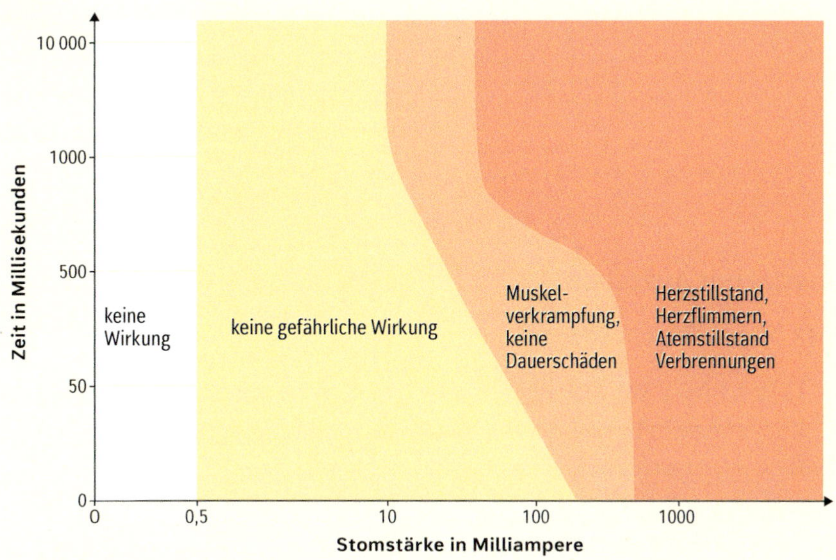

1. Beschreibe mithilfe des Bildes die gesundheitlichen Folgen von unterschiedlichen Stromstärken für den menschlichen Körper.
2. Begründe, warum auch die Kontaktzeit mit dem elektrischen Strom eine Rolle spielt.
3. Netzgeräte für Experimente im Fachraum erzeugen im Menschen eine Stromstärke von maximal 12 mA. Begründe diese Einschränkung.

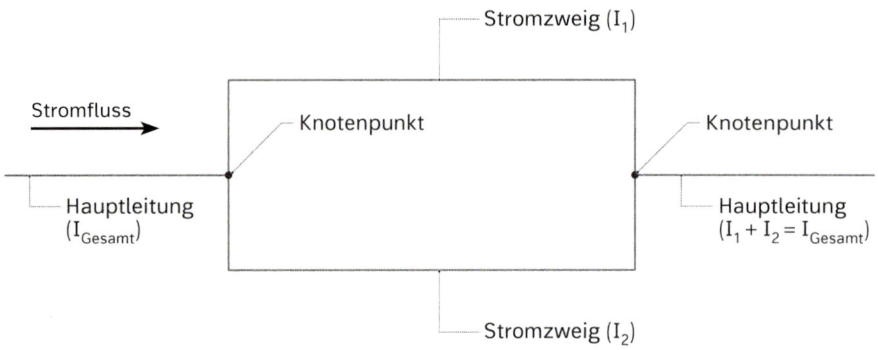

4 Knotenregel

Knotenregel

In jedem Zimmer sind verschiedene elektrische Geräte meist miteinander verbunden. So sind in Wohnräumen Geräte wie Lampen, Fernseher oder Computer oft in parallelen Stromkreisen geschaltet. In einer Parallelschaltung teilt sich die Hauptleitung an einem Knotenpunkt in mehrere Stromzweige auf. Diese Stromzweige werden dann wieder in einem weiteren Knotenpunkt zusammengeführt. In Parallelschaltungen haben die Elektronen daher die Möglichkeit durch verschiedene Wege zu fließen. Im Kugelmodell können die Kugeln also auch verschiedene Wege nehmen. Wenn die Kugeln sich gleichmäßig bewegen, dann fließen aus einer Abzweigung gleich viele Kugeln heraus, wie hineinfließen. Analog fließen an einem elektrischen Knotenpunkt genauso viele Elektronen hinein wie auf allen Wegen wieder hinausfließen. Diesen Zusammenhang nennt man **Knotenregel**.

In jedem Knotenpunkt ist die Summe der zufließenden Ströme genau so groß wie die Summe der abfließenden Ströme.

C Beschreibe die Knotenregel mit eigenen Worten.

Material mit Aufgaben

M2 Knotenregel im Modell

1. Beschreibe das Modell für die Knotenregel in Bild A.
2. Vergleiche das Autokreismodell mit der Knotenregel.
3. Wähle eine der Aufgaben aus:
   - a Berechne den ausgehenden Strom in Abbildung B.
   - b Berechne die Stärke des fehlenden Stroms I_2 in Abbildung C.
4. Stelle Vermutungen an, warum sich Elektronen nicht immer gleichmäßig auf alle Stromzweige aufteilen.

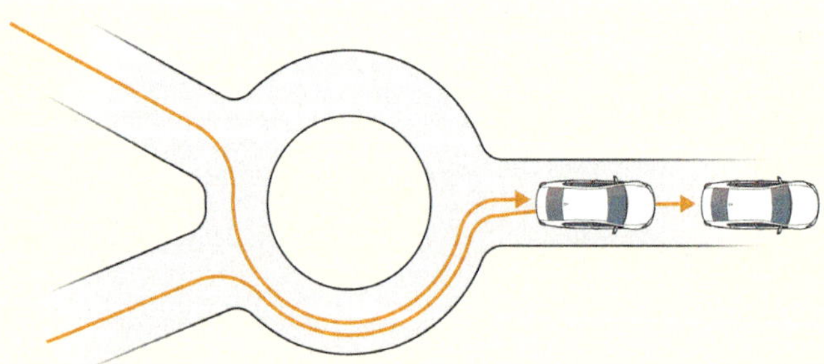

A

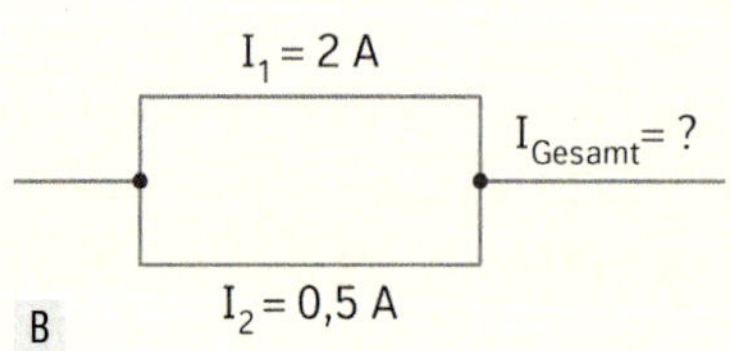

B

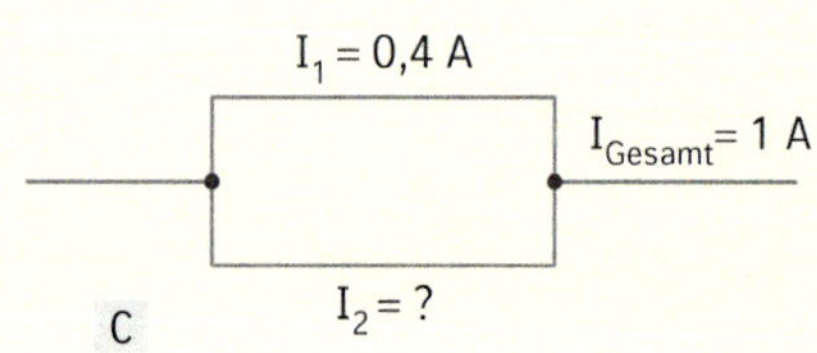

C

Multimeter

Bei der Messung der Stromstärke wird die Anzahl an Ladungen bestimmt, die in einer bestimmten Zeit an einem Messpunkt vorbeifließen. Beim elektrischen Strom entspricht die Anzahl der Ladungen der Anzahl der Elektronen. Um alle Ladungen erfassen zu können, muss das Strommessgerät in Reihe geschaltet werden.

Zur Messung der Stromstärke braucht man ein Amperemeter. Häufig benutzt man aber ein **Multimeter**. Mit ihm kann man verschiedene elektrische Größen messen. Der Messbereich ist bei einem Multimeter einstellbar und ermöglicht so verschiedene Messungen. Allerdings kann ein ungeeigneter Messbereich zu Schäden im Gerät führen. Um Messfehler zu vermeiden, sollte man Messungen an verschiedenen Stellen im Stromkreis mit dem gleichen Messgerät durchführen.

Stromstärke messen

1 Bevor man das Multimeter in den Stromkreis einbaut, muss das Netzgerät ausgeschaltet werden. Danach wird der Stromkreis geöffnet.

2 Das eine Ende des Stromkreises wird mit dem Anschluss COM verbunden. Das andere Ende des Stromkreises wird mit dem Anschluss A oder mA verbunden. Den Anschluss A verwendet man bei hohen Stromstärken. Den Anschluss mA bei niedrigen Stromstärken.

3 Als letztes muss noch der richtige Messbereich gewählt werden. Stelle dafür das Drehrad auf den gewünschten Messbereich. Die Einstellungen mit einem **m** oder **µ** hinter der Messzahl sind für kleine und sehr kleine Messbereiche. Zeigt das Multimeter einen negativen Messwert an, so kann man das Minus ignorieren.

1 Multimeter

Material mit Aufgaben

A

P1 **Stromstärken messen**

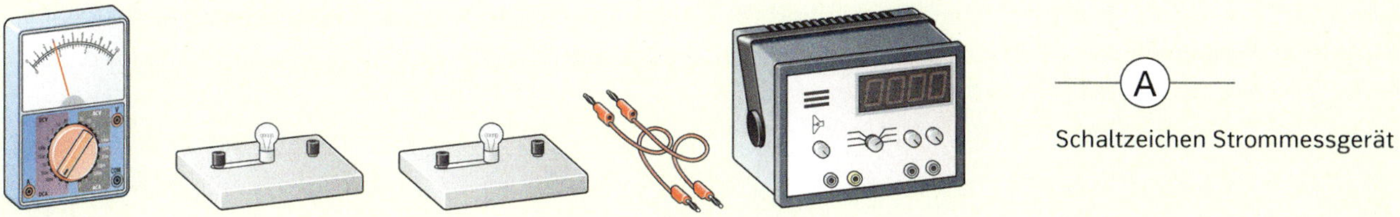

Material: Multimeter, Glühlampen, Kabel, Netzgerät

Durchführung: Baue einen einfachen Stromkreis mit den Materialien auf. Bestimme danach die Stromstärke an verschiedenen Stellen im Stromkreis. Notiere deine Messwerte in einer Tabelle.

1. Baue eine Reihenschaltung auf. Miss die Stromstärke an verschiedenen Stellen im Stromkreis. Erkläre deine Ergebnisse.
2. Baue eine Parallelschaltung auf. Miss die Stromstärke an verschiedenen Stellen. Erkläre deine Ergebnisse.
3. Zeichne einen Schaltplan von einer Strommessung in einer Reihenschaltung.

1 Windräder

Elektrische Spannung

Antrieb

Damit elektrische Geräte richtig funktionieren, müssen Elektronen durch den Stromkreis fließen. Elektronen werden durch Quellen wie beispielsweise Batterien angetrieben. Die Stärke einer Spannungsquelle bezeichnet man als **Spannung**. Je höher sie ist, desto stärker werden die Elektronen angetrieben. Die Spannung hat das Formelzeichen U und wird in **Volt** (V) angegeben. Sie ist nach dem italienischem Physiker Alessandro Volta benannt.

Nennspannung

Jedes Gerät hat eine Spannung, bei der es am besten funktioniert, diese wird als **Nennspannung** bezeichnet.
Die Nennspannung kann man mit dem Antrieb von verschiedenen Wagen verdeutlichen. Wenn die Spannung passend ist, funktioniert das elektrische Gerät sehr gut. Ebenso kann ein Einkaufswagen gut durch den Antrieb eines erwachsenen Menschen bewegt werden. Ist die Nennspannung des Gerätes größer als die tatsächlich anliegende

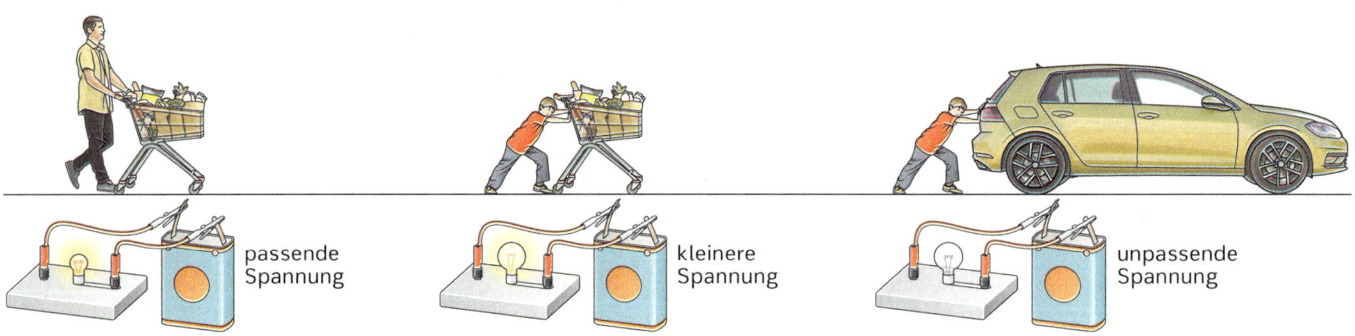

2 Nennspannung im Modell

Spannung, funktioniert das Gerät nicht richtig. Im Modell kann das Kind den vollen Einkaufswagen nur sehr langsam bewegen. Wird nun die Spannung der Spannungsquelle ebenfalls verkleinert, funktioniert das elektrische Gerät gar nicht mehr. Im Modell kann ein Kind ein Auto gar nicht mehr bewegen.
Ist die Nennspannung der Spannungsquelle deutlich größer als die Nennspannung des Gerätes, so wird dieses zerstört. ▶

A Erkläre, warum man auf die Nennspannung eines Gerätes achten muss.

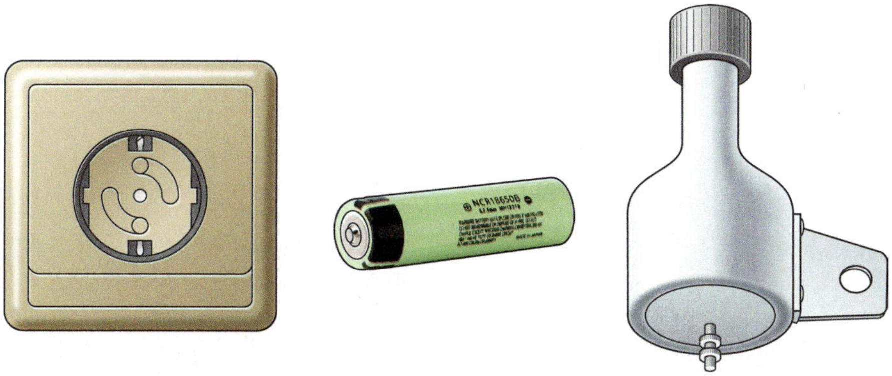

Nennspannung Stromnetz 230 V | Lithium-Batterie 2,9 V - 3,7 V | Fahrraddynamo 6 V

3 Verschiedene Nennspannungen

Material mit Aufgaben

M1 Elektrische Spannung

Versuchsaufbau:

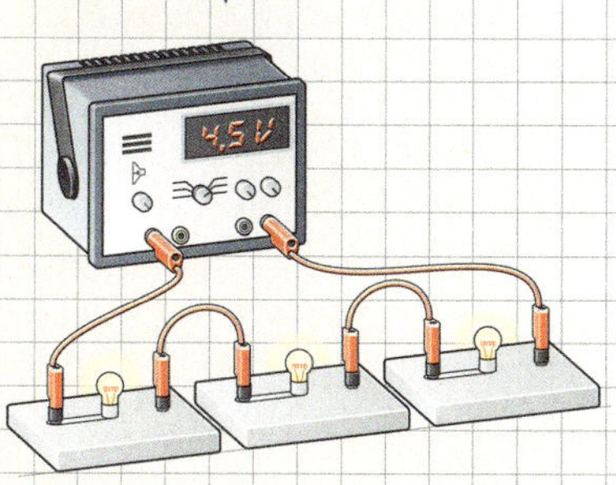

Materialien: Lampen, Kabel, Netzgerät

Durchführung: Baue einen einfachen Stromkreis mit einer Lampe auf. Füge dann weitere Lampen in Reihe hinzu und stelle die Spannung am Netzgerät so ein, dass die Lampen so stark wie zu Beginn des Versuchs leuchten. Gib jeweils die angezeigte Spannung an.

Beobachtung:

Lampen	1	2	3
Spannung	1,5 V	3 V	4,5 V

1. Beschreibe den Versuchsaufbau und die Beobachtungen.
2. Formuliere einen Zusammenhang zwischen der Leuchtstärke der Lampen und ihrer Anzahl.
3. Erkläre die Versuchsergebnisse.
4. Beschreibe, wie die Spannung verändert werden muss, wenn noch mehr Lampen der Schaltung hinzugefügt werden und die Leuchtstärke gleich bleiben soll.
5. Erkläre, welche Spannung benötigt wird, damit fünf Lampen hell leuchten.
6. Erkläre, warum es ohne Spannung keinen elektrischen Strom gibt.

P2 Nennspannung

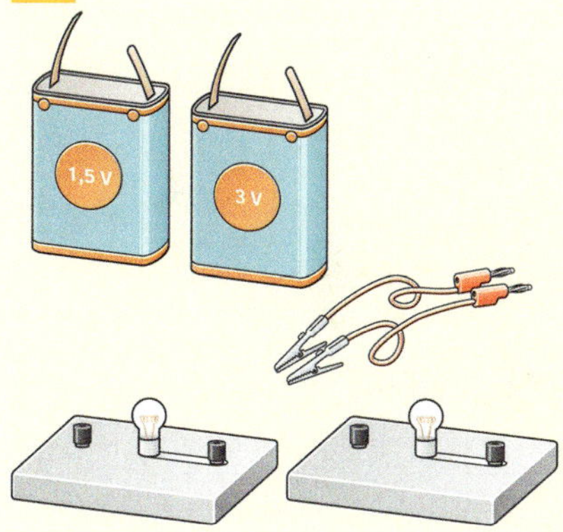

Material: Lampen, Kabel, Batterien (Nennspannung 1,5 V und 3 V)

Durchführung: Schließe die Lampen jeweils an eine Batterie an.

1. Erkläre die Versuchsergebnisse mithilfe des Begriffs der Nennspannung.

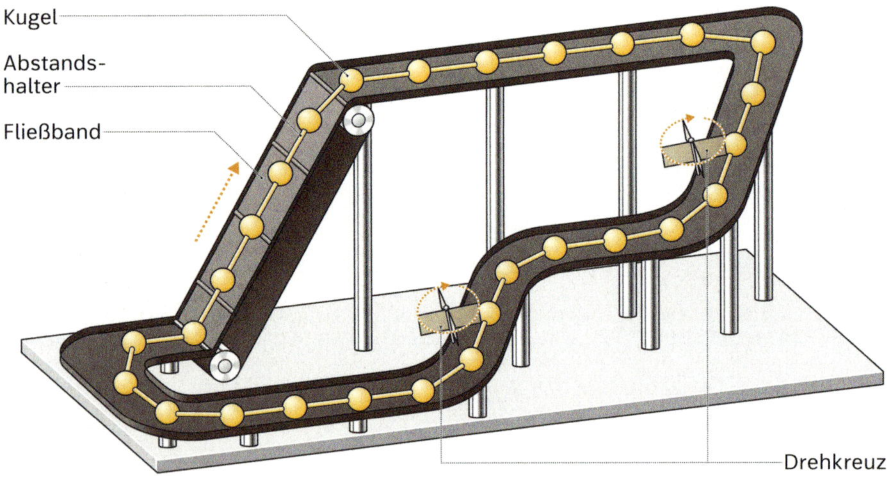

4 Spannung im Modell

Spannung und Energie

In Spannungsquellen werden Elektronen angetrieben. Dafür wird Energie an die Elektronen übertragen. Je höher die Spannung ist, desto mehr Energie wird übertragen. Dieser Vorgang ist nicht sichtbar. Mithilfe des Kugelmodells kann man diesen Vorgang veranschaulichen. Das Förderband im Kugelmodell ist die Spannungsquelle. Es hebt die Kugeln auf eine höhere Bahn. Je größer die Spannung ist, desto höher wird jede Kugel angehoben und desto mehr Energie kann von ihnen übertragen werden. Die Übertragung der Energie im elektrischen Gerät ist damit zu vergleichen, dass die Kugel die schräge Bahn wieder hinunterrollt und dabei ein Drehkreuz in Bewegung setzt. Die Höhe der Schräge gibt an, wie viel Energie die Kugel insgesamt übertragen kann. Auf den unterschiedlichen Höhen der Bahn hat die Kugel noch unterschiedlich viel Energie, die sie übertragen kann. In einem elektrischen Gerät wird die Energie an alle Bauteile übertragen. Die Spannungen an den einzelnen Bauteilen ergeben summiert die Spannung der Spannungsquelle. Anders als die Kugel im Modell behält das Elektron während der Energieübertragung seine Geschwindigkeit bei. Es gibt dabei Energie an die Umgebung ab. Man merkt dies an elektrische Leitungen, die sich erwärmen.

Material mit Aufgaben

M3 Skifahrt

1. Ordne dem Sessellift und den Skifahrern die Begriffe Spannungsquelle und Elektronen zu.
2. Erkläre, warum in Bild B ein Skifahrer auf Strecke 1 mehr Energie umwandelt als ein Skifahrer auf Strecke 2.
3. Vergleiche die Abhängigkeit der Energie eines Elektrons von der Spannung mit der Abhängigkeit der Höhenenergie des Skifahrers von seiner Starthöhe.

A

B

Spannung messen

Methode

Multimeter

Die Höhe der Spannung zeigt die Menge an Energie an, die von den einzelnen Elektronen zwischen zwei Punkten im Stromkreis übertragen wird. Diesen Spannungsunterschied kann man mithilfe eines Messgerätes, dem Voltmeter, bestimmen. Um zwischen zwei Punkten im Stromkreis messen zu können, wird das Messgerät zu den Messpunkten parallel geschaltet.
Wie auch für die Stromstärke, kann man für das Messen der Spannung ein Multimeter nutzen. So benötigt man keine verschiedenen Messgeräte. Der Messbereich für verschiedene Größen ist bei einem Multimeter einstellbar und ermöglicht so verschiedene Messungen. Allerdings kann ein ungeeigneter Messbereich zu Schäden im Gerät führen. Um Messfehler zu vermeiden, sollte man Messungen an verschiedenen Stellen im Stromkreis mit dem gleichen Messgerät durchzuführen.

Spannung messen

1 Bevor man das Multimeter in den Stromkreis einbaut, muss das Netzgerät ausgeschaltet werden.

2 Um die Spannung in einem Stromkreis zu messen, muss das Multimeter parallel zu einem Bauteil geschaltet werden. Ein Kabel wird dann mit dem Anschluss COM verbunden. Das andere Kabel wird mit dem Anschluss V verbunden.

3 Als letztes muss der richtige Messbereich gewählt werden. Stelle dafür das Drehrad auf den gewünschten Messbereich. Die Einstellungen mit einem **m** hinter der Messzahl sind für kleine Messbereiche. Zeigt das Multimeter einen negativen Messwert an, müssen die Kabel vertauscht werden. Achte bei der Spannungsmessung unbedingt darauf, dass der Schalter nicht für eine Stromstärkemessung eingestellt ist. Sonst kann es zu einem Kurzschluss kommen.

1 Multimeter

Material mit Aufgaben

P1 **Spannung messen**

Material: Multimeter, Glühlampen, Kabel, Netzgerät

Durchführung: Baue eine Reihen- und eine Parallelschaltung. Bestimme die Spannung jeweils an zwei Stellen. Notiere deine Messwerte in einer Tabelle.

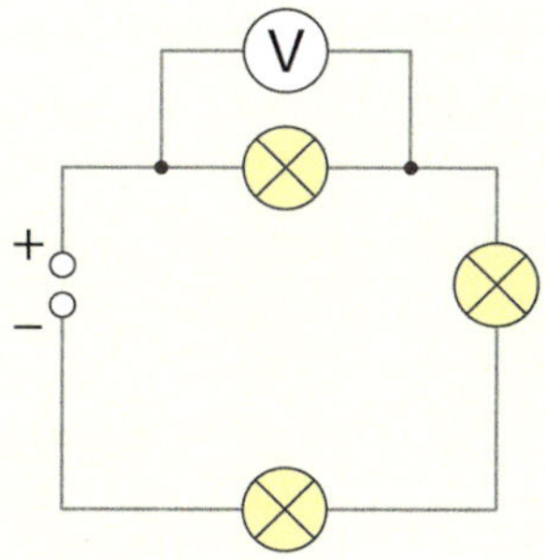

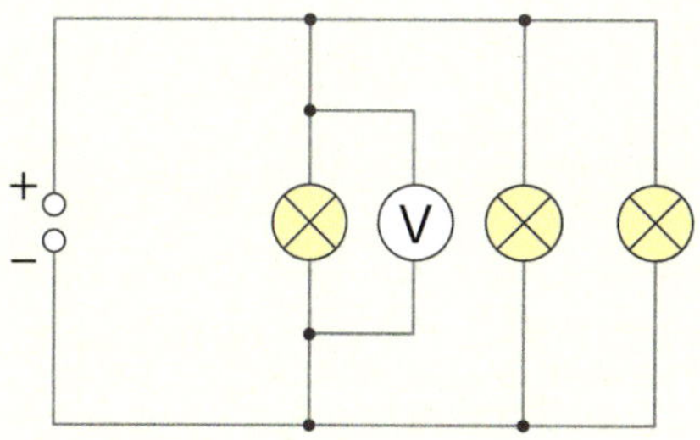

1. Vergleiche die gemessenen Spannungen in den beiden Stromkreisen.

2. Erkläre den Unterschied zwischen der Spannung am Netzgerät und an den Lampen.

1 Wasserrad in einem Fluss.

Elektrischer Widerstand

Wasserstrom

In manchen Flüssen befinden sich große Wasserräder. Diese werden durch die Stromstärke des Wassers in Bewegung gesetzt. Gleichzeitig bremst das Wasserrad aber den Wasserstrom ab. Direkt am Wasserrad fließt das Wasser langsamer. Auch der elektrische Strom kann in seinem Fluss gestört werden.

Elektrischer Widerstand

Wird ein elektrisches Bauteil an eine Spannungsquelle angeschlossen, misst man bei unterschiedlichen Spannungen verschiedene Stromstärken. Dieses Maß, welche Spannung benötigt wird, um eine bestimmte Stromstärke zu erreichen, nennt man elektrischen Widerstand. Er hat das Formelzeichen **R** und wird in der Einheit Ohm (Ω) angegeben. Die Einheit ist nach dem deutschen Physiker Georg Simon Ohm benannt. Bei Materialien, Leitern oder Bauteilen mit einem hohen Widerstand, liegen Atome im Gitter nah beieinander. Die Elektronen stoßen oft mit den Atomen zusammen und werden so langsamer. Die Stromstärke sinkt bei einem großen Widerstand. Bei einem kleinen Widerstand ist die Stromstärke höher. Die Atome sind nicht so dicht gepackt und die Elektronen stoßen weniger mit den Atomen zusammen. Ist der Widerstand für ein Bauteil immer gleich groß, spricht man von einem **ohmschen Widerstand**. Für viele elektrische Geräte ist der Widerstand allerdings nicht konstant.

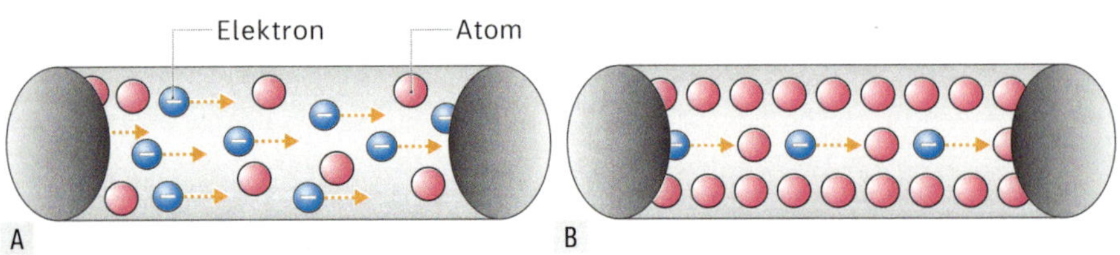

2 Elektronenfluss bei einem: **A** niedrigen Widerstand, **B** hohen Widerstand.

Widerstand im Modell

Im Kugelmodell kann man den Widerstand eines Bauteils verdeutlichen. Ein Drehkreuz auf dem Weg stellt ein elektrisches Bauteil dar. Treffen die Kugeln auf das Drehkreuz, wird an diesem ein Teil der Energie der Kugeln genutzt, um das Drehkreuz in Bewegung zu setzen. Gleichzeitig hemmt das Drehkreuz die Bewegung der Kugeln. Alle Kugeln bewegen sich langsamer und die Stromstärke sinkt. Entsprechend den Kugeln bewegen sich Elektronen beispielsweise durch eine Lampe. In der Lampe wird dann auch ein Teil ihrer Energie umgewandelt. Die Lampe beginnt zu leuchten. Gleichzeitig sinkt die Stromstärke überall im Stromkreis. Im Modell können unterschiedlich große Widerstände mit verschiedenen Drehkreuzen dargestellt werden. Drehkreuze, die sich leicht in Bewegung setzen, haben einen geringeren Widerstand. Drehkreuze, die sich schwerer bewegen, haben einen hohen Widerstand. Je größer der Widerstand ist, desto mehr wird die Bewegung von Kugeln oder Elektronen gehemmt.

Energieübertragung

Bei Geräten mit hohem Widerstand wird mehr Energie übertragen als bei Geräten mit einem niedrigen Widerstand. Der Widerstand von verschiedenen Bauteilen bestimmt also, wie die Energie der Elektronen, die Spannung, in einer Schaltung aufgeteilt wird. Es wird immer nur ein Teil der Energie in die gewünschte Energieform umgewandelt. ▶

A Erkläre, was der elektrische Widerstand ist.

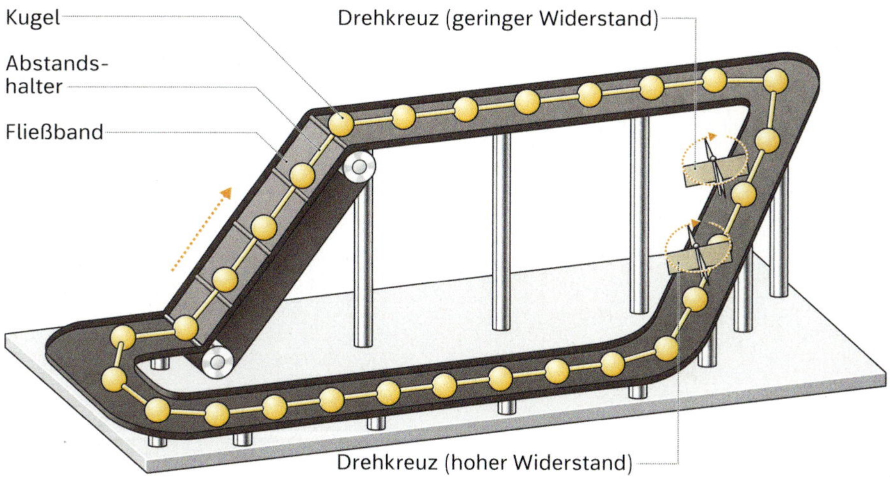

3 Widerstand im Modell

Material mit Aufgaben

M1 Elektrischer Widerstand

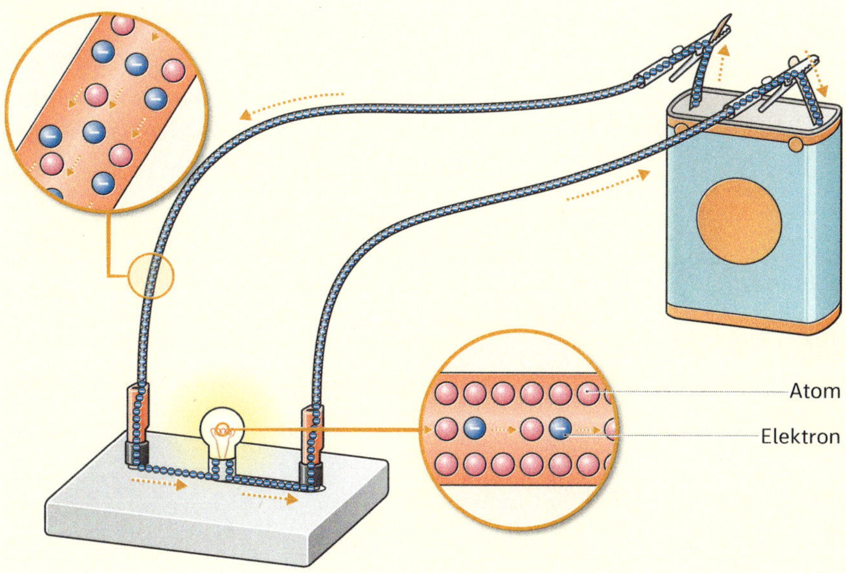

1. Beschreibe den Fluss der Elektronen in der Abbildung.
2. Erkläre mithilfe der Lupen, ob die Glühlampe oder das Kabel einen höheren elektrischen Widerstand hat. ⊞
3. Wähle eine der Aufgabe aus:
   a Vergleiche die Abbildung mit dem Modell in Abbildung 3.
   b Erkläre, ob man am Kabel oder an der Glühlampe eine höhere Stromstärke messen würde.

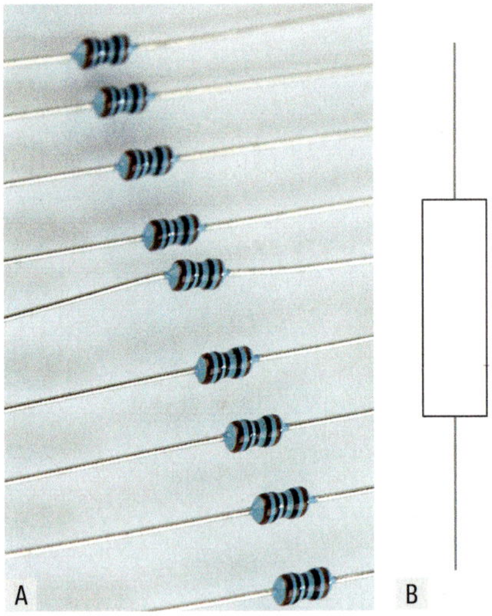

4 Widerstand: **A** Bauteil, **B** Schaltzeichen

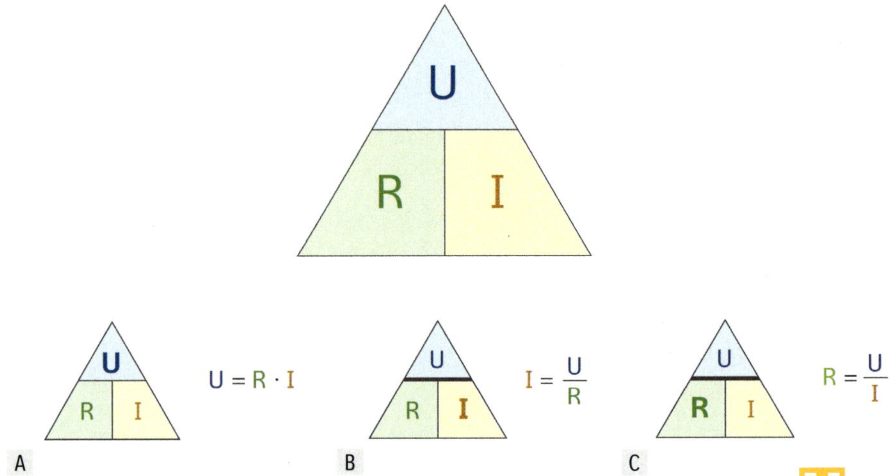

5 Elektrische Größen berechnen: **A** Spannung, **B** Stromstärke, **C** Widerstand

A

Widerstand als Bauteil

Der elektrische Widerstand ist nicht nur eine physikalische Größe, sondern kann in Stromkreisen auch ein Bauteil sein. Dieser Widerstand wird zum Beispiel bei Stromkreisen in Modelleisenbahnen verwendet, damit die Stromstärke begrenzt wird.

Ohmsches Gesetz

In Experimenten mit elektrischen Stromkreisen und elektrischen Geräten will man die Stromstärke immer im Voraus wissen. Ist die Stromstärke zu hoch, kann es ansonsten zu Überlastungen des Stromkreises kommen. Um die gesamte Stromstärke zu berechnen, muss man auch die Spannung und den Widerstand im Stromkreis kennen. Man braucht also einen Zusammenhang zwischen den elektrischen Größen Spannung, Stromstärke und Widerstand. Bei einem ohmschen Widerstand ist das Verhältnis von Spannung und Stromstärke immer gleich. Diesen Zusammenhang kann man in einer Formel darstellen, den **ohmschen Gesetz**:

$$R = \frac{U}{I}$$

Möchte man die elektrische Spannung oder Stromstärke berechnen, muss man die Formel nach der gesuchten Größe umstellen.

Material mit Aufgaben

M2 Ohmsches Gesetz

Spannung U in V	Stromstärke I in A	Widerstand R in Ω
10	5	...
15	...	5
...	2	24

1. Nenne die Formeln für die Berechnung von Stromstärke, Spannung und Widerstand bei einem ohmschen Widerstand.

2. Übertrage die Tabelle in dein Heft. Berechne mithilfe des ohmschen Gesetzes die fehlenden Größen und ergänze sie.

Kennlinie

Wird das Verhältnis von Spannung und Stromstärke von elektrischen Bauteilen experimentell bestimmt und anschließend in einem Spannungs-Strom-Diagramm dargestellt, erhält man für die Bauteile verschiedene Kurvenverläufe. Den spezifischen Kurvenverlauf für jedes Bauteil bezeichnet man als **Kennlinie**. Kennlinien sind für jedes Bauteil und für jeden Stoff unterschiedlich. Für einen ohmschen Widerstand ist die Kennlinie eine Gerade. Die Spannung und die Stromstärke sind bei einem ohmschen Widerstand proportional zueinander.

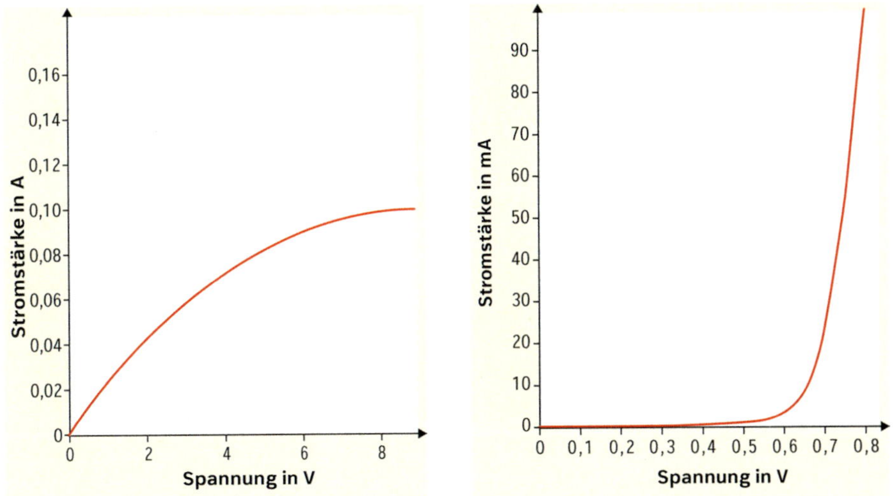

6 Kennlinie: **A** von einer Glühlampe, **B** von einer LED

Nichtohmsche Widerstände

Fast alle Leiter sind nichtohmschen Widerstände. Bei ihnen ist der Widerstand nur in bestimmten Temperatur- oder Spannungsbereichen konstant.
Steigt die Temperatur des Leiters, fangen die Atome auf ihren Plätzen an zu schwingen. Der Widerstand steigt. Dadurch stoßen die fließenden Elektronen immer häufiger mit den Atomen im Gitter zusammen und werden langsamer. Die Stromstärke sinkt. Der Widerstand hängt nicht nur von der Temperatur und dem Material des Leiters ab, sondern auch von seiner Länge und seinem Durchmesser. Je länger der Leiter ist, desto mehr hindert er den Stromfluss. Der Widerstand ist höher. Je größer aber der Durchmesser eines Leiters ist, desto geringer sein Widerstand. Der Stromfluss wird nicht so stark behindert. ■

B Beschreibe den Unterschied zwischen ohmschen und nichtohmschen Widerständen.

Material mit Aufgaben

M3 Kennlinien

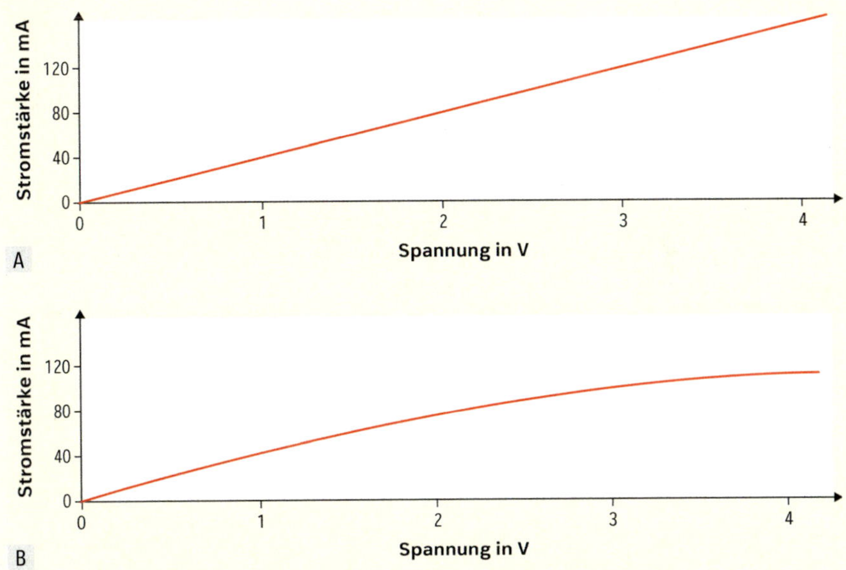

1. Vergleiche die Kennlinien in den Bildern A und B miteinander.
2. Erkläre, welche der Kennlinien zu einem ohmschen Widerstand gehört.
3. Nenne für die Kennlinien A und B den Spannungsbereich, in denen das Ohmsche Gesetz zur Berechnung des Widerstandes genutzt werden kann.

Messreihen aufnehmen und auswerten

Stromstärke in einer Reihenschaltung

Frage: Wie hängt die elektrische Stromstärke von der Position in einer Reihenschaltung ab?

Vermutung: Die Stromstärke ist überall gleich.

Materialien: 2 Lampen, 4 Kabel, Multimeter, Netzgerät

Durchführung: Mit einem Netzgerät und zwei Lampen wird eine Reihenschaltung aufgebaut. Dann wird am Minuspol, zwischen den Lampen und am Pluspol die elektrische Stromstärke gemessen. Diese Messung wird für eine Spannung von 4 V durchgeführt.

Beobachtung:

	Minuspol	zwischen den Lampen	Pluspol
I (in mA)	20	21	20

Auswertung: Die Messwerte für die Stromstärke sind bei einer angelegten Spannung von 4 V ungefähr gleich. Diese Messung unterstützt daher die Vermutung.

Versuchsaufbau:

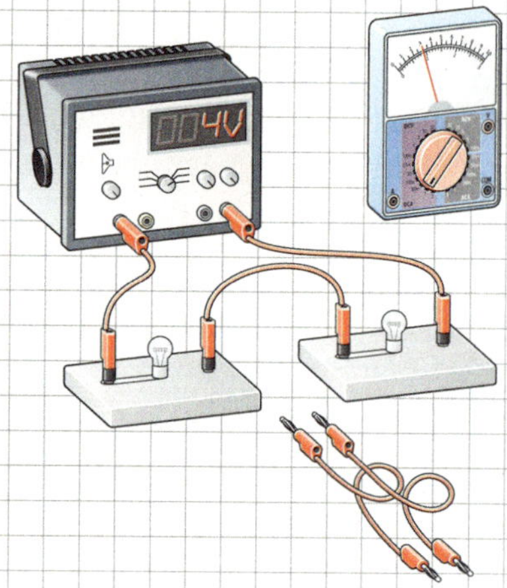

1 Beispielprotokoll mit einer Messreihe

Messreihen

Eine einzige Messung ist nur wenig aussagekräftig, da sie nur ein einzelnes Ereignis darstellt. Außerdem lässt sich mit ihr keine Aussage über Zusammenhänge zwischen Größen treffen. Um Zusammenhänge ermitteln zu können, nimmt man Messreihen auf. Messreihen sind Messungen, bei denen eine Größe variiert wird und die Auswirkungen auf die andere Größe gemessen wird.

Messreihen aufnehmen

Beim Aufnehmen von Messreihen muss immer das gleiche Messgerät für alle Messungen verwendet werden. So werden Messfehler verringert. Um das Ergebnis abzusichern, wird die Messung mehrfach wiederholt. Die Ergebnisse werden in einer Tabelle festgehalten. Sollten Messreihen unerwartete Ergebnisse liefern, sollte man den Versuchsaufbau Schritt für Schritt durchgehen, um Fehlerquellen zu finden.

Messreihen auswerten

Hat man bei Versuchen verschiedene Messreihen aufgenommen, müssen die Daten anschließend ausgewertet werden. Bei einer Auswertung der Messwerte werden die Versuchsergebnisse interpretiert und Aussagen aus ihnen abgeleitet. Dabei ist es wichtig sorgfältig vorzugehen und die Messwerte richtig einzuordnen.

Grafische Auswertung

Möchte man die Zusammenhänge zwischen zwei Messgrößen deutlich machen, bietet sich eine grafische Auswertung an. Wenn die Messwerte gut passen, legt man eine Ausgleichsgerade durch sie. Die Ausgleichsgerade wird so gezogen, dass der mittlere Abstand an allen Messwerten so klein wie möglich ist. Passt ein Punkt nicht zu allen anderen, dann wird er nicht berücksichtigt. In der Auswertung muss aber begründet werden, warum er weggelassen wurde. Mit einer grafischen Auswertung kann man zum Beispiel den Zusammenhang zwischen Stromstärke und Spannung bestimmen. In Abbildung 2 erkennt man, dass die Messwerte fast alle auf einer Geraden liegen. Kleinere Abweichungen können bereits beim Ablesen entstehen. Liegen die Punkte auf einer Geraden, die durch den Ursprung des Koordinatensystems geht, dann spricht man von einem **proportionalen Zusammenhang**. Das bedeutet, dass wenn ein Messwert sich verdoppelt, der andere Wert sich auch verdoppelt. In dem Beispiel ist die Spannung U somit proportional zur Stromstärke I.

Spannung in V	0	1	2	3	4	5
Stromstärke in A	0	0,2	0,4	0,6	0,8	1

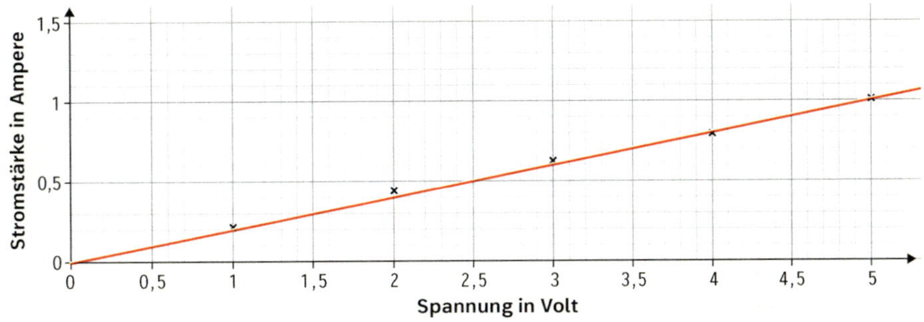

2 Grafische Auswertung von Messreihen

Material mit Aufgaben

P1 Messreihen aufnehmen

Material: 2 Multimeter, 2 Glühlampen, Kabel, Netzgerät

Durchführung: Baue eine Reihenschaltung auf. Schließe die Multimeter so an, dass du an einer Glühlampe die Stromstärke misst und an der anderen die Spannung. Steigere die Spannung von 0 V auf 12 V in 2-Volt-Schritten. Wiederhole danach den Versuch mit einer Parallelschaltung.

1. Trage deine Ergebnisse in zwei Tabellen ein.
2. Vergleiche deine Ergebnisse für die Stromstärke und Spannung in Reihenschaltungen und Parallelschaltungen.
3. Erkläre die unterschiedlichen Ergebnisse.

P2 Widerstand

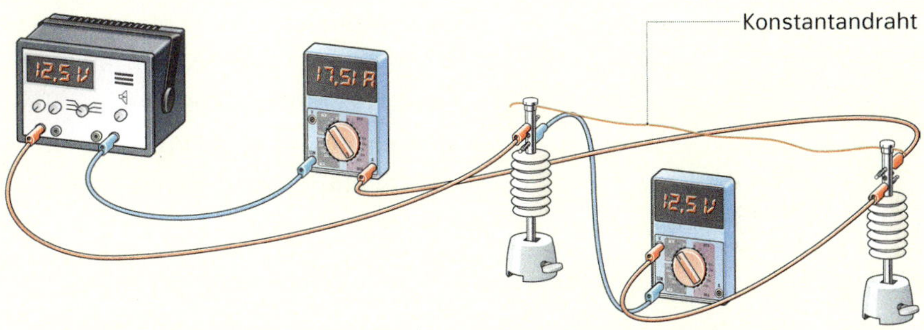

Material: 2 Multimeter, Kabel, Netzgerät, verschiedene Drähte. Stative, Bunsenbrenner, Zange

Durchführung: Arbeitet zu zweit. Baut den Versuch wie in der Abbildung auf. Messt für verschiedene Drähte und danach für verschiedene Drahtlängen die Spannung und die Stromstärke. Berechnet aus den Angaben den Widerstand.

1. Stelle Vermutungen an, wie sich der Widerstand verändern wird.
2. Vergleiche die Ergebnisse für die verschiedenen Drähte.
3. Erkläre die Versuchsergebnisse für die verschiedenen Längen.
4. Erhitze mit dem Bunsenbrenner vorsichtig den Draht. Beobachte, wie sich Spannung und Stromstärke verändern und erkläre die Ergebnisse.

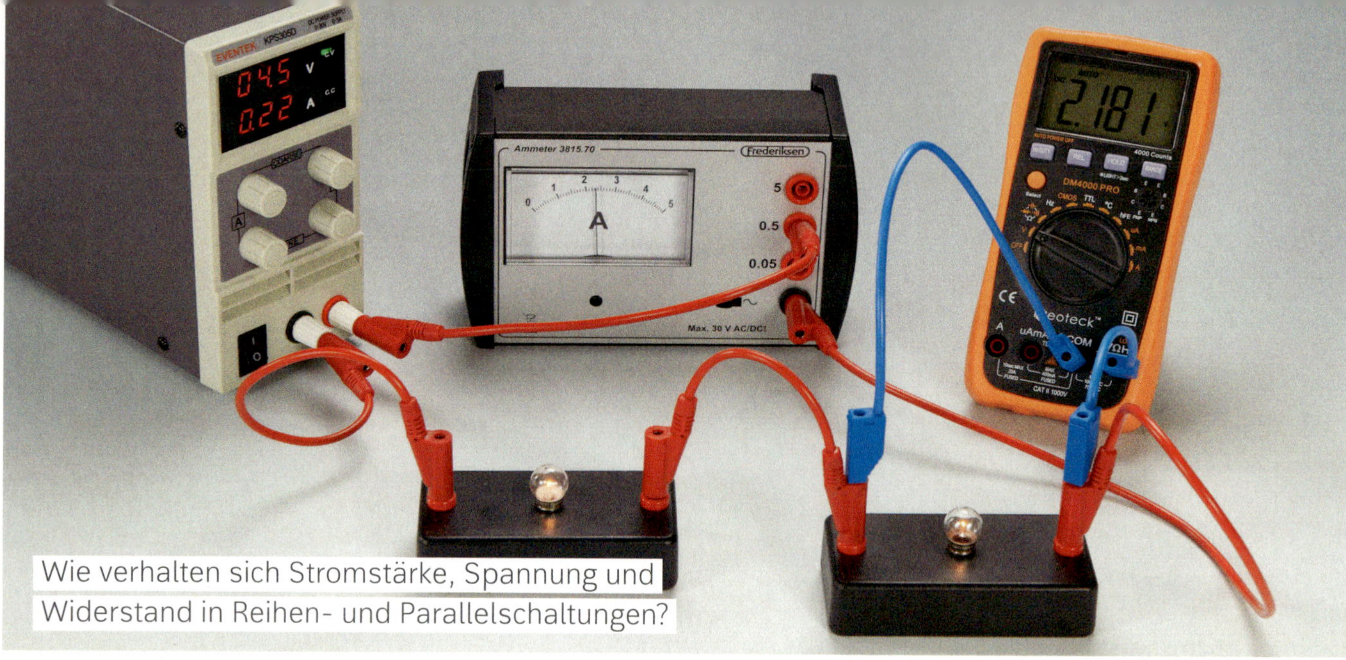

1 Schaltung mit Messgeräten

Schaltungen

Elektrische Messgrößen

Um die gesamte Stromstärke oder den Gesamtwiderstand in einem Stromkreis zu bestimmen, muss man nicht immer alle Größen messen. Man kann sie oft auch berechnen. Dabei gelten in Reihenschaltungen und Parallelschaltungen unterschiedliche Rechenregeln.

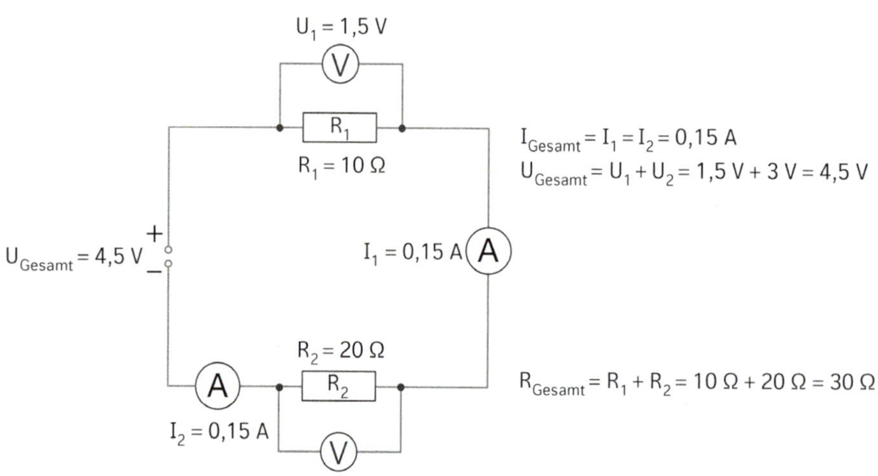

2 Berechnung elektrischer Messgrößen in einer Reihenschaltung.

Reihenschaltung

Für Stromstärke, Spannung und Widerstand gelten folgende Regeln in einer Reihenschaltung:

- **Stromstärke** • Die Stromstärke ist an allen Stellen einer Reihenschaltung immer gleich groß. Es gilt:

  $I_{Gesamt} = I_1 = I_2 = ...$

- **Spannung** • Die Gesamtspannung in einer Reihenschaltung setzt sich aus den einzelnen Spannungen an den Bauteilen zusammen. Es gilt:

  $U_{Gesamt} = U_1 + U_2 + ...$

- **Widerstand** • Der Gesamtwiderstand in einer Reihenschaltung setzt sich aus den einzelnen Widerständen zusammen. Es gilt:

  $R_{Gesamt} = R_1 + R_2 + ...$

Parallelschaltung

Für Stromstärke, Spannung und Widerstand gelten folgende Regeln in einer Parallelschaltung:

- **Stromstärke** • Die Gesamtstromstärke in einer Parallelschaltung setzt sich aus den einzelnen Stromstärken in allen Wegen der Parallelschaltung zusammen. Es gilt:

$$I_{Gesamt} = I_1 + I_2 + \ldots$$

- **Spannung** • In allen Wegen, die von einem Knoten ausgehen, ist die Spannung gleich groß. Sie hat den gleichen Wert wie die Spannung der Spannungsquelle. Es gilt:

$$U_{Gesamt} = U_1 = U_2 = \ldots$$

- **Widerstand** • Für die Berechnung des Gesamtwiderstandes in einer Parallelschaltung benötigt man das ohmsche Gesetz. Aus dem ohmschen Gesetz lässt sich die Formel ableiten. Es gilt:

$$R_{Gesamt} = \frac{U_{Gesamt}}{I_{Gesamt}} = \frac{U_{Gesamt}}{I_1 + I_2 + \ldots}$$

Bildet man den Kehrwert von des Bruch, so lässt er sich weiter vereinfachen:

$$\frac{1}{R_{Gesamt}} = \frac{I_1 + I_2 + \ldots}{U_{Gesamt}} = \frac{I_1}{U_1} + \frac{I_2}{U_2} + \ldots$$

Zusammengefasst:

$$\frac{1}{R_{Gesamt}} = \frac{1}{R_1} + \frac{1}{R_2} + \ldots$$

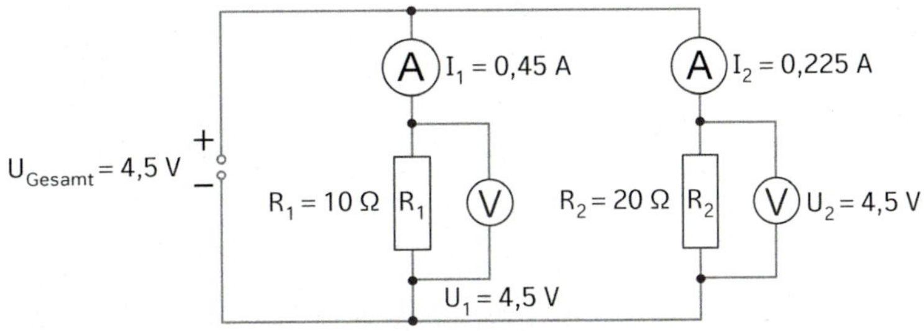

$$I_{Gesamt} = I_1 + I_2 = 0{,}45\ \text{A} + 0{,}225\ \text{A} = 0{,}675\ \text{A}$$

$$U_{Gesamt} = U_1 = U_2 = 4{,}5\ \text{V}$$

$$\frac{1}{R_{Gesamt}} = \frac{1}{R_1} + \frac{1}{R_2} = \frac{1}{10\ \Omega} + \frac{1}{20\ \Omega} = \frac{2}{20\ \Omega} + \frac{1}{20\ \Omega} = \frac{3}{20\ \Omega} = 0{,}15\frac{1}{\Omega}$$

$$R_{Gesamt} = \frac{1}{0{,}15\frac{1}{\Omega}} = 6{,}67\ \Omega$$

3 Berechnung elektrischer Messgrößen in einer Parallelschaltung.

Material mit Aufgaben

M1 Berechnung elektrischer Größen

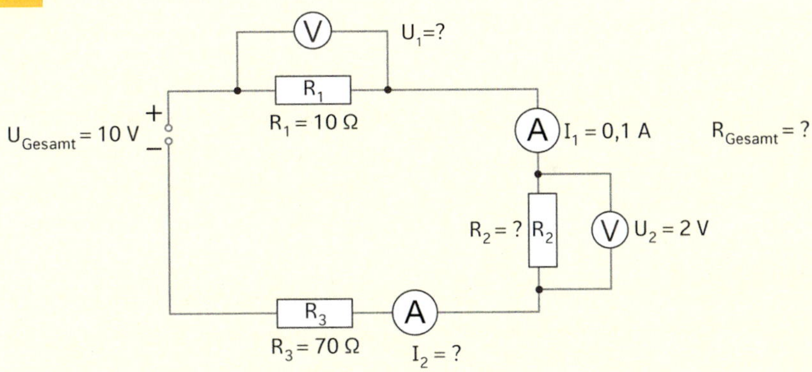

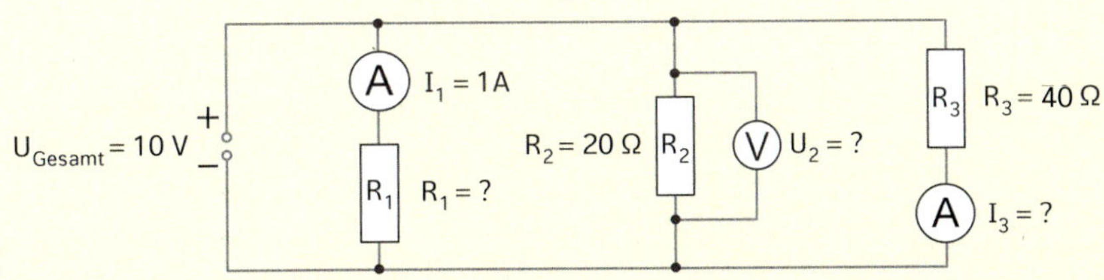

1. **III** Berechne für die oben abgebildeten Schaltungen die fehlenden Stromstärken, Spannungen und Widerstände.

2. **III** Berechne, wie sich die elektrischen Größen verändern, wenn statt 10 V nur 5 V verwendet werden.

1 Faraday'scher Käfig

Elektrisches Feld

Verschiedene Felder

Positiv oder negativ geladene Körper üben elektrostatische Kräfte aufeinander aus. Gleiche Ladungen stoßen sich ab und ungleiche Ladungen ziehen sich an. Je weiter sich die geladenen Körper voneinander entfernen, desto schwächer werden die Kräfte. Diesen Wirkungsbereich bezeichnet man auch als **elektrisches Feld**. Das elektrische Feld darf nicht mit dem magnetischem Feld verwechselt werden. Elektrische Felder werden durch elektrisch geladene Körper erzeugt und wirken daher nur auf elektrische Ladungen. Magnetfelder werden von Magneten erzeugt. Sie wirken nur auf ferromagnetische Stoffe und andere Magnete. Wie auch Magnetfelder, kann man das elektrische Feld sichtbar machen. Anstelle von Eisenspänen werden Grießkörner verwendet, die in einem Öl schwimmen. Wird ein elektrisches Feld angelegt, dann richten sich die Grießkörner im elektrischen Feld aus. Man kann die **Feldlinien** erkennen.

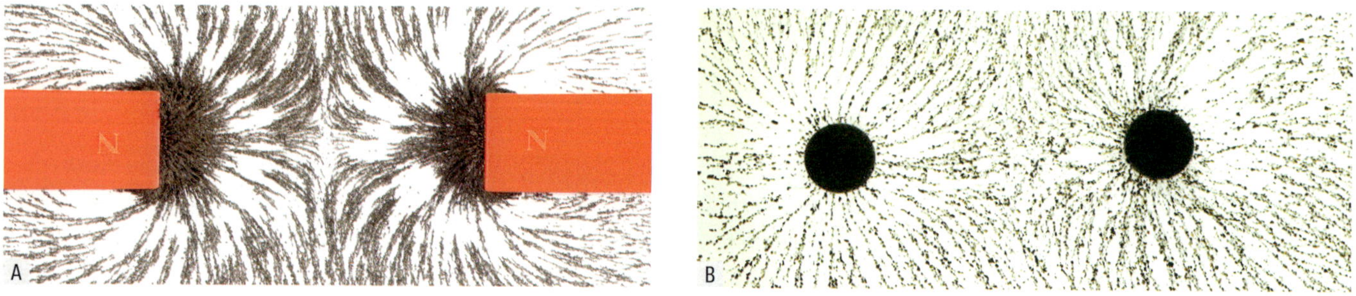

2 Feldlinienbilder bei Abstoßung: **A** magnetisches Feld, **B** elektrisches Feld

Zitteraal

Zitteraale leben überwiegend in Südamerika. Neben einem auffällig langen und schmalen Körper sind Zitteraale auch in der Lage, elektrische Felder zu erzeugen. Diese benutzen sie zur Kommunikation und Orientierung. Zitteraale können aber auch Stöße mit Spannungen von bis zu 860 Volt abgeben. Diese benutzen sie zur Betäubung oder zum Töten ihrer Beute. Für die Erzeugung der Spannungsstöße sind Ladungstrennungen nötig. Wenn positive und negative Ladungen voneinander getrennt werden, dann muss dafür Energie aufgewendet werden. Diese wird gespeichert, bis es wieder zu einem Ladungsausgleich kommt. Die elektrische Spannung ist ein Maß für die benötigte Energiemenge. Die benötigten Ladungstrennungen erzeugen Zitteraale in elektrischen Organen, welche sich in den Muskeln befinden. Sie erstrecken sich fast über die gesamte Körperlänge.

Elektrische Felder abschirmen

Wie magnetische Felder, können auch elektrische Felder abgeschirmt werden. Für die Abschirmung reicht zum Beispiel ein Metallkäfig aus. Das kann bei Gewittern überlebenswichtig sein. Ein Auto ist auch ein Metallkäfig. Er schirmt alle elektrischen Felder ab. Dadurch ist man im Auto auch vor einem Blitzeinschlag sicher. Solche Käfige nennt man auch **Faraday'sche Käfige**. Man darf den Käfig aber nie direkt berühren.

A Erkläre, warum der Mann in Bild 1 keinen elektrischen Stromschlag bekommt.

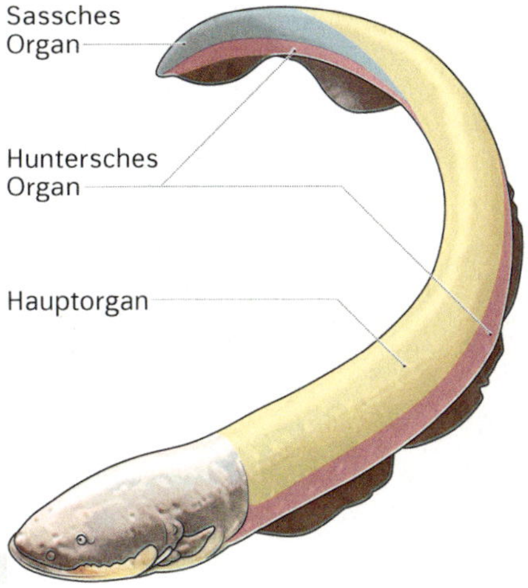

3 Zitteraal: **A** Foto, **B** Lage der elektrischen Organe

Material mit Aufgaben

M1 Faraday'scher Käfig

1. Beschreibe die dargestellte Situation in Bild A.
2. Beschreibe die Beobachtungen in Bild B.
3. Erkläre mithilfe von Bild B, warum die Personen im Auto keinen Schaden durch den Blitzeinschlag nehmen. +
4. Übertragungskabel von Computern sind oft mit Kupferdraht umwickelt. Erkläre diese Maßnahme.

1 Smartphone wird aufgeladen.

Elektrische Leistung

Ladekabel

Auf manchen Ladekabeln befinden sich Hinweise, dass angeschlossene Geräte schneller aufladen. Das Ladekabel überträgt pro Zeit also mehr Energie als andere Ladekabel. Man sagt, dass Ladekabel hat eine höhere Energiestromstärke oder **elektrische Leistung**. Je größer die Leistung, desto höher ist die übertragene Energiemenge.
Beim Aufladen mit hoher Leistung findet gleichzeitig auch eine größere Energieentwertung statt. Aus diesem Grund wird das Ladekabel schneller warm. Es ist also wichtig, auf die Leistung von Geräten zu achten, da es sonst so einem Brand kommen könnte.

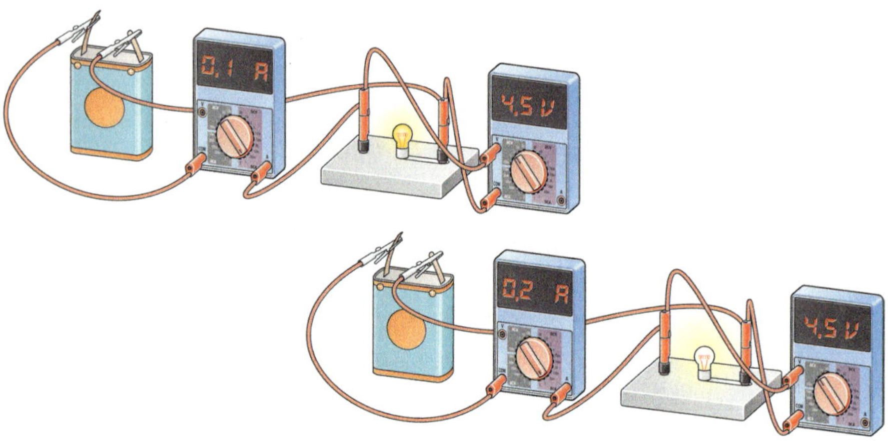

2 Unterschiedliche Leistungen von Lampen

Bestimmung der Leistung

Bei Lampen kann man direkt an der Helligkeit erkennen, wie viel Energie übertragen wird. Zwei Lampen mit gleicher Nennspannung leuchten unterschiedlich stark, wenn ihre Leistung unterschiedlich ist. Bei der helleren Lampe fließen mehr Elektronen in einer bestimmten Zeit durch die Lampe. Die Stromstärke ist bei der helleren Lampe höher. Die elektrische Leistung ist also von der Stromstärke abhängig. Gleichzeitig ist die Leistung auch von der Energie, die von den einzelnen Elektronen übertragen wird abhängig, der Spannung. Damit zwei Lampen in einer Reihenschaltung jeweils so hell leuchten wie eine einzelne Lampe, muss bei gleicher Stromstärke die Spannung verdoppelt werden.

Die elektrische Leistung ist das Produkt aus der Anzahl der Elektronen, die durch die Lampe fließen, und der Energie, die pro Elektron übertragen wird. Die elektrische Leistung hat das Formelzeichen P und wird in der Einheit Watt (W) angegeben. Die Einheit ist nach dem schottischen Wissenschaftler James Watt benannt.

$P = U \cdot I$

$P = 4{,}5\,V \cdot 0{,}2\,A = 0{,}9\,W$

Leistungen im Alltag

Netzgeräte haben die Angaben zur Leistung und zur Stromstärke häufig aufgedruckt. Bei anderen elektrischen Geräten findet man auf dem Typenschild oder in der Gebrauchsanweisung die Leistungsangabe. Ein Geschirrspüler hat zum Beispiel eine Leistung von 3000 W. Ein Computer kann bis zu 800 W haben. Die angegebene Leistung hat das Gerät aber nur, wenn die Nennspannung eingehalten wird. Grundsätzlich kann man davon ausgehen, dass bei höherer Leistung die Geräte auch schneller warm werden. Daher sollten Geräte mit einer großen Leistung nur nach Bedarf eingesetzt werden.

A Erkläre, warum manche Ladekabel im Laufe der Zeit schneller wärmer werden als andere.

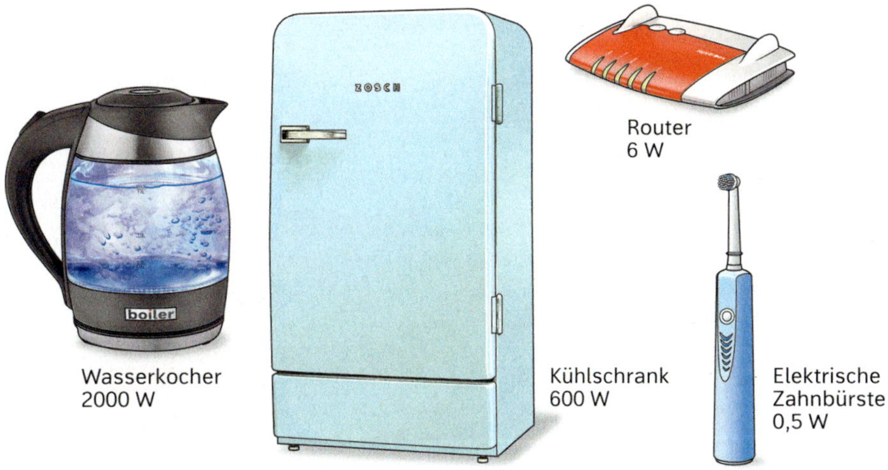

3 Elektrische Leistungen bei verschiedenen Geräten

Material mit Aufgaben

M1 Elektrische Leistung

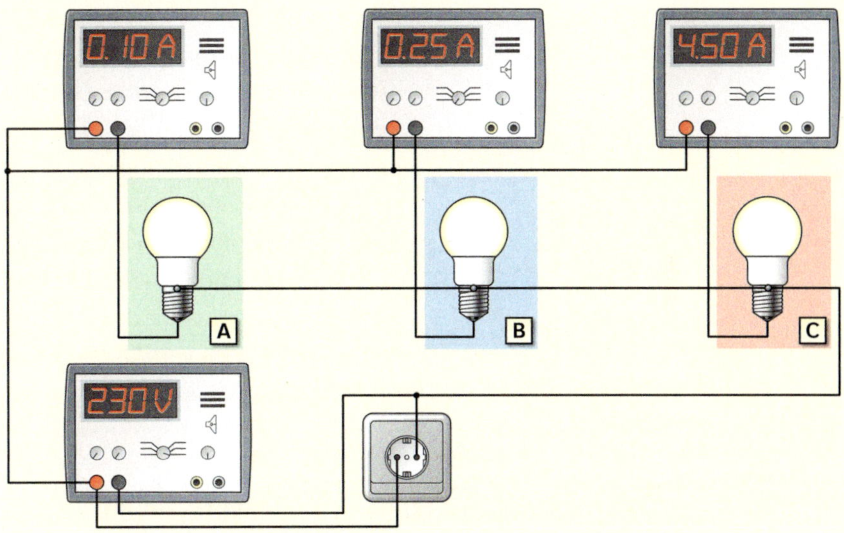

1. Beschreibe den im Bild vereinfacht dargestellten Versuchsaufbau.
2. Berechne die jeweilige elektrische Leistung der Lampen A bis C.
3. Wähle eine der Aufgaben aus:
   a Erkläre, welcher der drei Lampen am hellsten leuchtet.
   b Stelle Vermutungen an, was verändert werden müsste, damit Lampe A genau so hell leuchtet wie Lampe C.

Jeder Haushalt bekommt eine Rechnung für den Strom. Was genau muss bezahlt werden?

1 Eine Stromrechnung

Energie und Leistung

Stromrechnung

Viele Geräte im Haushalt benötigen Strom, der bezahlt werden muss. Daher bekommt jeder Haushalt in regelmäßigen Abständen eine Abrechnung über den Stromverbrauch. Der Begriff Stromverbrauch ist aber nicht richtig. Elektrischer Strom und damit die elektrische Energie kann nicht verbraucht werden. Die Elektronen im Stromkreis verschwinden nicht. Die Abrechnung gibt daher an, wie viel elektrische Energie in andere Energieformen umgewandelt wurde. Sie enthält neben Angaben wie Kennnummer des Stromzählers auch Angaben zu dem Abrechnungszeitraum und dem zu zahlenden Betrag.

Vatta AG
Betteltinerweg 77 • Postfach 54321 • 33033 Boderparn

Vatta

Stromrechnung
Erläuterungen siehe Rückseite

Vertragsnummer 120456 Kennnummer: XW25H

JAHRESRECHNUNG Zähler-Stände

neu	alt
30612	25585

Abrechnung	Abrechnungszeitraum		Tage	Menge kWh	Arbeitspreis		Grundpreis	Gesamtkosten
	vom	bis			Cent/kWh	€	€ / Jahr	€
	0101	3112	365	5027	25,11	1262,28	58,51	1320,79

2 Abrechnung in einer Stromrechnung

Elektrische Energie

Wie viel elektrische Energie in einer bestimmten Zeit umgewandelt wurde, berechnet man, indem man die Energiestromstärke mit der Zeit multipliziert. Im Falle der Stromrechnung entspricht die Energiestromstärke der elektrischen Leistung P.

$P = U \cdot I$

$E_{elektrisch} = P \cdot t = U \cdot I \cdot t$

In den Naturwissenschaften ist es üblich, dass Energiemengen in der Einheit **Joule** angegeben werden. Für die elektrische Energie ist aber auch die Einheit **Kilowattstunde** (kWh) gebräuchlich. Sie setzt sich zusammen aus der Einheit Watt für die Leistung und der Einheit Sekunde für die Zeit. Eine Wattsekunde entspricht dabei genau einem Joule. Die Zeiträume der Umwandlung sind oft sehr lang und die Menge an umgewandelter Energie sehr groß. Daher muss die Zeit noch in Stunden umgerechnet werden und die Leistung in Kilowatt. Eine Kilowattstunde entspricht 3 600 000 Joule. Das ist ungefähr die Energiemenge, die man umwandelt, wenn man eine Ladung Wäsche wäscht.

A Nenne die Angaben von Elektrogeräten, die man zur Bestimmung der benötigten Energie braucht.

$P_{Waschmaschine} = 400\ W$, $t = 2{,}5h$

$E_{elektrisch} = P \cdot t = 400\ W \cdot 2{,}5h = 1000\ Wh$

$1000\ Wh = 1\ kWh$

Material mit Aufgaben

M1 Elektrische Energie im Haushalt

1. Beschreibe die Situationen in den Bildern A und B.
2. Erkläre, warum im Bild A die Stromrechnung höher sein wird als in Bild B.
3. Wähle eine der Aufgaben aus:
   a Beschreibe Möglichkeiten für einen nachhaltigen Umgang mit elektrischer Energie im Alltag.
   b Beschreibe Situationen aus deinem Alltag, in denen du nicht nachhaltig mit elektrischer Energie umgehst.

Zusammenfassung Stromstärke, Spannung, Widerstand

Elektrostatik

In Körpern befinden sich immer positive und negative Ladungen. Sind gleich viele positive und negative Ladungen vorhanden, dann ist der Körper elektrisch neutral. Hält man unterschiedliche geladene Körper nebeneinander, dann stoßen sie sich bei gleicher Ladung ab. Bei unterschiedlicher Ladung ziehen sie sich an. Mithilfe von Glimmlampen oder Elektroskopen lassen sich Ladungen von Körpern nachweisen. Im Gegensatz zu einer Glimmlampe, kann ein Elektroskop nur nachweisen, dass ein Körper geladen ist und nicht wie er geladen ist.

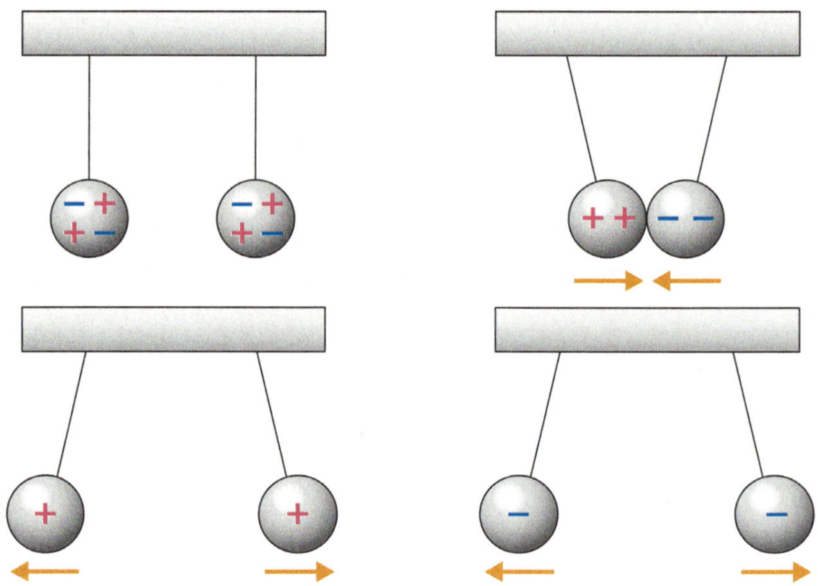

Stromstärke, Spannung, Widerstand

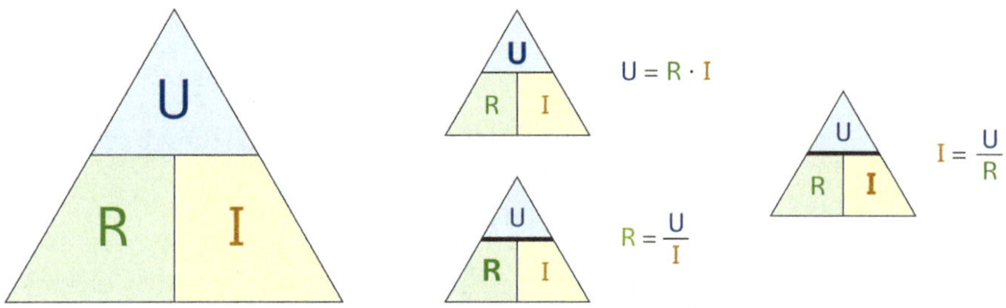

Die elektrische Stromstärke gibt die Anzahl der Elektronen an, die in einer bestimmten Zeit an einer bestimmten Stelle im Stromkreis vorbeifließen. Die elektrische Stromstärke hat das Formelzeichen I und wird in der Einheit Ampere (A) angegeben.

Die Elektronen im Stromkreis werden durch Quellen wie beispielsweise Batterien oder Netzgeräte angetrieben. Die Stärke einer Spannungsquelle bezeichnet man als elektrische Spannung.

Das Verhältnis von Spannung und Stromstärke ist eine physikalische Größe und wird als Widerstand bezeichnet. Er hat das Formelzeichen R und wird in der Einheit Ohm (Ω) angegeben. Jedes Bauteil im elektrischen Stromkreis hat einen eigenen Widerstand.

Ist die Kennlinie eines Bauteils eine Gerade, dann spricht man von einem ohmschen Widerstand. Man kann dann den Widerstand mithilfe des ohmschen Gesetzes berechnen.

Elektrische Leistung

Je mehr Energie pro Zeit von einem Bauteil übertragen wird, desto größer ist seine elektrische Leistung. Die elektrische Leistung hat das Formelzeichen P und wird in der Einheit Watt (W) angegeben. Haben Geräte eine hohe Leistung, dann erhitzen sie auch schneller. Es wird bei der Energieumwandlung mehr Energie entwertet.

1 Elektrostatik

A ▮ Beschreibe den dargestellten Versuch.

B ▮▮ Erkläre die Ergebnisse des Versuchs.

C ▮▮ Beschreibe die Funktionsweise einer Glimmlampe.

D ▮▮▮ Erkläre die Entstehung von Blitzen.

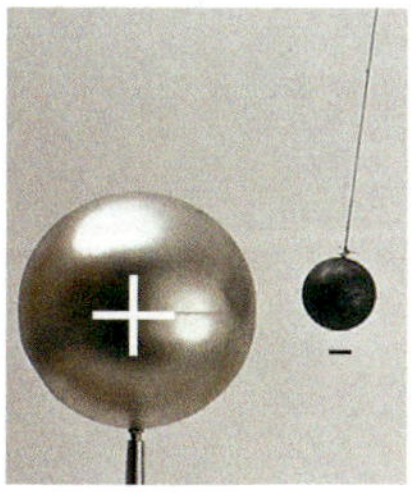

2 Widerstand

A ▮▮ Ordne den abgebildeten Kennlinien die Begriffe ohmscher Widerstand und nichtohmscher Widerstand zu.

B ▮▮▮ Kim behauptet: „Nicht jedes elektrische Gerät hat einen Widerstand." Nimm Stellung zu Kims Aussage.

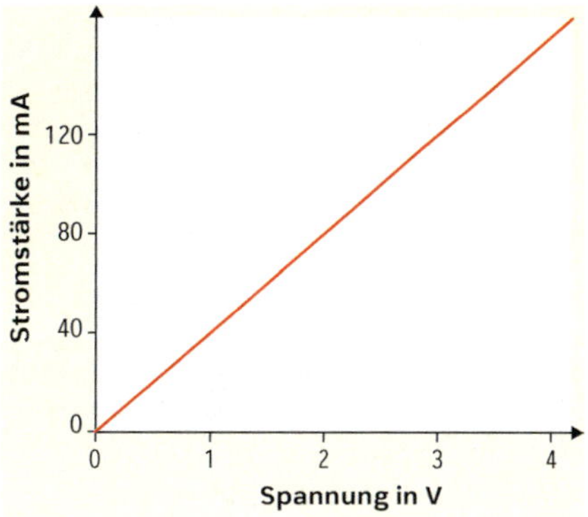

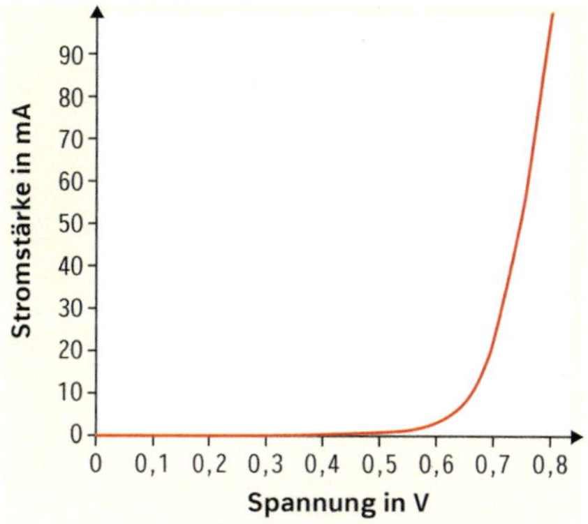

3 Stromkreis im Modell

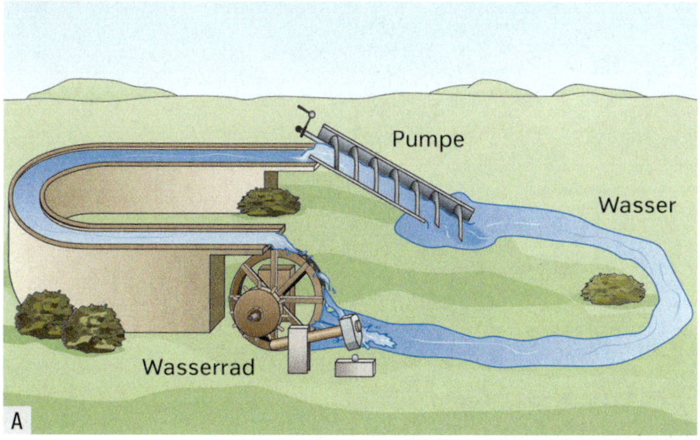

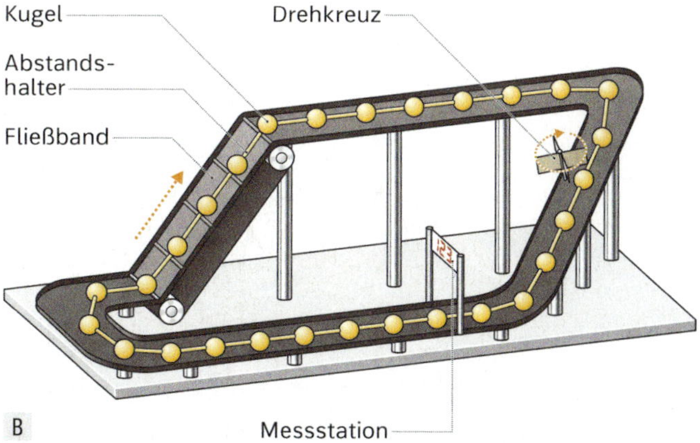

A ▮ Beschreibe die in den Bildern A und B dargestellten Modelle für einen einfachen Stromkreis.

B ▮▮ Erstelle eine Tabelle und ordne jedem Bauteil eines einfachen elektrischen Stromkreises die entsprechenden Bestandteile der Modelle A und B zu.

C ▮▮ Erkläre, wie die elektrische Stromstärke in den Modellen dargestellt wird.

D ▮▮ Erkläre, wie die elektrische Spannung in den Modellen dargestellt wird.

E ▮▮▮ Erkläre, wie der elektrische Widerstand in den Modellen dargestellt wird.

F ▮▮▮ Vergleiche die beiden Modelle für den elektrischen Stromkreis miteinander. Erläutere dabei, was sie gut darstellen und was sie schlecht veranschaulichen.

Bewegungen

9

Welche Formen von Bewegung gibt es? Was ist eine Beschleunigung?

Bei einem Autorennen stehen am Anfang alle Autos an der Startlinie. Beim Startsignal fahren sie los und werden immer schneller. Sie bewegen sich.

1 Ein Gepard beim Jagen

Bewegung und Geschwindigkeit

Bewegungsarten

Läuft ein Gepard einer Antilope hinterher, ohne einen Haken zu schlagen, bewegt er sich geradeaus. Man sagt, er führt eine **geradlinige Bewegung** aus. Schaukelt man auf einer Schaukel, bewegt man sich vor und zurück. Eine solche Bewegung nennt man **Schwingung**. Bewegt man sich im Kreis, dann nennt man das **Kreisbewegung**.

A

B

2 Bewegungsarten: **A** Schwingung, **B** Kreisbewegung

Geschwindigkeit

Jagt der Gepard eine Antilope, schleicht er sich erst an und rennt dann plötzlich los. Er bewegt sich unterschiedlich schnell. Der Gepard ändert seine Geschwindigkeit. Die **Geschwindigkeit** gibt an, wie schnell oder langsam sich etwas bewegt. Je höher die Geschwindigkeit, desto schneller ist die Bewegung. Der Gepard bewegt sich bei der Jagd mit unterschiedlichen Geschwindigkeiten. Die Geschwindigkeit für einen bestimmten Zeitpunkt bezeichnet man auch als **Momentangeschwindigkeit**.

Für Bewegungen mit unterschiedlichen Geschwindigkeiten kann man eine durchschnittliche Geschwindigkeit berechnen. Sie gibt die Geschwindigkeit für einen längeren Zeitraum an. Sie berechnet man, indem man die Streckenlänge durch die benötigte Zeit teilt.

Geschwindigkeiten berechnen

Mit der Geschwindigkeit kann man angeben, welcher Weg in einer bestimmten Zeit zurückgelegt wurde. Die Geschwindigkeit berechnet man, indem man den zurückgelegten Weg durch die benötigte Zeit teilt. Die Geschwindigkeit hat das Formelzeichen v und wird in Meter pro Sekunde (m/s) angegeben. Der Weg hat das Formelzeichen s und die Zeit t.

$$\text{Geschwindigkeit} = \frac{\text{Weg}}{\text{Zeit}}$$

$$v = \frac{s}{t}$$

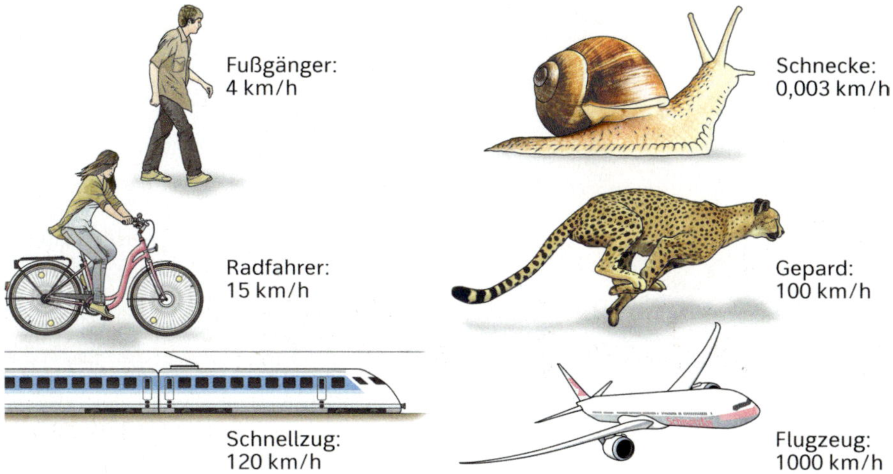

3 Durchschnittsgeschwindigkeiten

Geschwindigkeiten umrechnen

Im Alltag wird die Geschwindigkeit meist in Kilometer pro Stunde angegeben (km/h). Die Einheiten Meter pro Sekunde und Kilometer pro Stunde kann man ineinander umrechnen. Dabei entsprechen 3,6 km/h einer Geschwindigkeit von 1 m/s.

$$3{,}6\,\frac{\text{km}}{\text{h}} = \frac{3600\text{ m}}{3600\text{ s}} = 1\,\frac{\text{m}}{\text{s}}$$

Möchte man eine Geschwindigkeit von m/s in km/h umrechnen, dann muss man den Wert in m/s mal 3,6 nehmen. Wenn also ein Auto mit einer Geschwindigkeit von 15 m/s fährt, entspricht das einer Geschwindigkeit von 54 km/h.

$$15\,\frac{\text{m}}{\text{s}} \xrightarrow{\cdot 3{,}6} 54\,\frac{\text{km}}{\text{h}}$$

Will man eine Geschwindigkeit von km/h in m/s umrechnen, muss der Wert in km/h durch 3,6 geteilt werden.

$$54\,\frac{\text{km}}{\text{h}} \xrightarrow{:3{,}6} 15\,\frac{\text{m}}{\text{s}}$$

Material mit Aufgaben

M1 Bewegungen

A

B

1. Beschreibe die Bewegungen in den Bildern A und B.
2. Erkläre, ob es sich bei den Bewegungen in den Bildern A und B um eine geradlinige Bewegung, eine Schwingung oder eine Kreisbewegung handelt.
3. Wähle eine der Aufgaben aus:

a Übertrage die Tabelle in dein Heft und vervollständige sie.

b Ein Fußgänger ist in 4 Stunden 20 Kilometer gegangen. Berechne seine Durchschnittsgeschwindigkeit.

Läufer	1	2	3
Weg	100 m	18 km	200 m
Zeit	10 s	3 h	...
Geschwindigkeit in m/s	10 m/s	...	10 m/s
Geschwindigkeit in km/h	...	...	...

1 Rolltreppe

Gleichförmige Bewegung

konstant: gleichbleibend

Bewegungen im Alltag

Rolltreppen bewegen sich immer nur in eine festgelegte Richtung mit einer gleichbleibenden Geschwindigkeit. Beim Fahrradfahren oder bei einer Fahrt mit dem Auto auf der Autobahn fährt man oft einen Teil der Strecke mit der gleichen Geschwindigkeit. Bewegt man sich in eine feste Richtung mit gleichbleibender Geschwindigkeit, dann spricht man in den Naturwissenschaften von einer **gleichförmigen Bewegung**.

Gleichförmige Bewegung

Ein Fahrradfahrer fährt mit konstanter Geschwindigkeit einen Weg entlang. Misst man entlang des Weges in gleichen Abschnitten die Zeit, stellt man fest: Verdoppelt sich die Zeit, verdoppelt sich auch der Weg. Benötigt der Fahrradfahrer zum Beispiel für die ersten 10 Meter Wegstrecke 2 Sekunden, dann braucht er für 20 Meter Wegstrecke 4 Sekunden. Die Zeit und die Wegstrecke verhalten sich **proportional** zueinander.

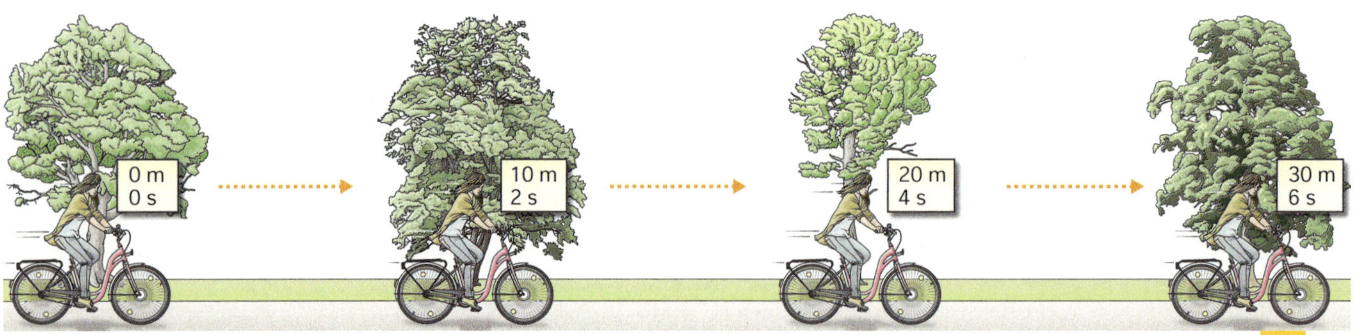

2 Gleichförmige Bewegung

F

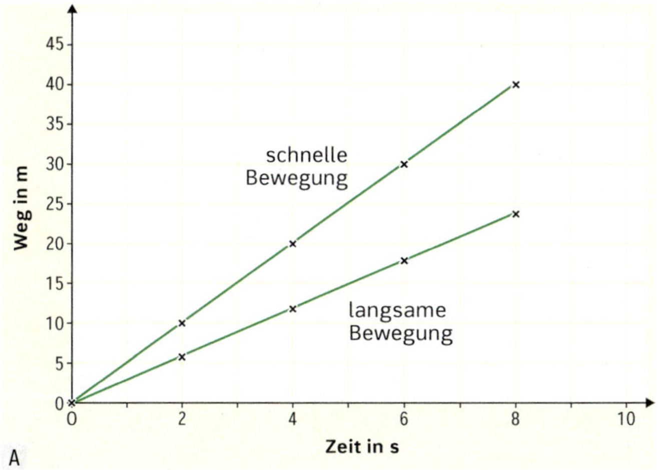

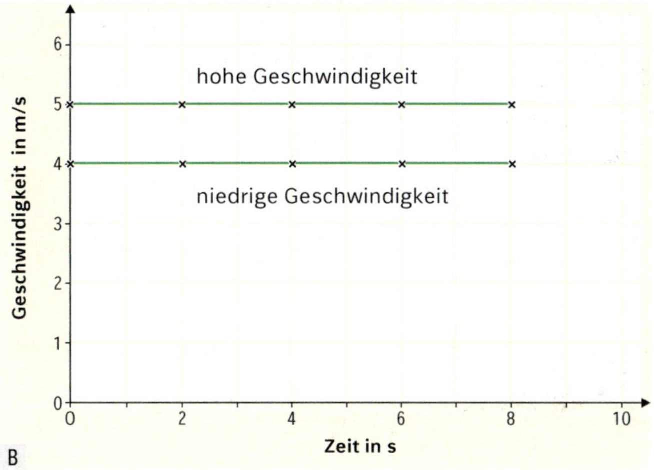

3 Diagramme einer gleichförmigen Bewegung: **A** Zeit-Weg-Diagramm, **B** Zeit-Geschwindigkeit-Diagramm

Zeit-Weg-Diagramm

Möchte man die Bewegung eines Vorgangs grafisch darstellen, dann nutzt man ein **Zeit-Weg-Diagramm**. Auf der Rechtsachse wird die Zeit in Sekunden aufgetragen und auf der Hochachse die Strecke in Metern. Da bei einer gleichförmigen Bewegung ein proportionaler Zusammenhang besteht, liegen alle Messpunkte auf einer Geraden. Je höher die Geschwindigkeit einer Bewegung ist, desto steiler steigt die Gerade an.
Anstelle der Strecke kann man auf der Hochachse auch die Geschwindigkeit in Meter pro Sekunde eintragen. Man erhält dann ein **Zeit-Geschwindigkeit-Diagramm**. Für eine gleichförmige Bewegung ist das Zeit-Geschwindigkeit-Diagramm eine Linie parallel zur Rechtsachse, da sich die Geschwindigkeit nicht verändert.

A Beschreibe Eigenschaften einer gleichförmigen Bewegung.

B Nenne Beispiele aus dem Alltag für gleichförmige Bewegungen.

Material mit Aufgaben

M1 Gleichförmige Bewegung

Weg in m	Zeit in s
300	10
600	20
900	30

Zug 1

Weg in m	Zeit in s
500	10
1000	20
1500	30

Zug 2

Zwei Züge sind unterschiedlich schnell gefahren. Von jedem Zug wurde der Weg bestimmt, den er in verschiedenen Zeitabschnitten zurückgelegt hat.

1. Zeichne ein Zeit-Weg-Diagramm für Zug 1 und Zug 2.
2. Berechne die Geschwindigkeit für Zug 1 in Meter pro Sekunde. Zeichne ein Zeit-Geschwindigkeit-Diagramm.

P2 Bewegungen messen

Material: Stoppuhr, Spielzeugeisenbahn, Zollstock

Durchführung: Mithilfe der Stoppuhr werden die Zeiten bestimmt, die die Bahn für bestimmte Streckenlängen benötigt.

1. Plane einen Versuch für die Erstellung eines Zeit-Weg-Diagramms der Bahn. Führe den Versuch durch.

1 Sprinterin beim Start

Beschleunigte Bewegung

Wettrennen

Ertönt bei einem Rennen das Startsignal, dann rennen alle Sportler und Sportlerinnen sofort los. Sie werden beim Laufen immer schneller, bis sie ihre maximale Geschwindigkeit erreicht haben. Ihre Geschwindigkeit wird dabei größer, sie **beschleunigen**. Ändert sich bei einer Bewegung die Geschwindigkeit, dann spricht man in den Naturwissenschaften von einer **beschleunigten Bewegung**.

2 Gleichmäßig beschleunigte Bewegung

F

Beschleunigung

Die Beschleunigung gibt an, um was für einen Wert die Geschwindigkeit einer Bewegung in einem bestimmten Zeitabschnitt zunimmt. Sie hat das Formelzeichen a und wird in der Einheit Meter pro Quadratsekunde (m/s^2) angegeben. Sie wird wie folgt berechnet:

$$a = \frac{v}{t}$$

Ist die Beschleunigung immer gleich groß, dann spricht man von einer **gleichmäßig beschleunigten Bewegung**. Beschleunigt ein Sportler oder eine Sportlerin gleichmäßig mit 2 m/s^2, dann erhöht sich die Geschwindigkeit jede Sekunde um 2 m/s. Nach 2 Sekunden würde die Geschwindigkeit 4 m/s betragen und nach 3 Sekunden 6 m/s. Bei einer gleichmäßig beschleunigten Bewegung verhalten sich Geschwindigkeit und Zeit proportional zueinander.

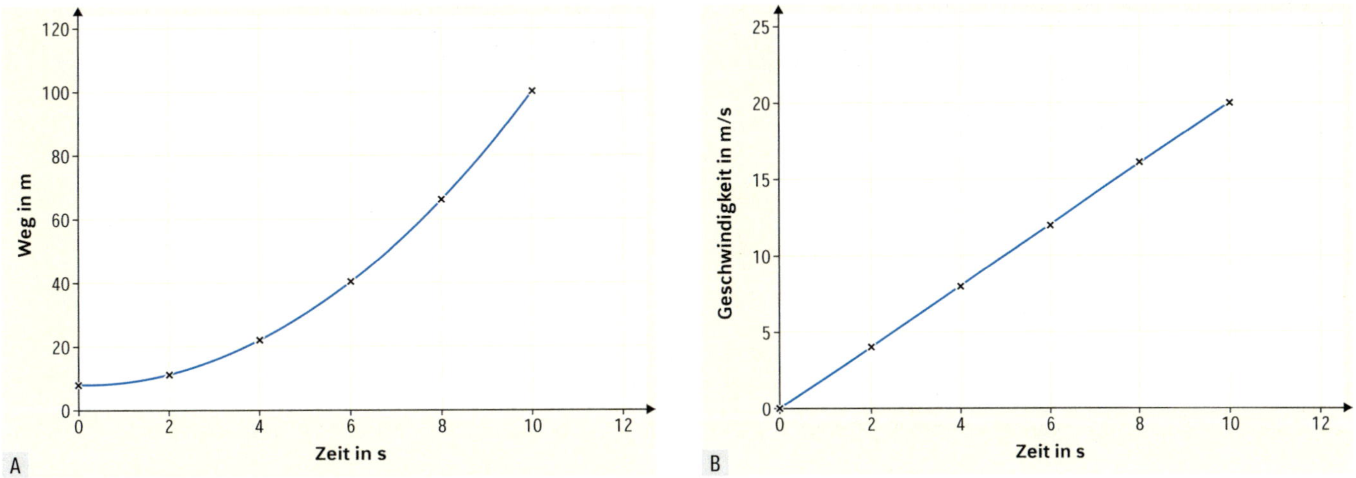

3 Diagramme einer gleichmäßig beschleunigten Bewegung: **A** Zeit-Weg-Diagramm, **B** Zeit-Geschwindigkeit-Diagramm

Beschleunigung im Alltag

Im Alltag gibt es für die Beschleunigung Grenzen. Man kann nicht einfach immer schneller laufen. Irgendwann erreicht man seine **Höchstgeschwindigkeit**. Man beschleunigt also nur eine kurze Zeit lang, hält dann seine Geschwindigkeit oder wird wieder langsamer. Auch kann eine Bewegung unterschiedlich stark beschleunigt oder abgebremst werden.

Diagramme

Auch eine beschleunigte Bewegung kann man grafisch darstellen. Das Zeit-Weg-Diagramm einer gleichmäßig beschleunigten Bewegung zeigt eine steigende Kurve. In gleichen Zeitabschnitten wird immer mehr Wegstrecke zurückgelegt. Betrachtet man das Zeit-Geschwindigkeit-Diagramm der Bewegung, dann erkennt man eine gleichmäßig steigende Gerade. ▷

A Vergleiche die beschleunigte und die gleichförmige Bewegung.

Material mit Aufgaben

M1 Beschleunigte Bewegung

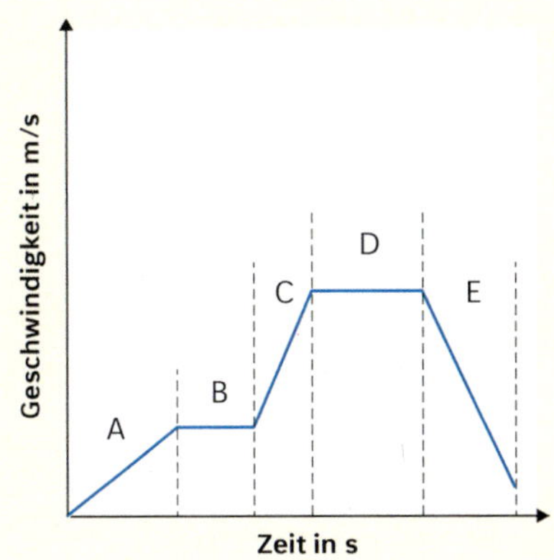

1. Beschreibe die dargestellte Bewegung.
2. Erkläre, in welchem Abschnitt die größte Beschleunigung stattfindet. ⊞
3. Erkläre, welche Abschnitte eine konstante Geschwindigkeit zeigen. ⊞
4. Erkläre, warum man Bremsen auch als „negative Beschleunigung" bezeichnet.

M2 Beschleunigung berechnen

Von 0 auf 100: 4s

Von 0 auf 100: 7s

1. Erkläre, was der Satz: „Von 0 auf 100." bedeutet.
2. Berechne die Beschleunigung der beiden Autos. ⊞

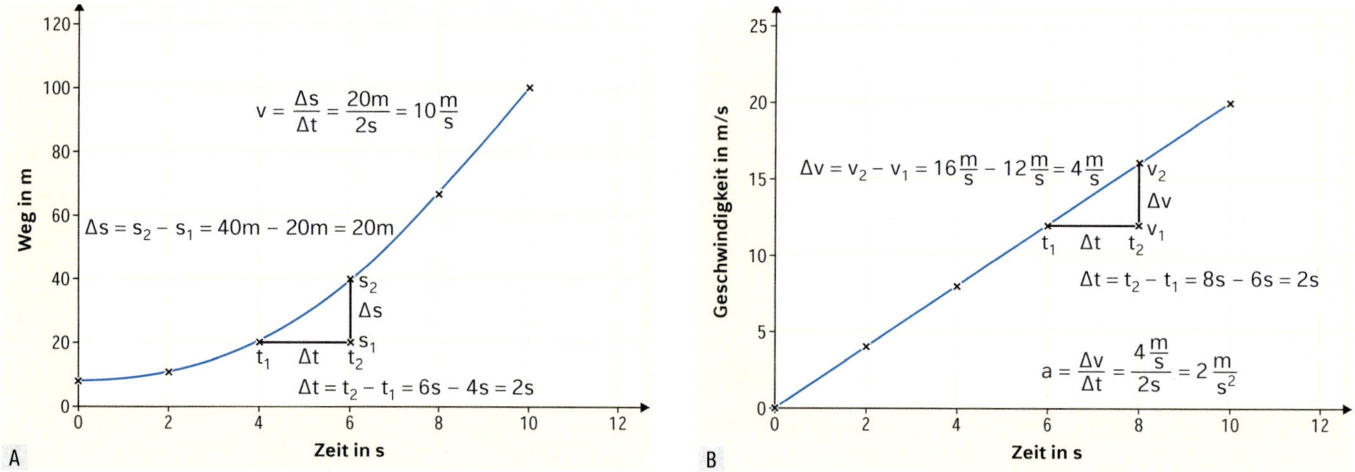

4 Grafische Bestimmung der: **A** Geschwindigkeit, **B** Beschleunigung

Grafische Bestimmung

Aus Zeit-Weg-Diagrammen und Zeit-Geschwindigkeit-Diagrammen kann man mithilfe eines **Steigungsdreieckes** die Geschwindigkeit und Beschleunigung bestimmen. Dafür zeichnet man an die Gerade an einer geeigneten Stelle ein Steigungsdreieck ein. Beim Zeit-Weg-Diagramm kennzeichnet die Seite des Dreiecks in x- Richtung einen Zeitabschnitt Delta t (Δt) zwischen den Zeitpunkten t_1 und t_2. Die Seite des Steigungsdreiecks in y-Richtung gibt einen Wegabschnitt Delta s (Δs) zwischen den Wegpunkten s_1 und s_2 an. Für die Berechnung der Geschwindigkeit teilt man nun den Wegabschnitt durch den Zeitabschnitt.

$$v = \frac{\Delta s}{\Delta t} = \frac{s_2 - s_1}{t_2 - t_1}$$

Für die Berechnung der Beschleunigung aus einem Geschwindigkeits-Zeit-Diagramm bestimmt man mithilfe des Steigungsdreiecks die Abschnitte Δt und Δv. Mithilfe der Formel für die Beschleunigung kann diese dann ausgerechnet werden.

$$a = \frac{\Delta v}{\Delta t} = \frac{v_2 - v_1}{t_2 - t_1}$$

Material mit Aufgaben

M3 Geschwindigkeit

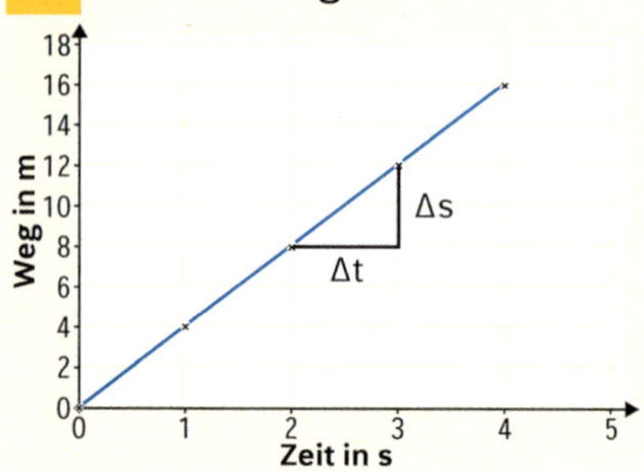

1. Gib die Werte der Abschnitte Δt und Δs an.
2. Berechne die Geschwindigkeit der Bewegung.
3. Erkläre, warum es in der Abbildung egal ist, wo das Steigungsdreieck eingezeichnet wird.

M4 Beschleunigung

Zeit	Geschwindigkeit
0 s	0 m/s
2 s	6 m/s
4 s	12 m/s
6 s	18 m/s

1. Erstelle mithilfe eines Tabellenkalkulationsprogramms ein Zeit-Geschwindigkeits-Diagramm.
2. Zeichne mithilfe der Messwerte ein Diagramm und bestimme die Abschnitte Δt und Δv. Berechne die Beschleunigung.

Anhalteweg

Unfälle
Im Straßenverkehr kommt es immer wieder zu Unfällen. Zum Beispiel werden Fußgänger angefahren oder zwei Autos prallen aufeinander. Wenn so etwas geschehen ist, dann ist oft ein Auto nicht rechtzeitig zum Stehen gekommen.

Reaktionsweg
Erkennt man als Fahrer oder Fahrerin eines Autos eine Gefahr, dann reagiert man nicht sofort. Es dauert einen kurzen Augenblick, bevor man mit dem Bremsen beginnt. Diese **Reaktionszeit** ist je nach Mensch unterschiedlich. Sie kann von Alkohol, Stress, lauter Musik oder Müdigkeit beeinflusst werden. Den Weg, den das Auto in der Reaktionszeit zurücklegt, nennt man **Reaktionsweg**.

Bremsweg
Nachdem man mit dem Bremsen begonnen hat, wird das Auto immer langsamer. Die Strecke vom Beginn des Bremsens bis zum Stillstand nennt man **Bremsweg**. Der Bremsweg ist nicht nur abhängig von der Geschwindigkeit des Autos, sondern auch vom Wetter und der Straßenoberfläche. Gefrorene oder nasse Straßen haben eine glattere Oberfläche. Die Reibung wird geringer. Dadurch braucht das Auto länger, um zum Stillstand zu kommen.

Anhalteweg
Der Reaktionsweg und der Bremsweg ergeben zusammen den **Anhalteweg**. Ist der Anhalteweg zu lang, kann es zu Unfällen kommen. Daher sollte man immer einen genügend großen Sicherheitsabstand beim Fahren einhalten.

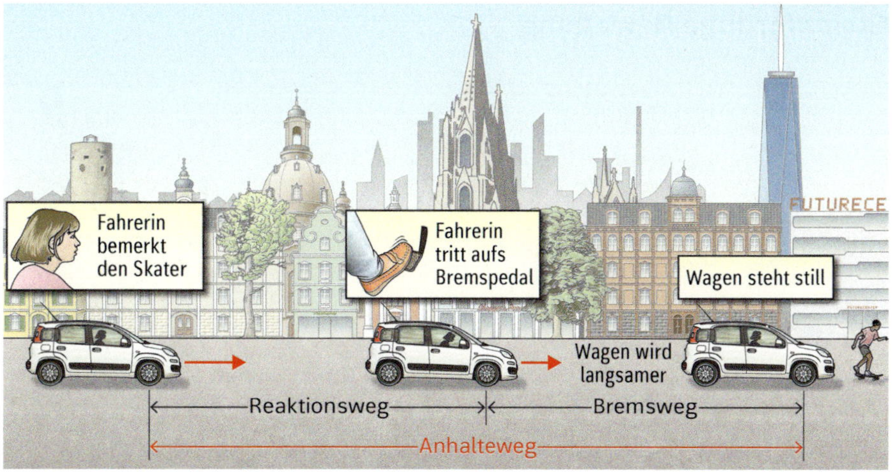

1 Anhalteweg

Material mit Aufgaben

M1 Bremsweg

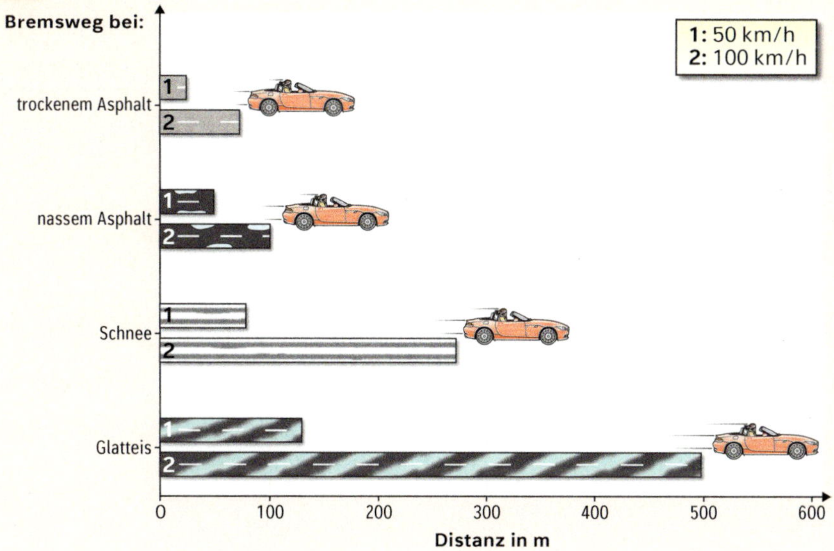

1. Vergleiche die Bremswege bei verschiedenen Oberflächen.
2. Beschreibe den Einfluss der Geschwindigkeit auf den Bremsweg.
3. Beschreibe den Einfluss des Wetters auf den Bremsweg.
4. Erkläre, warum der Bremsweg bei Glatteis viel länger wird.
5. Erkläre, warum Sicherheitsabstände bei Regen, Schnee oder Eis noch wichtiger sind.

Bewegungen

Gleichförmige Bewegung

$s = v \cdot t$

In gleichen Zeitabschnitten werden gleiche Wegabschnitte zurückgelegt.

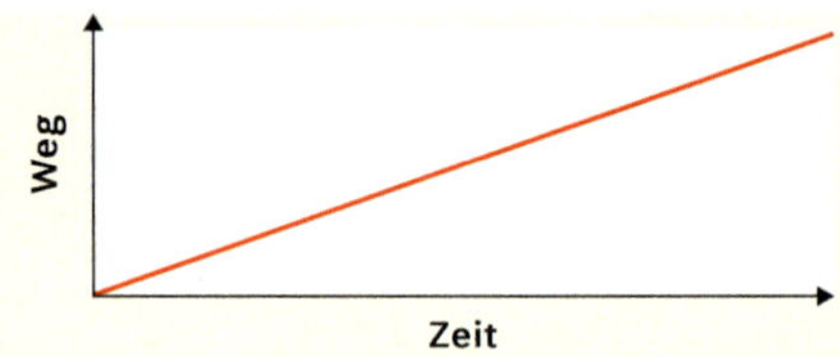

$v = \frac{s}{t}$

Die Geschwindigkeit bleibt gleich.

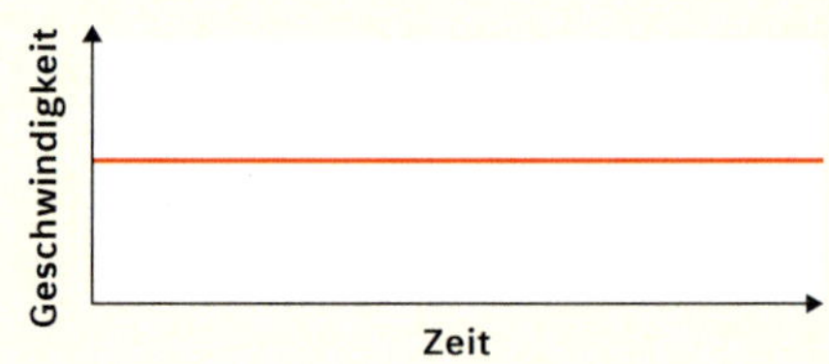

$a = 0$

Die Beschleunigung ist Null.

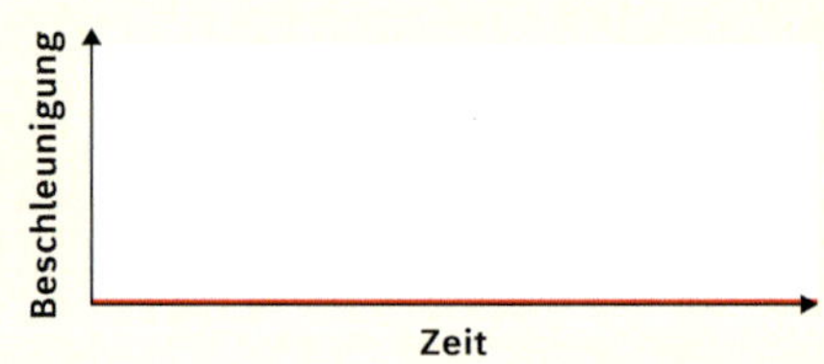

Bewegt man sich immer mit der gleichen Geschwindigkeit, dann spricht man von einer gleichförmigen Bewegung. Bewegt man sich mit einer immer gleich bleibenden Beschleunigung, dann spricht man von einer gleichmäßig beschleunigten Bewegung. Die verschiedenen Bewegungen kann man in unterschiedlichen Diagrammen darstellen: Zeit-Weg-Diagramm, Zeit-Geschwindigkeits-Diagramm oder Zeit-Beschleunigungs-Diagramm.

Gleichmäßig beschleunigte Bewegung

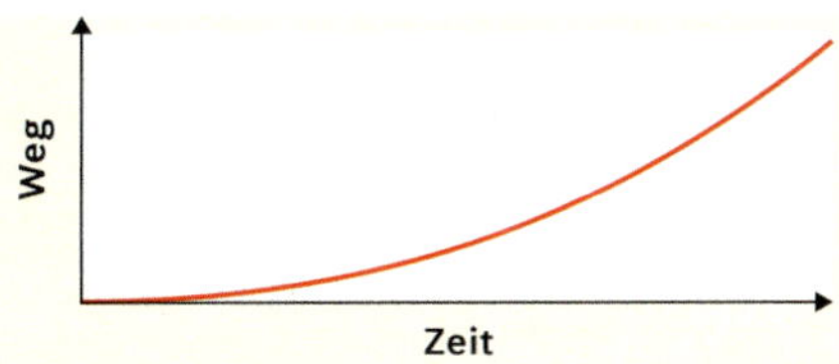

In gleichen Zeitabschnitten werden immer längere Wegabschnitte zurückgelegt.

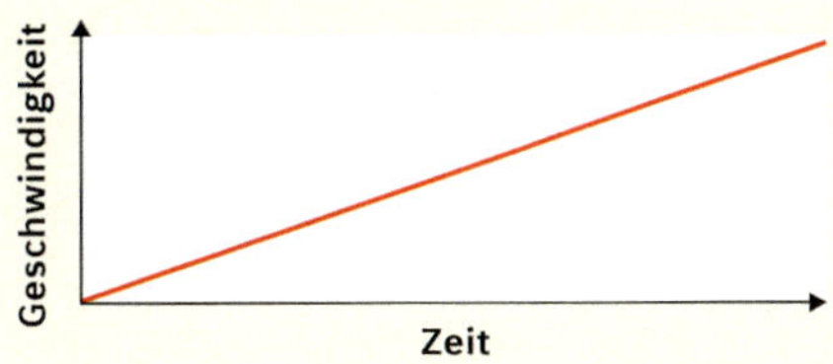

$v = \frac{\Delta s}{\Delta t}$

Die Geschwindigkeit steigt gleichmäßig.

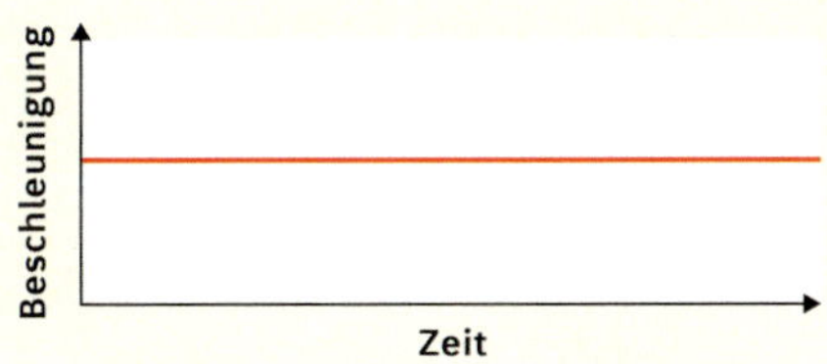

$a = \frac{\Delta v}{\Delta t}$

Die Beschleunigung bleibt gleich.

1. Beschreibe mithilfe der Diagramme den Unterschied zwischen einer gleichförmigen Bewegung und einer gleichförmig beschleunigten Bewegung.
2. Nenne Beispiel für beschleunigte Bewegungen im Alltag.
3. Erkläre, woran man in den Diagrammen eine konstante Geschwindigkeit und eine konstante Beschleunigung erkennen kann.
4. Zeichne ein Diagramm, das ein Abbremsen eines Autos mit konstanter Geschwindigkeit zeigt.

Zusammenfassung Bewegungen

Bewegung und Geschwindigkeit

Man führt tägliche viele verschiedene Bewegungen aus. Geht man nur geradeaus, bewegt man sich geradlinig. Auf einer Schaukel führt man eine Schwingung aus und auf einem Karussell zum Beispiel eine Kreisbewegung. Die Geschwindigkeit gibt an, wie schnell eine Bewegung ausgeführt wird. Sie wird berechnet, indem man den zurückgelegten Weg durch die benötigte Zeit teilt.

Gleichförmige Bewegung

Bewegt man sich immer nur mit einer gleichbleibenden Geschwindigkeit in die gleiche Richtung, dann spricht man von einer gleichförmigen Bewegung. Bei einer gleichförmigen Bewegung sind Weg und Zeit proportional zueinander. Verdoppelt sich die Zeit, verdoppelt sich auch der Weg.

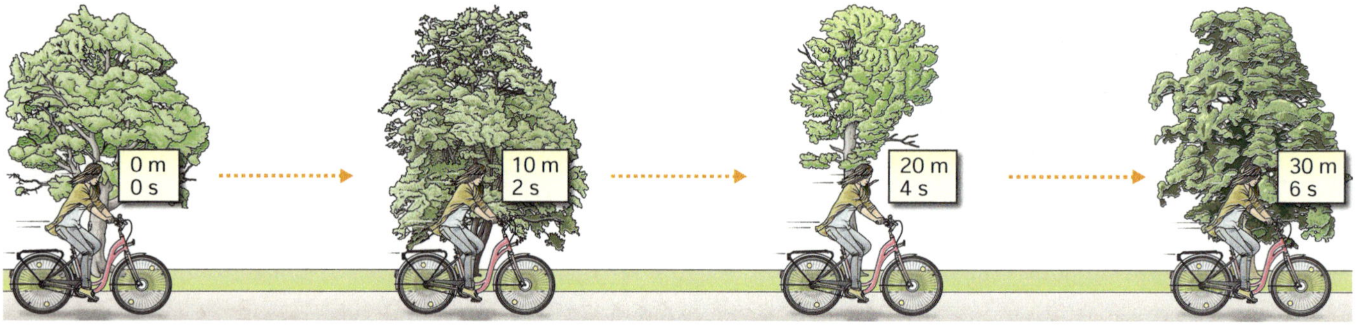

Beschleunigte Bewegung

Ändert sich bei einer Bewegung die Geschwindigkeit, dann spricht man auch von einer beschleunigten Bewegung. Die Beschleunigung einer Bewegung gibt an, um was für einen Wert sich die Geschwindigkeit einer Bewegung in einem bestimmten Zeitabschnitt ändert. Auch Bremsen ist eine beschleunigte Bewegung. Es wird als negative Beschleunigung bezeichnet.

1 Bewegungsarten

A Beschreibe die Bewegungen in den Bildern A und B.

B Erkläre, ob es sich bei den Bewegungen in den Bildern A und B um eine geradlinige Bewegung, eine Schwingung oder eine Kreisbewegung handelt.

C Nenne jeweils ein weiteres Beispiel für die verschiedenen Bewegungsarten. Begründe deine Beispiele.

D Übertrage die abgebildete Tabelle in dein Heft und berechne die in der Tabelle fehlenden Größen.

A

B

Bewegung	1	2	3
Weg	200 m	18 km	400 m
Zeit	20 s	3 h	...
Geschwindigkeit in m/s	20 m/s	...	20 m/s
Geschwindigkeit in km/h	...	...	...

2 Bewegungen

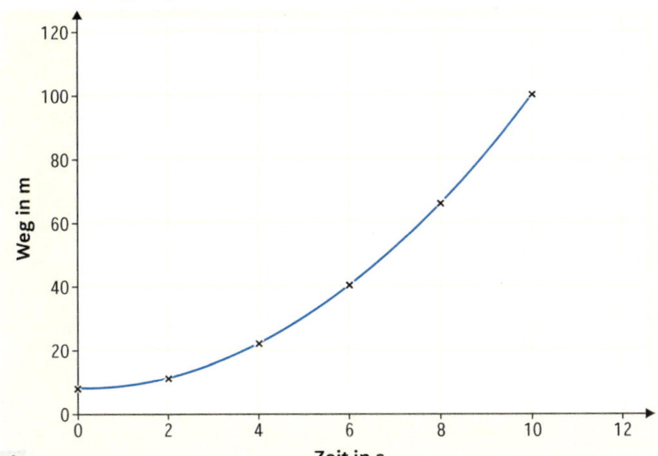

A

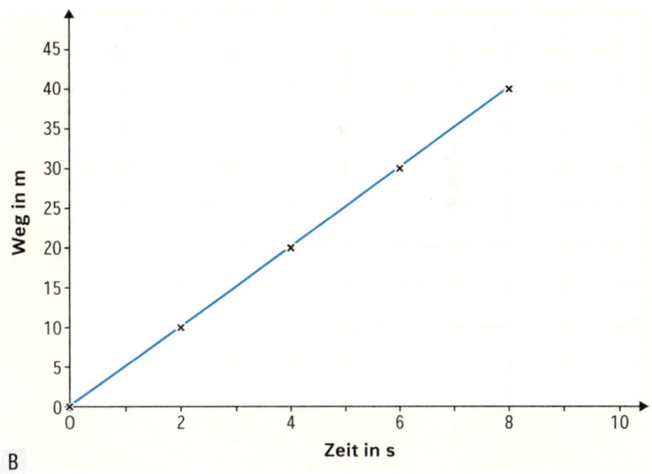

B

A Nenne verschiedene Formen von Bewegungen.

B Beschreibe die dargestellten Diagramme A und B.

C Ordne den Diagrammen die Begriffe gleichförmige Bewegung und gleichmäßig beschleunigte Bewegung zu. Begründe.

D Erkläre, warum auch Bremsen eine beschleunigte Bewegung ist.

E Erstelle jeweils ein Zeit-Geschwindigkeits-Diagramm von einer gleichförmigen Bewegung und einer gleichmäßig beschleunigten Bewegung.

Kräfte und ihre Wirkungen

10

Beim Tauziehen ziehen zwei Mannschaften an einem Seil. Wer es schafft, das gegnerische Team über eine Linie zu ziehen, gewinnt den Wettkampf. Beim Tauziehen und vielen anderen Vorgängen spielen Kraft und ihre verschiedenen Wirkungen eine wichtige Rolle.

Welche Wirkungen haben Kräfte?
Warum kann man auf dem Mond höher springen?
Wie funktioniert ein Hebel?

1 Ein Crashtest

Kräfte

Kräfte

Bei einem Crashtest fahren zwei Autos mit hoher Geschwindigkeit gegeneinander. Dazu werden die Autos mithilfe der Motoren in Bewegung gesetzt. Je stärker das Gaspedal getreten wird, desto schneller wird das Auto. Prallen die Autos aufeinander, werden sie verformt.

Bei all diesen Vorgängen spielt Kraft eine Rolle. Man kann die Kraft nicht sehen, aber an ihrer Wirkung erkennen.

Kraft kann Körper verformen

Manche Gegenstände verändern ihre Form, wenn eine Kraft auf sie wirkt. Zieht man zum Beispiel ein Gummiband auseinander, übt man Kraft auf das Band aus. Das Gummiband wird länger, es wird **verformt**. Übt man keine Kraft mehr auf das Gummiband aus, zieht es sich wieder zu seiner ursprünglichen Form zusammen. Verformungen, die wieder in ihren Ausgangszustand zurückgehen, nennt man **elastische Verformungen**. Bei dem Crashtest wirken Kräfte auf die Fahrzeuge und verformen sie. Die Autos haben dadurch viele Beulen. Wirkt keine Kraft mehr, dann behalten die Autos ihre neue Form. Sie haben sich dauerhaft verformt. Diese Art der Verformung nennt man **plastische Verformung**.

Material mit Aufgaben

M1 Verformung

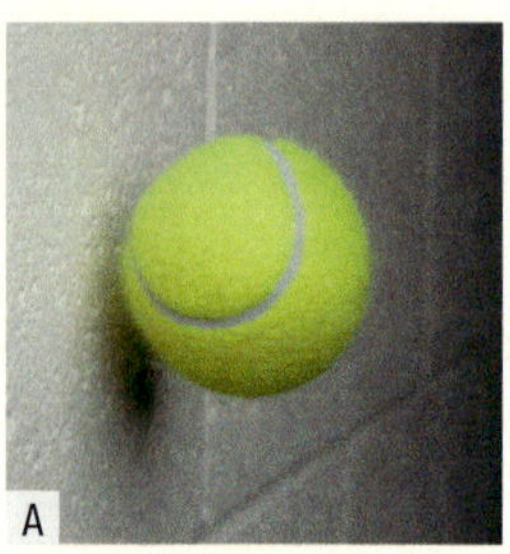

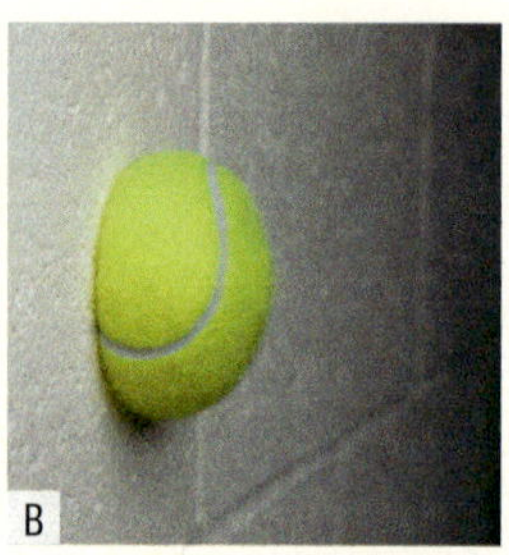

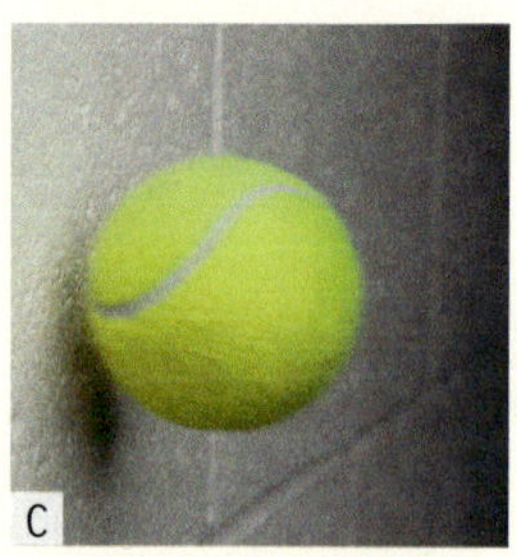

1. Beschreibe den Ablauf der Bildserie.
2. Entscheide, ob die Bildserie eine plastische oder elastische Verformung zeigt.

2 Verschiedene Wirkungen von Kräften

Kraft kann Körper bewegen

Sitzt man auf dem Fahrrad und tritt in die Pedale, fährt man los. Durch die Muskeln wird eine Kraft auf die Pedale ausgeübt, durch die sich das Fahrrad bewegt. Die Kraft kann auch dafür sorgen, dass man **beschleunigt**. Zieht man während der Fahrt an der Bremse, wird das Fahrrad langsamer. Die Kraft, die durch die Bremse auf den Reifen ausgeübt wird, wirkt der Bewegung des Fahrrads entgegen. Das Fahrrad wird dann **gebremst**. Wind kann auch eine Kraft ausüben. Trifft während der Fahrt ein starker Windstoß von der Seite auf das Fahrrad, kann es in eine andere Richtung gedrückt werden. Kraft kann also auch eine **Richtungsänderung** eines Körpers bewirken.

Einheit der Kraft

Die Kraft hat das Formelzeichen **F** und die Einheit **Newton** (N). Sie ist nach dem englischen Forscher Isaac Newton benannt. Die Kraft, die eine 100 Gramm schwere Schokoladentafel auf eine Feder ausübt, entspricht 1 Newton.

Material mit Aufgaben

M2 Wirkung von Kräften

1. Beschreibe die Situationen in den Bildern A bis C.
2. Beschreibe, welche Wirkungen von Kräften in den Bildern A bis C zu sehen sind.
3. Louis schießt im Trainingsspiel einen Elfmeter. Der Ball prallt am Pfosten ab und Peter stoppt den Ball im Strafraum. Beschreibe, welche Wirkungen von Kräften in diesem Beispiel auftreten.

Beim Tauziehen wirken Kräfte in verschiedene Richtungen. Wie kann man sie darstellen?

1 Tauziehen

Kräfte darstellen

Kraft hat eine Richtung

Beim Tauziehen ziehen zwei Mannschaften an einem Seil. Wer es schafft, das gegnerische Team über eine Linie zu ziehen oder zu Fall zu bringen, gewinnt das Spiel. Beim Tauziehen wirken die Kräfte der Teams in entgegengesetzte Richtungen.

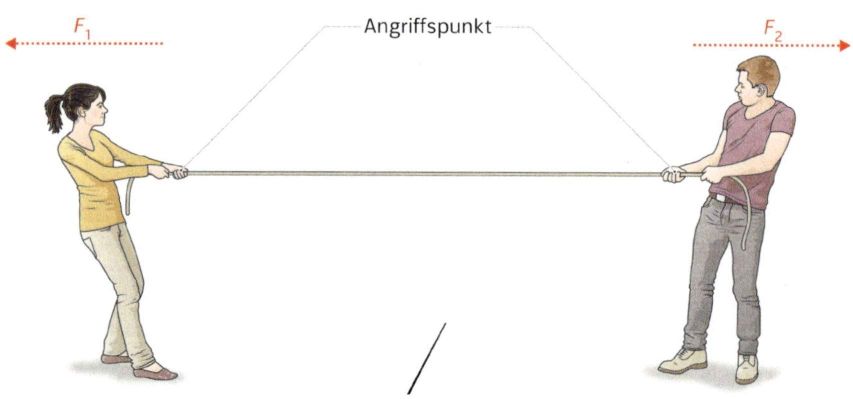

2 Kräftegleichgewicht

Kräfteaddition

Jede Kraft hat eine bestimmte Richtung, in die sie wirkt. Diese Richtung wird als **Wirkungsrichtung** bezeichnet. Um sie zu veranschaulichen, nutzt man Vektorpfeile. Der Punkt, an dem der Pfeil beginnt, nennt man **Angriffspunkt**. In die Richtung, in die der Pfeil zeigt, wirkt die Kraft. Je länger der Pfeil ist, desto stärker wirkt die Kraft.

Beim Tauziehen wirken die einzelnen Kräfte eines Teams in eine gemeinsame Richtung. Wirken mehrere Kräfte in eine Richtung, ist es so, als ob nur eine einzige Kraft in die gemeinsame Richtung wirken würde. Die Kräfte addieren sich. Man nennt bezeichnet dies auch als **Kräfteaddition**. Die einzelnen Kräfte bilden so eine **Gesamtkraft**.

Die Gesamtkräfte der einzelnen Mannschaften wirken beim Tauziehen in ent-

gegengesetzte Richtungen. Für die Gesamtkraft von entgegengesetzten Kräften, werden diese voneinander abgezogen.
Beim Tauziehen zieht die Mannschaft mit der größeren Gesamtkraft die andere Mannschaft zu sich hin. Wenn beide Mannschaften aber gleich stark sind, heben sich die Kräfte auf. Es herrscht dann ein **Kräftegleichgewicht**. Keine Mannschaft wird in die Richtung der anderen Mannschaft gezogen.

A Beschreibe, was man unter den Begriffen Kräfteaddition und Kräftegleichgewicht versteht.

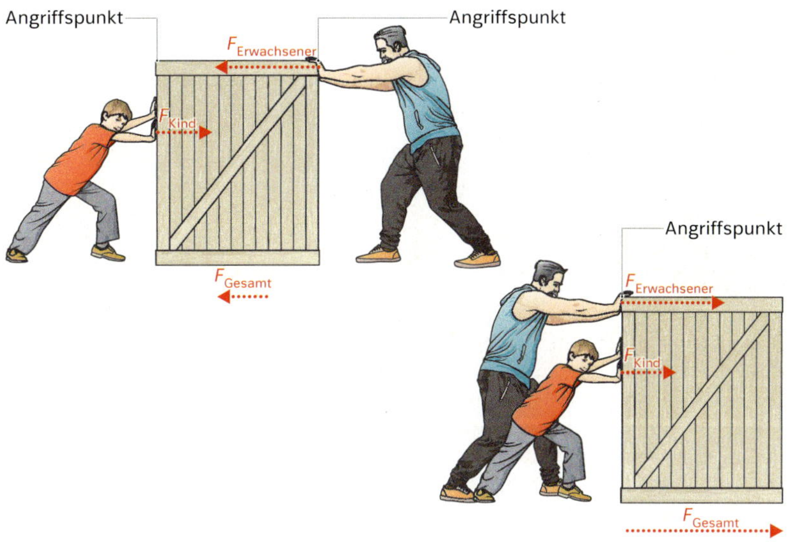

3 Kräfte wirken in verschiedene Richtungen

A

Material mit Aufgaben

M1 Darstellung von Kräften

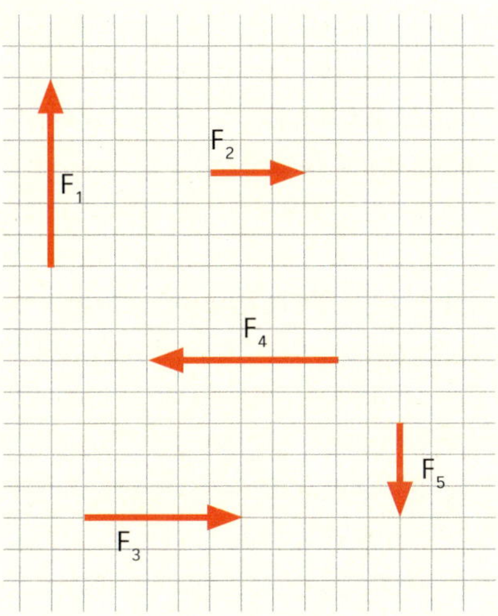

1. Nenne die Kräfte im Bild, die
   a) die gleiche Größe haben.
   b) die gleiche Richtung haben.
2. Zeichne im Heft kästchengenau die resultierende Kraft von F1 und F5 und von F3 und F4.

M2 Tauziehen

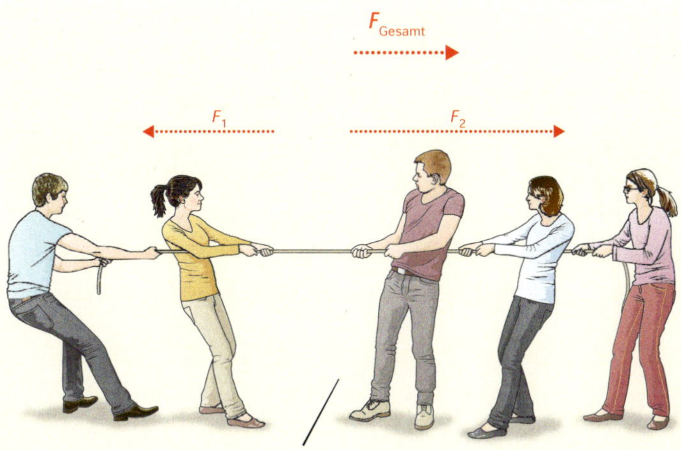

1. Beschreibe die dargestellte Situation.
2. Erkläre, welche der beiden Mannschaften gewinnen wird.
3. Zwei Mannschaften ziehen mit der gleichen Kraft am Seil. Erstelle eine einfache Zeichnung mit den zugehörigen Kraftpfeilen.

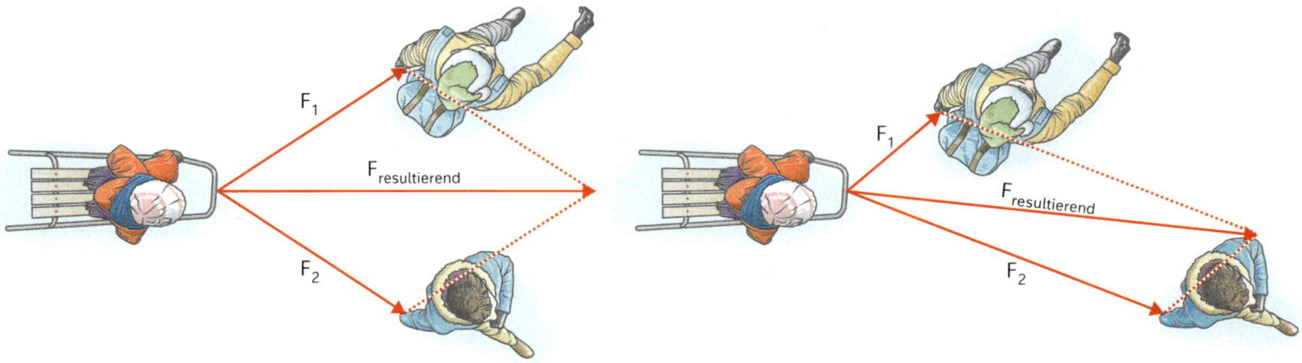

4 Kräfteparallelogramm

Material mit Aufgaben

M3 Regenschauer

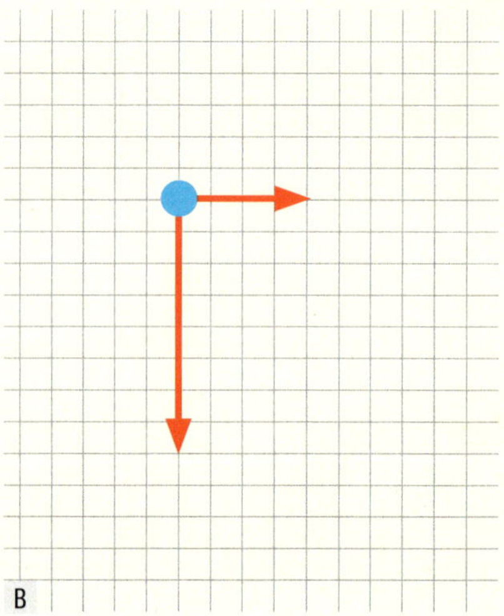

Manchmal kommt es vor, dass es an einer Stelle regnet, obwohl dort die Sonne scheint. Die Regenwolken sind erst in einiger Entfernung zu sehen.

1. Beschreibe, welche Kräfte auf einen Regentropfen wirken.
2. Erkläre, warum es möglich ist einen Regentropfen abzubekommen, obwohl die Regenwolke nicht direkt über einem ist.
3. Übertrage Abbildung B kästchengenau in dein Heft und konstruiere das Kräfteparallelogramm.

Kräfteparallelogramm

Im Alltag wirken Kräfte nicht immer nur in eine Richtung oder genau gegeneinander. Sitzt man zum Beispiel auf einem Schlitten und wird von zwei Personen gezogen, dann ziehen sie nie exakt in die gleiche Richtung.

Haben zwei Kräfte den gleichen Angriffspunkt, wirken aber unter einem Winkel in verschiedene Richtungen, kann man mithilfe eines **Kräfteparallelogramms** die resultierende Gesamtkraft bestimmen. Die am Angriffspunkt angreifenden Kräfte F_1 und F_2 bilden zwei Seiten des Parallelogramms. Konstruiert man mithilfe eines Geodreiecks oder Zirkels das vollständige Parallelogramm, ist die Diagonale die resultierende Gesamtkraft der beiden Einzelkräfte. An ihr kann man die Stärke und Richtung der Gesamtkraft ablesen. Je nach Stärke der einzelnen Kräfte ändert sich die Größe und Form des Parallelogramms und damit auch die Richtung und Stärke der resultierenden Gesamtkraft.

Wechselwirkungsprinzip

Wirkt ein Körper A eine Kraft auf einen Körper B aus, dann wirkt Körper B eine gleich große, entgegengesetzte Kraft auf Körper A aus. Dieses Prinzip nennt man **Wechselwirkungsprinzip**. Eine Kraft erzeugt immer eine **Gegenkraft**. Das Wechselwirkungsprinzip von Kräften ist aber nicht das gleiche wie ein Kräftegleichgewicht.

Man kann das Wechselwirkungsprinzip in einem Experiment verdeutlichen. Zwei Personen stehen jeweils auf einem Skateboard und halten das Ende eines Seils in ihren Händen. Ziehen beide Personen am Seil, dann bewegen sie sich aufeinander zu. Zieht nur eine Person am Seil, geschieht genau das gleiche. Beide rollen wieder aufeinander zu.

Die eine Person hat durch das Ziehen am Seil eine Kraft auf die andere Person ausgeübt. Durch die entstehende entgegengesetzte Kraft rollt die zweite Person trotzdem zur Mitte und bleibt nicht stehen.

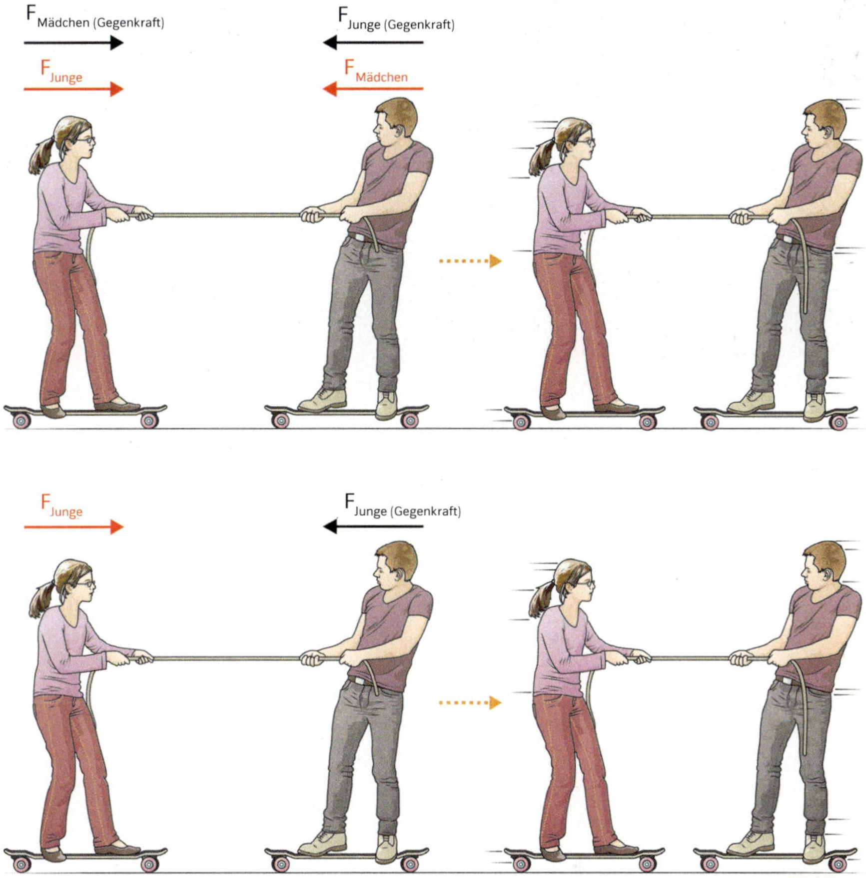

5 Kraft und Gegenkraft

Raketenstart

Das Wechselwirkungsgesetz ist auch der Grund dafür, dass zum Beispiel eine Rakete in den Weltraum fliegen kann. Beim Raketenstart ist die Beschleunigung der Rakete sehr hoch. Auf Grund der großen Beschleunigung und der großen Masse der Rakete wirkt eine große Kraft entgegen ihrer Bewegungsrichtung. Nach dem Wechselwirkungsgesetz steht dieser Kraft eine gleich große, aber entgegengesetzte Kraft entgegen. Diese Gegenkraft beschleunigt die Rakete in Bewegungsrichtung. Die Rakete kann so abheben.

Material mit Aufgaben

M4 Rückstoß

1. Beschreibe die dargestellte Situation.
2. Erkläre, was man unter dem Wechselwirkungsprinzip von Kräften versteht.
3. Erkläre, warum sich die Person auf dem Skateboard beim Wegstoßen des Balls rückwärts bewegt.

1 Astronaut auf dem Mond

Gewichtskraft

2 Gewichtskraft auf der Erde und dem Mond

Masse und Gewicht

Astronauten können auf dem Mond höher springen als auf der Erde. Es wirkt so, als würden sie weniger wiegen. Würde man aber die **Masse** eines Astronauten auf der Erde und auf dem Mond bestimmen, stellt man fest, dass sie gleich ist. Es ändert sich auf dem Mond nicht die Masse des Astronauten, sondern sein **Gewicht**. Das Gewicht eines Körpers gibt an, mit was für einer Kraft er nach unten gezogen wird. Diese Kraft nennt man **Gewichtskraft**. Sie hat das Formelzeichen F_G und wirkt auf der Erde in Richtung des Erdmittelpunktes.

Gravitation

Die Hauptursache für die Gewichtskraft auf der Erde ist die **Gravitation**. Durch diese Kraft zieht die Erde alles auf ihr an. Je größer die Masse eines Körpers ist, desto stärker ist die Anziehung. Die Gravitation nimmt mit der Masse zu. Die Erde zieht nicht nur den Menschen an, sondern der Mensch auch die Erde. Diese Kraft ist aber so klein, dass sie vernachlässigt werden kann.

Ortsfaktor

Die Gewichtskraft ist auf der Erde nicht überall gleich. Zum Beispiel ist die Gewichtskraft auf einem Berg kleiner als in einem Tal. Das liegt daran, dass der Abstand zum Erdmittelpunkt auf dem Berg größer ist. Die Gravitation ist geringer und dadurch auch die Gewichtskraft. Die Gewichtskraft ist also abhängig vom Ort und der Masse eines Körpers. Sie lässt sich mithilfe des Ortsfaktors g folgendermaßen berechnen.

$$F_G = m \cdot g$$

Der **Ortsfaktor** für die Erde beträgt im Schnitt 9,81 N/kg. Astronauten, die zum Mond fliegen, spüren dort den Unterschied der Gewichtskraft. Da der Mond eine kleinere Masse als die Erde hat, ist auch die Gravitation geringer und damit die Gewichtskraft. Dadurch können Astronauten leichter höher springen. Wirkt keine Gewichtskraft auf den Körper, spricht man von **Schwerelosigkeit**.

Gewichtskraft messen

Die Gewichtskraft eines Körpers kann man mit einem Federkraftmesser bestimmen. Hängt man Gegenstände mit unterschiedlichen Massen an die Schraubenfeder eines Federkraftmessers, dehnt sie sich unterschiedlich stark aus. Je stärker sich die Feder dehnt, desto mehr ragt eine Skala aus dem Rohr hinaus. An den sichtbaren Abschnitten der Skala kann man die Kraft abgelesen. Je nach Federkraftmesser steht ein Abschnitt für einen bestimmten Wert. Zum Beispiel kann ein Abschnitt 1 Newton bedeuten. Da nicht ein beliebig schweres Gewicht an jede Feder gehängt werden kann, gibt es verschiedene Federkraftmesser. Sie haben Federn in verschiedenen Dicken. Für Gegenstände mit größeren Massen benutzt man dickere Federn.

A Befestige verschiedene Gegenstände an einem Federkraftmesser und bestimme ihre Gewichtskraft. Erstelle mit deinen Messwerten ein Kraft-Masse-Diagramm.

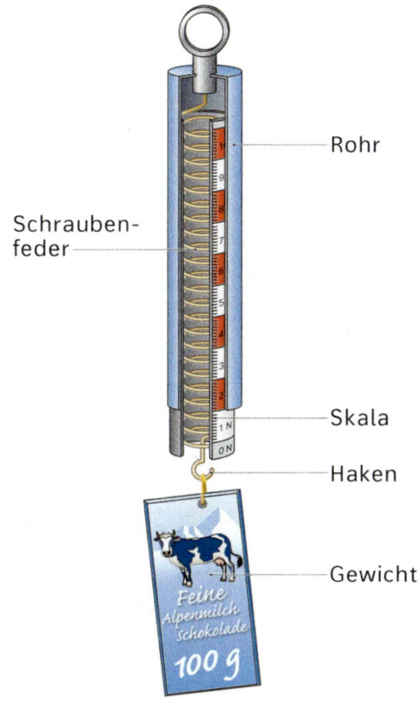

3 Ein Federkraftmesser

Material mit Aufgaben

M1 Gewichtskraft berechnen

1. Berechne mithilfe der Tabelle deine Gewichtskraft auf den verschiedenen Planeten.
2. Erkläre mithilfe der Abbildung, warum die Gewichtskraft auf den verschiedenen Planeten unterschiedlich groß ist.
3. Wähle eine der Aufgaben aus:
   a Erkläre, warum man zwischen Masse und Gewichtskraft unterscheiden muss.
   b Erkläre, ob ein Astronaut auf dem Mars oder auf der Venus höher springen kann.
4. Stelle Vermutungen an, warum die Ortsfaktoren der Planeten sich unterscheiden.

Ort	Ortsfaktor g in N/kg
Erde	9,81
Mars	3,69
Jupiter	24,9

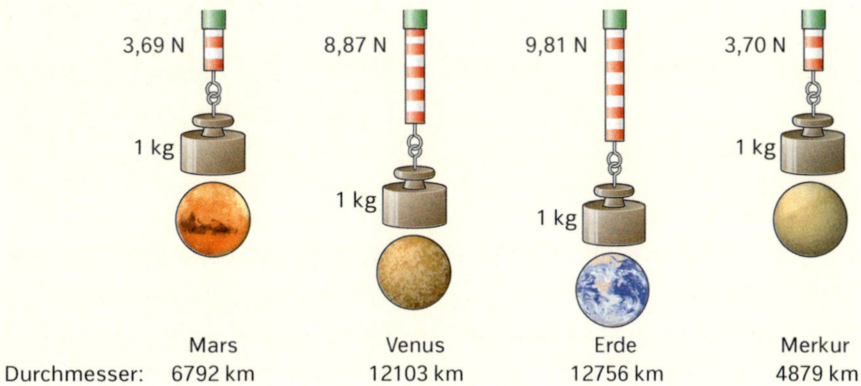

Der Federkraftmesser

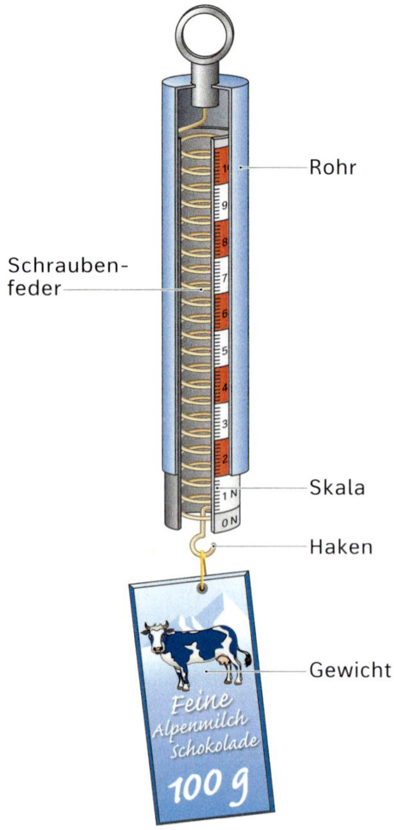

1 Ein Kraftmesser

Masse und Gewicht

Im Alltag sagt man, dass man mit einer Waage sein Gewicht bestimmen kann. Aus der Sicht eines Naturwissenschaftlers stimmt dies nicht. Mit einer Waage bestimmt man seine **Masse**.
Das Gewicht gibt an, mit was für einer Kraft ein Gegenstand nach unten gezogen wird. Diese **Gewichtskraft** kann man mit einem **Federkraftmesser** bestimmen.

Federkraftmesser

Ein Federkaftmesser besteht aus einer Schraubenfeder, an der eine Skala und ein Haken befestigt sind. Die Bauteile befinden sich in einem kleinen Rohr. Dieses schützt die einzelnen Bauteile. An dem Haken werden die Gegenstände befestigt, deren Gewichtskraft man bestimmen möchte.
Hängt man Gegenstände mit unterschiedlichen Massen an die Schraubenfeder, dehnt sie sich unterschiedlich stark aus. Je stärker sich die Feder ausdehnt, desto mehr ragt die Skala aus dem Rohr hinaus. An den sichtbaren Abschnitten der Skala kann die Kraft abgelesen werden.
Je nach Federkraftmesser steht ein Abschnitt für einen bestimmten Wert. Zum Beispiel kann ein Abschnitt 1 Newton bedeuten. Da nicht ein beliebig schweres Gewicht an jede Feder gehängt werden kann, gibt es verschiedene Federkraftmesser. In ihrem Inneren befinden sich Schraubenfedern in verschiedenen Dicken. Für Gegenstände mit größeren Massen und dadurch größeren Gewichtskräften benutzt man dickere Federn. Sie sind schwerer auseinander zu ziehen und gehen nicht so schnell kaputt.

A Erkläre den Unterschied zwischen den zwei Größen Masse und Gewichtskraft.

Material mit Aufgaben

P1 Kräfte messen

Material: Mehrere Kraftmesser mit unterschiedlichen Messbereichen, Waage, Faden, verschiedene Gegenstände oder Wägestücke

Durchführung: Wiege die Gegenstände und wähle zum Messen der Gewichtskraft geeignete Federkraftmesser aus. Halte den Federkraftmesser gerade vor deine Augen und hänge vorsichtig den Gegenstand an den Haken. Verwende ein Stück Faden, wenn du den Gegenstand nicht einfach am Haken befestigen kannst.

1. Erstelle eine Tabelle mit den gemessenen Massen und Kräften.
2. Erstelle ein Liniendiagramm, dass die Kräfte zu den verschiedenen Massen zeigt.
3. Plane einen Versuchsaufbau, mit dem du die Kraft bestimmen kannst, die man beim Ziehen von Gegenständen benötigt.

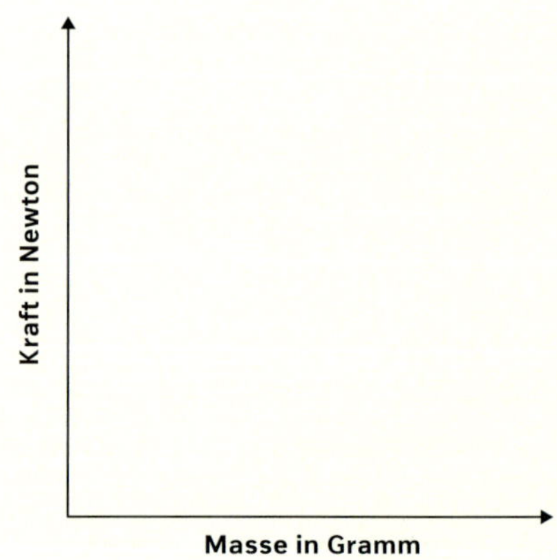

Vorlage: Kraft - Masse - Diagramm

Hookesches Gesetz

Die Schraubenfeder in einem Federkraftmesser hat immer eine bestimmte Länge. Wird ein Gewicht an die Schraubenfeder gehangen, dann wird die Feder länger. Sie dehnt sich. Die Länge, um die die Feder sich gedehnt hat, bezeichnet man auch als **Dehnungslänge**. Die wirkende Kraft auf die Schraubenfeder und die Dehnungslänge verhalten sich proportional zueinander. Diesen Zusammenhang bezeichnet man auch als **hooksches Gesetz**.

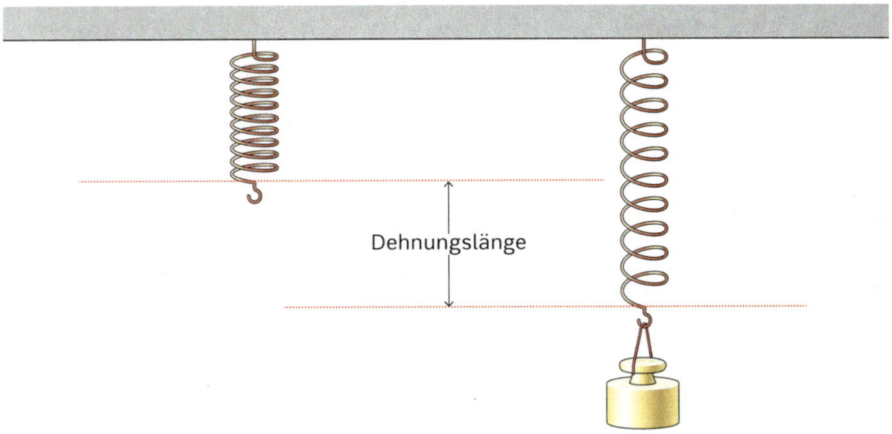

2 Dehnungslänge

Federkonstante

In Federkraftmessern werden Schraubenfedern mit unterschiedliche Dicken verwendet. Je dünner eine Schraubenfeder ist, desto leichter lässt sie sich dehnen. Man sagt auch, dass sie eine kleine Federkonstante hat. Eine dicke Schraubenfeder, die sich nicht so leicht ausdehnt, besitzt eine große Federkonstante.

Trägt man in einem Diagramm die auf eine Schraubenfeder wirkende Kraft gegen die Dehnungslänge auf, erhält man eine Gerade. Je nach Federkonstante hat die Gerade eine andere Steigung. Je geringer die Federkonstante ist, desto flacher verläuft sie. Je größer die Federkonstante ist, desto steiler steigt die Gerade an.

Material mit Aufgaben

M2 Federkonstante

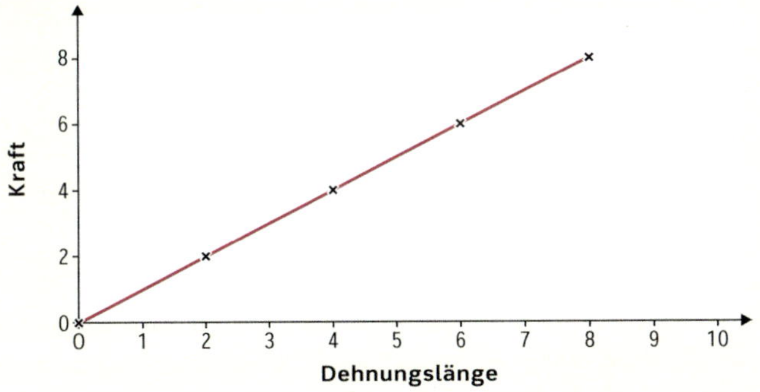

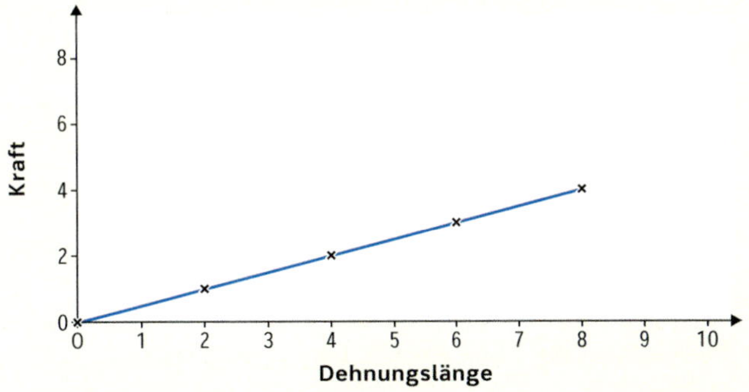

1. Beschreibe die abgebildeten Diagramme.

2. Erkläre, welche der beiden Diagramme eine Feder mit geringer und eine Feder mit hoher Ferderkonstanten zeigt.

1 Ein Crashtest

Trägheit

Dummy: lebensgroße Puppe aus Kunststoff

Crashtest

Bei einem Crashtest werden Unfälle nachgestellt, um zu untersuchen, wie sicher das Fahrzeug für künftige Fahrerinnen und Fahrer ist. Crashtests werden mit **Dummies** durchgeführt. Zum Beispiel kann ein Zusammenprall von einem Roller und einem Auto untersucht werden. Fährt der Roller mit gleichbleibender Geschwindigkeit und trifft auf das Auto, fliegt der Dummy nach vorne. Er wird nicht wie der Roller gebremst.

2 Vollbremsung in einem Auto

Trägheit

Beim Aufprall auf das Auto wird eine Kraft auf den Roller ausgeübt. Dieser kommt dadurch abrupt zum Stillstand. Der Dummy auf dem Roller hingegen behält seine Bewegungsrichtung bei. Auf ihn wirkt direkt keine Kraft. Daher fliegt er über den zum Stehen gekommenen Roller. Dies ist ein Beispiel für **Trägheit**. Trägheit bezeichnet die Eigenschaft eines Körpers so lange seine Bewegung beizubehalten, bis eine äußere Kraft auf ihn einwirkt. Auch an einem selbst kann man Trägheit beobachten. Fährt man mit dem Auto, bewegt man sich in eine Richtung. Bremst das Auto plötzlich, dann will man sich trotzdem weiter nach vorne bewegen. Man beginnt nach vorne zu rutschen. Durch den Gurt wird man aber in seiner Bewegung gestoppt. Es wirkt eine äußere Kraft und man bewegt sich nicht mehr nach vorne.

Trägheitsprinzip

Nicht nur bewegte Körper weisen Trägheit auf. Bewegt sich ein Körper gar nicht, dann ist er in Ruhe. Auch ein ruhender Körper bleibt in Ruhe, solange keine äußere Kraft auf ihn einwirkt. Für ihn gilt auch das **Trägheitsprinzip**.

Ein Körper bleibt so lange in Ruhe oder in seiner Bewegung, bis eine äußere Kraft auf ihn einwirkt.

Trägheit und Masse

Stößt man eine Kugel mit kleiner Masse gegen eine Kugel mit größerer Masse, bewegt sich die schwere Kugel gar nicht. Die Kraft, die die leichte Kugel ausübt, reicht nicht aus, um die schwere Kugel in Bewegung zu setzen. Die schwere Kugel hat eine zu große Trägheit. Je größer die Masse ist, desto größer ist auch die Trägheit und desto schlechter lässt sich der Bewegungszustand ändern. Die Trägheit hängt nur von der Masse ab.

Reibung

Laut dem Trägheitsprinzip bleibt ein Körper so lange in Bewegung, bis eine äußere Kraft auf ihn einwirkt. Im Alltag kann man jedoch beobachten, dass Bewegungen nicht unendlich lange ablaufen. Zum Beispiel rollen Kugel nicht beliebig lange, wenn man sie anstößt. Es muss also eine Kraft auf sie wirken. Diese Kraft nennt man **Reibungskraft**. Je unebener die Oberfläche ist, desto größer ist die Reibungskraft. Auch Luft übt eine Reibungskraft aus. Je schneller man sich bewegt, desto mehr Luftteilchen prallen auf einen und desto größer ist die Reibungskraft. ▶

Material mit Aufgaben

F

M1 Trägheit

1. Beschreibe den Aufbau des in den Bildern A und B abgebildeten Versuchs.
2. Beschreibe die Versuchsbeobachtungen.
3. Erkläre die Versuchsbeobachtungen. +
4. Wähle eine der Aufgaben aus:

a Begründe mithilfe der Versuchsbeobachtungen, warum man im Auto immer angeschnallt sein muss.

b Erkläre, von welchen Faktoren es abhängt, wie weit das Holzstück im Versuch über das Hindernis fliegt.

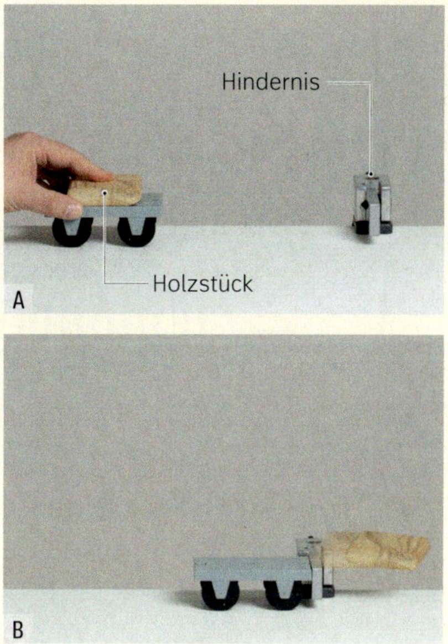

M2 Reibung

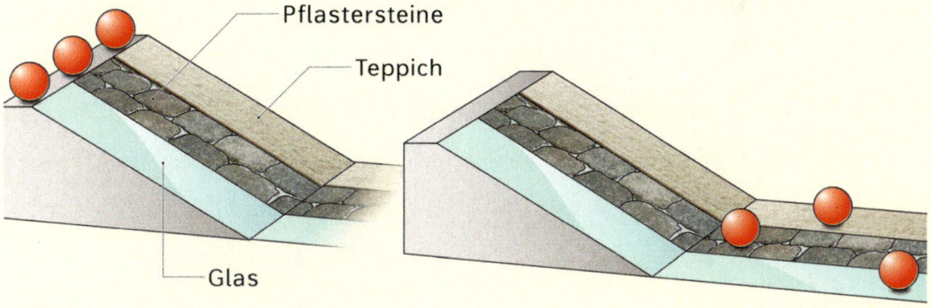

1. Beschreibe den Aufbau des Versuchs.
2. Erkläre die Versuchsbeobachtungen. +
3. Erkläre, warum im Profisport vor dem Skifahren auf die Ski eine Wachsschicht aufgetragen wird. +
4. Weltraumsonden benötigen zur Fortbewegung im Weltraum keinen durchgängigen Antrieb. Erkläre diesen Sachverhalt.

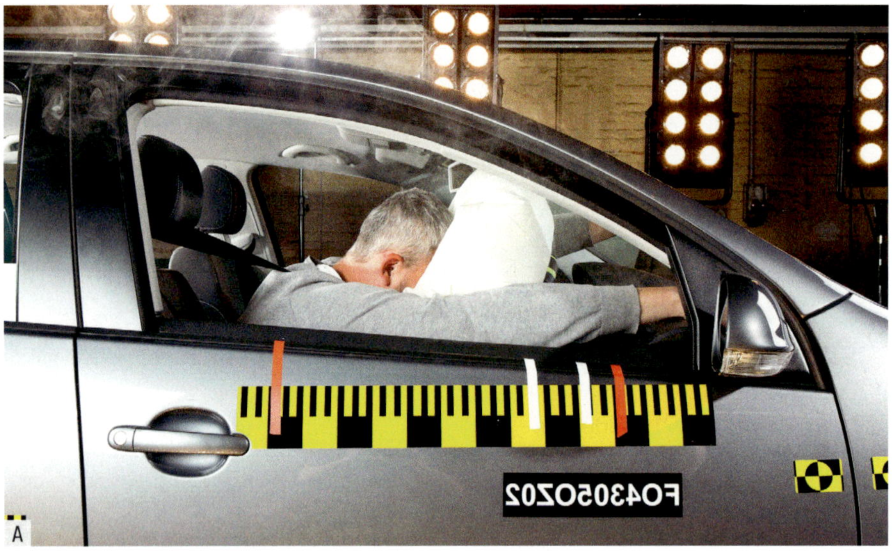

3 Sicherheitssysteme: **A** Airbags, **B** Sicherheitsgurt

Material mit Aufgaben

M3 Sicherheitssysteme

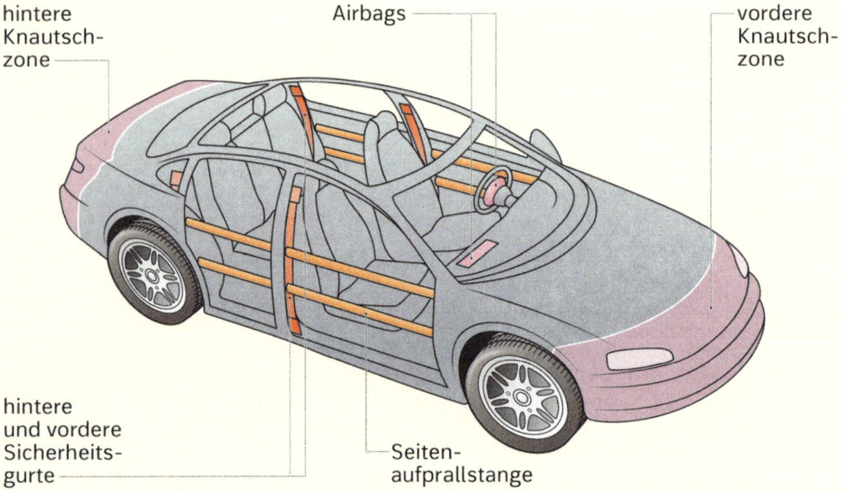

1. ▮▮▮ Beschreibe die Sicherheitssysteme in einem Auto.
2. ▮▮▮ Erkläre die Funktion von Sicherheitsgurten. ⊞
3. Wähle eine der Aufgaben aus:

a ▮▮▮ Stelle Vermutungen über die Funktionen der Seitenaufprallstangen an.

b ▮▮▮ Stelle Vermutungen über die Funktion der vorderen und hinteren Knautschzonen eines Autos an.

Sicherheitssysteme im Auto

Bei einer Vollbremsung bewegt man sich auf Grund des Trägheitsprinzips trotzdem weiter nach vorne. Durch den Gurt wird man aber in seiner Bewegung gestoppt. Die Bewegungsenergie des Körpers wird durch das Zurückhalten des Gurtes in andere Energieformen umgewandelt. Ein Teil wird zum Beispiel in die Spannenergie des Gurtes umgewandelt. Der Sicherheitsgurt ist nur eine von vielen **Sicherheitssystemen** in einem Auto. Auch die Kopfstützen und die Airbags in einem Auto schützen bei einem Unfall vor schweren Verletzungen. Airbags befinden sich in unter anderem im Lenkrad und in den Seitenverkleidungen der Türen. Sie blasen sich bei einem Aufprall innerhalb von Sekunden auf und verringen so das Verletzungsrisiko. Die Kopfstützen verhindern bei einem Unfall, dass der Kopf zu weit nach hinten geschleudert wird. So werden Verletzungen der Halswirbel vermieden.

Eine Gruppenarbeit durchführen

Arbeiten in einer Gruppe

Um sich einem komplexen Thema zu nähern, kann man eine Gruppenarbeit durchführen.

1 Gruppenarbeit planen • Befasst euch mit dem Thema. Recherchiert dazu im Schulbuch, in Fachbüchern und im Internet nach weiteren Themen, die mit dem Hauptthema zusammenhängen. Erstellt zu den einzelnen Teilbereichen eine Liste. Entwickelt auch Fragen, die geklärt werden sollen. Zum Thema Tempolimit könnte das beispielsweise sein: „Wo werden Tempolimits gebraucht?". Benennt Aufgaben, die in der Gruppenarbeit zu erledigen sind.

2 Gruppenarbeit durchführen • Findet euch in passender Gruppengröße zusammen. Legt zunächst Rollen in eurer Gruppe fest. Bestimmt zum Beispiel eine Gesprächsleitung oder jemanden, der die Ergebnisse der Klasse vorstellt. Bestimmt Personen, die die Gestaltung eines Plakats verantworten. Verteilt die Aufgaben so, dass jedes Gruppenmitglied etwa gleich viel zu tun hat. Sammelt zunächst Material. Besprecht in der Gruppe, welches gefundene Material zum Thema passt und welches weniger.

3 Gruppenarbeit dokumentieren • Erstellt als Ergebnis der Gruppenarbeit ein Plakat oder einen Vortrag. Ihr könnt auch eine digitale Präsentation vorbereiten.

4 Gruppenarbeit bewerten • Gebt euch gegenseitig Rückmeldung, was gut in der Gruppenarbeit lief und wo es noch Verbesserungsmöglichkeiten gibt.

Regeln für ein Gespräch in der Gruppe

- Bestimmt ein Mitglied der Gruppe als Gesprächsleitung. Achtet darauf, dass die Gesprächsregeln eingehalten werden.
- Meldet euch zu Wort und wartet, bis die Gesprächsleitung euch das Wort erteilt.
- Schweift nicht ab und bleibt beim Thema.
- Hört euch gegenseitig zu und lasst euch ausreden.
- Nehmt euch gegenseitig ernst und respektiert auch andere Meinungen als die eigene.
- Sprecht aus der Ich-Perspektive. „Mir würde es besser gefallen ...", „Ich denke es ist besser, wenn man ...".
- Wenn ihr euch gegenseitig Rückmeldung gebt, sagt zunächst etwas Positives, dann den Kritikpunkt und als letztes noch einen Hinweis, wie etwas verbessert werden kann.

1 Gesprächsregeln

Material mit Aufgaben

M1 Tempolimit

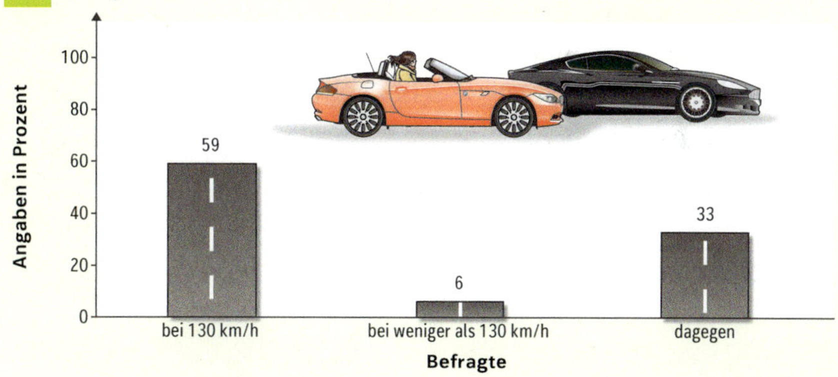

Das Diagramm zeigt Ergebnisse von einer Umfrage in Deutschland aus dem Jahr 2020 zum Thema Einführung eines Tempolimits auf Autobahnen.

1. Beschreibe, was das Diagramm darstellt.

2. Führt eine Gruppenarbeit zum Thema Tempolimit auf Autobahnen in Europa durch. Bildet dafür Gruppen und verteilt Aufgaben und Rollen innerhalb der Gruppe. Wählt eine passende Präsentationsform aus und präsentiert eure Ergebnisse vor der Klasse.

Beim Bergsteigen zieht man manchmal einen Schlitten mit Ausrüstung. Welche Kräfte wirken auf den Schlitten?

1 Bergsteiger mit Schlitten

Schiefe Ebene

Schlitten ziehen

Ob nun beim Besteigen eines Berges mit einem Schlitten voller Ausrüstung, oder beim Rodeln: in beiden Fällen muss der Schlitten den Berg hochgezogen werden. Für die Betrachtung der verschiedenen Kräfte, die dabei auf den Schlitten wirken, muss man die Neigung des Bodens beachten. Im Tal würde man den Schlitten auf einem waagerechten Untergrund ziehen. Dieser Untergrund ist nicht geneigt. Der Berg hat dagegen eine Neigung. Man kann ihn als Fläche betrachten, die in einem bestimmten Winkel geneigt ist. Man nennt diesen Winkel auch Neigungswinkel.
Eine gerade Fläche mit einem Neigungswinkel bezeichnet man in der Physik auch als **schiefe Ebene**.

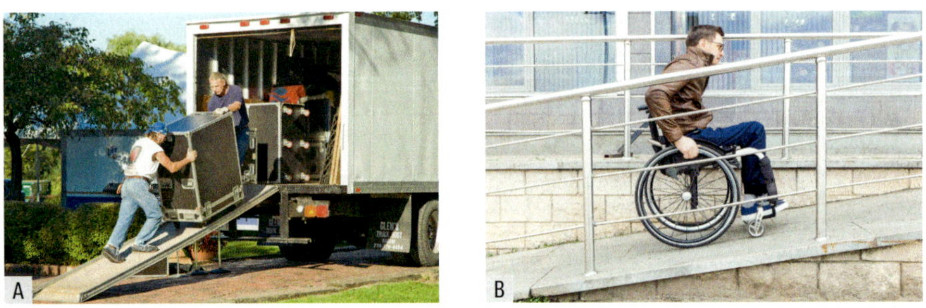

2 Schiefe Ebenen: **A** Rampe beim LKW, **B** Rampe für Rollstuhlfahrer

Schiefe Ebenen im Alltag

Man kann nicht nur die Seite eines Berges als schiefe Ebene betrachten. Im Alltag werden zum Beispiel oft Rampen benutzt, um LKWs leichter zu beladen. Die Rampen vor den Eingängen von Gebäuden sind unter anderem für Menschen in Rollstühlen gedacht. Sie sind ebenfalls schiefe Ebenen.

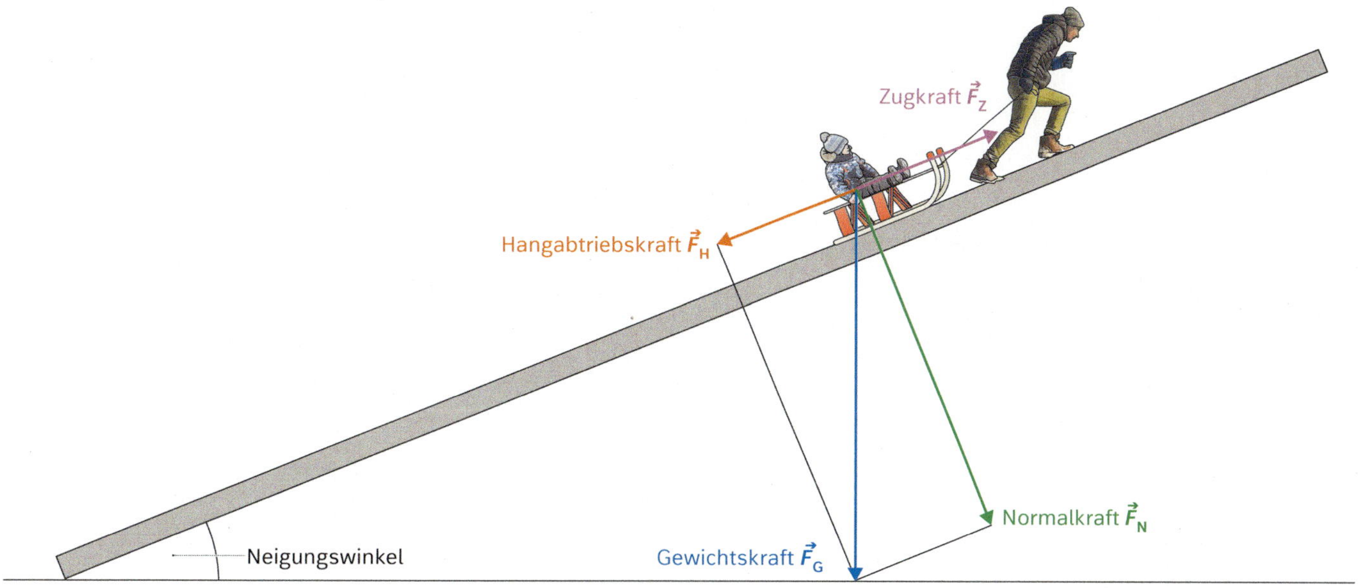

3 Kraftwirkungen an der schiefen Ebene

Kräfte an der schiefen Ebene

Befindet sich ein Schlitten auf einer schiefen Ebene, dann wirkt vom Schlitten die Gewichtskraft nach unten. An einer schiefen Ebene kann man die Gewichtskraft in zwei Kräfte aufteilen: die **Normalkraft** und **Hangabtriebskraft**. Die Normalkraft wirkt vom Schlitten senkrecht zur schiefen Ebene. Sie gibt die Stärke an, mit der der Schlitten auf die Ebene gedrückt wird. Die Hangabtriebskraft wirkt entlang der Ebene. Je größer die Hangabtriebskraft ist, desto schneller bewegt sich der Schlitten die Ebene nach unten.

Zieht man den Schlitten die Ebene nach oben, dann wirkt eine **Zugkraft** in die entgegengesetzte Richtung der Hangabtriebskraft. Wenn die Zugkraft größer als die Hangabtriebskraft ist, dann bewegt sich der Schlitten auf der Ebene nach oben. Ist sie kleiner, dann fährt der Schlitten die Ebene nach unten.

Material mit Aufgaben

M1 Schiefe Ebene

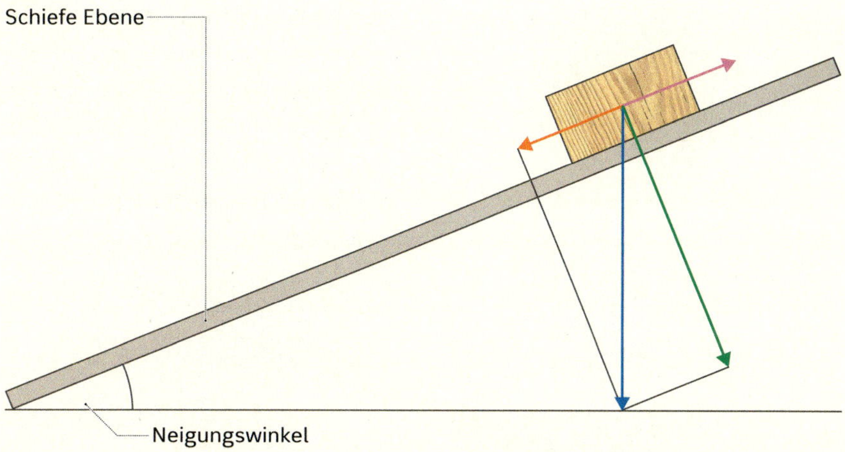

1. Beschreibe die im Bild dargestellte Situation.
2. Ordne den Pfeilen folgende Begriffe zu: Gewichtskraft, Hangabtriebskraft, Zugkraft, Normalkraft.
3. Erkläre, ob die Kiste sich auf der schiefen Ebene nach oben oder unten bewegt.
4. Stelle Vermutungen an, welchen Einfluss der Neigungswinkel auf die Größe der Kräfte hat.

1 Kran auf einer Baustelle

Kraft und Energie

Baustelle

Mithilfe eines Krans werden auf einer Baustelle viele schwere Lasten bewegt. Zum Beispiel können Kräne Baustoffe wie Steine, Metallträger oder Beton in große Höhen transportieren. Dadurch wird die Arbeit auf der Baustelle sehr erleichtert.

2 Ein Kran verrichtet Arbeit

F

Arbeit

Zum Hochheben der Baumaterialien durch den Kran wird eine Kraft benötigt, da die Materialien entgegen der Gravitation bewegt werden müssen. Beim Hochheben erhalten die Materialien Energie in Form von Höhnenergie und Bewegungsenergie. Die Menge der Energie ist dabei abhängig von der Länge des Weges, über die die Kraft wirkt. Je höher die Last gehoben wird, desto länger ist die Strecke und desto größer ist die Energie. Diese Art der Energieänderung bezeichnet man als **Arbeit**. Man sagt, dass der Kran Arbeit verrichtet.

Arbeit wird dann verrichtet, wenn auf einen Körper eine Kraft ausgeübt wird und sich der Körper dann in Richtung der Kraft bewegt. Man berechnet die Arbeit, indem man die benötigte Kraft mit dem zurückgelegten Weg multipliziert. Sie hat das Formelzeichen W und wird in der Einheit Newtonmeter (Nm) angegeben.

Arbeit = Kraft · Weg

$W = F \cdot s$

Formen von Arbeit

Arbeit kann auf verschiedene Weisen verrichtet werden. Hebt man zum Beispiel mithilfe einer bestimmten Kraft einen Körper an, dann bezeichnet man dies als **Hubarbeit**. Wird ein Körper von einer Kraft verformt, dann nennt man dies auch **Verformungsarbeit**.

Mechanische Leistung

Möchte man angeben, wie viel Arbeit in einer bestimmten Zeit verrichtet wurde, gibt man die mechanische Leistung an. Sie hat das Formelzeichen P und wird in der Einheit Nm/s angegeben. 1 Nn/s entspricht dabei auch 1 W.
Zur Berechnung der mechanischen Leistung teilt man die verichtete Arbeit W durch die Zeit t.

$P = W/t$

A Erkläre die Begriffe Arbeit und mechanische Leistung. Nenne Beispiele.

3 Arbeit: **A** Hubarbeit, **B** Verformungsarbeit

Material mit Aufgaben

A+F

M1 Kran

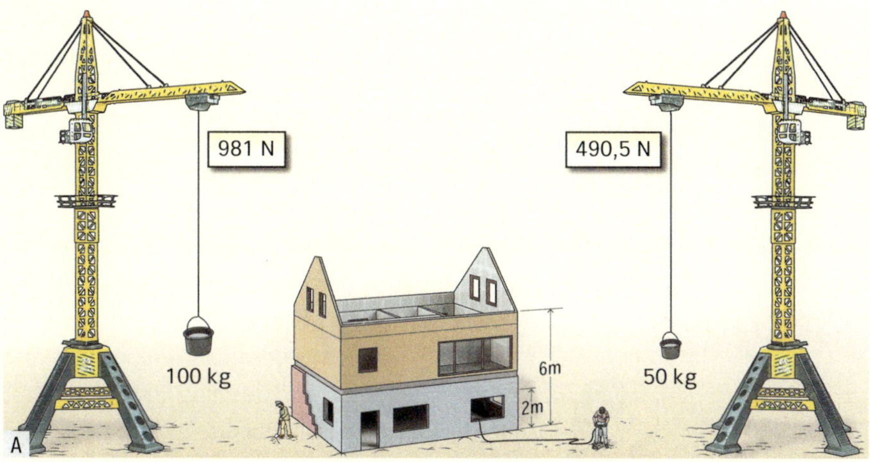

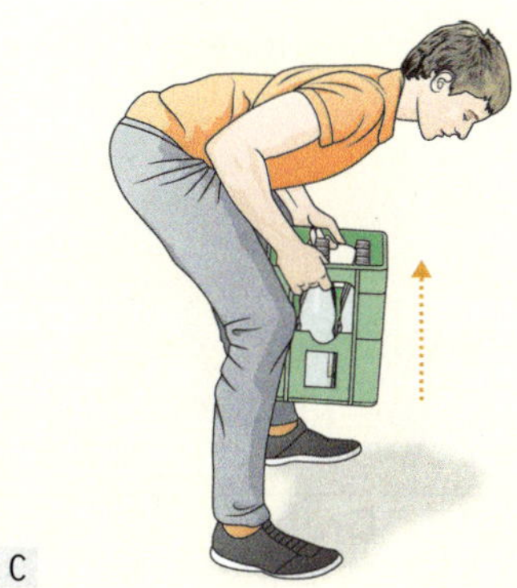

1. Erkläre, warum Kraft beim Transport von Lasten mit einem Kran eine Rolle spielt.
2. Berechne die Arbeit, die die Kräne verrichten müssen, um das Material in den ersten und zweiten Stock zu heben.
3. Wähle eine der Aufgaben aus:
   a Erkläre, ob in den Bildern B und C Verformungs- oder Hubarbeit verrichtet wird.
   b Mareike behauptet: „Um Arbeit zu verrichten, benötigt man immer Energie.“ Nimm Stellung.

1 Getränkedose wird geöffnet

Hebel

Getränkedose öffnen

Um aus einer Getränkedose trinken zu können, muss vorher ein Teil des Deckels eingedrückt werden. Nur mit der Hand bekommt man den Deckel nur sehr schwer oder gar nicht eingedrückt. Hebt man aber die Metalllasche am Deckel der Dose an, geht sie ganz leicht auf. Die Metalllasche ist ein **Hebel**.

Drehpunkt

Lange, stabile Gegenstände können als Hebel eingesetzt werden. So kann zum Beispiel ein Metallrohr oder ein Holzbrett ein Hebel sein. Zu Hause helfen Hebel beim Knacken von Nüssen oder bei der Gartenarbeit. Jeder Hebel wird immer um einen bestimmten Punkt gedreht, den **Drehpunkt**.

2 Einseitiger Hebel

Einseitiger Hebel

Um eine schwere Truhe leichter anzuheben, wird das eine Ende einer Stange unter ihr platziert. Die Stange wird als Hebel benutzt. Wenn das freie Ende der Stange angehoben wird, dann bewegt sich auch die Truhe nach oben. Beim Anheben bewegt sich die gesamte Stange in eine Richtung. Die Stange ist ein **einseitiger Hebel**. Der Drehpunkt befindet sich bei einem einseitigen Hebel am unteren Stangenende auf dem Boden.

Zweiseitiger Hebel

Legt man eine Auflage wie einen Stein unter einen einseitigen Hebel, befindet sich der Drehpunkt nicht mehr am unteren Ende der Stange. Er liegt nun zwischen den beiden Enden des Hebels. Rechts und links vom Drehpunkt befinden sich dadurch zwei **Hebelarme**. Man spricht jetzt von einem **zweiseitigen Hebel**. Den Hebelarm vom Drehpunkt bis zum Gegenstand bezeichnet man als **Lastarm**. Der Hebelarm vom Drehpunkt bis zum Angriffspunkt der Kraft wird als **Kraftarm** bezeichnet. Mit einem zweiseitigen Hebel lassen sich schwere Gegenstände leichter heben. Um eine schwere Truhe anzuheben, muss der Kraftarm heruntergedrückt statt angehoben werden. Bei einem einseitigen Hebel liegen Lastarm und Kraftarm auf einer Seite vom Drehpunkt.

Will man noch mehr Kraft sparen, müssen die Armlängen eines Hebels verändert werden. Es gilt: Je länger der Kraftarm und je kürzer der Lastarm ist, desto weniger Kraft muss aufgebracht werden.

Die Wippe

Eine Wippe ist ein zweiseitiger Hebel. An ihr kann man leicht die Wirkungen der verschiedenen Armlängen sehen. Sitzt eine leichte Person am äußeren Rand eines Armes, kann sie auch eine viel schwerere Person anheben. Diese muss dafür auf dem anderen Hebelarm nah am Drehpunkt, der Mitte der Wippe, sitzen. Je weiter die zweite Person auf ihrem Hebelarm sich vom Drehpunkt entfernt, desto schwerer wird es, sie anzuheben.

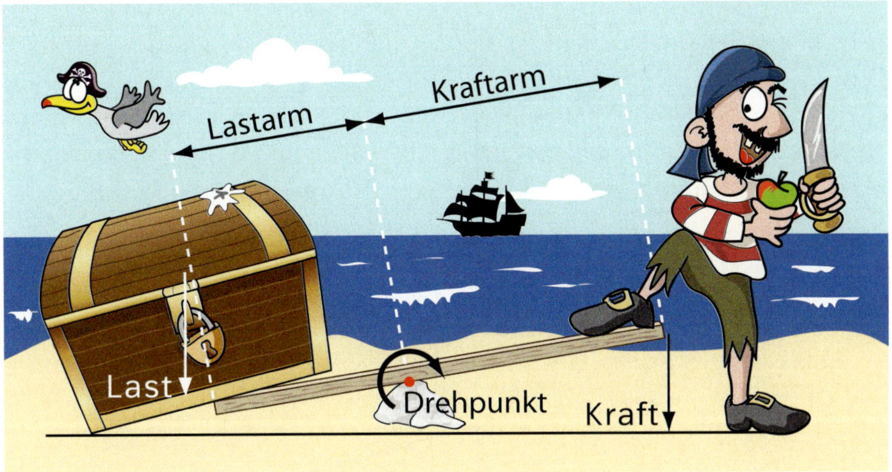

3 Zweiseitiger Hebel

Material mit Aufgaben

A+F

M1 Hebel

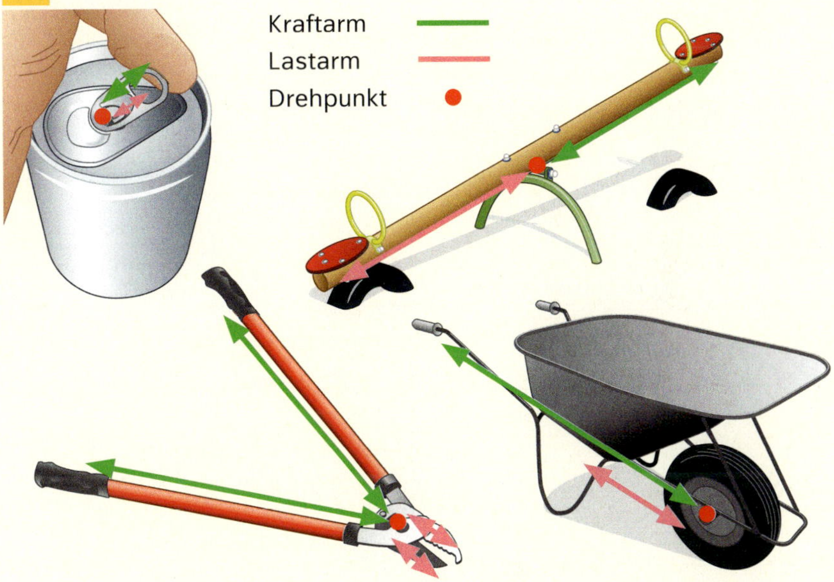

1. Ordne den Bildern begründet die passende Hebelart zu.
2. Beschreibe an je einem Beispiel die Funktionsweise eines einseitigen und eines zweiseitigen Hebels.
3. Wähle eine der Aufgaben aus:

   a Erkläre, warum eine Astschere lange Griffe hat.

   b Erkläre, wie die Astschere gebaut sein muss, damit sie noch dickere Äste schneiden kann.

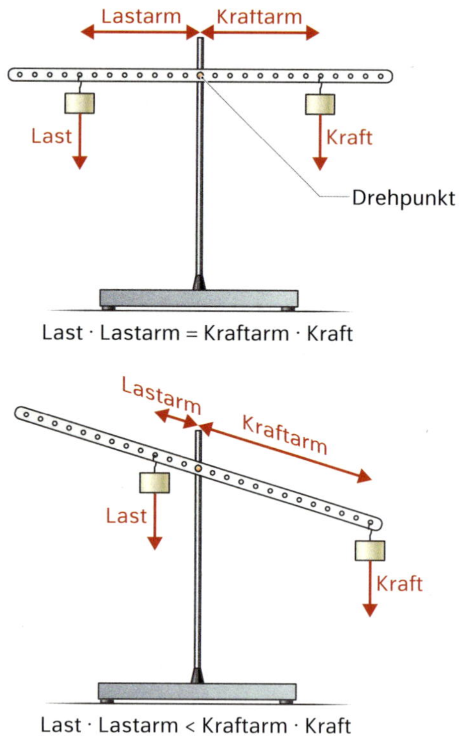

4 Hebelgesetz an einer Balkenwaage

Das Hebelgesetz

An einer Balkenwaage hängen zwei gleich schwere Gewichte gleich weit vom Drehpunkt entfernt. So sind Last- und Kraftarm wie Last und Kraft gleich groß. Die Waage ist im Gleichgewicht.

Hängt man ein Gewicht an den Rand, wird der Kraftarm größer. Hängt man das andere Gewicht näher an den Drehpunkt, wird der Lastarm kleiner. Die Waage ist nicht mehr im Gleichgewicht. Das Produkt aus Kraft und Kraftarm ist größer als das Produkt aus Last und Lastarm.

Wenn ein Hebel im Gleichgewicht ist, dann sind die Produkte aus Lastarmlänge und Last und Kraftarmlänge und Kraft gleich groß. Diesen Zusammenhang bezeichnet man als Hebelgesetz.

Last · Lastarm = Kraft · Kraftarm

Material mit Aufgaben

P2 Hebelgesetz

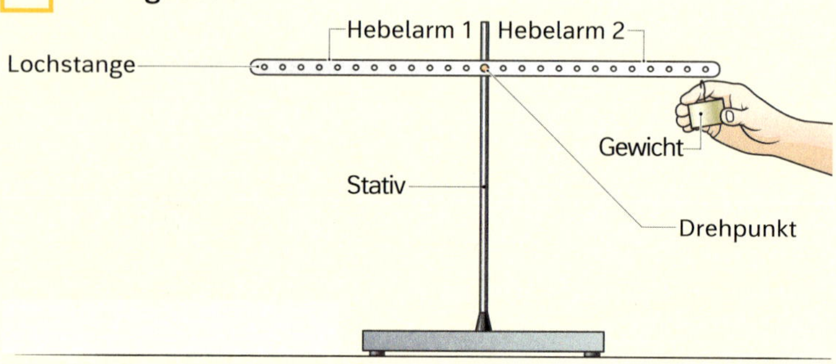

Hebelarm 1		Hebelarm 2	
Gewicht in g	Armlänge in cm	Gewicht in g	Armlänge in cm
...	...	...	...
...	...	...	...

Material: mehrere Gewichte, Stativ, Lochstange, Lineal

Durchführung: Befestigt am Stativ die Lochstange so, dass sie sich im Gleichgewicht befindet. Hängt nun mehrere Gewichte jeweils in ein Loch an beiden Hebelarmen. Versucht, die Lochstange ins Gleichgewicht zu bringen, ohne die Gewichte im gleichen Abstand zum Drehpunkt aufzuhängen. Bestimmt das Gesamtgewicht pro Hebelarm und messt mit dem Lineal die Länge der Hebelarme.

1. Übertragt die Tabelle in eure Hefte und tragt eure Ergebnisse ein.
2. Erklärt mithilfe eurer Beispiele das Hebelgesetz.

Werkzeuge

Ein Hammer, eine Säge, eine Feile oder auch ein Schraubenzieher sind Werkzeuge. Ein Werkzeug ist ein Gerät, das die menschliche Körperkraft unterstützt oder sogar verstärken kann. Es gibt verschiedene Werkzeuge für unterschiedliche Bereiche und Aufgaben. Eine Laubsäge ist beispielsweise sehr gut geeignet, um Holzmuster aus dünnen Holzplatten anzufertigen. Mit Schraubenziehern lassen sich Schrauben viel leichter in Holz schrauben als mit der bloßen Hand. Auch Feilen gibt es in verschiedenen Formen mit feinen oder groben Oberflächen. So kann man mit Feilen Holz oder auch Metall abschleifen. Ein Hammer verstärkt die Muskelkraft des Arms, sodass Nägel leichter in Holz oder andere Materialien geschlagen werden können.

Werkzeuge und Hebel

Einige Werkzeuge sind Hebel. Ein Schraubenschlüssel zum Beispiel greift mit seinem einen Ende fest um den Kopf einer Schraube. Er ist ein einseitiger Hebel. Je weiter außen man den Schraubenschlüssel anfasst, desto größer ist der Hebelarm. Die Schraube lässt sich dann leichter eindrehen.

Maschinen

Nicht nur Werkzeuge, sondern auch viele Maschinen erleichtern verschiedene Arbeiten von Menschen. Im Gegensatz zu Werkzeugen besitzen Maschinen einen Antrieb. Sie können durch Muskelkraft, Strom, Treibstoffe wie Benzin oder auch Wasser und Wind angetrieben werden.

1 Werkzeuge: **A** Laubsäge, **B** Schraubenzieher, **C** Feile, **D** Hammer

Material mit Aufgaben

M1 Werkzeuge

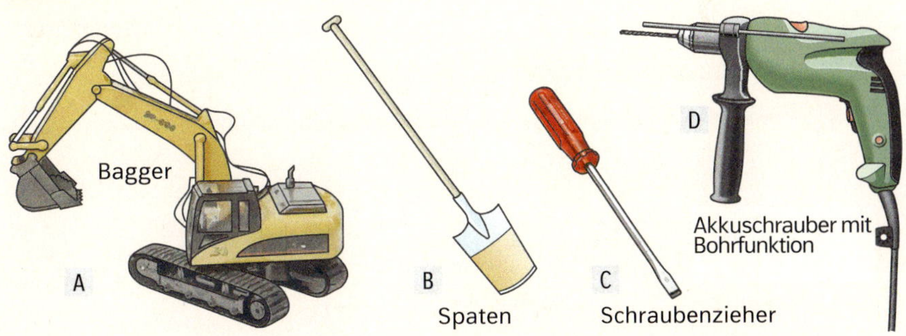

1. Ordne den Beispielen A-D die Begriffe Werkzeug und Maschine zu. Begründe.
2. Erkläre, bei welchem Gegenstand es sich um einen Hebel handelt.
3. Erkläre, wie die Arbeit mit Werkzeugen durch Maschinen zusätzlich erleichtert wird
4. Erkläre, warum man manchmal Maschinen statt Werkzeuge einsetzen muss.

1 Kran mit Rollen und Seilen

Flaschenzug

Kraftwandler

Nicht nur mit Hebeln ist es leichter schwere Lasten zu heben, sondern auch mit Rollen und Flaschenzügen. Durch sie kann die Stärke und Richtung der Kraft verändert werden. Daher bezeichnet man sie auch als **Kraftwandler**.

Feste Rollen

Feste Rollen sind so befestigt, dass sich während der Benutzung ihre Position nicht ändert. Sie lenken die Richtung der Kräfte um. Die Kraft mit der gezogen wird, die **Zugkraft**, ist genau so groß wie die Gewichtskraft. Es wird nur die Zugrichtung verändert. Bei der festen Rolle verändert man nur die Zugrichtung. Viele Lasten lassen sich durch das Ziehen leichter anheben.

Lose Rollen

Im Gegensatz zu festen Rollen liegen lose Rollen auf dem Seil auf. Die Seilabschnitte links und rechts von der losen Rolle tragen 50 % der Gewichtskraft. Mit einer losen Rolle kann eine Last mit dem halben Kraftaufwand angehoben werden. Aber die Strecke, die das Seil dafür gezogen werden muss, hat sich verdoppelt. Man nennt diesen Weg **Zugweg**.

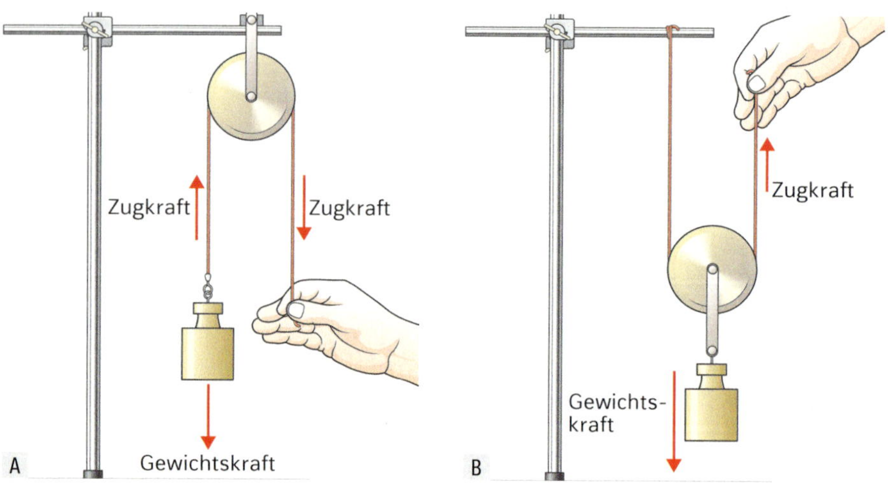

2 Rollen: **A** feste Rolle, **B** lose Rolle

Flaschenzug

Kombiniert man feste mit losen Rollen, dann hat man einen **Flaschenzug** gebaut. Die Gewichtskraft der anzuhebenden Last wird bei einem Flaschenzug auf die Anzahl der tragenden Seile verteilt. Sind zum Beispiel vier Rollen in einem Flaschenzug verbaut, dann gibt es vier tragende Seile. Die Zugkraft beträgt dann nur noch 25 % der Gewichtskraft der Last. Für die Kraftersparnis verlängert sich auch der Zugweg beim Flaschenzug. Bei vier Rollen ist der Zugweg viermal so lang.

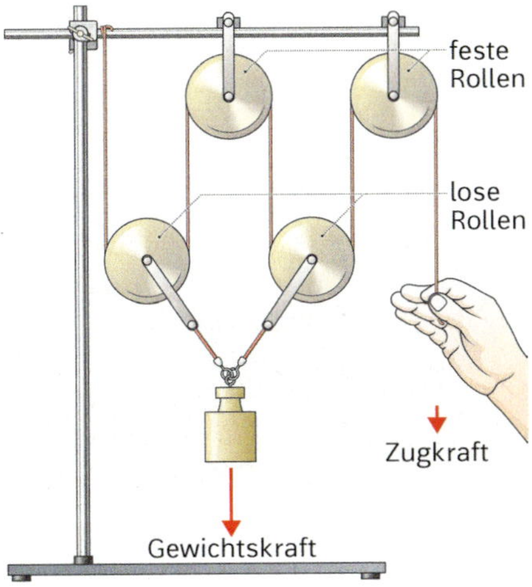

3 Flaschenzug

4 Zahnräder in einem Getriebe

Goldene Regel der Mechanik

Einfache Maschinen wie Hebel, Rollen oder Flaschenzüge sind eine Hilfe beim Heben schwerer Lasten. Bei diesen einfachen Maschinen wird der Zugweg umso länger, je mehr Kraft eingespart wird. Diesen Zusammenhang nennt man **goldene Regel der Mechanik**.

Auch für Zahnräder gilt die goldene Regel der Mechanik. Sind mehrere Zahnräder hintereinandergeschaltet, dann nennt man das Zahnradgetriebe. Das antreibende Zahnrad dreht sich langsamer, wenn es größer ist als das angetriebene Zahnrad. Ist das antreibende Zahnrad kleiner, dann dreht es sich schneller als das angetriebene Zahnrad. Zahnräder werden zum Beispiel bei Fahrrädern und Autogetrieben eingesetzt.

A Beschreibe Unterschiede zwischen festen Rollen und losen Rollen.

B Erkläre, warum im Flaschenzug in Bild 3 die Zugkraft nicht mehr der Gewichtskraft entspricht.

Material mit Aufgaben

A+F

M1 Rollen Flaschenzug

F_G = Gewichtskraft
F_Z = Zugkraft

1. Beschreibe die Situationen in den Bildern A bis C.
2. Ordne den Bildern A bis C die Begriffe feste Rolle, lose Rolle und Flaschenzug zu.
3. Erkläre, warum die Zugkräfte bei Bild A und C gleich groß sind.
4. Erkläre, wie der Flaschenzug gebaut sein muss, damit mehr Kraft gespart wird.

1 Ein Zaubertrick

Druck

Luftdruck

Die Luft besteht aus vielen kleinen Luftteilchen. Diese Teilchen üben auf einen Körper und die Umgebung eine Kraft aus, den **Luftdruck**. Sind viele Luftteilchen vorhanden, ist der Luftdruck größer. Man sagt auch, es herrscht ein hoher Luftdruck. Sind weniger Luftteilchen vorhanden, spricht man von einem niedrigen Luftdruck. Den Luftdruck kann man mit einem **Barometer** messen.

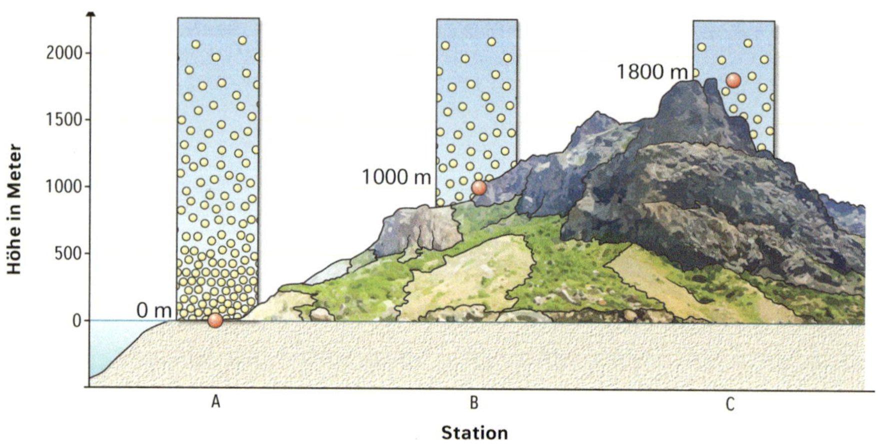

2 Luftdruck verändert sich mit der Höhe

Luftdruck und Höhe

Den Luftdruck kann man sich als Luftsäule vorstellen. Diese Säule aus Luftteilchen befindet sich immer über einem bestimmten Punkt. Je höher die Luftsäule und die Zahl der Teilchen über einem ist, desto höher ist der Luftdruck. Daher nimmt der Luftdruck mit steigender Höhe ab. Wenn man auf einem Berg steht, befinden sich weniger Luftteilchen über einem, als wenn man im Tal ist.

Luftdruck im Raum

Luft in einem Raum wie einem Fahrradreifen kann man sich als eingesperrte Teilchen vorstellen. Die Teilchen befinden sich überall und bewegen sich sehr schnell. Der Druck entsteht dadurch, dass die Teilchen ständig gegen die Oberflächen prallen. Da sich die Teilchen in alle Richtungen bewegen, wirkt auch der Luftdruck in alle Richtungen. Mit steigender Temperatur steigt auch der Luftdruck im Raum, da die Teilchen sich schneller bewegen.

Schweredruck

Auch Flüssigkeiten üben einen Druck aus. Je tiefer man im Meer taucht, desto größer wird der Druck des Wassers. Diesen **Schweredruck** kann man sich als Säule vorstellen, die sich über einem befindet. Je tiefer man taucht, desto mehr Wasserteilchen befinden sich über einem. Mithilfe des Drucks lassen sich Kräfte übertragen. In hydraulischen Anlagen nutzt man diese Eigenschaft.

Einheit des Drucks

Der Druck hängt von der Kraft und der Fläche ab. Je größer die Fläche ist, auf die eine Kraft wirkt, desto kleiner ist der Druck. Je größer die Kraft ist, die auf eine Fläche wirkt, desto größer ist der Druck. Das Formelzeichen des Drucks ist p. Er wird in der Einheit **Pascal** (Pa) angegeben. Dabei gilt: $1 \text{ Pa} = 1 \text{ N/m}^2$.

Der Aufstieg des Wetterballons

Mit einem Wetterballon kann man das Wetter in verschiedenen Höhen untersuchen. Sie sind meist mit dem Gas Helium gefüllt. Dieses ist leichter als Luft. Daher steigt der Ballon immer weiter auf. Mit zunehmender Höhe wird der Luftdruck geringer. Die umgebende Luft wirkt immer weniger auf den Ballon ein. Durch den geringeren Luftdruck nehmen die Heliumteilchen im Ballon mehr Platz ein. Der Wetterballon wird dadurch immer größer, bis er irgendwann platzt.

A Erkläre, warum das Wasser in Bild 1 nicht ausläuft.

B Recherchiere Informationen über den Aufbau und die Funktion hydraulischer Anlagen.

3 Der Schweredruck verändert sich mit der Wassertiefe

Material mit Aufgaben

M1 Chipstüte

Eine Chipstüte ist luftdicht verschlossen. In der Chipstüte befindet sich neben den Chips das Gas Stickstoff. Dadurch werden die Chips länger haltbar gemacht.

1. Vergleiche die Tüten in den beiden Bildern miteinander.
2. Erkläre die Veränderung der Chipstüte auf dem Berg.
3. Wähle eine der Aufgaben aus:

   a Ein aufgeblasener Luftballon wird von einem Berg ins Tal getragen. Erläutere, ob der Ballon gleich groß bleibt, kleiner oder größer wird.

   b Erläutere mithilfe des Teilchenmodells, warum ein aufsteigender Wetterballon ab einer bestimmten Höhe platzt.

1 Schwimmendes Floß

Schwimmen, schweben, steigen, sinken

Schwimmende Gegenstände

Ein Floß aus Holz kann auf dem Wasser schwimmen. Es kann sogar Menschen auf dem Wasser transportieren, ohne unterzugehen. Wirft man aber einen kleinen Nagel aus Eisen ins Wasser, geht er unter. Er sinkt, obwohl er leichter als die Menschen auf dem Boot ist.

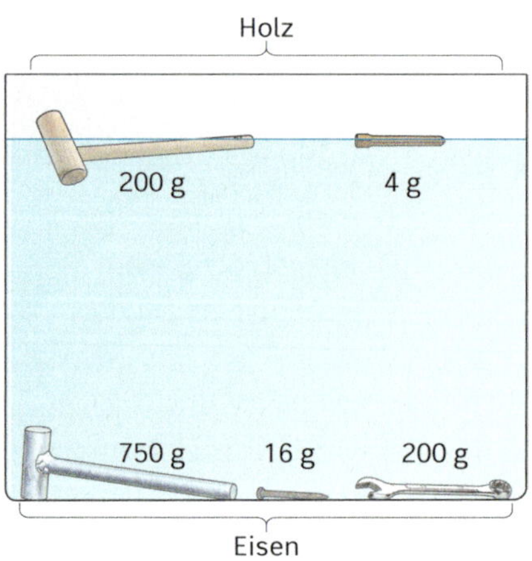

2 Körper aus Holz und Eisen im Wasser

Volumen und Masse

In Bild 2 erkennt man, dass der Holzhammer mehr wiegt als der Eisennagel. Er hat eine größere **Masse**. Dennoch sinkt der Eisennagel zu Boden. Ob ein Körper im Wasser schwimmt oder nicht, kann man nicht allein an seiner Masse ausmachen.

Der Holzhammer und der Eisenhammer nehmen beide den gleichen Raum ein. Sie haben das gleiche **Volumen**. Jedoch hat der Eisenhammer die größere Masse als der Holzhammer. Der Eisenhammer sinkt und der Holzhammer schwimmt. Der Schraubendreher aus Eisen hat die gleiche Masse wie der Holzhammer. Jedoch hat der Holzhammer ein viel größeres Volumen als der Schraubendreher aus Eisen. Der Schraubendreher sinkt und der Holzhammer schwimmt. Das Verhältnis der Masse zum Volumen ist dafür entscheidend, ob ein Körper schwimmt oder nicht.

Dichte

Damit man Materialien besser vergleichen kann, betrachtet man Körper mit dem gleichen Volumen. Dazu eignen sich Würfel aus unterschiedlichen Materialien mit einer Kantenlänge von 1 cm. Alle Würfel haben das gleiche Volumen von 1 Kubikzentimeter (1 cm^3). Ein gedachter Würfel aus Wasser mit einem

Volumen von 1 cm^3 hat eine Masse von 1 g. Ein gleich großer Holzwürfel hat eine Masse von 0,7 g. Ein Eisenwürfel mit einem Volumen von 1 cm^3 hat eine Masse von 7,8 g. Der Eisenwürfel hat also bei einem Volumen von 1 cm^3 die höhere Masse als der Holzwürfel.
Ermittelt man die Masse bei einem bestimmten Volumen, dann hat man die **Dichte** eines Körpers bestimmt. Die Dichte ist die Stoffeigenschaft, die angibt, ob ein Körper schwebt, aufsteigt oder sinkt.

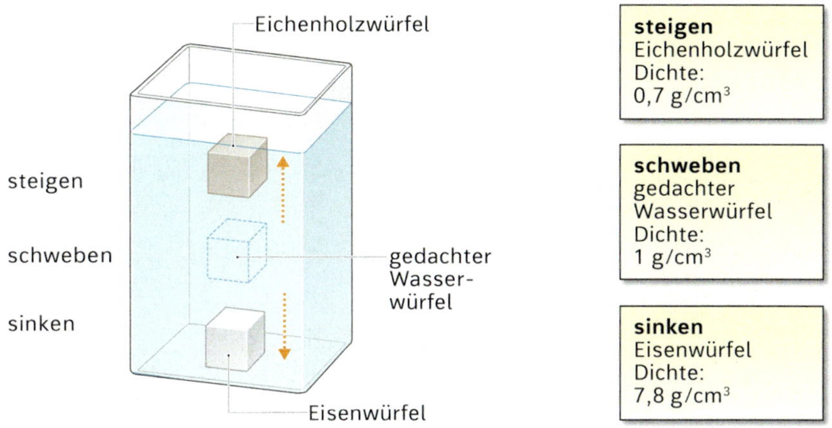

3 Steigen, schweben, sinken

Berechnung der Dichte

Für die Berechnung der Dichte teilt man die Masse eines Körpers durch sein Volumen. Die Dichte wird in der Einheit Gramm pro Kubikzentimeter (g/cm^3) angegeben.

$$\text{Dichte} = \frac{\text{Masse}}{\text{Volumen}}$$

Ein Eisennagel hat ungefähr ein Volumen von 2 cm^3 und eine Masse von 16g. Teilt man die Masse durch das Volumen, erhält man eine Masse von ungefähr 8 g für 1 cm^3. Die Dichte von Eisen ist daher etwa 8 g/ cm^3.

Wann schwimmt ein Körper?

Ein Körper steigt im Wasser nach oben, wenn seine Dichte kleiner ist als die Dichte von Wasser. Der Körper sinkt, wenn seine Dichte größer ist als die Dichte von Wasser. Ist die Dichte eines Körpers genauso groß wie die Dichte des Wassers, dann schwebt der Körper. Wenn ein Körper auf dem Wasser schwimmt, dann ist seine Dichte auch kleiner als die von Wasser.

A Nenne die Voraussetzung, die ein Körper erfüllen muss, damit er steigt oder sinkt.

B Berechne die Dichte von einem Körper mit 250 g und 100 cm^3.

Material mit Aufgaben

M1 Dichte bestimmen

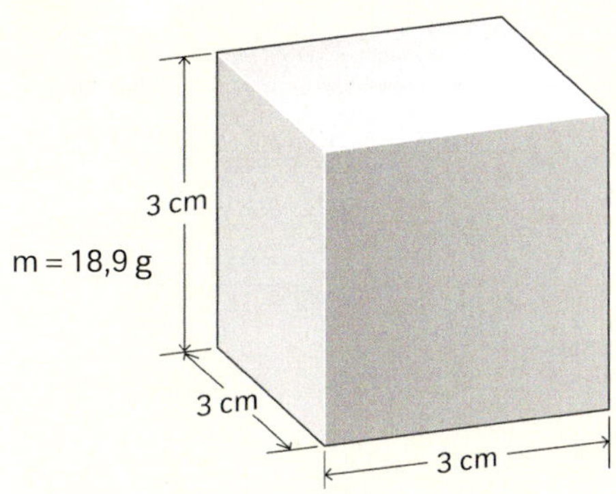

Stoff	Dichte in $\frac{g}{cm^3}$
Eisen	7,8
Aluminium	2,7
Blei	11,3
Zucker	1,6
Eichenholz	0,7

Volumen (Würfel) = Kantenlänge · Kantenlänge · Kantenlänge

1. Berechne die Dichte des abgebildeten Würfels.
2. Ordne dem Würfel ein Material aus der Tabelle zu.
3. Erkläre, ob der Würfel in einem Wasserbecken voller Wasser steigt oder sinkt.

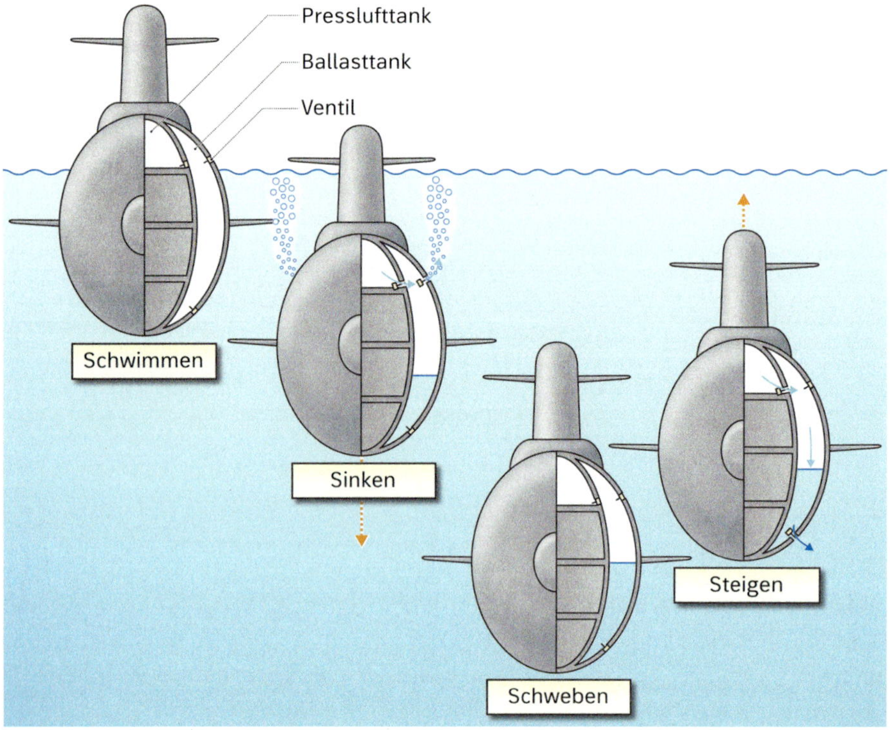

4 Tauchboot beim Schwimmen, Schweben, Steigen und Sinken

Material mit Aufgaben

M2 Schwimmblase

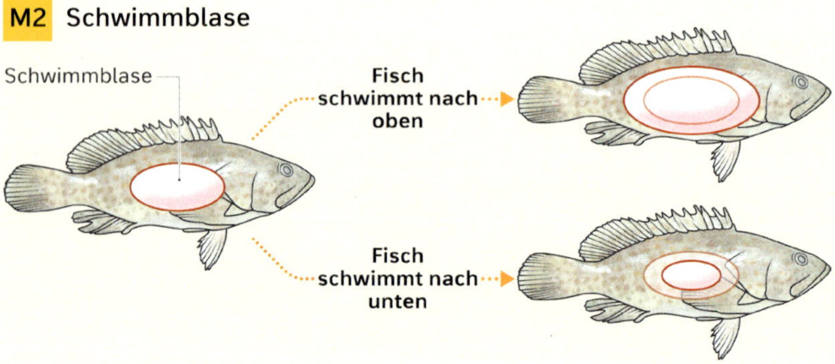

Viele Fische haben eine Schwimmblase, die mit Gas gefüllt ist. Über das Blut kann die Schwimmblase mit Gas befüllt werden oder Gas entweichen. Je nach Wassertiefe, in der der Fisch sich befindet, ist die Schwimmblase unterschiedlich stark befüllt.

1. Beschreibe die Veränderungen der Schwimmblase.
2. Erkläre, warum sich die Schwimmblase anpasst.
3. Vergleiche das Auf- und Absteigen der Fische mit einem Tauchboot.

Tauchboot

Tauchboote sind spezielle Boote, mit denen es möglich ist, Fahrten unter Wasser zu unternehmen. Sie werden beispielsweise für die Forschung verwendet. Tauchboote können im Wasser schwimmen, schweben, steigen oder sinken. Sie sind mit mehreren Tanks ausgestattet, die mit Luft oder Wasser gefüllt werden können. Wenn das Tauchboot schwimmt, sind seine Tanks mit Luft gefüllt. Obwohl die Wände des Tauchboots zum Beispiel aus Eisen bestehen, schwimmt es auf der Wasseroberfläche. Die im Tauchboot eingeschlossene Luft verringert die Gesamtdichte des Tauchboots, weil Luft eine geringere Dichte als Wasser hat. Die Gesamtdichte, die **mittlere Dichte**, des Tauchboots ist dadurch geringer als die Dichte des Wassers.

Damit das Tauchboot sinkt, ist es notwendig, Wasser in die Ballasttanks des Tauchboots zu pumpen. So wird die Masse des Tauchboots erhöht. Da aber das Volumen des Tauchboots gleichbleibt, erhöht sich seine mittlere Dichte. Es sinkt nach unten. Je mehr Wasser hineingepumpt wird, desto schneller sinkt das Tauchboot. Ein Tauchboot hat neben den Tanks mit Wasser auch Behälter, die mit zusammengedrückter Luft, der **Pressluft**, gefüllt sind. Damit das Tauchboot steigt, muss das Wasser aus den Ballasttanks mit Pressluft herausgepresst werden. Die mittlere Dichte verringert sich und das Tauchboot steigt auf. Damit das Tauchboot in unterschiedlichen Wassertiefen schwebt, muss seine Dichte an die Dichte des Wassers angepasst werden.

Auftrieb

Schiffe bestehen vor allem aus Eisen. Dennoch schwimmen riesige Containerschiffe, obwohl sie tonnenschwer sind. Das liegt zum einen daran, dass das Innere des Schiffs nicht aus Eisen besteht. Im Innern des Schiffs befindet sich Luft. Durch die mit Luft gefüllten Hohlräume haben Schiffe ein großes Volumen. Die eingeschlossene Luft verringert die mittlere Dichte des Schiffs. Doch Containerschiffe schwimmen auch, wenn sie mit Containern auf und im Schiff beladen sind. Die Masse eines schwimmenden Schiffs lässt es ein wenig ins Wasser eintauchen. Dabei verdrängt das Schiff Wasser. Schiffe haben durch ihre bauchige Form ein großes Volumen. Dadurch verdrängen sie viel Wasser. Die Masse des verdrängten Wassers ist genau so groß wie die Masse des gesamten Schiffs. Wenn der ins Wasser getauchte Teil des Schiffs leichter ist als die verdrängte Wassermenge, schwimmt das Schiff. Man spricht vom **Auftrieb**. Je höher die verdrängte Wassermenge, desto größer ist der Auftrieb.

Auftriebskraft und Gewichtskraft

Schwimmt ein Körper, übt das Wasser von allen Seiten einen Druck auf den Körper aus. Da der Wasserdruck an der Unterseite eines schwimmenden Körpers größer ist als an seiner Oberseite, ergibt sich eine nach oben gerichtete Kraft, die **Auftriebskraft**. Der Auftriebskraft entgegen wirkt das Gewicht des Schiffs. Das Gewicht gibt an, mit was für einer Kraft, der **Gewichtskraft**, ein Gegenstand nach unten gezogen wird. Ein Körper schwimmt, wenn sich ein Teil außerhalb des Wassers befindet und die Auftriebskraft und Gewichtskraft gleich groß sind. Er sinkt, wenn die Auftriebskraft kleiner als seine Gewichtskraft ist. Ein Körper steigt im Wasser auf, wenn seine Auftriebskraft größer ist als seine Gewichtskraft.

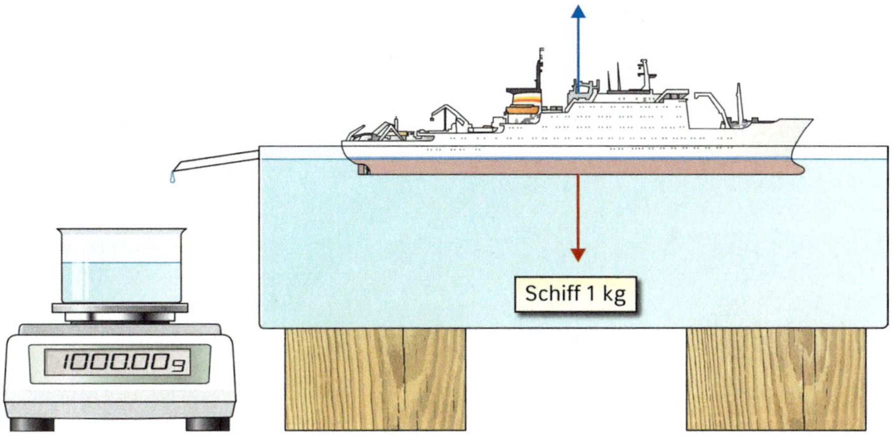

5 Wasser wird verdrängt

Material mit Aufgaben

M3 Auftrieb

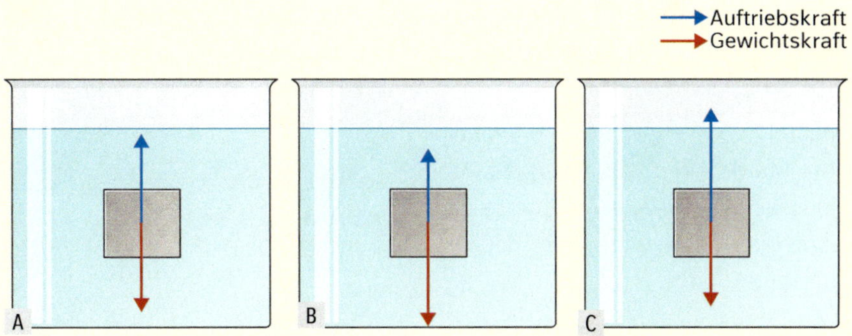

1. Erkläre ob die Körper in den Bildern A-C schweben, steigen oder sinken.
2. Erkläre, warum auch schwere Containerschiffe schwimmen.
3. Stelle Vermutungen an, wie groß Auftriebskraft und Gewichtskraft sein müssen, damit ein Körper im Wasser schwimmt. Erstelle eine Zeichnung.

Bestimmung der Dichte und des Volumens

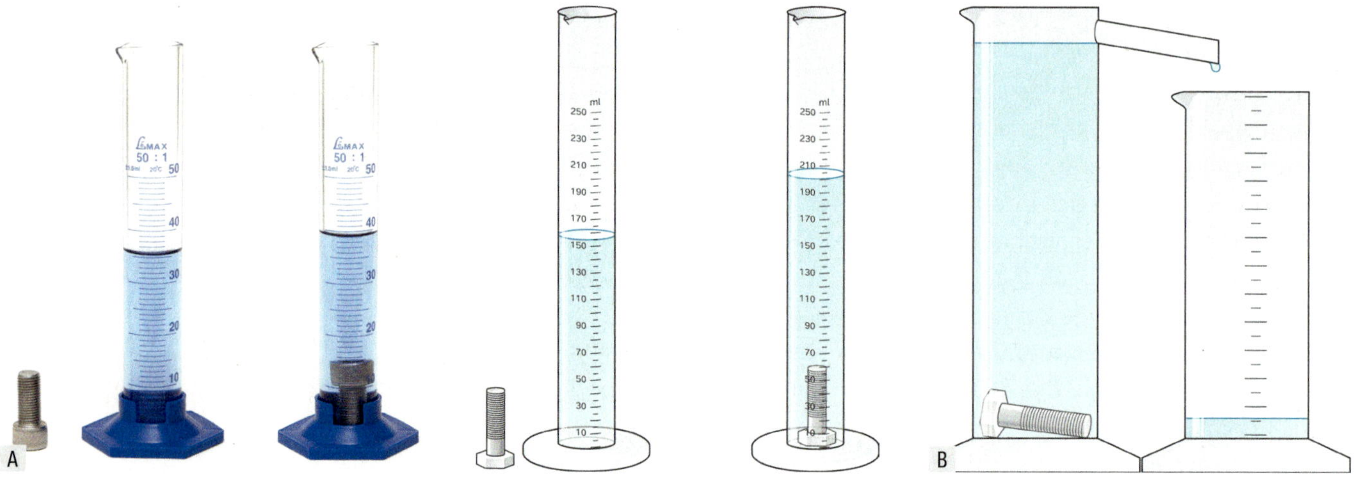

1 Dichte bestimmen: **A** Verdrängungs-Methode, **B** Überlauf-Methode

Material mit Aufgaben

P1 Bestimmung der Dichte

Material: Verschiedene Gegenstände (zum Beispiel Schrauben oder Muttern), Feinwaage, Messzylinder (50 ml), Wasser

Durchführung: Fülle den Messzylinder zur Hälfte mit 25 ml Wasser und notiere den Füllstand. Bestimme mit der Feinwaage die Masse der benötigten Gegenstände.
Lege nun viele gleiche Schrauben oder Muttern in das Wasser, bis du eine deutliche Wasserzunahme ablesen kannst. Notiere den neuen Füllstand.

1. Ermittle das Volumen der untersuchten Gegenstände.
2. Berechne die Dichte der untersuchten Gegenstände.
3. Ordne den Gegenständen einen Stoff zu.

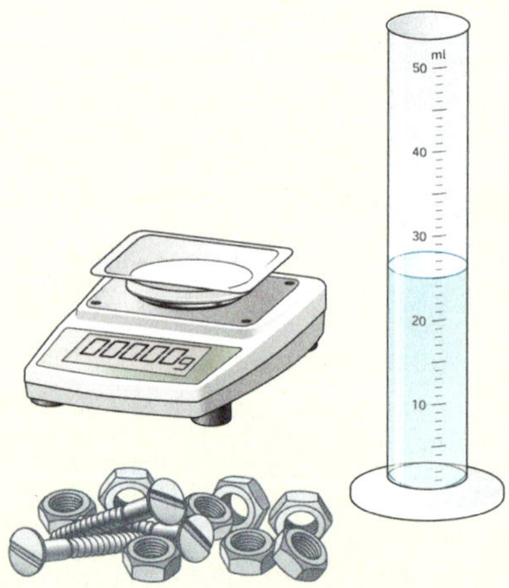

Stoff	Dichte in g/cm^3
Stahl	8
Aluminium	2,7
Kupfer	9

Dichte von Feststoffen bestimmen

Steine, Schrauben oder auch Schmuck sind unregelmäßig geformt. Das Volumen dieser Körper lässt sich nur schwer berechnen. Dafür gibt es zwei Methoden:

- **Methode A** • Man legt den Gegenstand in einen mit Wasser gefüllten Messzylinder. Der Körper verdrängt das Wasser und der Füllstand des Wassers steigt. Die Volumenzunahme des Wassers im Zylinder entspricht dem Volumen des eingetauchten Körpers.
- **Methode B** • Ist der Gegenstand zu groß für einen Messzylinder, kann die Überlaufmethode benutzt werden. Dazu taucht man den Körper in ein randvolles Gefäß mit Wasser. Durch einen Überlauf fließt das verdrängte Wasser in einen Messzylinder. Das Volumen des Wassers im Messzylinder ist gleich dem Volumen des eingetauchten Körpers.

Dichte von Flüssigkeiten bestimmen

Damit man die Dichte einer Flüssigkeit bestimmen kann, wird zunächst ein leerer Messzylinder gewogen. Die Masse des leeren Messzylinder wird notiert. Die zu untersuchende Flüssigkeit wird dann in den Messzylinder gegeben und das genaue Volumen an der Skala des Messzylinders abgelesen. Danach wird der Messzylinder mit der Flüssigkeit noch einmal gewogen und die Masse wieder notiert. Subtrahiert man dann von der Masse des Messzylinders mit der Flüssigkeit die Masse des leeren Messzylinders, erhält man die Masse der Flüssigkeit. Zusammen mit dem abgelesenen Volumen lässt sich dadurch die Dichte der Flüssigkeit berechnen.
Bei der Angabe der Dichte von Flüssigkeiten wird oft die Einheit Gramm pro Milliliter, g/ml, verwendet. Die Angaben in Gramm pro Milliliter von Flüssigkeiten entsprechen genau den Angaben in Gramm pro Kubikzentimeter von Feststoffen.

Volumen: 4 cm^3
Masse Zylinder leer: 38,4 g
Masse Zylinder mit Flüssigkeit: 42,04 g

Masse der Flüssigkeit
Masse = 42,04 g -38,4 g = 3,64 g

$$\text{Dichte} = \frac{\text{Masse}}{\text{Volumen}}$$

$$\text{Dichte} = \frac{3{,}64\ \text{g}}{4\ \text{cm}^3} = 0{,}91 \frac{\text{g}}{\text{cm}^3}$$

0,91 g/cm^3 ist die Dichte von Speiseöl.

2 Beispielrechnung

Material mit Aufgaben

M2 Dichte, Masse und Volumen

Berechnung der Dichte

Die Dichte berechnet man, indem man die Masse eines Körpers durch das Volumen des Körpers teilt.

$$\text{Dichte} = \frac{\text{Masse}}{\text{Volumen}}$$

Berechnung der Masse

Ist nur die Dichte und das Volumen gegeben, berechnet man die Masse, indem man beide Größen miteinander multipliziert.

$$\text{Masse} = \text{Dichte} \cdot \text{Volumen}$$

Berechnung des Volumens

Ist nur die Dichte und die Masse gegeben, berechnet man das Volumen, indem man die Masse durch die Dichte teilt.

$$\text{Volumen} = \frac{\text{Masse}}{\text{Dichte}}$$

1. Übertrage die Tabelle in dein Heft und ergänze die fehlenden Werte.
2. Erläutere Vorteile von Styropor® als beliebtes Verpackungsmaterial.

Stoff	Dichte in g/cm^3	Masse in g	Volumen in cm^3
Styropor®	0,015	4,05	...
Eis (Wasser)	0,92	...	85,0
Aluminium	2,70	...	125,0
Wolfram (Metall)	...	337,0	17,55
Quecksilber	...	8807,5	650,0

Zusammenfassung Kräfte und ihre Wirkungen

Kräfte

Eine Kraft wirkt auf einen Körper und...

- kann seine Bewegung ändern durch...
  - Beschleunigen
  - Abbremsen
  - Änderung der Richtung
- kann seine Form ändern durch...
  - elastische Verformung
  - plastische Verformung

Kräfte können Körper beschleunigen, abbremsen oder ihre Richtung ändern. Manche Gegenstände verändern ihre Form, wenn eine Kraft auf sie wirkt. Verformungen, die wieder in ihren Ausgangszustand zurückgehen, nennt man elastische Verformungen. Verformungen, die dies nicht tun, nennt man plastische Verformungen.
Kräfte kann man mithilfe von Pfeilen darstellen. Die Länge des Pfeils gibt die Stärke der Kraft an. Wirken Kräfte in die gleiche Richtung, dann addieren sie sich. Man nennt dies Kräfteaddition. Sind entgegengesetzte Kräfte gleich groß, spricht man von einem Kräftegleichgewicht.

Gewichtskraft

Die Gewichtskraft eines Körpers gibt an, wie stark ein Körper nach unten gezogen wird. Die Hauptursache für die Gewichtskraft auf der Erde ist die Gravitation. Die Gewichtskraft ist auf der Erde nicht überall gleich. Zum Beispiel ist die Gewichtskraft auf einem Berg kleiner als in einem Tal. Man kann die Gewichtskraft mithilfe des Ortsfaktors g berechnen. Der Ortsfaktor für die Erde beträgt im Schnitt 9,81 N/kg.

Trägheit

Trägheit bezeichnet die Eigenschaft eines Körpers, so lange seine Bewegung beizubehalten, bis eine äußere Kraft auf ihn einwirkt. Auch ruhende Körper bleiben in Ruhe, solange keine äußere Kraft auf sie einwirkt. Je größer die Trägheit eines Körpers ist, desto schwerer lässt er sich in seiner Bewegungsrichtung ändern.

Einfache Maschinen

Hebel, feste und lose Rollen, Flaschenzüge und Zahnräder gehören zu den einfachen Maschinen. Mit ihrer Hilfe kann man sehr viel Kraft beim Anheben und Transport von schweren Lasten sparen. Für alle einfachen Maschinen gilt die goldene Regel der Mechanik: Je mehr Kraft eingespart wird, desto länger wird der Zugweg.

1 Kräfte

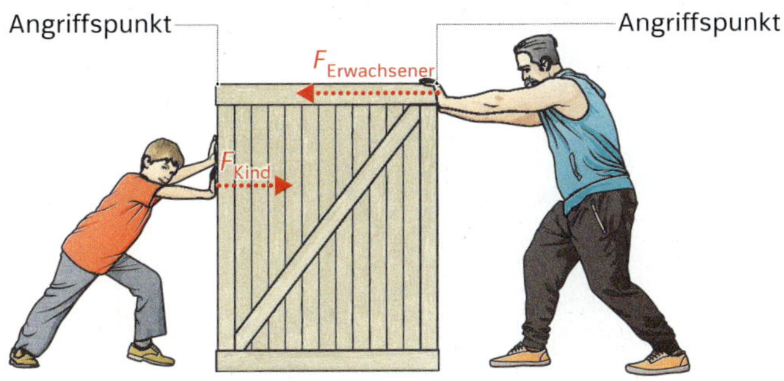

A Beschreibe die im Bild dargestellte Situation.

B Erkläre mithilfe der Gesamtkraft, in welche Richtung sich die Kiste bewegen wird.

C Beschreibe mithilfe von Beispielen die verschiedenen Wirkungen von Kräften.

D Beschreibe, wie Kraftpfeile die Darstellung von Kräften vereinfachen.

2 Trägheit

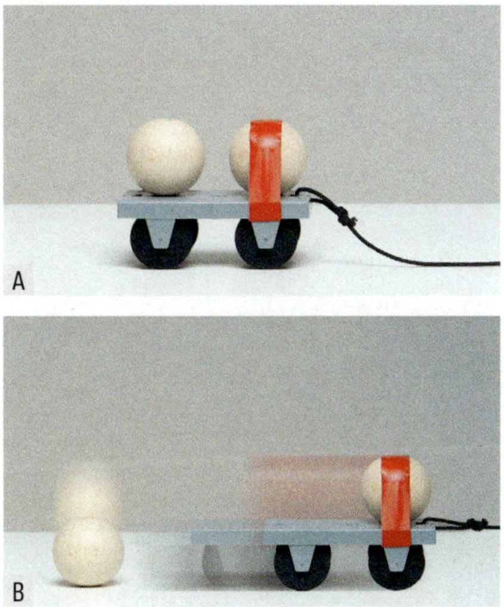

A Beschreibe den dargestellten Versuch.

B Erkläre die Versuchsergebnisse.

C Erkläre mithilfe des Kraftbegriffs, warum die rechte Kugel nicht vom Wagen fällt.

3 Werkzeuge

A Ordne dem abgebildeten Hilfsmittel den Begriff Werkzeug oder Maschine zu.

B Erkläre den Unterschied zwischen einem Werkzeug und einer Maschine.

4 Flaschenzug

A Beschreibe Eigenschaften fester und loser Rollen.

B Erkläre, warum es sich um einen Flaschenzug handelt.

C Erkläre, auf wie viele Seile das Gewicht der Last verteilt wird.

D Erkläre mithilfe der goldenen Regel der Mechanik, wie viel länger der Zugweg des abgebildeten Flaschenzugs wird.

E Erkläre, um wie viel länger der Zugweg bei einem Flaschenzug mit vier Rollen wird.

F Erstelle eine Zeichnung für einen Flaschenzug mit vier Rollen.

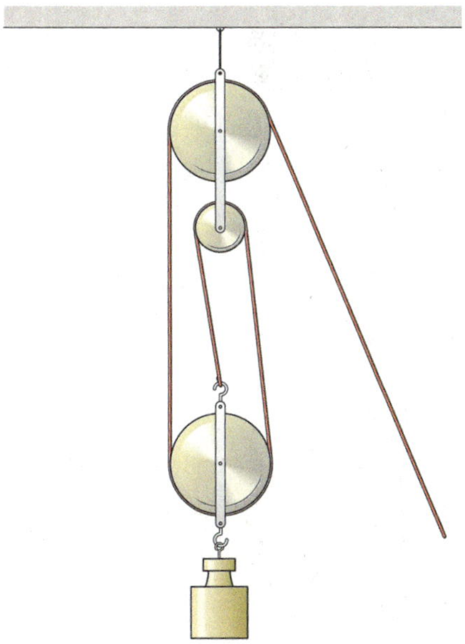

Induktion

11

Was ist Elektromagnetismus?
Wie funktioniert ein Elektromotor?
Was ist ein Transformator?

Elektrischer Strom wird durch Kraftwerke zur Verfügung gestellt. Mithilfe von Hochspannungsleitungen und über Umspannwerke, wird er zu den Haushalten transportiert. Dort kann man ihn dann für die verschiedensten Vorgänge nutzen.

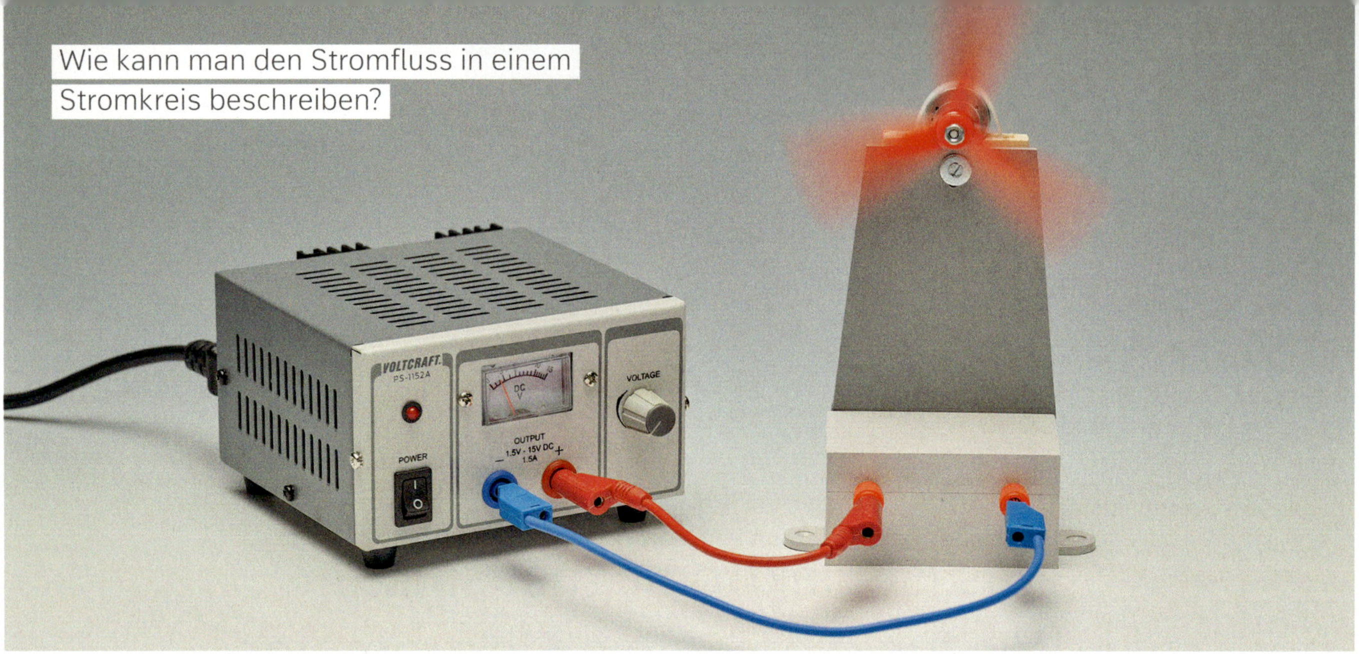

1 Stromkreis mit Elektromotor

Elektrischer Strom

Elektromotor

Ein **Elektromotor** ist ein elektrisches Bauteil, das in vielen Alltagsgeräten verbaut ist. Er befindet sich in Waschmaschinen, Spülmaschinen, Bohrmaschinen oder auch Akkuschraubern. Am Elektromotor lassen sich mehrere Wirkungen des elektrischen Stroms beobachten. Die magnetische Wirkung führt zu der Drehbewegung und die Wärmewirkung wird deutlich, wenn der Motor warmläuft.

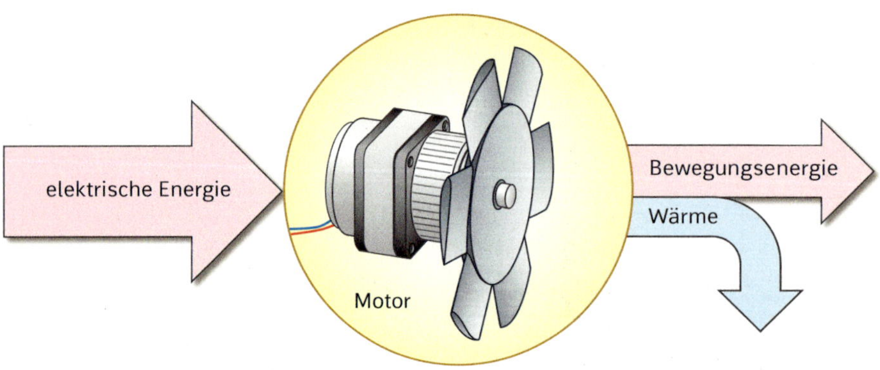

2 Energieflussdiagramm

Elektronen- und Energiestrom

Der Elektromotor funktioniert mit elektrischem Strom. Die **Elektronen** fließen im Betrieb von der Spannungsquelle durch die Kabel zum Motor und zurück. Die Elektronen können je nach Spannung unterschiedlich große Mengen an **elektrischer Energie** besitzen. Durch den Elektronenstrom wird die Energie von der Spannungsquelle zum Motor transportiert. Im Motor wird elektrische Energie in andere Energieformen umgewandelt. Diese **Energieumwandlungen** können in Form eines Energieflussdiagramms dargestellt werden. In diesem wird der Energiefluss mit Pfeilen dargestellt. Die Breite eines Pfeils steht für die Menge der Energie, die in dem Vorgang zur Verfügung steht. Wird eine Energieform in verschiedene Energieformen umgewandelt, muss die Gesamtbreite des Pfeils, der in den Wandler hineinführt, genauso breit sein wie die Breite aller Pfeile, die hinausgehen.

Größen des elektrischen Stroms

Für die Beschreibung des elektrischen Stroms in Stromkreisen werden verschiedene Größen zu Hilfe genommen.

- **Spannung** • Ein Elektromotor funktioniert nicht mit jeder Spannungsquelle. Es ist eine bestimme Spannung nötigt, damit er optimal funktioniert. Ist die Spannung zu klein, funktioniert er gar nicht oder zu langsam. Ist die Spannung zu groß, kann er beschädigt werden. Die elektrische Spannung ist ein Maß für die Energie, die jedes einzelne Elektron besitzt.
- **Stromstärke** • Die Stromstärke gibt an, wie viele Elektronen in einer gewissen Zeit fließen. Je größer der Elektronenstrom ist, desto mehr Energie wird transportiert. Die Stromstärke bestimmt maßgeblich, wie schnell sich der Motor dreht.
- **Widerstand** • Trägt man die Stromstärke in Abhängigkeit von der Spannung grafisch auf, so erhält man die Kennlinie des Motors. Die Steigung des Graphen ist vom Widerstand des Motors abhängig. Je größer der Widerstand ist, desto flacher verläuft die Kennlinie.

Multimeter

Die Funktion von elektrischen Geräten ist sowohl von der Stromstärke als auch von der Spannung abhängig. Beide Größen bestimmen, wie viel Energie pro Zeit zur Verfügung steht. Sie können mithilfe eines Multimeters bestimmt werden. Zur Messung der Stromstärke wird das Messgerät in Reihe geschaltet, zur Messung der Spannung parallel zum Bauteil.

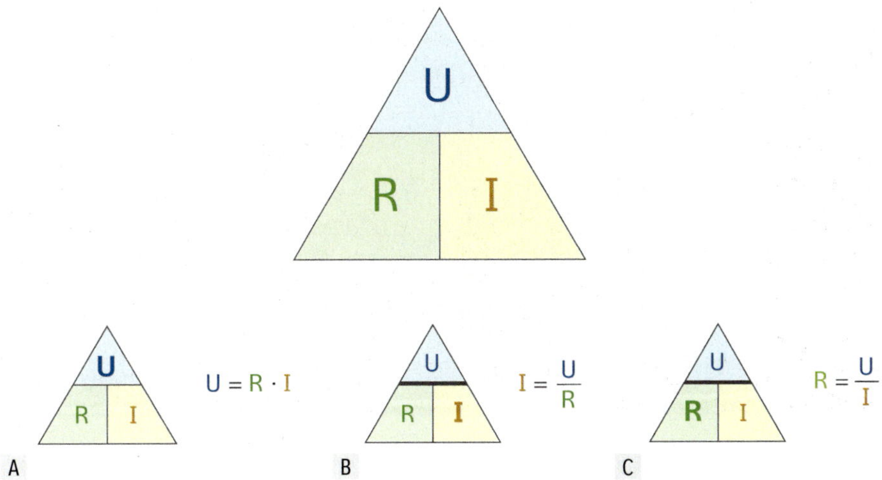

3 Elektrische Größen berechnen: **A** Spannung, **B** Stromstärke, **C** Widerstand

Material mit Aufgaben

M1 Energieflussdiagramme

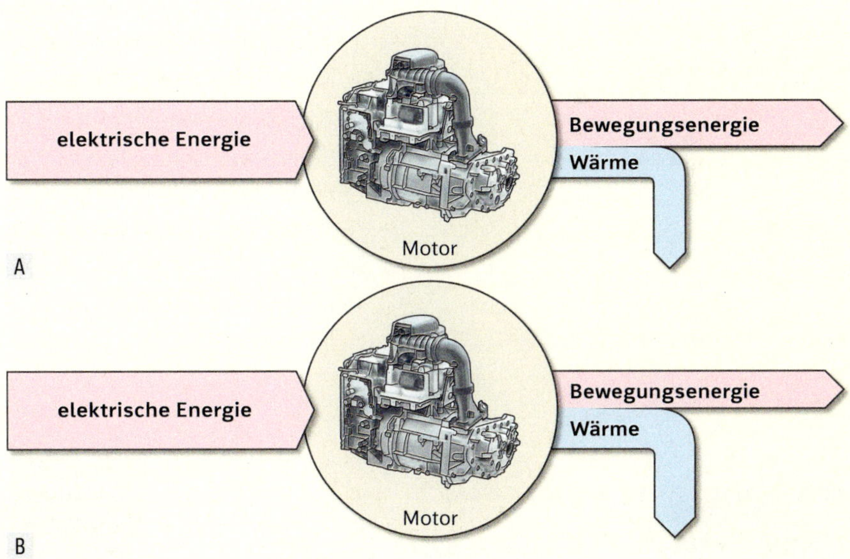

1. Beschreibe die abgebildeten Energieflussdiagramme der Motoren A und B.
2. Vergleiche die abgebildeten Energieflussdiagramme der Motoren A und B.
3. Begründe, welcher der beiden Motoren effektiver arbeitet.

1 Elektromagnet auf dem Schrottplatz

Elektromagnetismus

Elektromagnete

Auf Mülldeponien oder auch in Fabriken werden sehr starke Magnete zur Trennung von verschiedenen Stoffen genutzt. Sie ziehen nur die Stücke an, die aus Eisen, Nickel oder Kobalt bestehen. Da der Müll aber teilweise sehr groß ist, reicht die magnetische Wirkung eines normalen Magneten dafür nicht aus. Sie ist zu schwach. Solche großen Magnete nutzten die elektrische Wirkung des Stroms. Sie sind **Elektromagnete**.

Strom erzeugt ein Magnetfeld

Auch mithilfe von elektrischem Strom kann ein Magnetfeld erzeugt werden. Dies hat der dänische Forscher Hans-Christian Oersted in einem Versuch nachgewiesen. Dazu hat er einen Stromkreis aufgebaut, der einen geraden Leiter enthielt. Neben diesen Leiter hat er einen Kompass platziert. Zunächst richtete sich die Nadel des Kompasses in Richtung des Erdmagnetfeldes aus. Sobald elektrischer Strom durch den

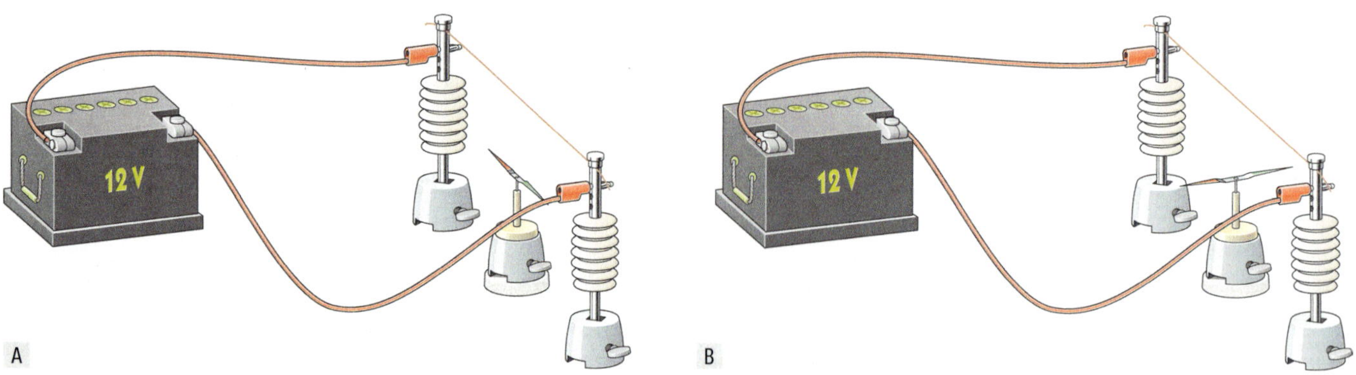

2 Versuch von Oersted: **A** ohne Strom, **B** mit Strom

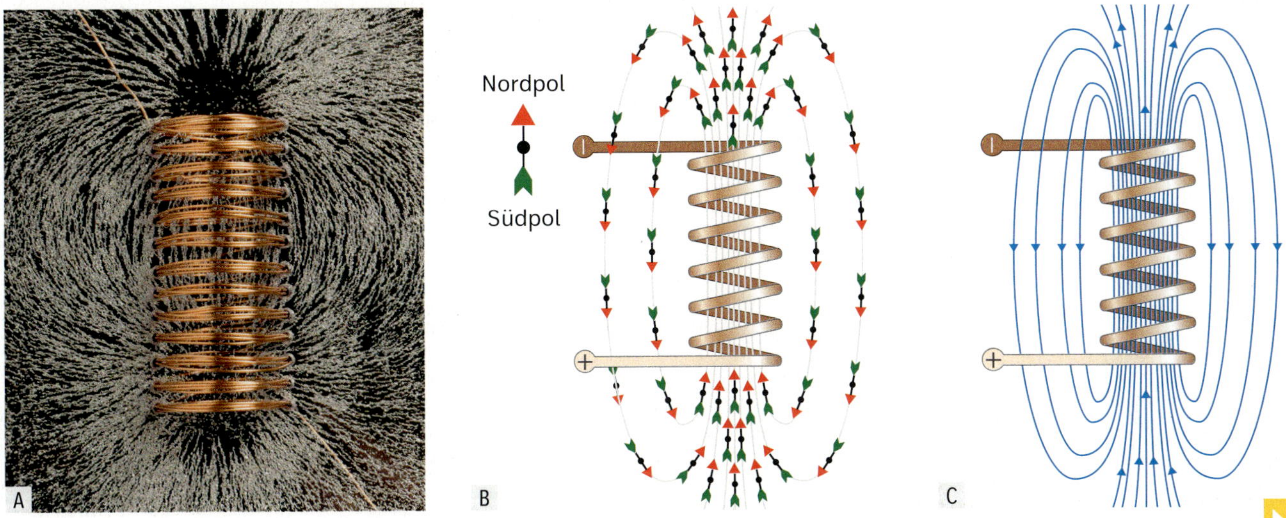

3 Magnetfeld einer Spule: **A** mit Eisenspänen, **B** mit Magnetnadeln, **C** gezeichnete Feldlinien

Draht floss, wurde die Nadel so abgelenkt, dass sie sich parallel zum Draht ausrichtete. Der Draht hat also magnetische Eigenschaften entwickelt.

Verstärkung des Magnetfelds

Fließt elektrischer Strom durch einen elektrisch leitenden Stoff, bildet sich ein Magnetfeld um den elektrischen Leiter. Wickelt man den Leiter zusätzlich noch auf, wird das Magnetfeld verstärkt. Das aufgewickelte Bauteil wird als **Spule** bezeichnet. Je mehr die Spule aufgewickelt ist, desto stärker ist das Magnetfeld. Eine Spule bildet wie ein Magnet einen Nordpol und einen Südpol aus.

Spule mit Eisenkern

Die magnetische Wirkung des Stroms kann zusätzlich verstärkt werden. Dafür wird ein Gegenstand aus Eisen, zum Beispiel ein Eisennagel, in die Spule gesteckt. Wird der Strom dann eingeschaltet, bildet sich ein Magnetfeld um die Spule und das Eisenstück wird magnetisiert. Ein starker Magnet entsteht, ein Elektromagnet.

Material mit Aufgaben

M1 Elektromagnet

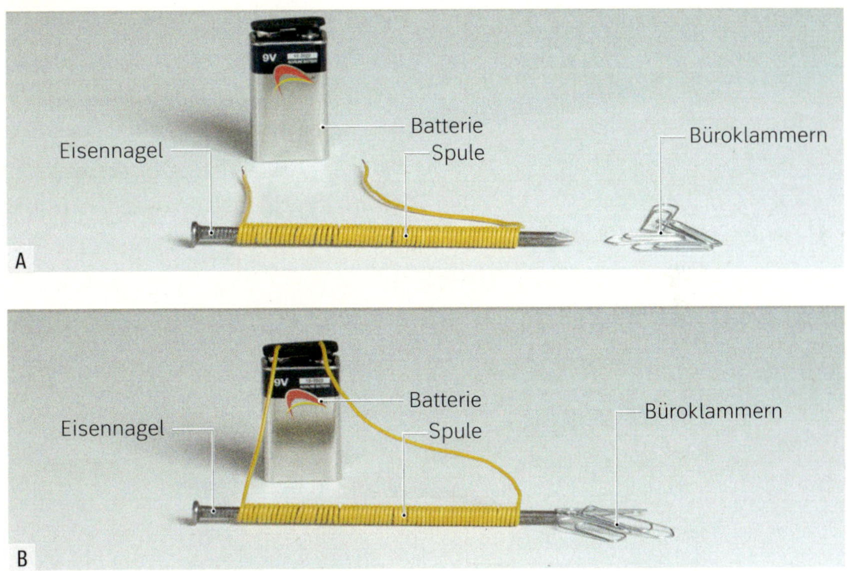

1. Beschreibe den Versuchsaufbau.
2. Erkläre, warum in Bild B die Büroklammern von dem Eisennagel angezogen werden.
3. Stelle Vermutungen an, wie man die Stärke eines Elektromagneten ändern kann.
4. Stelle Vermutungen an, ob die Büroklammern sofort wieder vom Eisennagel abfallen, wenn der Strom ausgeschaltet wird.

Expertenwissen

Die Lorentzkraft

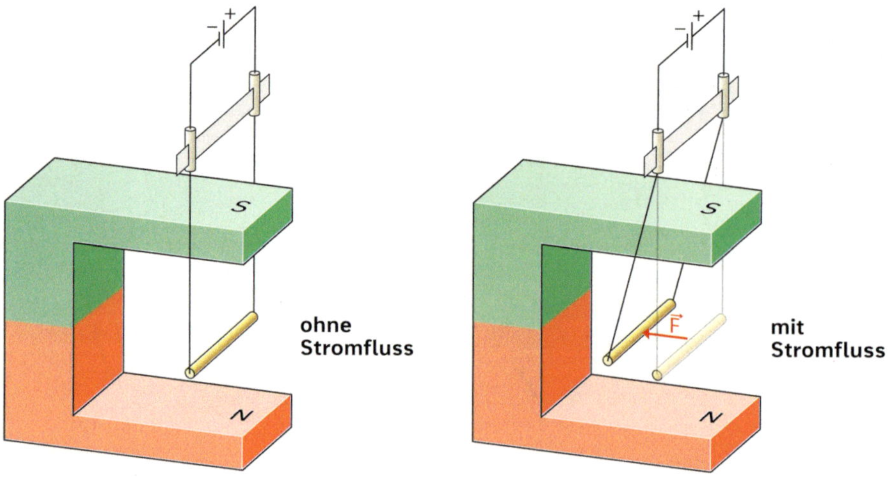

1 Elektrischer Leiter in einem Magnetfeld

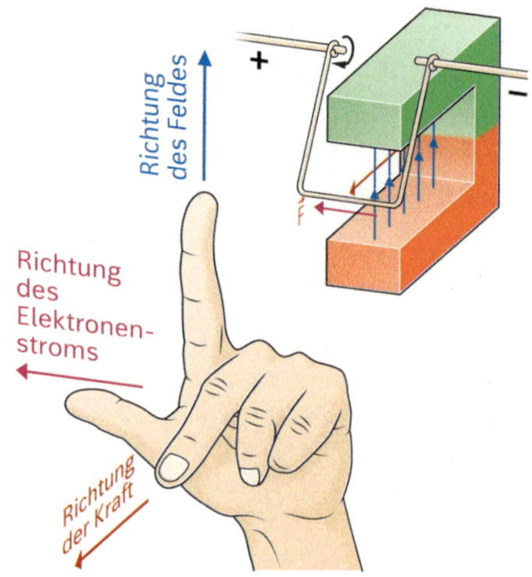

2 Linke-Hand-Regel

Elektrischer Leiter

Fließt elektrischer Strom durch einen elektrischen Leiter, dann bildet sich um diesen ein Magnetfeld aus. Befindet sich der stromdurchflossene Leiter in einem Dauermagneten, dann beeinflussen sich die beiden Magnetfelder. In Bild 1 bewegt sich der Leiter durch eine Kraft entweder aus dem Magneten hinaus oder hinein. Diese **Lorentzkraft** wirkt immer dann, wenn sich Ladungsträger, wie zum Beispiel Elektronen, senkrecht oder schräg zu einem Magnetfeld bewegen. Aus diesem Grund ist die Bewegungsrichtung des elektrischen Leiters in Bild 1 abhängig von der Stromflussrichtung.

Drei-Finger-Regel

Um die Richtung der Lorentzkraft zu bestimmen, nimmt man die Drei-Finger-Regel zu Hilfe. Dafür benutzt man den Daumen, Zeigefinger und Mittelfinger der linken Hand. Der Zeigefinger zeigt in die Richtung der magnetischen Feldlinien des Magneten. Diese verlaufen vom Nordpol zum Südpol. Der Daumen zeigt in die Richtung der Flussrichtung der Elektronen vom Minuspol zum Pluspol. Streckt man nun den Mittelfinger aus, zeigt dieser die Wirkungsrichtung der Lorentzkraft. So kann die Bewegungsrichtung eines Leiters im Magnetfeld bestimmt werden.

Material mit Aufgaben

M1 Lorentzkraft

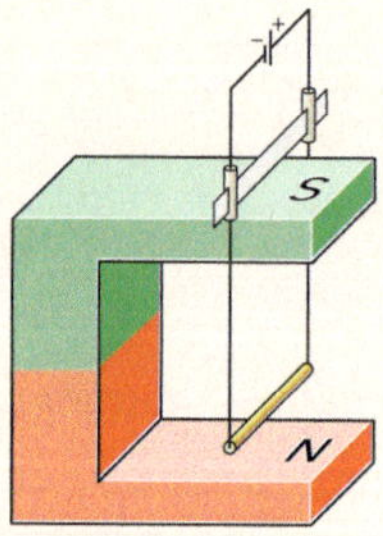

A

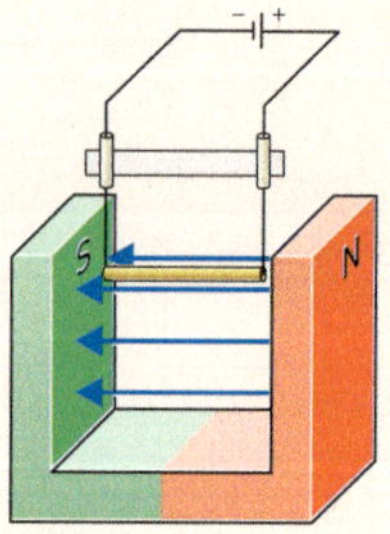

B

1. Erkläre mithilfe der Drei-Finger-Regel, in welche Richtung sich der Leiter in Bild A bewegen wird.

2. Erkläre, ob sich der Leiter in Bild B bewegen wird, wenn Strom durch ihn fließt.

Eine Internetrecherche durchführen

Methode

Informationen beschaffen

Bevor du einen Steckbrief erstellst oder einen Vortrag hältst, suchst du nach passenden Informationen zu deinem Thema. Diese kannst du in Fachbüchern und im Internet finden. So gehst du bei einer Recherche im Internet vor:

1. Auftrag: Zu Beginn jeder Recherche steht eine Aufgabe oder eine Fragestellung. Dabei solltest du berücksichtigen, wozu du die Informationen benötigst, zum Beispiel für einen Vortrag oder einen Steckbrief. Ein möglicher Auftrag wäre: Informiere dich im Internet zu der Drei-Finger-Regel der rechten Hand.

2. Informationen suchen: Informationen findest du nicht nur in Fachbüchern, sondern heutzutage vor allem im Internet. Am einfachsten benutzt du zunächst eine Suchmaschine. Beachte, dass du bei deiner Recherche eindeutige Begriffe verwendest. Oft liefern Suchmaschinen eine sehr große Menge an Suchtreffern. Dann kannst du deine Suchanfrage weiter eingrenzen. Schreibe dazu zum Beispiel: Lorentzkraft + rechte Hand.

3. Suchergebnisse bewerten: Auf guten Internetseiten steht im Impressum, wer die Seite erstellt hat und wer für die Inhalte verantwortlich ist. Der Urheber wird auf vertrauenswürdigen Seiten genannt. Nicht jeder Urheber präsentiert auf seinen Internetseiten wahre Fakten oder ist vertrauenswürdig. Auch bei Internetseiten von Zeitungen, Fachzeitschriften oder Universitäten solltest du immer gut überprüfen.

4. Informationen verwenden: Lies deine gefundenen Informationen gründlich durch. Übertrage nur die wichtigsten Ergebnisse in dein eigenes Dokument. Formuliere daraus deinen eigenen Text oder deine Stichworte. Halte immer die Quelle fest, worher die Information stammt. Das betrifft auch Bilder und Fotos. Wenn du ein Plakat oder eine digitale Präsentation gestaltest, füge bei Bildern aus dem Internet eine Quellenangabe hinzu.

1 Suchmaschine

Material mit Aufgaben

M1 Drei-Finger-Regel

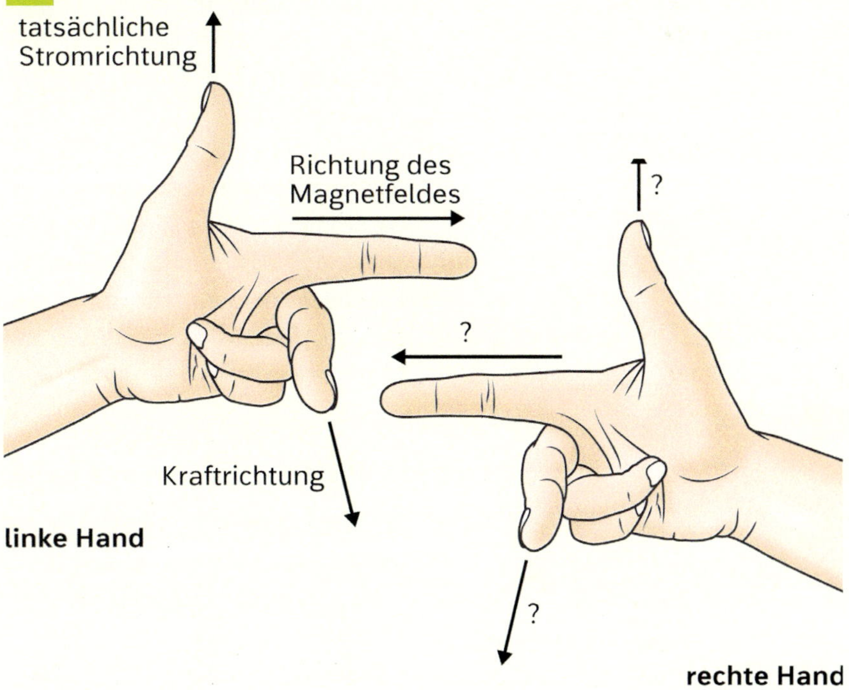

1. Für die Drei-Finger-Regel kann man die rechte oder die linke Hand benutzen. Recherchiere im Internet, was man bei welcher Hand beachten muss.

2. Übertrage die Zeichnung in dein Heft und ergänze mithilfe recherchierter Informationen, welcher Finger was anzeigt.

1 Ein Mixer

Elektromotor

Elektromotoren im Alltag
Elektromotoren sind in vielen verschiedenen elektrischen Geräten, Maschinen oder auch Robotern verbaut. Die Drehbewegung des Elektromotors wird durch magnetische Kräfte verursacht.

Aufbau des Elektromotors
Ein Elektromotor funktioniert aufgrund der Wechselwirkung zwischen Magneten. Er besteht aus einem Stator, einem Rotor, einem Kommutator und Schleifkontakten.

- **Stator** • Der Stator eines Elektromotors ist ein Magnet oder enthält einen Magneten.
- **Rotor** • Der drehbare Rotor befindet sich im Stator. Er besteht aus einer Spule mit einem Eisenkern, dem **Anker**. Fließt Strom durch die Spule, entsteht ein Elektromagnet. Genau wie der Stator hat er dann einen magnetischen Nordpol und Südpol.
- **Kommutator** • Der Kommutator ist an die Spule des Rotors angeschlossen. Er besteht aus zwei Hälften. An ihm befinden sich die Schleifkontakte, die eine elektrische Leitung von der Spannungsquelle zu der Spule des Rotors herstellen. Durch die besondere Bauform kann mithilfe des Kommutators die Stromrichtung gewechselt werden.

Bewegung des Elektromotors
Fließt Strom durch die Spule des Rotors, entsteht ein Elektromagnet. Da dieser sich im Magnetfeld des Stators befindet, stoßen sich die gleichen Pole von Rotor und Stator ab. Die ungleichen Pole ziehen sich an. Ist der Rotor so ausgerich-

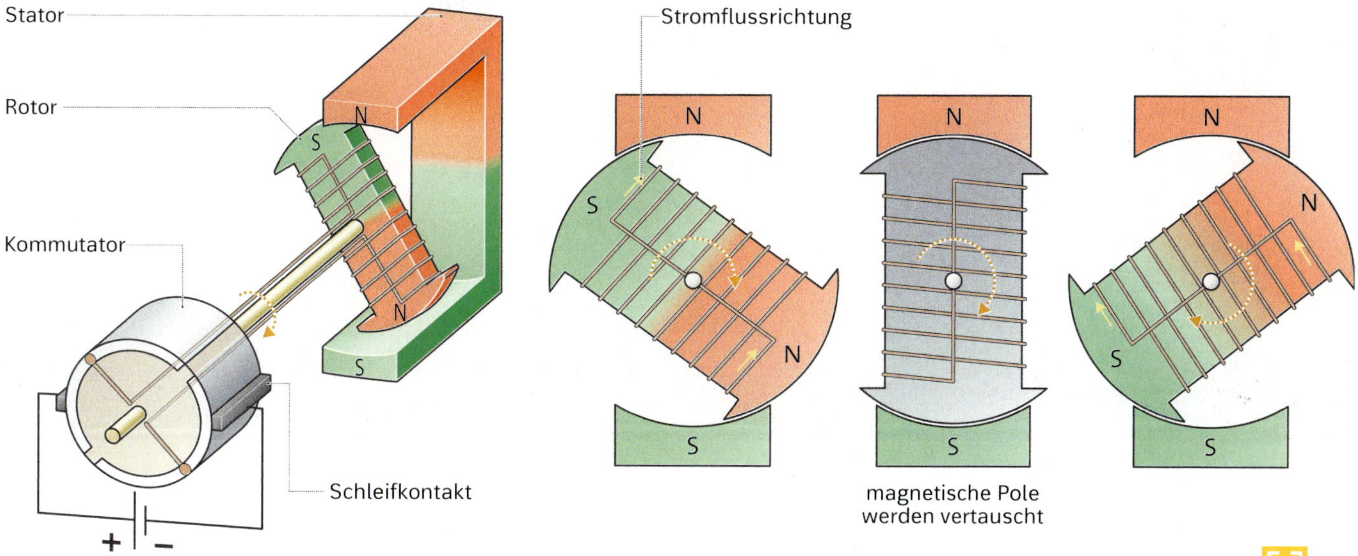

2 Elektromotor

tet, dass sein Nordpol am Nordpol des Stators liegt, stoßen sich die beiden Pole ab und der Rotor beginnt sich zu drehen. Nach einer Vierteldrehung dreht er sich weiter, weil er vom Südpol des Stators angezogen wird. Wenn der Nordpol des Rotors den Südpol des Stators erreicht, wird durch den Kommutator die Stromrichtung geändert. Dadurch wird der Nordpol des Rotors zum Südpol und daher vom Südpol des Stators abgestoßen. Nach einer Vierteldrehung wird der Südpol des Rotors von dem Nordpol des Stators angezogen und dreht sich weiter. Sobald der Südpol des Rotors den Nordpol des Stators erreicht hat, wird durch den Kommutator erneut die Stromrichtung geändert. Der Südpol des Rotors wird wieder zum Nordpol und vom Nordpol des Stators abgestoßen. Die Drehung beginnt erneut.

A Beschreibe den Aufbau eines Elektromotors.

Material mit Aufgaben

M1 Dreipoliger Motor

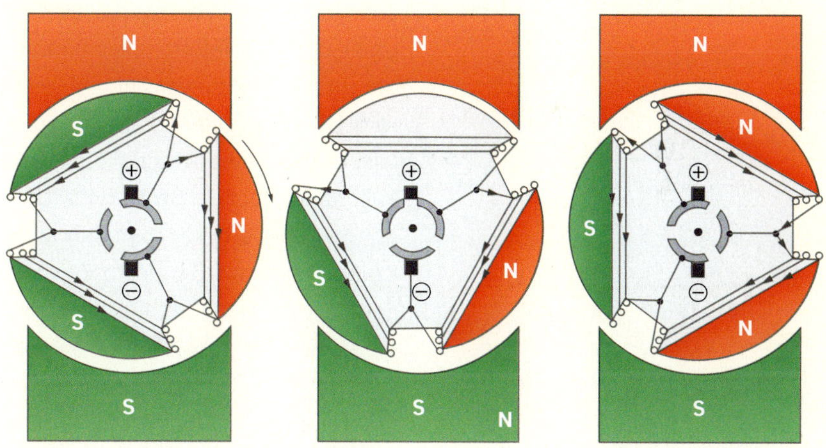

1. Vergleiche den dreipoligen Motor mit dem zweipoligen Motor.
2. Beschreibe die Funktionsweise des dreipoligen Motors.
3. Stelle Vermutungen über Vorteile beim Start des dreipoligen Motors an.
4. Wähle eine der Aufgaben aus:
   a Erstelle ein Fließdiagramm für alle Schritte, die zu einer vollständigen Drehung führen.
   b Der dreipolige Motor benötigt mehr Material, wird aber häufiger verbaut. Stelle Vermutungen an.

1 Stromleitungen führen zu einer Stadt

Induktion

Das Stromnetz

Elektrische Energie lässt sich gut in andere Energieformen umwandeln und auch transportieren. Aus diesem Grund ist sie die Energieform, die am häufigsten für die Energieversorgung genutzt wird. Die Energieversorgung in Deutschland und in vielen anderen Ländern erfolgt daher über ein **Stromnetz**. Um die nötige Energie bereitzustellen, wird in Kraftwerken mit Generatoren elektrischer Strom erzeugt. Der elektrische Strom gelangt dann über oberirdische oder unterirdische Leitungen zu den Verbrauchern. Über weite Strecken ist der Energiefluss über die Leitungen an die Umgebung bei normalen Spannungen sehr groß. Dieses Problem wird mithilfe von **Transformatoren** gelöst. Diese erhöhen mithilfe von **Induktion** die Spannung in den Leitungen sehr stark, wodurch weniger Energie an die Umgebung abgegeben wird.

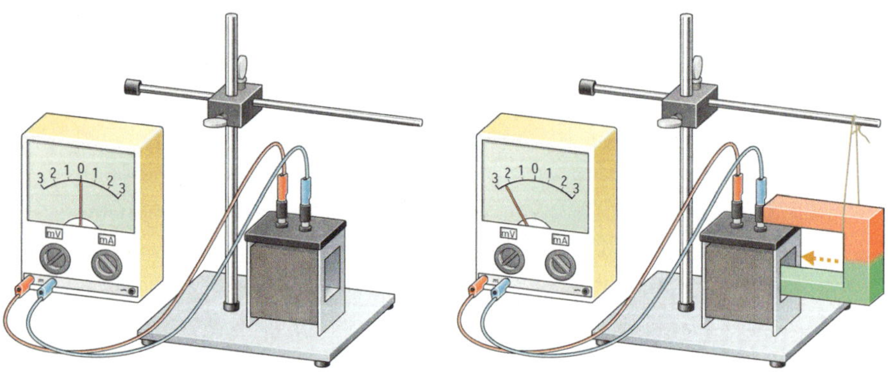

2 Eine Änderung des Magnetfeldes erzeugt eine Spannung

Induktion

Schiebt man einen Magneten in eine Spule, dann kann man zwischen den Enden der Spule eine Spannung messen. Das gleiche passiert, wenn man den Magneten wieder aus der Spule herauszieht oder nur die Spule bewegt und den Magneten festhält. Die Bewegungen von Spule und Magnet erzeugen eine elektrische Spannung. Man nennt diesen Vorgang **Induktion** und die erzeugte Spannung wird auch als Induktionsspannung bezeichnet. Induktion tritt immer dann auf, wenn sich das Magnetfeld um eine Spule ändert. Durch die Bewegungen von Spule oder Magnet wird durch das Magnetfeld des Magneten das Magnetfeld um die Spule beeinflusst. Die Änderung des Magnetfeldes erzeugt eine Elektronenbewegung in der Spule. Aufgrund des wechselnden Magnetfeldes, wird in der Spule auch eine wechselnde Elektronenbewegung erzeugt. In einem angeschlossenen Stromkreis fließt also **Wechselstrom**. Man sagt auch, es wird ein Wechselstrom induziert.

Gleichstrom und Wechselstrom

Liegt ein Gleichstrom vor, dann Bewegen sich alle Elektronen konstant in die gleiche Richtung. Im Gegensatz zum Gleichstrom ändert sich die Fließrichtung der Elektronen beim Wechselstrom ständig. Die Häufigkeit des Wechsels wird durch die Frequenz angegeben. Die Einheit der Frequenz ist Hertz (Hz). Das Stromnetz in Deutschland hat 50 Hz. Das heißt, der Strom ändert 100 Mal pro Sekunde seine Fließrichtung.

Generator

Generatoren werden zum Beispiel in Kraftwerken eingesetzt und nutzen das Prinzip der Induktion. Sie sind das Gegenstück zu Elekromotoren. Ein Generator besteht aus einer Spule, die um einen Eisenkern gewickelt ist. Sie bildet den Stator. Um dem Stator befindet sich ein drehbarer Magnet, der Rotor. Durch Drehung des Rotors wird in der Spule ein Wechselstrom induziert.

Material mit Aufgaben

M1 Generator und Elektromotor

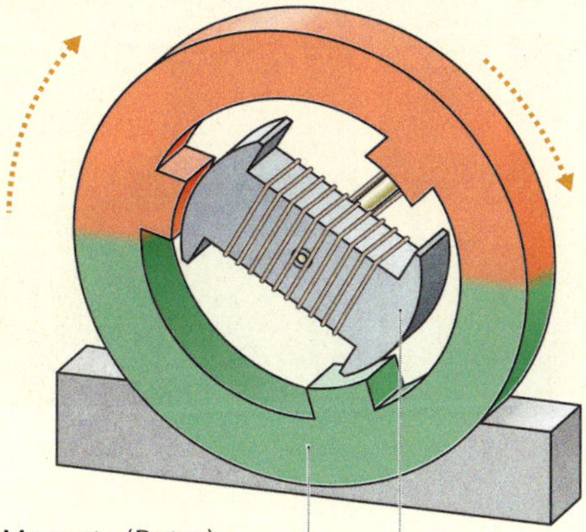

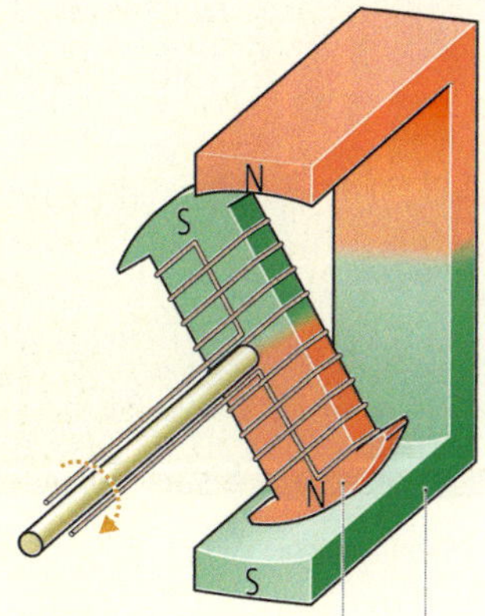

1. ▮ Beschreibe den Aufbau des Generators.
2. ▮ Vergleiche den Aufbau von Generator und Elektromotor.
3. ▮ Erkläre die Funktionsweise des Generators. ⊞
4. ▮ Vergleiche die Funktionsweise vom Generator und dem Elektromotor. ⊞
5. Wähle eine der Aufgaben aus:
   a ▮ Vergleiche die Energieumwandlungen beim Generator und Elektromotor.
   b ▮ Ein Dynamo wandelt Bewegungsenergie in elektrische Energie um. Stelle Vermutungen über seinen Aufbau an.

P2 Induktion

Material: Stabmagnet, Spule, Kabel, Multimeter

Durchführung: Baue den Stromkreis wie in der Abbildung auf und messe die Spannung beim Hineinführen und Herausziehen des Magneten.

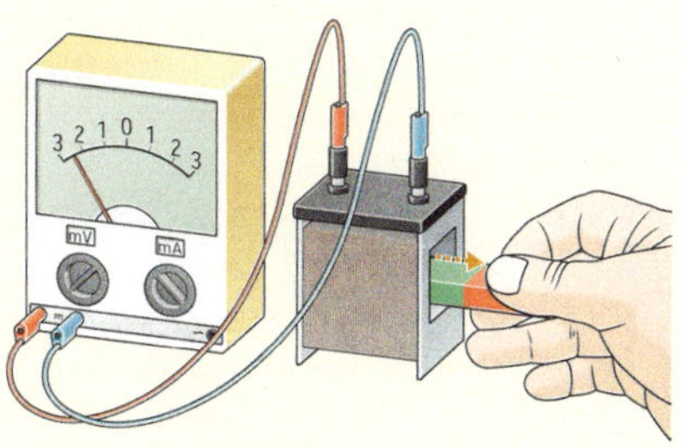

1. ▮ Beschreibe deine Beobachtung.
2. ▮ Zeichne ein Energieflussdiagramm für diesen Versuch. ⊞
3. ▮ Überlege, welche Kenngrößen du im Versuch ändern kannst. Führe eigene Messreihen mit den veränderten Größen durch und erkläre deine Ergebnisse. ⊞

1 Ein Umspannwerk

Transformator

Transformator

Mithilfe eines Transformators können Spannungen und Stromstärken in Stromkreisen gezielt verändert werden. Dadurch ist es möglich, elektrische Energie verlustarm zu transportieren oder Geräte vor zu hoher Energie zu schützen. Ein Transformator besteht aus zwei Spulen, die auf einen geschlossenen Eisenkern gewickelt sind. Die Spulen selbst berühren sich nicht. Die erste Spule, die **Primärspule,** ist an einer Spannungsquelle angeschlossen. Die andere Spule wird Sekundärspule genannt.

Damit Transformatoren genutzt werden können, muss ein Wechselstrom fließen. Im Transformator wird Energie berührungslos übertragen, das heißt, die Elektronen fließen nicht direkt von der Primärspule in die Sekundärspule. Es liegen zwei getrennte Stromkreise vor. Durch den Stromfluss in der Primärspule wird diese zu einem Elektromagneten. Nur wenn durch die Primärspule ein Wechselstrom fließt, ändert sich das Magnetfeld des Elektromagneten. Das sich ständig ändernde Magnetfeld wird durch den Eisenkern verstärkt. Es sorgt dafür, dass in der Sekundärspule Elektronen in Bewegung versetzt werden, die ihre Fließrichtung immer ändern. Es wird in der Sekundärspule ein Wechselstrom induziert.

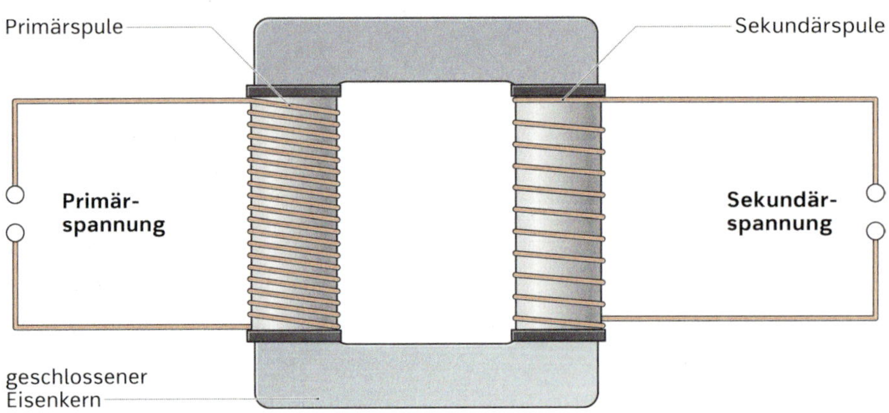

2 Aufbau eines Transformators

Energie am Transformator

An den Kraftwerken stehen Umspannwerke, die die entstehende Spannung für den Transport hochtransformieren. So fließt der Strom mit Spannungen von 400 kV durch die Hochspannungsleitungen. Bevor die elektrische Energie den Kunden erreicht, wird die Spannung wieder auf 230 V heruntertransformiert. Die elektrische Leistung ist vor und nach der Transformation gleich groß. Das bedeutet, wenn die Spannung zunimmt, muss die Stromstärke abnehmen und umgekehrt. In Hochspannungsleitungen ist die Spannung sehr hoch und die Stromstärke klein. In den Leitungen in den Wohnungen und Häusern liegt nur eine Spannung von 230 V an. Dafür ist die Stromstärke deutlich höher. Die Änderung der Stromstärke und Spannung im Transformator ist von den Windungszahlen der beiden Spulen abhängig.

Berechnungen am Transformator

An der Primärspule des Transformators kommt die Ausgangsspannung aus dem Kraftwerk an und in der Sekundärspule wird die gewünschte Spannung erzeugt. Hat die Sekundärspule doppelt so viele Windungen wie die Primärspule, entsteht die doppelte Spannung. Ist die Windungszahl halb so groß, ist die entstehende Spannung auch nur halb so groß. Die an Primärspule angelegte Spannung ist also proportional zu an der Sekundärspule entstehenden Spannung und zum Verhältnis der beiden Windungszahlen. Diese Abhängigkeit lässt sich mathematisch mit folgender Formel darstellen. Dabei steht U_1 für die Spannung an der Primärspule, U_2 für die erzeugte Spannung der Sekundärspule und N_1 und N_2 für die Windungsanzahl der jeweiligen Spulen.

$$\frac{U_2}{U_1} = \frac{N_2}{N_1}$$

Mit dieser Formel kann man berechnen, wie der Transformator aufgebaut sein muss, um aus einer Ausgangspannung eine Wunschspannung zu erzeugen.

Material mit Aufgaben

M1 Stromversorgung

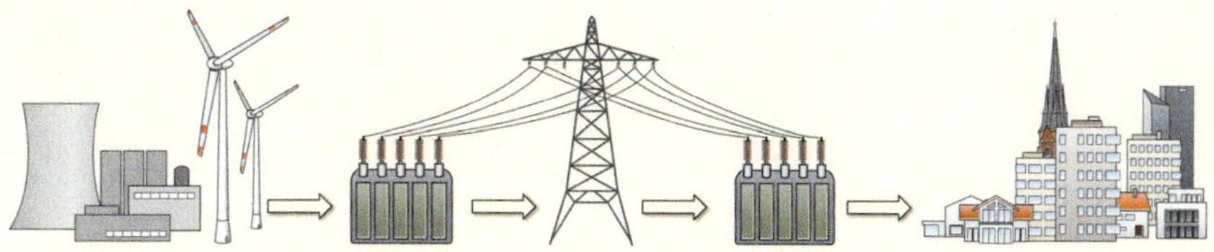

1. Beschreibe das Fließschema.
2. Erkläre, warum Transformatoren wichtig sind für den Transport von elektrischer Energie.
3. Stelle Vermutungen an, warum zwischen Hochspannungsleitungen ein großer Abstand eingehalten werden muss.

M2 Berechnungen am Transformator

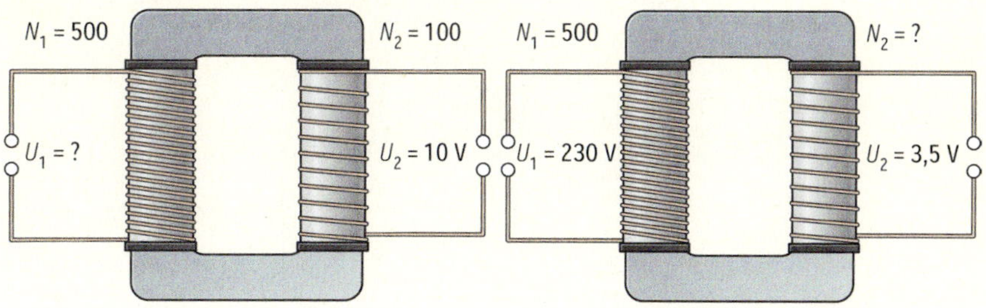

1. Berechne die Spannung an der Primärspule in Abbildung A.
2. Berechne die Windungszahl von der Sekundärspule in Bild B.
3. Stelle Vermutungen an, wie sich die Messergebnisse verändern, wenn die Spulen in Bild A getauscht werden.

Das Stromnetz

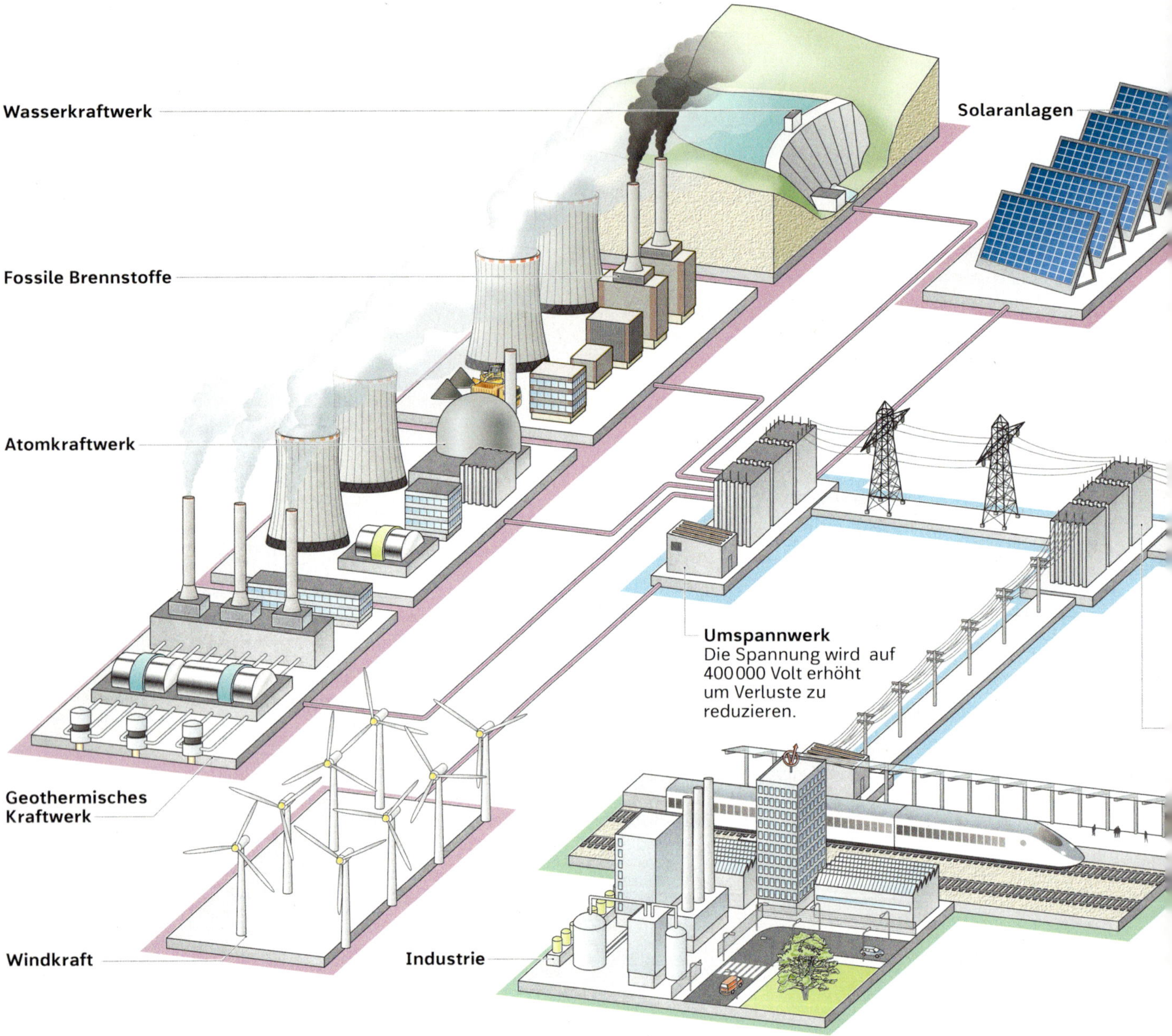

Elektrischer Strom kann über verschiedene Kraftwerkstypen bereitgestellt werden. Von den Kraftwerken wird der Strom dann zu den Haushalten und der Industrie transportiert. Da verschiedene Bereiche unterschiedliche Spannungen benötigen, wird in Umspannwerken die Spannung des Stroms immer angepasst. Auch sind die Verluste bei hohen Spannungen geringer.

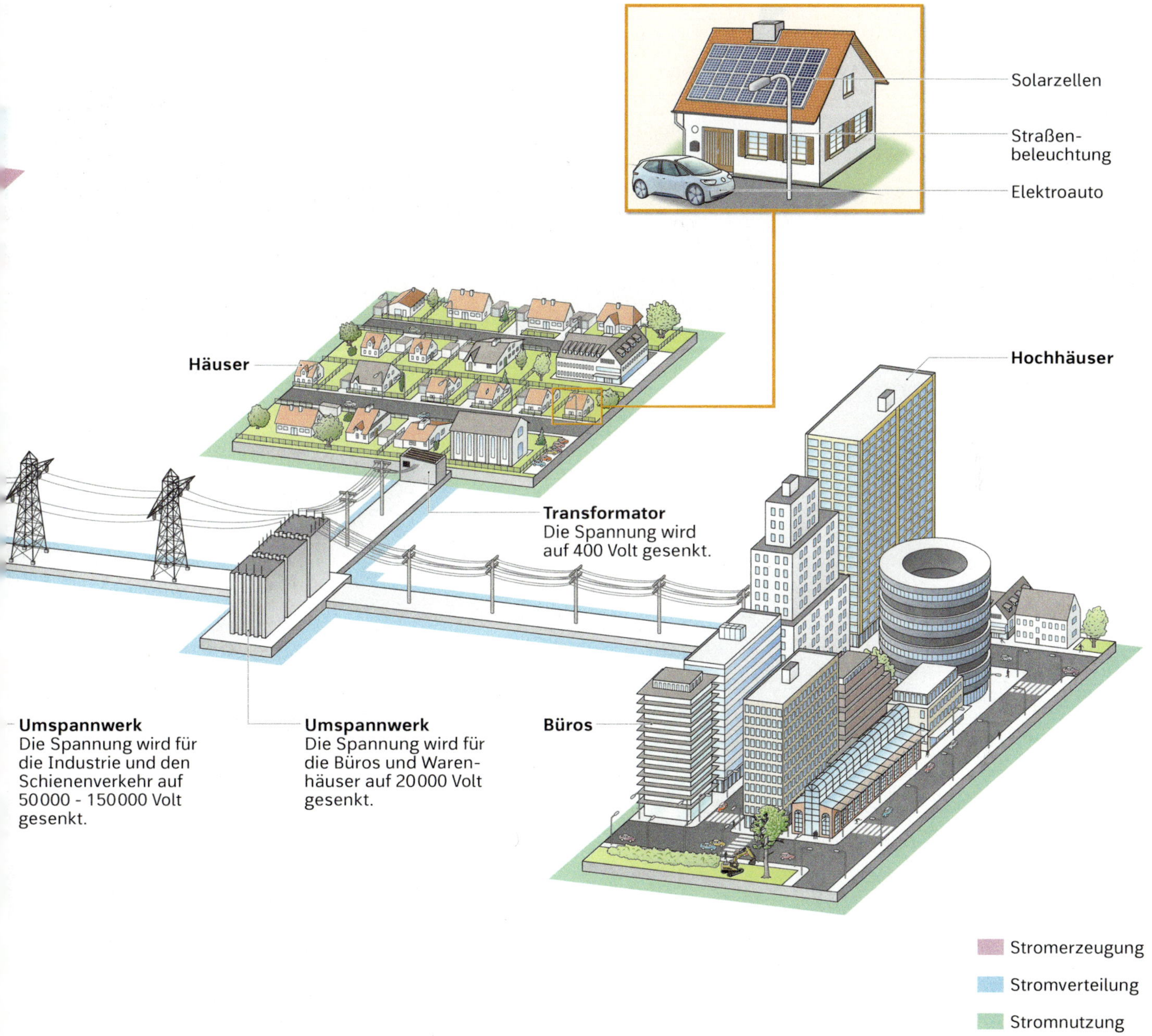

1. Beschreibe mithilfe der Abbildung den Aufbau des Stromnetzes.
2. Erkläre die Funktionsweise von Umspannwerken mit ihren Transformatoren.
3. Erkläre, warum sich im Stromnetz viele Umspannwerke mit Transformatoren an unterschiedlichen Stellen befinden.
4. Recherchiere aktuelle Möglichkeiten zur Bereitstellung und Übertragung von elektrischer Energie und beschreibe dabei mögliche Probleme.

1 Windkraftanlagen

Nachhaltige Energieversorgung

Energieversorgung

Die Energieversorgung erfolgt oft mithilfe von elektrischer Energie. Elektrische Energie ist als Transportform von Energie besonders geeignet, da sie sich leicht und störungsarm über weite Strecken transportieren lässt. Um andere Formen von Energie in elektrische Energie umzuwandeln, können verschiedene Kraftwerkstypen genutzt werden.

In **Verbrennungskraftwerken** wird die chemische Energie fossiler Brennstoffe wie Braunkohle, Steinkohle oder Erdgas durch Verbrennung in elektrische Energie umgewandelt. In ölreichen Ländern werden häufig Erdölkraftwerke genutzt. Auch in **Biomassekraftwerken** wird chemische Energie umgewandelt. Diese nutzen keine fossilen Brennstoffe, sondern Tier- und Pflanzenreste.

In **Kernkraftwerken** wird die Energie radioaktiver Stoffe genutzt. Es gibt Kraftwerke, die erneuerbare, regenerative Energieformen wie mechanische Energie, Strahlungsenergie oder thermische Energie in elektrische Energie umwandeln. Dazu zählen **Wasser-**, **Wind-**, **Erdwärme-** oder **Solarkraftwerke**.

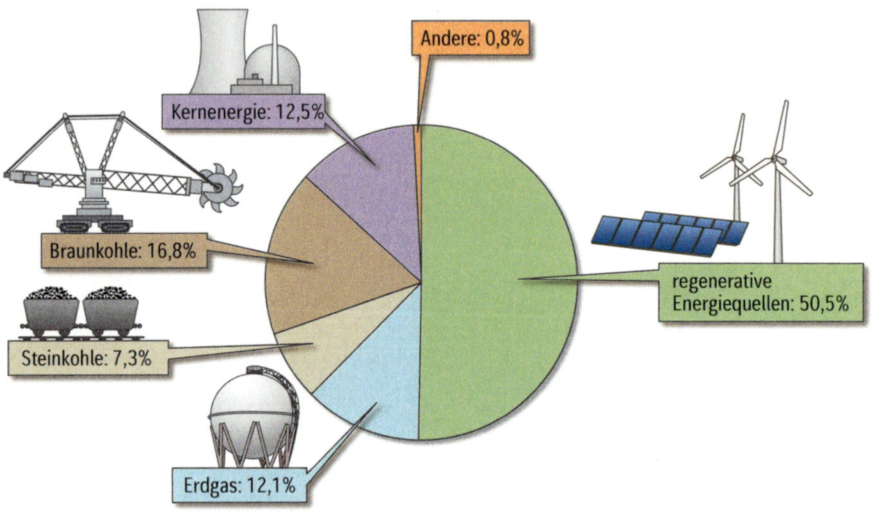

2 Gewinnung von elektrischem Strom für Haushalte in Deutschland (2020)

Nachhaltigkeit beurteilen

In einem bewussten Umgang mit Energie spielen unterschiedliche Aspekte eine Rolle. Sie werden unter dem Begriff **Nachhaltigkeit** zusammengefasst.
Um Nachhaltigkeit beurteilen zu können, muss ein Sachverhalt unter ökologischen, ökonomischen und sozialen Gesichtspunkten betrachtet werden. Der **ökologische** Aspekt umfasst alle Auswirkungen auf die Umwelt, wie Klimaveränderungen oder die Zerstörung von Lebensräumen. **Ökonomische** Betrachtungen achten auf die wirtschaftlichen Folgen. Bei der **sozialen** Betrachtung geht es um gerechte und sichere Arbeitsbedingungen, sowie die gerechte Verteilung von Gütern.

Nachhaltige Energieversorgung

Für eine nachhaltige Energieversorgung ist es wichtig, dass Ökosysteme nicht dauerhaft geschädigt werden. Erneuerbare Energieformen haben den Vorteil, dass sie sich schnell genug nachbilden. Darüber hinaus muss Energie auch bezahlbar bleiben, damit Konzerne wirtschaftlich arbeiten können und die Energie allen Menschen zur Verfügung steht. Energieumwandlungen in Kraftwerken dürfen nicht zu teuer sein. Die Arbeitsbedingungen in den Kraftwerken müssen so sein, dass ausreichend Gehalt gezahlt wird und keine gesundheitlichen Risiken für das Personal bestehen.
Der Anteil an regenerativen Energieformen hat in den letzten Jahren in Deutschland deutlich zugenommen. Aktuell wird über die Abschaltung von Kohlekraftwerken diskutiert, die viele Treibhausgase, wie CO_2, ausstoßen.

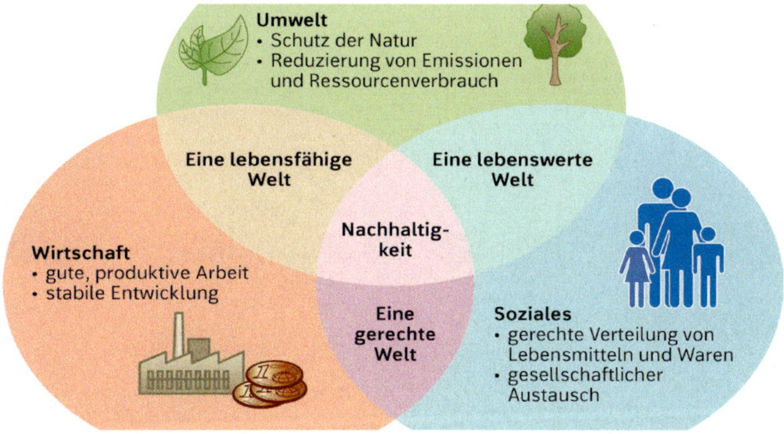

3 Aspekte der Nachhaltigkeit

Material mit Aufgaben

M1 Kraftwerke im Vergleich

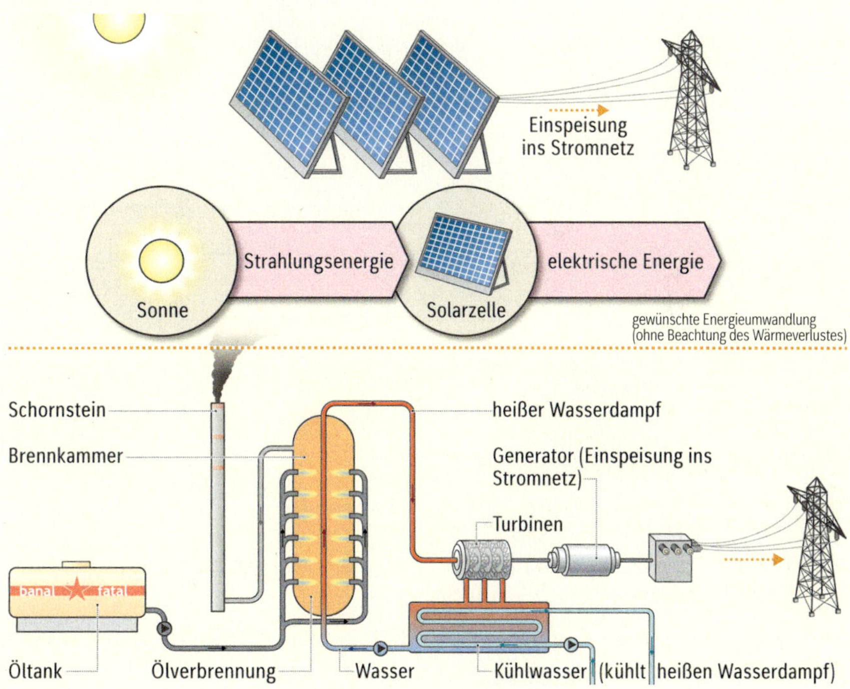

1. **II** Beschreibe den Aufbau des Solar- und Erdölkraftwerks.
2. **III** Beschreibe die jeweiligen Energieumwandlungen.
3. **III** Diskutiert in der Klasse, ob diese Formen der Bereitstellung elektrischer Energie nachhaltig sind.

Zusammenfassung Induktion

Elektromagnetismus

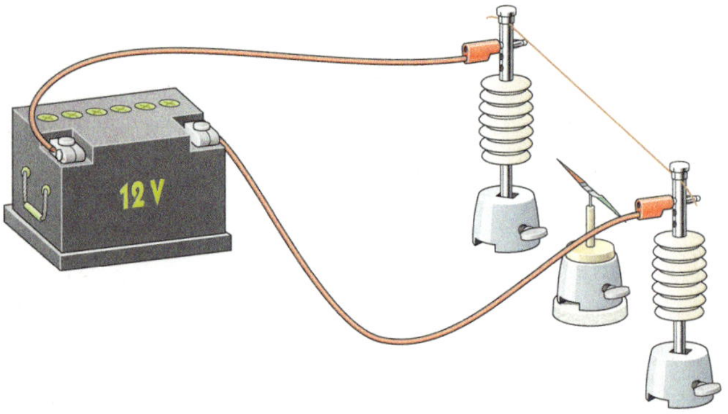

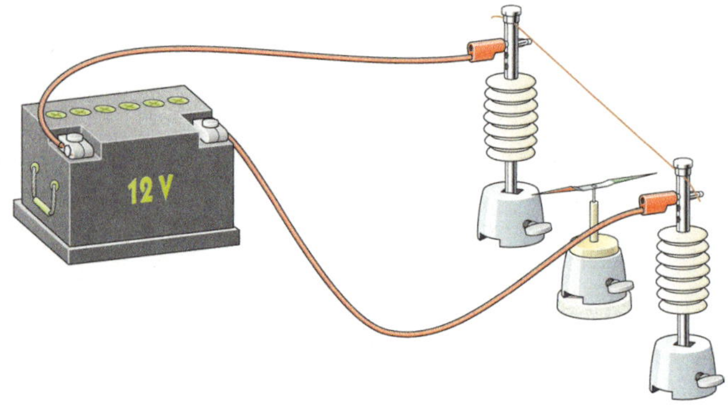

Der dänische Forscher Hans-Christian Oersted hat in einem Versuch nachgewiesen, dass mithilfe von elektrischen Strom ein Magnetfeld erzeugt werden kann. Dazu hat er einen Stromkreis aufgebaut, der einen geraden Leiter enthielt. Neben diesen Leiter hat er eine Magnetnadel platziert. Zunächst richtete sich die Nadel in Richtung des Erdmagnetfeldes aus. Sobald elektrischer Strom durch den Draht floss, wurde die Nadel so abgelenkt, dass sie sich parallel zum Draht ausrichtete.
Das Magnetfeld, dass ein elektrischer Leiter erzeugt, kann man verstärken, indem man den Leiter aufwickelt. Das aufgewickelte Bauteil wird als Spule bezeichnet. Je mehr die Spule aufgewickelt ist, desto stärker ist das Magnetfeld. Ein Eisenkern in der Spule, verstärkt die Wirkung noch einmal.

Induktion

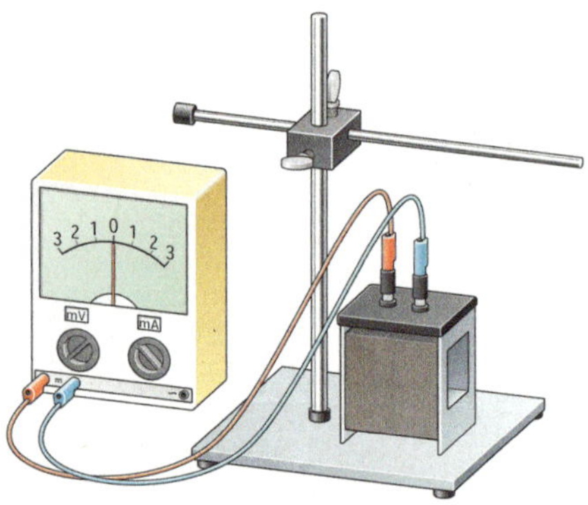

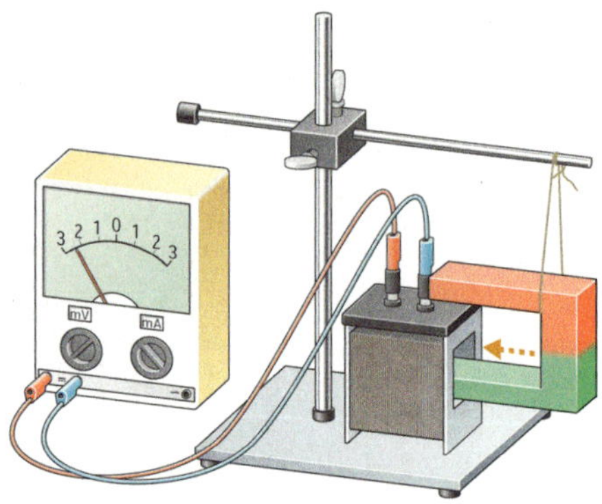

Man kann zwischen den Enden einer Spule eine Spannung messen, wenn man einen Magneten in die Spule schiebt oder wieder herauszieht. Die Bewegungen von Spule und Magnet erzeugen eine elektrische Spannung. Man nennt diesen Vorgang **Induktion.** Induktion tritt immer dann auf, wenn sich das Magnetfeld um eine Spule ändert.
Mithilfe eines Transformators können Spannungen und Stromstärken in Stromkreisen gezielt verändert werden. Sie bestehen aus zwei Spulen und machen sich das Prinzip der Induktion zur Nutze.

Transformator

Mithilfe eines Transformators können Spannungen und Stromstärken in Stromkreisen gezielt verändert werden. Dies wird in Umspannwerken genutzt. Ein Transformator besteht aus zwei Spulen, die auf einen geschlossenen Eisenkern gewickelt sind. Die Spulen selbst berühren sich nicht. Die erste Spule, die Primärspule, ist an einer Spannungsquelle angeschlossen. Die andere Spule wird Sekundärspule genannt.

1 Transformator

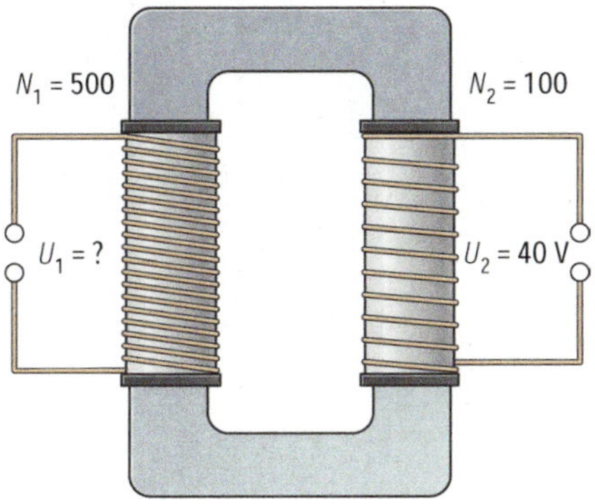

A Beschreibe mithilfe der Abbildung den Aufbau des Transformators.

B Erkläre die Funktionsweise eines Transformators.

C Berechne die fehlende elektrischen Größen im Bild.

2 Elektromagnetismus

A Beschreibe die Versuchsergebnise im Bild.

B Erkläre die abgebildeten Versuchsergebnise.

C Erkläre, was passiert, wenn man der Spule noch einen Eisenkern hinzufügt.

3 Kraftwerke

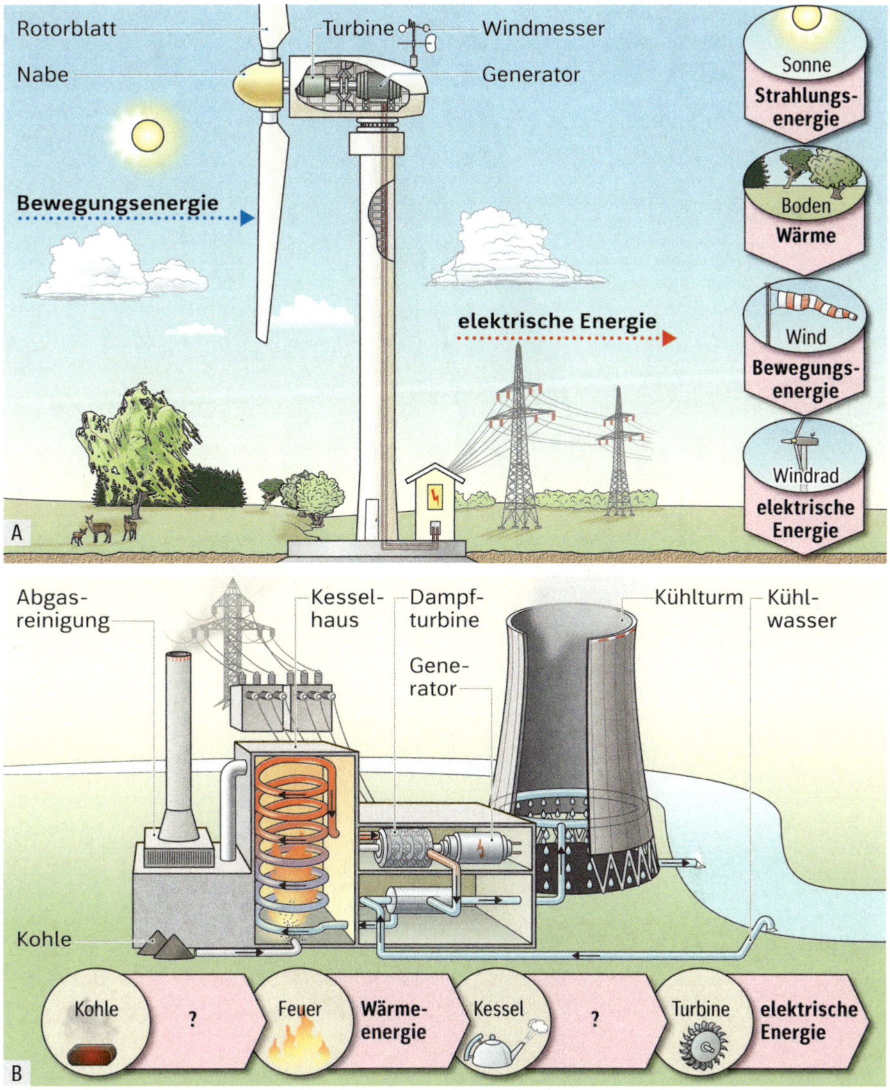

A Beschreibe den Aufbau der abgebildeten Kraftwerke.

B Beschreibe die Energieumwandlungen von Kraftwerk A.

C Erkläre die Funktionsweise der abgebildeten Kraftwerke.

D Übertrage das Energieflussdiagramm in Bild B in dein Heft und vervollständige es.

E Ordne den Kraftwerken zu, ob sie fossile oder regenerative Ressourcen nutzen. Begründe.

F Erkläre den Unterschied zwischen erneuerbaren und fossilen Ressourcen.

G Erläutere Vor- und Nachteile von fossilen und erneuerbaren Energiequellen.

Mechanische Schwingungen und Wellen

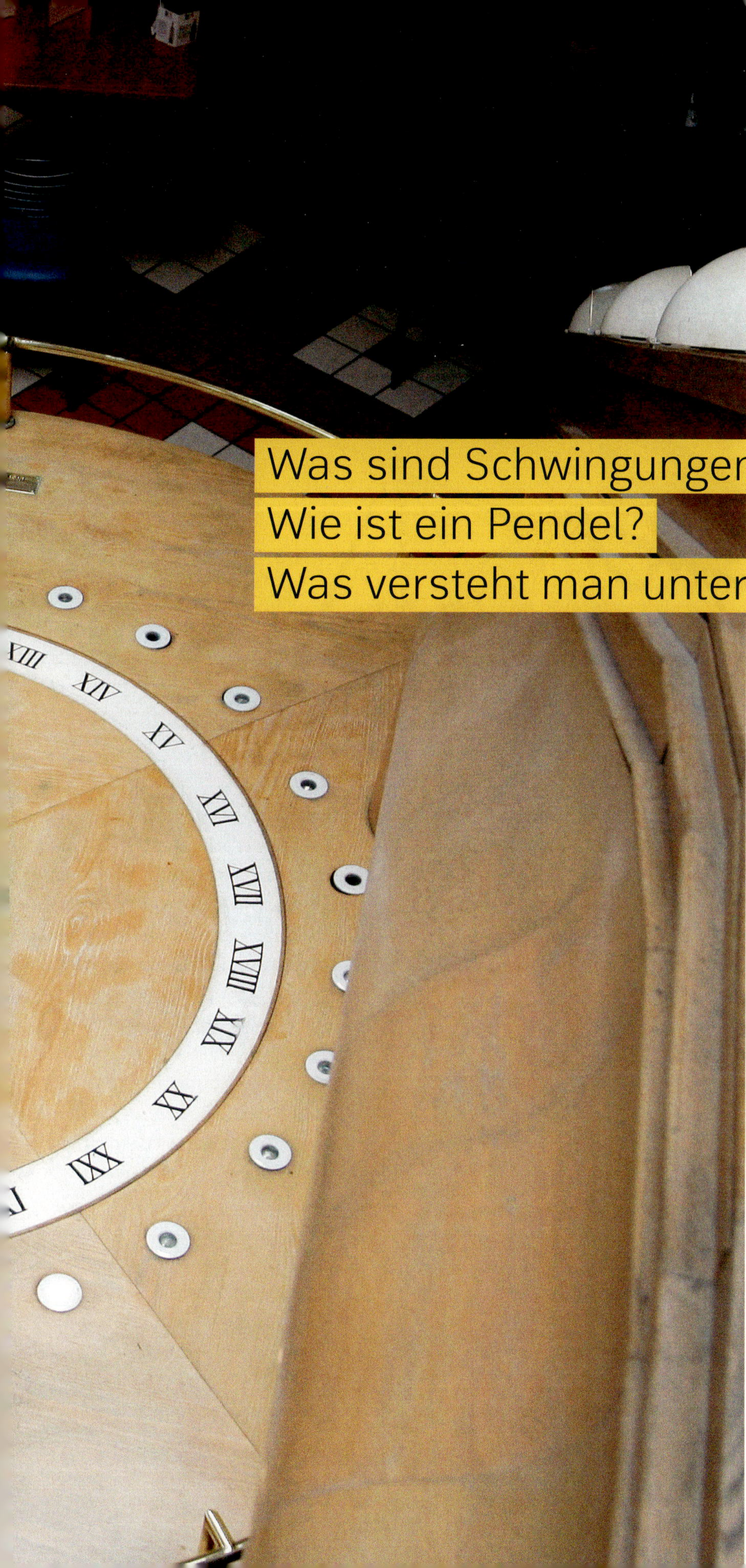

12

Was sind Schwingungen?
Wie ist ein Pendel?
Was versteht man unter Interferenz?

Ein Pendel schwingt hin und her. Man kann eines leicht selber bauen mit einem Gewicht und einem Faden.
In der Wissenschaft kann man mit einem Pendel auch die Erdrotation messen.

1 Eine Schiffschaukel

Schwingungen

Schiffschaukel

Auf einem Jahrmarkt kann man sich in Schiffschaukeln hoch in den Himmel schwingen. Am Anfang befindet sich die Schaukel in Ruhe unter dem Drehpunkt.

2 Schwingung einer Schiffschaukel

Man sagt auch, sie befindet sich in der **Ruhelage**. Möchte man die Schaukel bewegen, muss man ihr Energie zuführen. Dies geschieht durch Anstoßen oder Einsatz der eigenen Körperkraft. Die Schaukel beginnt dann eine Pendelbewegung. Sie schwingt erst zu einen Seite, bis sich ihre Bewegungsrichtung umkehrt. Diesen Punkt bezeichnet man auch als **Umkehrpunkt**. Nach der Umkehrung der Bewegungsrichtung schwingt die Schaukel wieder durch den Punkt der Ruhelage in die andere Richtung. Dort befindet sich der andere Umkehrpunkt der Bewegung. So schwingt die Schaukel immer durch den Punkt der Ruhelage zu den beiden Umkehrpunkten der Bewegung. Einen solchen Bewegungsablauf bezeichnet man als **Schwingung**.

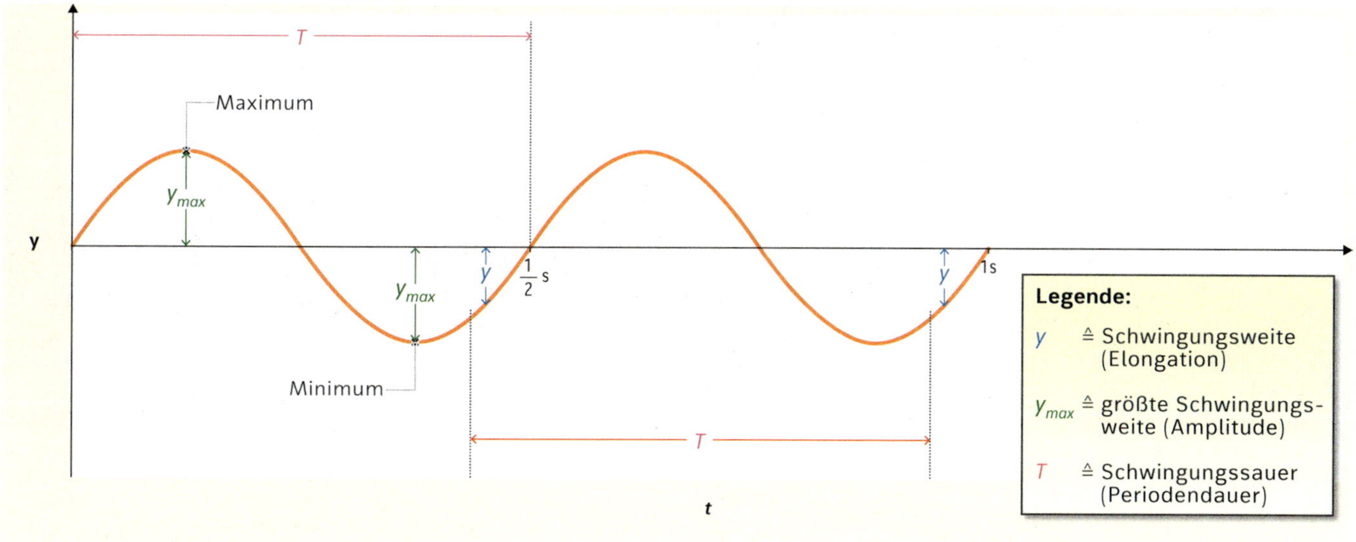

3 Kenngrößen einer Schwingung

Kenngrößen einer Schwingung

Zeichnet man eine Schwingung über einen bestimmten Zeitraum auf, entsteht ein wellenförmiger Graph. Vom Schnittpunkt der Kurve mit der x-Achse, der **Nulllage**, steigt die Kurve bis zu ihrem **Maximum** an und fällt dann durch die Nulllage bis zu ihrem **Minimum** ab. Von dort steigt sie wieder an.

Die Schwingungsweite gibt den Abstand der Kurve zur x-Achse an. Diese Kenngröße wird auch als **Elongation** bezeichnet. Den größten Abstand nennt man **Amplitude**.

Die Zeit, die während einer vollständigen Schwingung vergeht, nennt man Schwingungs- oder **Periodendauer**. Oft ist es bei Versuchen einfacher, die Anzahl der Schwingungen pro Sekunde anzugeben. Diese Größe bezeichnet man als **Frequenz**.

Hat der Graph die gleichbleibende Form einer Sinuskurve, spricht man von einer **harmonischen Schwingung**.

Material mit Aufgaben

M1 Schwingung

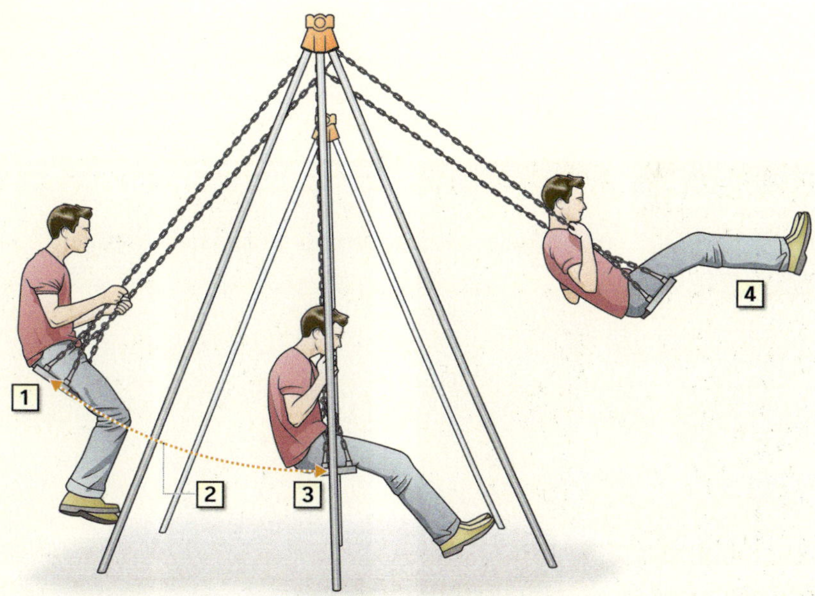

1. Ordne den Zahlen die Begriffe Ruhelage, Amplitude und Umkehrpunkt zu.

2. Erkläre, was passiert, wenn die Schwingugen eine höhere Amplitude hat.

1 Ein Fadenpendel

Pendel

Fadenpendel

Ein **Fadenpendel** besteht aus einem Faden, an dem eine Masse befestigt ist. Die Schwingungsdauer eines Fadenpendels ist nur abhängig von der Länge des Fadens und der Gravitationskonstanten. Die Masse oder die Amplitude haben keinen Einfluss auf die Dauer der **Schwingung**. Je länger der Faden des Pendels ist, desto länger ist auch die **Schwingungsdauer**.

2 Pendel: **A** Fadenpendel, **B** Federpendel

Federpendel

Ein **Federpendel** besteht aus einer Schraubenfeder, an der eine Masse befestigt ist. Im Gegensatz zu einem Fadenpendel wird das Federpendel nicht zur Seite, sondern nach unten ausgelenkt. Das Federpendel bewegt sich dann nach oben und nach unten.
Die Schwingungsdauer eines Federpendels ist nicht abhängig von der Größe der Feder oder der Gravitationskonstanten. Sie ist abhängig von der angehängten Masse und der **Federkonstanten** der Schraubenfeder. Je größer die Masse ist, desto länger schwingt die Feder. Je größer die Federkonstante ist, desto kürzer ist die Schwingungsdauer.

Gedämpft und ungedämpft

Versetzt man ein Pendel in Schwingung, dann wird die Amplitude immer kleiner, bis das Pendel sich irgendwann gar nicht mehr bewegt. Bei der Schwingung wird ständig Bewegungsenergie in potentielle Energie umgewandelt. Dabei wird durch die Reibung aber auch immer ein Teil in Wärme umgewandelt. Dadurch kommt die Schwingung irgendwann zu einem Ende. Eine solche Bewegung nennt man **gedämpfte Schwingung**. Stößt man ein Pendel in seiner Bewegung immer wieder neu an, dann wird ihm immer wieder Energie zugeführt. So kann der Energieverlust durch die Reibung ausgeglichen werden. Die Amplitude der Schwingung wird in diesem Fall nicht geringer, sondern bleibt gleich groß. Eine solche Schwingung bezeichnet man auch als **ungedämpfte Schwingung**.

Resonanz

Wird ein Körper durch einen anderen, schwingenden Körper selbst in Schwingung versetzt, spricht man von einer **erzwungenen Schwingung**. Zum Beispiel kann man mit einer schwingenden Stimmgabel eine zweite anregen.
Jeder Körper schwingt mir einer eigenen Frequenz, der Eigenfrequenz. Schwingen zwei Stimmgabeln mit der gleichen Eigenfrequenz, sagt man auch, dass sie in **Resonanz** sind. Das Erzwingen von Schwingungen kann aber auch gefährlich sein. Wird ein Körper in seiner Eigenfrequenz zum Schwingen gezwungen, kann die Amplitude immer größer und der Körper zerstört werden. Brücken wurden so schon zum Einsturz gebracht.

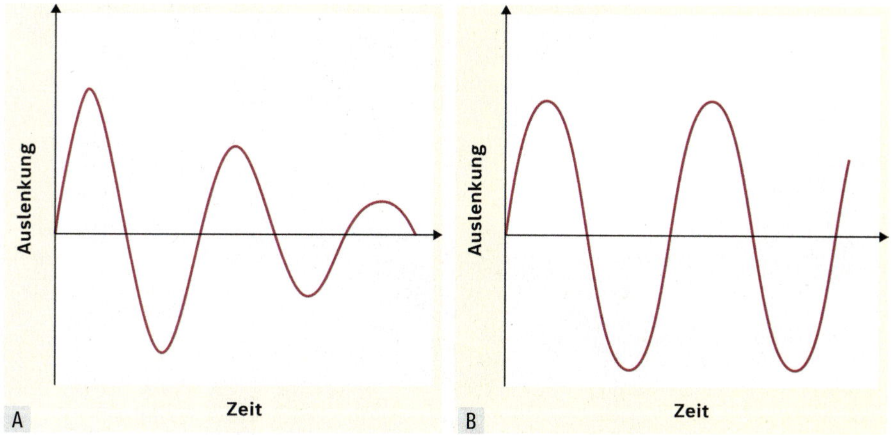

3 Schwingung: **A** gedämpft, **B** ungedämpft

Material mit Aufgaben

M1 Pendel

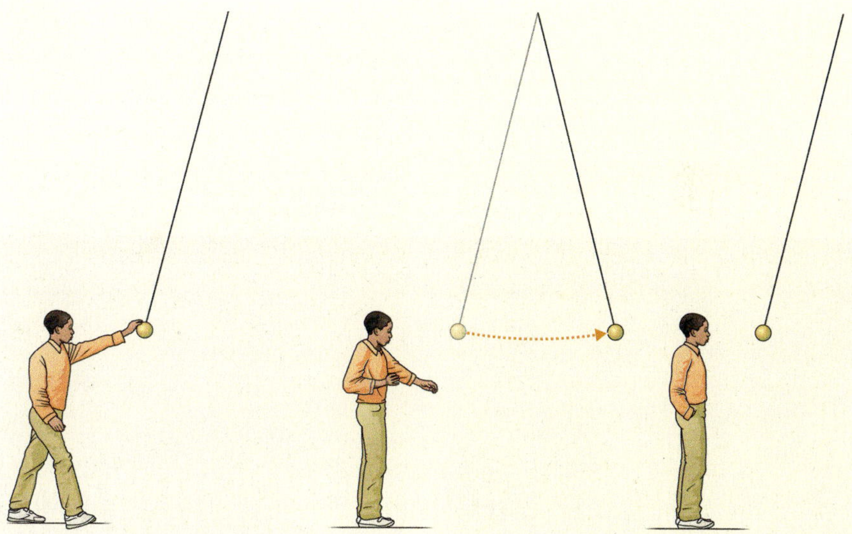

1. Beschreibe den Versuch.
2. Erkläre, warum die Person nicht getroffen wird.
3. Erkläre, ob es sich um eine gedämpfte oder eine ungedämpfte Schwingung handelt.
4. Anton behauptet: „In der Natur können auch ungedämpfte Schwingungen auftreten." Nimm Stellung zu der Aussage.

1 Schwingende Gitarrensaite

Mechanische Wellen

Längswelle

Bewegt man den Anfang einer ausgelegten Schraubenfeder kurz vor und wieder zurück, dann folgen alle Windungen der Feder nach und nach der ursprünglichen Bewegung. Man erkennt dies an den Verdichtungen und Verdünnungen der Feder. Die durch die Anfangsbewegung entstandene Störung breitet sich in der Feder immer weiter aus. Es entsteht eine **mechanische Welle**. Die Teilchen der Feder schwingen in diesem Beispiel in die gleiche Richtung, in die sich die Störung ausbreitet. Die Schwingungsrichtung der Teilchen ist also gleich der Ausbreitungsrichtung der mechanischen Welle. Diese Art von mechanischen Wellen bezeichnet man als **Längswellen**.

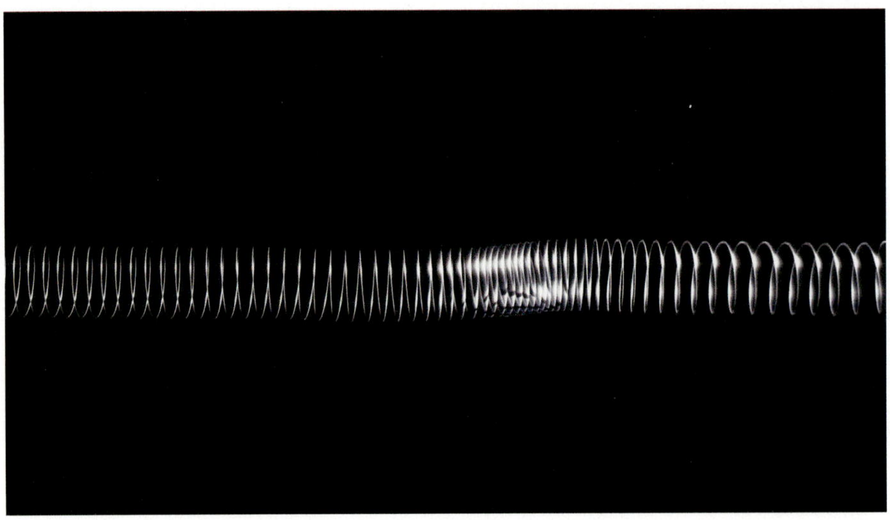

2 Längswelle einer Schraubenfeder

Schall

Mechanische Wellen beschreiben die räumliche Ausbreitung von Schwingungen. Sie benötigen immer ein **Medium**. Dieses Medium kann zum Beispiel Luft sein. Bei der Ausbreitung von Schall sind die Schwingungsrichtung der Luftteilchen und die Ausbreitungsrichtung der Welle gleich. Schall ist eine Längswelle.

Querwelle

Bewegt man den Anfang einer ausgelegten Schraubenfeder kurz auf und ab, dann folgen auch in diesem Fall alle Windungen der Feder nach und nach der ursprünglichen Bewegung. Es sieht von oben so aus, als würde sich die Feder schlängeln.

In diesem Beispiel schwingen die Teilchen der Feder nicht mit der Ausbreitungsrichtung der mechanischen Welle. Sie schwingen senkrecht zu ihr. Eine solche mechanische Welle bezeichnet man als **Querwelle**.

Ein Beispiel für Querwellen ist das Schwingen einer Gitarrensaite. Auch Licht breitet sich als Querwelle aus.

3 Querwelle einer Schraubenfeder

Material mit Aufgaben

M1 Wellen im Teilchenmodell

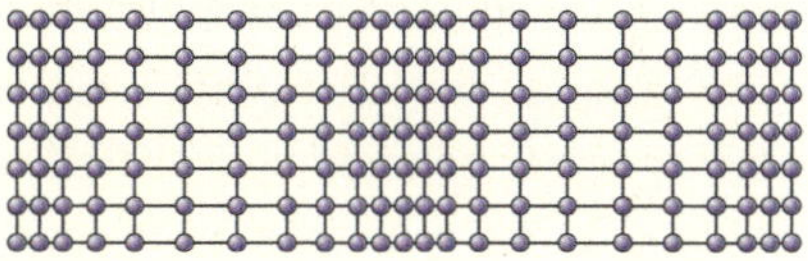

A

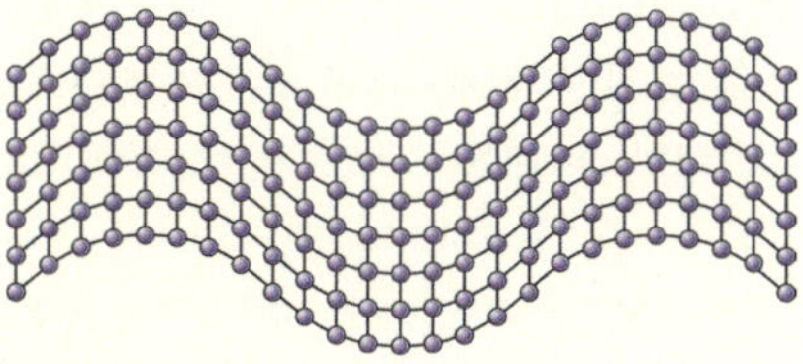

B

1. Beschreibe die beiden Teilchenmodelle in Bild A und B.
2. Ordne den Modellen die Begriffe Querwelle und Längswelle zu. Begründe.

M2 Gekoppelte Pendel

1. Beschreibe den Versuchsaufbau.
2. Erkläre was geschieht, wenn ein äußeres Pendel angestoßen wird.
3. Erkläre, warum dieser Versuchsaufbau ein Modell für eine Querwelle ist.

1 Ruf in den Bergen

Verhalten von Wellen

Reflexion

Ruft man in den Bergen, kann es sein, dass man seine eigene Stimme kurze Zeit später wieder hört. Dieses Phänomen nennt man **Echo**. Bei einem Echo werden die Schallwellen an den Bergen wieder zurückgeworfen. Man sagt auch, die Wellen werden **reflektiert**. Bei der Reflexion von Schallwellen gilt auch das Reflexionsgesetz. Der Eintrittswinkel der einfallenden Wellen ist genauso groß wie der Austrittswinkel der reflektierten Wellen. Dieses Prinzip macht man sich zum Beispiel beim **Echolot** zu Nutze. Mithilfe von Schall und dessen Reflexion können so zum Beispiel Fischschwärme geortet werden.

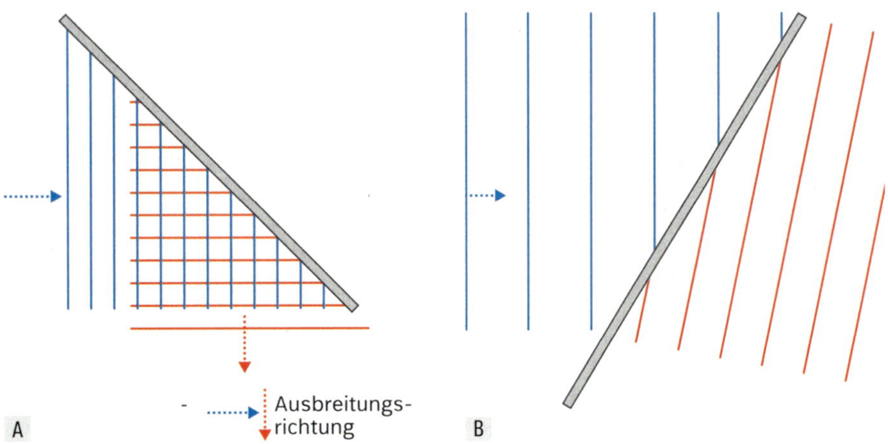

2 Wellen werden: **A** reflektiert, **B** gebrochen

Brechung

Vom Licht kennt man das Prinzip der Lichtbrechung. Dabei verändert das Licht seine Ausbreitungsrichtung an der Grenzfläche zweier Medien mit unterschiedlichen optischen Dichten. Da Licht auch eine Welle ist, können demnach auch Wellen nicht nur reflektiert, sondern auch gebrochen werden. Auch Wasser- oder Schallwellen können gebrochen werden. Taucht man im Wasser, kann man nie genau ausmachen, aus welcher Richtung Geräusche kommen.

Beugung

Obwohl sich Schallwellen geradlinig ausbreiten, kann man Dinge hören, die sich hinter einer Ecke befinden. Die Schallwellen müssen also abgelenkt werden. Man sagt auch, sie werden gebeugt. Die **Beugung** von Wellen kann man gut an Wasser beobachten.
Stellt man ein Hindernis in ein mit Wasser gefülltes Becken, kann man beobachten, dass die Wasserwellen an den Kanten des Hindernisses abgelenkt werden und sich von dort weiter ausbreiten. Es kommt an den Kanten zur Entstehung neuer Wellen. Das heißt, dass jeder Punkt einer Welle Ausgangspunkt einer neuen Welle sein kann. Dieses Prinzip wird auch als **huygenssche Gesetz** bezeichnet.

Interferenz

Wirft man einen Stein ins Wasser, dann entstehen kreisförmige Wellen. Wirft man mehrere Steine ins Wasser, dann überlagern sich die entstehenden Wellen. Sie bilden durch die Überlagerung ein Muster, da sie sich gegenseitig beeinflussen. Diese Erscheinung heißt **Interferenz.**
Treffen zwei Wellenberge mit gleicher Amplitude aufeinander, verdoppelt sich die Amplitude. Treffen zwei Wellentäler aufeinander, verdoppelt sich ebenfalls die Amplitude.
Treffen bei der Überlagerung dagegen Wellenberg und Wellental aufeinander, werden die Wellen ausgelöscht.

A Beschreibe den Unterschied zwischen der Reflexion und der Beugung von Wellen.

3 Beugung

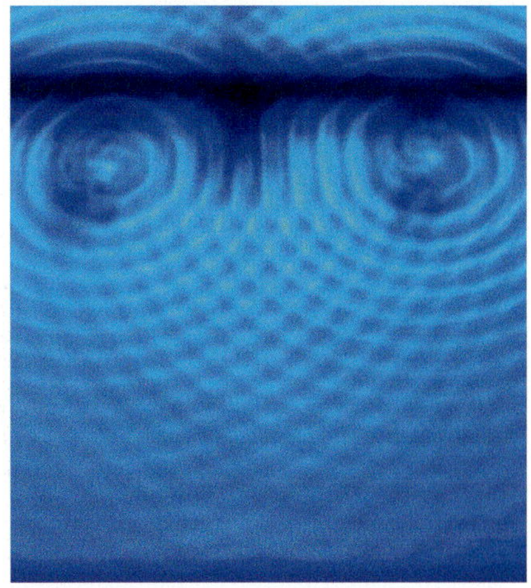

4 Interferenz

Material mit Aufgaben

M1 Echolot

1. Beschreibe die Funktionsweise eines Echolots.
2. Erkläre, wie mithilfe eines Echolots verschiedene Gewässertiefen bestimmt werden können.

Schwingungen

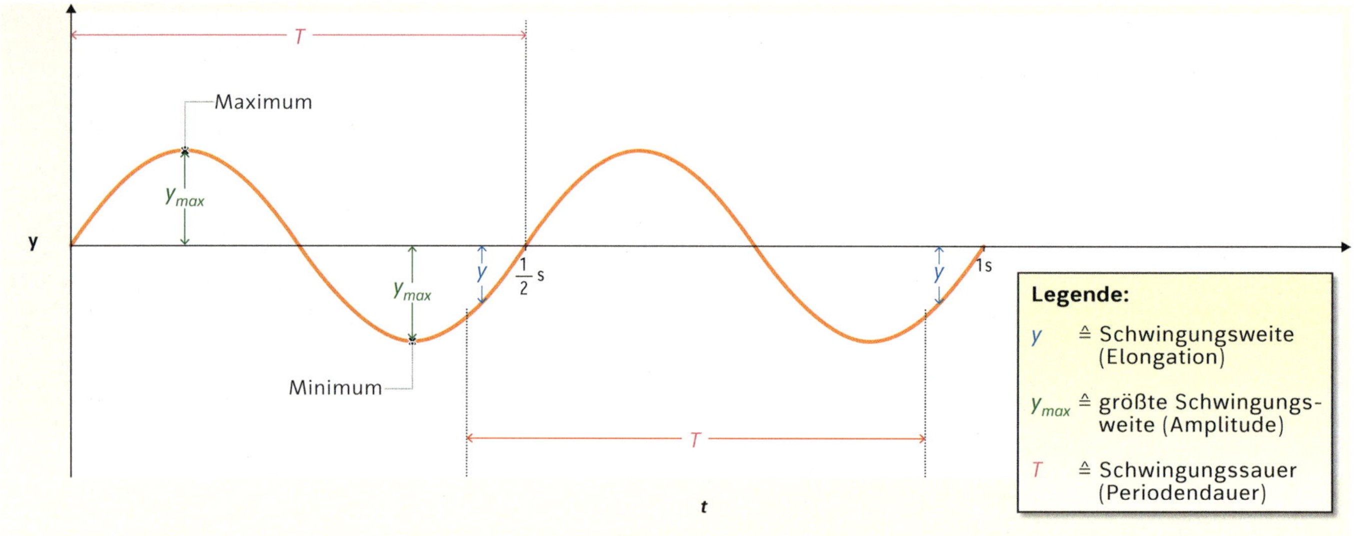

Schwingt ein Körper durch seine Ruhelage zu den Umkehrpunkten auf jeder Seite, dann bezeichnet man diesen Ablauf als Schwingung.

Zu den Kenngrößen einer Schwingung gehören das Minimum, das Maximum, die Schwingungsweite (Elongation) und die Frequenz. Entspricht der Grapf der Schwingung einer Sinuskurve, nennt man dies harmonische Schwingung.

Pendel

Es gibt verschiedene Arten von Pendeln. Ein Fadenpendel besteht zum Beispiel aus einem Faden, an dem eine Masse befestigt ist. Ein Federpendel besteht aus einer Schraubenfeder mit einer Masse. Je nach Pendel haben verschiedene Größen Einfluss auf die Schwingungsdauer. Beim Fadenpendel ist diese nur abhängig von der Länge des Fadens und der Gravitationskonstanten. Bei einem Federpendel ist die Schwingungsdauer abhängig von der Federkonstanten und der angehängten Masse.Versetzt man ein Pendel in Schwingung, dann endet diese irgendwann durch die Reibung wieder. Sie ist gedämpft.

Mechanische Wellen

Ausbreitung von mechanischen Schwingungen im Raum bezeichnet man als mechanische Wellen. Es gibt Längswellen, zu denen zum Beispiel Schall gehört. Zu den Querwellen gehören beispielsweise Licht oder das Schwingen einer Gitarrensaite. Mechanische Wellen können reflektiert, gebrochen, gebeugt werden und inteferieren.

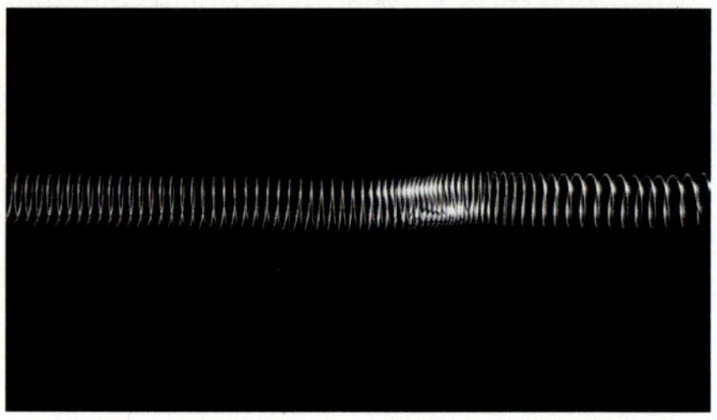

1 Schwingungen

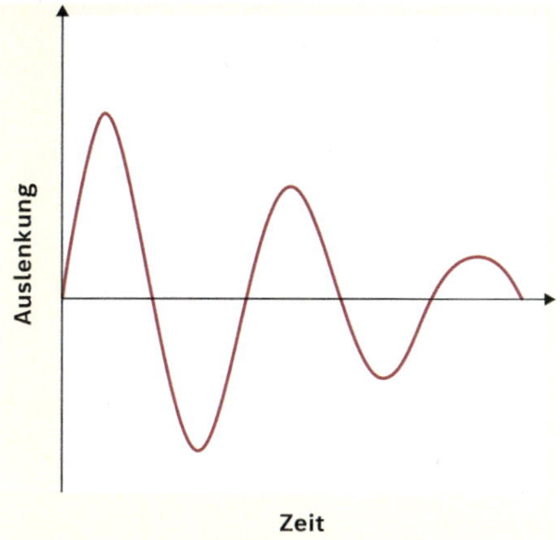

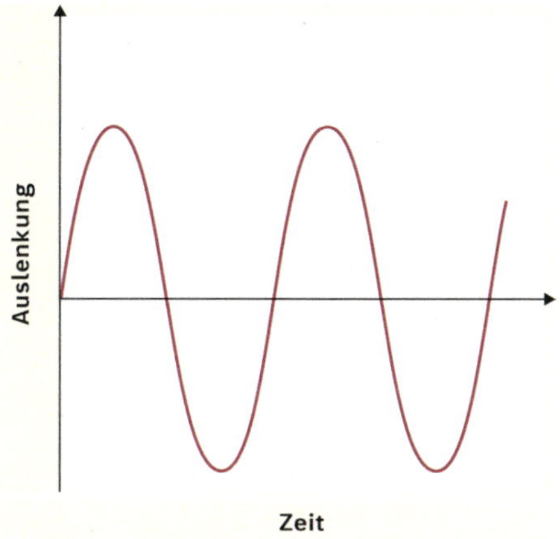

A Beschreibe die abgebildeten Schwingungen.

B Erkläre, welche der Schwingungen gedämpft ist und welche ungedämpft.

C Erkläre, was man unter dem Begriff Resonanz versteht.

D Erkläre, warum das erzwingen von Schwingungen auch gefährlich sein kann.

3 Verhalten von Wellen

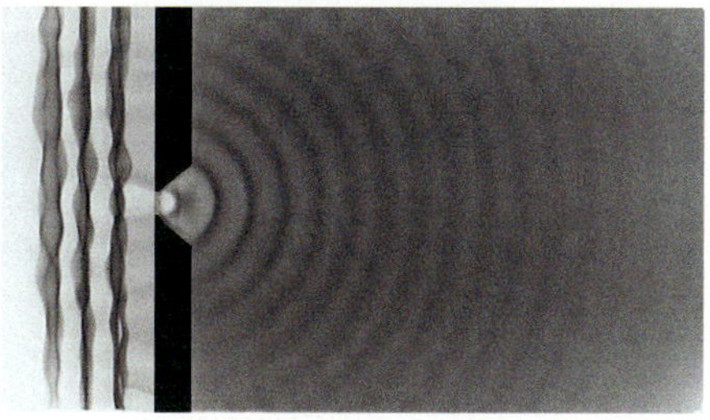

In einem Wasserbecken wurde ein Spalt platziert. Dann wurden Wasserwellen vor dem Spalt erzeugt.

A Beschreibe mithilfe des Bildes die Ergebnisse des Versuchs.

B Erkläre, welches der beiden Phänomen in dem Versuch gezeigt wird: Beugung oder Interferenz von Wellen.

2 Mechanische Wellen

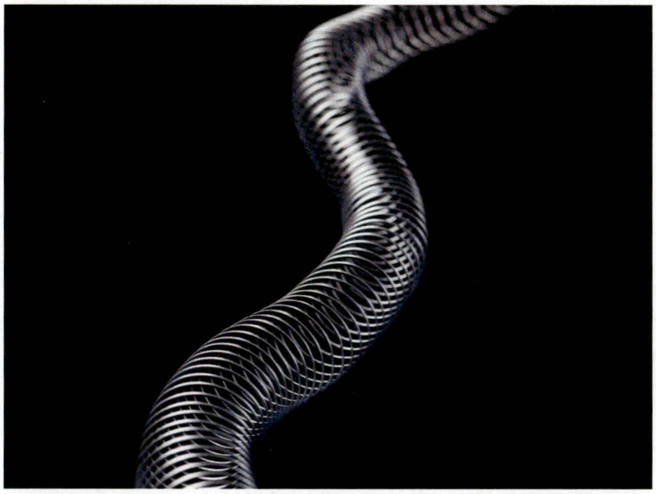

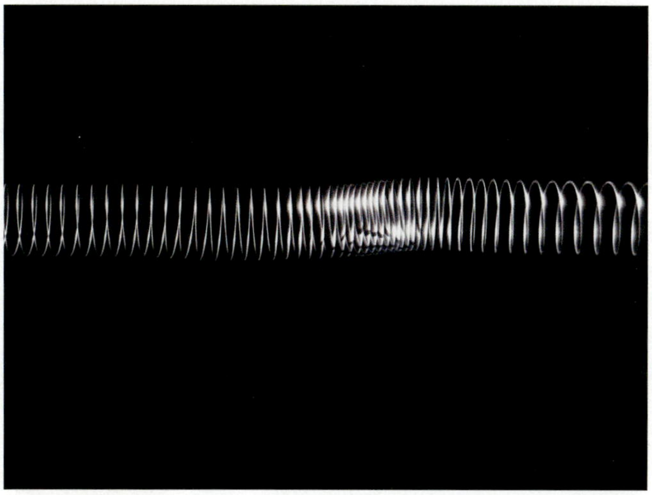

A Beschreibe die abgebildeten Schraubenfedern.

B Ordne den Schraubenfedern die Begriffe Längswelle und Querweille zu.

C Nenne Beispiele für die verschiedenen Wellen.

D Erkläre den Unterschied zwischen Längswellen und Querwellen.

E Das Anschlagen einer Gitarrensaite kann man einen Ton hören. Erkläre, wo sich in diesem Beispiel Längswellen und Querwellen ausbreiten.

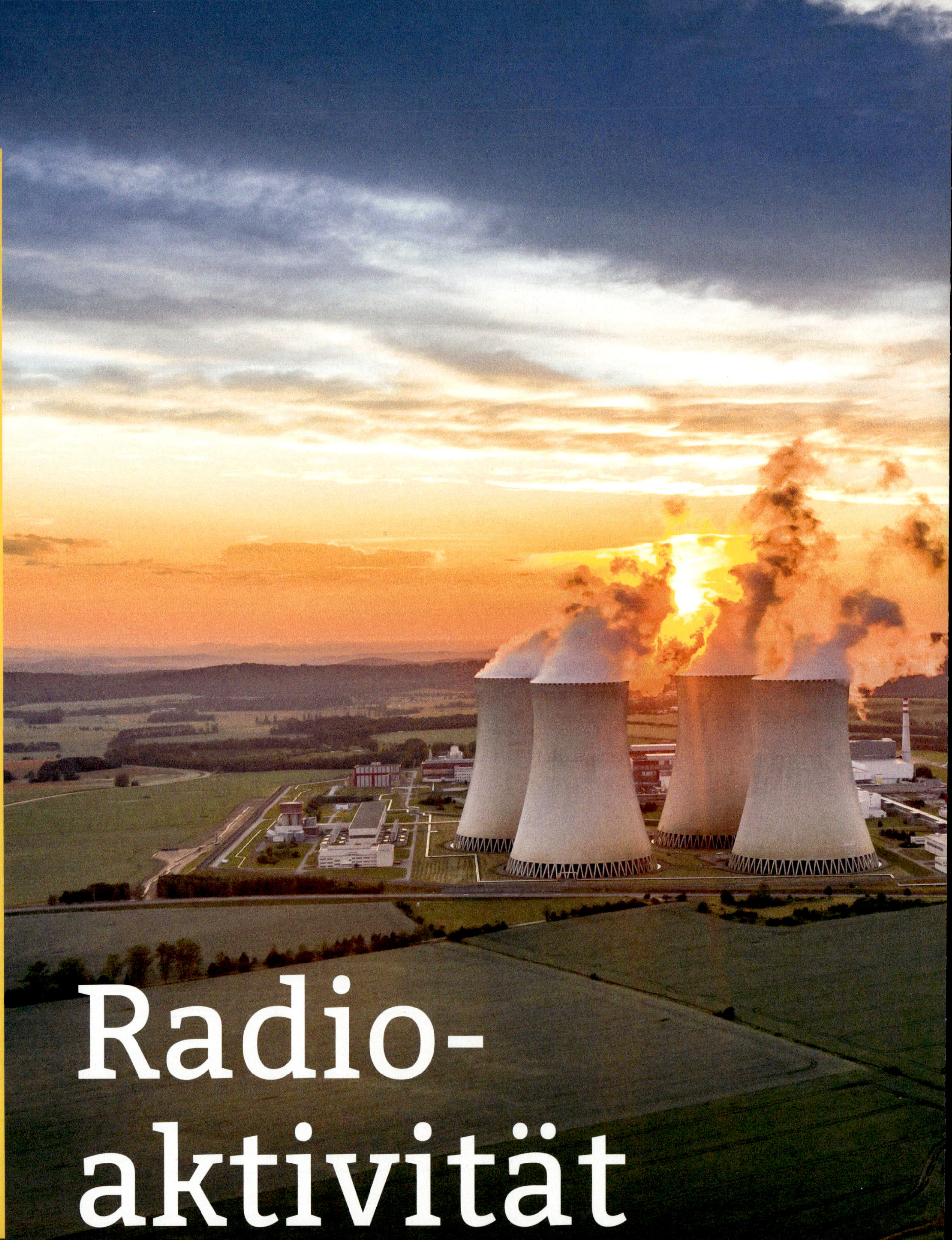

Radio-aktivität

11

Was ist Radioaktivität?
Welche Folgen kann radioaktive Strahlung haben?
Wo werden Kettenreaktionen genutzt?

Atomkraftwerke nutzen radioaktive Stoffe für die Bereitstellung von elektrischer Energie. Durch das kontrollierte Auslösen von Kettenreaktionen wird sehr viel Energie freigesetzt, die zum Beispiel für das Erhitzen von Wasser genutzt wird.

Durch immer bessere Forschungsmethoden kann man den Aufbau von Atomen untersuchen. Im Bild erkennt man auch im Atomkern kleine Strukturen. Welche Teilchen sind in einem Atomkern enthalten?

F

1 Schematische Darstellung eines Atoms

Aufbau von Atomen

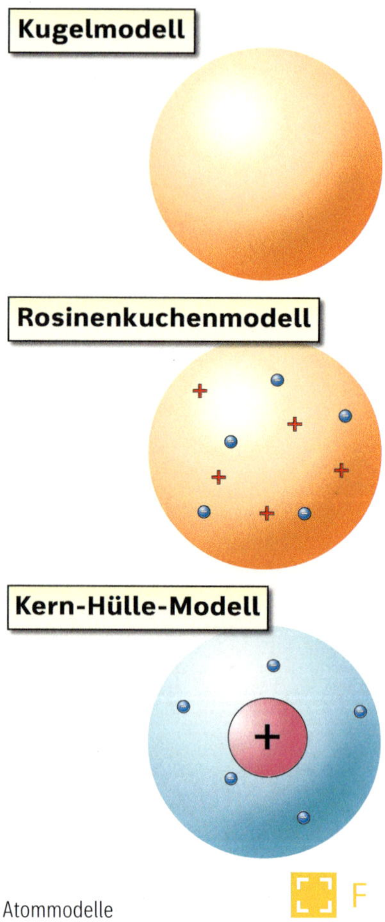

F

2 Atommodelle

Dalton

Schon seit sehr langer Zeit machen sich Menschen Gedanken über den Aufbau von Elementen. John Dalton begründete mit seiner Kugelvorstellung von Atomen die moderne Atomtheorie. Dieses Modell geht davon aus, dass alles aus spezifischen kleinsten unteilbaren Teilchen, den **Atomen,** besteht. Die Atome werden als Kugeln dargestellt. Nach diesem Modell sind die Atome komplett mit Masse ausgefüllt.

Thomson

Der englische Physiker Joseph John Thomson entwickelte einen genaueren Vorschlag zum Aufbau eines Atoms. Nach diesem Modell enthält ein Atom negativ geladene, kleinere Teilchen. Diese **Elektronen** liegen in einer positiv geladenen Grundmasse. Die Verteilung der Elektronen erinnert an die Verteilung von Rosinen in einem Kuchen. Daher spricht man vom Rosinenkuchenmodell.

Rutherford

Der neuseeländische Physiker Ernest Rutherford nutzte positiv geladene Teilchen zur Erforschung des Aufbaus der Atome. Dazu bestrahlte Rutherford eine dünne Goldfolie mit positiv geladenen α-Teilchen. Um die Goldfolie herum befand sich ein kreisförmiger Schirm aus Zinksulfid. Wenn die Teilchen auf den Schirm auftrafen, lösten sie einen Lichtblitz aus. Bei diesem Versuch durchquerten die meisten Teilchen die Goldfolie geradlinig. Nur wenige wurden in ihrer Flugbahn abgelenkt. Sehr wenige Teilchen prallten von der Goldfolie ab und wurden zurückgeworfen.

Kern-Hülle-Modell

Zu Rutherfords Zeit war das Rosinenkuchenmodell die gängige Vorstelllung. Aus den Beobachtungen seines Streuversuchs stellte Rutherford eine neue Vorstellung zum Aufbau eines Atoms auf: Ein positiv geladenes Teilchen wird von seiner Flugbahn abgelenkt, wenn es nah am **Atomkern** eines Goldatoms vorbeifliegt. Der Großteil der Masse eines Atoms ist demnach im Atomkern konzentriert. Dieser ist positiv geladen. Die positiven Teilchen werden abgelenkt, da gleiche Ladungen sich abstoßen. Da die meisten Teilchen jedoch ungehindert die Folie durchdringen, muss sich um den Atomkern eines Goldatoms eine große, fast leere Atomhülle befinden. In dieser liegen Elektronen. Diese Vorstellung bezeichnet man als **Kern-Hülle-Modell**.

Bau des Atomkerns

Die Elektronen befinden sich in der Atomhülle des Atoms. Im Zentrum eines Atoms befindet sich der Atomkern. Untersucht man den Atomkern genauer, erkennt man, dass auch der Kern aus kleinen Teilchen besteht: den **Protonen** und den **Neutronen**. Beide bezeichnet man als Kernteilchen, die **Nukleonen**.

Protonen

Das Wasserstoff-Atom ist am einfachsten aufgebaut. Sein Atomkern besteht in der Regel aus einem Proton. Die elektrische Ladung des Protons ist genau so groß wie die Ladung eines Elektrons, aber positiv statt negativ. Das Symbol für Protonen ist p^+. Der Atomkern eines Wasserstoff-Atoms ist positiv geladen. Das gesamte Wasserstoff-Atom besteht aus einem Proton im Kern und einem negativ geladenen Elektron in der Hülle. Es ist deshalb nach außen hin elektrisch neutral. Von Element zu Element unterscheidet sich die Anzahl der Protonen im Kern.

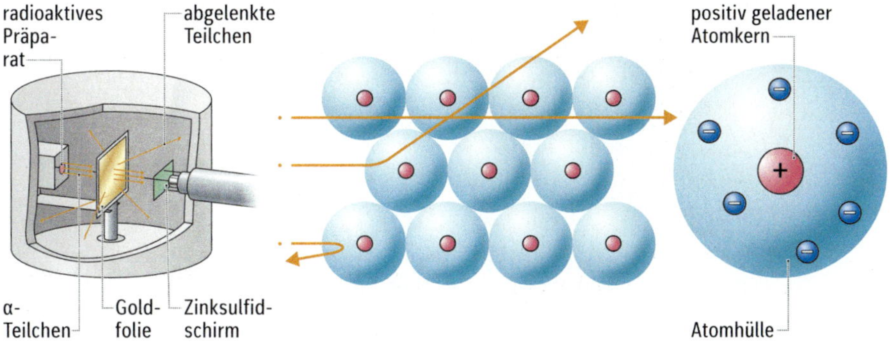

3 Streuversuch von Rutherford

Neutronen

Neben den Protonen besteht der Atomkern noch aus Neutronen. Sie sind elektrisch neutral. Das Symbol für Neutronen ist n. Die Neutronen sind für die Stabilität des Atomkerns wichtig.

A Beschreibe den Streuversuch von Rutherford mit Hilfe von Bild 3.

B Begründe, dass Atome insgesamt elektrisch neutral sind, obwohl sie geladene Teilchen enthalten.

Material mit Aufgaben

M1 Flugbahn von α-Teilchen im Kern-Hülle-Modell

1. Beschreibe die unterschiedlichen Flugbahnen der α-Teilchen im Versuch.
2. Beschreibe das Kern-Hülle-Modell.
3. Erkläre die unterschiedlichen Flugbahnen der dargestellten α-Teilchen. +
4. Begründe, weshalb der dargestellte Versuch von Rutherford das Rosinenkuchen-Modell widerlegt.

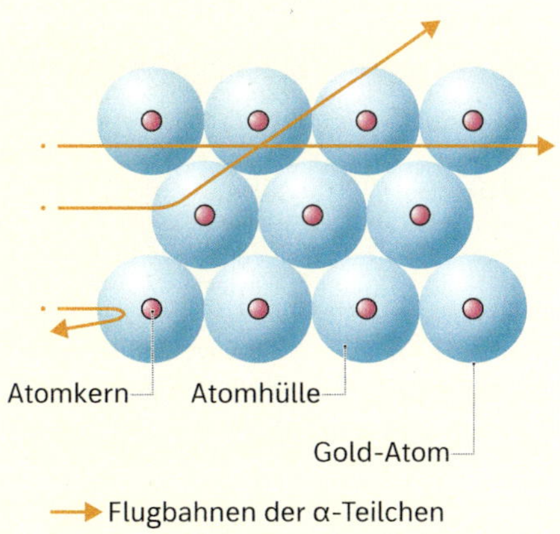

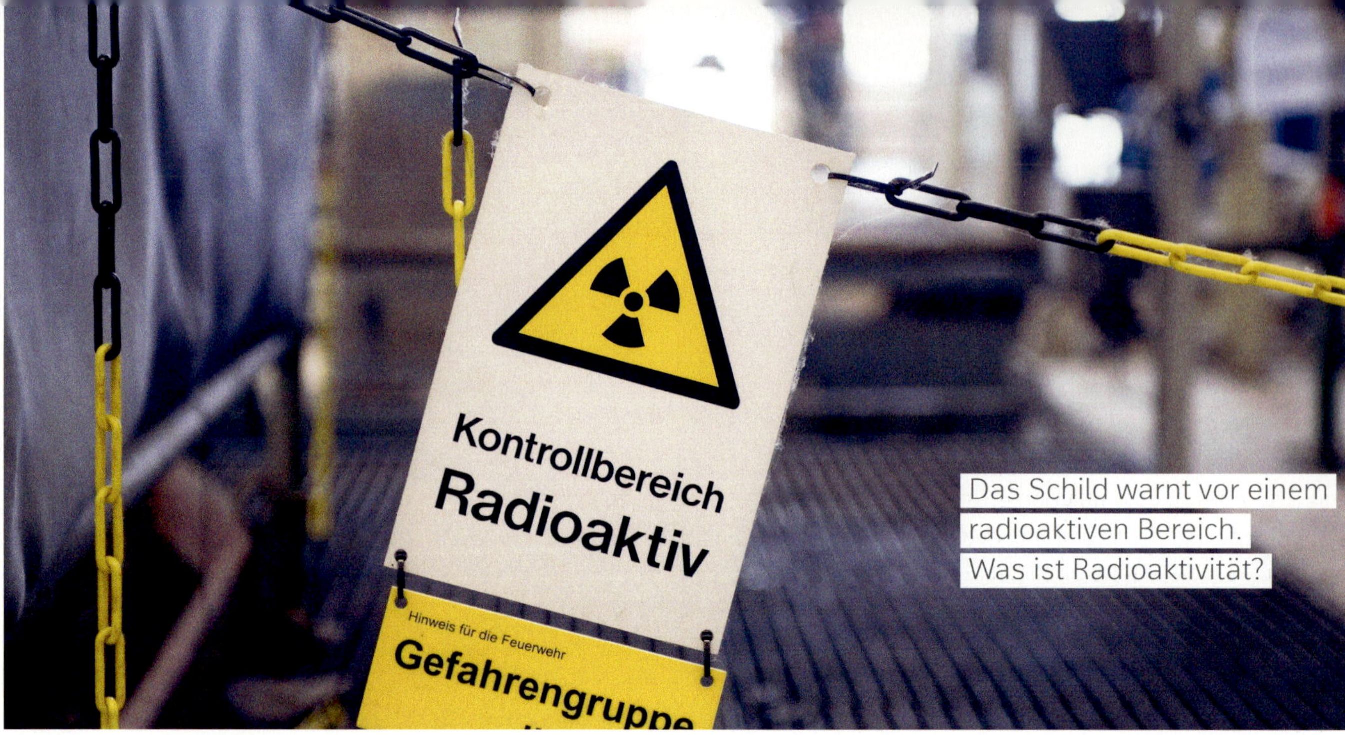

1 Radioaktivitäts-Warnschild

Radioaktive Strahlung

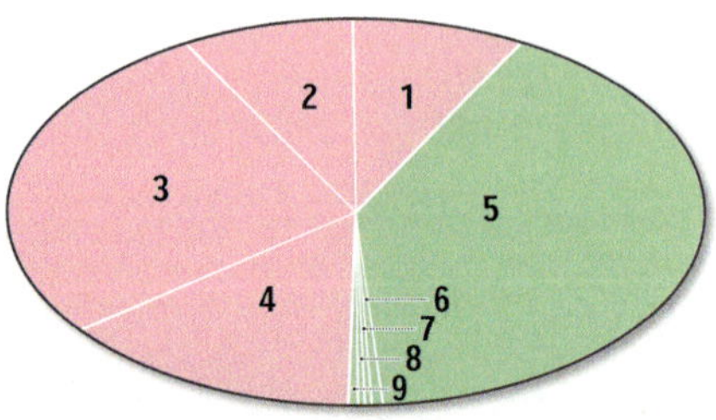

- **1** sonstige innere Strahlung 8,0 %
- **2** kosmische Strahlung 8,0 %
- **3** Einatmen von Radon 27,1 %
- **4** Bodenstrahlung 14,0 %
- **5** Medizinische Anwendungen 41,1 %
- **6** Folgen des Tschernobylunfalls 0,6 %
- **7** Kernkraftwerke (Normalbetrieb) 0,3 %
- **8** Atombombenversuche 0,3 %
- **9** sonstige künstliche Strahlung 0,6 %

natürliche Strahlung   künstliche Strahlung

2 Anteile der Strahlenbelastung

Radioaktivität

Nach Unfällen in Kernkraftwerken hört man oft, dass radioaktive Stoffe in die Umgebung gelangt sind. Radioaktive Stoffe senden sehr energiereiche Strahlung aus. Umgangssprachlich wird diese Strahlung als **radioaktive Strahlung** bezeichnet. Man kann sie nicht sehen und auch ihre Folgen werden oft nicht direkt deutlich. Nach so einem Unfall helfen viele Menschen aus aller Welt und führen Messungen mit spezieller Ausrüstung durch, um die Radioaktivität in der Umgebung zu bestimmen.

Ursachen radioaktiver Strahlung

Von den bekannten 118 Elementen sind 28 radioaktiv. Bekannte radioaktive Elemente sind beispielsweise Uran und Radium. Sie kommen im Gestein vor. Radioaktive Strahlung, die von Elementen im Boden ausgeht, bezeichnet man als **terrestrische Strahlung** oder Bodenstrahlung. Radioaktive Strahlung, die aus dem Weltraum zur Erde gelangt, wird **kosmische Strahlung** genannt. Das radioaktive Element Radon ist ein Bestandteil der Luft. Der Mensch atmet also täglich Radon ein und nimmt zusätzlich durch die Nahrung weitere radioaktive Stoffe auf. Er strahlt auch in einem geringen Maß. Diese Form wird **innere Strahlung** genannt. Bodenstrahlung, kosmische Strahlung und innere Strahlung werden unter dem Begriff **natürliche** radioaktive Strahlung zusammengefasst.

Neben der natürlichen Strahlung gibt es auch **künstliche** radioaktive Strahlung. Sie entsteht zum Beispiel in Kernkraftwerken. Aber auch bei medizinischen Untersuchungen wie der Tomografie wird radioaktive Strahlung genutzt.

Ionisierung

Durch die energiereiche radioaktive Strahlung können Atome ionisiert werden. Bei der **Ionisierung** wird ein Teil der Strahlungsenergie auf ein oder mehrere Elektronen des Atoms übertragen. Dadurch haben diese genug Energie, um den Einflussbereich des Atomkerns zu verlassen. So verliert das Atom Elektronen und ist positiv geladen. Durch die Ionisierung entstehen positiv geladene **Ionen** und freie Elektronen. Aus diesem Grund ist der wissenschaftliche Name der radioaktiven Strahlung **ionisierende Strahlung**.

Nebelkammer

Radioaktive Strahlung kann mit einer Nebelkammer sichtbar gemacht werden. Sie ist eine luftdichte Box, die mit Wasserdampf gesättigte Luft enthält. Die Temperatur ist so eingestellt, dass der Dampf schon bei kleinen Änderungen kondensiert. Tritt radioaktive Strahlung in die Kammer ein, werden Atome ionisiert. Die Ionen bewirken, dass eine Kondensation stattfindet. Es bilden sich Tröpfchen, die mit einer Lampe sichtbar gemacht werden. Anhand der Kondensationsstreifen können die Bahnen der Strahlung sichtbar gemacht werden.

3 Nebelkammer

Geiger-Müller-Zählrohr

Für den Nachweis und die Messung radioaktiver Strahlung nutzt man ein Geiger-Müller-Zählrohr. Es besteht aus einem Rohr, in dem sich ein Gas und ein Draht befinden. Außerdem hat es auf einer Seite ein Fenster. Zwischen dem Draht und der Hülle des Rohres liegt eine Spannung an. Wenn durch das Fenster radioaktive Strahlung tritt, wird das Gas ionisiert. Ist die Spannung hoch genug, werden die entstehenden freien Elektronen von dem positiv geladenen Draht angezogen. Auf ihrem Weg ionisieren sie weitere Atome und es entstehen immer mehr freie Elektronen. Es kommt zu einer **Elektronenlawine**. Diese erzeugt beim Auftreffen auf den Draht einen Stromimpuls, der im Betriebsgerät verstärkt wird. Daran ist ein Zähler oder ein Lautsprecher angeschlossen. Im Lautsprecher erzeugt der Stromimpuls Knackgeräusche. Je schneller die Geräusche aufeinander folgen, desto mehr radioaktive Strahlung ist vorhanden.

Material mit Aufgaben

M1 Geiger-Müller-Zählrohr

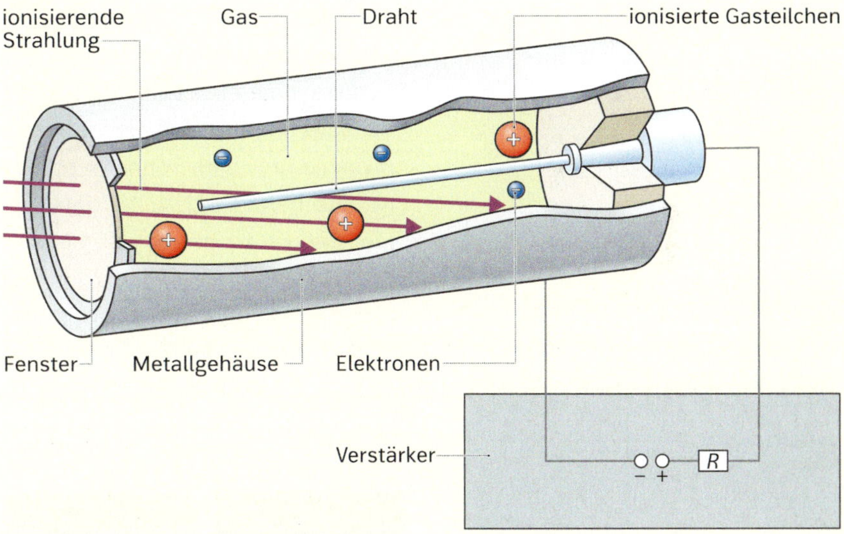

1. Beschreibe mithilfe der Abbildung den Aufbau eines Geiger-Müller-Zählrohres.
2. Erkläre mithilfe der Abbildung die Funktionsweise eines Geiger-Müller-Zählrohres.
3. Stelle Vermutungen an, wann das akustische Signal des Geiger-Müller-Zählrohres sinnvoll ist.
4. Erkläre, warum die Nebelkammer in der Regel nur noch für Demonstrationen genutzt wird.

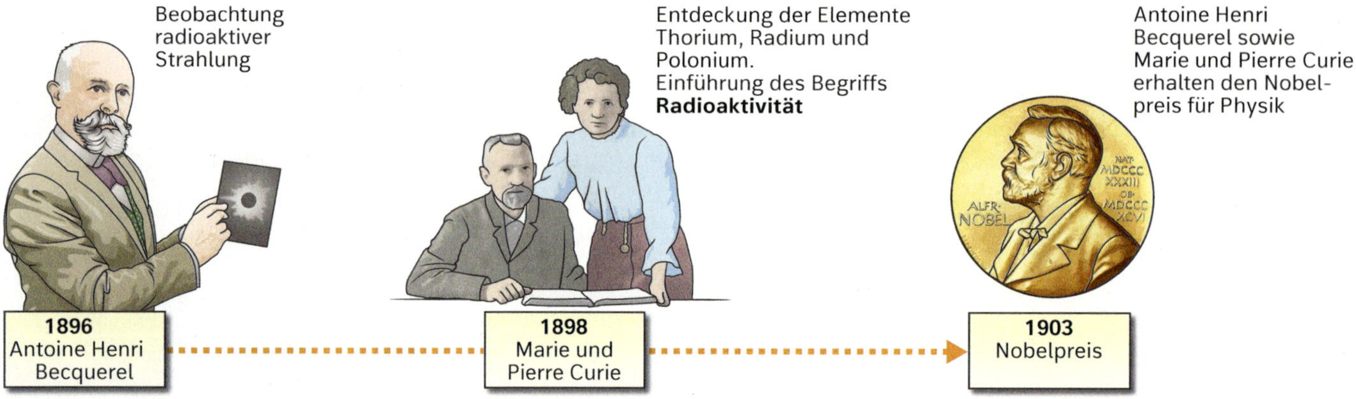

4 Entdeckung der Radioaktivität

Entdeckung der Radioaktivität

Radioaktive Strahlung kann man nicht sehen. Auch ihre Folgen werden oft nicht direkt deutlich. Daher wurde diese Art der Strahlung erst relativ spät entdeckt.

- **Becquerel** • Der Physiker Antoine Henri Becquerel entdeckte durch Zufall die radioaktive Strahlung. 1896 untersuchte er uranhaltiges Material, das im Dunkeln nachleuchtete, wenn es zuvor im Sonnenlicht lag. Er wollte herausfinden, ob das Nachleuchten stark genug war, um sogar durch Papier zu strahlen. Dafür legte er das Material auf eine spezielle Platte und stellte die Sachen in die Sonne. Nachdem er die Platte in eine chemische Lösung getaucht hatte, konnte er den Abdruck des uranhaltigen Materials auf der Platte erkennen. Durch Zufall legte er eines Tages eine Platte in die chemische Lösung, die vorher nicht mit dem uranhaltigen Material in der Sonne lag. Trotzdem konnte er einen Abdruck erkennen. Er stellte fest, dass vom Uran also immer eine Strahlung ausgeht. Becquerel hatte die radioaktive Strahlung entdeckt.
- **Curie** • 1898 untersuchte Marie Curie in ihrer Doktorarbeit die uranhaltigen Materialien genauer. Sie entdeckte dabei **Radon**, ein sehr stark strahlendes Element. Unterstützt durch ihren Mann Pierre schlug Marie Curie für das Auftreten der Strahlung den Begriff **Radioaktivität** vor. Im Jahr 1903 erhielten Marie und Pierre Curie mit Antoine Henri Becquerel den Nobelpreis für Physik. Marie Curie war die erste Frau, die einen Nobelpreis erhalten hat. ■

Material mit Aufgaben

M2 Uranglas

1. ▮ Beschreibe die Abbildungen A und B.
2. ▮▮ Begründe, ob in dem abgebildeten Glas uranhaltiges Material verwendet wurde. ⊞
3. ▮▮▮ Stelle Vermutungen an, warum heute kein Uranglas mehr hergestellt wird.

A ohne Beleuchtung B nach Beleuchtung

Ionisierung im Energieniveaumodell

Expertenwissen

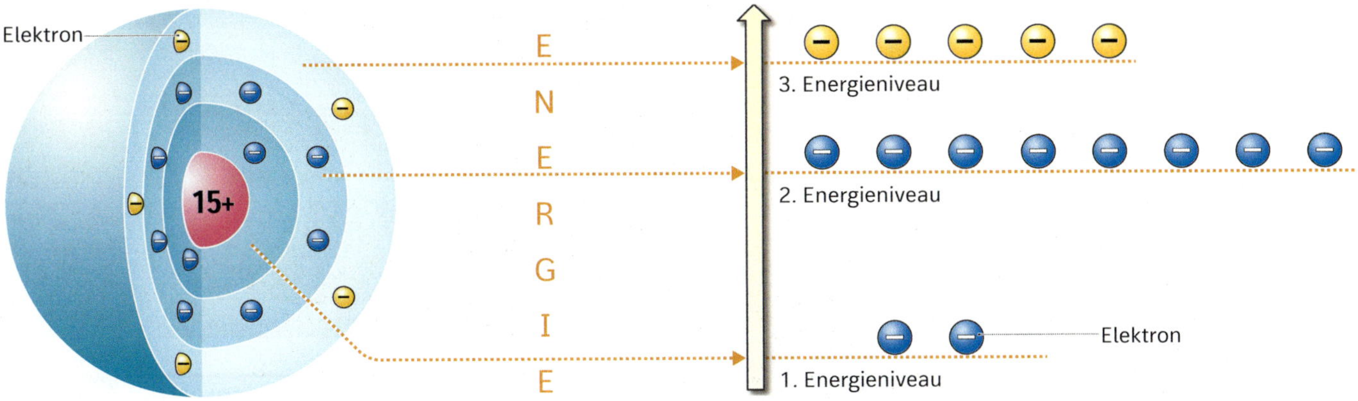

1 Energieniveaumodell

Energieniveaumodell

Elektronen sind unterschiedlich stark an den Atomkern gebunden. Es wird daher unterschiedlich viel Energie benötigt, um die Elektronen aus dem Einflussbereich des Atomkerns herauszulösen. Der Energiebedarf steigt nicht mit jedem Elektron stetig an, sondern die Elektronen befinden sich in Gruppen auf bestimmten **Energieniveaus**. Diese Energieniveaus sind im Schalenmodell der Atome als Elektronenschalen dargestellt. Je näher sich das Niveau am Atomkern befindet, desto energieärmer ist das Elektron und mehr Energie ist nötig, um dieses vom Atomkern zu lösen. Die Energieniveaus können nur eine bestimmte Anzahl an Elektronen enthalten. Das unterste Niveau umfasst maximal 2 Elektronen, das zweite maximal 8 und das dritte maximal 18 Elektronen.

Führt man einem Atom Energie zu, hängt die Wirkung von der Höhe der zugeführten Energie ab. Nur wenn die Energiemenge groß genug ist, kann einem Elektron so viel Energie zugefügt werden, dass es sich von seinem Niveau entfernen kann. Es bewegt sich damit aus dem Einflussbereich des Kerns heraus und ist dann frei beweglich. Radioaktive Strahlung ist sehr energiereich. Aus diesem Grund ist sie in der Lage, sehr viele Atome zu ionisieren und auch mehrere Elektronen pro Atom herauszulösen.

A Beschreibe mithilfe von Bild 1 das Energieniveaumodell.

Material mit Aufgaben

M1 Energieniveaumodell

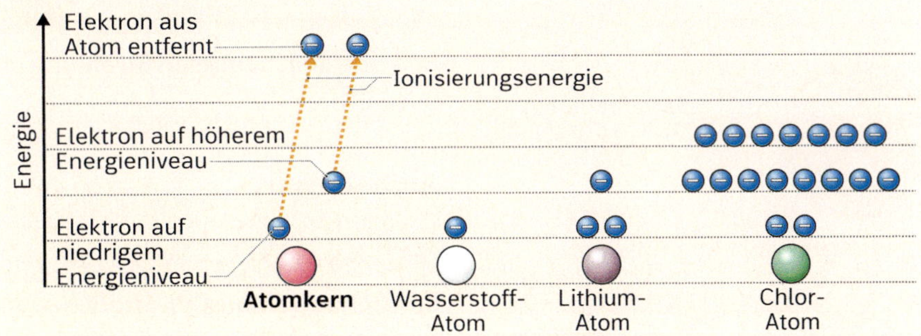

1. Beschreibe die Verteilung der Energieniveaus der verschiedenen Atome.

2. Erkläre, welche Elektronen sich leichter aus dem Atom entfernen lassen.

1 Radioaktiver Stoff in einem Bleibehälter

Strahlungsarten

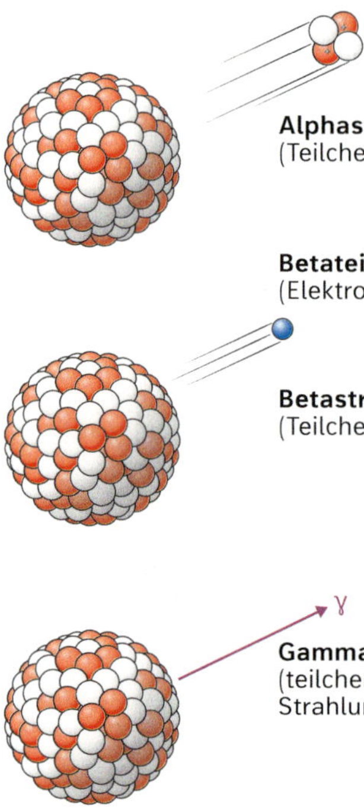

2 Radioaktive Strahlungsarten

Arten radioaktiver Strahlung

Radioaktive Strahlung tritt auf, wenn Atomkerne zerfallen. Bei diesem Prozess können unterschiedliche Arten von Strahlung ausgesendet werden. Diese Strahlungsarten unterscheiden sich zum Beispiel in ihrer Reichweite oder der Energie, die sie besitzen.
Bei den radioaktiven Strahlungsarten wird zwischen einer **Teilchenstrahlung** und einer **teilchenfreien Strahlung** unterschieden.

Alphazerfall

Zerfallen Atomkerne schwerer Elemente wie Uran, dann geben sie beim Zerfall oft **Alphastrahlung** (α-Strahlung) ab. Die α-Strahlung besteht aus α-Teilchen, die sich aus zwei Protonen und zwei Neutronen zusammensetzen. Sie entsprechen damit einem zweifach positiv geladenen **Heliumkern**.
α-Teilchen sind relativ groß. Ihre Reichweite ist sehr gering, weil sie häufig von Molekülen in der Luft abgelenkt werden. In der Luft beträgt ihre Reichweite ungefähr 5 cm. Sie können Hautschichten nicht durchdringen und werden schon von einem Blatt Papier abgeschirmt.

Betazerfall

Zerfällt im Atomkern ein Neutron in ein Proton und ein Elektron, wird das Elektron als **Betastrahlung** (β-Strahlung) ausgesendet. Die β-Strahlung besteht also aus Elektronen, den β-Teilchen. Sie ist daher negativ geladen. Da Elektronen kleiner als α-Teilchen sind, können sie auch Hautschichten durchdringen. Die Reichweite von β-Strahlung in Luft beträgt ungefähr 20 m. Sie kann durch ein etwa 1 mm dickes Aluminiumblech abgeschirmt werden.

Gammastrahlung

Nach Alpha- oder Betazerfällen bleiben manchmal Kerne in einem energiereichen, angeregten Zustand zurück. Um aber wieder in einen energetisch günstigeren Zustand zu gelangen, geben sie Energie ab. Diese wird dann in Form von **Gammastrahlung** (γ-Strahlung) frei. Sie ist eine teilchenfreie Strahlung. Darum ist sie ungeladen. γ-Strahlung kann Gewebe durchdringen und auf ihrem Weg Atome ionisieren. Dadurch kann sie schwere Schäden verursachen. Die Reichweite von γ-Strahlung beträgt mehrere Kilometer und eine vollständige Abschirmung ist auch durch eine dicke Blei- oder Betonschicht kaum möglich.

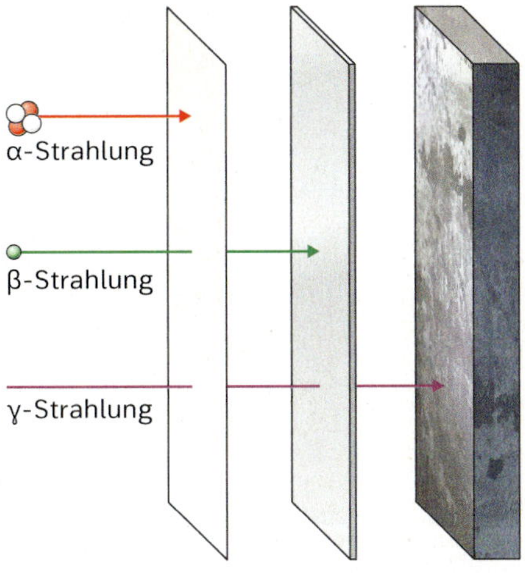

3 Abschirmung radioaktiver Strahlung

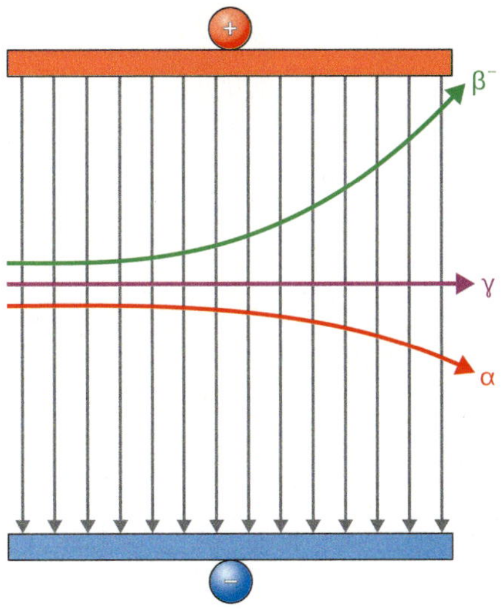

4 Radioaktive Strahlung im elektrischen Feld

Strahlung im elektrischen Feld

Wenn radioaktive Strahlung ein elektrisches Feld durchquert, dann nehmen die verschiedenen Strahlungsarten einen unterschiedlichen Weg. Da die α-Teilchen zweifach positiv geladen sind, werden sie im elektrischen Feld zum Minuspol hin abgelenkt. Die Elektronen der β-Strahlung sind negativ geladen und werden dadurch zum Pluspol des elektrischen Feldes abgelenkt. Die γ-Strahlung ist weder positiv noch negativ geladen. Sie wird im elektrischen Feld nicht abgelenkt.

A Erkläre den Unterschied zwischen Teilchenstrahlung und teilchenfreier Strahlung.

B Vergleiche die drei Arten radioaktiver Strahlung mithilfe einer Tabelle.

C Erkläre, warum α-Strahlung in der Luft eine geringe Reichweite hat.

Material mit Aufgaben

M1 Welche Strahlung ist es?

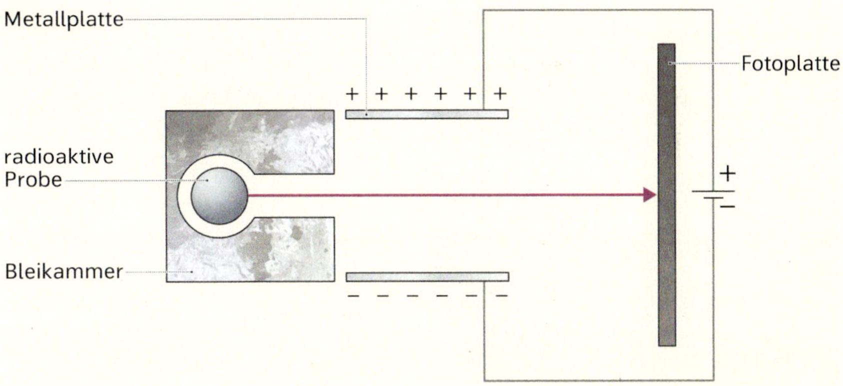

1. Beschreibe den abgebildeten Versuchsaufbau.
2. Beschreibe die Versuchsbeobachtungen.
3. Erkläre, um welche der drei Strahlungsarten es sich handeln muss.
4. Stelle begründete Vermutungen zum Strahlenverlauf einer Probe an, die α- oder β-Strahlung aussendet. Skizziere die Strahlenverläufe in deinem Heft.

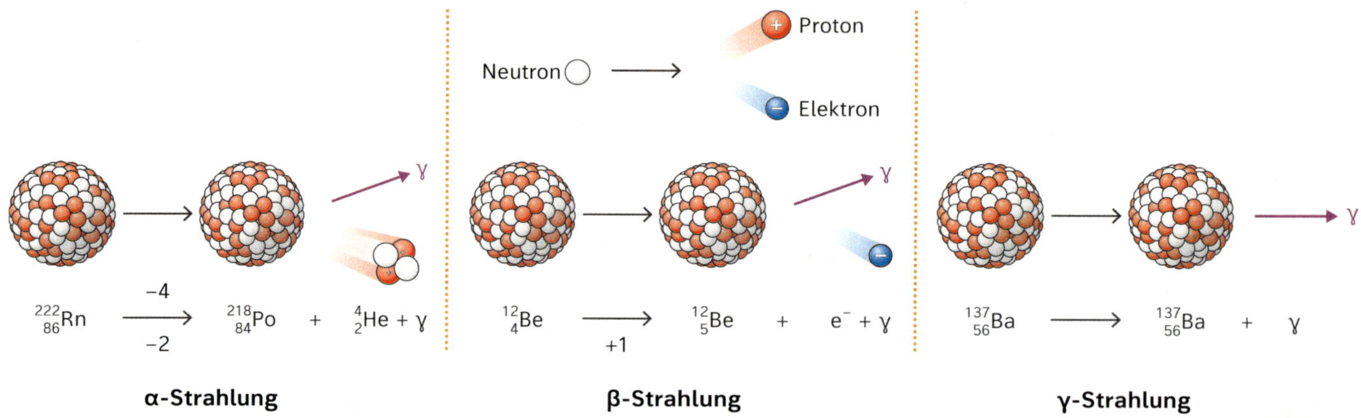

5 Änderung des Kerns

Isotope

Atomkerne bestehen aus Protonen und Neutronen. Chemische Elemente werden über die Protonenzahl definiert. Beispielsweise haben alle Sauerstoffatome gleich viele Protonen. Allerdings kann die Anzahl an Neutronen variieren. Die meisten Sauerstoffatome haben acht Neutronen, es gibt aber auch welche mit neun oder zehn. Dieses Phänomen heißt **Isotopie**. Als **Isotope** bezeichnet man Atome eines Elements, die sich in der Neutronenanzahl unterscheiden. Bei einigen Elementen sind alle Isotope stabil, bei anderen nur bestimmte Isotope. Die instabilen Isotope sind radioaktiv und zerfallen.

Änderung des Kerns

Beim radioaktiven Zerfall verändert sich die Menge der Kernbausteine. Bei der α-Strahlung werden α-Teilchen bestehend aus zwei Protonen und zwei Neutronen abgegeben. Die Massezahl des Atomkerns sinkt also um 4 und die Protonenzahl sinkt um 2.

Bei der β-Strahlung zerfällt ein Neutron in ein Proton und ein Elektron. Die Massezahl bleibt konstant, aber die Protonenzahl steigt um 1.

γ-Strahlung ist keine Teilchenstrahlung. Sie tritt im Zusammenhang mit den anderen Strahlungsarten auf. Aus diesem Grund führt sie zu keiner Veränderung in der Massen- oder Protonenzahl.

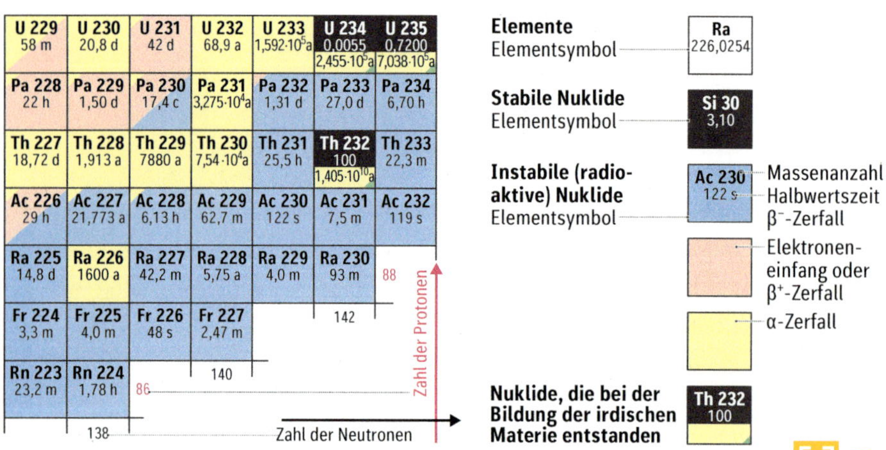

6 Nuklidkarte (Auszug)

Nuklidkarte

Die unterschiedlichen Zusammensetzungen der Atomkerne eines Elements, werden auch als **Nuklide** bezeichnet. Diese lassen sich in einer **Nuklidkarte** übersichtlich darstellen. In der Nuklidkarte ist die Neutronenzahl auf der X-Achse und die Protonenzahl auf der Y-Achse aufgetragen. Alle Isotope eines Elements stehen dadurch in waagerechten Reihen. Die stabilen Isotope von jedem Element sind in der Karte schwarz markiert.

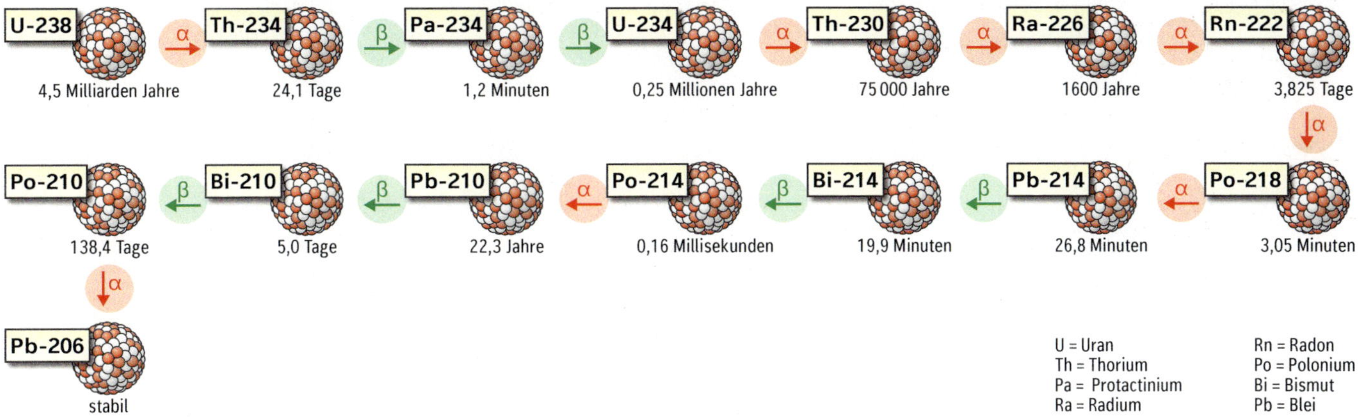

7 Zerfallsreihe von Uran-238 mit Halbwertszeiten

Zerfallsreihen

Die Atomkerne, die beim radioaktiven Zerfall entstehen, sind oft auch instabil und zerfallen erneut. Die Abfolge von Atomkernen, die durch wiederholte Zerfälle auseinander hervorgehen, nennt man **Zerfallsreihe**. Jede Zerfallsreihe endet bei einem stabilen Kern. Vier Zerfallsreihen kommen auf der Erde natürlich vor. Sie gehen von den Elementen Uran, Neptunium und Thorium aus. Die Thoriumreihe und die zwei Uran-Reihen enden bei Blei, die Neptuniumreihe bei Thallium. Natürliche radioaktive Strahler sind oft ein Gemisch von verschiedenen radioaktiven Stoffen, die dadurch verschiedene Strahlungsarten aussenden.

Zerfälle auf der Nuklidkarte

Zerfallsreihen lassen sich mit Nuklidkarten leichter nachvollziehen. Liegt ein α-Zerfall vor, geht man in der Karte 2 Felder nach links und 2 nach unten. Bei einem β-Zerfall geht man ein Feld nach links und eins nach oben. Da sich beim γ-Zerfall die Protonen- und Neutronenanzahl nicht ändert, bleibt man auf dem ursprünglichen Feld.

D Beschreibe die Zerfallsreihe von Uran-238 mithilfe von Bild 7.

Material mit Aufgaben

M2 Zerfallsreihen

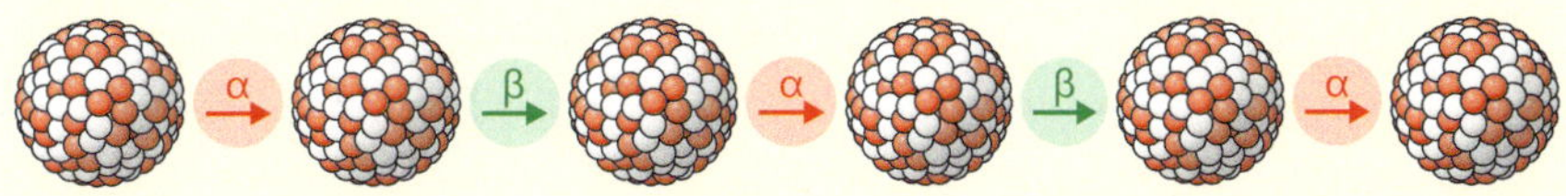

$^{235}_{92}U \rightarrow {}^{?}_{?}Th \rightarrow {}^{?}_{?}Pa \rightarrow {}^{?}_{?}Ac \rightarrow {}^{?}_{?}Th \rightarrow {}^{?}_{?}Ra$

A

Th 224 1,04 s	Th 225 8,72 m	Th 226 31 m	Th 227 18,72 d	Th 228 1,913 a	Th 229 7880 a	Th 230 $7{,}54 \cdot 10^4$ a	Th 231 25,5 h	Th 232 100 1,405 · 10a
Ac 223 2,10 m	Ac 224 2,9 h	Ac 225 10,0 d	Ac 226 29 h	Ac 227 21,773 a	Ac 228 6,13 h	Ac 229 62,7 m	Ac 230 122 s	Ac 231 7,5 m
Ra 222 38 s	Ra 223 11,43 d	Ra 224 3,66 d	Ra 225 14,8 d	Ra 226 1600 a	Ra 227 42,2 m	Ra 228 5,75 a	Ra 229 4,0 m	Ra 230 93 m
Fr 221 4,9 m	Fr 222 14,2 m	Fr 223 21,8 m	Fr 224 3,3 m	Fr 225 4,0 m	Fr 226 48 s	Fr 227 2,47 m		142
Rn 220 55,6 s	Rn 221 25 m	Rn 222 3,825 d	Rn 223 23,2 m	Rn 224 1,78 h	86	140		

B

1. Beschreibe die in Bild A dargestellten Zerfälle.
2. Übertrage die Zerfallsgleichung in Bild A in dein Heft und ergänze die fehlenden Massen- und Kernladungszahlen.
3. Erkläre, warum ein natürlicher radioaktiver Strahler oft verschiedene Strahlungsarten aussendet.
4. Wähle eine der Aufgaben aus:
   a Ausgehend von Thorium-232 ereignen sich folgende Zerfälle: α-Zerfall → β-Zerfall → β-Zerfall → α-Zerfall → α-Zerfall. Benenne mithilfe von Bild B das entstehende Isotop.
   b Erkläre den Aufbau der Nuklidkarte.

1 Gletschermumie Ötzi

Kernzerfall

Kernzerfall

Trifft die kosmische Strahlung auf die obersten Schichten der Atmosphäre, entstehen verschiedene Teilchen, wie zum Beispiel die sekundäre Höhenstrahlung. In der Atmosphäre befindet sich viel Stickstoff. Trifft ein Neutron der Höhenstrahlung auf einen Stickstoffkern, wird dieser instabil. Er kann zerfallen. Man spricht vom **Kernzerfall**.

Zerfällt der Stickstoffkern, kann ein Kohlenstoffkern entstehen, der aus 8 Neutronen und 6 Protonen besteht. Es handelt sich um das Kohlenstoff-Isotop C-14. Es hat ähnliche chemische Eigenschaften wie die wesentlich stabileren C-12- und C-13-Isotope, die hauptsächlich in der Biomasse von Lebewesen vorkommen.

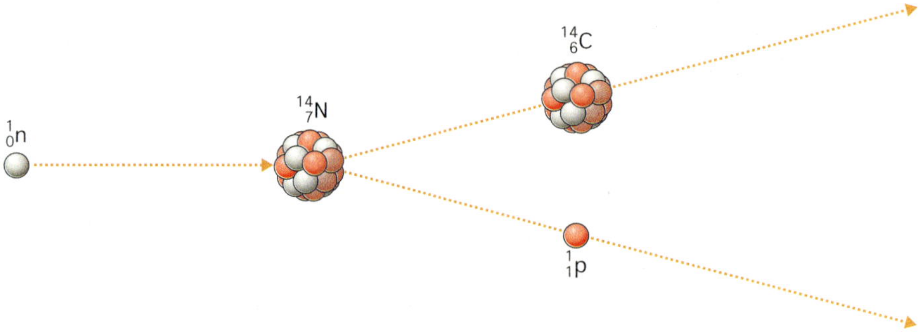

2 Kernzerfall von Stickstoff

Halbwertszeit

Man kann nicht immer sicher vorhersagen, wann ein instabiler Atomkern zerfällt. Der Kernzerfall ist ein zufälliger Prozess. Radioaktive Proben bestehen aus einer sehr großen Anzahl an Atomen. Aus diesem Grund nutzt man nicht die Wahrscheinlichkeit von einzelnen Kernzerfällen, sondern verwendet die **Halbwertszeit** (HWZ). Die Halbwertszeit gibt an, nach welcher Zeit die Hälfte al-

ler Atomkerne einer Probe im Schnitt zerfallen ist. Nach zwei Halbwertszeiten sind dann ein Viertel der Atomkerne noch nicht zerfallen, nach drei Halbwertszeiten ein Achtel. Die Halbwertszeit ist für jedes radioaktive Element konstant. Sie ist damit eine Stoffeigenschaft. Radioaktiver Kohlenstoff (C-14) hat beispielsweise eine Halbwertszeit von 5730 Jahren. Bei Uran-238 ist erst nach 4,5 Milliarden Jahren die Hälfte aller Atomkerne zerfallen.
Den Zerfall von Atomkernen kann man in einer **Zerfallskurve** darstellen. Dafür wird auf der x-Achse die Zeit eingetragen und auf der y-Achse die Anzahl der Atomkerne. Dieser Wert wird oft in Prozent angegeben.

C-14 Methode

Von den Kohlenstoff-Isotopen auf der Erde ist C-14 radioaktiv. Die Konzentration von C-14 ist sehr gering und seit Millionen Jahren konstant. Durch die Aufnahme von Kohlenstoffdioxid gelangt es erst in die Pflanzen und dann über die Nahrungsketten in andere Lebewesen. Diese scheiden das C-14 auch wieder aus. Während des gesamten Lebens bleibt die Konzentration im Körper etwa gleich. Stirbt ein Lebewesen, dann wird kein radioaktiver Kohlenstoff mehr aufgenommen. Das vorhandene C-14 zerfällt mit einer Halbwertszeit von 5730 Jahren. Misst man bei Fossilien wie Ötzi die C-14 Konzentration, kann man so das Alter bestimmen.

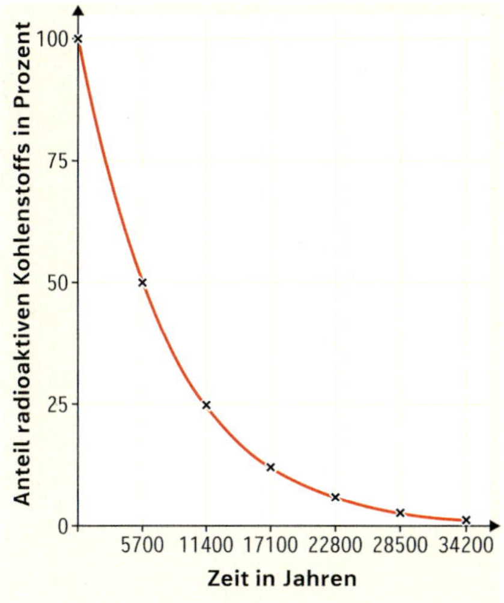

3 Zerfallskurve von C-14

Material mit Aufgaben

F

M1 Halbwertszeit

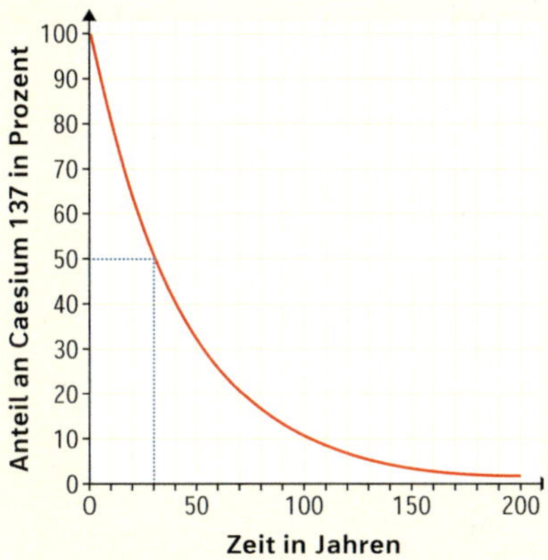

1. Beschreibe die Grafik.
2. Bestimme die Halbwertszeit des abgebildeten Elements.
3. Iod-131 hat eine Halbwertszeit von acht Tagen. Skizziere den Verlauf der Zerfallskurve.

M2 C-14 Methode

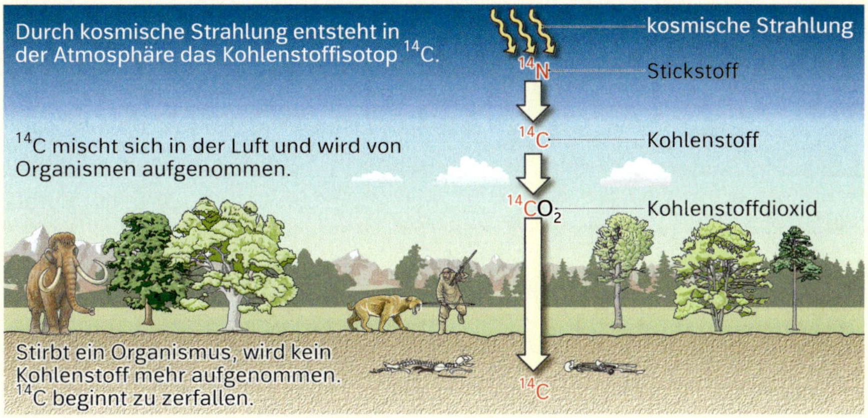

1. Beschreibe mithilfe der Abbildung, wie C-14 Isotope entstehen und wie sie in Lebewesen gelangen.
2. Erkläre, wie die C-14 Methode funktioniert.
3. Stelle Vermutungen an, warum die C-14-Methode bei sehr alten Fossilienfunden nur eine grobe Einschätzung des genauen Alters ermöglicht.

Kernzerfall im Modell

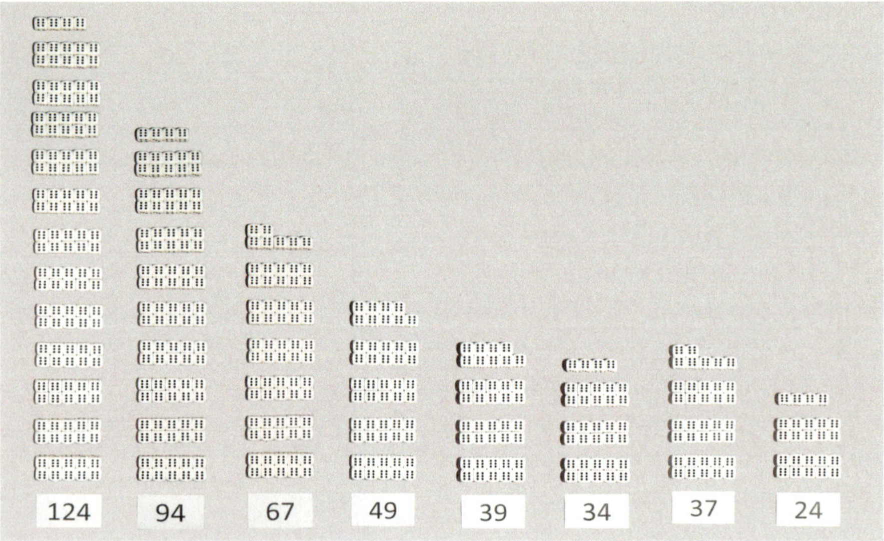

1 Ergebnisse des Modellversuchs

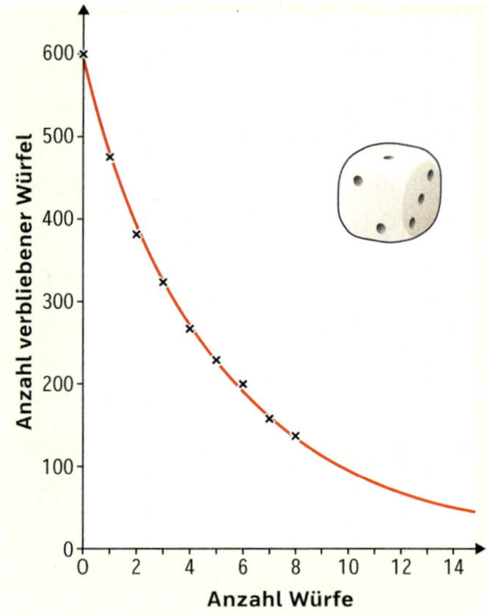

2 Grafische Auswertung mit erwartetem Verlauf

Würfelmodell

Damit man sich den Kernzerfall als zufälligen Prozess besser vorstellen kann, nutzt man das Würfelmodell. Im Würfelmodell stellt ein Würfel einen Atomkern dar. Man beginnt mit einer großen Anzahl an Würfel. Am Anfang wird mit allen Würfeln gleichzeitig gewürfelt. Die Zahl 6 soll für einen radioaktiven Zerfall stehen. Ob ein Würfel eine 6 zeigt oder ein Atomkern zerfällt, ist reiner **Zufall**.

Nach jedem Wurf werden alle Würfel, die eine 6 zeigen, aussortiert, da in dem Fall der Atomkern zerfallen ist und keine Rolle mehr spielt. Danach würfelt man mit den verbliebenen Würfeln so lange weiter, bis fast alle aussortiert wurden. Die Ergebnisse dieses Modellversuchs sind in Bild 1 dargestellt. Zu Beginn wurde mit 600 Würfeln gestartet. Man sieht, dass die Anzahl der aussortierten Würfel stark abfällt. Während nach dem ersten Wurf 124 Würfel aussortiert wurden, sind es beim fünften nur noch 39. Es ergibt sich ein exponentieller Verlauf.

Wahrscheinlichkeit

Beim Würfelmodell ist die „Zerfallswahrscheinlichkeit" jedes einzelnen Würfels 1/6. Die Anzahl der Würfel mit einer 6 entspricht aber nicht genau 1/6 multipliziert mit der Anzahl der Würfel. Die Gesamtwahrscheinlichkeit schwankt um diesen Wert.

Material mit Aufgaben

P1 Halbwertszeit

Material: Viele Würfel

Durchführung: Würfele zu Beginn mit allen Würfeln. Sortiere nach jedem Wurf die Würfel mit einer 6 aus.

1. Werte die Versuchsergebnisse grafisch aus.

Messwerte mit dem Computer darstellen

Tabellenkalkulationsprogramm
Diagramme sind sehr hilfreich, um Zusammenhänge zu veranschaulichen. Da die Erstellung mit der Hand sehr aufwändig sein kann, werden Diagramme auch mithilfe von **Tabellenkalkulationsprogrammen** angefertigt. Öffnet man so ein Programm, dann sieht man sehr viele Zeilen und Spalten. In diese werden die Messwerte eingegeben. Die Spalten sind mit Buchstaben gekennzeichnet und die Zeilen mit Zahlen. Beispielsweise ist B4 die vierte Zeile in der zweiten Spalte.

Diagramme erstellen
Für die Erstellung eines Diagrammes müssen zuerst die Messwerte in das Programm eingetragen werden. In der linken Spalte stehen die Werte, die später auf der Rechtsachse aufgetragen werden sollen. In der rechten Spalte stehen die Werte der Hochachse. Sind alle Werte eingetragen, werden sie mithilfe der linken Maustaste markiert. Über die Einstellungen **Einfügen** → **Diagramme**, kann der Diagrammtyp ausgewählt werden, mit welchem die Messwerte dargestellt werden sollen. Neben Liniendiagrammen kann man zum Beispiel auch Balkendiagramme oder Tortendiagramme erstellen. Mithilfe von verschiedenen Einstellungsmöglichkeiten im oberen Bereich des Programms können beispielsweise die Beschriftung der Achsen, der Titel des Diagramms oder eine **Ausgleichslinie** hinzugefügt werden. Ausgleichslinien beschreiben den Verlauf der Messwerte so gut wie möglich. Sie können zum Beispiel die Form einer Geraden oder einer Kurve haben.

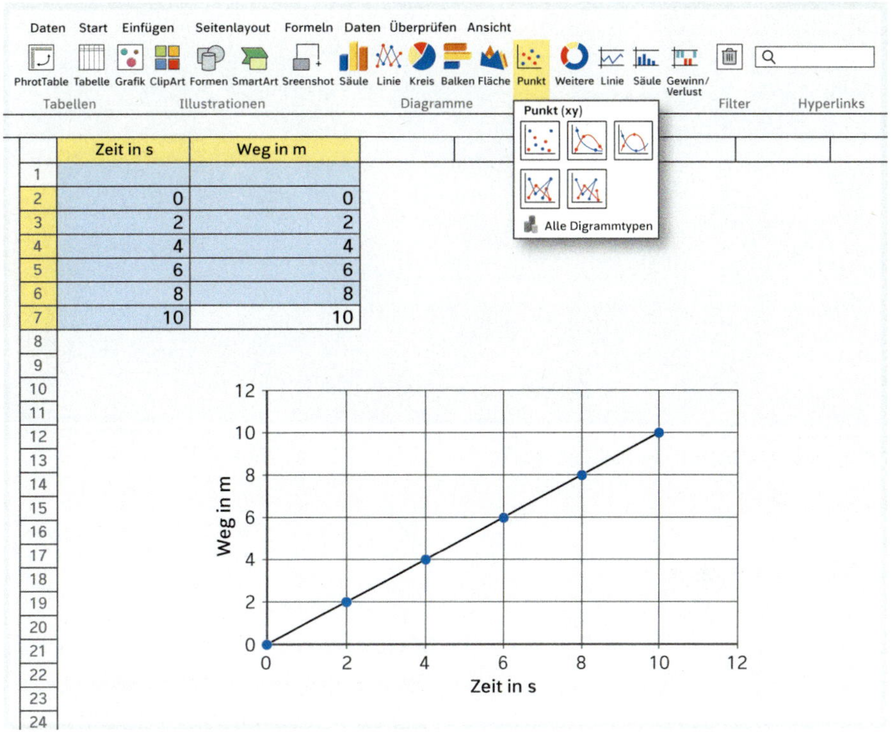

1 Ein Diagramm digital erstellen

Material mit Aufgaben

M1 Diagramme erstellen

Anzahl Würfe	1	2	3	4	5
Anzahl gewürfelte 6 (Kernzerfall)	124	94	67	49	39

1. Erstelle für die gegebenen Messwerte mithilfe eines Tabellenkalkulationsprogramms ein geeignetes Diagramm.

2. Begründe, warum sich für diese Wertetabelle kein Kreisdiagramm eignet.

1 Hiroshima nach der Atombomenexplosion

Kettenreaktion

Atombombe

Im zweiten Weltkrieg wurde am 6. August 1945 eine 4000 kg schwere Atombombe über der japanischen Stadt Hiroshima abgeworfen. Innerhalb einer Sekunde hatte die Detonationswelle 80% der Innenstadt komplett zerstört. Insgesamt wurden 70.000 Häuser beschädigt. Direkt kamen 90.000 Menschen ums Leben und weitere 50.000 Menschen starben später an der Strahlenkrankheit. Die Ursache all dieser Auswirkungen liegt in den Vorgängen der **Kernspaltung**, die beim Zünden der Atombombe ausgelöst wurden.

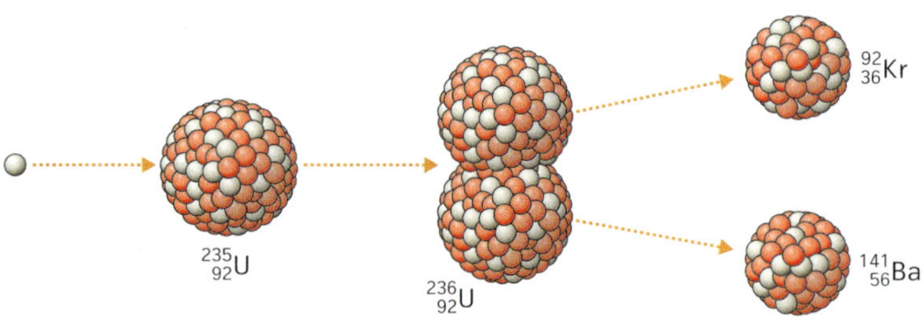

2 Kernspaltung von Uran-235

F

Kernspaltung

Bei einer Kernspaltung werden Atomkerne in zwei oder mehrere kleinere Kerne zerlegt. In der Regel wird bei diesem Prozess Energie frei. Die Bombe von Hiroshima enthielt 64 kg radioaktives Uran-235. Nach der Zündung mithilfe von Sprengstoff setzte die Kernspaltung ein. Bei einer Kernspaltung trifft ein sehr schnelles Neutron auf einen spaltbaren Atomkern. Ein Uran-Atom zerfällt zum Beispiel in Barium und Krypton. Zudem werden zwei bis drei Neutronen ausgesendet. Diese Neutronen treffen auf andere Atomkerne und lösen weitere Kernspaltungen aus.

Bei jedem Zerfall eines Atomkerns wird viel Energie frei. Da 1 g Uran ungefähr $2{,}6 \cdot 10^{21}$ Atome enthält, ist die freigesetzte Energie pro Gramm Uran im Bereich von 80 Gigajoule. Die Atombombe von Hiroshima enthielt 64 kg Uran. So wird auch die unglaubliche Zerstörungskraft verständlich.

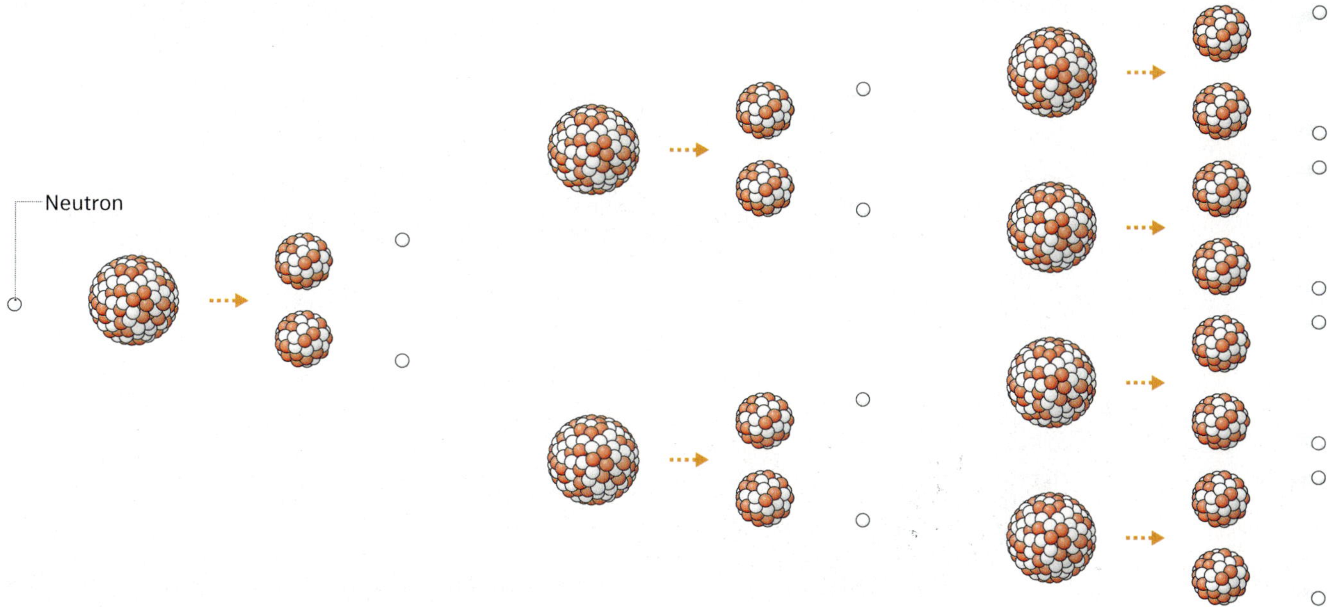

3 Kettenreaktion

F

Kettenreaktion

Bei jeder Kernspaltung von einem Uran-Atom werden zwei bis drei Neutronen freigesetzt. Diese freigesetzten Neutronen treffen auf jeweils ein weiteres Uran-Atom. Die Neutronen spalten diese wieder und setzen so wiederum jeweils Neutronen frei. Dadurch werden innerhalb einer kurzen Zeit unglaublich viele Kernspaltungen ausgelöst und damit auch sehr viel Energie freigesetzt. Man spricht bei diesem Vorgang von einer **Kettenreaktion**.

In Kernkraftwerken finden auch sehr viele Kernspaltungen statt. Allerdings wird dieser Prozess kontrolliert, indem Regelstäbe zwischen verschiedene Bereiche gebaut werden. Diese Regelstäbe fangen Neutronen ab. Man kann dadurch die Kernspaltungen besser kontrollieren.

A Beschreibe mithilfe von Abbildung 3 den Ablauf einer Kettenreaktion.

B Erkläre, warum eine Atombombe so eine große Zerstörungskraft besitzen kann.

Material mit Aufgaben

M1 Kettenreaktion im Modell

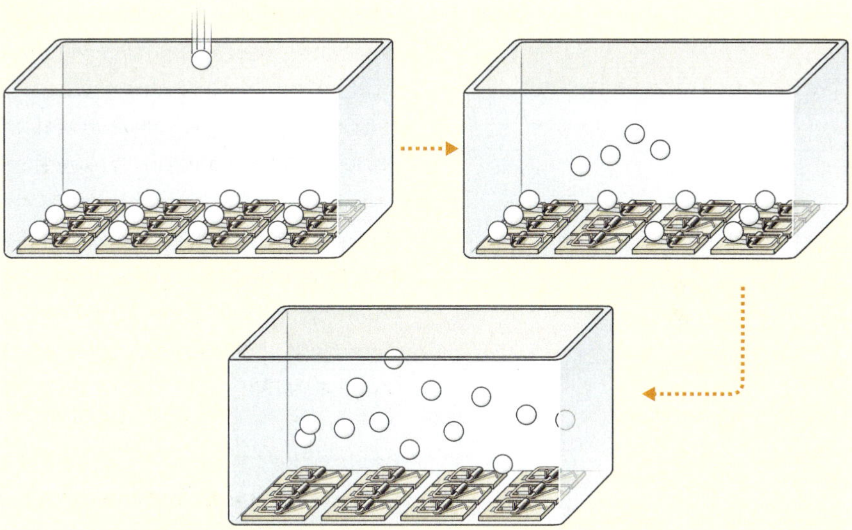

In einem Glaskasten liegen gespannte Mausefallen mit Tischtennisbällen.

1. Beschreibe das Modell.
2. Beschreibe den Ablauf des Modellversuchs.
3. Erkläre mithilfe des Modells den Begriff Kettenreaktion.
4. Wähle eine der Aufgaben aus:

a Ordne den Mausefallen und Tischtennisbällen die Begriffe Neutronen und Atomkerne bei einer Kernspaltung zu. Begründe.

b Stelle Vor- und Nachteile des Modells gegenüber und bewerte das Modell.

1 Ein Kernkraftwerk

Kernkraftwerke

Energie aus Kettenreaktionen

Menschen nutzen kontrollierte Kernspaltungen in Kerkraftwerken zur Stromerzeugung. In einem Kernkraftwerk wird die bei der Kernspaltung freiwerdende Energie für die Erhitzung von Wasser genutzt. Das warme Wasser wird dann zu Wasserdampf umgewandelt und treibt Turbinen an. Die Turbinen sind an einen Generator angeschlossen, der den Strom erzeugt.

Reaktorkern

Die kontrollierten Kernspaltungen finden im Reaktorgebäude in einem Reaktorkern mit Reaktordruckgefäß statt. In ihm befinden sich die **Brennstäbe**. Sie enthalten viele kleine Kugeln aus Uran. Viele Brennstäbe werden zu großen Brennelementen zusammengefasst. In einem Reaktordruckgefäß befinden sich sehr viele Brennelemente. In den Brennelementen finden die Kernspaltungen statt.

Wärmetauscher

Die bei den Kernspaltungen freiwerdende Energie erhitzt das Wasser im Reaktorkern. Die Druckverhältnisse im Reaktordruckgefäß verhindern, dass das Wasser verdampft. Das heiße Wasser fließt anschließend über Rohre durch einen **Wärmetauscher**. Das kalte Wasser im Wärmetauscher wird dadurch erhitzt und unter hohem Druck in Dampf umgewandelt. Das nach dem Vorgang abgekühlte Wasser aus dem Reaktorkern wird wieder in diesen zurückgeleitet und erneut erhitzt.

Stromerzeugung

Der im Wärmetauscher erzeugte Wasserdampf wird über Rohre zu Turbinen geleitet und treibt diese an. Die Turbinen wiederum treiben einen Generator an, der die Bewegungsenergie in elektrische Energie umwandelt. Der Strom wird dann über Transformatoren ins Stromnetz eingespeist.

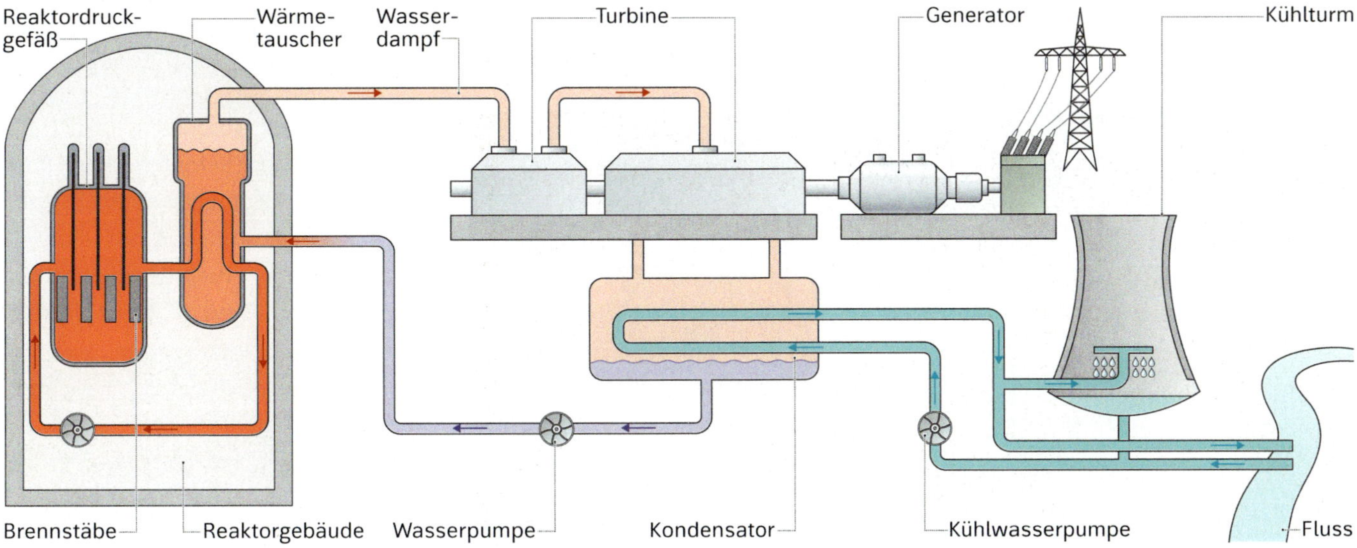

2 Aufbau eines Kernkraftwerks

Kondensator

Nachdem der Wasserdampf die Turbinen angetrieben hat, wird er weiter in einen Kondensator geleitet. Dort gibt er seine restliche Wärme an das Wasser im Kondensator ab. Dadurch kondensiert der Wasserdampf wieder zu Wasser und wird in den Wärmetauscher zurückgepumpt.

Das im Kondensator erhitzte Wasser wird zu riesigen Kühltürmen geleitet und in ihnen versprüht. Abgekühltes Wasser fließt von den Kühltürmen wieder zurück in den Kondensator.

Moderatoren

Damit man die ablaufenden Kernspaltungen kontrollieren kann, muss man die entstehenden freien Neutronen bremsen oder einfangen können. Dies geschieht mit Bremsstoffen, den Moderatoren. Zwischen den Brennstäben befindet sich Wasser, welches die Neutronen bremst. So können sie im nächsten Brennstab weitere Kernspaltungen auslösen. Möchte man die Anzahl an Kernspaltungen reduzieren, fährt man Regelstäbe zwischen die Brennstäbe. Die Regelstäbe enthalten Stoffe wie Bor. Sie fangen Neutronen ein. Sind die Regelstäbe komplett heruntergefahren, stoppt die Kettenreaktion. ▶

Material mit Aufgaben

M1 Kontrollierte Kettenreaktion

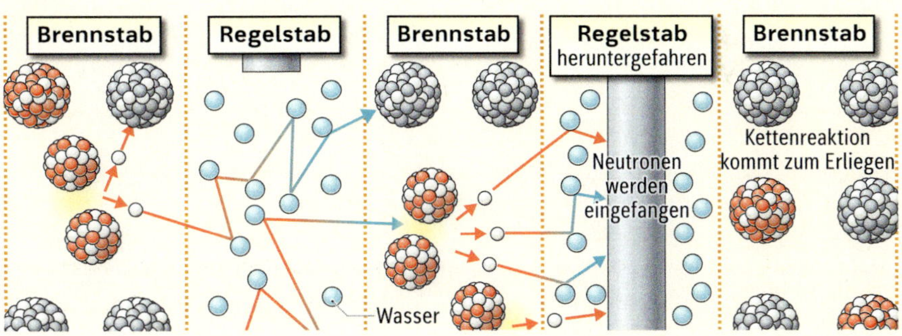

1. Beschreibe die Vorgänge in der Abbildung.
2. Erkläre, warum es sich bei dem Vorgang um eine Kettenreaktion handelt. ➕
3. Wähle eine der Aufgaben aus:

a Erkläre, warum man die Kettenreaktionen in Kernkraftwerken mithife von Moderatoren kontrollieren muss.

b Stelle Vermutungen an, warum das Wasser aus dem Reaktorkern nicht direkt für die Antreibung der Turbinen genutzt wird.

3 Lagerung von radioaktivem Abfall

Radioaktiver Abfall

Die Brennstäbe in Kernkraftwerken können nicht ewig genutzt werden. Irgendwann sind sie ausgebrannt. Danach werden sie in mit Wasser gefüllten Abklingbecken gelagert, bis sie schließlich transportiert werden können.

Radioaktiver Abfall aus den Kernkraftwerken oder medizinischen Bereichen kann nicht einfach entsorgt werden, da die Halbwertszeiten von den radioaktiven Stoffen viel zu hoch sind. Man kann den radioaktiven Müll aber wieder aufbereiten und in einem Endlager unterbringen.

Wiederaufbereitung

Während der Wiederaufbereitung von ausgebrannten Brennstäben werden mithilfe von chemischen Verfahren radioaktive Stoffe wie Uran aus ihnen gewonnen. Diese können dann in neuen Brennstäben genutzt werden.

Endlager

Da die Halbwertszeiten vom radioaktiven Abfall sehr hoch sind, muss er für lange Zeit sicher eingelagert werden. Aus diesem Grund spricht man auch von einem **Endlager**. Es wird schon viele Jahre nach passenden Endlagern in Deutschland gesucht. Man will den Abfall tief in Bergwerken mit geeigneten Bodenschichten unterbringen. Dort bilden natürliche Mineralschichten eine Barriere für die radioaktiven Stoffe.

Die Suche nach einem Endlager ist nicht nur durch die benötigten äußeren Einflüsse schwierig. Menschen wollen beispielsweise auch nicht in der Nähe eines Endlagers wohnen.

Material mit Aufgaben

M2 Endlager

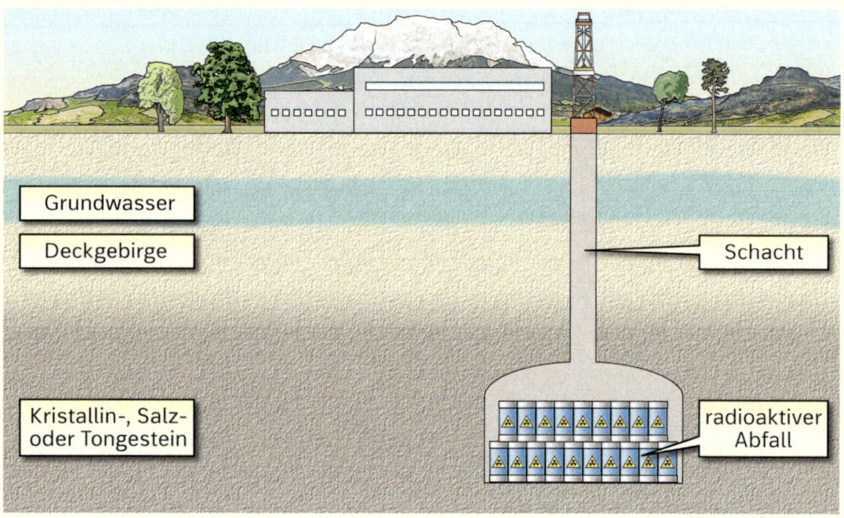

1. Beschreibe den Aufbau eines möglichen Endlagers mithilfe der Abbildung.
2. Erkläre, was für die Lagerung von radioaktivem Abfall beachtet werden muss.
3. Wähle eine der Aufgaben aus:
   a Erkläre, warum die Suche nach einem Endlager so lange dauert.
   b Stelle Vermutungen an, welche Probleme bei der Lagerung auftreten können.

4 Zerstörter Kraftwerksblock in Tschernobyl

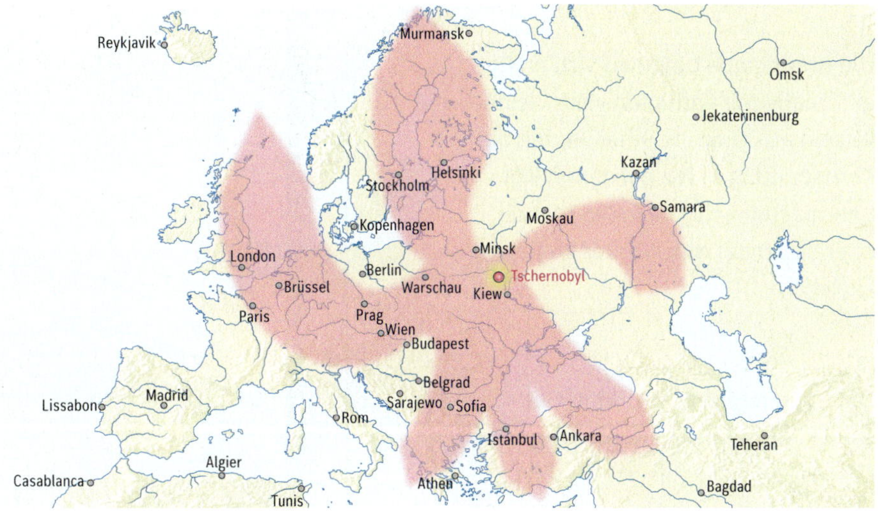

5 Ausbreitung der radioaktiven Wolken

Unfälle in Kernkraftwerken

Trotz hoher Sicherheitsvorkehrungen kommt es immer wieder zu Unfällen in Kernkraftwerken. Zu den schwersten Katastrophen zählen die Unfälle 1986 in Tschernobyl in der Ukraine und 2011 in Fukushima in Japan. Bei beiden Fällen kam es zu Explosionen und Schmelzen im Reaktorkern. Dadurch wurden Unmengen an radioaktiven Stoffen freigesetzt. Diese gelangten in den Boden, in das Meer und Grundwasser sowie in die Atmosphäre. Die Wolken aus radioaktivem Staub verteilten sich weltweit. Radioaktive Stoffe reicherten sich in Lebewesen aller Art an. Noch heute sind die Gebiete rund um die Unfallstellen unbewohnbar. Die Anzahl der Menschen, die an den Folgen der zu hohen Strahlenbelastung starben oder zu Schaden kamen, ist bis heute nicht genau bekannt.

Trotz der Gefahren im Falle eines Unfalls werden Kernkraftwerke in vielen Ländern genutzt.

Material mit Aufgaben

M3 Kernkraftwerke in Deutschland

1. Beschreibe die Verteilung der Kernkraftwerke und die Entwicklung ihrer Anzahl.
2. Begründe, warum nach 1986 nur noch wenige Kernkraftwerke in Betrieb genommen wurden.
3. Stelle Vermutungen über mögliche Gründe für einen Ausstieg aus der Atomenergie an.
4. Diskutiert in der Klasse über die Vorteile und Nachteile von Kernenergie.

Aufbau eines Kernkraftwerks

1

Die Brennstäbe befinden sich im Reaktorkern. Sie enthalten viele kleine Kugeln aus Uran. In ihnen laufen die Kernspaltungen ab, bei denen viel Energie frei wird. Die freiwerdende Energie erhitzt das Wasser im Reaktorkern.

2

Die Steuerstäbe steuern die Geschwindigkeit der Kettenreaktion. Sie können zwischen die Brennstäbe gefahren werden, wo sie freie Neutronen einfangen. So bremsen sie die Kettenreaktion.

3

Das im Reaktorkern erhitzte Wasser strömt über Rohre durch einen Wärmetauscher. Das kalte Wasser im Wärmetauscher wird dadurch erhitzt und unter hohem Druck in Dampf umgewandelt. Das nun abgekühlte Wasser aus dem Reaktorkern wird mithilfe einer Pumpe wieder zurück gepumpt.

4

Der im Wärmetauscher erzeugte Dampf wird zu einer Turbine geleitet und treibt diese an.

5

Die Turbine treibt einen Generator an, welcher elektrischen Strom bereitstellt.

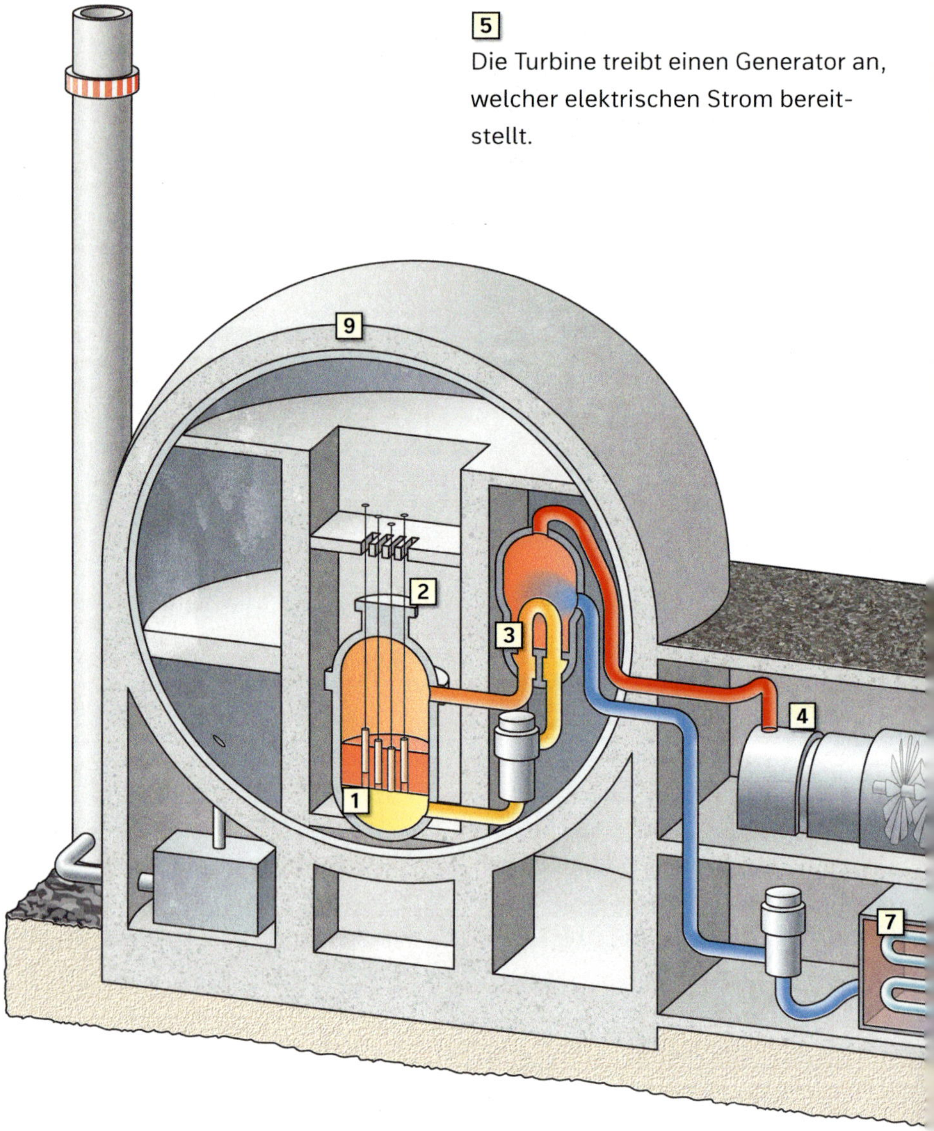

6

Über einen Transformator wird der Strom in das Stromnetz eingespeist.

In Kernkraftwerken werden kontrollierte Kernspaltungen zur Stromerzeugung genutzt. Die bei der Kernspaltung freiwerdende Energie wird für die Erhitzung von Wasser verwendet. Das warme Wasser wird dann zu Wasserdampf umgewandelt und treibt eine Turbine an. Die Turbine ist an einen Generator angeschlossen, der den elektrischen Strom erzeugt.

7
Nachdem der Dampf die Turbine angetrieben hat, wird er in einen Kondensator geleitet. Die restliche Wärme gibt der Dampf dort an das Wasser im Kondensator ab. Der Dampf kondensiert wieder zu Wasser, welches erneut in den Wärmetauscher geleitet wird.

8
Das im Kondensator erhitzte Wasser wird zu einem Kühlturm geleitet und in ihm versprüht. Vom Kühlturm strömt kaltes Wasser wieder zurück in den Kondensator.

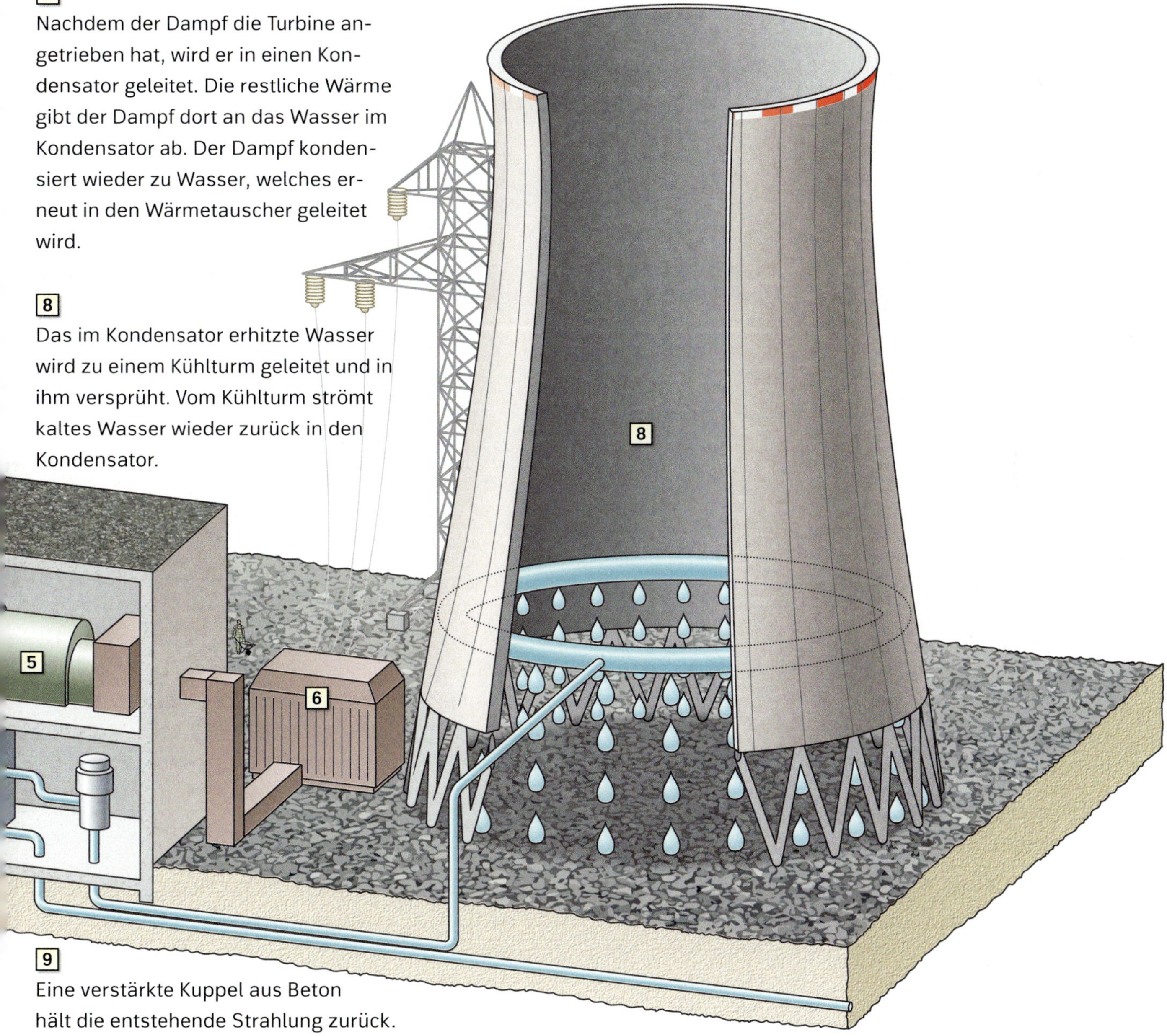

9
Eine verstärkte Kuppel aus Beton hält die entstehende Strahlung zurück.

1. Beschreibe mithilfe der Abbildung den Aufbau eines Kernkraftwerks.
2. Erkläre, wie in einem Kernkraftwerk mithilfe von Kernspaltungen elektrischer Strom gewonnen wird.
3. Stelle Vermutungen über Vorteile und Nachteile von Kernkraftwerken an.

1 Kranke Frau mit Strahlenkrankheit

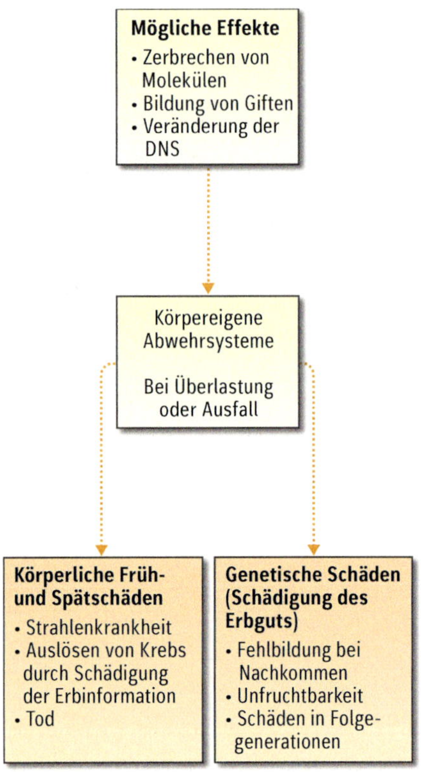

2 Mögliche Folgen radioaktiver Strahlung

Folgen radioaktiver Strahlung

Wirkung der Strahlung

Radioaktive Strahlung ist sehr energiereich. Werden Lebewesen radioaktiver Strahlung ausgesetzt, können verschiedene Schäden auftreten. Die Stärke der Schäden hängt unter anderem von der Stärke der Strahlenbelastung und der Dauer der Bestrahlung ab.

- **Körperliche Schäden** • Bei einer hohen oder langen Strahlenbelastung können viele körperliche Schäden die Folge sein. Beispiele für Symptome sind: Ausschlag, Kopfschmerzen, Übelkeit, Haarverlust und blutiges Erbrechen. Man spricht dann von der **Strahlenkrankheit**. Bei kurzem Kontakt mit radioaktiver Strahlung sind die Symptome nur vorübergehend. Es können aber auch dauerhafte Schäden wie bösartige Krebserkrankungen die Folge sein. Im schlimmsten Fall sterben die betroffenen Personen.
- **Genetische Schäden** • Bei einer hohen Strahlenbelastung kann es zu einer Erwärmung der Zellen kommen, bei der diese sogar zerstört werden können. Bei der Zerstörung von Geschlechtszellen kann die betroffene Person unfruchtbar werden. Darüber hinaus kann die Strahlung das Erbgut der Körperzellen verändern oder zerstören, wenn es auf Zellkerne trifft. Krebs oder Mutationen können die Folge sein. Veränderungen des Erbgutes können auch an die Folgegenerationen vererbt werden. Aus diesem Grund wird bei schwangeren Frauen darauf geachtet, dass sie keiner hohen Strahlenbelastung ausgesetzt sind. Vor allem bei Arztbesuchen muss zwischen dem Nutzen der Bestrahlung und möglichen Risiken abgewogen werden.

Radiowellen	Mikrowellen	Infrarote Strahlung	Sichtbares Licht	Ultraviolette Strahlung	Röntgenstrahlung	Radioaktive Strahlung (Gammastrahlung)
energiearm						energiereich
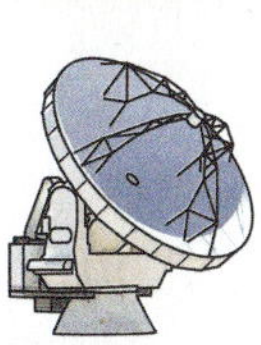	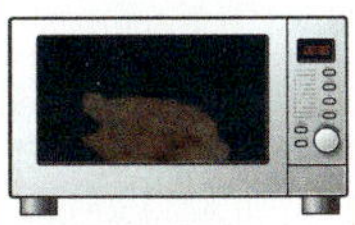		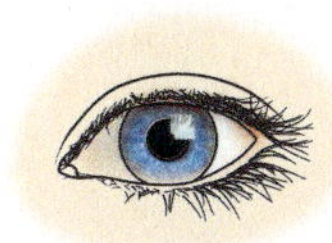		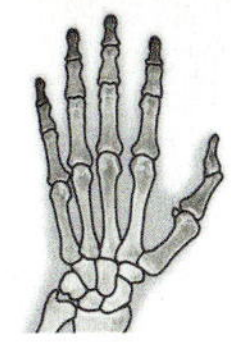	
Radioteleskop Eine Antenne kann von entfernten Sternen ausgesandte Radiowellen messen.	**Mikrowellen** Lebensmittel werden erhitzt, indem Mikrowellen die Wassermoleküle in Schwingung versetzen.	**Fernbedienung** Eine Fernbedienung sendet mit Infrarotstrahlen.	**Menschliches Auge** Das Auge nimmt einen kleinen Bereich im Spektrum wahr.	**Desinfektion** UV-Strahlung kann Bakterien töten.	**Röntgenbild** Röntgenstrahlen gehen durch Gewebe, sodass man Knochen sieht.	**Kraftwerk** Radioaktive Strahlung kann man für die Stromversorgung nutzen.

3 Energiearme und energiereiche Strahlung

Strahlung im Vergleich

Immer wenn Strahlung auf Gewebe trifft, kann es zu verschiedenen Auswirkungen kommen. Die Folgen hängen aber nicht nur von der Dauer und der Strahlenbelastung ab, sondern auch von der Art der Strahlung. Die ultraviolette Strahlung der Sonne (UV-Strahlung) ist deutlich energiereicher als zum Beispiel das für den Menschen sichtbare Licht. Ist man zu lange in der Sonne, verursacht die UV-Strahlung Hautrötungen, die Sonnenbrand genannt werden. Im schlimmsten Fall kann zu intensives Sonnenbaden zu Hautkrebs führen. Röntgenstrahlung ist noch energiereicher als die UV-Strahlung und damit gefährlicher. Es können mit einer höheren Wahrscheinlichkeit Krebserkrankungen entstehen. Deswegen gibt es Richtlinien, wie stark die Strahlenbelastung durch Röntgenstrahlen für Patientinnen und Patienten bei medizinischen Untersuchungen sein darf. Radioaktive Strahlung ist sehr energiereich. Aus diesem Grund sind die Folgen radioaktiver Bestrahlung größer und auch wahrscheinlicher als bei anderen Strahlungsarten.

A Beschreibe mögliche Folgen radioaktiver Strahlung.

B Vergleiche mithilfe von Bild 3 die Strahlungsarten miteinander.

Material mit Aufgaben

M1 Veränderung von Zellen

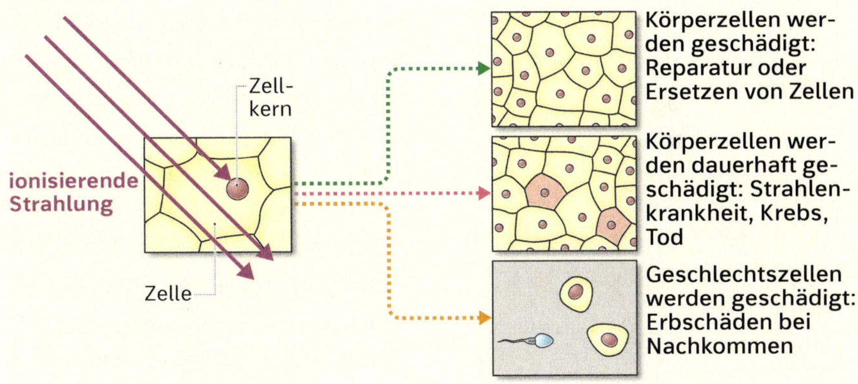

1. Beschreibe mithilfe der Abbildung, was passieren kann, wenn ionisierende Strahlung auf die Zellen im Körper trifft.
2. Erkläre, warum Mikrowellen nicht so gefährlich sind wie radioaktive Strahlung.
3. Wähle eine der Aufgaben aus:
   a Begründe, bei welchem Pfeil es sich um körperliche oder genetische Schäden handelt.
   b Erkläre die unterschiedlichen Folgen zwischen körperlichen und genetischen Schäden.

1 Mann mit Schutzanzug und Geiger-Müller-Zählrohr

Strahlenschutz

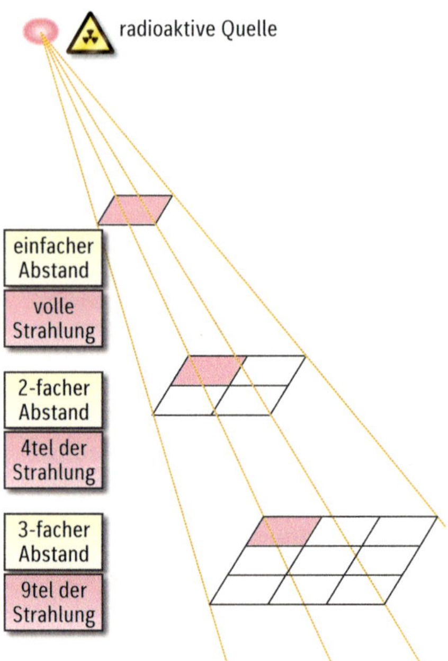

2 Abstand ist wichtig

Folgen radioaktiver Strahlung

Ist man zu viel radioaktiver Strahlung ausgesetzt, kann es zu verschiedenen gesundheitsschädlichen Folgen kommen. Aus diesem Grund müssen Menschen, die häufiger mit radioaktiver Strahlung arbeiten, Regeln beachten, um sich zu schützen. Grundsätzlich gelten beim Umgang mit Radioaktivität die **3A-Regeln**. Sie regeln den Umgang mit folgenden Faktoren: **A**bstand , **A**bschirmung und **A**ufenthaltszeit.

Abstand

Eine Vergrößerung des Abstands ist eine wirkungsvolle Maßnahme im Strahlenschutz. Ein großer Abstand hilft, da die radioaktive Strahlung auf ihrem Weg die Luft ionisiert. Dadurch wird schon ein Teil der Energie umgewandelt, bevor die Strahlung den Menschen überhaupt erreicht.

Je größer der Abstand ist, desto geringer wird die Strahlenbelastung. Bei doppeltem Abstand trifft nur noch ein Viertel der ursprünglichen Strahlung auf den Körper. Die Entfernung, bei der keine Schäden mehr zu erwarten sind, hängt von der Strahlungsart ab. Bei der α-Strahlung reichen schon einige Zentimeter aus, bei β-Strahlung 20 m und bei γ-Strahlung sind auch einige hundert Meter nicht genug.

Abschirmung

Der nötige Schutzabstand kann durch die Verwendung von abschirmenden Materialien verringert werden. Diese können auch als Schutzkleidung genutzt werden. α-Strahlung lässt sich bereits mit einem Blatt Papier abschirmen. Zur Abschirmung von β-Strahlung sind schon millimeterdicke Aluminiumbleche

notwendig. γ-Strahlung lässt sich nur sehr schlecht abschirmen. Durch Beton oder Blei lässt sich die Strahlenbelastung allerdings deutlich verringern.
Die Effektivität der Abschirmung hängt vom verwendeten Material und seiner Dicke ab. Je größer die Kernladungszahl des Materials und je höher die molare Masse sind, desto besser ist die Abschirmung. Aus diesem Grund schirmt Blei besser ab als Aluminium.

Aufenthaltszeit

Die Strahlenbelastung kann auch verringert werden, wenn die Aufenthaltszeit in der Nähe von radioaktiven Stoffen beschränkt wird. Aus diesem Grund ist der Zutritt zu Bereichen mit erhöhter Strahlenbelastung genau geregelt. Zum Beispiel sind in Kernkraftwerken Bereiche mit erhöhter Strahlenbelastung abgetrennt und dürfen nur zur Aufrechterhaltung der Abläufe betreten werden.

Aktivität

Neben dem Abstand, der Abschirmung und der Aufenthaltszeit muss man auch noch auf die **Aktivität** eines radioaktiven Stoffes achten. Die Aktivität gibt die Anzahl der Kernzerfälle in einer bestimmten Zeit an. Man sollte nur radioaktive Stoffe mit hoher Aktivität nutzen, wenn sie wirklich notwendig sind.
Das Formelzeichen der Aktivität ist A und sie wird in der Einheit **Becquerel** (Bq) angegeben. 1 Bq entspricht einem Kernzerfall in einer Sekunde.

A Beschreibe verschiedene Möglichkeiten zum Schutz vor radioaktiver Strahlung.

3 3A-Regeln

Material mit Aufgaben

M1 Abschirmung

1. III Vergleiche das Durchdringungsvermögen der einzelnen Strahlungsarten.
2. Wähle eine der Aufgaben aus:
   a III Erkläre, warum bei der α-Strahlung wenige Schritte Abstand zum Schutz ausreichen.
   b III Erkläre, warum die Reichweite in Papier geringer ist als in Luft.

Strahlungsart	Reichweite in Luft	Reichweite durch Papier
α	4-6 cm	1 Blatt
β	20 m	15 Blatt
γ	> 1000 m	> 10000 Blatt

M2 CASTOR-Behälter

CASTOR-Behälter werden zum Transport radioaktiver Stoffe verwendet.

1. III Beschreibe mithilfe der Abbildung den Aufbau eines CASTOR-Behälters.
2. III Erkläre, warum sich ein CASTOR-Behälter zum Transport radioaktiver Materialien eignet.

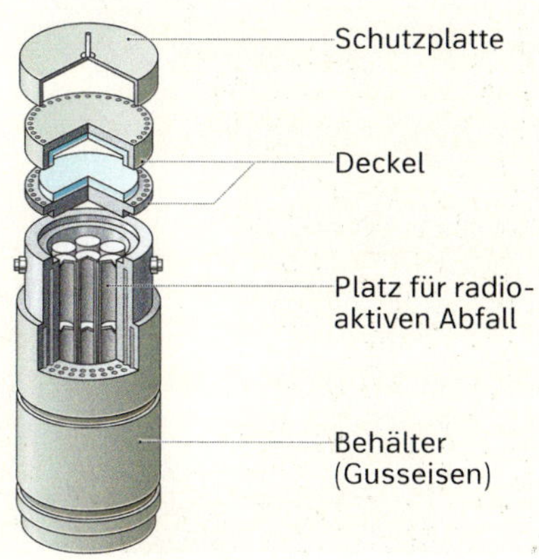

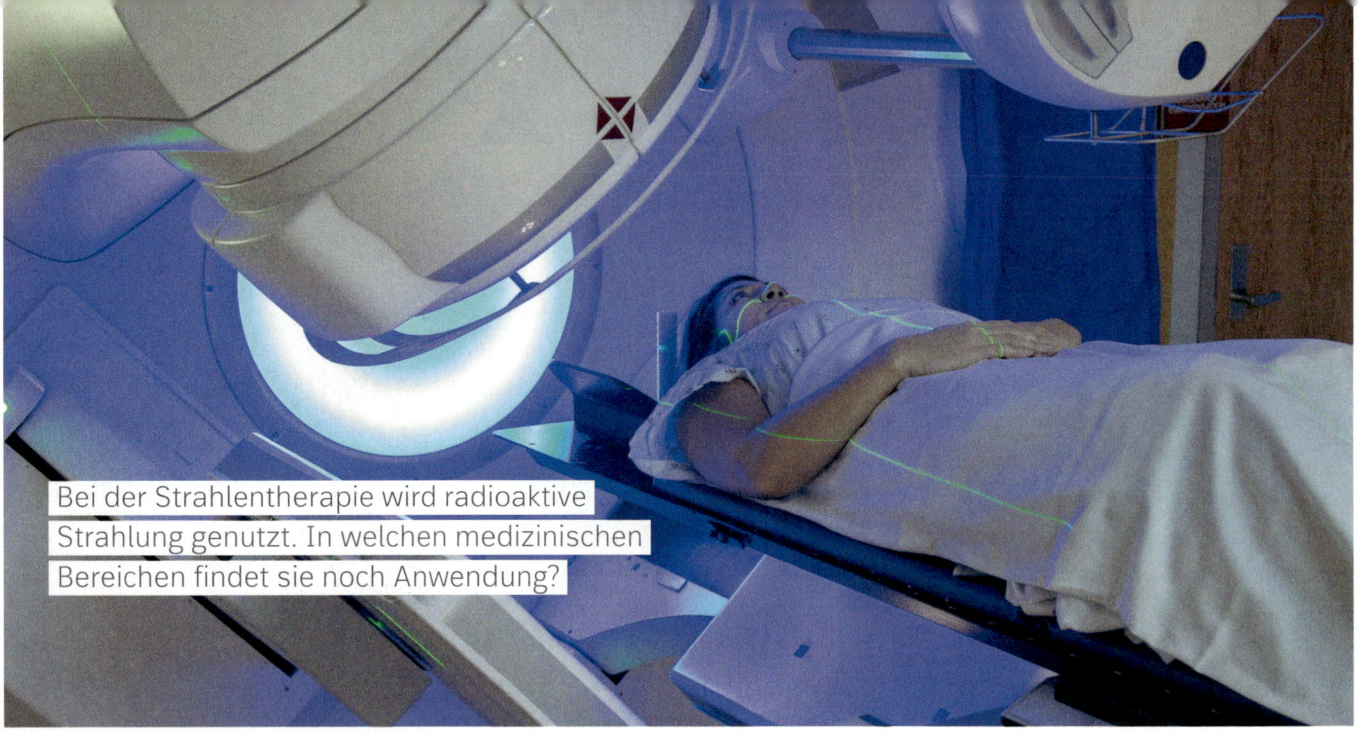

1 Strahlentherapie

Strahlung in der Medizin

Nutzung radioaktiver Strahlung

In medizinischen Bereichen nutzt man radioaktive Strahlung zum Beispiel für Untersuchungen der Schilddrüse, die Sterilisation von medizinischen Instrumenten oder die Behandlung von Tumoren.

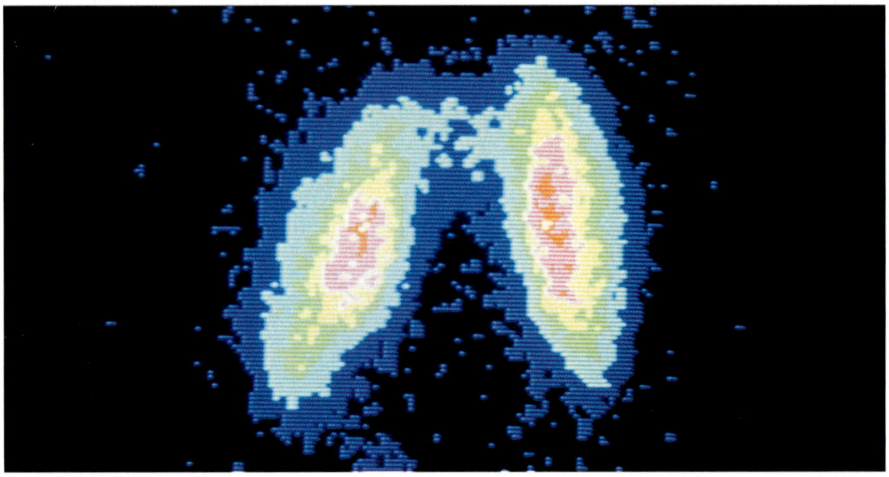

2 Szintigramm einer Schilddrüse

Strahlentherapie

Für die Bekämpfung von Tumoren im Köper können diese mit radioaktiver Strahlung bestrahlt werden. Man spricht dann von einer **Strahlentherapie**. Bei dieser wird versucht, gezielt nur die Tumorzellen zu bestrahlen. Diese reagieren oft empfindlicher auf die Bestrahlung als die gesunden Zellen.

Schilddrüse

Für Untersuchungen der Schilddrüse werden auch radioaktive Stoffe genutzt. Den Patienten wird radioaktives Iod gegeben. Dieses hat eine sehr geringe Halbwertszeit und lagert sich vor allem in der Schilddrüse an. Die von der Schilddrüse ausgehende radioaktive Strahlung wird dann gemessen. So kann ein Bild von der Größe und Lage der Schilddrüse erstellt werden, das Szintigramm.

Röntgenstrahlung

Sehr oft werden für medizinische Untersuchungen Röntgenbilder angefertigt. Wie die radioaktive Strahlung ist auch die **Röntgenstrahlung** ionisierend. Sie entsteht jedoch nicht durch Kernzerfälle, sondern zum Beispiel aus Geschwindigkeitsänderungen von geladenen Teilchen wie Elektronen.

Röntgenstrahlung kann in einer Röntgenröhre erzeugt werden. In der Röntgenröhre werden Elektronen beschleunigt und treffen auf eine Elektrode aus Metall. Die Elektronen werden beim Eindringen in das Metall abgebremst und geben Energie in Form von Röntgenstrahlung ab. Außerdem können beschleunigte Elektronen mit sehr viel Energie mit Außenelektronen des Metalls der Elektrode zusammenstoßen. Dabei schlagen sie Elektronen aus den Atomen der Elektrode heraus. Umliegende Elektronen füllen die entstandenen Lücken wieder auf, indem sie Energie in Form von Röntgenstrahlung abgeben.

Mithilfe von Röntgenstrahlen lassen sich Knochen sehr gut untersuchen. Die Strahlung durchdringt Gewebe ohne Probleme, wird aber von den Knochen größtenteils absorbiert.

Da Röntgenstrahlung auch ionisierend wirkt, werden bei den Untersuchungen **Schutzmaßnahmen** wie Bleischürzen um den Körper getroffen.

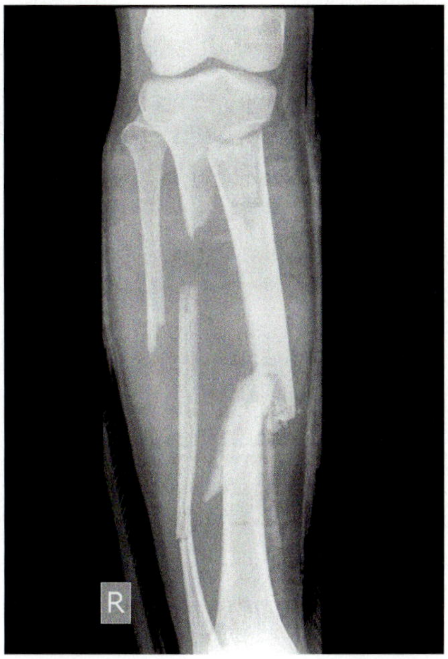

3 Röntgenbild eines gebrochenen Beines

Material mit Aufgaben

M1 Strahlenschutz im Herzlabor

1. Nenne die verschiedenen Sicherheitseinrichtungen im abgebildeten Labor.
2. Beschreibe, welche Schutzmaßnahmen im abgebildeten Labor getroffen werden.
3. Erkläre den Unterschied zwischen radioaktiver Strahlung und Röntgenstrahlung.
4. Erkläre, warum man Bereiche, die nicht geröntgt werden sollen, schützen muss.
5. Stelle Vermutungen an, warum alle Röntgenuntersuchungen in einem Röntgenpass festgehalten werden müssen.

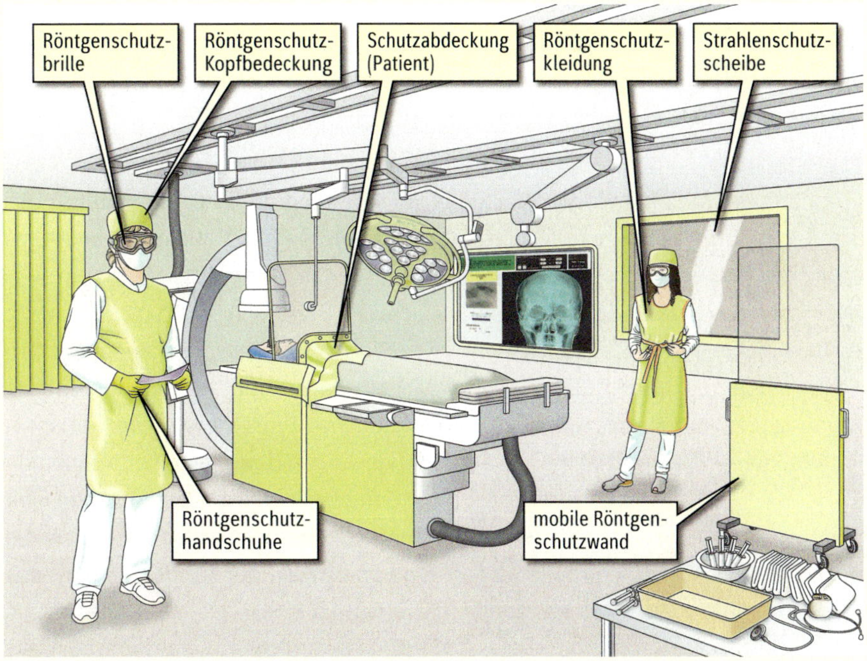

Zusammenfassung Radioaktivität

Radioaktive Strahlung

Radioaktive Stoffe senden sehr energiereiche Strahlung aus. Umgangssprachlich wird diese Strahlung als radioaktive Strahlung bezeichnet. Von den bekannten 102 Elementen sind 28 radioaktiv. Es gibt natürliche radioaktive Strahlung, zu der die Bodenstrahlung, kosmische Strahlung und innere Strahlung zählen. Zur künstlichen radioaktiven Strahlung zählt man die Strahlung in Kernkraftwerken oder bei medizinischen Untersuchungen wie Röntgen.

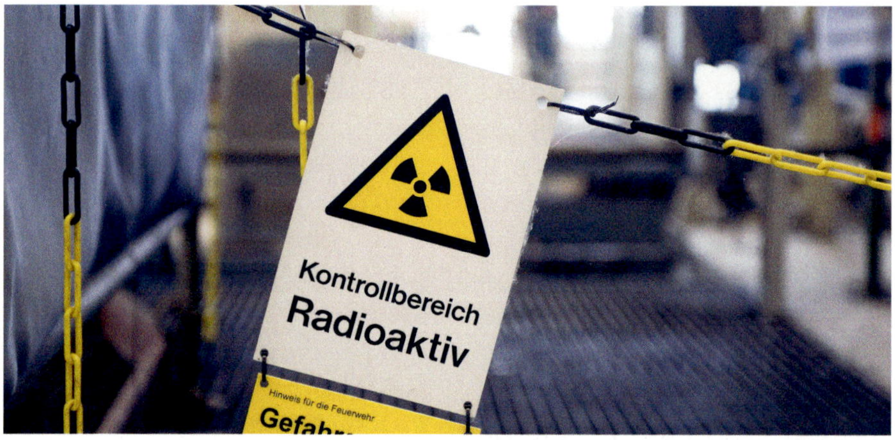

Kernzerfall

Wenn ein Atomkern zerfällt, wird radioaktive Strahlung ausgesendet. Der ursprüngliche Atomkern zerfällt und dadurch können auch andere Elemente entstehen. Wenn die neuen Elemente nicht stabil, sondern auch radioaktiv sind, können sie wieder zerfallen. Dieser Vorgang wiederholt sich so lange, bis ein stabiles Element vorliegt.

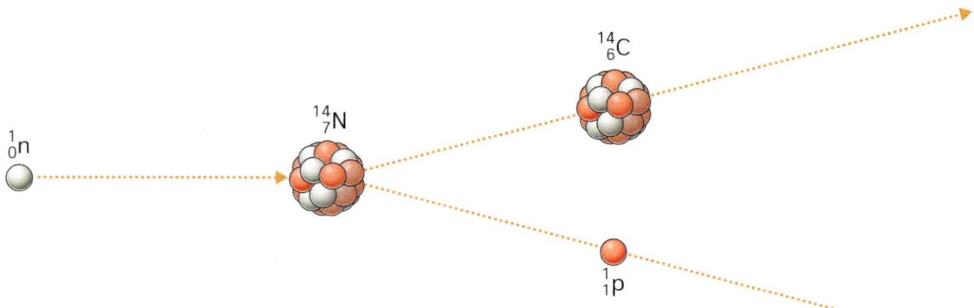

Strahlenschutz

Ist man zu viel radioaktiver Strahlung ausgesetzt, kann es zu gesundheitsschädlichen Folgen kommen. Aus diesem Grund muss man Sicherheitsregeln beachten, die 3A-Regeln. Sie regeln den Umgang mit den Faktoren Abstand, Abschirmung und Aufenthaltszeit.

Kettenreaktion

Bei einer Kernspaltung trifft ein schnelles Neutron auf einen spaltbaren Atomkern. Ein Uran-Atom zerfällt zum Beispiel in Barium und Krypton. Zudem werden zwei Neutronen ausgesendet. Diese Neutronen treffen auf andere Atomkerne und lösen weitere Kernspaltungen aus. So wird eine Kettenreaktion in Gang gesetzt. Bei Kettenreaktion wird sehr viel Energie frei. Man nutzt sie bei Atombomben oder kontrolliert in Atomkraftwerken.

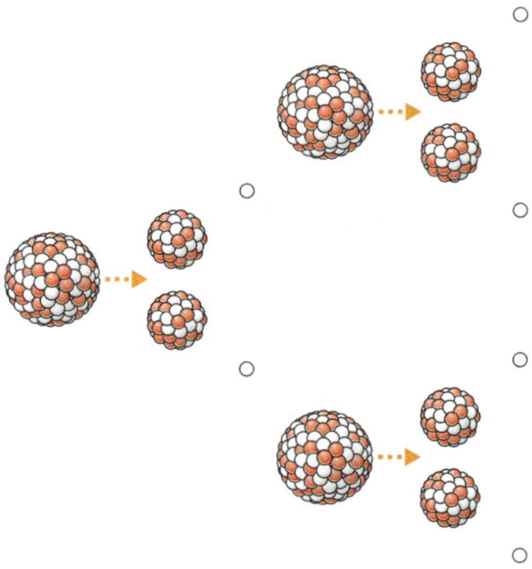

1 Halbwertszeit

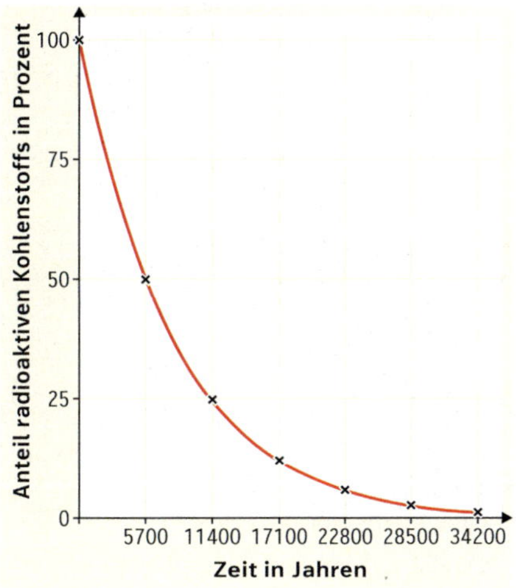

A Bestimme die Halbwertszeit von C-14 mithilfe des Diagramms.

B Erkläre, was die Halbwertszeit eines radioaktiven Stoffes angibt.

C Dennis behauptet: „Die Halbwertszeit ist für jedes radioaktive Element gleich." Nimm Stellung zu seiner Aussage.

D Erkläre, wie die Altersbestimmung von Fossilien funktioniert.

2 Strahlenschutz

A Beschreibe Maßnahmen im Strahlenschutz mithilfe der Abbildung.

B Erkläre, wie die Maßnahmen für Abstand, Abschirmung und Aufenthaltszeit wirken.

C Erkläre, welche Maßnahmen für die Aktivität eines radioaktiven Stoffes gelten.

D Erläutere mögliche Folgen, wenn die Sicherheitsregeln nicht eingehalten werden.

3 Kernkraftwerk

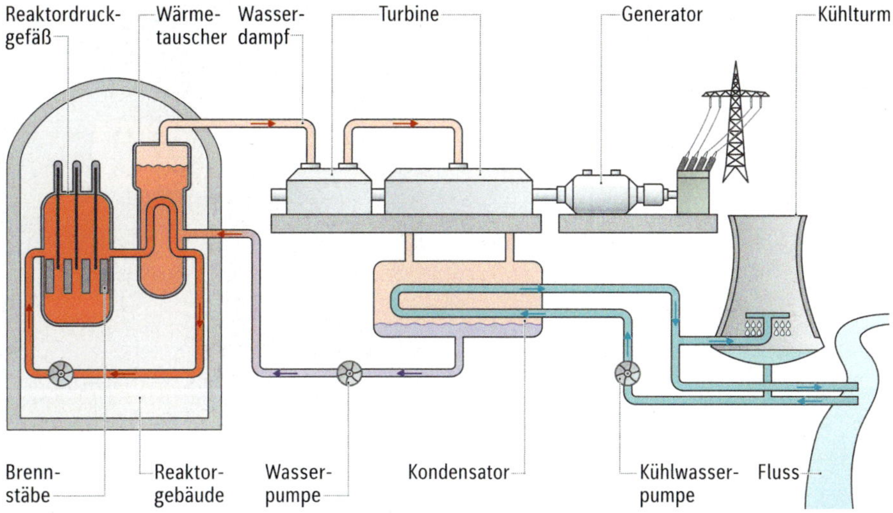

A Beschreibe den Aufbau eines Kernkraftwerks.

B Erkläre, wie in einem Kernkraftwerk elektrische Energie bereitgestellt wird.

C Erkläre, warum die Kettenreaktionen in Kernkraftwerken mithife von Regelstäben kontrolliert werden.

D Mithilfe der Regelstäbe lässt sich die Kettenreaktion kontrollieren. Erkläre, warum weniger Atome gespalten werden, wenn die Regelstäbe zwischen die Brennstäbe fahren.

E Erkläre, warum sich Wasser zwischen den Brennstäben befindet.

Was sind Halbleiter?
Wie funktionieren Dioden?
Wofür nutzt man Transistoren?

Informations-übertragung

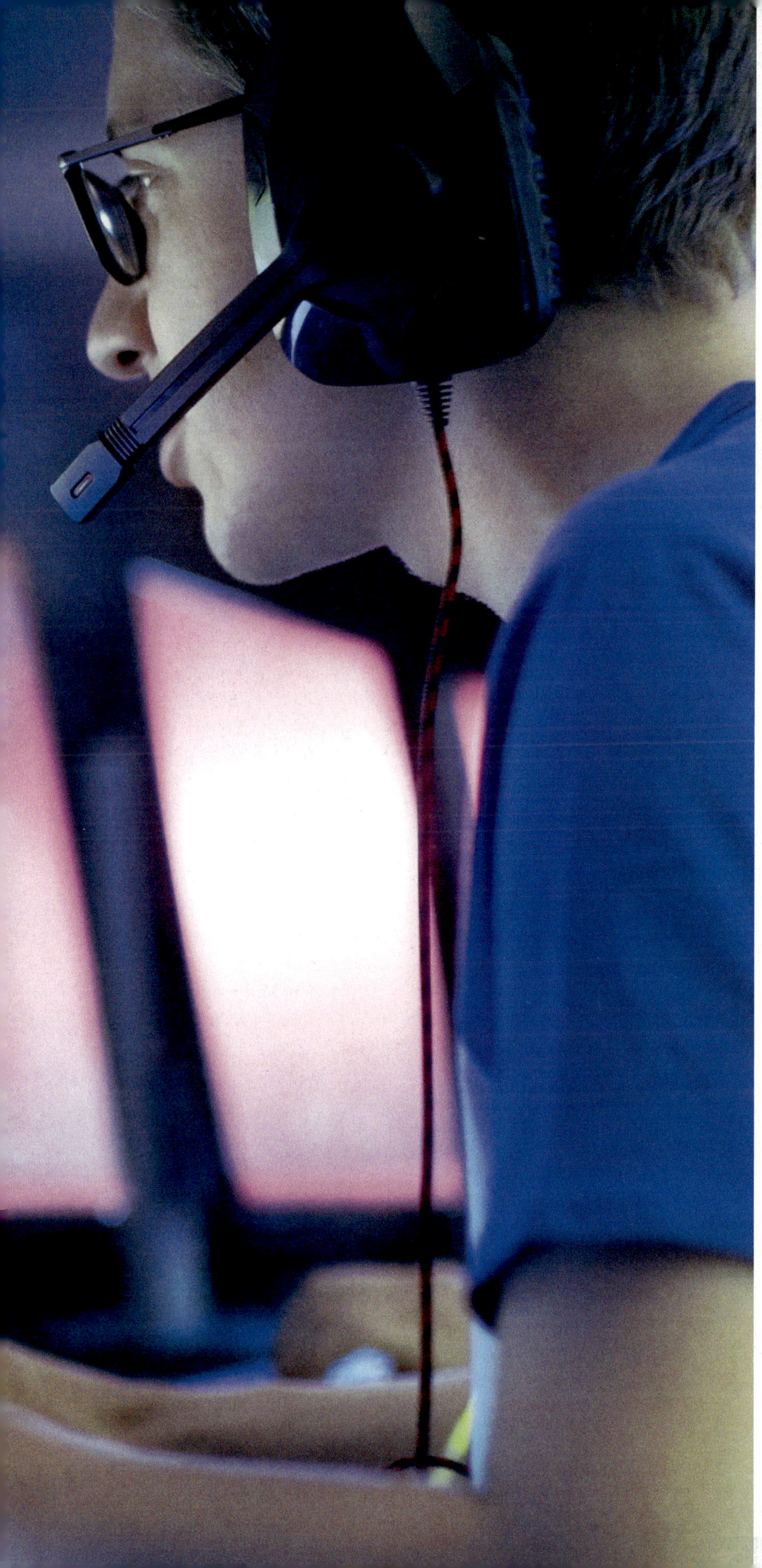

14

Bei Online-Spielen am Computer hört man den Ton über die Lautsprecher im Headset. Über das Mikrofon kann man mit seinen Freunden kommunizieren. Im Bildschirm, den Lampen und auch dem Computer sind LEDs und Transistoren verbaut.

1 Gespräch

Signale

Kommunikation

Im Alltag kommuniziert man auf viele Arten. Zum Beispiel unterhält man sich direkt mit anderen Menschen, telefoniert mit ihnen oder schreibt Nachrichten. Bei all diesen Prozessen werden Informationen mithilfe von Signalen oder Daten übermittelt. Für die Übermittlung von Informationen benötigt man immer einen Sender, einen Empfänger und einen Übertragungsweg, den **Kanal**. Der Sender sendet dabei Informationen über den Kanal, wo sie vom Empfänger aufgenommen werden. Erfolgt die Kommunikation nur von einem Sender zu einem Empfänger, wie zum Beispiel beim Hören von Musik, spricht man von einer **Ein-Weg-Kommunikation**. Bei einem Gespräch, wo alle direkt Rückmeldungen geben können, spricht man von einer **Zwei-Wege-Kommunikation**. Die Sender können gleichzeitig auch Empfänger sein und umgekehrt.

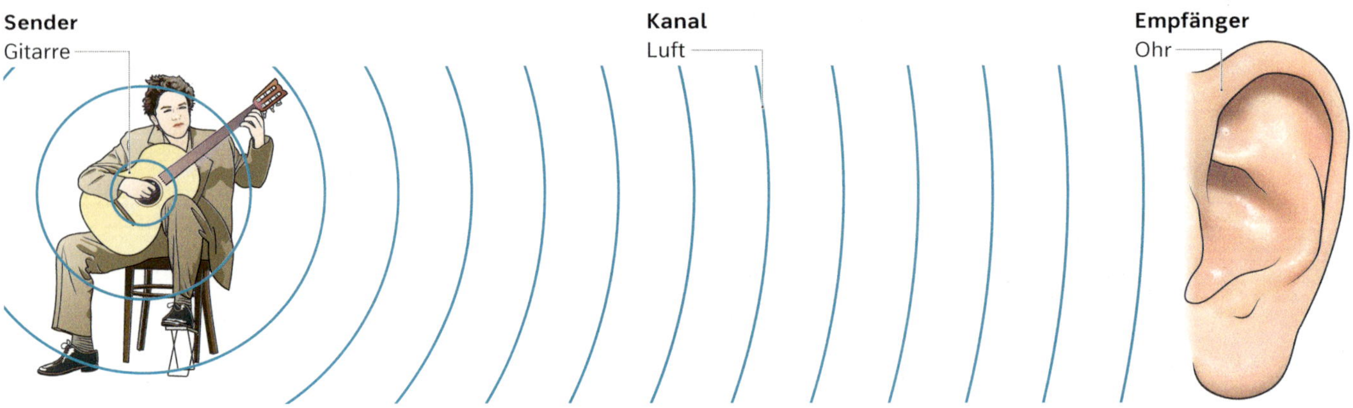

2 Sender-Empfänger-Modell

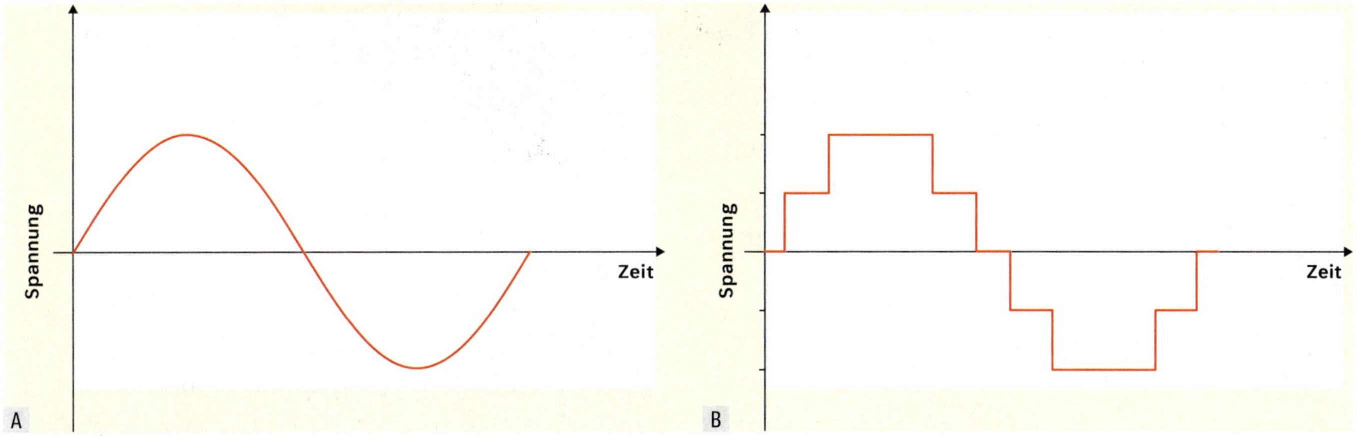

3 Signal: A analog, B digital

Analoge Signale

Mithilfe eines Oszilloskops und eines Mikrofons, kann man einen gesungenen Ton sichtbar machen. Man erkennt auf dem Oszilloskop eine ununterbrochene Kurve, die keine Stufen hat. So ein Signal wird als **analoges** Signal bezeichnet.

Digitale Signale

Die aufgenommenen analogen Signale kann man in **digitale** Signale umwandeln. Dazu unterteilt man die analoge Kurve in gleich große Zeitabschnitte. Jedem Abschnitt kann dann ein bestimmter Wert zugeordnet werden. Dadurch hat die Kurve von einem digitalen Signal viele Stufen. Je kleiner man die Abschnitte wählt, desto ähnlicher sehen sich das digitale und das analoge Signal.

Wandler

Nimmt man Gesang auf, dann werden analoge Signale digitalisiert. Man spricht von einem **Analog-Digital-Wandler**. Spielt man die Aufnahme wieder ab, werden die digitalen Signale in analoge Signale umgewandelt. Dies geschieht mit einem **Digital-Analog-Wandler**.

Material mit Aufgaben

M1 Sender und Empfänger

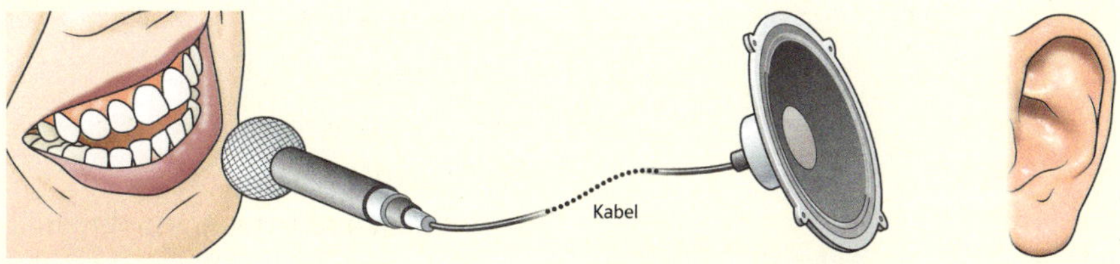

1. Beschreibe das dargestellte Sender-Empfänger-Modell.
2. Erkläre, welcher Kanal für die Kommunikation genutzt wird.
3. Erkläre, ob es sich um eine Ein-Weg-Kommunikation oder um eine Zwei-Wege-Kommunikation handelt.

M2 Signale

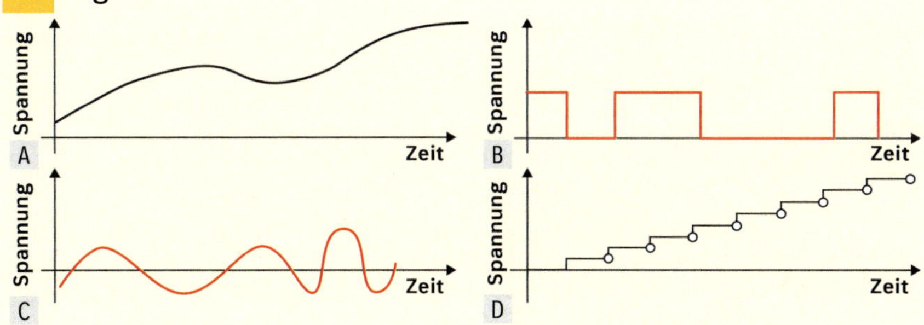

1. Beschreibe die Signale in den Abbildungen A und B.
2. Ordne den Abbildungen die Begriffe analoges und digitales Signal zu. Begründe.
3. Ordne den analogen Signalen das entsprechende digitale Signal zu.

1 Aufnehmen einer Sprachnachricht

Mikrofon und Lautsprecher

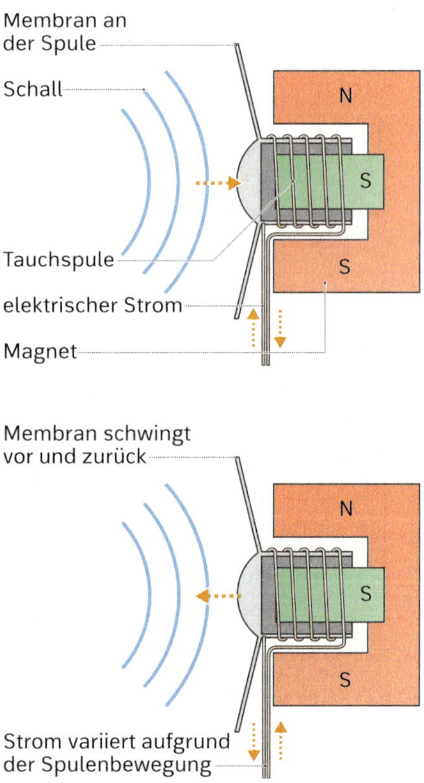

2 Funktionsweise eines Mikrofons

Telefonieren

Beim Telefonieren oder Aufnehmen und Abspielen von Sprachnachrichten nutzt man das Mikrofon und die Lautsprecher des Telefons. Das Mikrofon wandelt das Gesagte, die analogen Signale, in digitale Signale um. Ein Lautsprecher wandelt dann diese digitalen Signale wieder in analoge Signale zurück, sodass man sie hören kann.

Aufbau eines Mikrofons

Wenn man spricht, dann schwingen die Stimmbänder. Diese Schwingungen werden auf die Luft übertragen. Man nennt dies **Schall**. Ein Mikrofon besteht aus einem Magneten, in dem sich eine Spule befindet, die **Tauchspule**. An der Tauchspule ist eine Membran befestigt. Trifft nun Schall auf die Membran, wird diese in Schwingung versetzt. Diese Schwingungen überträgt sie auf die Tauchspule, welche sich dadurch in den Magneten hinein und heraus bewegt. Durch die Bewegungen der Tauchspule im Magnetfeld des Magneten, wird ein Wechselstrom induziert. Der entstehende Wechselstrom entspricht genau den ursprünglichen Schallschwingungen. So wandelt das Mikrofon den eingehenden Schall in elektrische Signale um.

Aufbau eines Lautsprechers

Um Aufnahmen oder den direkten Gesang in ein Mikrofon abzuspielen, nutzt man Lautsprecher. Wie auch Mikrofone bestehen sie aus einem Magneten, in dem sich eine Spule befindet. Sie wird auch **Schwingspule** genannt. An der Schwingspule ist ebenfalls eine Membran befestigt. Der vom Mikrofon induzierte Wechselstrom fließt durch die Schwingspule des Lautsprechers. Dadurch wird in der Spule ein wechselndes Magnetfeld erzeugt. Die Schwingspule wird dadurch vom Magneten angezogen und wieder abgestoßen. Die so entstehenden Schwingungen der Spule werden auf die Membran übertragen. Die Membran überträgt die Schwingungen wiederum an die Luft. Der entstehende Schall gelangt dann in die Ohren. So wandelt der Lautsprecher die elektrischen Signale wieder in analoge Signale um, die wir mit den Ohren aufnehmen können.

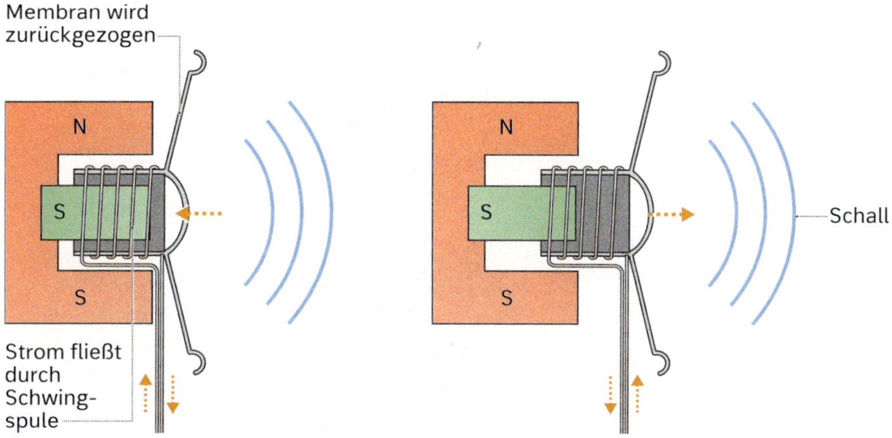

3 Funktionsweise eines Lautsprechers

Material mit Aufgaben

M1 Von der Aufnahme zum Abspielen

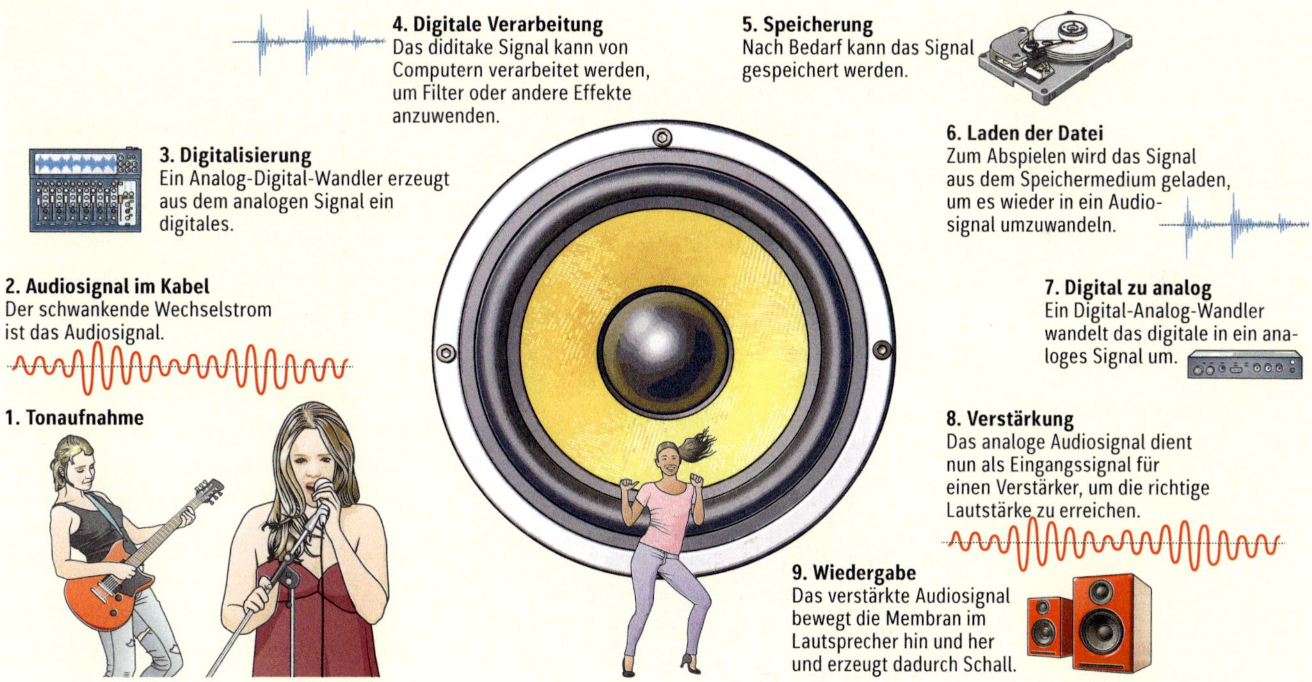

1. Beschreibe den Ablauf.
2. Nenne die Schritte, in denen das Signal analog oder digital vorliegt.
3. Erkläre die Funktionsweise von einem Mikrofon.
4. Erkläre die Funktionsweise von einem Lautsprecher.
5. Stelle Vermutungen an, warum das Signal vor dem Abspielen noch einmal verstärkt werden muss.

1 Funkmast

Elektromagnetische Wellen

Licht ist eine Welle

Auch mithilfe von Licht kann man Informationen übertragen. Dafür muss man sich vorstellen, dass sich Licht als eine **elektromagnetische Welle** ausbreitet. Elektromagnetische Wellen bestehen aus einem schwingendem elektrischen und magnetischen Feld. Je schneller die Welle schwingt, desto Höher ist ihre **Frequenz**. Licht mit unterschiedlichen Frequenzen hat verschiedene Eigenschaften. So hat zum Beispiel das für den Menschen sichtbare rote Licht eine niedrigere Frequenz als das sichtbare blaue Licht. Je stärker die Welle nach oben oder unten ausschlägt, desto größer ist ihre **Amplitude**.

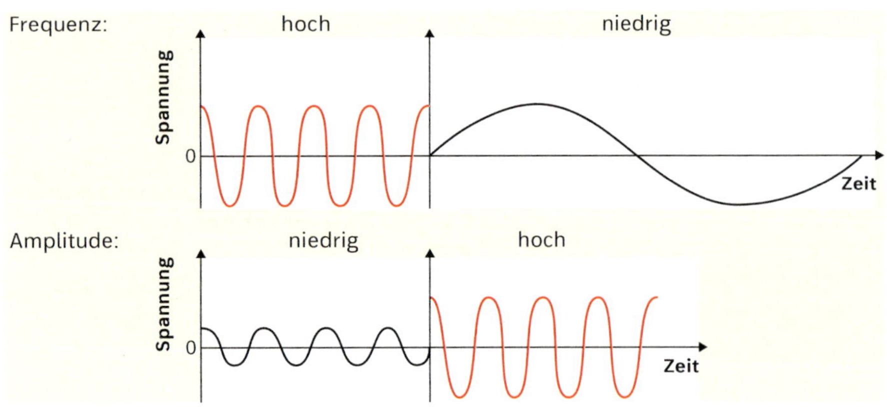

2 Frequenz und Amplitude

Lichtwellenleiter

Mithilfe von dünnen Stäben, Röhren oder Fasern kann Licht von einem Ort zu einem anderen Ort geleitet werden. Diese Bauteile werden Lichtleiter oder Lichtwellenleiter genannt. Das Licht wird im Inneren eines Lichtleiters meistens an einer Spiegelschicht reflektiert.
Glasfasern sind besondere Lichtwellenleiter. Sie bestehen aus einem Kern aus optisch dichtem Glas und einer Ummantelung aus optisch dünnerem Glas. Sie

nutzen das Prinzip der Totalreflexion. Wird Licht in eine Glasfaser geleitet, dann wird es an den Wänden der Faser immer wieder totalreflektiert. Es kann erst am Ende wieder die Glasfaser verlassen.
Viele Glasfasern werden zu einem Glasfaserkabel zusammengefügt. Mithilfe von Glasfaserkabeln lassen sich Informationen übertragen. Dazu werden im ersten Schritt digitale Signale verstärkt und mithilfe eines Lasers in Lichtsignale umgewandelt. Über das Glasfaserkabel gelangt das Licht dann fast ohne Verluste an den Zielort. Dort wird das Licht wieder in ein elektrisches Signal umgewandelt, welches vom Empfänger ausgewertet werden kann.

Funkwellen

Funkwellen werden zum Beispiel für die Übertragungen im Radio, Fernsehen oder die Navigation genutzt. Wie auch Licht sind Funkwellen elektromagnetische Wellen. Mithilfe von Funkwellen können Informationen wie Text, Bilder oder Audiosignale über weite Entfernungen ohne Kabel übertragen werden. Dazu werden die elektromagnetischen Wellen in ihrer Frequenz oder Amplitude verändert. Sie werden **moduliert**. Für die Übertragung werden die Wellen über große Sendemasten mit Antennen ausgestrahlt, bis sie auf Empfängermasten treffen.
Schon 1901 gelang es den ersten Menschen eine Funkwellenübertragung zwischen England und Kanada herzustellen. Seitdem wurde immer weiter an der Technik gearbeitet, sodass man heute ein weltweites Netz aufgebaut hat.

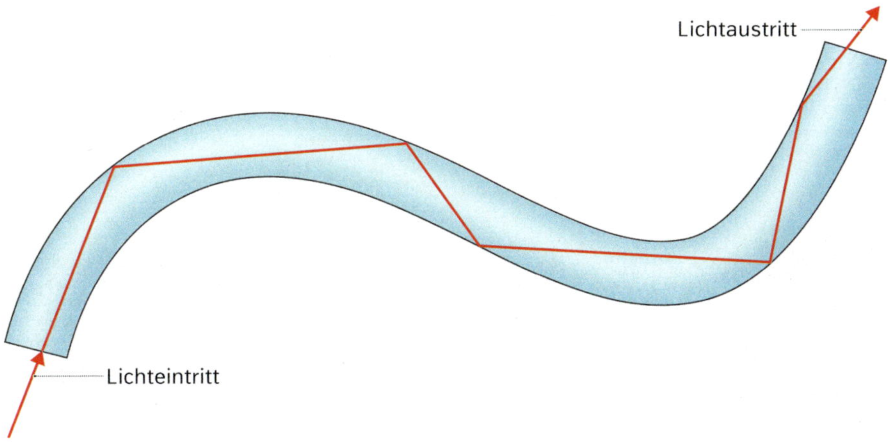

3 Lichtwellenleiter

Material mit Aufgaben

M1 Frequenzbereiche der Informationsübertragung

1. Beschreibe mithilfe der Tabelle, welche Frequenzbereiche für die Informationsübertragung genutzt werden.
2. Stelle Vermutungen an, warum es genau definierte Frequenzbereiche für die verschiedenen Nutzungen gibt.

Nutzung	Frequenz
Funkuhren	30-300 kHz
Fernsehen	30-300 MHz
WLAN	0,3 - 3 GHz
Radar	30-300 GHz

M2 Radioempfang

1. Rundfunksendung
Ein Radiosprecher spricht in ein Mikrofon, das die Schwingungen in elektrische Ströme umwandelt.

2. Senderzuführung
Die Senderzuführung erhält das Audiosignal und überträgt es an die Senderantenne.

3. Sendersignal
Der Strom fließt zur Sendeantenne. Dies ruft elektrische und magnetische Felder um die Antenne hervor, die sich als elektromagnetische Wellen ausbreiten.

4. Radioempfang
Das Radiogerät empfängt die elektromagnetischen Radiowellen und wandelt sie in Ströme um, welche die Membran in einem Lautsprecher schwingen lassen.

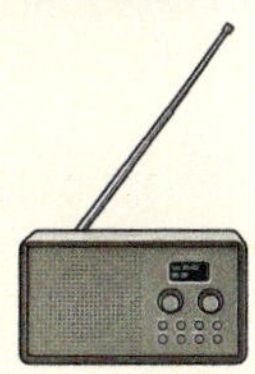

1. Beschreibe mithilfe der Abbildung, wie Radiosendungen übertragen werden.
2. Stelle Vermutungen an, warum die Übertragung an die Sendemasten oft über Glasfaserkabel stattfindet.

1 Abbau von Siliciumdioxid

Halbleiter

Leiter, Halbleiter, Isolator

Metalle leiten elektrischen Strom sehr gut. Sie werden als **Leiter** bezeichnet. Kunststoffe hingegen leiten den Strom nicht. Sie sind **Isolatoren**. Es gibt aber auch Stoffe wie Silicium, die spezielle Leitungseigenschaften haben. Silicium leitet unter normalen Umständen den elektrischen Strom nicht. Führt man aber etwas Energie zu, wird es zum Leiter. Aus diesem Grund wird Silicium als **Halbleiter** bezeichnet. Auch die Elemente Germanium, Bor, Selen und Tellur sind Halbleiter.

2 Solarzellen werden mit Silicium hergestellt.

Silicium

Silicium wird aus dem Rohstoff Sand (Siliciumdioxid) hergestellt. Da viel Sand auf der Erde verfügbar ist und Silicium einfach in großen Mengen hergestellt werden kann, wird es für viele verschiedene Bauteile in der Technik verwendet. Zum Beispiel enthalten Speicherchips oder Solarzellen Silicium. Auch jedes Smartphone und jeder Computer kommen heute nicht mehr ohne Silicium aus.

Aufbau von Halbleitern

In Metallen bilden die Atome ein festes Metallgitter und die äußeren Elektronen (Valenzelektronen) jedes Atoms sind frei beweglich. Aus diesem Grund leiten Metalle den elektrischen Strom. In anderen Stoffen wie Glas oder Kunststoff sind die Elektronen immer fest gebunden. Diese Stoffe leiten den elektrischen Strom nicht. In Halbleitern sind die äußeren Elektronen ebenfalls fest gebunden. Die einzelnen Atome bilden über

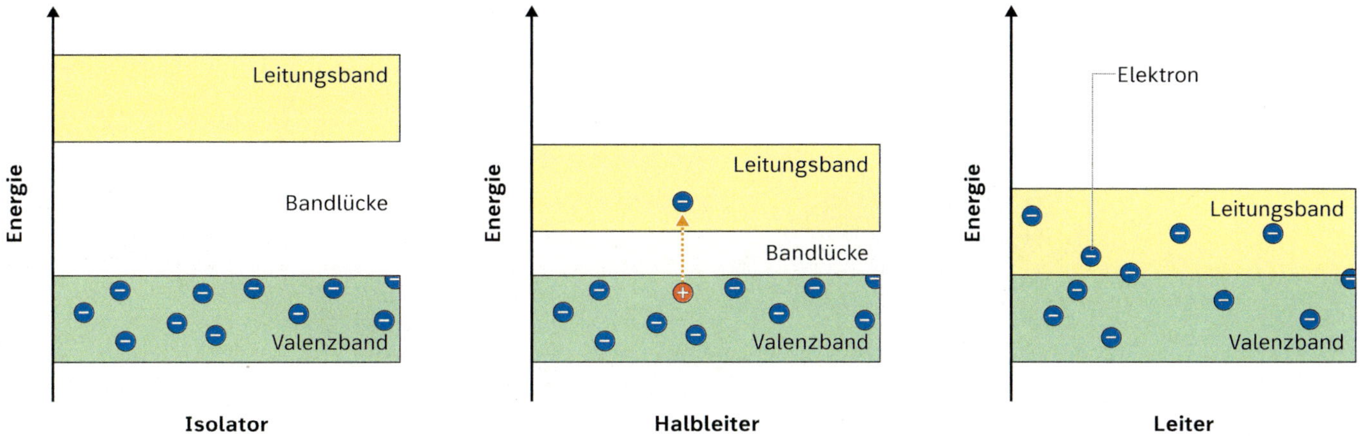

3 Bänderstruktur von Isolatoren, Halbleitern und Leitern

chemische Bindungen ein festes Atomgitter. Die Elektronen, die für diese Bindungen genutzt werden, können aber durch Energiezufuhr gelöst werden.
Im Modell kann man sich dies in Form von Energieniveaus (Bändern) vorstellen. In Metallen sind Elektronen frei beweglich. Die Energie der Elektronen reicht aus, dass sie von ihrem Aufenthaltsbereich, dem **Valenzband**, in das etwas höher liegende **Leitungsband** wechseln können. Der elektrische Strom kann aufgrund der Beweglichkeit der Elektronen im Leitungsband fließen. Bei Isolatoren ist das Leitungsband so weit vom Valenzband entfernt, dass die Elektronen diesen Abstand nicht überwinden können. Sie sind nicht beweglich und es kann aus diesem Grund kein Strom fließen. Bei Halbleitern liegen das Valenzband und das Leitungsband so eng beieinander, dass die Elektronen durch eine geringe Energiezufuhr den Abstand überwinden können und der Stoff damit vom Nichtleiter zum Leiter wird. Die Energiezufuhr kann zum Beispiel in Form von thermischer Energie erfolgen.

Material mit Aufgaben

M1 Leitfähigkeit

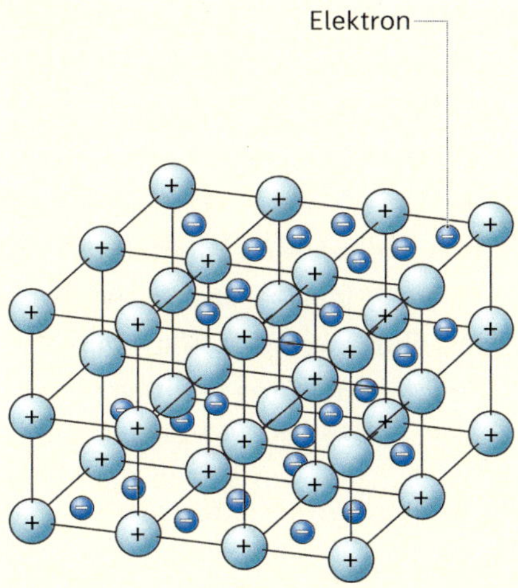

A

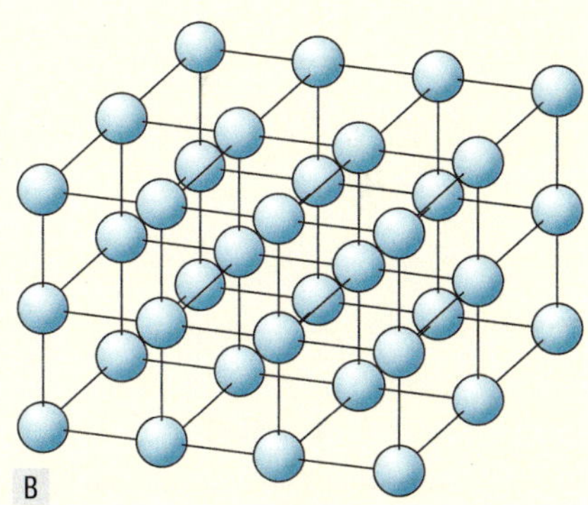

B

1. Beschreibe den Aufbau der Gittermodelle in den Abbildungen A und B.
2. Ordne den Abbildungen A und B die Begriffe elektrischer Leiter und Isolator zu. Begründe deine Zuordnungen.
3. Erkläre, warum Halbleiter elektrisch leitend werden, wenn ihnen Energie zugeführt wird.
4. Stelle Vermutungen an, wie sich die Bewegung der Elektronen in Abbildung A verändert, wenn es an eine Spannungsquelle angeschlossen wird.

Viele elektronische Geräte benötigen Gleichspannung. Wie kann man aus der Wechselspannung einer Steckdose eine Gleichspannung erzeugen?

1 Ein Handy wird geladen.

Dioden

Dioden

Dioden sind besondere elektrische Bauteile. Sie funktionieren wie ein Ventil. Der elektrische Strom kann nur in einer Richtung durch sie hindurchfließen. Ob der Strom fließen kann hängt davon ab, in welche Richtung die Diode in den Stromkreis eingebaut wird. Wird die Diode in **Durchlassrichtung** geschaltet, besitzt sie einen sehr geringen Widerstand. Der elektrische Strom kann fließen. Um keinen Kurzschluss im Stromkreis zu verursachen, muss vor jeder Diode immer ein Widerstand eingebaut werden. Dieser **Schutzwiderstand** verhindert, dass die Diode zerstört wird. Wird die Diode anders herum in den Stromkreis eingebaut, ist sie in **Sperrrichtung** geschaltet. Sie besitzt nun einen sehr großen Widerstand. Elektrischer Strom kann nicht durch sie hindurchfließen.

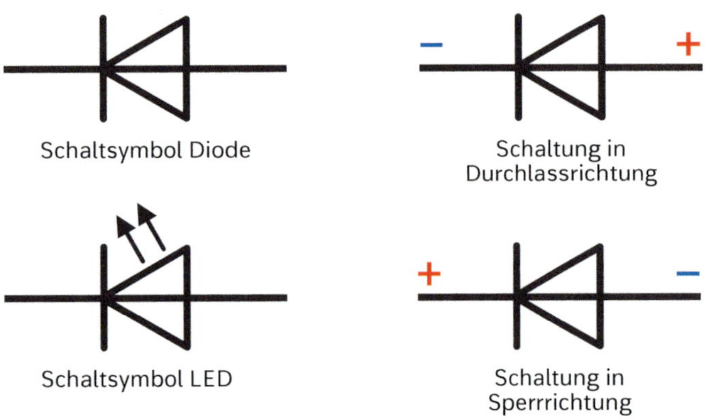

2 Dioden in Sperrrichtung und Durchlassrichtung

Gleichrichterschaltung

In den Steckdosen in Deutschland liegt eine Wechselspannung von 230 V an. Viele Elektrogeräte benötigen eine deutlich geringere Spannung, damit sie nicht beschädigt werden. Aus diesem Grund sind in ihren Netzteilen Transformatoren eingebaut. Darüber hinaus müssen viele Geräte aber auch mit Gleichspannung betrieben werden. Alle Ladevorgänge von Handys, Laptops oder Tabletts benötigen Gleichspannung, damit die Akkumulatoren aufgeladen werden können. Um eine Wechselspannung in Gleichspannung umzuwandeln, werden sogenannte **Gleichrichterschaltungen** verbaut.

Funktionsweise

Eine Gleichrichterschaltung wandelt Wechselspannung in Gleichspannung um. Dazu werden vier Dioden als zwei parallel geschaltete Diodenpaare miteinander verknüpft. Der Anschluss der Wechselspannung erfolgt links und rechts. Die Gleichspannung wird oben und unten in der Schaltung abgeleitet. Ein Verbraucher wie zum Beispiel eine Glühbirne kann dort angeschlossen werden.

In der ersten Phase der Wechselspannung strömen Elektronen vom Minuspol links in die Gleichrichtungsschaltung hinein und fließen aufgrund der Durchlassrichtung der Diode nach unten ab, durch den Verbraucher und dann durch die zweite Diode zum Pluspol.

In der zweiten Phase der Wechselspannung sind die Pole vertauscht. Die Elektronen fließen jetzt vom Minuspol rechts in die Gleichrichterschaltung. Aufgrund der Durchlassrichtung der Dioden, fließen sie wieder nach unten ab, erneut durch die Glühbirne und über die obere Diode wieder zum Pluspol. Es ist egal aus welcher Richtung die Elektronen kommen. Der Gleichrichter sorgt dafür, dass sie immer in die gleiche Richtung durch den Verbraucher fließen. So wird aus einer Wechselspannung an den Anschlüssen links und rechts eine Gleichspannung, die zwischen den Anschlüssen oben und unten herrscht.

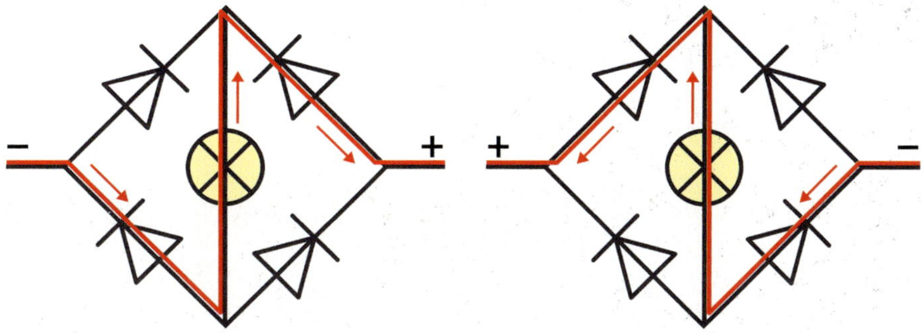

3 Stromfluss in einer Gleichrichterschaltung

A

Material mit Aufgaben

M1 Dioden

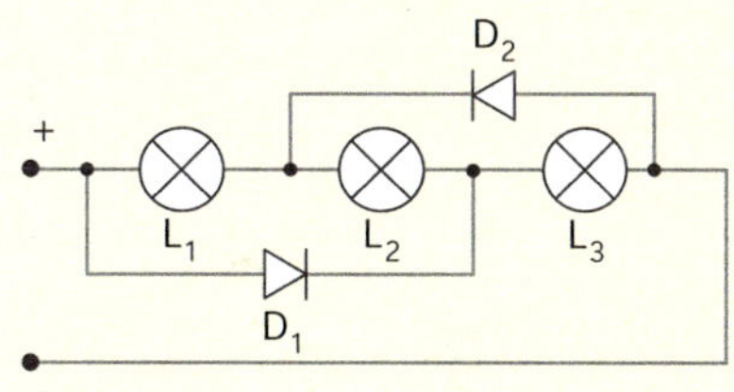

1. Übertrage den Schaltplan in dein Heft und zeichne den Elektronenfluss ein.
2. Begründe, welche der Lampen leuchtet.
3. Begründe, welche Lampen leuchten, wenn die Anschlüsse vertauscht werden.
4. Erkläre, warum Netzteile oft Gleichrichterschaltungen enthalten.

P2 Diode und Lampe

Material: Spannungsquelle, Kabel, Leuchtdiode, Widerstand, Glühlampe

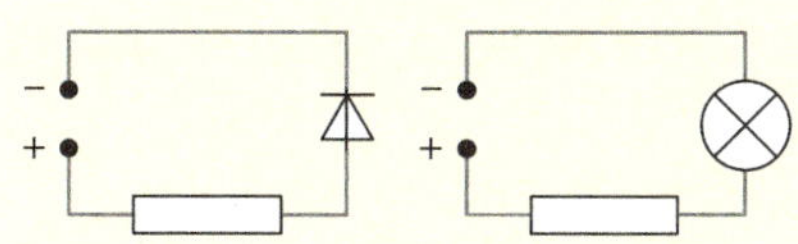

Durchführung: Baue die Stromkreise nach dem Schaltplan auf. Stelle dann an der Spannungsquelle erst Gleichspannung und dann Wechselspannung ein.

1. Erkläre deine Beobachtungen.
2. Schließe die Leuchtdiode und Glühbirne anders herum an und führe den Versuch erneut durch. Erkläre deine Beobachtungen.

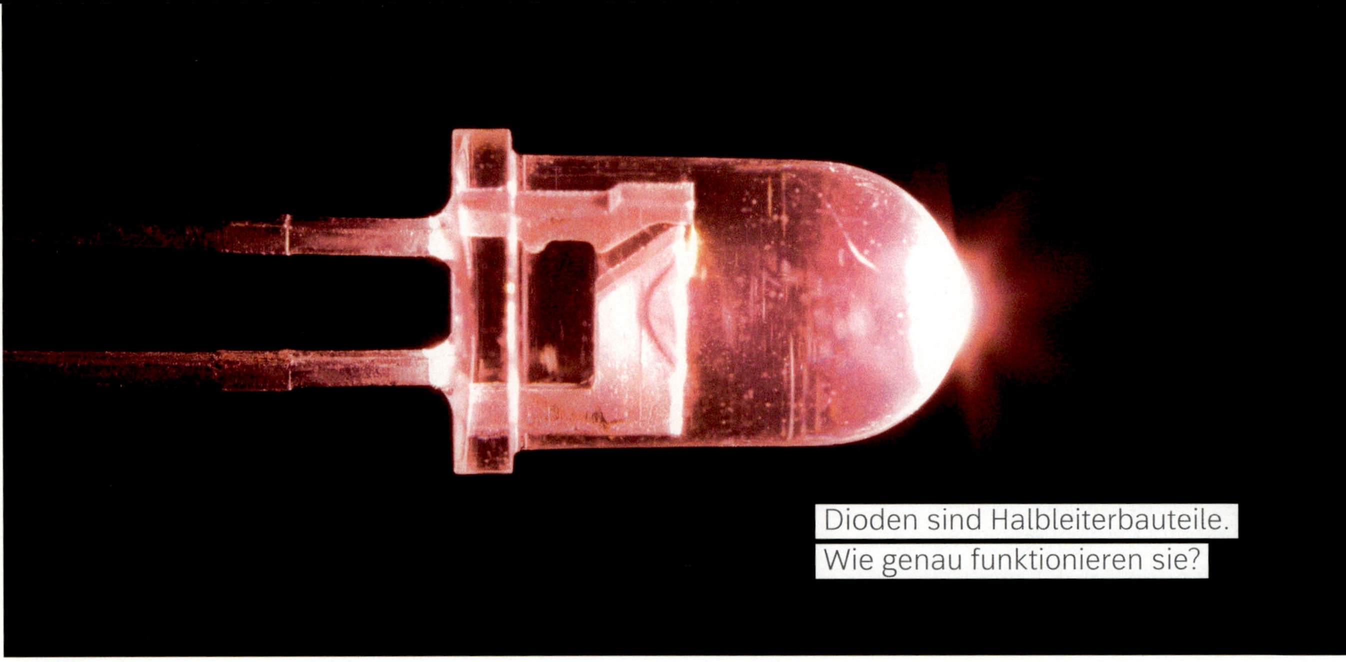

1 Eine Diode

Funktionsweise von Dioden

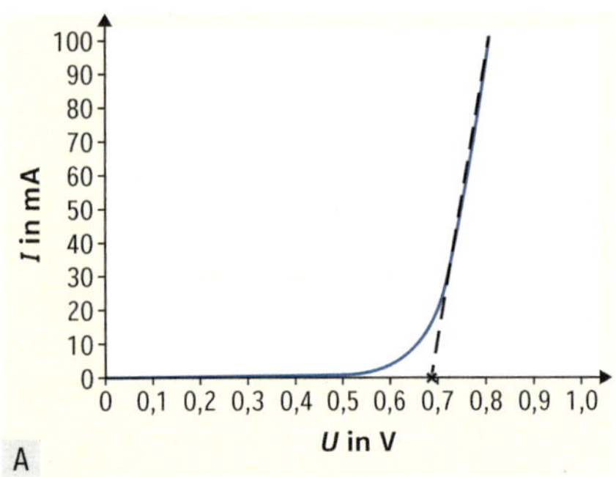

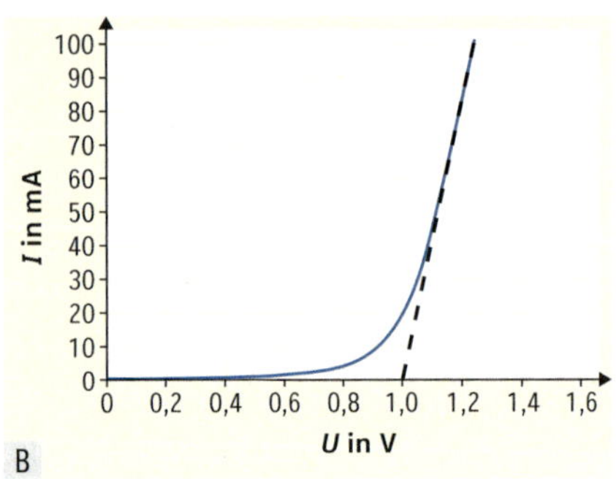

2 Kennlinien einer Diode: **A** mit Schwellenwert 0,7 V, **B** mit Schwellenwert 1,0 V

Leuchtdioden

In Lampen und Displays werden Leuchtdioden, LEDs, eingesetzt, in denen Halbleiter verbaut sind. Fließt elektrischer Strom durch eine LED, sendet der Halbleiter Licht aus. Je nach Material des Halbleiters leuchten die LEDs in verschiedenen Farben. Neben Leuchtdioden gibt es Universaldioden, die eingesetzt werden, um Wechselspannung in Gleichspannung zu wandeln.

Kennlinie

Durch eine Diode kann der elektrische Strom nur in eine Richtung fließen. Baut man eine Diode in Sperrrichtung in den Stromkreis ein, fließt kein Strom. Baut man sie in Durchlassrichtung ein, fließt der Strom. Erhöht man in einem Stromkreis mit einer Diode schrittweise die Spannung, fließt zunächst kein Strom. Erst ab einem bestimmten Schwellenwert steigt die Stromstärke an. Man sagt auch, die Diode schaltet durch. Bei den meisten Dioden liegt der Schwellenwert bei ungefähr 0,7 V. Es gibt aber auch Dioden, die schon bei 0,5 V oder erst bei 1,0 V durchschalten. Durch die Messung von Spannung und Stromstärke, kann man die **Kennlinie** einer Diode bestimmen. An ihr erkennt man, wann die Diode durchschaltet.

Leitungsvorgänge einer Diode

Dioden bestehen zum Beispiel aus dem Halbleiter Silicium. Silicium steht in der 4. Hauptgruppe des Periodensystems und hat somit vier **Außenelektronen**. Im Feststoff Silicium sind die vier Außenelektronen jedes Silicium-Atoms an je ein Elektron eines weiteren Silicium-Atoms angelagert. Auf diese Weise entsteht eine regelmäßige **Kristallstruktur**.

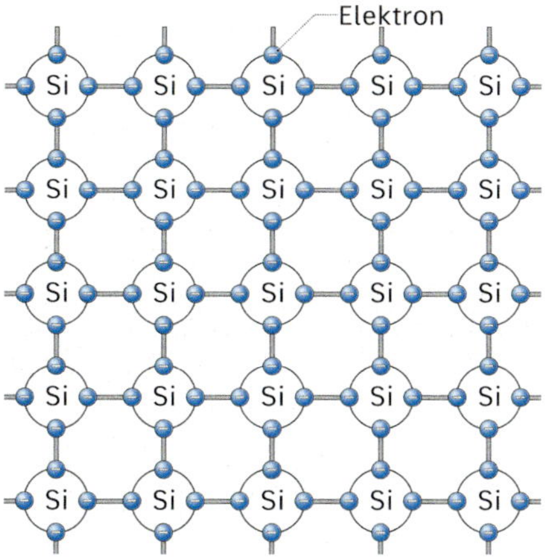

3 Kristallstruktur von Silicium

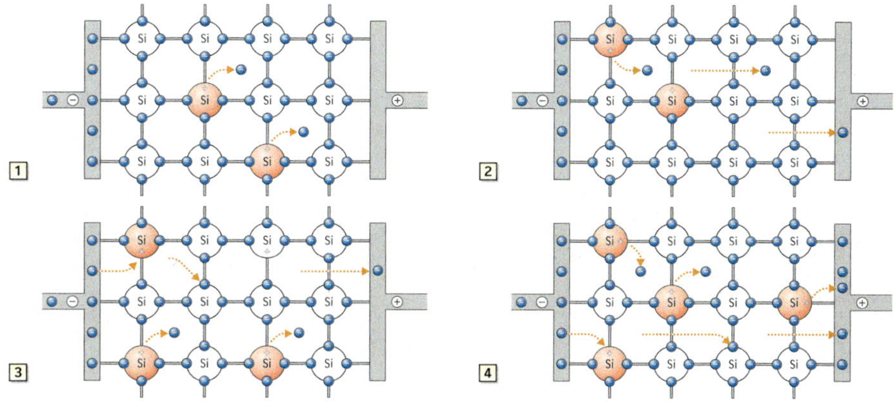

4 Leitungsvorgänge in Silicium

Da alle Außenelektronen gebunden sind, sind unter normalen Bedingungen keine freien Elektronen vorhanden. Der Kristall leitet den elektrischen Strom nicht. Wird aber Energie von außen zugeführt, fangen einzelne Elektronen an, sich zu bewegen. Irgendwann bewegen sie sich so stark, dass sie ihre Plätze in den Bindungen verlassen. Diese Elektronen können sich jetzt frei bewegen. Dort, wo Elektronen die Bindung verlassen haben, bleibt ein positiv geladenes **Loch** zurück. Wird nun eine Spannung angelegt, fließen die freien Elektronen zum Pluspol. Gleichzeitig lösen sich weitere Elektronen aus den Bindungen und setzen sich ebenfalls in Richtung Pluspol in Bewegung. Auf ihrem Weg bewegen sich die Elektronen aber nicht frei im Kristall. Sie springen von Loch zu Loch. Während des Stromflusses entsteht eine **Elektronenbewegung** in Richtung Pluspol. Da diese aber von Loch zu Loch springen, erscheint es so, als bewegen sich die Löcher zum Minuspol. Dort werden sie von nachströmenden Elektronen aufgefüllt. ▶

Material mit Aufgaben

M1 Leitungsvorgänge

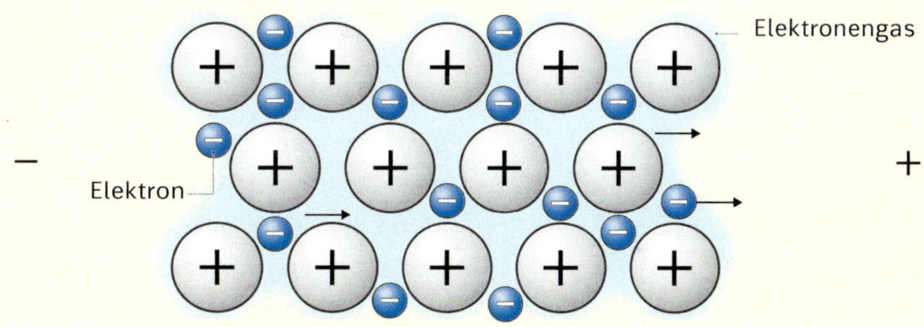

1. Beschreibe mithilfe der Abbildung den Aufbau eines Metalls.
2. Vergleiche die Leitungsvorgänge im Metall mit den Leitungsvorgängen im Halbleiter.
3. Stelle Vermutungen an, warum die Leitfähigkeit von Metallen mit steigender Energiezufuhr sinkt.

P2 Kennlinie

Material: Diode, Kabel, 2 Multimeter, Spannungsquelle, Widerstand

Durchführung: Baue die Schaltung nach dem Schaltplan auf und messe die Stromstärke für verschiedene angelegte Spannungen. Trage die Messwerte in eine Tabelle ein.

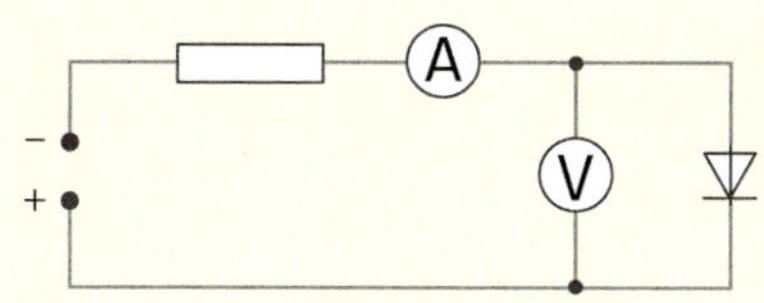

1. Erstelle ein U-I-Diagramm.
2. Ermittle den Schwellenwert für die Dioden.

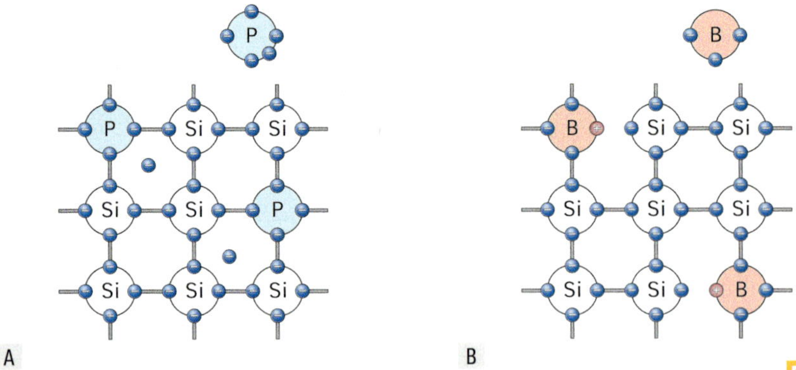

5 Dotierung: **A** n-Dotierung, **B** p-Dotierung

Dotierung von Halbleitern

Zur Erhöhung der Leitfähigkeit in Halbleitern können Fremdatome eingesetzt werden. Man sagt, der Halbleiter wird mit Fremdatomen **dotiert**. Atome aus der 5. Hauptgruppe des Periodensystems, wie Phosphor, haben fünf Außenelektronen. Setzt man nun Fremdatome wie Phosphor in das Silicium-Gitter, verbinden sich vier Elektronen des Phosphor-Atoms mit den Elektronen der vier umliegenden Siliciumatome. Ein Elektron bleibt ungebunden und steht zusätzlich für die Leitung zur Verfügung. Da der Halbleiter jetzt mehr negative Ladungen besitzt, spricht man in diesem Fall von einer **n-Dotierung**.

Fremdatome wie Bor stehen in der 3. Hauptgruppe und besitzen nur drei Außenelektronen. Werden Bor-Atome eingesetzt, verbinden sich alle drei Elektronen mit den Elektronen benachbarter Siliciumatome. Das Elektron des vierten benachbarten Siliciumatoms bleibt ungebunden. Außerdem entsteht ein zusätzliches Loch am Fremdatom. Da in dieser Dotierung insgesamt weniger Elektronen vorhanden sind, ist der Halbleiter im Vergleich zum Normalfall stärker positiv. Man spricht auch von einer **p-Dotierung**. Durch zusätzliche Löcher wird die Leitfähigkeit erhöht, weil Elektronen nur von Loch zu Loch wandern können. Je mehr Löcher vorhanden sind, desto einfacher ist der Elektronenfluss.

Das Innere einer Diode

Eine Diode ist aus zwei unterschiedlich dotierten Halbleitern zusammengesetzt. Die eine Seite ist n-dotiert und die andere Seite p-dotiert. Am pn-Übergang treffen die beiden Schichten aufeinander. Dort bildet sich durch die Dotierungen eine neutrale Sperrschicht aus. Die freien Elektronen der n-dotierten Schicht setzen sich in die Löcher der p-dotierten Schicht. Dieser Vorgang wird auch als **Rekombination** bezeichnet. Er findet aber nur in einem schmalen Bereich statt. Ist die neutrale Sperrschicht zu breit, reicht die Energie der Elektronen nicht aus, um diese zu überwinden und in die weiter entfernt liegenden Löcher zu gelangen. Aus diesem Grund hat die Diode eine positive, eine neutrale und eine negative Schicht.

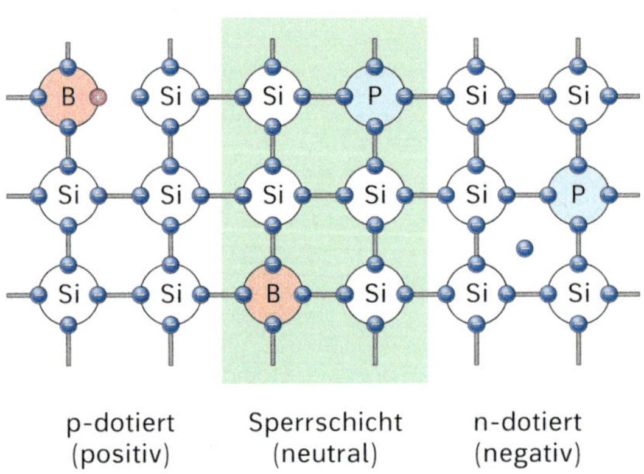

6 pn-Übergang einer Diode

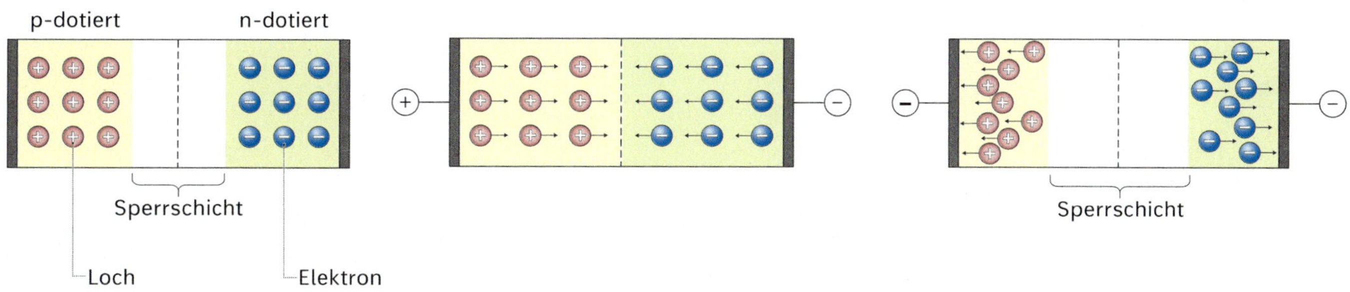

7 Diode: **A** nicht angeschlossen, **B** in Durchlassrichtung, **C** in Sperrrichtung

pn-Übergang in Sperrrichtung

Wird die Diode in Sperrrichtung geschaltet, befindet sich die p-dotierte Seite am Minuspol und die n-dotierte Seite am Pluspol. Die freien Elektronen der n-dotierten Seite bewegen sich zum Pluspol. Elektronen vom Minuspol bewegen sich in die Löcher der p-dotierten Schicht bis zu der Sperrschicht. Es sieht also so aus, als würden sich die Löcher zum Minuspol bewegen. Dadurch wird die Sperrschicht größer. Die Diode leitet keinen Strom.

pn-Übergang in Durchlassrichtung

Wird die Diode in Durchlassrichtung geschaltet, wird die n-dotierte Seite mit dem Minuspol und die p-dotierte Seite mit dem Pluspol verbunden. Vom Minuspol gelangen Elektronen in die n-dotierte Seite. Ab einer Schwellspannung von ungefähr 0,7 V haben die Elektronen ausreichend Energie, um sich aus der Sperrschicht zu lösen. Dadurch entstehen Löcher in der Sperrschicht und eine Bewegung durch sie ist nun möglich. Die Sperrschicht ist aufgehoben. Die Elektronen gelangen jetzt vom n-dotierten Teil über die Löcher der p-dotierten Schicht bis zum Pluspol. Dadurch wird der Stromkreis geschlossen und der elektrische Strom kann fließen.

Material mit Aufgaben

M3 Dotierung

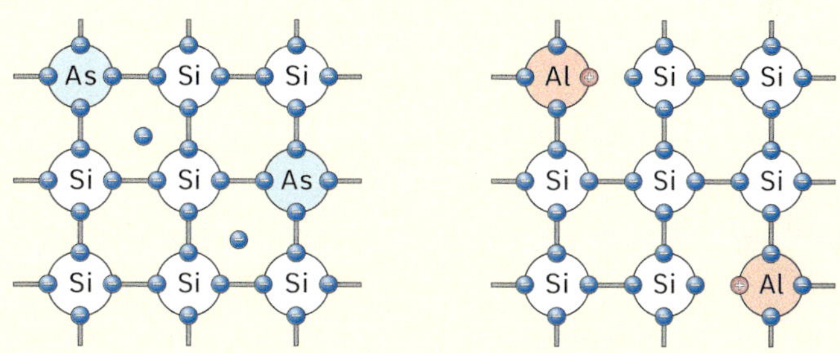

A

B

1. Nenne die beiden Fremdatome, mit denen das Silicium-Gitter in den Abbildungen A und B dotiert wurde.
2. Begründe, bei welcher Abbildung es sich um eine n-Dotierung und bei welcher um eine p-Dotierung handelt.
3. Erkläre, wie die p-Dotierung und n-Dotierung die Leitfähigkeit in einem Halbleiter erhöhen.

1 Photovoltaikanlage

Solarzellen und LEDs

Photovoltaik: Der Begriff setzt sich aus dem griechischen Wort „photos" (Licht) und der Einheit der elektrischen Spannung „Volt" zusammen.

Photovoltaikanlagen

In Photovoltaikanlagen wird die Strahlungsenergie der Sonne in elektrische Energie umgewandelt. Die Anlage besteht aus sehr vielen einzelnen Solarzellen, die zu Solarmodulen verbunden sind. Photovoltaikanlagen nutzen mit dem Sonnenlicht eine regenerative Energiequelle. Die Sonne wird noch mehrere Milliarden Jahre lang scheinen und Energie liefern. Die Strahlungsenergie ist also nicht begrenzt. Strom und Wärme, die direkt aus der Strahlungsenergie erzeugt werden, sind daher **nachhaltig**. Bei der Energieumwandlung entstehen keine klimaschädlichen Abgase. Die Produktion von Solarzellen ist sehr teuer, weil teilweise seltene Rohstoffe genutzt werden. Durch den Abbau dieser Rohstoffe werden Ökosysteme beeinflusst oder sogar zerstört. Darüber hinaus ist die Leistung der Anlage im Vergleich zu anderen Kraftwerken eher gering und sie liefern nur elektrische Energie, wenn die Sonne scheint.

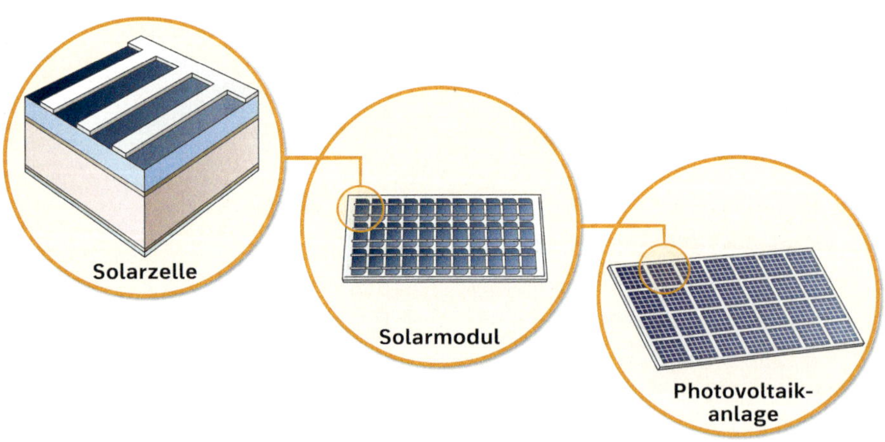

2 Aufbau von Photovoltaikanlagen

Aufbau von Solarzellen

Solarzellen sind aus verschiedenen Halbleiterschichten aufgebaut. Die Halbleiterschichten werden oben von einer Anti-Reflexionsschicht und unten von einer reflektierenden Schicht umschlossen.

Über der Anti-Reflexionsschicht und unter der reflektierenden Schicht befindet sich jeweils eine Elektrode.
Der Aufbau des mittleren Teils einer Solarzelle entspricht einer Diode. Eine n-dotierte und eine p-dotierte Schicht werden durch eine Sperrschicht voneinander getrennt. Fällt nun Sonnenlicht auf die Solarzelle, wird Energie auf die Elektronen übertragen. Dadurch werden sie aus ihren Bindungen im n-dotierten Halbleiter herausgelöst. Aufgrund der Anziehung wandern sie durch die Sperrschicht in Richtung p-dotiertem Halbleiter. Insgesamt findet ein Elektronenfluss von der n-dotierten zur p-dotierten Schicht statt. Es baut sich eine Spannung auf und elektrischer Strom kann fließen. Die Energie des Sonnenlichts wird direkt in elektrische Energie umgewandelt. Sie wird über die Elektroden abgeführt.

Leuchtdioden

Während Solarzellen Strahlungsenergie in elektrische Energie umwandeln, wandeln Leuchtdioden (LEDs) elektrische Energie in Strahlungsenergie um. Leuchtdioden bestehen aus zwei verschieden dotierten Halbleiterschichten. Allerdings wird bei ihnen ein spezielles Halbleitermaterial wie Gallium verwendet. Bei Gallium liegen das Valenzband und das Leitungsband näher zusammen. Werden LEDs in Durchlassrichtung geschaltet, fließen Elektronen von der n-dotierten Schicht zur p-dotierten Schicht. Durch die näher zusammenliegenden Bänder benötigen die Elektronen nicht so viel Energie zum Rekombinieren. Daher strahlen sie bei der Rekombination einen Teil ihrer Energie in Form von Licht wieder ab. LEDs wandeln Energie effizienter um als normale Glühlampen. In Glühlampen wird ein Teil der Energie genutzt, um den Metalldraht bis zum Glühen zu erhitzen. Der große Teil der elektrischen Energie wird dabei aber in Wärme umgewandelt und an die Umgebung abgegeben. Daher sind heutzutage LEDs die meistverwendeten Leuchtmittel. Sie benötigen auch nur eine geringe Spannung und werden daher auch als Kontrollleuchten genutzt.

3 Grüne LED

Material mit Aufgaben

M1 Aufbau einer Solarzelle

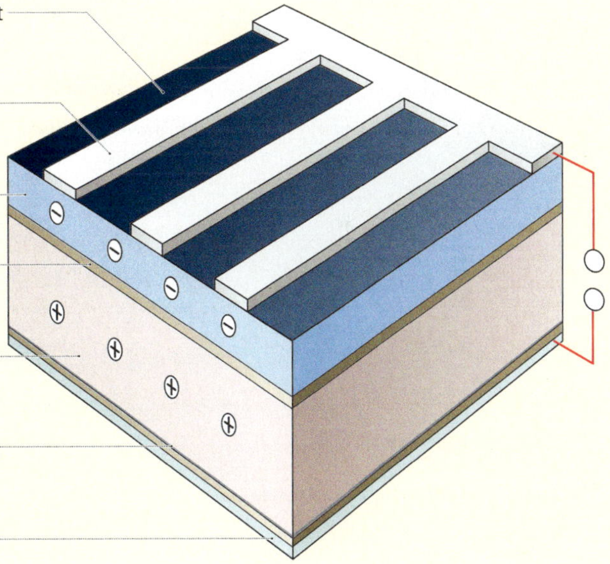

1. **III** Beschreibe mithilfe der Abbildung den Aufbau einer Solarzelle.
2. **III** Beschreibe, wie die Solarzelle Strahlungsenergie in elektrische Energie umwandelt. ⊞
3. Wähle eine der Aufgaben aus:

a **III** Stelle Vermutungen über Vorteile und Nachteile von Solarzellen an.

b **III** Stelle Vermutungen an, warum auf der Oberfläche von Solarzellen eine Anti-Reflexionsschicht aufgebracht ist und auf der Rückseite eine reflektierende Schicht.

1 Straßenbeleuchtung

Steuerung durch Halbleiter

Straßenbeleuchtung

Sobald es dunkel wird, geht die Straßenbeleuchtung von alleine an. Gleichzeitig gehen an vielen Häusern die Rollläden zu. Natürlich kann man Beleuchtung und Rollläden auch per Hand bedienen. Häufig übernehmen diese Vorgänge aber Steuerungen mithilfe von **Sensoren**. Diese Sensoren bestehen aus Halbleitern. Sobald Energie in Form von Licht oder Wärme zugeführt wird, verändern sie ihre Leitfähigkeit und setzen die Vorgänge in Gang.

Material mit Aufgaben

P1 Leitfähigkeit vom LDR

Material: Spannungsquelle, Kabel, Schutzwiderstand, LDR, 2 Multimeter, Taschenlampe, Pappe

Durchführung: Baue den Stromkreis wie in der Abbildung auf. Richte die Taschenlampe auf den LDR. Halte die Pappe so über den LDR, dass dieser immer weiter abgedeckt wird. Messe Spannung und Stromstärke.

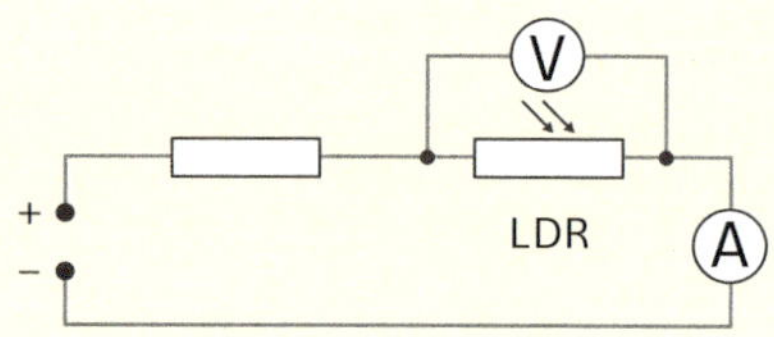

1. Berechne den Widerstand des LDRs bei jeder Messung.
2. Stelle die Ergebnisse in Form eines Diagramms dar.
3. Erkläre die Ergebnisse des Versuchs.

Lichtabhängiger Widerstand

Bei einigen Halbleiter-Widerständen steigt die Leitfähigkeit stark, wenn Licht auf sie fällt. Durch die Energie des Lichts gelangen mehr Elektronen ins Leitungsband. Der Elektronenfluss wird verstärkt. Die Sensoren werden als **LDR** (light dependend resistor, lichtabhängiger Widerstand) bezeichnet. LDRs werden überall genutzt, wo Vorgänge mithilfe von Licht gesteuert werden. Neben der Straßenbeleuchtung findet man sie auch in Lichtschranken. Diese steuern zum Beispiel elektronische Türen.

Temperaturabhängiger Widerstand

Bei anderen Halbleiter-Widerständen nimmt die Leitfähigkeit durch die Zufuhr von thermischer Energie zu. Durch die Zufuhr von thermischer Energie können mehr Elektronen ins Leitungsband wechseln. Gleichzeitig nimmt der elektrische Widerstand ab. Diese Halbleiter werden auch **Heißleiter** oder **NTC**s genannt (NTC, negative temperature coefficient), da bei ihnen bei steigenden Temperaturen der Widerstand sinkt. Sie leiten den elektrischen Strom mit zunehmender Temperatur besser.
Im Gegensatz zu den NTCs nimmt der Widerstand von Metallen bei steigender Temperatur zu. Je mehr thermische Energie zugeführt wird, desto stärker bewegen sich die Atome. Durch die starken Bewegungen der Atome werden die Elektronen in ihrem Fluss behindert und die elektrische Leitfähigkeit sinkt. Metalle werden aus diesem Grund auch als **Kaltleiter** bezeichnet (**PTC**, positive temperature coefficient). Sie leiten bei niedriger Temperatur den Strom besser.

Anwendungen von NTCs

NTC-Widerstände werden vor allem in Heizungssystemen eingesetzt. Durch sie kann in Kreisläufen eine konstante Temperatur eingestellt werden. Sie finden auch Anwendung in der Autoindustrie. Dort findet man sie bei der Steuerung der Kühlwassertemperatur, der Klimaanlage und der Katalysatorüberwachung.

A Beschreibe die Veränderungen der elektrischen Leitfähigkeit bei NTCs und PTCs.

2 LDR

Material mit Aufgaben

M2 **Einparkhilfe**

1. Beschreibe die Funktionsweise der Einparkhilfe.
2. Erkläre, worauf die Sensoren der Einparkhilfe reagieren.
3. Stelle Vermutungen an, welche weiteren Sensoren in einem Auto verbaut sind.

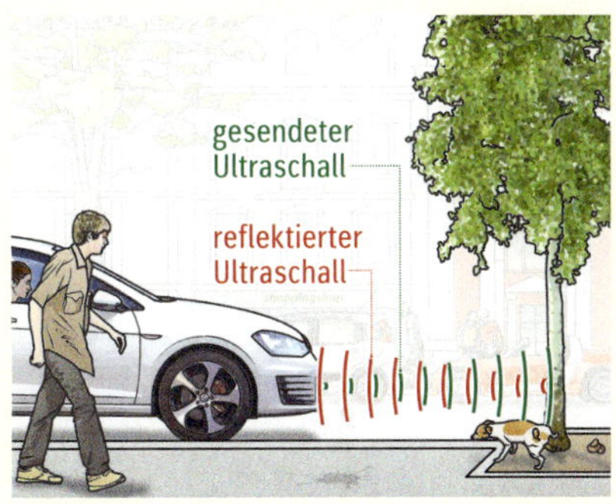

P3 **Leitfähigkeit vom NTC**

A

Material: Spannungsquelle, Kabel, Schutzwiderstand, NTC, 2 Multimeter, Reagenzglas, Becherglas, Thermometer, Wasser

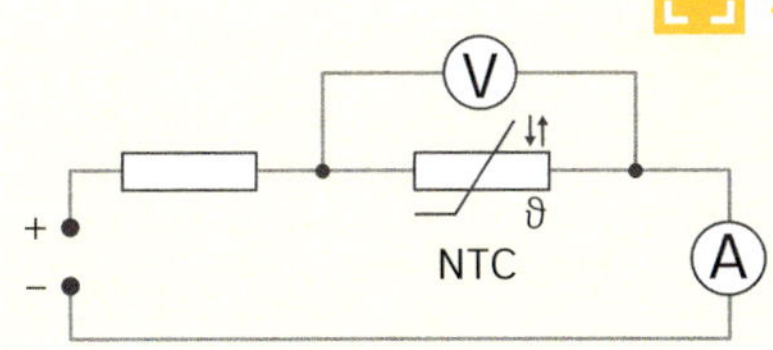

Durchführung: Baue den Stromkreis wie in der Abbildung auf. Stecke den NTC in ein Reagenzglas und dieses in ein Becherglas mit kaltem Wasser. Füge schrittweise heißes Wasser hinzu. Bestimme die Temperatur, Spannung und Stromstärke.

1. Berechne den Widerstand des NTCs bei jeder Messung.
2. Stelle die Ergebnisse in Form eines Diagramms dar.
3. Erkläre die Ergebnisse des Versuchs.

1 Ein Mikrochip

Transistoren

Verstärkung

Für die Verarbeitung und Speicherung von Daten und Signalen in Computern, Smartphones oder anderen elektrischen Geräten müssen die Signale oft verstärkt werden. Dafür baut man in den elektrischen Schaltungen **Transistoren** ein. Jedoch reicht ein einzelner Transistor nicht aus. Aus diesem Grund werden teilweise Millionen von Transistoren in integrierten Schaltkreisen miteinander verbunden. Da die Bauteile so klein sind, passen sie alle mit weiteren elektrischen Bauteilen wie Widerständen auf einen kleinen Chip. Integrierte Schaltkreise werden daher manchmal auch als Chips oder Mikrochips bezeichnet.

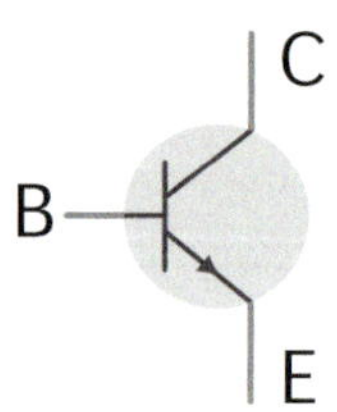

A

B

2 Transistor: **A** Schaltzeichen, **B** Foto

Aufbau von Transistoren

Transistoren sind wie Dioden Halbleiterbauteile. Sie bestehen aus drei dünnen Halbleiterschichten. Transistoren besitzen drei verschiedene Anschlüsse: den **Emitter** (E), die **Basis** (B) und den **Kollektor** (C).

Für die Dotierung der einzelnen Halbleiterschichten gibt es verschiedene Bauweisen. Bei einem npn-Transistor sind Emitter und Kollektor n-dotiert und die Basis p-dotiert.

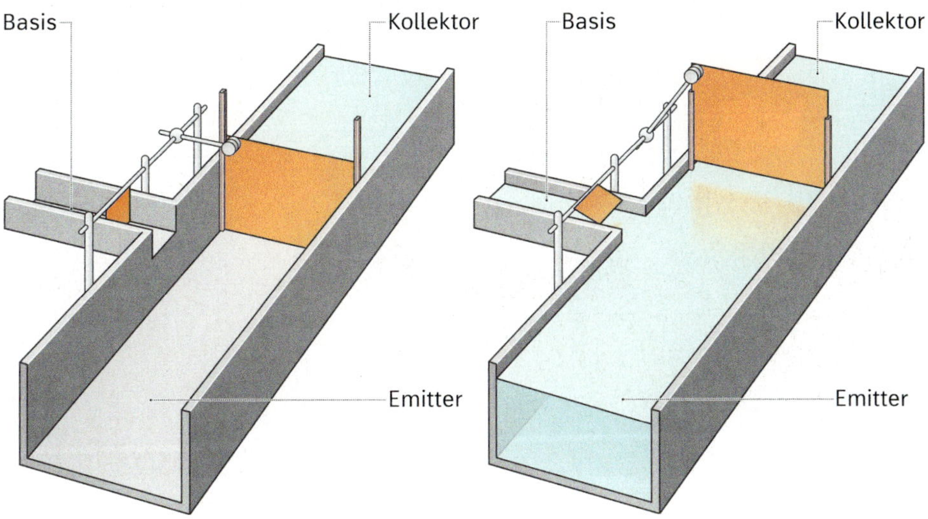

3 Modell der Funktionsweise eines Transistors

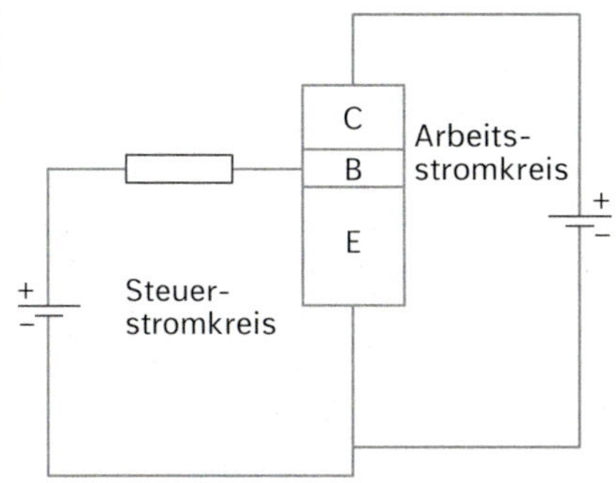

4 Arbeits- und Steuerstromkreis

Funktionsweise von Transistoren

Mithilfe eines Modells lässt sich die Funktionsweise von Transistoren leichter verstehen. Im Modell geht man davon aus, dass der Transistor ein Kanal mit Wasser ist, der drei verschiedene Zuflüsse hat. Fließt kein Strom über die Basis, dann ist der Transistor gesperrt. Wenn aber ein kleiner Strom über die Basis und den Emitter fließt, dann findet ein Stromfluss über Kollektor und Emitter statt.

Transistoren in Schaltungen

Einen einfachen Stromkreis mit Transistor kann man in zwei Teilkreise unterteilen. Der Stromkreis über Basis und Emitter wird **Steuerstromkreis** genannt. Der Stromkreis über Emitter und Kollektor heißt **Arbeitsstromkreis**. Wie Dioden arbeiten Transistoren erst ab einer bestimmten Spannung. Wenn dieser Schwellenwert im Steuerstromkreis überschritten wird, fließt im Arbeitsstromkreis Strom. Dieser ist größer als im Steuerstromkreis. Wenn die Stromstärke im Steuerstromkreis größer wird, steigt sie auch im anderen Stromkreis.

Material mit Aufgaben

M1 npn-Transistor

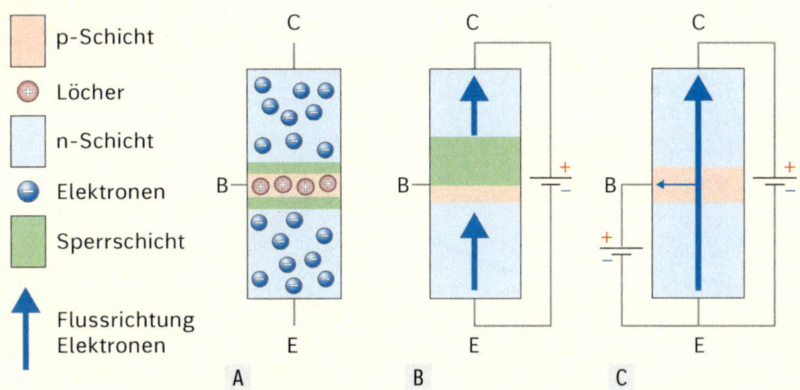

1. Beschreibe mit Abbildung A den Aufbau eines Transistors.
2. Beschreibe mit Abbildung B, was in einem Transistor passiert, wenn an Emitter und Kollektor eine Spannung angelegt wird.
3. Beschreibe mit Abbildung C, was in einem Transistor passiert, wenn an Emitter und Kollektor und an Basis und Emitter eine ausreichend große Spannung angelegt wird.

1 Nutzung von Smartphones

Smartphones

Veränderungen der Kommunikation

Im Laufe der letzten Jahrzehnte hat sich die Technologie rasant weiter entwickelt. Konnte früher nur mithilfe von Telegrammen oder Briefen kommuniziert werden, brachte die Erfindung des Telefons große gesellschaftliche Veränderungen mit sich. Heute ist man durch das Internet und mobile Geräte wie Smartphones immer erreichbar und kann sich über alles informieren.

Smartphones

In Smartphones sind viele verschiedene elektrische Bauteile wie Akkus, Chips, Kameras oder Lautsprecher verbaut. Alle Bauteile bestehen aus vielen verschiedenen Stoffen. Neben Kunststoff, Glas und Keramik kommen zu großen Teilen auch Metalle vor. Dabei werden Metalle wie Kupfer, Eisen und Aluminium verarbeitet, aber auch sehr seltene Metalle wie Lanthan. Einige sehr seltene Metalle bezeichnet man auch als Metalle der **seltenen Erden**. Sie kommen teilweise nur in geringen Mengen auf der Welt vor und sind schwer zu gewinnen. Zur Herstellung eines Smartphones werden aber auch nur geringe Mengen benötigt.

2 Metalle im Smartphone

Gebrauchsanweisungen

Kauft man ein neues elektrisches Gerät wie ein Smartphone oder Tablet, dann liegt auch oft eine Gebrauchsanweisung bei. In dieser wird der Aufbau des Gerätes beschrieben, die Funktionen der verschiedenen Bestandteile oder auch was vor dem ersten Starten des Gerätes zu beachten ist. Außerdem werden in Gebrauchsanweisungen verschiedene Funktionen erläutert. Zum Beispiel wie man das Gerät auflädt oder Anwendungen bei einem Smartphone öffnet und wieder schließt.

Bildschirme

Smartphones, Tablets oder Fernseher benötigen alle Bildschirme. Vor einer Kaufentscheidung sollte man sich gut über die verschiedenen technischen Möglichkeiten informieren.

- **LCD** • LCD-Bildschirme bestehen aus Kristallen, die in einer Flüssigkeit schwimmen. Hinter der Flüssigkeit befindet sich eine Hintergrundbeleuchtung in den Farben Rot, Grün und Blau. Wird eine Spannung angelegt, dann drehen sich die Kristalle, sodass mehr oder weniger Licht durchgelassen wird.
- **OLED** • OLED-Bildschirme bestehen aus Leuchtdioden. Dadurch benötigen sie keine Hintergrundbeleuchtung. Aus diesem Grund ist ihr Stromverbrauch geringer und sie sind dünner. Jedoch altern sie schneller, da die Darstellung der Farben sich schneller verschlechtert.

A Vergleiche die verschiedenen Bildschirmtypen miteinander.

Material mit Aufgaben

M1 Gebrauchsanweisung

1. Beschreibe mithilfe der Grafik, welche Informationen in dem Ausschnitt der Gebrauchsanweisung gezeigt werden.
2. Bringt Gebrauchsanweisungen von verschiedenen elektrischen Kommunikationsgeräten in die Schule. Vergleicht die Gebrauchsanweisungen miteinander. Welche Aspekte werden bei allen beschrieben und welche nicht.

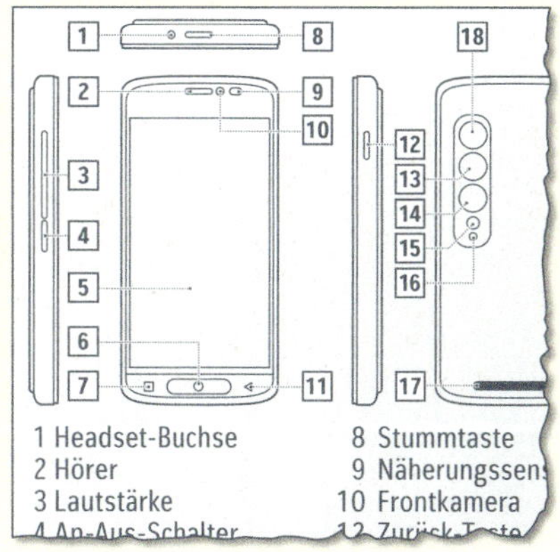

M2 Touchscreen

1. Beschreibe mithilfe der Abbildung wie Touchscreens funktionieren.
2. Recherchiere weitere Bildschirmtypen. Erkläre, für was für einen Bildschirm du dich entscheiden würdest.

Personenbezogene Daten

Alle Angaben, die einer Person zugeordnet werden können, bezeichnet man als personenbezogene Daten. Dazu zählen neben allgemeinen Personendaten, zum Beispiel Bankdaten wie die Kontonummer, Onlinedaten wie die E-Mail-Adresse oder auch physische Merkmale wie das Geschlecht, die Körpergröße oder Augenfarbe einer Person. Der Schutz personenbezogener Daten ist auch gesetzlich verankert. Es gibt strenge Vorgaben für das Sammeln, die Aufbewahrung und die Auswertung von personenbezogenen Daten. Seit dem Jahr 2018 gibt es die Datenschutz Grundverordnung, kurz DSVGO. Sie ist in der ganzen Europäischen Union gültig und somit auch die rechtliche Grundlage zum Umgang mit Daten in Deutschland. Auf vielen Webseiten, in Online-Shops oder in sozialen Netzwerken werden immer wieder diese Daten abgefragt. Bei der digitalen Datenerfassung werden diese Daten gespeichert, sodass jederzeit auf diese Daten zurückgegriffen werden kann. Es gibt Unternehmen, die die gesammelten Daten an Dritte für Werbezwecke weiterverkaufen. Jedoch wirst du bei vertrauenswürdigen Webseiten oder Apps um Zustimmung für die Weitergabe der Daten gefragt.

Datenklau im Internet

Personenbezogene Daten sind Ziel vieler Hacker im Internet, auf kriminelle Art und Weise Geld mit gestohlenen Daten zu verdienen. Oft werden Emails in großer Zahl an Empfänger versendet, die mit Schadprogrammen versehen sind. Die Empfänger sollen Dateianhänge runterladen oder auf links klicken. Anschließend sollen persönliche Daten angegeben oder sogar Apps heruntergeladen werden. Deshalb ist es wichtig Dateianhänge und links in Emails von unbekannten, nicht vertrauenswürdigen Personen nicht zu öffnen.

Sicher im Internet

Wer im Internet unterwegs ist, hinterlässt immer Spuren. Im Internet ist es auch kaum möglich sich völlig anonym zu bewegen. Möchte man in sozialen Netzwerken aktiv sein, werden eigene Profile angelegt. Ein Profil enthält Zugangsdaten wie Benutzernamen, sowie weitere Daten, die im Profil angegeben werden sollen. Jedoch ist es wichtig, so wenig personenbezogene Daten wie möglich zu veröffentlichen. Man muss also genau überlegen, bevor man zum

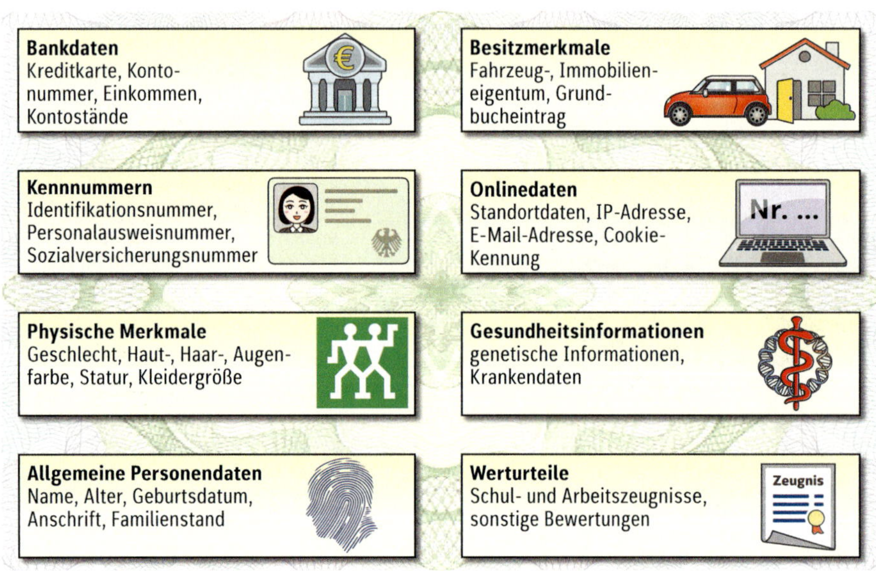

3 Personenbezogene Daten

Beispiel Fotos oder Standorte veröffentlicht oder bei Gewinnspielen im Internet teilnimmt.
Passwörter können die Profile, das Onlinebanking-Konto oder das E-Mail-Postfach vor unerlaubten Zugriff schützen. Auch Smartphones oder Tablets sollten mit Passwörtern oder PINs geschützt sein. Bei jeder Anmeldung wird das Passwort überprüft, ob es zum jeweiligen Benutzernamen passt. ■

1. Überlege dir vorher genau, was du veröffentlichst.
Nicht alles gehört in die Öffentlichkeit.
2. Gib immer nur das Nötigste an.
Oft werden auch Informationen abgefragt, die gar nichts mit dem Angebot zu tun haben. Meist kannst du diese Felder einfach frei lassen.
3. Verändere die Einstellungen.
Auf vielen Seiten kannst du dich beispielweise von Newslettern abmelden oder der Weitergabe deiner Daten an Dritte widersprechen.
4. Sichere deine Accounts mit sicheren Passwörtern.

4 Tipps zum Umgang mit persönlichen Daten

Material mit Aufgaben

M3 Gute Daten – schlechte Daten

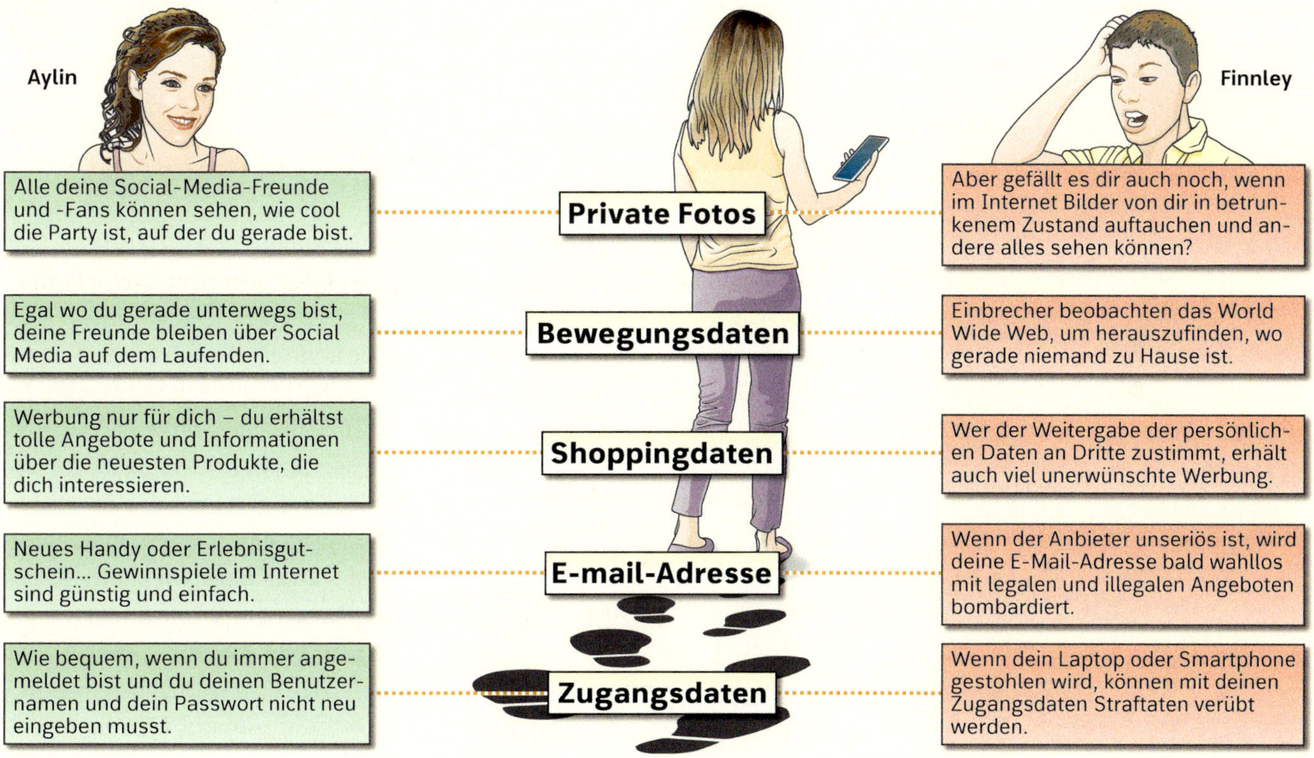

1. III Setzt euch in Gruppen zusammen und diskutiert die verschiedenen Ansichten von Aylin und Finnley miteinander. Erstellt gemeinsam einen Leitfaden zum Umgang mit personenbezogenen Daten zu den im Bild genannten Punkten. ⊞

1 Fische im Aquarium

Regelkreise in Natur und Technik

Aquarium

Beliebte Fische für Aquarien wie Diskusfische, sind keine heimischen Fische. Sie stammen aus viel wärmeren Regionen der Erde. Daher darf auch die Wassertemperatur in ihren Aquarien nie zu niedrig sein. Damit die Wassertemperatur immer gleich bleibt, verwendet man verschiedene elektrische Bauteile, die zusammenarbeiten.

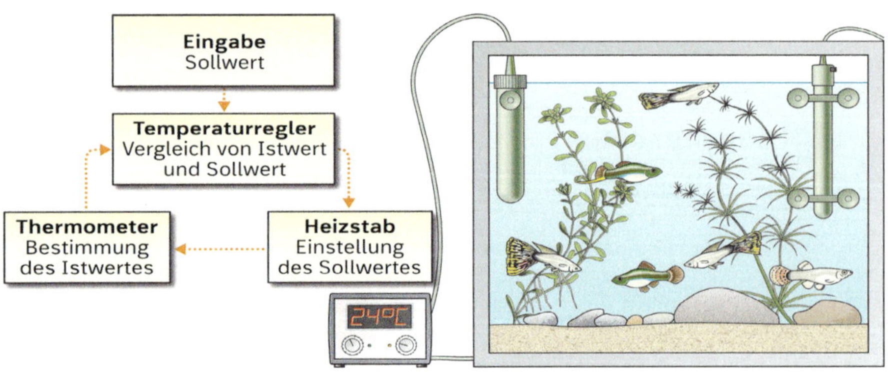

2 Temperatur-Regelkreis für ein Aquarium

Regelkreis

Viele Fische in Aquarien fühlen sich bei einer Temperatur von 25 °C wohl. Allerdings beträgt die Raumtemperatur oft nur um die 20 °C. Das Wasser würde ohne eine Temperaturregelung langsam abkühlen. 25 °C ist der angestrebte Temperaturwert, der **Sollwert**. Dieser wird in einen **Temperaturregler** eingegeben. Mithilfe eines Thermometers wird ständig die aktuelle Wassertemperatur bestimmt, der **Istwert**. Der Istwert wird an den Temperaturregler übertragen und dort mit dem Sollwert verglichen. Wenn der Istwert niedriger als der Sollwert ist, schaltet der Temperaturregler einen Heizstab an. Dieser erwärmt das Wasser, bis der Sollwert und der Istwert gleich sind. Temperaturregler, Thermometer und Heizstab bilden einen **Regelkreis**, der die Wassertemperatur auf einem gleich bleibenden Wert hält.

Schutz vor Wärme

Gleichwarme Lebewesen können ihre Körpertemperatur regeln. So bleibt die Körpertemperatur in warmen und kalten Umgebungen immer gleich. Bei einem erwachsenen Menschen liegt eine gesunde Körpertemperatur meist bei 37 °C. Wird die Umgebung wärmer, steigt auch die Körpertemperatur an. Dieser Anstieg wird von den Sinneszellen in der Haut wahrgenommen. Die Information wird dann über Nerven an das Gehirn geleitet. Das Gehirn verarbeitet die Informationen und vergleicht, ob die aktuelle Körpertemperatur über oder unter dem Sollwert von 37 °C liegt. Ist die Temperatur zu hoch, dann sendet das Gehirn über Nerven Signale an die Schweißdrüsen der Haut. Es wird Schweiß abgegeben, der auf der Haut verdunstet und so den Körper kühlt. Ist der Sollwert erreicht, hört die Abgabe von Schweiß auf.

Schutz vor Kälte

Wird die Umgebung kälter, wird das auch von den Sinneszellen der Haut erkannt. Die Informationen werden an das Gehirn gesendet und dort verglichen. Ist die Körpertemperatur zu niedrig, dann werden wieder Signale an die Haut gesendet. Die Haare der Haut stellen sich auf, man bekommt eine **Gänsehaut**. So kann weniger Wärme abgegeben werden. Ist die Temperatur sehr niedrig, beginnt der Körper zu zittern. Durch die Muskelbewegung entsteht Wärme. Ist der Sollwert erreicht, endet das Zittern und die Gänsehaut verschwindet.

A Beschreibe den Regelkreis in einem Aquarium.

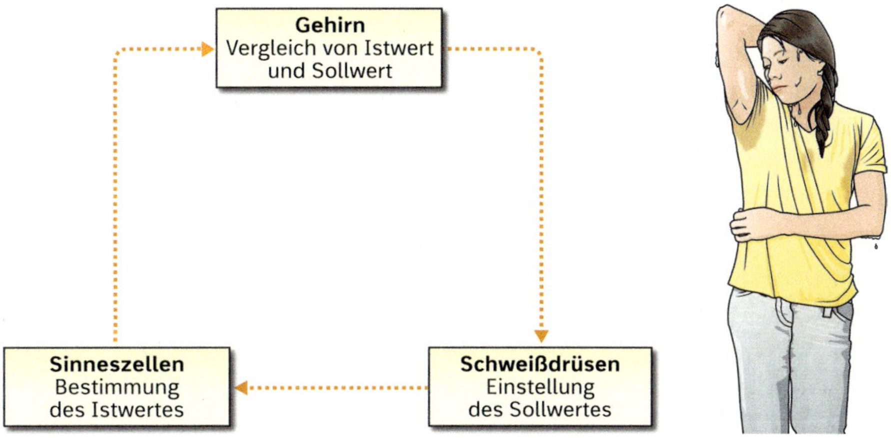

3 Temperatur-Regelkreis des Körpers in warmer Umgebung

Material mit Aufgaben

M1 Gewächshaus

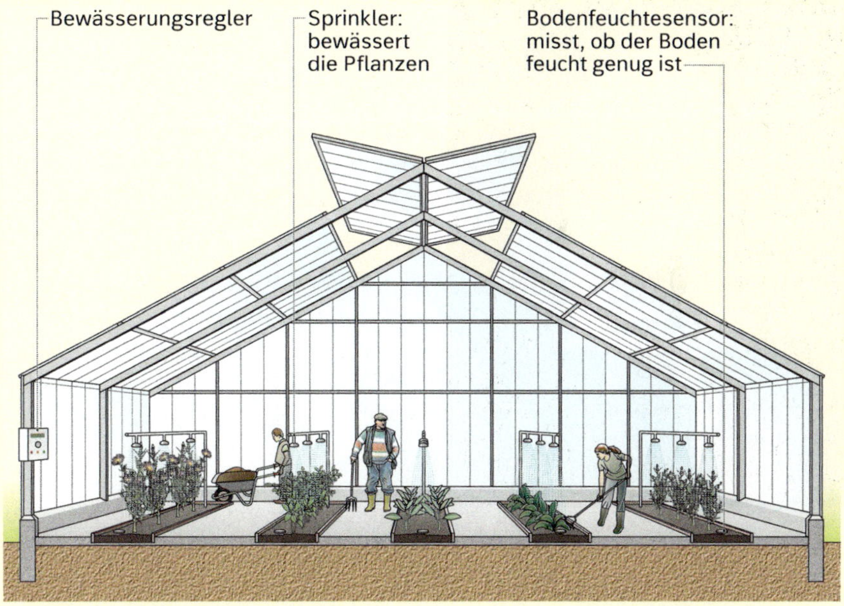

1. Nenne alle Bestandteile des Regelkreises für die Bewässerung in einem Gewächshaus.
2. Beschreibe den Regelkreis für die Bewässerung in einem Gewächshaus. Erstelle ein Schema für den Regelkreis für die Bewässerung im Gewächshaus.
3. Stelle Vermutungen an, wie ein Temperatur-Regelkreis in einem Gewächshaus aussehen könnte. Erstelle ein Kreisschema.

Zusammenfassung Informationsübertragung

Mikrofon und Lautsprecher

Mirkofone und Lautsprecher bestehen aus einem Magneten, in dem sich eine Spule befindet. An der Spule ist jeweils eine Membran befestigt.
Trifft Schall auf die Membran des Mikrofons, wird diese in Schwingung versetzt. Diese Schwingungen werden auf die Spule übertragen, welche sich dadurch in den Magneten hinein und wieder heraus bewegt. Dadurch wird ein elektrischer Wechselstrom induziert. So wandelt das Mikrofon den eingehenden Schall in elektrische Signale um.

Der vom Mikrofon induzierte Wechselstrom fließt anschließend durch die Spule des angeschlossenen Lautsprechers. Dadurch wird in der Spule ein wechselndes Magnetfeld erzeugt. Die Spule wird so vom Magneten angezogen und wieder abgestoßen. Die so entstehenden Schwingungen der Spule werden auf die Membran übertragen. Die Membran überträgt die Schwingungen wiederum an die Luft, welche man als Schall über die Ohren wieder aufnehmen kann.

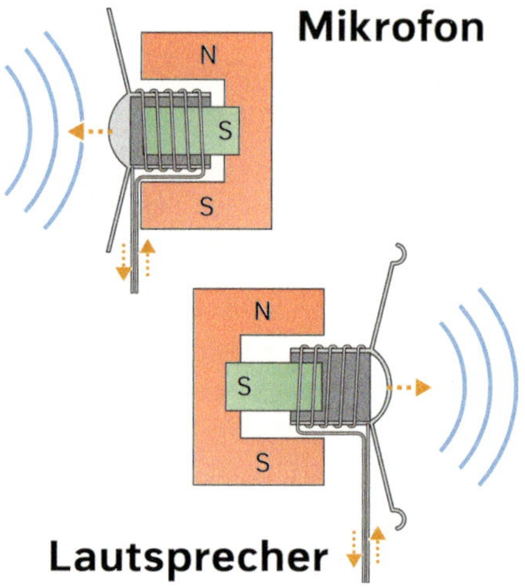

Dioden

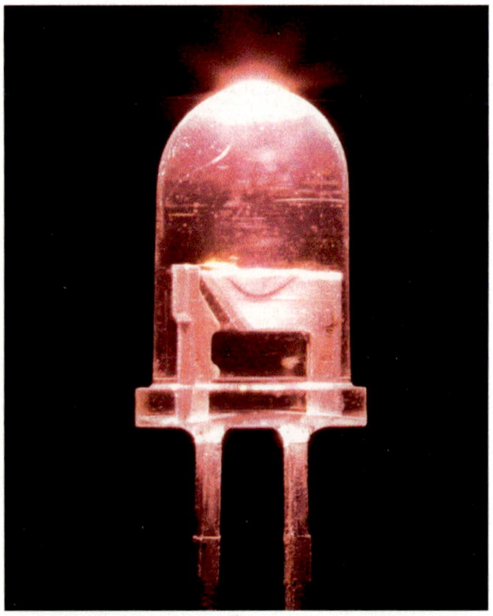

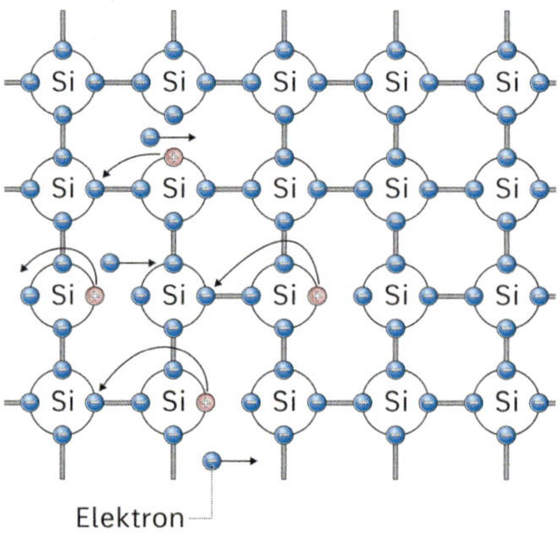

Dioden sind elektrische Bauteile. Der elektrische Strom kann nur durch eine Richtung durch sie hindurchfließen. Dioden sind Halbleiter. Das heißt, sie leiten elektrischen Strom, wenn ihnen Energie zugeführt wird. Erst ab einer bestimmten Spannung schalten sie durch.
Für die Erhöhung der Leitfähigkeit werden Dioden dotiert. Eine Diode ist aus zwei unterschiedlich dotiert Halbleitern zusammengesetzt. Die eine Seite ist n-dotiert und die andere p-dotiert. Am pn-Übergang treffen die beiden Schichten aufeinander. Dort bildet sich durch die Dotierungen eine neutrale Sperrschicht aus.

Transistoren

Transistoren sind Halbleiterbauteile, die zur Verstärkung genutzt werden. Bei einem npn-Transistor sind die Anschlüsse Emitter und Kollektor n-dotiert und die Basis p-dotiert. Wenn ein kleiner Strom über die Basis und den Emitter fließt, dann findet ein Stromfluss über Kollektor und Emitter statt.

1 Signale

A Ordne den Signalen A und B die Begriffe analog und digital zu.

B Nenne Beispiele für analoge und digitale Signale.

C Beschreibe die Unterschiede zwischen analogen und digitalen Signalen.

D Erkläre die Aufgabe von Wandlern.

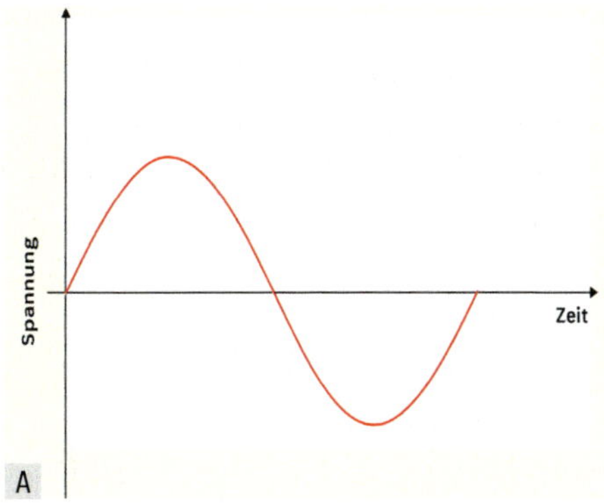

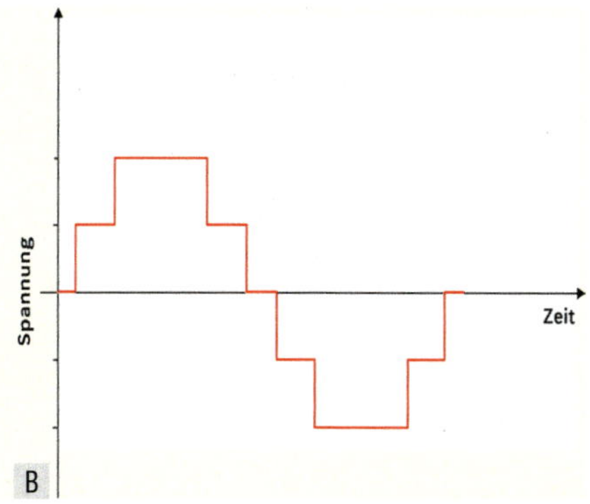

2 Halbleiter

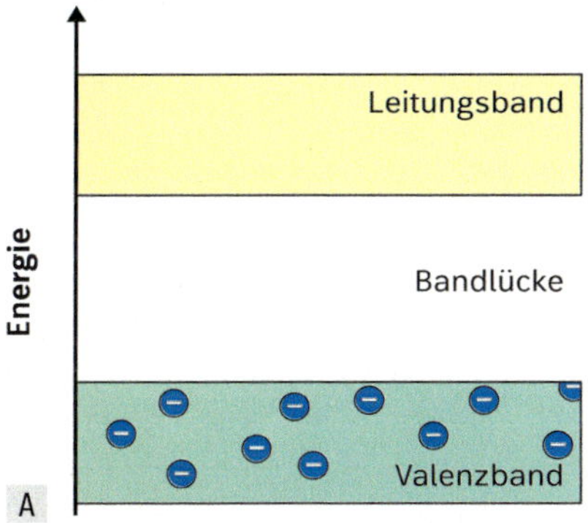

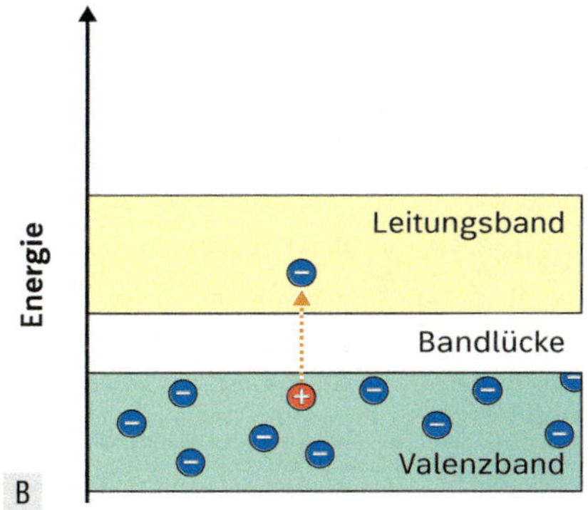

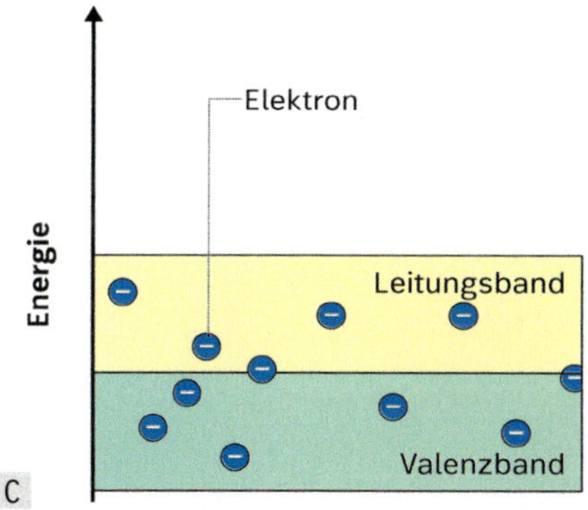

A Beschreibe den Aufbau der verschiedenen Stoffe in den Bildern A bis C.

B Ordne den Bildern A bis C die Begriffe Halbleiter, Isolator und Leiter zu. Begründe deine Zuordnung.

C Erkläre, warum Halbleiter trotz einer Bandlücke den elektrischen Strom leiten können.

D Erkläre, wie sich die Leitungsvorgänge in einem Halbleiter von den Leitungsvorgängen in einem Metall unterscheiden.

3 Dioden

A Nenne die Stoffe, mit denen der Halbleiter dotiert wurde.

B Erkläre, warum man Halbleiter mit Fremdstoffen dotiert.

C Erkläre den Unterschied zwischen n-dotierten und p-dotierten Halbleitern.

D Beschreibe den Aufbau einer Diode und erstelle eine Skizze.

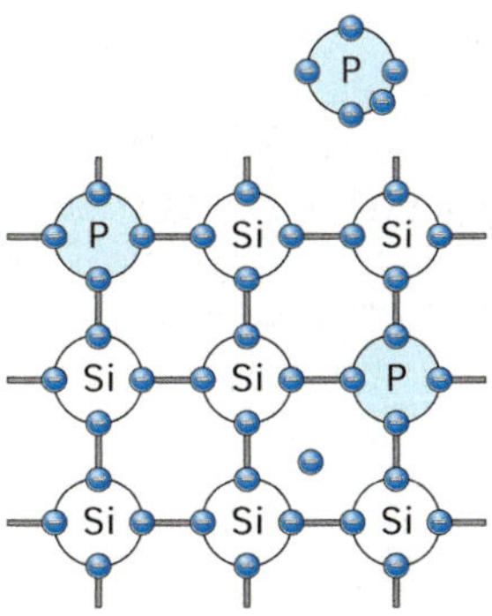

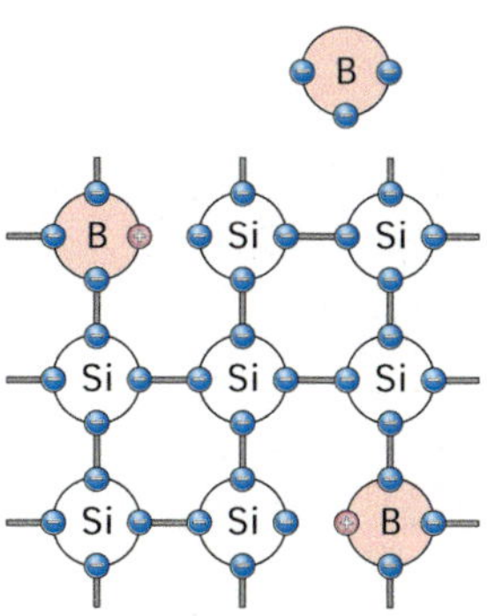

Erforschung des Weltalls

15

Was ist Gravitation?
Wie ist unser Sonnensystem aufgebaut?
Wie ist das Universum entstanden?

Teleskope ermöglichen die Erforschung des Weltalls von der Erde aus. Mithilfe von Raketen können aber auch Satelliten, Messgeräte oder Menschen die Erde verlassen und in den Weltraum fliegen. Forscher und Forscherinnen aus vielen Ländern arbeiten im Weltraum gemeinsam auf einer Raumstation.

1 Weitsprung

Gravitation

Alles fällt runter

Im Alltag ist es selbstverständlich, dass man sich nach einem Sprung wieder in Richtung Boden bewegt. Auch Gegenstände fallen nach unten, wenn man sie in der Luft loslässt. Das liegt daran, dass die Erde alles auf ihr anzieht. Diese Kraft bezeichnet man als **Gravitation**. Durch sie wird alles zum Erdmittelpunkt hin angezogen.

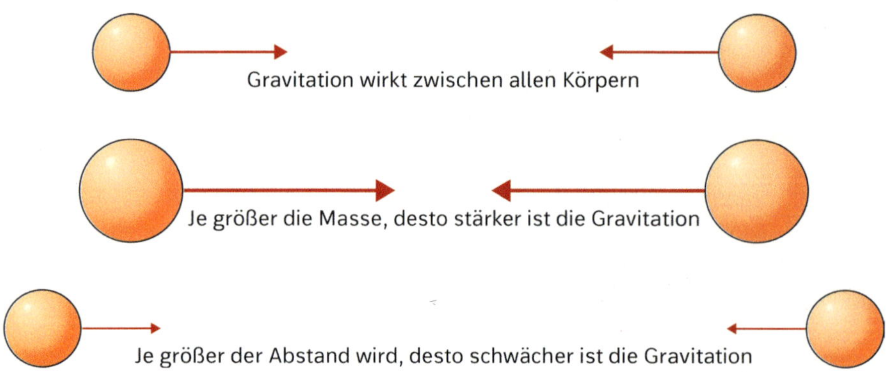

2 Die Gravitation ist abhängig von der Masse und dem Abstand

Gravitation

Jeder Körper hat eine Masse. Daher zieht er andere Körper an. Je größer die Masse ist, desto stärker ist auch die Gravitation. Die Erde zieht nicht nur den Menschen an, sondern der Mensch auch die Erde. Da die Masse der Erde aber viel größer ist als die Masse eines Menschen, nimmt man nur die Anziehung der Erde wahr. Die Gravitation richtet sich immer auf das Zentrum einer Masse, den **Massenmittelpunkt**. Die Gravitation ist nicht nur abhängig von den Massen, sondern auch vom Abstand. Je weiter zwei Körper voneinander entfernt sind, desto geringer ist die Gravitation. Obwohl die Gravitation mit dem Abstand abnimmt, verschwindet sie nie. Sie hat eine unendliche Reichweite. Außerdem kann sie nicht abgeschirmt werden. Den Wirkungsbereich der Gravitation nennt man auch **Gravitationsfeld**.

Bewegung der Planeten

Die acht Planeten unseres Sonnensystems kreisen alle um die Sonne. Einige Planeten haben Monde, die wiederum um die Planeten kreisen. Die Sonne hat die größte Masse in unserem Sonnensystem. Durch ihre große Gravitation fliegen die Planeten nicht im Weltraum umher, sondern bewegen sich auf fast kreisförmigen Bahnen um die Sonne. Die Monde werden von den Planeten auf ihren **Umlaufbahnen** um die Planeten gehalten.

Betrachtet man nur die Bewegungen von der Erde und dem Mond, dann stellt man fest, dass sie sich nicht um den Massemittelpunkt der Erde bewegen. Die Erde und der Mond haben einen gemeinsamen Massenmittelpunkt, den **Erde-Mond-Schwerpunkt**.

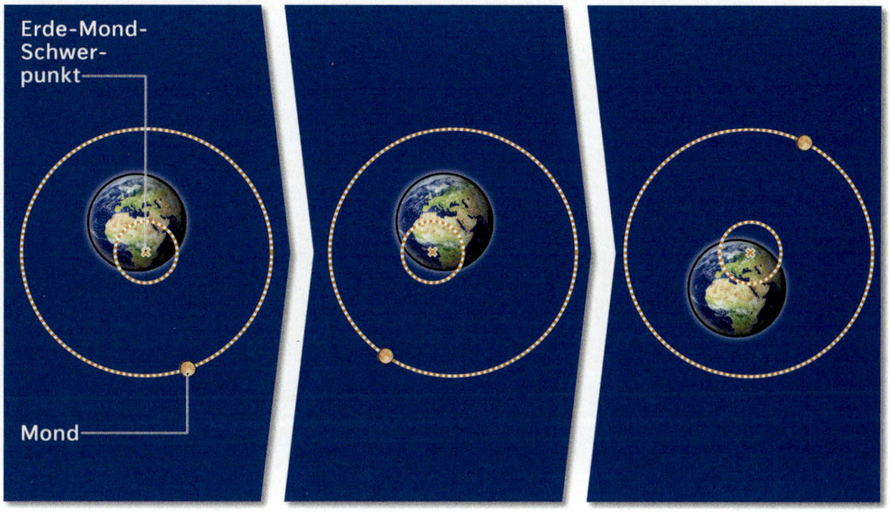

3 Erde und Mond umkreisen einen gemeinsamen Massenmittelpunkt.

A Erkläre, warum sich die Planeten unseres Sonnensystems auf Umlaufbahnen um die Sonne bewegen.

Material mit Aufgaben

M1 Gravitationswaage

1. Beschreibe den Aufbau der Gravitationswaage.
2. Erkläre die Funktionsweise einer Gravitationswaage.
3. Wähle eine der Aufgaben aus:
   a Erkläre, warum der Versuch am besten mit unterschiedlich schweren Massen funktioniert.
   b Erkläre, an welchem Bauteil man bei der Gravitationswaage die Stärke der Gravitationskraft erkennen kann.
4. Stelle Vermutungen über die Versuchsbeobachtungen an, wenn die Abstände zwischen den Massen vergrößert werden.

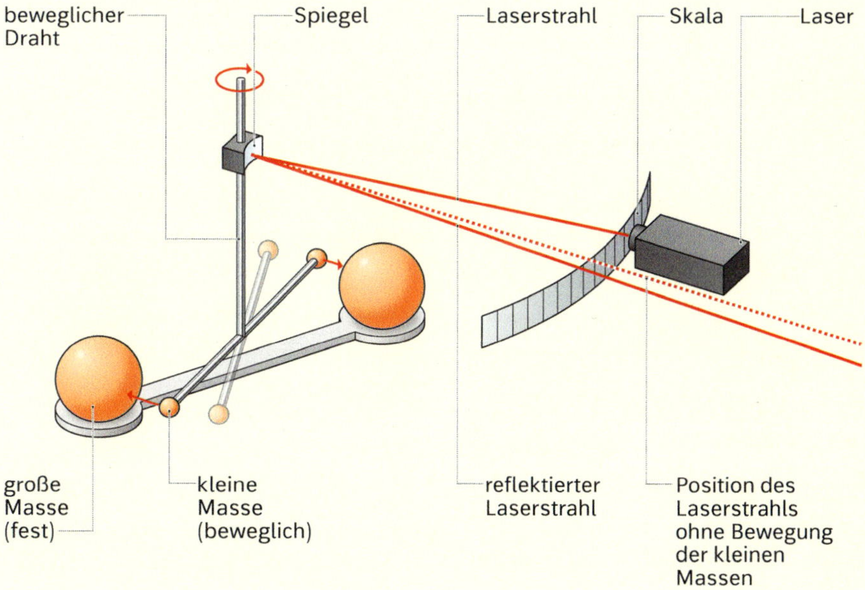

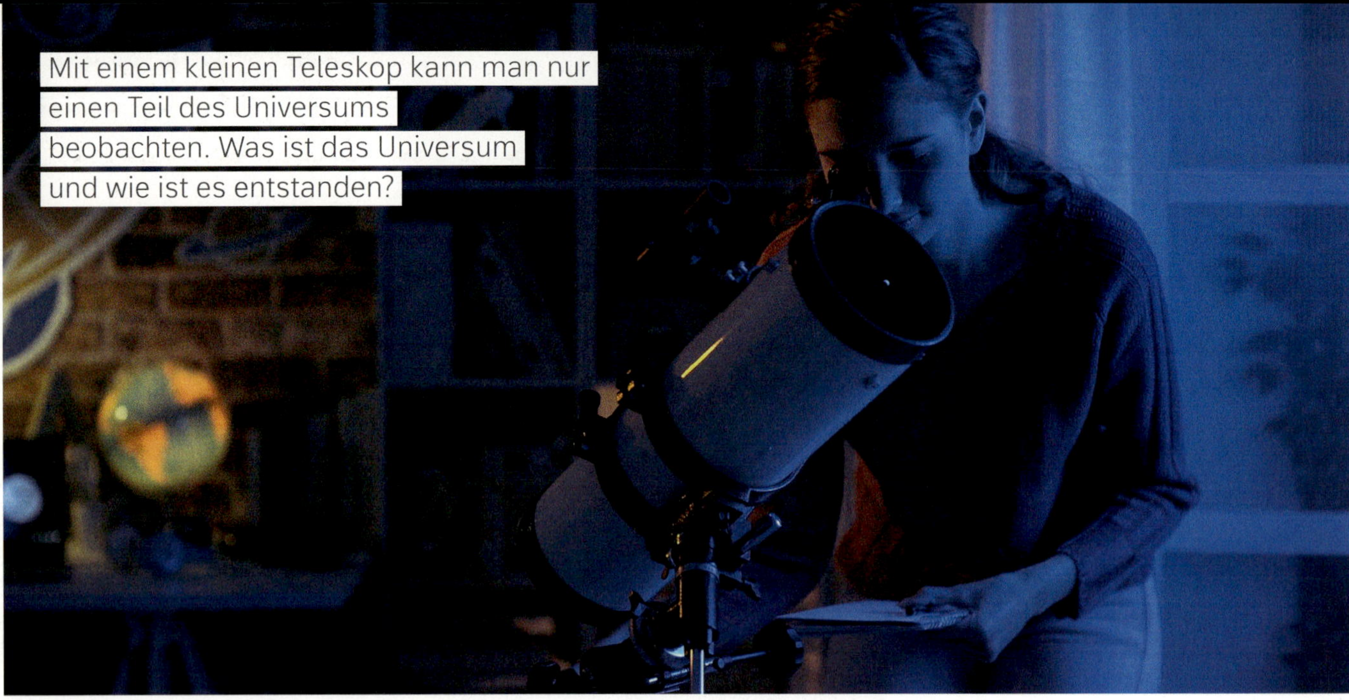

1 Beobachtungen mit einem Teleskop

Das Universum

Weltall

Unsere Erde ist einer von vielen Planeten im Universum. Der Begriff **Universum** bezeichnet alles, was man wahrnehmen und messen kann. Dazu gehören zum Beispiel alle Planeten, Galaxien, Sterne, das Licht und auch die Zeit.

Entstehung des Universums

Das Universum ist vor ungefähr 13,8 Milliarden Jahren durch den **Urknall** entstanden. Beim Urknall war das Universum noch sehr dicht. Materie und Strahlung waren dadurch sehr nah beieinander und stießen sich an. Dadurch war alles unvorstellbar heiß und stand unter einem extrem hohen Druck. Durch den Namen Urknall denkt man leicht, dass das Universum durch eine Explosion mit einem lauten Knall entstanden ist. Der Urknall beschreibt aber den sehr heißen, dichten Anfangszustand des Universums.

Ausdehnung des Universums

Nach dem Urknall dehnte sich das Universum extrem stark aus. Durch die große Ausdehnung stieß alles nicht mehr so stark zusammen und die Temperatur des Universums sank. Das Universum dehnt sich immer noch aus. Die Ausdehnung ist aber nicht so stark, wie sie kurz nach dem Urknall war.
Durch die immer weitere Ausdehnung und damit verbundene Abkühlung des Universums war es irgendwann möglich, dass die ersten Stoffe entstanden. Es bildeten sich überwiegend Wasserstoff und Helium. Nach ungefähr 380000 Jahren war das Universum dann so stark ausgedehnt, dass alles sehr weit voneinander entfernt war. Dadurch hatte das Licht genug Platz sich ungehindert auszubreiten. Dieses Licht ist heute für Menschen nicht sichtbar, man kann es aber messen. Es wird als **kosmische Hintergrundstrahlung** bezeichnet.

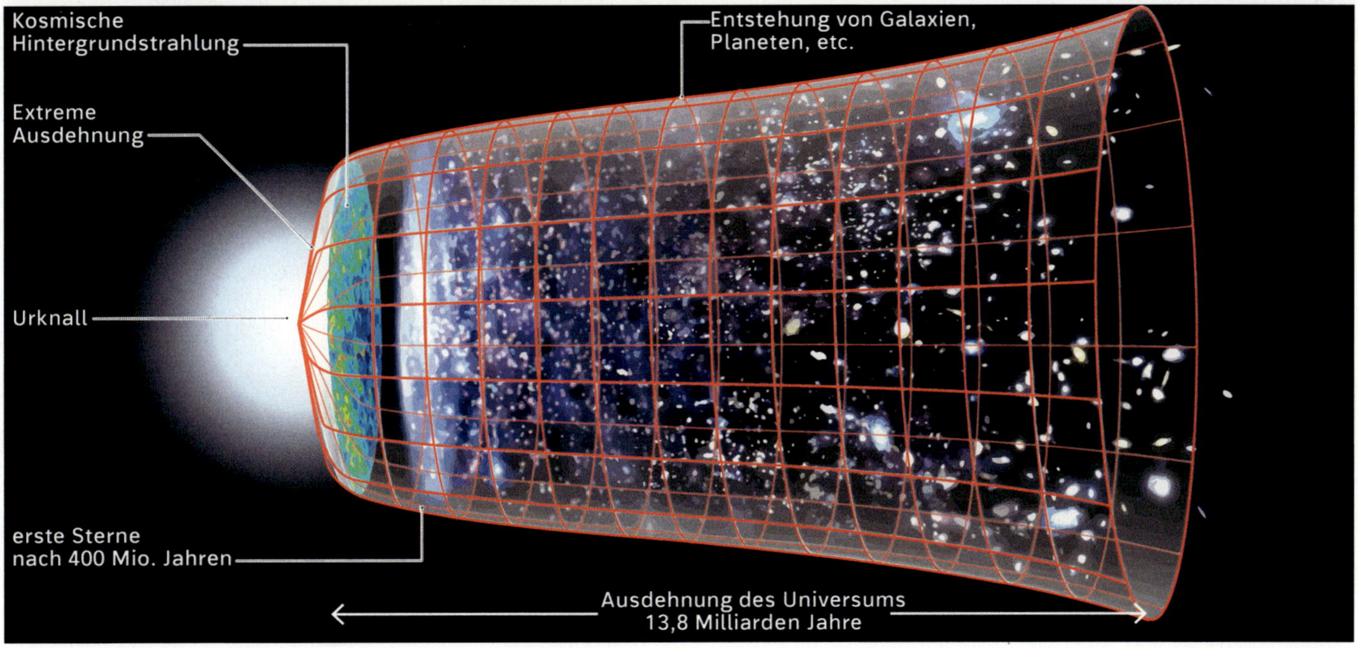

2 Entstehung des Universums

Entstehung von Sternen

Nach ungefähr 400 Millionen Jahren sind im Universum die ersten Sterne entstanden. Überall im Universum sind die Stoffe Wasserstoff und Helium vorhanden. Befinden sich viele Wasserstoffteilchen und Heliumteilchen an einem Ort, dann ziehen sie sich aufgrund ihrer Massen an. Da die Teilchen am Anfang noch sehr weit voneinander entfernt und ihre Massen sehr klein sind, kann dieser Vorgang sehr lange dauern. Durch die Gravitation werden die Teilchen aber immer weiter voneinander angezogen, bis sie schließlich zu einem Stern werden. Der Stern hat nun eine höhere Masse und kann noch mehr Teilchen anziehen und weiterwachsen.

A Beschreibe, was der Begriff Universum alles umfasst.

B Beschreibe mithilfe von Bild 2 die Entstehung des Universums.

C Erkläre, warum man heute die kosmische Hintergrundstrahlung messen kann.

Material mit Aufgaben

M1 Entstehung von Sternen

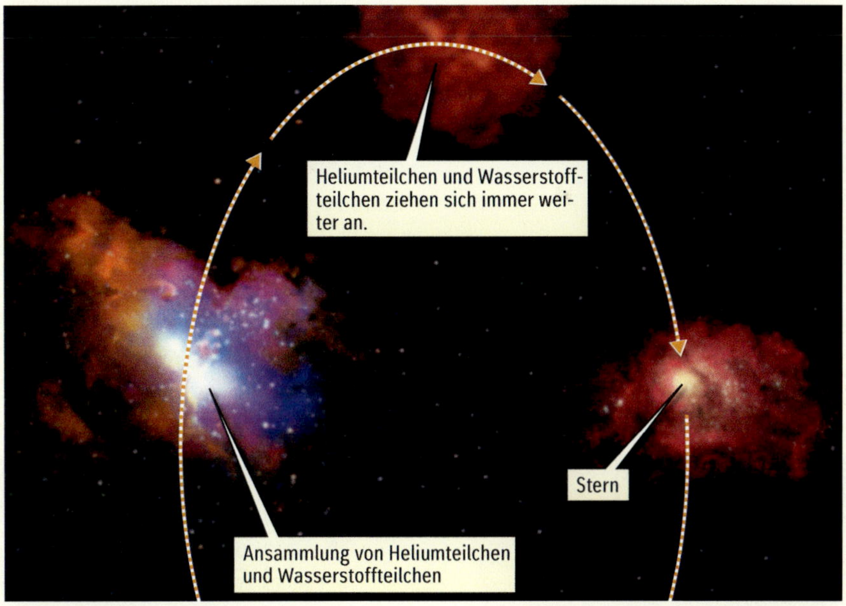

1. Beschreibe die Entstehung eines Sterns.
2. Erkläre, warum die Entstehung eines Sterns sehr lange dauern kann.
3. Stelle Vermutungen an, warum sich das Universum bei seiner Ausdehnung auch weiter abgekühlt hat.

1 Die Sonne

Die Sonne

Die Sonne sorgt für Leben

Ohne die Sonne würde es keinen Tag und keine Nacht geben. Es wäre auch sehr kalt auf der Erde. Lebewesen könnten ohne die Energie der Sonne nicht auf der Erdoberfläche überleben. Die Sonnenstrahlung erwärmt den Erdboden und lässt Pflanzen wachsen. Viele Tiere und Menschen ernähren sich von Pflanzen. So bildet die Energie der Sonne auch die Nahrungsgrundlage für Menschen und Tiere.

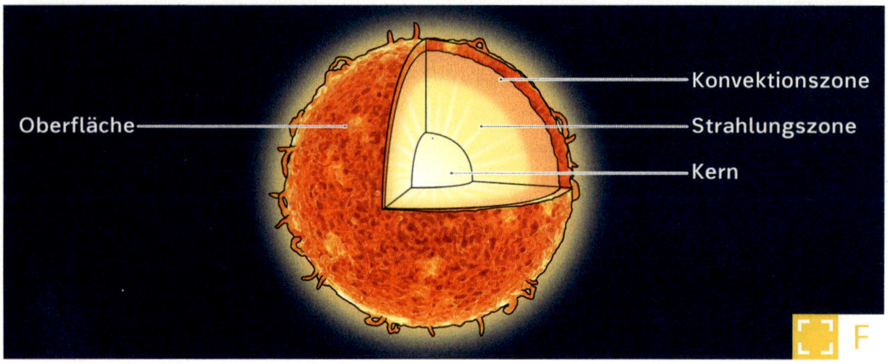

2 Aufbau der Sonne

Aufbau der Sonne

Die Erde ist ungefähr 150 Millionen Kilometer von der Sonne entfernt. Die Sonne ist etwa eine Million Mal größer als die Erde. Sie ist eine riesige glühende Kugel aus Gas und sehr heiß. Die Sonne ist ein **Stern** und besteht hauptsächlich aus Wasserstoff und Helium. Sie ist aus mehreren Schichten aufgebaut. Im Zentrum der Sonne befindet sich der **Kern**. Er ist ungefähr 15 Millionen Grad Celsius heiß. Im Kern verschmilzt Wasserstoff miteinander und Helium entsteht. Bei dieser **Kernfusion** wird sehr viel Energie in Form von Strahlungsenergie freigesetzt. Diese Energie wird durch die Strahlungszone und Konvektionszone transportiert, welche den Kern umgeben. Die Oberfläche der Sonne, gibt die im Inneren freigesetzte Energie nach außen ab. Die Sonne umgibt auch eine Atmosphäre. Sie ist schwer zu beobachten, wird aber bei einer Sonnenfinsternis für den Menschen sichtbar.

Sonnenflecken

Die Sonne ist nicht überall gleich heiß. Manche Bereiche auf der Sonnenoberfläche haben eine geringere Temperatur als der Rest. Durch den Temperaturunterschied erscheinen diese Bereiche dunkel. Sie werden aus diesem Grund auch als **Sonnenflecken** bezeichnet. Manchmal kommt es vor, dass von der Sonnenoberfläche glühende Gasmassen in den Weltraum schießen. Diese großen Gasmassen treten sehr oft durch die Sonnenflecken aus.

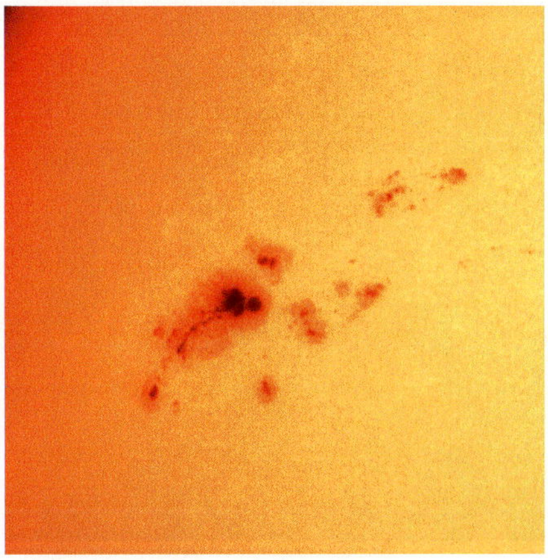

3 Sonnenflecken

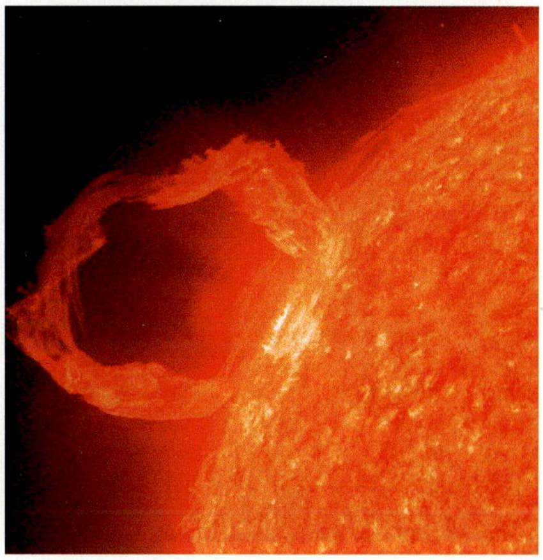

4 Ausstoß einer Gasmasse

Entstehung der Elemente

Die ersten Sterne bildeten sich aus den leichtesten Elementen Helium und Wasserstoff. Durch Kernfusion entstanden dann im Laufe der Zeit auch schwerere Elemente wie Kohlenstoff oder Eisen. Im Inneren von Sternen können sich aber keine Elemente bilden, die schwerer als Eisen sind. Für die Bildung schwererer Elemente ist noch mehr Energie notwendig.

Sterne leuchten nicht ewig. Am Ende ihres Lebens explodieren sie. Bei dieser **Supernova** werden alle im Stern gebildeten Elemente in den Weltraum geschleudert. Außerdem wird so viel Energie frei, dass bereits vorhandene schwere Elemente auch verschmelzen können. So entstehen Elemente, die schwerer als Eisen sind. Die entstandenen Elemente werden dann Bestandteil neuer Sterne. Je jünger ein Stern ist, desto mehr schwere Elemente enthält er im Gegensatz zu den älteren Sternen.

A Erkläre, wie in der Sonne Energie freigesetzt wird.

Material mit Aufgaben

M1 Supernova

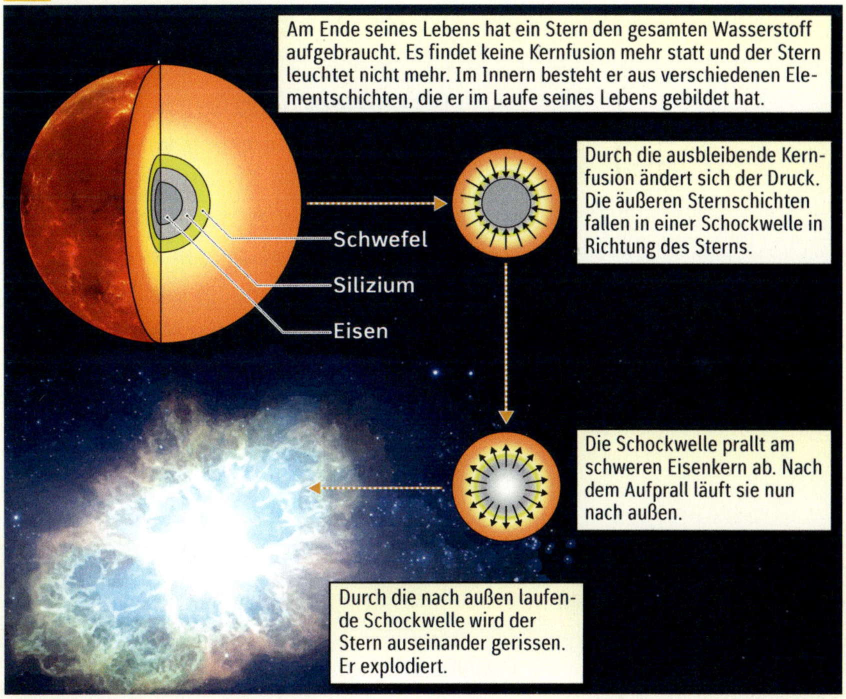

1. Beschreibe den Ablauf einer Supernova.
2. Erläutere die Bedeutung der Supernova bei der Entstehung von neuen Elementen.
3. Erkläre, warum jüngere Sterne mehr schwere Elemente enthalten als ältere Sterne.

1 Die Milchstraße

Unser Sonnensystem

Die Milchstraße

Das Weltall entstand vor etwa 13,8 Milliarden Jahren durch den Urknall. Hierbei entstand auch die Milchstraße. In der Milchstraße befinden sich unter anderem viele Planeten und Sterne. Sie ist eine **Galaxie**. In der Milchstraße befindet sich unser **Sonnensystem**. Die Sonne ist das Zentrum des Sonnensystems. Unser Heimatplanet, die Erde, ist Teil des Sonnensystems.

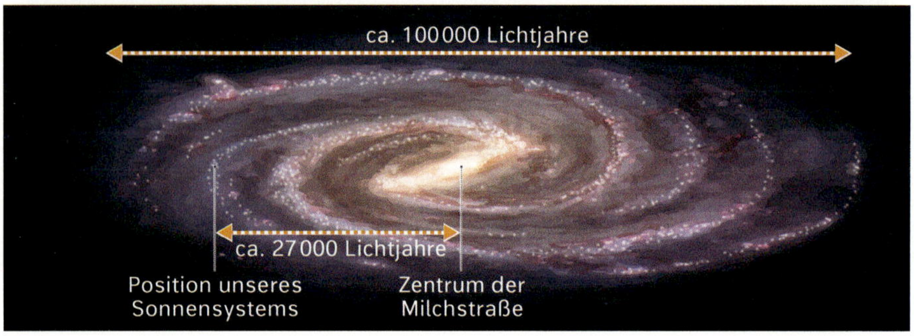

2 Position unseres Sonnensystems in der Milchstraße

Lichtjahr

Die Entfernungen im Weltraum sind so groß, dass man sie sich nicht vorstellen kann. Um diese anzugeben, verwendet man die Einheit **Lichtjahr**. Dieses Längenmaß beschreibt die Entfernung, die das Licht in einem Jahr zurücklegt. In Kilometern ausgedrückt wären das ungefähr 9 500 000 000 000 (9,5 Billionen) Kilometer. Der Durchmesser der Milchstraße beträgt etwa 100 000 Lichtjahre.

Aufbau des Sonnensystems

Im Zentrum des Sonnensystems befindet sich die **Sonne**. Um die Sonne rotieren alle Objekte des Sonnensystems. Dazu gehören auch die **Planeten** mit ihren Monden. Insgesamt umkreisen acht Planeten die Sonne. Sie heißen Merkur, Venus, Erde, Mars, Jupiter, Saturn, Uranus und Neptun. Die Planeten umkreisen die Sonne auf kreisähnlichen

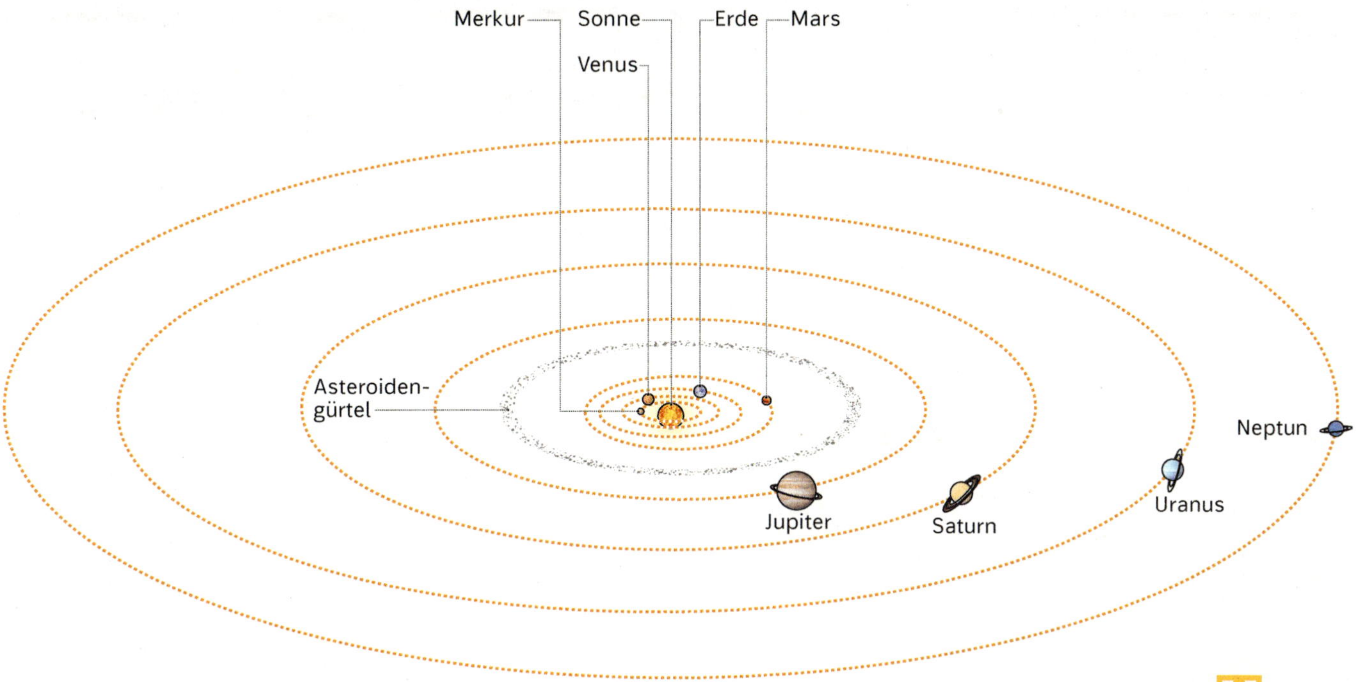

3 Aufbau des Sonnensystems

A+F

Bahnen. Alle acht Planeten drehen sich in die gleiche Richtung. Man unterscheidet zwischen den inneren Planeten und den äußeren Planeten des Sonnensystems. Zu den inneren Planeten gehören Merkur, Venus, Erde und Mars. Die äußeren Planeten sind Jupiter, Saturn, Uranus und Neptun. Die äußeren Planeten sind wesentlich größer als die inneren Planeten. Die Reihenfolge der Planeten kann man sich mit einem Merksatz gut merken. Die Anfangsbuchstaben jedes Wortes sind auch die Anfangsbuchstaben der Planeten **M**erkur, **V**enus, **E**rde, **M**ars, **J**upiter, **S**aturn, **U**ranus und **N**eptun:

Mein **V**ater **e**rklärt **m**ir **j**eden **S**onntag **u**nseren **N**achthimmel.

Zwischen den inneren und den äußeren Planeten befindet sich der Asteroidengürtel. Er befindet sich wie die Planeten auf einer kreisähnlichen Bahn um die Sonne. ▶

A Erkläre, wie sich die Einheit Lichtjahr zusammensetzt.

B Beschreibe den Aufbau des Sonnensystems.

Material mit Aufgaben

M1 Abstände im Sonnensystem

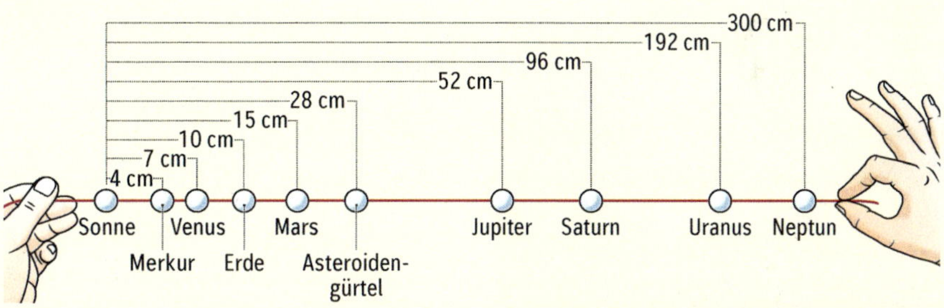

An einem langen Faden wurden Kugeln in verschiedenen Abständen befestigt. Die Kugel links außen steht für die Sonne. Jede weitere Kugel für einen der Planeten im Sonnensystem. Mithilfe dieses Modells werden die Abstände der Planten untereinander und von der Sonne verdeutlicht.

1. Vergleiche die Abstände der einzelnen Planeten zur Sonne.
2. Vergleiche die Abstände zwischen den Planeten im Sonnensystem.
3. Erkläre, was das dargestellte Modell gut veranschaulicht und was nicht.

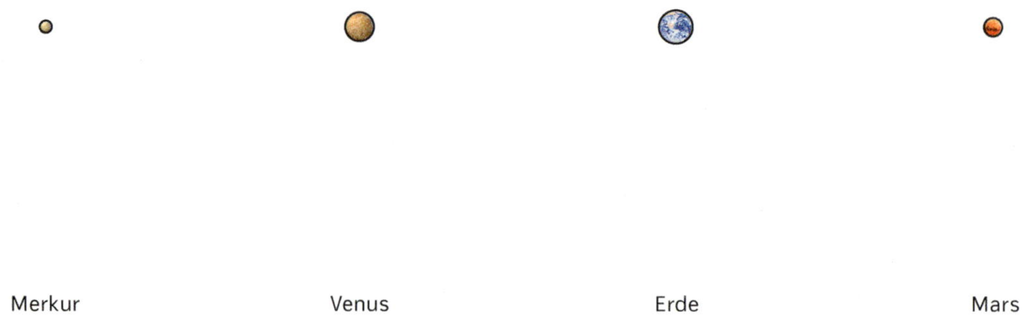

4 Innere Planeten (nicht maßstabsgetreu)

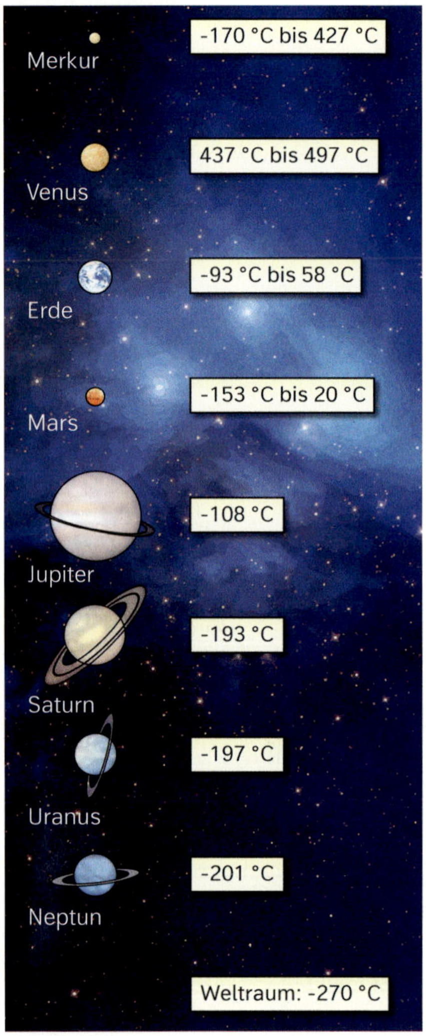

5 Temperaturen der Planeten

Innere Planeten

Die inneren Planeten Merkur, Venus, Erde und Mars sind alle ähnlich aufgebaut. Im Zentrum der Planeten befindet sich ein Eisenkern. Um den Kern befindet sich eine dicke Schicht, der Mantel. Die äußerste Schicht ist die dünne Kruste. Alle Planeten bestehen zu einem großen Teil aus Gestein. Manche haben auch eine Atmosphäre.

Merkur

Merkur ist der Sonne am nächsten und der kleinste der acht Planeten. Für eine Umrundung um die Sonne benötigt der Merkur nur 88 Tage. Wie alle inneren Planeten besteht er zu einem großen Teil aus Gestein und ist von Kratern und Gebirgen übersäht. Er hat keine Atmosphäre. Die Temperaturen schwanken im Tagesverlauf von 427 °C bis -170 °C.

Venus

Die Venus gehört mit zu den hellsten Objekten am Himmel. Man kann sie auch von der Erde aus mit Teleskopen oder manchmal mit bloßen Augen erkennen. Wie die Erde besitzt die Venus eine Atmosphäre. Diese ist allerdings sehr dicht und besteht zu einem großen Teil aus Kohlenstoffdioxid. Die Atmosphäre der Venus ist daher hochgiftig. Manchmal regnet es sogar flüssiges Metall.

Die Temperatur auf der Venus liegt am Tag und in der Nacht bei etwa 450 °C. Für eine Umrundung der Sonne benötigt die Venus ungefähr 224 Tage.

Erde

Die Erde ist der einzige Planet im Sonnensystem, auf dem Menschen ohne zusätzliche Hilfsmittel überleben können. Für eine Umrundung um die Sonne benötigt die Erde etwa 365 Tage.

Mars

Der Mars ist nach dem Merkur der zweitkleinste Planet unseres Sonnensystems. Die rote, staubige Oberfläche des Mars ist von einer dünnen Atmosphäre umhüllt. Auf Grund seiner Oberfläche wird der Mars auch als der „rote Planet" bezeichnet. Es existiert Wasser auf dem Planeten. Allerdings ist es meist gefroren. Für eine Umrundung der Sonne braucht der Mars etwa 687 Tage.

6 Äußere Planeten (nicht maßstabsgetreu)

Äußere Planeten

Wie die inneren Planeten sind auch die äußeren Planeten Jupiter, Saturn, Uranus und Neptun alle ähnlich aufgebaut. Sie besitzen einen Kern aus Gestein oder Eis. Allerdings besitzen sie keine feste Oberfläche wie die inneren Planeten. Um den Kern der äußeren Planeten befinden sich Hüllen aus unterschiedlichen Gasen, die auch gefroren sein können.

Jupiter

Jupiter ist der größte Planet unseres Sonnensystems. Er besteht zu einem großen Teil aus Wasserstoff. Um den Planeten laufen schwer zu erkennende Ringe. Sie bestehen aus feinem, schwarzem Staub. Für das Umrunden der Sonne benötigt der Jupiter etwa 11 Jahre und 315 Tage.

Saturn

Der Saturn ist der zweitgrößte Planet des Sonnensystems und besteht hauptsächlich aus Wasserstoff. Er hat ein auffälliges Ringsystem aus Eis und Gestein. Für die Umrundung der Sonne benötigt der Saturn etwa 29 Jahre und 166 Tage.

Uranus

Der Uranus besteht aus Wasserstoff, Helium und Methan. Auch er besitzt ein Ringsystem. Für eine Umrundung der Sonne benötigt er etwa 84 Jahre.

Neptun

Der Neptun ist der äußerste bekannte Planet. Wie Uranus besteht er hauptsächlich aus Wasserstoff, Helium und Methan. Auf seiner Oberfläche rotieren starke Stürme. Für einen Umlauf um die Sonne braucht er etwa 165 Jahre.

Material mit Aufgaben

M2 Planeten

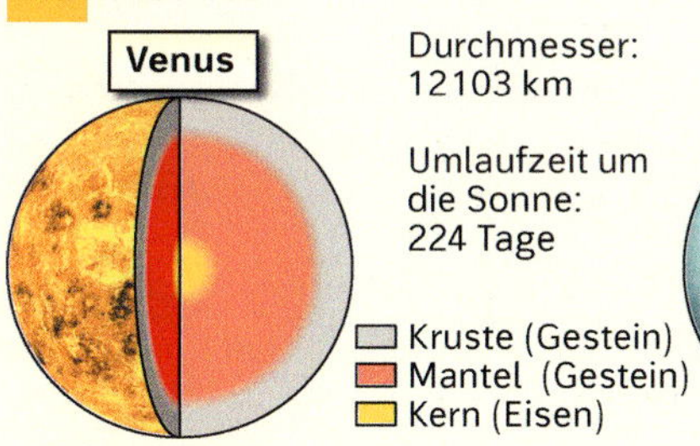

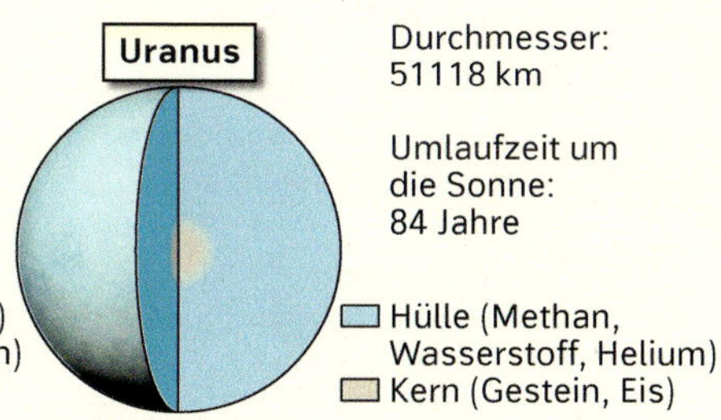

1. Vergleiche die beiden Planeten miteinander.
2. Erkläre, warum ein Leben auf den äußeren Planeten Jupiter, Saturn, Uranus und Neptun nicht möglich ist.
3. Erkläre, warum ein Leben auf der Venus nur schwer möglich ist.

Welche für Körper können wir im Weltraum beobachten?

1 Teleskope

Himmelskörper

Objekte am Himmel

Alle Objekte, die man im Weltraum beobachten kann, werden **Himmelskörper** genannt. Himmelskörper können einzelne Sterne, Monde oder Planeten sein. Große Ansammlungen von Himmelskörpern bilden Systeme, wie zum Beispiel unser Sonnensystem.

Eine Galaxie besteht unter anderen aus vielen Sternen und Sonnensystemen. Auch eine Galaxie zählt zu den Himmelskörpern.

Alle Himmelskörper im Weltall haben eine Gemeinsamkeit: Sie besitzen alle eine Masse.

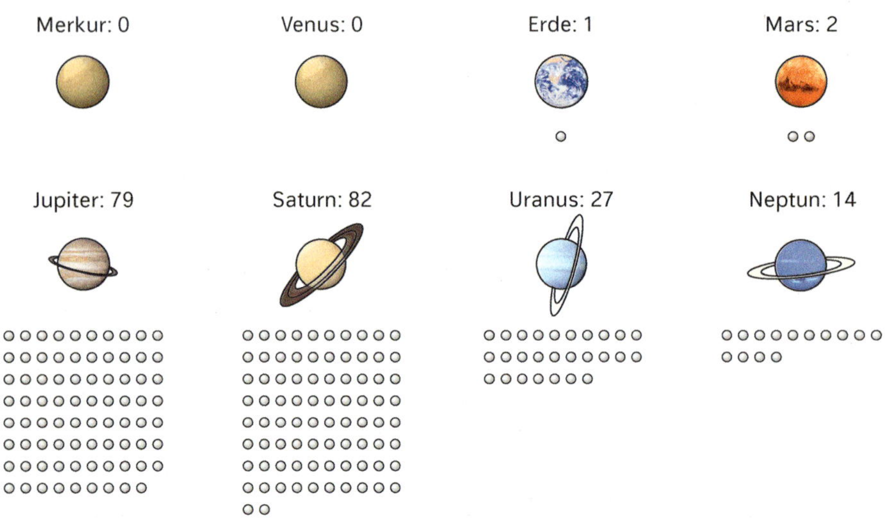

2 Bekannte Monde im Sonnensystem (Stand 2020)

Monde

Monde sind Himmelskörper, die um Planeten kreisen. Die Erde hat einen Mond, den **Erdmond**. Alle äußeren Planeten des Sonnensystems werden von Monden umkreist. Jupiter und Saturn haben die meisten Monde. Von den inneren Planeten haben nur Venus und Merkur keine Monde. Es werden immer wieder neue Monde im Sonnensystem entdeckt. Einige Monde unseres Sonnensystems haben sogar wie die Erde eine eigene Atmosphäre. Selbst größere Wassermengen wurden schon auf Monden nachgewiesen.

Sterne

Sterne sind sehr große, heiße Himmelskörper. Die Sonne ist der Stern unseres Sonnensystems. Sterne entstehen aus sehr großen Ansammlungen von Helium und Wasserstoff. Jeder Stern hat eine eigene Lebensdauer. Gegen Ende eines Lebens, kühlt ein Stern ab und schwillt dann an. Je nach Gewicht des Sterns können zum Beispiel schwarze Löcher oder weiße Zwerge entstehen.

Kleinkörper

Kleinkörper kreisen wie Planeten auf Bahnen um die Sonne. Allerdings sind sie sehr klein und haben keine kugelförmige Gestalt.

- **Asteroiden** • Zu den größten Kleinkörpern gehören die **Asteroiden**. Asteroiden kommen vermehrt im Asteroidengürtel zwischen den inneren und äußeren Planeten vor. Sie bestehen zu einem großen Teil aus Eisen und Gestein.
- **Meteoroiden** • Meteoroiden sind sehr klein und oft Bruchstücke von Asteroiden. Dringt ein Meteoroid in die Erdatmosphäre ein, prallen die Teilchen der Atmosphäre auf ihn. Dadurch wird er immer kleiner. Meteoroiden, die in die Atmosphäre eingetreten sind, heißen **Meteore**. Auf der Erde nimmt man sie als Sternschnuppen wahr. Ist der Meteor nicht vollständig zerstört, schlägt er als **Meteorit** auf der Erde ein.
- **Kometen** • Eine spezielle Form von Asteroiden sind **Kometen**. Sie kommen aus weit entfernten Gegenden des Sonnensystems. Dort ist es sehr kalt. Daher bestehen Kometen aus Eis, Gestein und gefrorenen Gasen. Kommt ein Komet in die Nähe der Sonne, schmilzt ein Teil des Eises. Die entstandene Flüssigkeit verdunstet und die gefrorenen Gase werden frei. Sie bilden eine Hülle. Aufgrund der hohen Geschwindigkeit des Kometen, wird die Hülle nach hinten weggezogen. So entsteht der **Schweif** des Kometen.

3 Komet

Material mit Aufgaben

M1 Himmelskörper

1. Nenne die Himmelskörper in A–G.
2. Vergleiche die Zusammensetzung der verschiedenen Himmelskörper.
3. Erkläre, warum Kometen einen Schweif ausbilden.
4. Wähle eine der Aufgaben aus:
   a Beschreibe, wie aus einem Meteoroiden ein Meteorit wird.
   b Erkläre, warum Meteore in der Atmosphäre immer kleiner werden.

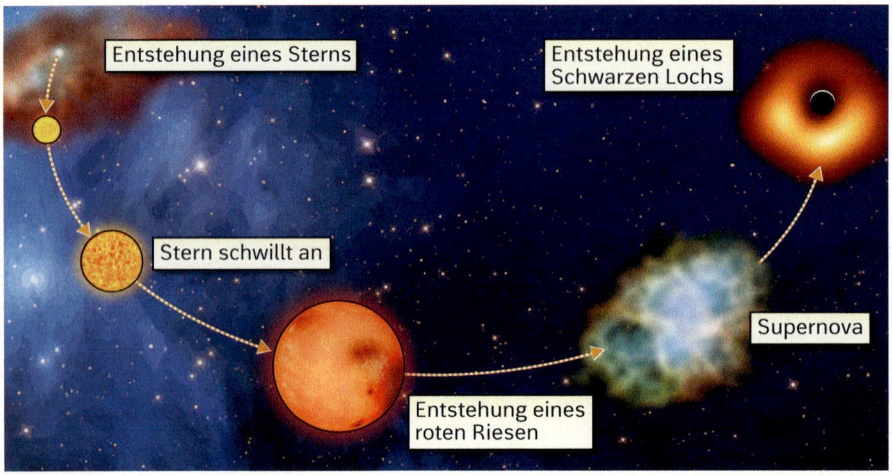

4 Entstehung eines schwarzen Lochs

Schwarze Löcher

Auch die schwersten Sterne entwickeln sich zu einem roten Riesen. Diese bilden aber keinen weißen Zwerg. Sie explodieren am Ende ihres Lebens in einer **Supernova**, bevor sie in sich zusammenfallen. Nach dem Zusammenfall ist die gesamte Materie in einem Punkt konzentriert. Je näher man dem Punkt kommt, desto größer wird die Anziehungskraft, die Gravitation. Ab einer bestimmten Grenze wird die Anziehungskraft so groß, dass Himmelskörper und auch das Licht angezogen werden. Man spricht nun von einem **schwarzen Loch**. Je schwerer ein schwarzes Loch ist, desto größer ist seine Anziehungskraft. In unserer Milchstraße wurden bereits mehrere schwarze Löcher entdeckt.

Galaxie

In sehr abgelegenen Gegenden kann man in klaren Nächten ein helles Band am Himmel erkennen. Dieses helle Band ist ein Teil der **Milchstraße**. Die Milchstraße ist die Galaxie, in der sich unser Sonnensystem befindet. Eine Galaxie ist eine sehr große Ansammlung von Sternen, Sonnensystemen, schwarzen Löchern und anderen Himmelskörpern.

Künstliche Himmelskörper

Als künstliche Himmelskörper bezeichnet man alle Objekte, die von Menschen in den Weltraum gebracht wurden. Hierzu zählen beispielsweise Satelliten, Forschungssonden, Weltraumschrott oder auch die Internationale Raumstation ISS. Durch viele künstliche Himmelskörper wird nicht nur der Nachthimmel verändert. Es können auch Gefahren für zukünftige Raumfahrten entstehen. ■

A Beschreibe verschiedene Himmelskörper.

Material mit Aufgaben

M2 **Künstliche Himmelskörper**

1. Vergleiche mithilfe des Bildes die Anzahl der künstlichen Himmelskörper früher und heute.
2. Beschreibe mögliche Gründe für die Zunahme der künstlichen Himmelskörper. ⊞
3. Stelle Vermutungen über mögliche Folgen von zu vielen künstlichen Himmelskörpern in der Nähe der Erde an.

Orientierung am Sternenhimmel

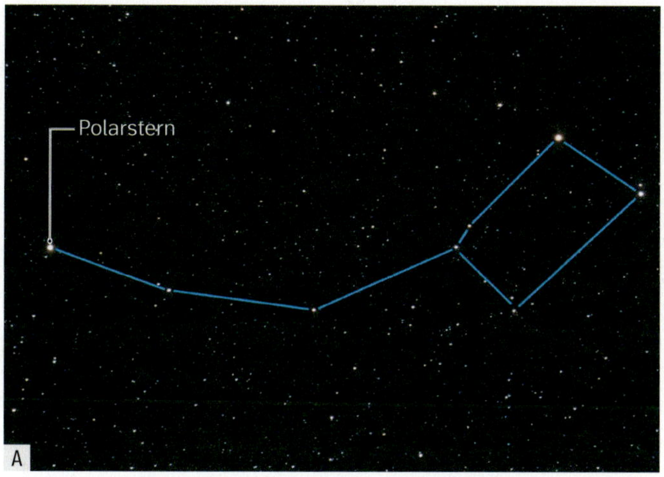

1 Sternenbilder: **A** Kleiner Waagen, **B** Kreuz des Südens

Sternenbilder
Die Sterne wurden früher für die Orientierung genutzt. Dafür suchte man nach hellen Sternen, die sich wenig bewegten. Diese Sterne werden **Fixsterne** genannt. Benachbarte Fixsterne fasste man zu **Sternenbildern** zusammen.

Nördlicher Sternenhimmel
Der nördliche Sternenhimmel umfasst alle Sterne, die man am Besten von der Nordhalbkugel der Erde sehen kann. Ein Fixstern im nördlichen Sternenhimmel ist der **Polarstern**. Er scheint sehr hell und befindet sich am Ende des Sternenbildes **Kleiner Waagen**. Bewegt man sich in Richtung des Polarsterns, dann geht man Richtung Nordpol.

Südlicher Sternenhimmel
Die Sterne des südlichen Sternenhimmels kann man am Besten von der Südhalbkugel sehen. Für die Orientierung nach Süden wird das Sternenbild **Kreuz des Südens** genutzt. Die Längsachse des Kreuzes zeigt zum Südpol.

Bewegung der Sterne
Beobachtet man Sternenbilder, dann sieht es so aus, als würden sie ihre Position im Laufe der Nacht verändern. Grund für diese Bewegung ist aber die Drehung der Erde um sich selbst.

Material mit Aufgaben

M1 Sternenbilder

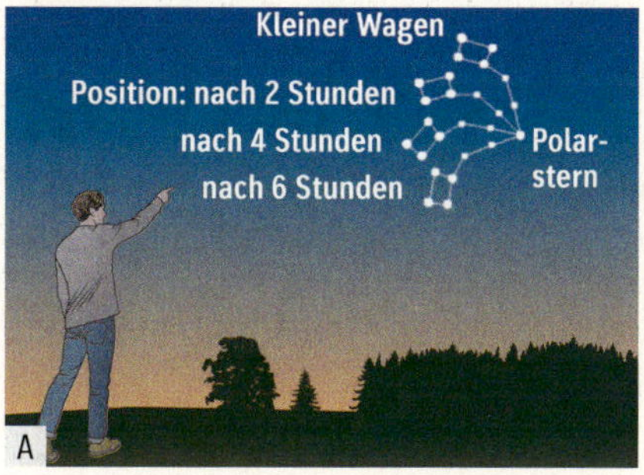

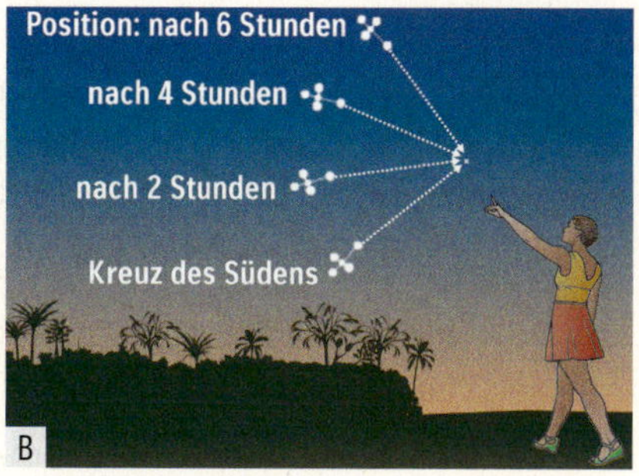

1. Beschreibe die Abbildung.
2. Erkläre, ob die Personen in den Bildern A und B in Richtung Süden oder Norden schauen.
3. Erkläre wie die Bewegung der Sternenbilder zu Stande kommt.
4. Nahe des Südpols befindet sich der Südpolarstern. Dieser hat allerdings nur eine geringe Helligkeit. Begründe, warum sich der Südpolarstern nicht für die Orientierung eignet.

Unser Sonnensystem

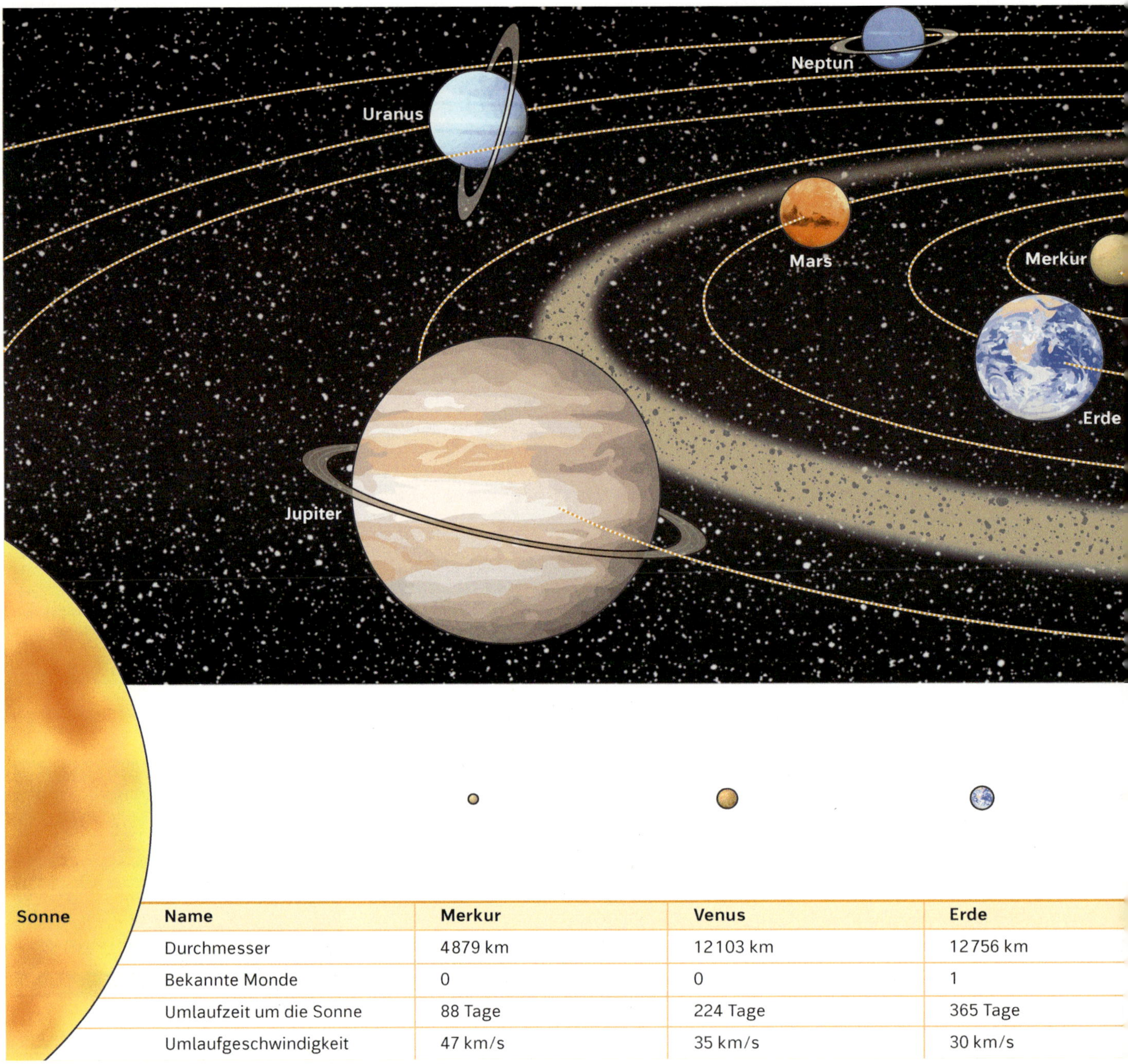

Name	Merkur	Venus	Erde
Durchmesser	4879 km	12103 km	12756 km
Bekannte Monde	0	0	1
Umlaufzeit um die Sonne	88 Tage	224 Tage	365 Tage
Umlaufgeschwindigkeit	47 km/s	35 km/s	30 km/s

Im Zentrum unseres Sonnensystems befindet sich die Sonne. Um ihr kreisen die acht Planeten Merkur, Venus, Erde, Mars, Jupiter, Saturn, Uranus und Neptun. Die inneren Planeten Merkur, Venus, Erde und Mars bestehen hauptsächlich aus Gestein. Die äußeren Planeten Jupiter, Saturn, Uranus und Neptun bestehen überwiegend aus Gas und Eis. Zwischen den äußeren und inneren Planeten liegt der Asteroidengürtel.

s	Jupiter	Saturn	Uranus	Neptun
km	142984 km	120536 km	51118 km	49258 km
	79	82	27	14
Tage	11 Jahre und 315 Tage	29 Jahre und 165 Tage	84 Jahre	165 Jahre
m/s	13 km/s	10 km/s	7 km/s	5 km/s

1. Beschreibe den Aufbau des Sonnensystems.
2. Nenne Unterschiede zwischen den inneren und äußeren Planeten.
3. Planeten sind Himmelskörper. Beschreibe Eigenschaften von weiteren Himmelskörpern im Universum.
4. Erkläre die verschiedenen Umlaufzeiten der Planeten um die Sonne.

1 Mars Rover

Erforschung des Weltalls

NASA englische Abkürzung für „**N**ational **A**eronautics and **S**pace **A**dministration". Übersetzt: Nationale Aeronautik- und Raumfahrtbehörde.

2 Rotverschiebung

Galileo Galilei

Als einer der ersten Wissenschaftler nutzte Galileo Galilei ein Fernrohr zur Beobachtung des Himmels. Die Nutzung des Fernrohrs revolutionierte die Erforschung des Weltalls. Galilei entdeckte zum Beispiel die vier größten Monde des Jupiters. Er stützte mit seinen Beobachtungen das **heliozentrische Weltbild.** Auch heute erforscht der Mensch das Weltall. Es werden immer neue Satelliten und Sonden für Messungen in das Weltall geschossen. Manche umkreisen die Erde, andere fliegen frei im Weltraum. Immer bessere Fernrohre werden entwickelt, um noch weiter und genauer beobachten zu können. Außerdem wird seit vielen Jahren der Mars erforscht. Am 18. Februar 2021 ist der neueste Roboter der **NASA** auf dem Mars gelandet.

Entfernungen messen

Für eine immer bessere Erforschung des Weltalls, werden große Fernrohre gebaut. Diese **Teleskope** befinden sich auf hohen Bergen, damit die Lichter der Stadt nicht die Beobachtungen stören. Mithilfe der Teleskope können auch Entfernungen gemessen werden. Zum Beispiel sieht für Beobachter auf der Erde ein weit entfernter Stern rot aus. Das liegt daran, dass sich das **Lichtspektrum** des Sterns durch seine Bewegung von der Erde weg zum roten Bereich hin verschiebt. Bewegen sich Lichtquellen wie Sterne immer weiter von der Erde weg, erscheinen sie einem immer mehr rot. Man nennt dies **Rotverschiebung**. Durch Beobachtungen konnte man feststellen, dass sich sehr viele Sterne von der Erde weg bewegen. Das liegt an der Ausdehnung des Universums.

Wettlauf im All

Mit dem Sputnik I gelangte der erste unbemannte Satellit 1957 in die Erdumlaufbahn. Ein neues Zeitalter wurde damit durch die damalige Sowjetunion eingeläutet. In den folgenden Jahren lieferten sich die USA und die Sowjetunion einen Wettlauf um die Erforschung des Weltraums. 1961 gelang es dann der Sowjetunion, mit Juri Gagarin den ersten Menschen ins All zu entsenden. Ein paar Jahre später betraten im Laufe der **Apollo 11** Mission der USA Neil Armstrong und Buzz Aldrin als erste Menschen den Mond. Das dritte Mitglied Michael Collins blieb im Raumschiff.

Marsmissionen

Die Erforschung des Mars begann bereits in den 1960er Jahren. Im Laufe der Zeit hat das Interesse am Mars und seiner Erforschung deutlich zugenommen. Heute wird der Mars nicht nur mit Satelliten und Sonden untersucht, sondern auch mit unbemannten Fahrzeugen, den **Rovern**. Sie sind mit vielen verschiedenen Messgeräten ausgestattet um festzustellen, ob der Mars sich als möglicher Lebensraum eignet. Am 18. Februar 2021 ist der fünfte Rover mit Namen **Perseverance** auf dem Mars gelandet. Das englische Wort Perseverance bedeutet übersetzt Ausdauer.

3 Besatzung der Apollo 11 Mission

Material mit Aufgaben

M1 Mars Rover Perseverance

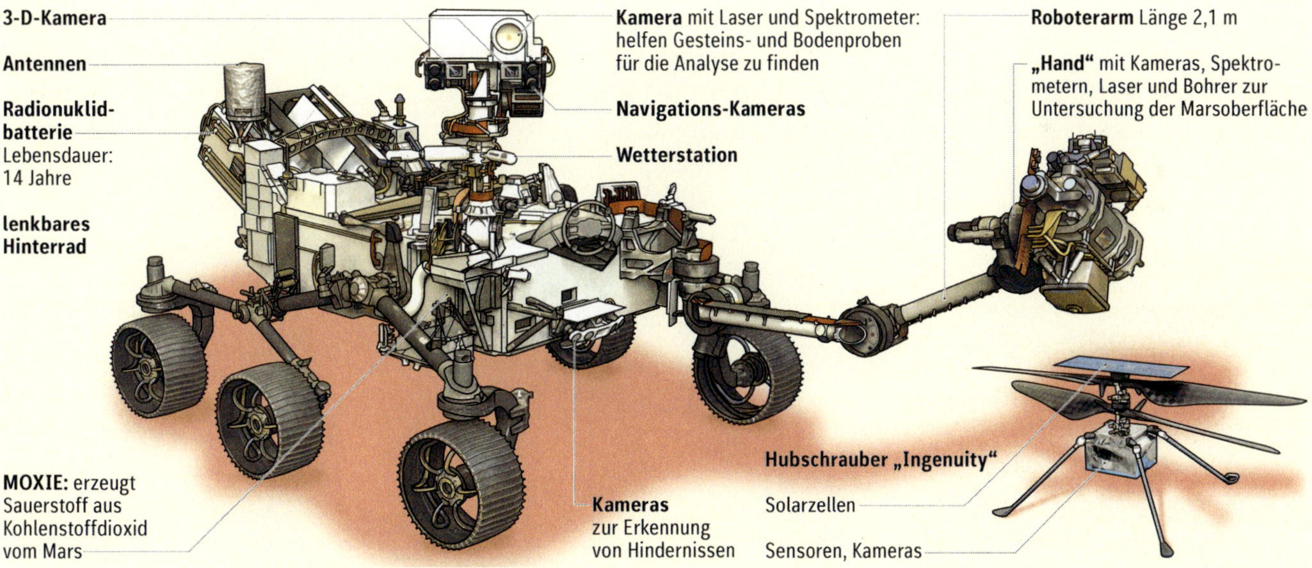

1. Nenne die verschiedenen Messgeräte des Rovers.
2. Beschreibe, was mit der Hand des Rovers gemessen wird.
3. Beschreibe, wie der Rover in der Lage ist, Bilder vom Mars zu machen und zur Erde zu senden.
4. Die Mission dient zur Vorbereitung eines bemannten Marsflugs. Stelle Vermutungen an, welche Messgeräte besonders wichtig für diese Aufgabe sind.

Expertenwissen

Teleskope

1 Hubble-Weltraumteleskop

Entwicklung der Teleskope

Teleskope sind wichtige optische Instrumente zur Erforschung des Weltraums. Mit ihrer Hilfe können Phänomene im Bereich des sichtbaren Lichts, aber auch im ultravioletten und infraroten Licht beobachtet werden. Die ersten Teleskope waren Fernrohre mit verschiedenen Linsen. Mit der Zeit hat sich die Technik immer weiterentwickelt und es war möglich, immer bessere und größere Linsen anzufertigen. Anfang der 1630er-Jahre wurden dann die ersten **Spiegelteleskope** entwickelt. Statt einer Linse benutzten sie als Objektiv einen Hohlspiegel. Heute werden Spiegelteleskope in großen Sternwarten genutzt.

Hubble-Weltraumteleskop

Die Erdatmosphäre kann die Beobachtungen des Weltraums von der Erde aus stören. Daher wurden Teleskope in den Weltraum geschossen. Diese **Weltraumteleskope** befinden sich auf Umlaufbahnen um die Erde und messen in verschiedenen Bereichen des Lichtspektrums. Das **Hubble-Weltraumteleskop** wurde von der amerikanischen und europäischen Raumfahrtbehörde entwickelt. Seit seinem Start 1990 ist es immer noch in Betrieb und misst vom infraroten Bereich des Lichtspektrums über den sichtbaren Bereich bis hin zum ultravioletten Bereich. Es hat einen Spiegeldurchmesser von 2,4 Metern.

Material mit Aufgaben

M1 Aufbau eines Spiegelteleskops

Aktuell befindet sich das weltweit größte Teleskop im Bau. Das Extremely Large Telescope (ELT) wird für die Europäische Südsternwarte in Südamerika gebaut und wahrscheinlich 2025 in Betrieb genommen. Sein Hauptspiegel hat einen Durchmesser von 39 Metern.

1. Beschreibe mithilfe von Bild A den Aufbau des Teleskops für die Europäische Südsternwarte.
2. Beschreibe mithilfe von Bild B den Verlauf des Lichts im geplanten Teleskop.
3. Das Teleskop soll auf einem 3060 m hohen Berg in einer Wüste ohne Siedlungen stehen. Erkläre die Wahl des Standorts.

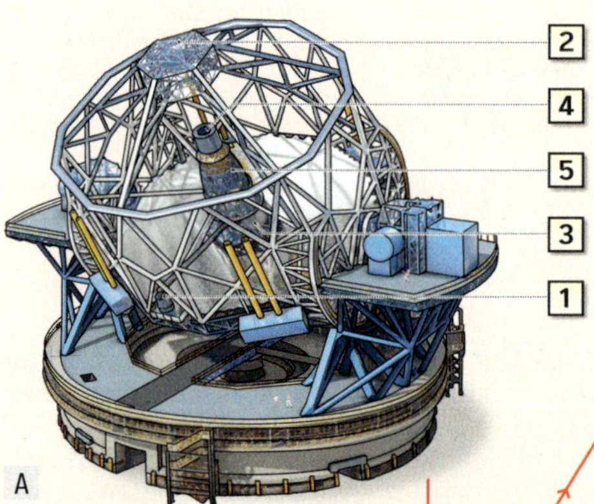

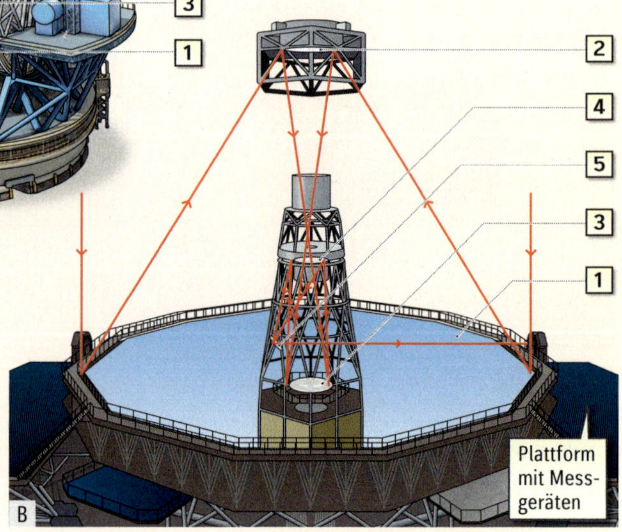

1 Hauptspiegel
2 Zweiter Spiegel
3 Dritter Spiegel
4 Adaptivspiegel: Justiert 1000 mal pro Sekunde seine Position um Störungen auszugleichen
5 Fünfter Spiegel: Sendet das Bild an Messgeräte

ISS

Um die Erde kreist in ungefähr 400 Kilometern Höhe das größte vom Menschen geschaffene Objekt im All, die **internationale Raumstation**. Sie wird auch mit ISS abgekürzt. Für eine Umrundung der Erde benötigt sie nur ungefähr 93 Minuten. Seit dem Baubeginn 1998 wird die internationale Raumstation aus einer Kooperation von 16 Staaten betrieben und weiterentwickelt. Seit dem Jahr 2000 ist die internationale Raumstation nie unbesetzt. Es sind immer Astronauten und Astronautinnen an Bord. Sie werden von der Erde aus regelmäßig mit Lebensmitteln, Wasser, Kleidung und Sauerstoff versorgt.

1 Internationale Raumstation

Aufbau der ISS

Die ISS besteht aus vielen verschiedenen Modulen. Es wird zwischen unter Druck stehenden Modulen und nicht unter Druck stehenden Modulen unterschieden. Die unter Druck stehenden Module können von der Besatzung ohne Raumanzüge genutzt werden. Diese Module werden von den Astronauten und Astronautinnen zum Wohnen, Schlafen oder Arbeiten verwendet. Ein Lebenserhaltungssystem an Board sorgt für eine Atmosphäre, die der auf der Erde entspricht.

Die nicht unter Druck stehenden Module sind zum Beispiel Solarflächen für die Energieversorgung, Roboterarme, Kräne oder Plattformen für Experimente im freien Weltraum. Auch das Grundgerüst der internationalen Raumstation zählt zu den nicht unter Druck stehenden Modulen. Es besteht aus elf einzelnen Elementen.

Material mit Aufgaben

M1 Aufbau der ISS

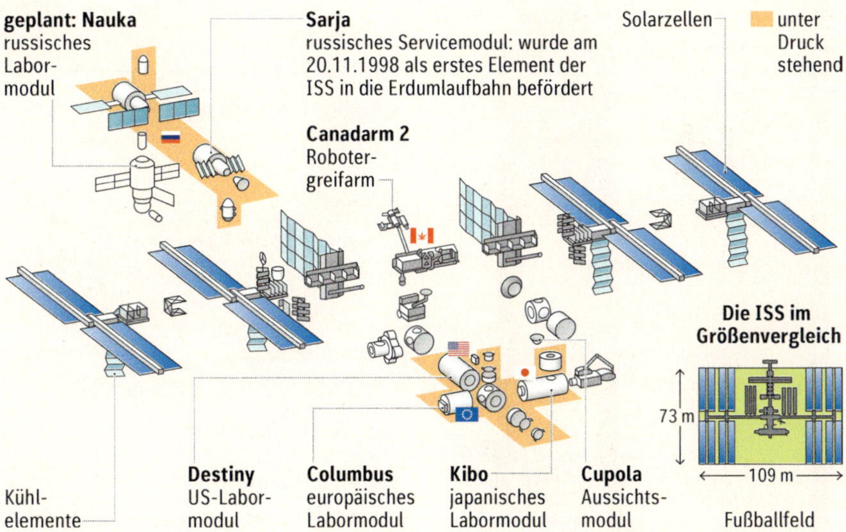

1. Beschreibe den Aufbau der ISS.
2. Erkläre, warum manche Labore unter Druck stehen.
3. Stelle Vermutungen über Vorteile und Nachteile der modularen Bauweise der internationalen Raumstation an.

Apollo 11 F

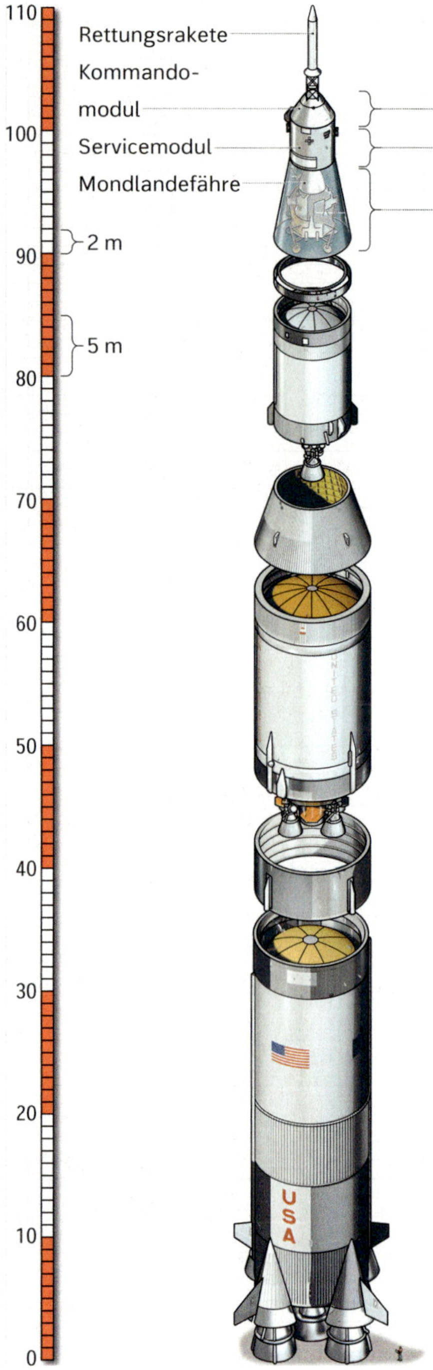

3. Stufe

beschleunigt die Rakete auf 11176 Meter pro Sekunde. Die Geschwindigkeit reicht aus, um die Anziehungskraft der Erde zu uberwinden.

Treibstoff:

- 252750 Liter Flüssigwasserstoff
- 73280 Liter Flüssigsauerstoff

2. Stufe

beschleunigt die Rakete auf 6705,60 Meter pro Sekunde

Treibstoff:

- 984000 Liter Flüssigwasserstoff
- 303000 Liter Flüssigsauerstoff

1. Stufe

beschleunigt die Rakete auf 2682,24 Meter pro Sekunde

Treibstoff:

- 1204000 Liter Flüssigsauerstoff
- 770000 Liter Kerosin

Saturn V Rakete:

Mondflugrakete mit einer Höhe von 110,60 Metern

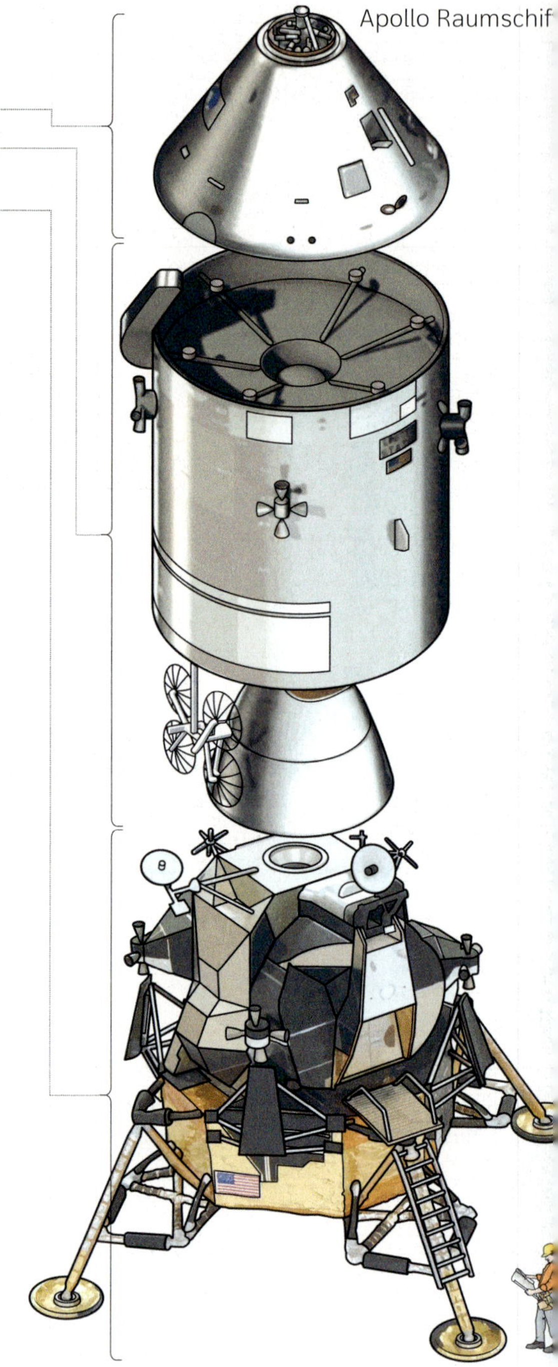

Apollo 11 war eine bemannte Raumfahrtmission der amerikanischen Raumfahrtbehörde NASA. Mithilfe der Rakete **Saturn V** konnte das Raumschiff **Apollo** mit einer Mondlandefähre zum Mond fliegen. Das Raumschiff bestand aus einem Servicemodul und einem Kommandomodul. Am 20 Juli 1969 sind Neil Armstrong und Buzz Aldrin als erste Menschen mit der Mondlandefähre auf dem Mond gelandet und haben ihn betreten.

Auf einen Blick

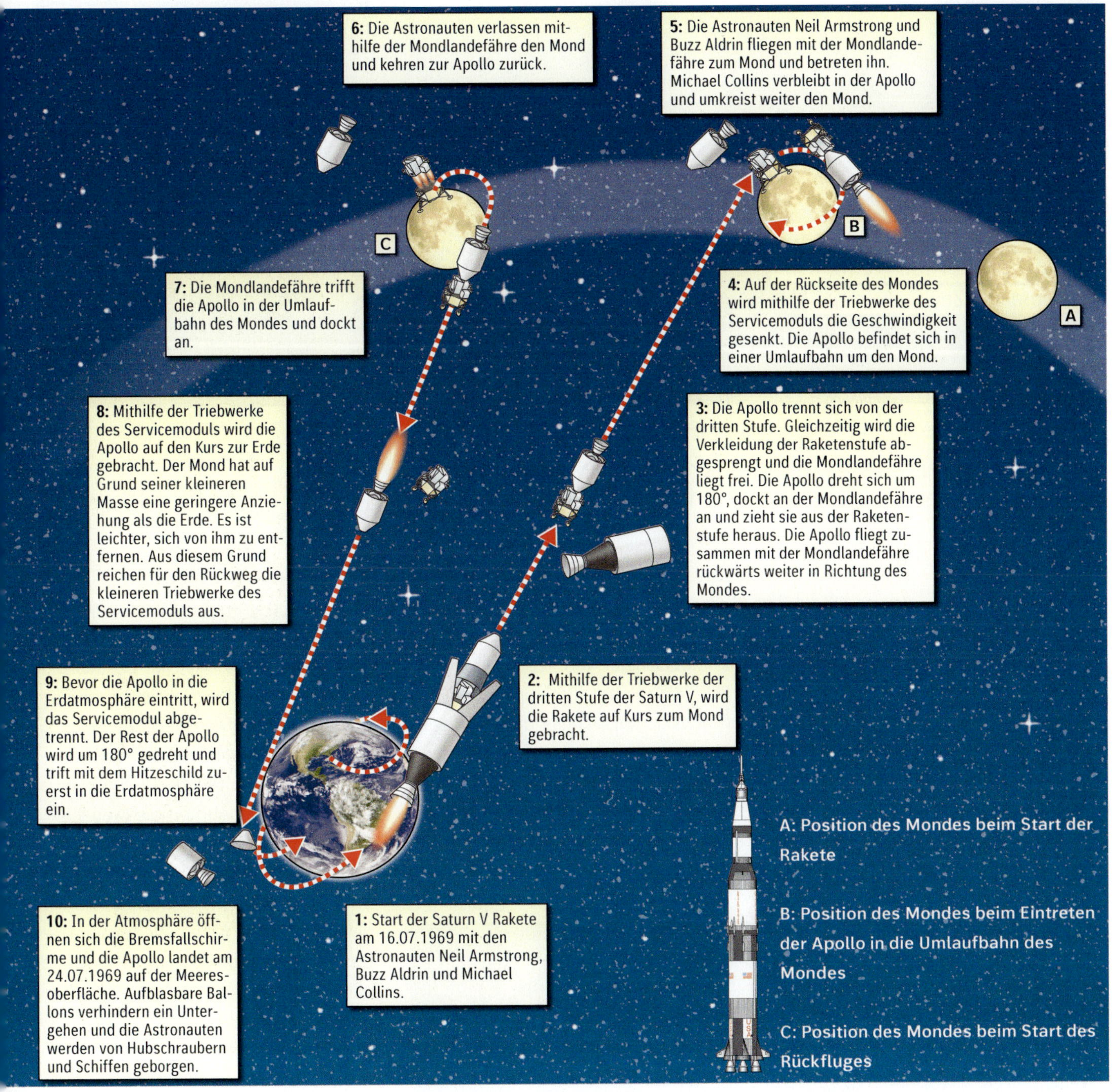

1. Beschreibe den Aufbau der Rakete Saturn V.
2. Beschreibe den Ablauf der Apollo 11 Mission.
3. Erkläre die Funktion der verschiedenen Raketenstufen.
4. Recherchiere Informationen zur bemannten Raumfahrt. Beschreibe Vorteile und Nachteile
5. Recherchiere Informationen zu aktuellen Raumfahrtprojekten und stelle sie der Klasse vor.

1 Sternenhimmel

Historische Weltbilder

geozentrisch kommt vom altgriechischen Wort geokentriko und bedeutet „erdzentriert".

heliozentrisch kommt von den altgriechischen Wörtern helios (Sonne) und kentron (Zentrum).

Himmelsbeobachtungen

Schon seit sehr langer Zeit beobachten die Menschen den Nachthimmel. Die Himmelsscheibe von Nebra ist eine ungefähr 4000 Jahre alte Bronzeplatte, die in Sachsen-Anhalt gefunden wurde. Sie ist die älteste bisher bekannte Darstellung des Himmels. Vor dem heutigen Wissen über den Aufbau des Universums hatte der Mensch noch andere Vorstellungen und Ideen.

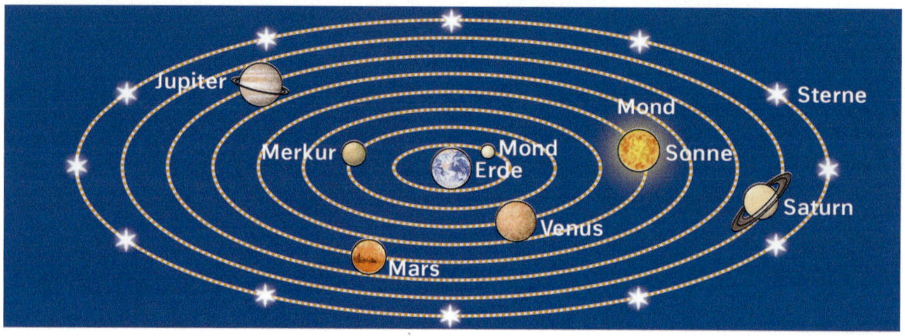

2 Geozentrisches Weltbild (Schema)

Geozentrisches Weltbild

Die Erde ist immer in Bewegung. Die Erdrotation nimmt man aber nicht bewusst war. Ebenso ist der Umlauf der Erde um die Sonne nicht spürbar. Dadurch sieht es für den Menschen so aus, als würde sich alles um die Erde bewegen und die Erde selbst stillstehen. Aus diesem Grund glaubten die Menschen früher, dass die Erde im Mittelpunkt des Universums steht. Der Mond, die Sterne, die anderen Planeten und die Sonne bewegen sich in diesem Weltbild um die Erde. Es wird **geozentrisches Weltbild** genannt. Es stimmte für die Menschen nicht nur mit ihren Beobachtungen überein, sondern entsprach dabei auch dem religiösen Glauben vom Menschen als Mittelpunkt der Schöpfung. Aus diesem Grund war diese Ansicht über Jahrtausende die vorherrschende Vorstellung vom Aufbau des Universums.

Heliozentrisches Weltbild

Im Laufe der Zeit wurden immer bessere Instrumente zur Beobachtung des Himmels entwickelt. Die neu gewonnenen Beobachtungen konnten aber immer schlechter mit dem geozentrischen Weltbild erklärt werden. Anfang des 16. Jahrhunderts beschrieb Nikolaus Kopernikus daraufhin ein neues Weltbild, in idem nicht mehr die Erde im Mittelpunkt stand, sondern die Sonne. In diesem **heliozentrischen Weltbild** drehte sich neben den anderen Planeten auch die Erde um die Sonne. Außerdem hielt er auch schon fest, dass der Mond sich um die Erde bewegt und die Drehung der Erde um sich selbst die Ursache für die Bewegung der Sterne ist. Er veröffentlichte seine Theorie kurz vor seinem Tod. Diese wurde aber überwiegend ignoriert und als Unfug abgetan.

Ausarbeitung

Anfang des 17. Jahrhunderts gelang es Johannes Kepler, die Schlussfolgerungen von Kopernikus weiter zu präzisieren und zu verbessern. Durch seine aufgestellten Gesetzte zur Bewegung der Planeten konnten die Planetenbewegungen viel besser berechnet werden. Isaac Newton lieferte Ende des 17. Jahrhunderts die physikalische Begründung der Gesetze von Kepler und festigte so endgültig das heliozentrische Weltbild.

A Vergleiche das geozentrische Weltbild und heliozentrischen Weltbild miteinander.

B Erkläre, warum lange Zeit das geozentrische Weltbild die Vorstellung vom Universum geprägt hat.

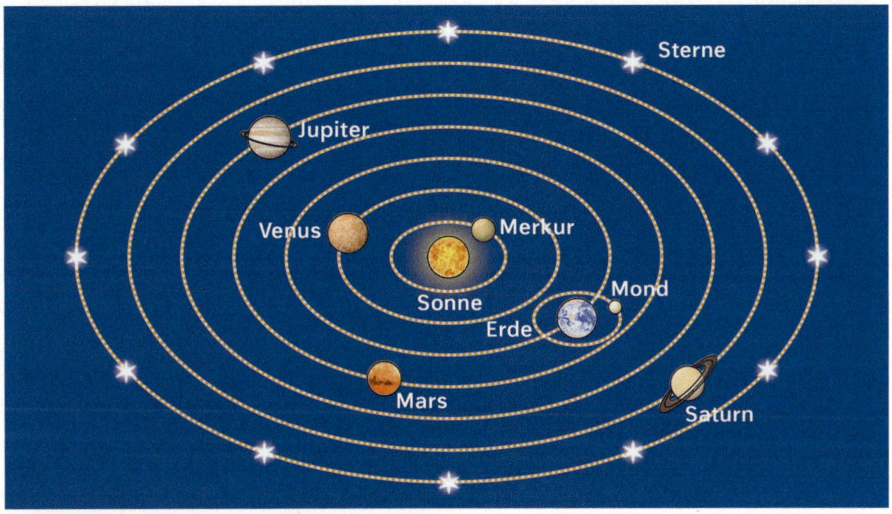

3 Heliozentrisches Weltbild nach Kopernikus (Schema)

Material mit Aufgaben

M1 Antike Weltbilder

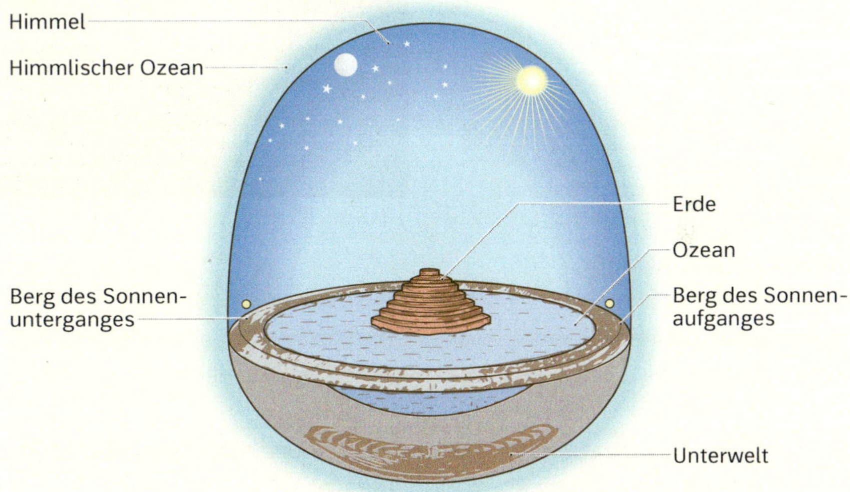

Schon vor dem geozentrischen Weltbild haben Menschen versucht den Aufbau und die Position der Welt zu beschreiben. Das Bild zeigt die babylonische Vorstellung vom Aufbau der Welt von vor ungefähr 3500 Jahren.

1. Beschreibe das Weltbild.
2. Stelle Vermutungen an, warum es Berge des Sonnenauf- und Sonnenuntergangs gibt. +
3. Stelle die religiösen Einflüsse des Weltbilds dar. +

Zusammenfassung Erforschung des Weltalls

Gravitation

Als Gravitation bezeichnet man die Anziehungskraft zwischen Massen. Je größer die Masse ist, desto stärker ist auch die Gravitation. Entfernen sich die Massen immer weiter voneinander, dann nimmt auch die Gravitation ab. Sie verschwindet aber nie komplett. Die Gravitation hat eine unendliche Reichweite und kann nicht abgeschirmt werden. Sie ist auch der Grund, warum sich die Planeten des Sonnensystems auf Umlaufbahnen um die Sonne bewegen.

Gravitation wirkt zwischen allen Körpern

Je größer die Masse, desto stärker ist die Gravitation

Je größer der Abstand wird, desto schwächer ist die Gravitation

Das Universum

Der Begriff Universum bezeichnet alles, was man wahrnehmen und messen kann. Dazu gehören zum Beispiel Himmelskörper wie Planeten, Galaxien, und Sterne. Aber auch das Licht und die Zeit sind Teil des Universums.

Das Universum ist vor ungefähr 13,8 Milliarden Jahren durch den Urknall entstanden. Beim Urknall war das Universum noch sehr dicht und sehr heiß. Nach dem Urknall hat sich das Universum extrem ausgedehnt und damit auch stark abgekühlt. Durch die immer weitere Ausdehnung und Abkühlung konnten sich die ersten Elemente bilden. Irgendwann war die Ausdehnung so groß, dass sich das Licht ungehindert ausbreiten konnte. Man kann dieses Licht heute messen. Es wird kosmische Hintergrundstrahlung genannt. Nach vielen Millionen Jahren haben sich dann im Universum die ersten Sterne aus dem entstandenen Wasserstoff und Helium gebildet.

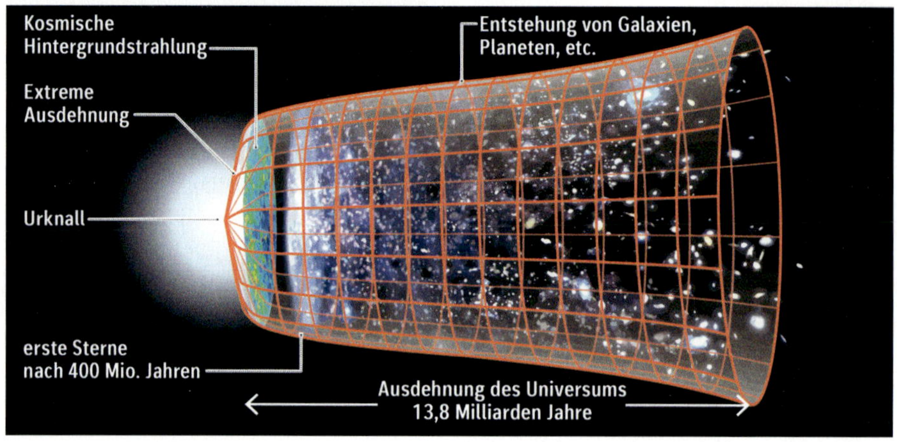

Erforschung des Weltalls

Der Mensch beobachtet schon seit sehr langer Zeit den Sternenhimmel und damit auch das Universum. Mussten sich die Menschen anfangs noch auf Beobachtungen mit den Augen verlassen, hat die Erfindung des Teleskops die Forschung revolutioniert. Mit immer besseren optischen Instrumenten konnte man immer weiter und besser ins Weltall schauen.

Heute werden Rover zum Mars geschickt, um zum Beispiel zu untersuchen, ob sich der Mars als Lebensraum für Menschen eignen würde. Außerdem fliegen viele Satelliten und Sonden um die Erde und nehmen ständig Daten auf. Diese werden zur Auswertung zur Erde gesendet.

1969 sind im Laufe der Apollo 11 Mission der NASA die Astronauten Michael Collins, Buzz Aldrin und Neil Armstrong zum Mond geflogen. Neil Armstrong und Buzz Aldrin waren die ersten Menschen, die den Mond betreten haben.

1 Unser Sonnensystem

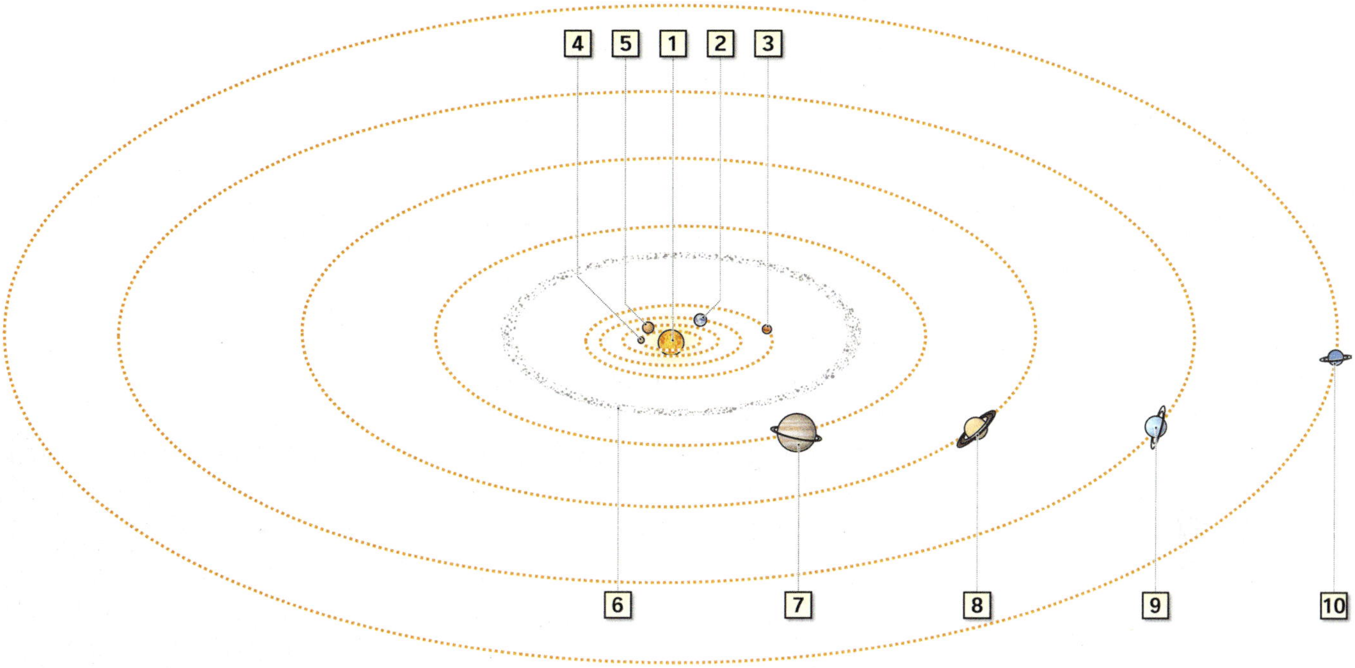

A Beschreibe den Aufbau unseres Sonnensystems.

B Benenne die mit den Ziffern 1 bis 10 gekennzeichneten Bestandteile unseres Sonnensystems.

C Erkläre, wie sich die inneren Planeten und äußeren Planeten in ihrem Aufbau unterscheiden.

D Erkläre, was man unter dem Begriff Himmelskörper versteht.

E Die Planeten unseres Sonnensystems zählen zu den Himmelskörpern. Nenne zwei Beispiele für weitere Himmelskörper und beschreibe ihre Eigenschaften.

2 Weltbilder

A Ordne den Bildern A und B die Begriffe heliozentrisches und geozentrisches Weltbild zu.

B Erkläre den Unterschied zwischen dem heliozentrischen und geozentrischen Weltbild.

C Erkläre, durch welche Beobachtungen das geozentrische Weltbild entstanden ist.

D Erläutere, warum sich das heliozentrische Weltbild erst nach Kopernikus durchgesetzt hat.

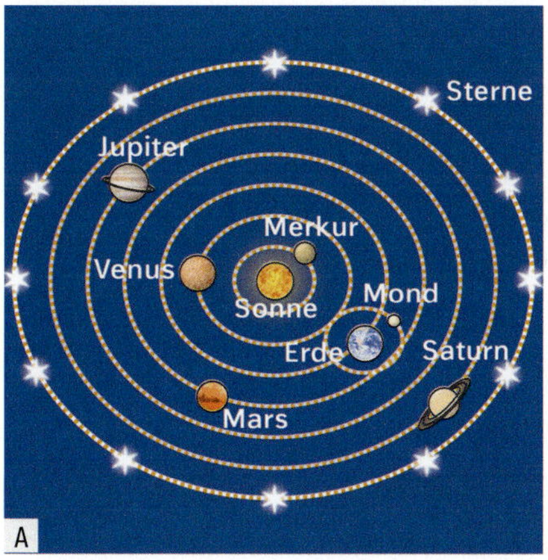

A

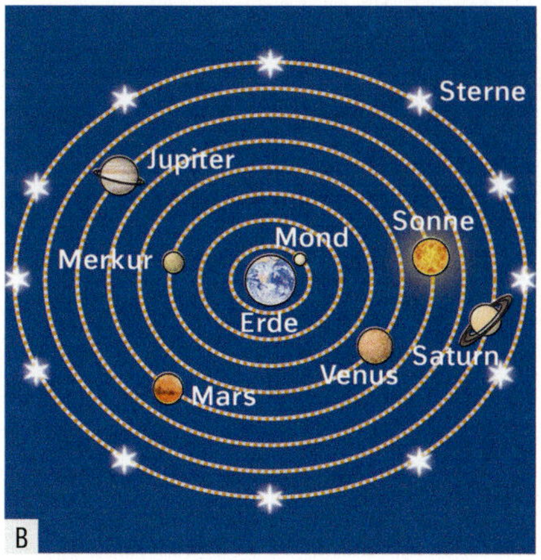

B

Register

f. = die folgende Seite, ff. = die folgenden Seiten

A

B

C

D

E

Register

Register

Größen und ihre Einheiten

Größe		Einheit		
Name	**Symbol**	**Name**	**Symbol**	**Beziehungen**
Masse	m	Kilogramm	kg	1 kg = 1000 g 1 g = 1000 mg
Volumen	V	Kubikmeter	m^3	$1\,m^3 = 1000\,dm^3$ 1 l = 1000 ml
		Liter	l	1 l = 1000 ml $1\,ml = 1\,cm^3$
Dichte	ϱ	$\frac{\text{Kilogramm}}{\text{Kubikmeter}}$	$\frac{kg}{m^3}$	$1\,\frac{g}{cm^3} = 1000\,\frac{kg}{m^3}$
		$\frac{\text{Gramm}}{\text{Liter}}$	$\frac{g}{l}$	$1\,\frac{g}{l} = 0{,}001\,\frac{g}{m^3}$
Stoffmenge	n	Mol	mol	1 mol enthält $6{,}022 \cdot 10^{23}$ Teilchen
molare Masse	M	$\frac{\text{Gramm}}{\text{Mol}}$	$\frac{g}{mol}$	
Stoffmengenkonzentration	c	$\frac{\text{Mol}}{\text{Liter}}$	$\frac{mol}{l}$	
Temperatur	ϑ	Grad Celsius	°C	
	T	Kelvin	K	0 °C = 273,15 K

Dezimale Teile / Vielfache

Potenz	Vorsilbe	Symbol	Potenz	Vorsilbe	Symbol
10^{-1}	Dezi	d	10	Deka	da
10^{-2}	Zenti	c	10^{2}	Hekto	h
10^{-3}	Milli	m	10^{3}	Kilo	k
10^{-6}	Mikro	µ	10^{6}	Mega	M
10^{-9}	Nano	n	10^{9}	Giga	G
10^{-12}	Piko	p	10^{12}	Tera	T
10^{-15}	Femto	f	10^{15}	Peta	P

Kabel

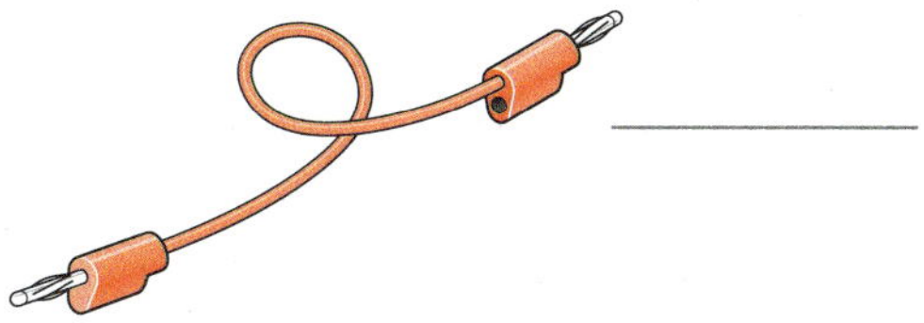

Batterie

Netzgerät

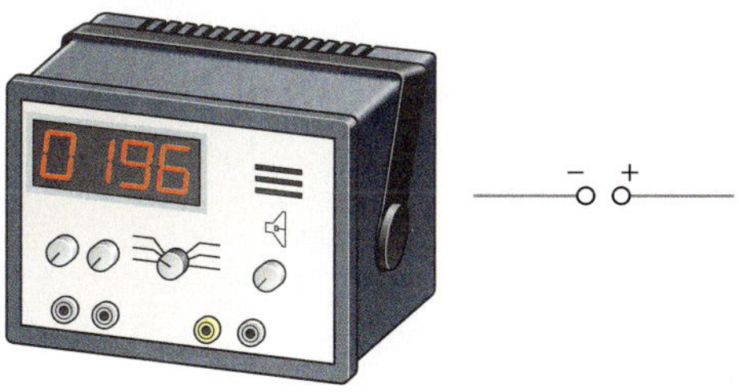

Motor

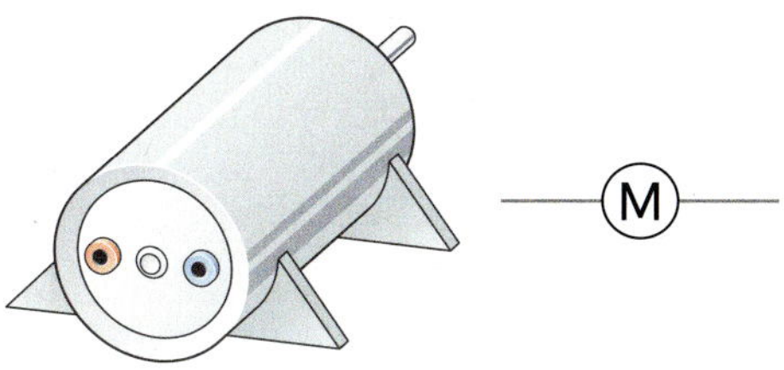

Glühlampe

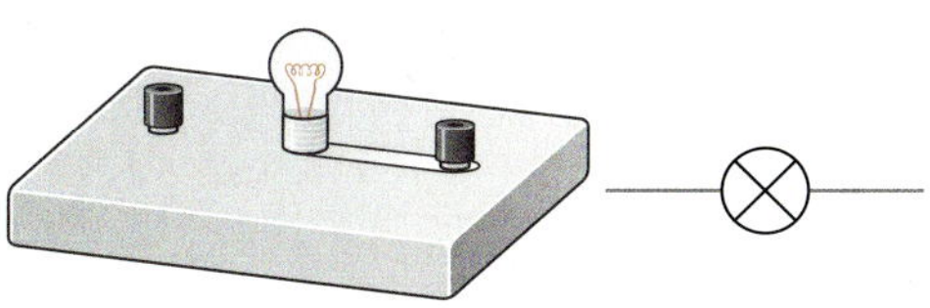

LED

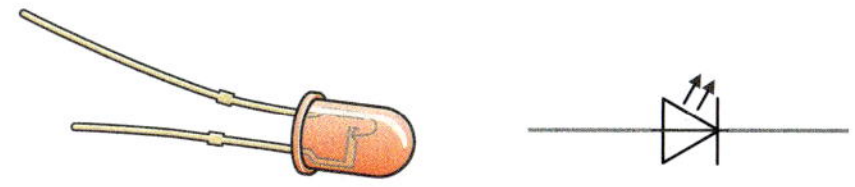

Schalter

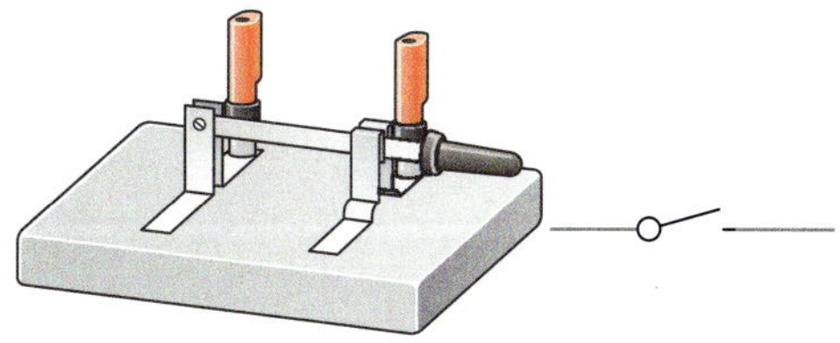

Taster

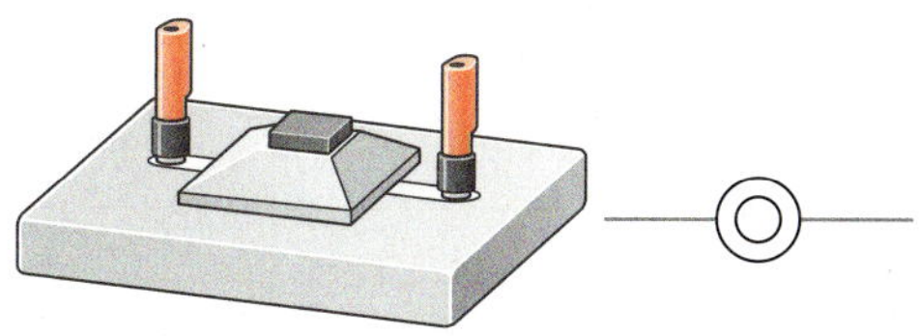

Sicherung

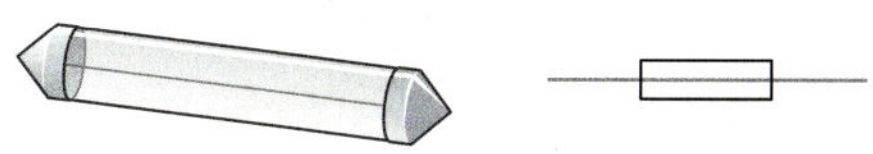

Spule

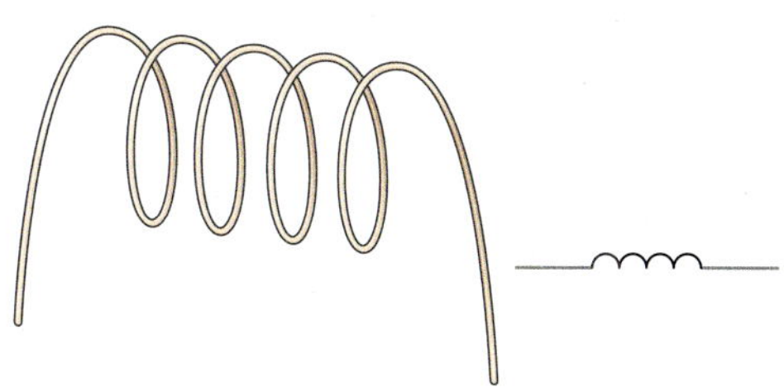

Basiskonzepte

Bei allen Systemen kann man eine Vielzahl unterschiedlicher Merkmale und Eigenschaften beobachten. Viele Regeln und Erklärungsmuster tauchen in unterschiedlichen Themen der Naturwissenschaften immer wieder auf. Man bezeichnet sie als **Basiskonzepte**. Sie helfen, übergeordente Prinzipien und Zusammenhänge in den Naturwissenschaften besser zu verstehen und zu vergleichen.

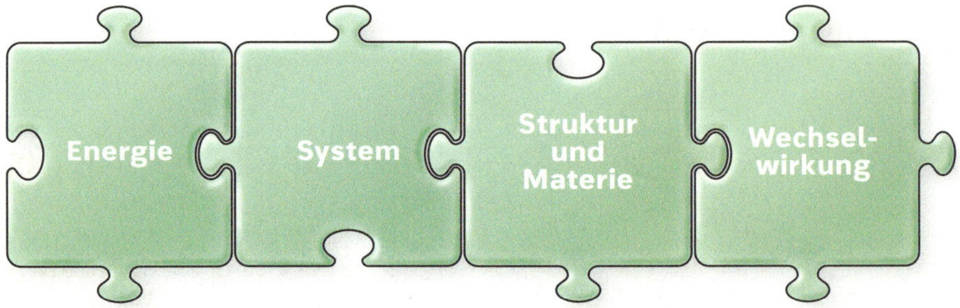

Basiskonzept System

Ein System besteht aus verschiedenen Bestandteilen, die arbeitsteilig verschiedene Aufgaben erfüllen. Nur durch ihr Zusammenwirken ist ein System funktionsfähig.

▸ Ein einfacher Stromkreis besteht aus einer Batterie, einer Glühlampe, einem Schalter und Kabeln. Nur wenn alle Bauteile richtig miteinander verbunden sind, leuchtet die Glühlampe. Ist auch nur ein Bauteil defekt, geht die Glühlampe nicht an.

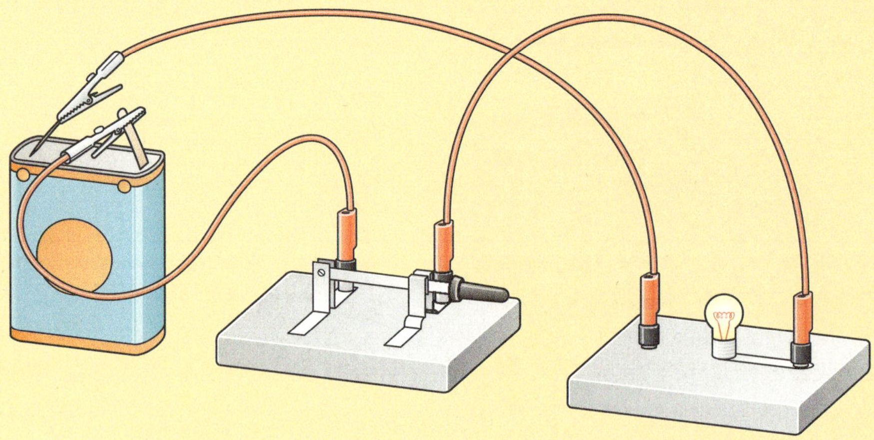

Basiskonzept Struktur der Materie

In der Natur liegen Stoffe in unterschiedlichen Zustandsformen vor: fest, flüssig und gasförmig. Sie unterscheiden sich in der Struktur ihrer Teilchen.

▸ Durch Erwärmen oder Abkühlen kann man einen Stoff von einem Aggregatzustand in einen anderen Aggregatzustand überführen. In einem Feststoff sind die Teilchen regelmäßig angeordnet. Sie schwingen auf ihren Plätzen hin und her. Erwärmt man den Feststoff, wird dem Stoff Energie zugeführt. Dadurch bewegen sich die Teilchen schneller. Der Stoff schmilzt. Die Teilchen sind beweglicher und gegeneinander verschiebbar. Erhitzt man den Stoff noch weiter, verdampft er. Im gasförmigen Zustand haben die Teilchen einen großen Abstand zueinander. Die Bewegungsenergie der Teilchen ist größer als im flüssigen Zustand.

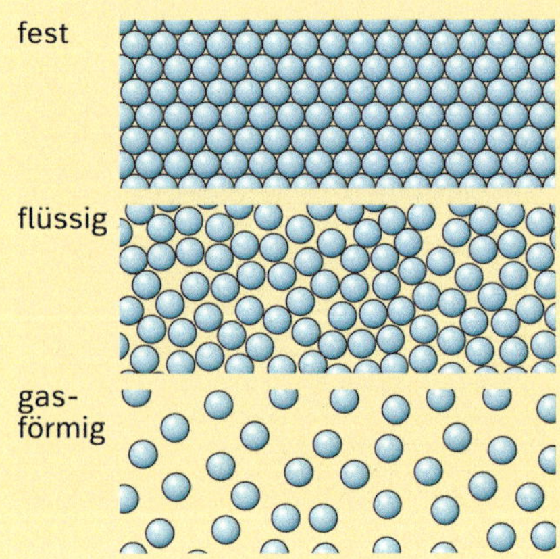

Basiskonzept Energie

Energie begegnet uns in verschiedenen Energieformen. Zum Beispiel als Bewegungsenergie, chemische Energie oder elektrische Energie. Diese Energieformen können von einer Form in eine andere umgewandelt werden.

- Der Mensch nutzt auf viele Weisen die Energie des Sonnenlichts. Mithilfe von Solarzellen wird die Energie der Sonne in elektrische Energie umgewandelt.
- Die Energie der Sonne erwämt den Boden und damit die untersten Luftschichten. Die warmen Luftschichten steigen nach oben. Wenn warme Luft nach oben steigt, wird sie durch kältere Luft ersetzt, die von allen Seiten nachströmt. So entsteht Wind. Den Wind nutzt der Mensch mithilfe von Windrädern. Die Energie der Sonne wurde erst in Wärme, dann in Bewegunsgenergie und schließlich in elektriche Energie umgewandelt.

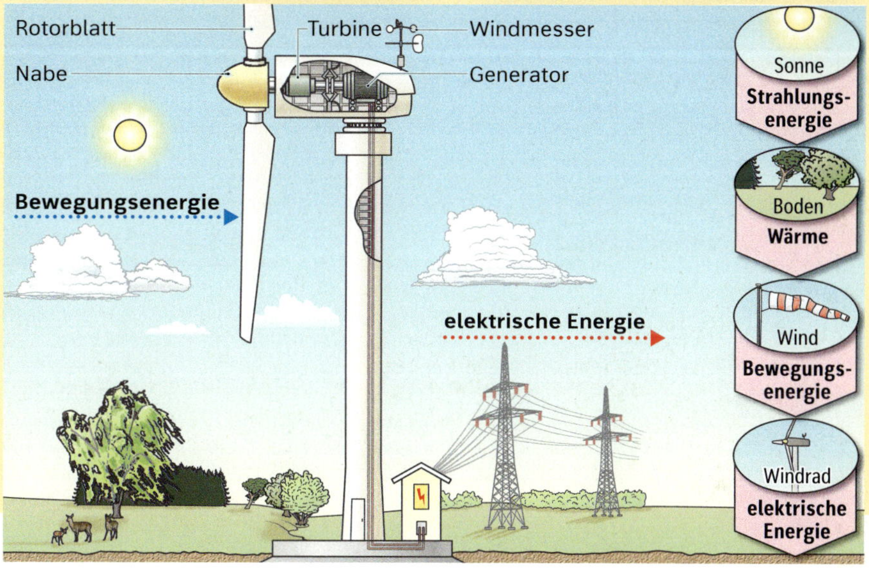

Basiskonzept Wechselwirkung

Körper können sich gegenseitig beeinflussen. Man spricht von einer Wechselwirkung.

- Ein Magnet zieht einen Körper aus Eisen an. Der Körper aus Eisen zieht jedoch auch den Magneten an.
- Fließt ein elektrischer Strom durch einen Leiter, entsteht ein Magnetfeld. Wird der Leiter um einen Eisenkern gewickelt, wird die magnetische Wirkung noch verstärkt.

Bildquellen

|akg-images GmbH, Berlin: Science Source 31.2. |Alamy Stock Photo, Abingdon/Oxfordshire: Imagebroker 9.1, 312.1; JAM WORLD IMAGES 316.1. |Alamy Stock Photo (RMB), Abingdon/Oxfordshire: age fotostock 406.1; Allenden, Ian 49.1; Armyagov, Andrey 382.1; Black, Jude 259.3; Bottle, Ian 364.1; byswat 46.1; Chronicle of World History 31.4; corbett, gary 24.1; Cseh Ioan 376.1; CTK 234.1; Cultura Creative RF/Callista Images 393.2; Cultura RM 103.3, 103.4; EThamPhoto 168.1, 423.2; Felepchuk, Ken 104.1; fStop Images GmbH/Benson, Caspar 268.1, 270.1, 290.2; Global Warming Images 175.1; HERRAEZ, DAVID 222.1, 308.1; imageBROKER/Weber, Michael 259.4; imageBROKER/Wolf, Moritz 218.1; Imo, Thomas 344.1; Iskakov, Vitaly 304.1, 310.2; Ivanko, Lubo 101.5; Karpeles, Kim 272.2; manfredrf 113.2; MARKA/Mereghetti, Giovanni 119.3; Marsh, Yon 202.2, 297.1, 311.3, 423.5; Martinez, Francisco 106.2; McCormack, Gareth 34.1; McDowell, Richard 376.3, 384.3; Mellmann, Bernd 202.1; Minaeva, Ekaterina 276.1; MISCELLANEOUSTOCK 102.2; MPSPhotography 236.1, 240.3; NASA Image Collection 404.2; NASA Photo 116.1, 386.1; NASA/Dupuis, S. 10.2; Naturfoto-Online 200.1; Palamarchuk, Sergiy 7.1, 206.1; Photology1971 275.2; Piepgras, Michael 101.1; Polzer, Wolfgang 49.2; public domain sourced / access rights from NASA Image Collection 407.1; Ramos, Enrique 279.4; robertharding/Clark, Neale 101.2; Rodimov, Pavel 279.2; Romiti, Paolo 108.1; Saroch, Marek 9.2, 324.1; Schoening 362.1; Schonnop, Juergen 4.2, 82.1; Schwarz, Mauricio-José 56.3, 80.2; Science History Images 135.6, 145.2; Science Photo Library 156.2; SeventyFour Images 360.1; Seward, Adam 21.1; Shishkin, Konstantin 5.1, 126.1; Simeoni, Nicola 410.1; Sirlin, John 394.1; sportpoint 248.1; Stocktrek Images, Inc. 404.1; Tischler, Eric 196.1; Tolmachev, Sergey 198.1; Toon, Ann and Steve 102.1; Universal Images Group North America LLC/Encyclopaedia Britannica, Inc. 405.1, 412.3; waldenstroem 372.1; Wavebreak Media ltd 260.1; Westend61 GmbH/Hall, Annie 30.4. |Astrofoto, Sörth: Dorst 26.3; Koch, Bernd 401.2. |Atelier tigercolor Tom Menzel, Klingberg: 2.1, 11.1, 25.1, 26.1, 27.1, 27.2, 27.3, 28.2, 29.3, 29.4, 30.3, 34.2, 34.3, 36.1, 37.1, 47.1, 48.1, 49.3, 51.2, 51.3, 52.1, 53.4, 57.1, 57.2, 57.3, 58.2, 59.1, 59.2, 59.3, 59.4, 59.5, 60.2, 61.3, 61.4, 62.1, 64.2, 65.1, 65.2, 66.2, 67.1, 67.2, 69.2, 71.2, 74.1, 80.3, 80.4, 80.6, 80.7, 81.2, 81.4, 90.1, 90.2, 90.3, 91.1, 96.2, 97.1, 97.2, 99.3, 100.1, 100.2, 100.3, 100.4, 103.2, 105.1, 105.2, 106.1, 107.1, 107.2, 108.2, 109.1, 109.2, 110.2, 111.1, 111.2, 113.3, 115.1, 116.2, 117.1, 117.2, 119.1, 120.2, 121.1, 121.2, 121.3, 121.4, 121.5, 121.6, 122.1, 122.2, 123.1, 123.2, 123.3, 123.4, 124.1, 124.2, 124.5, 125.1, 125.3, 125.4, 125.5, 128.2, 129.3, 135.4, 135.5, 137.1, 140.1, 140.2, 141.3, 144.2, 145.1, 146.2, 148.4, 149.4, 155.1, 155.2, 156.1, 156.3, 157.2, 157.3, 159.1, 160.1, 161.4, 163.4, 163.5, 167.1, 167.2, 167.4, 168.2, 171.1, 171.2, 172.2, 173.1, 173.2, 173.3, 174.2, 175.3, 178.2, 178.3, 179.2, 180.2, 181.1, 181.2, 186.1, 186.2, 187.1, 187.2, 191.1, 218.2, 219.1, 221.2, 222.2, 223.1, 223.2, 223.3, 224.1, 224.2, 224.3, 227.1, 227.2, 230.1, 231.2, 231.3, 235.2, 235.3, 236.2, 237.1, 237.2, 241.6, 245.1, 246.2, 251.1, 251.2, 252.1, 254.2, 254.3, 255.4, 259.1, 260.2, 261.1, 261.2, 261.3, 262.1, 263.1, 263.2, 264.2, 265.2, 267.1, 267.2, 267.3, 270.3, 271.1, 273.1, 273.2, 274.2, 275.3, 275.4, 275.5, 278.1, 278.2, 278.3, 279.5, 280.2, 280.3, 281.1, 281.3, 282.2, 283.1, 284.2, 285.2, 286.1, 286.2, 287.1, 287.2, 288.3, 288.4, 290.1, 291.2, 291.5, 295.4, 296.2, 298.1, 298.2, 298.3, 299.1, 299.2, 299.3, 301.1, 302.2, 303.1, 303.2, 304.2, 305.2, 306.1, 309.2, 310.1, 310.3, 311.1, 311.2, 314.2, 315.1, 315.2, 317.1, 317.2, 319.2, 320.2, 320.3, 321.3, 322.1, 323.1, 326.1, 326.2, 327.1, 327.2, 327.3, 328.2, 329.2, 330.1, 331.1, 331.2, 332.2, 333.1, 333.2, 333.3, 334.1, 334.2, 335.1, 335.2, 335.3, 336.2, 337.1, 337.2, 337.3, 338.2, 340.2, 341.1, 341.2, 343.1, 343.2, 344.2, 345.2, 346.1, 348.2, 349.1, 349.2, 350.2, 353.2, 354.2, 354.3, 355.1, 355.2, 358.2, 359.2, 360.2, 361.1, 361.2, 363.1, 363.2, 365.1, 365.2, 372.2, 373.2, 375.2, 377.1, 379.1, 379.2, 380.1, 381.1, 382.2, 383.1, 383.2, 384.1, 385.2, 388.2, 389.1, 389.2, 391.1, 391.2, 392.2, 393.3, 394.2, 395.1, 395.2, 396.1, 396.2, 397.1, 397.2, 398.2, 400.1, 400.2, 401.3, 401.4, 402.1, 405.2, 406.2, 407.2, 408.1, 410.2, 411.1, 411.2, 412.1, 412.2, 413.1, 413.2, 413.3, 421.1, 422.2, 422.3, 423.3. |Bienemann, Lisa, Braunschweig: 338.1, 338.3. |Biermann-Schickling, Birgitt, Hannover: 339.1. |fotolia.com, New York: pico 31.6. |Gall, Eike, Enkirch: 265.1. |Getty Images, München: Claessen, Luc 119.2; Keystone 340.1. |Getty Images (RF), München: Charoensinphon, Noppawat Tom 200.2; EyeEm/Mroue, Jad 18.1; EyeEm/Talia Ali 28.1, 146.1; Image Source/Cultura RF/Alan Graf 272.1; Jeffrey Coolidge 190.1; Krejci, Uwe 6.1, 164.1; Nowitz, Richard T. 336.1; Stocktrek Images 4.1, 54.1, 60.1; Westend61 174.1, 423.1. |Hardel, Thorsten/www.39punkt.de (RV), Wees: 96.4, 114.2, 114.3, 114.4, 114.5, 118.2, 118.3, 162.1, 239.1, 276.2, 277.1, 283.2, 283.3, 351.1, 355.3. |Imago, Berlin: ITAR-TASS 345.1. |iStockphoto.com, Calgary: aycatcher 20.2; aywan88 22.1; BanksPhotos 279.3; Bighian, Radu 148.2, 148.3; bukki88 58.1; byakkaya 118.1; demaerre 390.1; Devenorr 186.5; FamVeld 284.1; filmfoto 56.1; FooTToo 314.1; georgeclerk 176.1, 186.3; gorodenkoff 10.1, 356.1; Hirurg 270.2; hudiemm Titel; Imgorthand 129.1; Jmichl 120.1; Kostich, Mark 352.1; maodesign 3.2, 38.1; Marccophoto 103.1; mediaphotos 275.1; MegaV0lt 20.1; michal kodym Titel; Nastasic, Nikola 279.1, 291.4; onlyyouqj 8.2, 292.1; Philiphotographer 101.3, 124.3; Q studio 235.1; Ridofranz 358.1; shironosov 244.3, 254.1, 255.2; Tamas-V Titel; ThamKC 226.1; unkas_photo 274.1; urbazon 378.1; Vesnaandjic 8.1, 256.1; vm 296.1. |juniors@wildlife Bildagentur GmbH, Hamburg: Klein, J.-L. & Hubert, M.-L. 3.1, 14.1. |Mettin, Markus, Offenbach: 52.3, 66.3, 66.4, 67.3, 131.3, 137.3, 142.1, 145.4, 203.3, 203.4, 269.1, 269.2, 291.1, 291.3, 297.4, 297.5, 329.1, 423.4. |Minkus Images Fotodesignagentur, Isernhagen: 20.3, 20.4, 23.1, 36.5, 37.3, 47.2, 61.2, 62.2, 62.3, 69.1, 71.1, 95.1, 95.2, 95.3, 131.1, 131.2, 132.1, 133.3, 134.1, 135.1, 135.2, 135.3, 141.1, 141.2, 145.3, 147.2, 153.1, 154.2, 157.1, 158.1, 158.3, 190.2, 190.3, 191.3, 194.2, 195.2, 195.3, 204.2, 205.2, 232.1, 294.1. |newVISION! GmbH, Pattensen: 19.1, 19.2, 32.2, 33.3. |PantherMedia GmbH (panthermedia.net), München: Ickler, Jens 180.1; shorst 102.3, 122.4. |Picture-Alliance GmbH, Frankfurt a.M.: dpa Themendienst 149.3; dpa/Hager, Christian 328.1, 354.1. |Ratermann, Martin, Vechta: 35.2. |Rössler, Michal, Freiburg: 18.2, 18.3, 18.4, 21.2, 21.3, 23.2, 23.3, 31.1, 31.3, 31.5, 35.3, 36.2, 36.3, 36.4, 37.4, 37.5, 37.6, 48.2, 61.1, 62.4, 63.1, 63.3, 68.2, 69.3, 69.5, 69.7, 70.2, 71.3, 71.5, 71.7, 72.1, 72.2, 80.1, 80.5, 81.1, 81.3, 81.5, 95.4, 99.2, 134.2, 139.2, 139.3, 139.4, 139.5, 144.1, 150.2, 161.2, 161.3, 163.1, 177.2, 179.1, 219.2, 220.1, 220.2, 221.3, 225.2, 238.2, 422.1. |Schlierf, Birgit und Olaf, Lachendorf: 131.4, 228.3. |Science Photo Library, München: 318.2, 319.1, 321.2, 322.3, 323.3, 323.4, 330.2, 330.3; Bredberg, Dr. Goran 50.2, 50.3; Brook, Robert 150.1; Chillmaid, Martyn F. 110.1; Chumack, John 393.1; Clouds Hill Imaging 46.3; Degginger, Phil 196.2, 205.5, 318.1; ESA/NASA 392.1; Giphotostock 88.2, 88.3, 89.1, 138.2, 138.3, 162.4, 178.1, 205.7, 288.1, 288.2, 368.1, 373.1, 384.2; Gustoimages 388.1; Hart-Davis, Adam 33.1; Kinsman, Ted 234.3, 235.4; Landolfi, Larry 401.1; Madeley, Chris 399.1; MEDICAL PHYSICS, RVI, NEWCASTLE/FRASER, SIMON 352.2; Molloy, Cordelia 197.1, 197.2, 204.5, 204.6, 234.2, 375.1; Philippon, Pierre / Look At Sciences 221.1, 225.1; PROFESSOR TONY WRIGHT, INSTITUTE OF LARYNGOLOGY & OTOLOGY 46.2; Science Source/Kinsman, Ted 258.2, 258.3, 258.4; SPL 151.3; Turtle Rock Scientific 316.2, 316.3, 322.2. |Science Photo Library (RF), München: Bulgar, Wladimir 228.1; RAJAAISYA 353.1. |Shutterstock.com, New York: adriaticfoto 69.4, 73.3; Aleksandr, Efisko 129.2; altanaka 154.1; AnEduard 104.3; Artx, Alex 71.4; Benoist 258.1; Bloomicon 112.1; CT Media 68.1; DariaRen 192.1; DK samco 33.2, 33.4; EKKAPHAN CHIMPALEE 366.1; Erasmus, Elana 244.1; FamVeld 244.2, 255.1; goffkein.pro 56.2; gopixa 238.1; Grindstone Media Group 7.2, 242.1; Hipp, Taras 170.1; JSep 113.1; Kalinovsky, Dmitry 73.1; Kanareva, Raisa 300.1; KartikSewani 149.1; Koldunov 138.1; l i g h t p o e t 166.1; Lebedev, Valeriy 158.2; loraks 281.2; Lukmanazis 149.2; MakDill 52.2; McAulay, Antony 246.1; Merlin74 264.1, 290.4; mols, mike 88.1; Mr Aesthetics 32.1; Nitr 98.1; No-Te Eksarunchai 66.1; Pixel-Shot 282.1; Principe, Fabio 152.1; Quality Stock Arts 166.2; Roovers, Johannes 94.1, 122.5; snomedia 64.1; Strannik_fox 104.4; Toa55 104.2; urbans 302.1; Vyshnya, Taras 374.1; Wylezich, Bjoern 332.1; XArtProduction 272.3; yanik88 172.1; zhu difeng 398.1. |stock.adobe.com, Dublin: andrew_shots 6.2, 188.1; Atelier 211 73.2; DarwelShots 69.6; Dziurek 259.2; Erickson Stock 37.2; Fälchle, Jürgen 101.4, 124.4; fotofabrika 56.4; fototrm12 342.1; Grandini, Alessandro 29.1, 29.2; korchemkin 71.6; naftizin 50.1; Petair 364.2; Photographee.eu 348.1; TebNad 350.1, 354.4; Vadim 280.1, 290.3; Victoria 128.1; Wellnhofer Designs 70.1; Xalanx 320.1. |Tegen, Hans, Hambühren: 106.3, 136.1, 162.2, 192.2, 241.3, 241.4, 247.3, 319.3, 321.1, 323.2. |von Goessel, Hannes, Erding: 22.2, 24.2, 25.2, 26.2, 30.1, 30.2, 35.1, 51.1, 53.1, 53.2, 53.3, 63.2, 89.2, 94.2, 95.5, 96.1, 96.3, 98.2, 99.1, 111.3, 112.2, 113.4, 114.1, 115.2, 122.3, 125.2, 132.2, 133.1, 133.2, 133.4, 135.7, 136.2, 137.2, 139.1, 140.3, 147.1, 148.1, 149.5, 151.1, 151.2, 152.2, 153.2, 160.2, 160.3, 161.1, 162.3, 163.2, 163.3, 167.3, 169.1, 169.2, 170.2, 171.3, 171.4, 175.2, 176.2, 177.1, 186.4, 187.3, 191.2, 192.3, 192.4, 193.1, 193.2, 194.1, 194.3, 194.4, 195.1, 196.3, 196.4, 197.3, 197.4, 197.5, 198.2, 199.1, 199.2, 200.3, 201.1, 201.2, 201.3, 202.3, 202.4, 203.1, 203.2, 204.1, 204.3, 204.4, 205.1, 205.3, 205.4, 205.6, 226.2, 228.2, 228.4, 228.5, 228.6, 229.1, 229.2, 229.3, 229.4, 231.1, 232.2, 233.1, 233.2, 240.1, 240.2, 241.1, 241.2, 241.5, 245.2, 247.1, 247.2, 248.2, 249.1, 249.2, 249.3, 249.4, 250.1, 250.2, 250.3, 254.4, 255.3, 262.2, 266.1, 266.2, 268.2, 269.3, 277.2, 285.1, 288.5, 294.2, 295.1, 295.2, 295.3, 297.2, 297.3, 301.2, 305.1, 308.2, 309.1, 359.1, 359.3, 362.2, 366.2, 367.1, 367.2, 367.3, 368.2, 368.3, 369.1, 369.2, 369.3, 369.4, 370.1, 370.2, 370.3, 371.1, 371.2, 374.2, 375.3, 376.2, 377.2, 377.3, 378.2, 384.4, 385.1, 385.3, 385.4, 399.2. |Wildermuth, Werner, Würzburg: 130.1, 130.2, 130.3, 130.4, 130.5, 134.3, 134.4, 142.2, 143.1.

Aufgaben richtig bearbeiten

Im Unterricht und bei Klassenarbeiten musst du Aufgaben lösen. Dazu ist es wichtig, genau zu verstehen, was mit dem jeweiligen Arbeitsauftrag gemeint ist. Dafür musst du wissen, was die Verben in den Aufgaben bedeuten.

Nennen, Aufzählen, Aufschreiben, Angeben

Beim Nennen listest du Daten, Fakten, oder Begriffe ohne weitere Erklärung auf.

1. Nenne die Metalle, die von Magneten angezogen werden.

Aufgabenlösung:
Es sind die Metalle Eisen, Cobalt und Nickel.

Beschreiben

Beim Beschreiben gibst du Sachverhalte oder Zusammenhänge wieder. Die Antwort soll in ganzen Sätzen und in eigenen Worten formuliert sein. Es sind keine weiteren Informationen oder Erklärungen nötig.

2. Beschreibe, was geschieht, wenn du in einem Reagenzglas Zucker erhitzt.

Aufgabenlösung:
Der Zucker wird langsam flüssig. Zuerst ist er farblos. Später wird er hellbraun. Es riecht nach Karamellbonbons. Erhitzt man weiter, wird er zähflüssig und dunkelbraun.

Vergleichen

Beim Vergleichen stellst du Gemeinsamkeiten und Unterschiede gegenüber.

3. Vergleiche mithilfe einer Lupe grobkörniges Kochsalz mit Kräutersalz.

Aufgabenlösung:
Kochsalz besteht aus vielen gleich aussehenden weißen Körnchen. Kräutersalz enthält auch weiße Körnchen, außerdem kleine grüne, braune und orangefarbene Stückchen.

Erklären

Beim Erklären machst du Ursachen oder Zusammenhänge deutlich.

4. Erkläre, warum sich Metalle kühler anfühlen als Gegenstände aus Holz oder Kunststoff.

Aufgabenlösung:
Metalle leiten die Wärme unserer Haut sehr schnell weiter. Holz und Kunststoffe leiten Wärme schlecht.

Vermuten

Wenn du eine Vermutung anstellst, überlegst du dir, was für ein Ergebnis du erwartest; zum Beispiel bei einem Versuch.

5. Vermute, was geschieht, wenn man einen Glasstab einige Minuten in die Flamme eines Gasbrenners hält.

Aufgabenlösung:
Der Glasstab wird sehr heiß werden und vielleicht glühen. Er wird aber nicht verbrennen.